甘肃高山细毛羊相关照片

核心育种场-皇城羊场场部

夏季皇城草原

甘肃细毛羊母本-藏羊

甘肃细毛羊母本-蒙古羊

甘肃细毛羊父本-高加索细毛羊

甘肃细毛羊父本-新疆细毛羊

甘肃细毛羊导血品种-斯达夫

甘肃细毛羊导血品种-莎力斯

中国美利奴公羊

澳洲美利奴公羊

细型品系公羊群体

超细品系公羊群体

细型品系公羊个体

超细品系公羊个体

超细品系母羊群

细型品系带羔母羊群

超细品系育成公羊群体

细型品系育成公羊群体

超细品系幼年母羊群

细型品系幼年母羊群

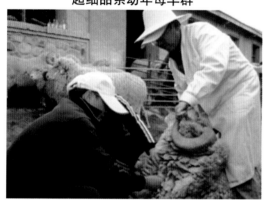

采集血样

分子遗传检测

剪毛现场

机械剪毛

羊毛分级整理

鉴定现场

个体鉴定

超细品系毛丛结构

细型品系羊毛丛结构

超细品系毛被

细型品系毛被

超细羊毛加工试验产品

甘肃高山细毛羊的育成和发展

郭 健 李文辉 杨博辉 王保全 主编

中国农业科学技术出版社

图书在版编目（CIP）数据

甘肃高山细毛羊的育成和发展 / 郭健，李文辉，杨博辉，王保全主编. —北京：
中国农业科学技术出版社，2011．6
ISBN 978-7-5116-0457-6

Ⅰ.①甘…　Ⅱ.①郭…　Ⅲ.①细毛羊—饲养管理　Ⅳ.①S826.8

中国版本图书馆CIP数据核字（2011）第075458号

责 任 编 辑	徐　毅
责 任 校 对	贾晓红

出　版　者	中国农业科学技术出版社
	北京市中关村南大街12号　邮编：100081
电　　　话	（010）82109704（编辑室）　　（010）82106631（发行部）
	（010）82109703（读者服务部）
传　　　真	（010）82106631
网　　　址	http://www.castp.cn
经　销　者	新华书店北京发行所
印　刷　者	北京华忠兴业印刷有限公司
开　　　本	889 mm×1 194 mm 1/16
印　　　张	27.5
彩　　　插	4
字　　　数	750 千字
版　　　次	2011年6月第1版　2011年6月第1次印刷
定　　　价	80.00元

《甘肃高山细毛羊的育成和发展》
编写人员

主　编：郭　健　李文辉　杨博辉　王保全

副主编：李　伟　程胜利　黄殿选　郎　侠　牛春娥　刘建斌

　　　　梁春年　孙晓萍　郭　宪　周学辉　严作廷　冯瑞林

编　委：（按姓名汉语拼音音序排列）

　　　　包国俊　包鹏甲　程胜利　陈　颢　冯瑞林　郭天芬

　　　　郭　宪　郭　健　高雅琴　黄殿选　焦　硕　郎　侠

　　　　梁春年　刘建斌　刘继刚　李　伟　李文辉　李桂英

　　　　李范文　罗天照　牛春娥　裴　杰　孙晓萍　苏文娟

　　　　魏云霞　王天翔　王保全　王喜军　文亚洲　杨博辉

　　　　阎　萍　杨保平　严作廷　杨剑峰　周学辉　曾玉峰

　　　　张国斌　张晓飞　赵浴军

前　言

　　甘肃高山细毛羊（简称甘肃细毛羊）的培育和发展已经历了60多年的风雨历程，经过几代育种工作者和管理人员的精心选育和勤劳饲养管理，现已发展成为适应高原寒冷气候和艰苦生活环境，具有良好生产性能的细毛羊当家品种。

　　甘肃细毛羊的培育，从1943～1980年通过引种改良、品种培育、选育提高等阶段，经历了漫长而艰辛的38年。甘肃细毛羊育种伊始，形成了两个杂交系列，一个是以我国育成的第一个细毛羊品种新疆毛肉兼用细毛羊（新疆细毛羊）为父系品种，当地蒙古羊为母系的杂交组合；另一个是以从前苏联引进的高加索为父系，当地饲养的藏羊为母系的杂交组合系列。之后又在两系列间交叉组合，形成了许多杂交组合，如新疆细毛羊×蒙古羊、新疆细毛羊×藏羊、高加索×蒙古羊、高加索×藏羊、新疆细毛羊×高加索×藏羊、新疆细毛羊×高加索×蒙古羊等组合，在横交固定时两个系列已有机融合，形成了横交繁育群。在横交固定阶段为了改善甘肃细毛羊育种群的缺陷，针对性的导入了斯塔夫洛波尔、含澳血的新疆细毛羊和莎力斯等外血，有效地加快了育种进程。

　　甘肃细毛羊的育成经历了杂交改良（1943～1957年）、横交固定（1958～1965年）和选育提高（1966～1980年）3个阶段。育成之初，成年公羊体重75.00kg，剪毛量7.50kg，羊毛长度8.20cm，羊毛主体细度64支（60～64）；成年母羊体重40.00kg，剪毛量4.30kg，羊毛长度7.58cm；羊毛主体细度64支（60～64），产羔率110.00%，双羔率13%，屠宰率44.40%～50.20%。

　　1980年6月，甘肃省科学技术委员会、甘肃省农林局召开甘肃毛肉兼用细毛羊品种鉴定验收会，专家组通过检测和讨论，确认新品种育成，并根据新品种形成的自然环境条件和品种特点，由甘肃省人民政府将新品种命名为"甘肃高山细毛羊"，并获甘肃省科学技术特等奖。

　　甘肃细毛羊育成后的发展和国内细毛羊业的整体发展轨迹相同，经历了大规模的澳化（导入澳洲美利奴细毛羊血液）改造、新类群、新品系选育等，是其进一步发展提高的30年。

　　1984～1995年，甘肃高山细毛羊核心育种场（皇城绵羊育种试验场）及主要生产基地县，在一些国内科研院所和大学科研项目资助下，引进澳洲美利奴和中国美利奴优秀种公羊，开展甘肃高山细毛羊"澳化"改造工作。期间主要育种项目有：中国农业科学院兰州畜牧研究所马海正研究员主持，与澳大利亚国际农业研究中心合作的"开展绵羊育种提高中国西北绵羊羊毛品质"；马海正研究员主持的"甘肃细毛羊选育提高及推广利用技术研究"等。核心育种场1982～1996年引种情况：1982年从新疆巩乃斯种羊场引进含澳血的新疆细毛羊种公羊10只；1986年从澳大利亚引进中、强毛型澳洲美利奴种公羊8只；1989年从新西兰引进细型新西兰美利奴种公羊8只；1990年从内蒙古金峰种养场引进澳洲美利奴种公羊6只；1992年从新疆巩乃斯种羊场引进中国美利奴公羊12只。

　　1996～2000年，以皇城绵羊育种试验场为核心场，肃南县、天祝县、永昌县等为幅射区，开展甘肃细毛羊美利奴型新类群选育工作，期间主要育种项目有：马海正研究员、文志强场长主持的"甘肃高山细毛羊美利奴型新类群培育"。

　　2001～2010年开展甘肃细毛羊细型品系和超细品系选育工作。期间主要育种项目有：姚军研究员、郭健副研究员、王保全副场长主持的"甘肃细毛羊超细品系培育"、郭健副研究员主持的国家"十一五"科技支撑子课题"甘肃优质超细毛羊选育及产业化开发"、甘肃省"十一五"科技支撑项目"甘肃细毛羊配套品系培育及选育技术研究"、郎侠助理研究员主持的科研院所专项资金项目"甘肃细毛羊新品系选育技术研究"及杨博辉研究员负责的国家绒毛用羊产业技术体系分子育种岗位等。核心场1997年后引种情况：1996年从内蒙古金峰有限公司澳美羊繁殖场引进无角澳美型种羊51只，其中，公羊10只；2001年从新疆紫泥泉种羊场引进中国美利奴（军垦型）细型公羊10只；2003年从新疆农垦科学院引进中国美利奴（军垦型）超细公羊5只。2005年从澳大利亚引进澳洲美利奴超细公羊13只。

甘肃细毛羊育成后，经过近30年的选育提高，主要生产性能指标提高幅度很大。如剪毛量：成年公羊由8.17kg提高到12.30kg，提高53.00%；成年母羊由4.30kg提高到5.10kg，提高18.60%。羊毛长度：成年公羊由8.79cm提高到11.08cm，提高26.05%；成年母羊由7.67cm提高到8.90cm，提高16.04%。体重：成年公羊由92.72kg提高到98.50kg，提高6.23%；成年母羊由45.49kg提高到52.00kg，提高14.31%。羊毛品质进一步提高，毛纤维细度以66支为主体支数，细度均匀；随着细型品系和超细品系选育，70支以上个体数量逐年增加，弯曲清晰，呈正常弯曲；油汗适中，呈白色或乳白色油汗；密度6 000~7 500根/cm^2；净毛率48%~57%。

目前，甘肃高山细毛羊产区存栏120万只，形成了以美利奴型新类群、细型品系、超细品系和肉用类群为主的品种结构，它的品种结构日臻完善，群体数量、生产性能和综合品质得到进一步提高。

编著者
2010年10月，兰州

目　录

第一章　现代细毛羊业概论

羊是人类驯养最早的家畜之一，羊的驯养已有七千多年的历史。养羊业是我国畜牧业的传统产业，其中，细毛羊产业占有重要地位，它是养羊业中经济指数较高的产业。细毛羊产品主要以羊毛为主，同时也生产羊肉和羊皮。羊毛是毛纺织工业不可缺少的原料，其工艺性能独特，制品美观大方，轻便保暖，质地优良，是人们生活中备受青睐的用品，具有较高的经济价值。现代细毛羊业的发展，是我国养羊业生产技术水平进一步提高的标志。细毛羊的生产不仅关系到我国毛纺工业的发展，而且还关系到产区的经济发展和社会稳定。

第一节　细毛羊业在国民经济中的地位和作用

一、提供工业原料，促进工业发展

细毛羊业的主要产品羊毛、羊肉、羊皮等是毛纺工业、食品工业、制革工业的重要原料，随着工业技术的进步，羊产品可以加工成更多、更高级的产品，因此，在某种程度上可以这样讲，细毛羊业已经成为若干工业生产的原料基地，它的发展快慢，直接关系到这些部门的发展。

二、改善人民生活，满足人民需要

羊毛、羊肉、羊皮既是重要的工业原料，也是人民生活的必需物资。随着我国人民生活水平的日益提高和消费观念的不断更新，对细毛羊业产品的要求也越来越多。

羊毛是纺织工业的重要原料，用途广泛，如制绒线、呢绒、毛毯、地毯及其他毛纺织品等。用羊毛制成的衣物保暖力强，穿着舒适，美观大方，综合品质优于棉、麻和化学纤维。

羊肉脂肪少，瘦肉多，蛋白质丰富，营养价值高，胆固醇含量低，风味独特，历来是少数民族、牧区人民喜爱的食品，近年来城镇居民喜吃羊肉的也越来越多，市场供不应求，价格持续上扬，发展潜力很大。

绵羊皮加工成的皮革衣物，轻薄柔软，结实耐穿，极受人们喜爱。羔皮和裘皮服装保暖力强，美观大方，是冬季御寒和装饰用佳品。

三、繁荣产区经济，增加农牧民收入

细毛羊业的发展，不仅为国家提供了大量工业原料和出口物资，而且也增加了市场商品的货源，活跃了农村经济。我国细毛羊主产区集中在西北和东北相对偏僻、经济发展落后的地区，广大农牧民，尤其是贫困地区人民和少数民族，经过发展细毛羊生产，增加了收入，摆脱了贫困，增加了地方财政收入，受到广大群众好评。如内蒙古在上都镇、五一牧场、黑城子示范区等有条件的地区大力发展细毛羊养殖小区的建设工作，加快细毛羊产业化发展。2007年正蓝旗与自治区牧王集团合作集中收购细羊毛，共收购羊毛300t，并举办拍卖会，平均价格达到22元/kg，创造了历年来收购羊毛价格的新高，仅此项农牧民人均收入增加200元。

第二节　中国细毛羊的发展简史

根据国内外学者的研究，认为阿尔卡野绵羊（Ovis orientalis arkal）和羱羊或盘羊及其若干亚种与中国现有绵羊品种最有血缘关系。绵羊在动物学分类上，属洞角科的绵羊山羊亚科（Caprovinae）的绵羊属（Ovis），染色体数目为27对。现代的绵羊，都是由野生的绵羊经人类长期驯化而来的。远在旧石器时代末期和新石器时代初期，以渔猎为生的原始人类，捕获的活羊越来越多，一时吃不完或羊只幼小不适于马上食用，于是便把它们留养起来，这就是驯化的开始。

经各地考古工作者发掘证明，绵羊的驯化在北方早于猪和牛，在南方则晚于猪，但早于牛。黄河流域是中国最早驯养绵羊的地区之一。细毛羊就是在特定的生态条件下，由粗毛羊经过长期的自然选择和人工选育的基础上形成的。

我国细毛羊改良最早可以追溯到1904年，由陕西高祖宪等人引进美利奴羊，山西督军阎锡山也曾倡导绵羊改良，并于1917年由美国引进美利奴公母羊千余只，与本地蒙古母羊杂交，经若干代以后产生一些细毛羊，当时称为"东北改良羊"。新疆维吾尔自治区于1934年从原苏联引入一批高加索和泊列考斯细毛公羊和当地的哈萨克羊和蒙古羊杂交。民国33年（1944年）伊、塔、阿三区革命爆发后，育种原始资料被毁，育种工作受到了严重的影响。在柯夏甫、麦斯甫哈孜等科技人员和许多进步牧工的保护下，险毁于战火的育种核心群得以保存，并于同年开始转入以杂种四代为主的大部分羊群的横交固定，1947年进入自群繁育。在杂交过程中虽有两个父本和两个母本，但以卡夫卡孜羊和哈萨克羊为主，含泊列考斯羊和蒙古羊的血液很少。当时把这些杂种羊统称为"兰哈羊"，并作为种羊推广。但是由于当时处在半封建、半殖民地的社会条件下，受帝国主义侵略和掠夺，国内军阀混乱，政治腐败，再加上传统的小农经济生产方式及靠天养畜的束缚，到1949年，据不完全统计，全国绵羊数为2 622万只，比抗日战争前的最高年存栏数少1/3，毛纺工业用毛几乎全部依靠进口。

新中国成立以后，中国的细毛羊生产得到了快速的发展，大致可以划分为3个阶段：

一、大规模杂交改良阶段（1952～1971年）

20世纪50年代初，从原苏联引进苏联美利奴羊和高加索细毛羊等和我国的粗毛羊品种（主要是蒙古羊、哈萨克羊以及西藏羊）杂交。1950～1953年，农业部畜牧兽医司、西北军政委员会畜牧部和新疆畜牧厅，数次派工作组到巩乃斯种羊场检查指导和帮助工作，并对该场进行大力整顿，加强领导和技术力量，逐步建立一些制度和改进经营管理，建立农业和饲料生产基地，改善羊群饲养管理和放牧条件，加强选种选配和建立育种档案，开展鉴定、分级、整群，大幅度淘汰品质差的羊只。通过以上措施，不仅使该场细毛羊的生产得到迅速发展，而且使羊群的体型外貌趋向整齐，生产性能得到提高。1953年11月，农业部畜牧兽医司、西北军政委员会畜牧部和新疆畜牧厅组成联合工作组，并邀请苏联专家特谬依茨基到巩乃斯种羊场了解和检查羊群品质和育种工作情况后认为该场的羊群已具备和符合新品种的条件，建议报请农业部审批。根据联合工作组的申报材料和建议，农业部于1954年3月20日批准巩乃斯种羊场的细毛羊群为国家第一个细毛羊新品种，并命名为"新疆毛肉兼用细毛羊"，简称"新疆细毛羊"。为了推动全国细毛羊的杂交育种工作，农业部在1966年2月颁布了《新疆细毛羊鉴定试行标准》和《细毛杂种羊鉴定分级试行办法》，统一了全国新疆细毛羊及细毛杂种羊的鉴定标准和要求。同年，由农业部及新疆维吾尔自治区共同领导，在新疆伊犁地区组织和开展了由全国很多单位共同参加的"百万只细毛羊杂交育种工作大会战"，从而极大地推进了我国的细毛羊杂交育种工作。

在东北地区，从1947年开始，原东北农业部在黑龙江安达县萨尔图建立了种羊场，1949年在吉林省公主岭建立了东北农业科学研究所，在辽宁省铁岭建立了种畜场，以后又陆续建立了一批种羊场，开展了绵羊的繁育工作，为东北细毛羊的培育奠定了基础。1959年在农业部的主持下，建立了东北细毛羊育种委员会，提出了培育细毛羊新品种任务。东北细毛羊育种委员会成立后，制定了统一的育种方案，规定了育种指标，建立了育种制度，开展了培育东北细毛羊的联合育种，加快了育种工作进展，至1967年育成了东北毛肉兼用细毛羊新品种。

同期，甘肃、内蒙古等地也开始杂交改良，培育当地细毛羊品种。到20世纪60年代末，我国已拥有大量细毛羊，生产大量细毛，据《THE WOOL INDUSTRY IN CHINA》这本书的记载，1979年细毛羊和改良羊的数量已达到2.47万只，占绵羊总数的24%。但是这些细毛的品质较差，主要表现在净毛率低、毛丛长度短、油汗偏黄、光泽差等。

以上羊毛品质问题虽然尽了很大努力，做了不少工作，但效果不明显。直到引进澳洲美利奴羊以后，羊毛品质才有了显著改变。

二、大量导入澳洲美利奴羊选育提高阶段（1972～1991年）

从1972年开始引进澳洲美利奴羊，各地陆续从澳大利亚引进该品种，对我国的细毛羊进行血液更新，全面提高细毛羊综合品质。据内蒙古自治区1991年统计先后共引进500多只澳洲美利奴公羊，分别在各盟与内蒙古细毛羊杂交，改进羊毛品质。至1981年生产细毛和改良毛7.4万t，占到绵羊毛总产量的39.5%。

为了广泛改进原有细毛羊的羊毛品质，依靠进口的公羊，其数量是远远不能满足需要的。因此，从1972年首批澳洲美利奴羊引进开始，我国新疆、内蒙古、黑龙江及甘肃等地立即在一些种羊场选育澳洲美利奴羊的高代杂种，经过严格的选种工作，育成了"中国美利奴细毛羊"，并于1985年正式命名，从而扩大了改进的规模。目前，在南京羊毛拍卖会上成交的国产羊毛，大部分是导入澳洲美利奴羊以后生产的羊毛，是我国细毛羊生产的优质细羊毛。

三、细毛羊由衰落走向重新崛起阶段（1992年至今）

20世纪90年代初，由于羊毛价格下跌，进口外毛的冲击以及种羊场体制改革以后对细毛羊生产缺少相应的措施，细毛羊生产陷入低谷。种羊场的羊群大部分承包到户或归牧户所有，育种记录被迫中断。集体的羊群分到牧户经营，由于饲养细毛羊的成本高，原有配种站撤销，羊肉价格高等原因。牧民把粗毛公羊放入细毛母羊群中反交，管理恢复到粗放经营的方式。几十年发展起来的细毛羊业即将毁于一旦。细毛羊占到绵羊总数的比例，从1989年的29.6%下降到1996年的23.3%，细羊毛占到绵羊毛总产量的比例由1989年的50.6%下降到1996年的40.6%。1994年农业部组织新疆、吉林开展优质细毛羊选育与开发，建立了核心群、育种群和改良群，2002年完成新品种选育，通过了品种审定，并定名为新吉细毛羊。

1999年新疆成立了中国第一个养羊业的行业组织"新疆优质细羊毛生产者协会"，并创立了中国第一个优质细羊毛品牌"萨帕乐"，建立了包括"农业部-新疆种羊及羊毛羊绒质量监督检验测试中心"在内的质量监测体系，建立了中国第一个细羊毛标准体系《新疆细羊毛标准体系》，初步形成了以"萨帕乐"品牌为龙头的"协会+科技+牧场（牧民）+市场"的细羊毛产业化格局，为细毛羊业提出了一条新的发展途径。解决了细羊毛生产中的种羊，羊毛品质测定，羊毛收购销售等一系列问题。这种细毛羊产业化的格局，有利于我国细毛羊业今后的发展。

第三节　现代优质细毛羊生产现状和发展策略

一、中国细毛羊的生产现状

近年来，尽管我国养羊业生产方向发生变化，由毛用为主转向毛、肉并重，但我国细毛羊生产总体上仍保持稳定发展的态势，细毛羊存栏数量不断扩大，生产的规模化、集约化程度不断提高，羊毛产量持续增加。

（一）细毛羊生产稳定发展

据农业部2006年统计年鉴资料，2005年全国绵羊存栏数量约1.8亿只，其中细毛羊（不含改良羊）约4000万只，绵羊毛总产量达到39.32万t，占世界羊毛总产量的17.43%，其中，细羊毛产量12.24万t。绵羊年存栏数量及绵羊毛产量分别比2004年增长4.5%和3.9%。另据内蒙古、新疆、甘肃、黑龙江、吉林、辽宁、河北以及新疆建设兵团等细毛羊主产省（区）统计，2005年细羊毛产量11.88万t，占全国细羊毛总产量的97.1%。

（二）羊毛产量和品质有所提高

随着细毛羊品种改良和育种、养殖方式的转变以及综合养殖技术的推广，我国细毛羊的羊毛生产水平和毛品质不断提高。内蒙古全区平均每只细毛羊污毛产量达4kg以上，净毛率在40%以上，羊毛长度达8cm以上，羊毛主体细度21.6～25μm。新疆羊毛细度在20～21.5μm的已经占细羊毛总产量的50%。吉林细毛羊平均每只年产污毛达5.7kg。甘肃细毛羊污毛产量平均4.52kg。

（三）品种选育成效显著

新中国成立以来，我国成功培育了新疆细毛羊、东北细毛羊、中国美利奴羊、新吉细毛羊和甘肃高山细毛羊等一批优良细毛羊品种。近年来，各地又立足自身资源优势，培育出了一大批新品种和新品系，如新疆在中国美利奴羊（新疆型）中又培育出了毛品质好、毛密度好和体格大的3个品系和多胎、细毛、超细、无角4个类型；中国美利奴羊（军垦型）A品系、B品系、D品系（多胎）、强毛型、细型、U品系等。内蒙古培育出内蒙古细毛羊、敖汉细毛羊、鄂尔多斯细毛羊、科尔沁细毛羊、中国美利奴细毛羊（科尔沁型）、兴安细毛羊、乌兰察布细毛羊和呼伦贝尔细毛羊等8个细毛羊新品种。甘肃省培育出了甘肃高山细毛羊，并且陆续培育了肉用、优质毛和细型毛等品系。青海省培育了青海细毛羊等。

（四）细毛羊的生产方式有所改变

随着农牧区尤其是牧区草原产权制度改革的推进以及国家对草原保护措施的落实，传统的靠天养羊格局开始发生改变，舍饲、半舍饲的养殖方式越来越普及，集约化、规模化、标准化养羊日益增多，不少地区建立起了一定数量的细毛羊养殖小区和一定规模的专业大户。例如，黑龙江省2005年，细毛羊年存栏量在100～500只的专业户有3985个，500～1000只的1862个，1000只以上的大场（户）164个，规模存栏占细毛羊总量的72%。

（五）羊毛进口数量不断增长

随着我国毛纺工业的快速发展，羊毛进口的数量也在不断增长，我国已进入羊毛进口大国的行列。据海关数据统计，2007年我国进口羊毛约33.25万t，是我国进口羊毛数量最多的一年，与2006年进口数量29.97万t相比增加了10.94%；比历史上进口数量最多的1994年增加了1.34万t，增幅4.2%。2007年我国进口原毛26万t，与上年同比增长8.95%；进口洗净毛4.24万t，同比增长43.79%；进口羊毛条208万t，同比下降28.0%；进口炭化毛6511t，同比下降21.84%。

二、中国细毛羊存在的主要问题

20世纪90年代，由于羊毛价格下跌，羊肉价格上涨以及细毛羊科学管理工作滞后，政策措施不到位等原因，细毛羊业呈下滑趋势。近几年虽有所改善，但仍存在一些问题，主要表现在：

（一）细毛羊品种培育滞后于市场需求

当前，我国细毛羊生产面临的一个主要问题，就是国内细毛羊品种不能适应当前市场变化需求，目前，市场主要需求66～70支细毛，并且对更细的毛纤维需求量也不断增加。国内细毛羊品种大多是在本地土种羊基础上通过引进外国品种杂交育成的，生产性能一般，特别是20世纪70年代起，各地陆续大量引进强毛型澳洲美利奴羊，大范围的用同一品种开展育种与杂交改良，使全国的羊毛种类趋于单一，大部分细毛羊品种羊毛细度60～64支。

（二）细毛羊产业质量观念比较淡薄

由于目前牧区经济水平与教育水平较低，信息流动较慢，生产者、流通者、加工者还未充分意识到彼此都是一个完整产业链的不同环节，利益关系不是对立而是互补；没有意识到生产必须接受市场的引导，质量是实现可持续发展的关键。羊毛生产者重数量轻质量；流通者往往在收购了羊毛后才开展质量检测，销售又缺少索赔机制，未能与加工厂形成稳定的供货关系，更多考虑的是如何把货出手而不是保证货的质量；毛纺企业由于缺少科学管理的意识，未能把原料质量检测作为生产成本预测的一种手段，发展还不够规范，对作为连接生产、流通、加工的质量检测重视不够。这种各自为政的局面严重阻碍了细毛羊产业现代化结构的形成。

（三）饲养管理水平落后，支撑体系不健全

由于基层畜牧兽医技术服务体系的不健全，细毛羊的饲养管理工作非但没有得到加强，大部分地区反而有所下降，饲料应用比较单一，疫病防治不规范，不同品种羊混群饲养，羊舍或棚圈的粪污不及时清理，利用墨汁、油漆、沥青在羊背上作有色标志等现象普遍存在，严重影响了羊毛的质量和品质；剪毛手大多未经过正规培训，剪毛水平差异大；剪毛按数量收费而不是按照剪毛水平的高低，使剪毛质量不易管理；套毛收集、称重、抛撒等过程不规范，工作人员多属于临时挑选，未经任何操作培训，分级员多为临时培训，素质相差极大，造成分级水平难以保证；缺少责任管理机制，分级结果与分级员没有关联，责任心较差；多数分级台设计不合理，分级效率较低；由于管理与纺织企业脱节，羊毛收购商与生产者大量使用丙纶丝制作的编织袋包装，异质纤维混入造成优质羊毛整体质量的下降。

（四）羊毛流通环节不畅，计价方法不科学

目前，由于流通体系不健全，收购人员技术水平低，加之羊毛质量缺乏等级标准，致使羊毛收购价格主观性、随意性较大，易造成压等压价，优毛不能优价。因此，羊毛生产者也就缺乏提高羊毛质量和羊毛净毛率的积极性，直接影响到细毛羊的发展和羊毛质量的提高。羊毛市场混乱，净毛计价、优质优价政策得不到真正贯彻，细毛羊价值与价格相背离，养细毛羊效益比较低，挫伤了农牧民养羊积极性。羊毛拍卖市场尚未发育起来，再加上国有毛纺企业大多数效益不佳，且产品资金占用过多，而无法贮存过多的国毛待用；毛纺厂接到产品订单后，很难在短期内备足急需的国毛，于是不得不改用快捷方便的外毛。由此造成的大量外毛进口，进一步对国毛的销售造成严重冲击，导致国毛价格持续下滑。

上述问题造成我国细毛羊产业化水平低，质量控制手段落后，羊毛品质难以满足市场需要，因而，在国内羊毛市场缺口巨大的情况下，仍然连续多年出现"卖毛难"的情况，致使细毛羊效益差，导致细毛羊出现严重滑坡。

三、中国优质细毛羊业发展策略

近十几年来，世界细毛羊研究方向从产量转向质量，并以细度育种为主。为了适应市场需求的变化，瞄准世界细毛羊发展方向，今后我国细毛羊的育种工作必须开展跨区合作，实行品种资源共享，调整品种结构，增加科技投入，解决我国细毛羊发展中的重大问题。

（一）加强品种选育

当前，世界细毛养羊业发达国家，在细毛羊育种工作中加强羊毛细度、强度研究，把羊毛主要性状与育种研究相结合，培育新品种。羊毛细度对价格的影响最大，因此，各羊毛主产国已将超细型细毛羊育种作为细毛羊育种的重点。为此，我国绵羊毛产区调整毛用羊生产结构，对现有生产细毛、半细毛的绵羊品种进行划分，对生产66～70支及以上细度的羊毛，品质优良的细毛羊品种，继续选育提高，有条件发展超细型羊毛的地区（饲料条件好，生态条件具备的）应加快其发展速度，培育专门化和超细型细毛羊品种，以增加优质羊毛产量，满足毛纺工业发展所需要的优质原料。对羊毛品质较差或产毛量低的细毛、半细毛羊，可利用同档次的肉用或肉毛兼用羊杂交，提高其产肉量，羊肉品质或产毛量，加大改良步伐，进而提高农牧民经济效益。

（二）建立优质细毛羊产业化生产技术体系

细毛羊产业化技术体系，是包括杂交改良、品种培育、品系繁育、种羊推广利用、饲养管理和羊毛产地分级、打包、仓储等优化管理以及流通环节按照净毛计价等贯穿细毛羊育种、繁殖、生产和流通各环节的技术综合。因此，应借鉴国内外在优质羊毛产业化生产体系建立方面的先进经验和最新研究成果，探索并建立我国优质羊毛生产的技术体系和生产模式。在核心育种场，以完善中国美利奴大品种结构为目的，开展中国美利奴各生态条件下的配套品系培育，最终构建我国优质羊毛生产和细毛羊发展的品种体系。在我国细毛羊主产区，应用MOET技术提高优秀基因的扩散速度，以品种选育结合绵羊穿衣技术提高羊毛品质，严格按优质羊毛技术管理方法操作，注册品牌商标，以统一品牌，实现企业与牧户结合，生产与技术结合，形成一套完整的优质羊毛生产技术，建立一个可行的运行机制，改变过去主要依靠外延式的扩大饲养数量增加羊毛产量做法，转向内涵式开发绵羊个体生产潜力；通过推广实用配套技术，提高绵羊良种覆盖率，改进饲养管理水平，减少死亡率，最终达到绵羊个体和群体产毛量的提高。以集约、规范，统一和科技含量高为特点，在较短的时间内使我国羊毛产量和综合品质有所提高。

（三）推行羊毛检验制度，加强羊毛检验工作

羊毛检验是羊毛产业中一个非常重要的环节，而且随着市场经济的不断发展，羊毛检验工作变得愈来愈重要。羊毛检验既可以为市场销售提供检测依据，而且检验结果又可以用来指导羊毛生产，改进羊毛品质。

1.推行羊毛检验制度

要与羊毛市场建设相配合，推行羊毛检验制度，特别是批量交易的羊毛必须进行检验，没有检验证书的羊毛不准销售，逐步提高检验羊毛的比例，促进羊毛市场的规范化发展。

2.改善实验室条件

各地要将羊毛检验实验室建设作为重点实验室进行投资，改善实验设备和条件。如激光细度仪、液压钻孔取样机和抓样机械手等，都是急需配备的。否则，很难提高实验结果的客观公正性和实验室的权威性。

3.加强技术力量

既要对现有人员加强技术培训，进一步提高业务素质之外，还应增加人力，尤其是增加掌握新技术的技术工作者，担负起羊毛质量检验的重任。

（四）加强绵羊毛产销管理

早在1990年，原国家技术监督局、国家经济贸易委员会、国家计划委员会、农业部、纺织工业部、商业部联合发布了《羊毛质量监督管理办法》，确立了绵羊毛净毛计价、公证检验等制度。但是由于我国羊毛生产流通环节脱离有效链接，羊毛质量检验机构主要限于轻工、纺织、商检及外贸，再加我国毛皮质检机构体系的建立缓慢，整个羊毛市场十分混乱，流通领域的毛皮质检工作进展缓慢，广大牧区目前仍然采取污毛计价的方式，优毛优价难以真正实现。因此，建议在不断加强和改善基层收购单位羊毛的分级收购中，统一检验、打包、运输等基础设施建设，从细毛羊的放牧和羊毛的产、购、销和加工等方面加强系统管理。尽快改革羊毛流通体制，积极培育羊毛交易市场，建立国家和地方的羊毛拍卖市场，做大做强现有的羊毛拍卖市场，逐步建立我国羊毛期货市场。建立网络交易平台，开展信息服务，做好产销衔接。对优秀细毛羊群体实行分群管理，有条件的实行舍饲管理，减少外界环境对羊毛的污染。羊毛后处理实行除边、分级整理、客观检验、净毛计价、公平交易、公开拍卖。

第四节 世界细毛羊业的典型范例——澳大利亚细毛羊业

一、澳大利亚养羊业的环境条件

澳大利亚全国总面积768万km²，东西最宽4 025km，南北最长约3 220km。有39%的地区在热带，其余在南温带。澳大利亚9~11月为春季，12~2月为夏季，3~5月为秋季，6~8月为冬季。冬季最低温可达4.4℃，夏季最高温为48.8℃，中西部年平均降水量为100~300mm，临海及热带地区年平均降水量为1 000~2 300mm。全国总人口1 900万，农业人口只占5.37%。全国农业土地面积8亿km²，其中，牧草地占60%。不同的气候和生态环境影响着绵羊的分布和品质特性，根据各地的降水量、牧场特点，澳大利亚可以分为3个养羊带。

（一）多雨量带

位于东南部沿海山地、内侧高原和西部沿海陆地，年降水量500~700mm，草原四季常青，是良好的牧场。以饲养细型及超细型美利奴羊为主，数量占全国的30%。

（二）中雨量带

位于多雨量带的内侧，年降水量250~500mm，牲畜饮水和牧草生长的水源有保证，这里拥有完善的灌溉系统，盛行农作物与牧草轮作。以饲养中毛型和强壮型美利奴羊为主，数量占全国的40%。

（三）干旱放牧带

位于中雨量带内侧，一直向大陆内部延伸。年降水量低于250mm，面积辽阔，载畜量低。主要饲养强毛型美利奴羊，数量已占到全国的30%。

澳大利亚除了潮湿的热带，年平均气温20℃以上的北部地区，以及少雨或无雨的大陆中部和西部广大地区不适于养羊外，其他各州的自然条件很适宜绵羊的生长发育。最冷月（7月）平均温度在10~18℃，有利于绵羊安全越冬，用不着建筑羊舍避风防寒，羊只昼夜在围栏草场上生活栖息，不必来回驱赶，减少应激造成的各类损失。

二、澳大利亚细毛羊业的发展现状

澳大利亚是世界养羊业最发达的国家，2001年绵羊总数1.14亿只。现在已成为世界主要的羊毛生产国和出口国，羊毛产量占世界羊毛总产量的1/3，年产量达10亿kg，出口羊毛外汇的收入超过其他畜产品，每年收入约60亿澳元，产业化程度很高。澳洲美利奴羊是世界公认最好的细毛羊品种，其饲养量占全澳绵羊数量的70%以上。澳洲美利奴羊能在长时期内久兴不衰，其原因主要有：

（一）具有健全的核心场、育种场和商品羊场三级育种体系，具有功能性强的品种协会和育种技术体系。

（二）具备符合市场需求，并且能够根据市场需求变化进行调整的品种类型。即根据被毛细度，澳洲美利奴羊分为强毛型、中毛型、细毛型和超细型。毛纺业需求不同细度的羊毛，各细度羊毛都有其用途。

（三）具有较好的气候条件和草地放牧资源条件。细毛型和超细型主要分布在气候湿润、雨量充沛的维多利亚州和塔斯马尼亚州；中毛型主要分布在新南威尔士州和昆士兰州；强毛型主要分布在雨量较少的南澳州和西澳州。各放牧草场具备良好的放牧条件，建设了围栏和自动饮水设施。

（四）垄断世界羊毛市场，但是能够适应市场需求调整各类型绵羊群体饲养规模。羊毛是澳大利亚的支柱产业之一，其出口创汇占全澳出口创汇总额的10%以上。20世纪70年代，澳大利亚政府为了稳定羊毛生产和出口创汇，制定了羊毛保护政策，促使澳洲细毛羊饲养数量快速上升，造成依靠政府经费的羊毛库存不断增加。1983年以前，澳大利亚政府统计的绵羊品种只有7个，1986年以后增加到19个，除了澳洲美利奴羊外，还有考力代、波尔华斯、邦德羊、边区莱斯特羊、罗姆尼羊、无角道塞特、有角道塞特、萨福克、南丘羊等。1994年澳大利亚政府取消了羊毛保护价，并抛售库存羊毛，到2001年8月，依靠澳大利亚政府经费的羊毛库存降为零。预计今后一段时间澳大利亚羊毛产量不会有明显增加。近10年来，澳大利亚羊毛产量呈逐渐下降趋势，10年下降了26.8万t，总体下降1/3多。其原因是多方面的：一是由于从20世纪90年代初开始羊毛价格下滑，其后一直在低谷中徘徊，挫伤了牧民养羊积极性，饲养数量不断减少，使羊毛产量逐年下降；二是澳政府不断抛出库存，使国际羊毛市场供过于求，这种供求关系也促使澳洲羊毛产量减少；三是近5~6年以来，由于国际市场羊毛价格逐渐走高和货源相对紧缺，许多厂商寻求羊毛的替代原料，这就造成羊毛未来有效需求的疲软，从而影响了羊毛供求的均衡；四是近年来，全澳受到厄尔尼诺干旱气候的影响，牧草退化。羔羊存活率大幅度降低，绵羊产毛量降低，伴随着连年的森林火灾和牲畜疫病的流行，一些牧场甚至羊群全部覆没，牧场主弃业搬迁，使羊毛的供给大受影响。

三、澳洲美利奴的育种趋势

澳洲美利奴羊自1905年导入佛蒙特美利奴羊之后，再也没有从国外引进过美利奴羊，只依靠国内的品种资源开展育种工作，培育出细度不同、适应不同生态区域的品种内各类型、并以其羊毛品质好、净毛率高和羊毛产量高而著称。20世纪80年代后期，澳大利亚政府在总体上采取羊只缩减政策，育种方面开展降低羊毛细度研究，并把羊毛研究与育种研究进行结合，开发新产品，实施振兴养羊业的计划。由于羊毛细度对体格的影响显著，使细度育种成为澳洲美利奴羊育种重点，其研究内容有：

（一）对影响羊毛细度的基因进行研究。通过对不同基因型比较分析，希望找到控制羊毛细度的基因，为今后培育优质种羊奠定基础，应用基因定位和转基因技术，与克隆技术相结合，培育高品质的种羊。

（二）开展羊毛超微结构研究。这项研究取得的成果已经应用于羊毛加工技术创新方面。

（三）采用杂交方法降低羊毛细度。过去商品羊场生产方向比较专一，有一定的羊毛细度范围，有利于生产管理和降低生产成本。为了适应市场发展趋势，一般商品羊场都引入超细型或细毛型种羊，降低原有品种的羊毛细度，羊毛经纪人和拍卖市场也接受小批量的细型羊毛，为澳洲从整体上降低美利奴羊毛细度创造了条件。

（四）采用胚胎移植和体外胚胎生产技术，扩大超细型美利奴羊数量。此项技术在澳大利亚已经处于生产应用阶段，主要是中毛型、强毛型羊场委托研究所或ET公司进行这方面工作，培育建立纯种超细型群体。

（五）开展提高羊毛质量研究。近年来购毛企业普遍对细型羊毛检验单上的强力指标比较关注。除了饲养因素影响羊毛强力指标外，遗传因素至关重要。因此，澳大利亚育种部门在细度育种过程中，已经注意强力性状的选择。另外，还对羊的油脂类型进行研究，主要研究不同品系的油脂含量和软、硬脂比例，软脂对羊毛起主要保护作用，而硬脂含量过多则影响羊毛品质，其指标已经作为选种的参考依据。

（六）羊毛加工新技术研究，更多细羊毛的获得主要通过品种选育和增加产量，但其产量有限，而且细度范围也有限。所以，以澳大利亚联邦科学院纺织纤维研究所为主，开展了羊毛防缩技术、拉伸技术和单纤维纺纱技术研究，以上羊毛加工技术基本都是针对细型羊毛开发研究成功的。所以，期待今后细型羊毛市场广阔，在与合成纤维的竞争中，羊毛纤维在强度方面只能屈于下风，随着以上新型羊毛加工技术的开发，将使羊毛纤维更具有竞争力。

四、澳洲美利奴的品种结构

在澳大利亚，不同地区的美利奴羊在遗传性和羊毛生产类型方面是不完全相同的。澳洲美利奴羊按地域通常分为4个系别：派平系、南澳系、撒克逊系和西班牙系。

（一）派平系

派平系美利奴遍布全澳大利亚，而且得到世界上许多国家的引用。此系羊体质强壮、善游走、能充分利用平原牧场，具有良好的适应性与稳定的遗传性。其净毛率为58% ~ 60%。较好的纯种派平系羊群集中在新南威尔士州的西部。这里建有多个种羊场，每个羊场平均存栏1万只。澳洲最大的美利奴羊场"哈得多克里格"拥有4万只左右纯种派平系羊，其中，母羊约1.9万只，种公羊250只。

（二）南澳系

南澳系美利奴数量在澳大利亚占第二位。它形成于19世纪末，集中在南澳大利亚和维多利亚的草原地区。由于长期的育种工作，形成了遗传性稳定的美利奴群体。南澳系羊体大，比其他系体重高8% ~ 10%，四肢高，皮肤皱褶较少，体质强壮，具有较高的繁殖力。羊毛细度58 ~ 60支，剪毛量比其他系高10% ~ 12%。南澳美利奴公羊用来与其他系母羊杂交，尤其是与撒克逊系、西班牙系细毛母羊（70支或以上的）杂交，能够得到60 ~ 64支甚至58支的美利奴羊。

（三）撒克逊系

该系绵羊在纯种美利奴养羊业中占比例不大，为6%左右。现在仅保留在塔斯马尼亚岛和新南威尔士州的一些地区。该系90%以上属于细毛型与超细毛型。羊毛纤维直径为16 ~ 19 μm。与其他系不同的是前后躯部分有大的皱褶，中部有皱纹。另外，还有脸毛，四肢比较矮。

（四）西班牙系

该系与撒克逊系相似，主要生产超细羊毛，纤维直径16 ~ 19 μm。不同点是毛短，毛被密度更大，油汗含量多。体格类型与撒克逊相似。头、四肢羊毛着生相当密，全身有大的皱褶与皱纹。

澳洲美利奴羊，按内部结构的重要特点，以羊毛细度类型区分，可以分为超细型、细毛型、中毛型、强毛型。

细毛型与超细毛型绵羊的羊毛细度为70 ~ 90支，四肢较矮，皮肤薄而有弹性，皱襞多。虽然剪毛量比其他类型高，但净毛率比中毛型低4% ~ 5%，比强毛型低6% ~ 8%。在澳洲美利奴中，最普遍的是提供60 ~ 64支羊毛的中毛型美利奴，体质强壮、适于远程放牧。它比细毛型的体重略小些，皮肤皱襞较少。其剪毛量比细毛型低5% ~ 8%，强毛型约占澳美的10% ~ 15%，它提供58 ~ 60支的细毛。强毛型在整个澳美品种中体重最大，皱襞少，净毛率高、母羊泌乳量高、羔羊生命力强。强毛型种公羊在一些农场与试验站用来提高中毛型与超细毛型的净毛率，强毛型母羊也用来与中毛型公羊交配。

五、澳大利亚细毛羊业经营管理和研究

澳大利亚200年前没有细毛羊，现在已成为世界主要的羊毛生产国和出口国，出口羊毛的外汇收入超过其他畜产品，澳大利亚羊毛生产的核心和特色是，政府的重视，加之得独厚的环境条件，形成了世界上独树一帜的细毛羊发展风格，其发展成就处于世界领先地位。

（一）细毛羊育种采取社会化联合育种

澳大利亚细毛羊生产采取社会化联合育种。这种联合育种有国际间研究机构的合作，也有国内不同性质单位的协作。国际间成立了由12个国家参加的联合育种协会。国内合作包涵了整个与细羊毛有关的部门，有科研单位、服务公司、毛纺企业、牧场、大学、中介组织、质量检测机构等，这些单位互通有无，信息共享，育种素材共用。当前的育种方向是提高羊毛细度和增强羊的抗病力。育种方法已发展到利用分子育种技术，选留具有超细毛和强抗病能力基因的羊，扩散其基因覆盖率，遗传基因育种已取得很大进展。近期启动的细毛羊CRC项目为"T13"计划，参与研究的科研单位有4个，牧场有8个，另外，还有羊毛分级和商标公司参加。目的是选育出羊毛纤维直径在13μm左右，但长度和强度、体重和毛产量都不显著降低的超细型细毛羊。

（二）用健全的标准体系来统一分散的生产

据统计，澳大利亚46 300个牧场，绵羊饲养量约1.18亿只，占全澳畜群总数的98%。在46 300个牧场中，只有12 700个牧场是专业羊场，其余是混合型企业。为了更好地开展质量管理工作帮助质量体系的发展，国际羊毛局制定了《澳大利亚羊毛质量指南》。《指南》包括羊毛生产、羊毛集中、销售、装运准备、初加工等五方面的技术内容。澳大利亚羊毛交流中心（AWEX）负责制定剪毛操作、套毛整理、羊毛分级和毛包标志等行业标准，并制定质量体系的操作守则，针对细羊毛生产过程中的每一个环节，列出了生产者、签约人员、剪毛房工人及羊毛分级员等的职责以及每一项相关活动的质量体系内容。在《指南》与《操作守则》的指导下，将产业链各个环节的管理措施衔接起来，分散的生产通过统一的技术措施形成统一的产品。

（三）完善的社会化服务体系保障细毛羊生产水平的提高

澳大利亚羊毛业已形成一条完整的产业链条。其特点是社会化服务程度高、竞争激烈、分工细致、保证质量、责权明确、注重市场、公平销售。牧场主只负责饲养绵羊、机械剪毛和毛套的初步清拣。由打包公司将羊毛打包后交付经纪商。澳大利亚的羊毛销售服务机构有羊毛检验所、羊毛交易所和库存毛有限公司等。经纪商是牧场主的销售代理人，羊毛通过羊毛交易所实行公开拍卖，未售出的羊毛由库存毛有限公司收购，压缩打包，妥善保存。并发展羊毛的期货市场，最终为牧场主把羊毛销售出去。因此，在澳大利亚，从种羊的培育以及鉴定、拍卖、改良、疫病防治、围栏铺设、机械剪毛以及抓羊、分级整理、客观检验、打包、贮存运输等各个环节都形成了专业化队伍，使生产规模无论大小都能够得到专业化的服务。专业化的服务在提高质量水平的同时实现了经济利益的共赢，反过来也促进了养羊业产业化水平的提高。

（四）细毛羊的发展有教育、培训及其他政策、技术支持

"澳大利亚农业培训委员会"，是农业行业内负责培训事务的国家行业培训咨询组织和能力鉴定标准组织，对羊毛鉴定员、羊毛收获人员、羊毛分级员和育种者等人员的培训已经实现制度化。

国家农业部、大学动物科学系、联邦科工组织的羊毛技术与绵羊生产中心、畜牧业种畜育种委员会、私人绵羊主与羊毛顾问等组织在为提高羊毛纤维质量而设计的基因提高研究、品种比较试验、生产与相关加工研究项目、为生产不同的羊毛而确定的种羊场绵羊品种注册制度、信息传播、质量提高项目等方面提供技术支持。

为支持羊毛产业化发展，政府专门设立了出口奖励基金，称为革新农业营销计划（Innovate Agricultural Markefing Program，IAMP），凡是为农业出口（包括技术、教育、产品等）作出贡献的人

或单位均可参加评奖，并且为开拓国际市场提供资助。同时，由国家以及有关行业协会、澳大利亚的私人公司等提供巨额研究经费。专业化分工以及经费的支持，也保证了技术水平的提高。

总之，澳大利亚通过多年探索，已形成了以质量管理为核心的"牧民+标准+社会化服务体系+检验+市场"的产业化格局。随着澳大利亚的工业调整，行业内正在逐步提高质量并在质量保证方面加以改善，进一步提高产业化水平，以顺应市场发展的要求。

第五节　细毛羊品种

一、国外细毛羊品种

（一）澳洲美利奴羊（Australian Merino）

从1797年开始，由英国及南非引进的西班牙美利奴、德国撒克逊美利奴、法国和美国的兰布列品种杂交育成澳洲美利奴羊，它是世界上最著名的细毛羊品种。

澳洲美利奴羊，体型近似长方形，腿短，体宽，背部平直，后躯肌肉丰满；公羊颈部有1~3个发育完全或不完全的横皱褶，母羊有发达的纵皱褶。该品种羊的毛被，毛丛结构良好，毛密度大，细度均匀，油汗白色，弯曲均匀整齐而明显，光泽良好。羊毛覆盖头部至两眼连线，前肢至腕关节或腕关节以下，后肢至飞节或飞节以下。在澳大利亚，美利奴羊被分为3种类型，它们是超细型和细毛型（Super Fine & Fine Merino），中毛型（Medium Wool Merino）及强毛型（Strong Wool Merino）。其中，又分为有角系与无角系两种。无角是由隐性基因控制的，通过选择无角公羊与母羊交配而培育出美利奴羊无角系（表1-1）。

表1-1　不同类型的澳洲美利奴羊的生产性能

类　型	体重（kg）		产毛量（kg）		细度（支）	净毛率（%）	毛长（cm）
	公	母	公	母			
超细型	50~60	34~40	7~8	4~4.5	70	65~70	7.0~8.7
细毛型	60~70	34~42	7.5~8	4.5~5	64~66	63~68	8.5
中毛型	65~90	40~44	8~12	5~6	60~64	62~65	9.0
强毛型	70~100	42~48	8~14	5~6.3	58~60	60~65	10.0

超细型和细毛型美利奴羊，主要分布于澳大利亚新南威尔士州北部和南部地区，维多利亚州的西部地区和塔斯马尼亚的内陆地区，饲养条件相对较好。其中，超细型美利奴羊体型较小，羊毛颜色好，手感柔软，密度大，纤维直径18μm，毛丛长度7.0~8.7cm。细毛型美利奴羊中等体型，结构紧凑，纤维直径19μm，毛丛长度7.5cm。此类型羊毛主要用于制造流行服装。

中毛型美利奴，是澳洲美利奴羊的主要代表，分布于澳大利亚新南威尔士州、昆士兰州、西澳的广大牧区。体型较大，相对无皱，产毛量高，毛被手感柔软，颜色洁白，纤维直径为20~23μm，毛丛长度接近9.0cm。此类型羊毛占澳大利亚产毛量的70%，主要用于制造西装等织品。

强毛型美利奴羊，主要分布于新南威尔士州西部、昆士兰州、南澳和西澳，尤其适应于澳大利亚的炎热、干燥的干旱、半干旱地区。该羊体型大，光脸无皱褶，易管理，纤维直径23~25μm，毛丛长度约10.0cm。此类型羊所产羊毛主要用于制作较重的布料以及运动衫。

我国于1972年以后开始陆续引入澳洲美利奴羊，对提高和改进我国的细毛羊品质有显著效果。

（二）布鲁拉美利奴羊（Booroola Merino）

布鲁拉美利奴羊，来源于澳大利亚新南威尔士州南部高原，Seears兄弟的牧场"Booroola"中毛型非派平（Peppin）美利奴羊，由布鲁拉羊场的Seears兄弟和澳大利亚联邦科学与工业研究组织

（CSIRO）共同育成。

Seears兄弟对美利奴羊的多胎性非常感兴趣，自1947年开始选择产三胎的母羊组群，到1958年约有200～300只多胎母羊群体，产羔率高达190%。1958年时，CSIRO的动物遗传部接受了Seears兄弟捐赠的同胎一产五羔的一只公羊，随后他们购买了Seears兄弟牧场中同胎为3～4羔的周岁母羊12只，一只初产三羔的2岁母羊。1959年和1960年，CSIRO又分别接受了Seears兄弟捐赠的一只同胎为4羔的公羊和一只同胎为6羔的公羊，并从该牧场购买了2～6岁的胎产多羔的91只母羊，由此组成了育种群进行育种。CSIRO发现，布鲁拉美利奴羊的多胎性是由单个主基因FecB决定的，因此，选择集中在对排卵率和胎多产性上，从而加快了育种进程。

布鲁拉美利奴羊属于中毛型美利奴羊，具有该型羊的特点，剪毛量和羊毛品质与澳洲美利奴羊相同，所不同的是繁殖率极高。公羊有螺旋形大而外延的角，母羊无角。用腹腔镜观测结果，1.5岁布鲁拉美利奴母羊的排卵数平均为3.39个，2.5～6.5岁的母羊为3.72个，最大值为11个。据对522只布鲁拉美利奴母羊（2～7岁）统计，一胎产羔平均为2.29只。

（三）波尔华斯羊（Polwarth）

波尔华斯羊，原产于澳大利亚维多利亚州的西部地区，1880年育成，是用林肯公羊与美利奴母羊杂交，一代母羊再与美利奴公羊回交育成。该品种对干旱和潮湿都有良好的适应性，是优良的肉毛兼用品种。

波尔华斯羊体质结实，结构良好，有美利奴羊特征。鼻微粉红，无角，脸毛覆盖至两眼连线，背腰平直，全身无皱褶，腹毛着生良好。成年公羊体重66～80kg，成年母羊50～60kg。成年公羊剪毛量5.5～9.0kg，成年母羊5.0kg，净毛率65%～70%，毛长12～15cm，细度58～60支，弯曲均匀，羊毛匀度良好。羊肉脂肪少，眼肌面积大，为早熟品种。母羊全年发情，母性好。产羔率140%～160%，多羔率可达60%。

我国从1966年起，先后从澳大利亚引入该品种，对我国绵羊的改良育种起了积极的作用。

（四）考摩羊（Cormo）

考摩羊，原产于澳大利亚塔斯马尼亚岛，是用考力代羊与超细型美利奴羊杂交，组成封闭的育种核心群，利用选择指数对纤维直径、生长速度、双羔率、产毛量及脸毛覆盖等指标进行选育而成。

该品种羊体质结实，体格大而丰满，胸部宽深，颈部皱褶不太明显，四肢端正。毛被呈闭合型，羊毛洁白柔软，光泽好，羊毛纤维直径21～23μm，毛长10.0cm以上，净毛率高。成年公羊体重90kg以上，成年母羊50kg。成年公羊剪毛量7.5kg，成年母羊4.5～5.0kg。该羊繁殖力高，早熟性强，母羊恋羔性好。

20世纪70年代末我国从澳大利亚引入，在我国云南省纯种繁育和杂交改良效果良好。

（五）康拜克羊（Comeback）

康拜克羊，原产于澳大利亚的塔斯马尼亚岛，原来是由长毛种羊与美利奴羊杂交育成，后又用考力代羊、波尔华斯羊与美利奴羊杂交，于20世纪80年代育成的新品种。

该品种羊公、母均无角，成年公羊体重80～95kg，成年母羊45～60kg，毛长10～13cm，细度58～64支，剪毛量4.0～5.5kg，净毛率60%～70%，产羔率100%。

康拜克羊属于毛肉兼用型，对寒冷潮湿及降水量高于500mm的地区有良好的适应性。我国在20世纪80年代末已有引入。

（六）德国美利奴羊（German Merino）

德国美利奴羊，原产于德国，是用泊列考斯和莱斯特品种公羊与德国原有的美利奴羊杂交培育而成。这一品种在原苏联有广泛的分布，原苏联养羊工作者认为，从德国引入苏联的德国美利奴羊与泊列考斯等品种有共同的起源，故他们把这些品种通称为"泊列考斯"。

德国美利奴羊属肉毛兼用细毛羊，其特点是体格大，成熟早，胸宽深，背腰平直，肌肉丰满，后躯发育良好，公、母羊均无角。成年公羊体重90～100kg，成年母羊60～65kg，成年公羊剪毛量10～11kg，成年母羊剪毛量4.5～5.0kg，毛长7.5～9.0cm，细度60～64支，净毛率45%～52%，产羔率140%～175%。早熟，6月龄羔羊体重可达40～45kg，比较好的个体可达50～55kg。

我国1958年曾有引入德国美利奴羊，分别饲养在甘肃、安徽、江苏、内蒙古、山东等省（区），曾参与了内蒙古细毛羊新品种的育成。但据各地反映，各场纯种繁殖后代中，公羊的隐睾率比较高。如江苏铜山种羊场的德美纯繁后代，1973～1983年统计，公羊的隐睾率平均为12.72%，这在今后使用该品种时应引起注意。

（七）苏联美利奴羊（Советский Меринос）

苏联美利奴羊，产于俄罗斯，由兰布列、阿斯卡尼、高加索、斯塔夫洛波和阿尔泰等品种公羊改良新高加索和马扎也夫美利奴母羊培育而成。在苏联美利奴羊形成过程中，还包括有美利奴公羊与粗毛母羊杂交的高代杂种羊。

苏联美利奴羊分两种类型：毛用型和毛肉兼用型。现在分布最广的是毛肉兼用型。这个类型的绵羊，成年公羊体重100～110kg，成年母羊为55～58kg。成年公羊剪毛量16～18kg，成年母羊6.5～7.0kg。毛长公羊为8.5～9.0cm，母羊为8.0～8.5cm，净毛率38%～40%。

1950年起苏联美利奴羊输入我国，在许多地区适应性良好，改良粗毛羊效果比较显著，并参与了东北细毛羊、内蒙古细毛羊和敖汉细毛羊新品种的育成。

（八）兰布列羊（Rambouillet）

兰布列羊，原产于法国，由1786年及1799～1803年间引进的西班牙美利奴羊在巴黎附近的"兰布列"农场中培育而成。

兰布列羊体型大，体格强壮，公羊有螺旋形角，母羊无角。根据皮肤皱褶多少分两个类型：一种为颈上具有2～3个皱褶，腿及歁部有小皱褶，毛密，含脂量高，但毛短；另一类型为颈上具有2～3个皱褶，腿及歁部则无皱褶，毛的品质较优，体型倾向肉用型。成年公羊体重100～125kg，成年母羊为60～65kg；成年公羊剪毛量7～13kg，成年母羊5～9kg。羊毛长度5.0～7.5cm，细度64～70支。这一品种目前在法国已名存实亡，在美国等一些国家还有少量分布，新中国成立之前曾少量输入。

（九）阿尔泰细毛羊（Алтайская Порода）

阿尔泰细毛羊，原产于俄罗斯，用美国兰布列、澳洲美利奴和高加索等品种公羊与新高加索和马扎也夫美利奴母羊杂交培育而成。

阿尔泰细毛羊体格大，外形良好，颈部具有1～3个皱褶。成年公羊体重110～125kg，特级成年母羊为60～65kg，成年公羊剪毛量12～14kg，成年母羊6.0～6.5kg，净毛率42%～45%，公羊毛长8～9cm，成年母羊为7.5～8.0cm，羊毛细度以64支为主，产羔率120%～150%。阿尔泰细毛羊在新中国成立后输入我国，在西北各省适应性良好，改良粗毛羊效果显著。

（十）阿斯卡尼细毛羊（Асканийская Порода）

阿斯卡尼细毛羊，原产于乌克兰，用美国兰布列公羊与阿斯卡尼地方细毛母羊杂交，在杂种后代中进行严格选种选配，同时，不断改善饲养管理条件。

阿斯卡尼细毛羊体质结实，体格大，体躯结构正常，骨骼发育良好。成年公羊体重120～130kg，特级成年母羊为58～62kg，成年公羊剪毛量16～20kg，成年母羊6.5～7.0kg，净毛率38%～42%，毛长7.5～8.0cm，细度以64支为主，产羔率125%～130%。在新中国成立后曾引入我国，在东北、内蒙古、西北等地均有分布，曾参与了东北细毛羊的育成。

（十一）高加索细毛羊（Кавказская Порода）

高加索细毛羊，产于俄罗斯斯塔夫洛波尔边区。用美国兰布列公羊与新高加索母羊杂交，在改善饲养管理的条件下，用有目的的选种选配方法培育而成。

高加索羊具有大或中等体格，体质结实，体躯长，胸宽，背平，骨骼发育良好，颈部具有1～3个发育良好的横皱褶，体躯有小而不明显的皱褶。被毛呈毛丛结构，毛密，弯曲正常。羊毛细度以64支为主，公羊毛长8～9cm，母羊7～8cm，成年公羊平均剪毛量为12～14kg，成年母羊为6.0～6.5kg，净毛率40%～42%。成年公羊体重90～100kg，成年母羊为50～55kg。产羔率130%～140%。

高加索细毛羊在新中国成立前就输入我国，是育成新疆细毛羊的主要父系，同时，参与了东北细毛羊、内蒙古细毛羊、甘肃高山细毛羊、山西细毛羊和敖汉细毛羊等品种的育成，在改造我国粗毛养羊业成为细毛养羊业的过程中起了重要作用。

（十二）斯塔夫洛波尔羊（Ставрпоеьска Пороя）

斯塔夫洛波尔羊，产于俄罗斯斯塔夫洛波尔边区。用美国兰布列公羊与新高加索母羊杂交，在一代杂种中导入1/4澳洲美利奴公羊血液培育而成。

斯塔夫洛波尔细毛羊体质结实，外形良好，颈部有1～2个皱褶或发达的垂皮，"苏联毛被"种羊场的4.5万只羊平均剪毛量6.5～7.0kg，或折合成净毛为2.6～2.8kg。其中，种公羊为18～22kg，特级成年母羊为6.3～7.3kg，以64支为主，油汗白色或乳白色，匀度好，强度大。种公羊平均体重110～116kg，成年母羊为50～55kg，产羔率120%～135%。

斯塔夫洛波尔细毛羊自1952年起引入我国，在各地饲养繁殖和参加杂交育种工作效果都比较好。

（十三）萨尔细毛羊（Сальская Порода）

萨尔细毛羊，产于俄罗斯，用美国兰布列公羊与新高加索和马扎也夫美利奴母羊杂交培育而成。萨尔细毛羊对干旱草原具有较强的适应能力。成年公羊体重95～110kg，成年母羊50～56kg，成年公羊剪毛量16～17kg，成年母羊6.0～7.0kg，毛长8～9cm，细度64～70支，净毛率37%～40%，产羔率120%～140%，育肥后的成年羯羊胴体重为33.5kg，成年母羊为27.2kg，6.5月龄羯羊为14.3kg。

该品种1958年输入我国，曾参加青海细毛羊等品种的育成，效果比较好。

（十四）南非美利奴羊（South Africanmerino）

南非肉用美利奴羊，原产于南非，该品种早熟、羔羊生长发育快，产肉多，繁殖力高，被毛品质好。公、母羊均无角，颈部及体躯皆无皱褶。体格大，胸深宽，背腰平直，肌肉丰满，后躯发育良好。体重成年公羊为100～140kg，母羊70～80kg，羔羊生长发育快，日增重300～350g，130d可屠宰，活重可达38～45kg，胴体重18～22kg，屠宰率47%～49%。毛长：公羊为9～11cm，母羊为7～10cm。母羊毛细度为64～60支，公羊剪毛量为7～10kg，母羊为45kg。净毛率为50%以上。南非美利奴羊性早熟，12个月龄前就可第一次配种，产羔率为200%。可充分利用该品种资源，改良细毛羊或半细毛母羊，增加羊肉产量和羊毛产量。

在澳大利亚南非美利奴羊的最大市场是精液和胚胎及羔羊肉。新西兰、乌拉圭和墨西哥等国已相继从澳大利亚引入该品种。我国也于2002年7月从澳大利亚引入11只公羊和33只母羊，饲养于山西省沁水示范牧场，并于当年成功发情配种。

二、中国细毛羊品种

（一）新疆细毛羊

新疆细毛羊是我国育成的第一个细毛羊品种。1954年育成于新疆维吾尔自治区巩乃斯种羊场。

1.育种工作简况

新疆细毛羊的育种工作始于1934年，当时从原苏联引入了一批高加索、泊列考斯等绵羊品种，分别饲养在伊犁、塔城、巴里坤、乌鲁木齐和喀什等地，主要用来对当时属于牧主、商人和国民党政府土产公司的哈萨克羊和蒙古羊进行杂交改良。巩乃斯种羊场的羊群是1939年从乌鲁木齐南山种畜场迁去的，主要是一代、二代杂种母羊及少量三代母羊，还从民间收集了部分杂种羊，共有2 600多只，在此基础上，继续用高加索羊、泊列考斯细毛公羊分两个父系进行级进杂交，比重以高加索公羊为主，1942年开始试行少量的四代横交。1944年以后，由于纯种公羊大部分损失或老死，绝大部分杂种羊不得不转入无计划的横交。从1946年开始，又加入了少数哈萨克粗毛母羊，并用高代杂种公羊交配。因此，巩乃斯种羊场1949年的羊群是以四代为主（包括少部分级进到五代、六代的杂种自交群），还有少数用杂种公羊配哈萨克母羊的后代，共9 000余只，当时称为"兰哈羊"。这些羊群饲养管理相当粗放，缺乏系统的育种工作和必要的育种记载，生产性能较低，品质很不整齐。但在新中国成立前后，已有部分"兰哈羊"作为细毛种羊推广。

新疆解放后，各级畜牧业务主管部门重视，继续开展以巩乃斯种羊场为重点的细毛羊育种工作。1950～1953年间，对巩乃斯羊场进行了整顿，加强了领导和技术力量，初步建立了饲料生产基地，逐步改善了饲养管理，建立了初步的育种记载系统，加强了羊群的选种选配等育种工作，大幅度淘汰品质差的个体，从而使羊群趋于整齐，品质得到迅速提高。与此同时，还扩大了羊群的繁育区，增建了新的育种基地，相继建立了霍城、察布查尔、塔城和乌鲁木齐南山等种羊场，共同进行细毛羊新品种的培育工作，使"兰哈羊"的质量有了较大的提高，数量有了较大增加，分布地区更加广泛。1953年由农业部、西北畜牧部和新疆畜牧厅联合组成鉴定工作组，对巩乃斯种羊场的羊群进行现场鉴定。1954年经农业部批准成为新品种，命名为"新疆毛肉兼用细毛羊"，简称"新疆细毛羊"。

新疆细毛羊育成后，针对该品种羊存在的问题，为进一步提高质量，1954～1957年期间，巩乃斯羊场从全场7 000只基础母羊中，鉴定选出700只优秀母羊组成育种核心群，进行较为细致的育种工作。育种核心群又根据品质特点的不同分成毛长组、毛密组、体重组和毛重组等四个组。然后，为每组母羊选配符合其特点的公羊，目的在于巩固各组特点，再采用不同组之间交配的办法来达到提高新疆羊羊毛品质的目的。但育种结果除毛长组和毛密组的效果突出外，其他两组特点并不显著，说明按组的同质选配没有达到预期效果。

1958～1962年育种期间，改变了按组选配的方法，明确提出了新疆细毛羊的理想型，最低生产性能指标和鉴定分级标准，并以提高羊毛长度、产毛量和改善腹毛着生和覆盖为中心任务。在这一阶段工作中，细致地进行了等级群的选配。羊群被分为Ⅰ、Ⅱ、Ⅲ、Ⅳ四个级别，其中，Ⅰ、Ⅱ、Ⅲ级羊各分成两个类型：生产性能较高的属于A型，生产性能较低的属于B型（Ⅳ级羊本身没有一致的品质特点，个体差异大），然后为每个类型的母羊选配能改善其缺点的公羊。在这一阶段的育种工作中，还特别重视对后备种公羊的培育以及种公羊的后裔测验工作。

在1963～1967年的育种计划期间，主要任务是巩固已有的适应能力和放牧性能，继续改进和提高羊毛长度、产毛量、活重及腹毛覆盖，同时，着手建立新品系等工作。通过以上几个阶段有目的、有计划的育种提高工作，使巩乃斯种羊场的新疆细毛羊在各个方面，与品种形成时相比，得到了比较显著的提高。与此同时，其他饲养新疆细毛羊的种羊场亦都加强了育种工作，引进了巩乃斯种羊场培育的优秀种公羊，使羊群的品质有较大幅度的提高。1966～1970年，在农业部、新疆畜牧厅和伊犁哈萨克自治州的组织领导下，开展了"伊犁—博尔塔拉地区百万细毛羊样板"工作，大大推进了这一地区新疆细毛羊和绵羊改良的发展，使羊群质量发生了很大的变化。到1970年，伊博地区12个县的同质细毛羊达到了150.9万只，其中，纯种新疆细毛羊为23.5万只。

为了迅速改进和提高新疆细毛羊的被毛品质和净毛产量，巩乃斯、南山及霍城等种羊场，在加强纯种繁育工作的同时，曾分别在部分羊群中导入阿尔泰、苏联美利奴、斯塔夫洛波、哈萨克和波尔华斯等品种的血液，后因未获得预期效果而中止，但对这些羊场的部分羊群产生了一定的影响。从1972年起，巩乃斯和乌鲁木齐南山种羊场的新疆细毛羊导入澳洲美利奴羊的血液，通过测试发现，新疆细毛羊导入适量的澳洲美利奴羊的血液以后，在基本保持体重或稍有下降的情况下，可以显著提高羊毛长度、净毛率、净毛量和改善羊毛的光泽及油汗颜色，经毛纺工业大样试纺，认为羊毛品质已达到进口澳毛的水平。

1981年国家标准局正式颁布了《新疆细毛羊国家标准（GB2426-81）》。

2.体形外貌与生产性能

新疆细毛羊体质结实，结构匀称。公羊鼻梁微有隆起，母羊鼻梁呈直线或几乎呈直线。公羊大多数有螺旋形角，母羊大部分无角或只有小角。公羊颈部有1～2个完全或不完全的横皱褶，母羊有一个横皱褶或发达的纵皱褶，体躯无皱，皮肤宽松。胸宽深，背直而宽，腹线平直，体躯深长，后躯丰满。四肢结实，肢势端正。有的个体的眼圈、耳、唇部皮肤有小的色斑。毛被闭合性良好。羊毛着生头部至两眼连线，前肢到腕关节，后肢至飞节或以下，腹毛着生良好。平均体高成年公羊75.3cm，成年母羊65.9cm；平均体长成年公羊81.9cm，成年母羊72.6cm；平均胸围成年公羊101.7cm，成年母羊86.7cm。

新疆细毛羊饲养以四季轮换放牧为主，部分羊群在冬春季节少量补饲条件下，比一些外来品种更能显示出其善牧耐粗、增膘快、生命力强和适应严峻气候的品种特色。以巩乃斯种羊场为例，该场海拔900～2 900m，每年11月份降雪，3月份融雪，积雪期130～150d，最低气温-34℃，积雪厚度阴山谷地70～120cm，阳山坡地为50～60cm。新疆细毛羊在冬季扒雪采食，夏季高山放牧，每年四季牧场的驱赶往返路程250km左右，羊群依靠夏季放牧抓膘，从6月剪毛后到9月份配种前，75d个体平均增重10kg以上。现新疆细毛羊的主要生产性能如下：周岁公羊剪毛后体重42.5kg，最高100.0kg；周岁母羊35.9kg，最高69.0kg；成年公羊88.0kg，最高143.0kg；成年母羊48.6kg，最高94.0kg。周岁公羊剪毛量4.9kg，最高17.0kg，周岁母羊4.5kg，最高12.9kg；成年公羊11.57kg，最高21.2kg；成年母羊5.24kg，最高12.9kg。净毛率48.06～51.53%。12个月羊毛长度周岁公羊7.8cm，周岁母羊7.7cm；成年公羊9.4cm，成年母羊7.2cm。羊毛主体细度64支，据毛纺厂对几个羊场的新疆细毛羊羊毛分选结果，64～66支的羊毛占80%以上，66支毛的平均直径21.0μm，断裂强度6.8g，伸度41.6%。64支毛的平均直径22.2μm，断裂强度8.1g，伸度41.6%。羊毛油汗主要为乳白色及淡黄色，含脂率12.57%～14.96%。经产母羊产羔率130%左右。2.5岁以上的羯羊经夏季牧场放牧后的屠宰率为49.47%～51.39%。

新疆细毛羊自育成以来，向全国20多个省（区）大量推广。经长期饲养和繁殖实践证明，在全国大多数饲养绵羊的省（区），都表现出较好的适应性，获得了良好的效果。

新疆细毛羊是我国育成历史最久，数量最多的细毛羊品种，具有较高的毛肉生产性能及经济效益。它的适应性强，抗逆性好，具有许多外来品种所不及的优点。但新疆细毛羊若与居于世界首位的澳洲美利奴羊相比，还有相当差距。主要表现在个体平均净毛产量低，毛长不足，羊毛的光泽、弹性、白度不理想；在体型结构方面，后躯不够丰满，背线不够宽平，胸围偏小等。因此，新疆细毛羊今后的发展方向应当是：在保持生命力强，适应性广的前提下，坚持毛肉兼用方向，既要提高净毛产量、羊毛长度和改善羊毛品质，又要重视改善体型结构，提高体重和产肉性能。

（二）中国美利奴羊

中国美利奴羊是在1972～1985年期间，由新疆的巩乃斯种羊场、紫泥泉种羊场、内蒙古嘎达苏种畜场和吉林查干花种畜场联合育成，1985年经鉴定验收正式命名。它是我国细毛羊中的一个高水平新品种。它的育成，标志着我国细毛羊养羊业进入了一个新的阶段。

1.育种工作简况

新中国成立以来，我国的细毛养羊业有了较大发展，但细毛及改良毛的产量和质量远远不能满足毛纺工业对细毛原料的需要。毛纺工业使用外毛的比例超过国毛。由于我国原有培育的细毛羊品种及其改良羊的羊毛品质较差，普遍存在羊毛偏短，净毛量和净毛率低的缺点，羊毛强度、弯曲、油汗、色泽和羊毛光泽都次于澳毛。因此自主培育具备产毛量高、羊毛品质好、遗传性稳定的细毛羊新品种，提高我国细毛羊及改良羊羊毛品质，是自力更生地解决毛纺工业优质细毛原料的关键，也是我国细毛养羊发展的一个迫切任务。

1972年，国家克服种种困难，从澳大利亚引进29只澳洲美利奴种公羊，分配给新疆、吉林、内蒙古和黑龙江等地饲养。1975年，农业部多次召开会议，研究并组织良种细毛羊的培育工作。1976年将良种细毛羊培育工作列为国家重点科学技术研究项目。1977年农业部成立良种细毛羊培育领导小组和技术小组，并确定在新疆巩乃斯种羊场、柴泥泉种羊场、内蒙古嘎达苏种羊场、吉林查干花种羊场进行有计划、有组织的联合育种工作，并组织有关科研单位和高等院校协作。1982年，国家科委攻关局为了加快良种细毛羊的培育工作，在北京两次召开该课题的论证会。1983年将"良种细毛羊的选育"列为国家"六·五"期间科技攻关项目，由国家经委与承担单位内蒙古畜牧科学院、新疆紫泥泉绵羊研究所、吉林农科院畜牧所、北京农业大学畜牧系签订专项合同（以后又增加新疆巩乃斯协作组），明确规定了4个育种场完成的良种细毛羊数量和质量攻关指标。1986年5～6月，三省（区）科委和畜牧主管部门及邀请的专家教授组成鉴定委员会，分别对本省（区）的良种细毛羊按攻关指标进行鉴定验收。结果表明，4个育种场提前一年超额完成各项攻关指标。中国美利奴羊的育成历时13年，1985年8月在新疆紫泥泉绵羊研究所召开课题总结会上，提请国家正式验收时，将新品种命名为"中国美利奴羊"。1985年12月由国家经委和农牧渔业部在石家庄召开鉴定验收会议，鉴于良种细毛羊的生产性能和羊毛品质已达到国际上同类细毛羊的先进水平，由国家经委负责同志在会上正式宣布命名为"中国美利奴羊"。中国美利奴羊再按育种场所在地区，区分为中国美利奴新疆型、军垦型、内蒙古科尔沁型和吉林型。不同型内各场还可以培育不同品系。

2.育种方法

在农业部畜牧局的直接领导下，制定了良种细毛羊的育种目标，确定了理想型的外貌特征和育成羊与成年羊剪毛后体重、净毛量、净毛率和毛长四项指标。总体上，类型应一致，被毛密度大，毛丛长度在9.0cm以上，羊毛细度60～64支，腹毛着生良好，油汗白色或乳白色，大弯曲，羊毛光泽好，并要求适应性强，遗传性能稳定。

1972年引进的澳洲美利奴公羊属中毛型，体型结构良好，4个育种场主要用的9只公羊，剪毛后体重在90kg以上，净毛产量在8kg以上，净毛率在50%以上，毛长在11cm以上，羊毛细度60～64支，符合育种目标的要求。

4个育种场的基础母羊分别有波尔华斯羊和澳美与波尔华斯的杂交羊、新疆细毛羊、军垦细毛羊。一般剪毛后平均体重40kg左右，净毛产量2.5～2.7kg，净毛率50%左右，毛长7.5～10cm，羊毛细度以64支为主体。

根据育种工作分析，不同杂交代数，以二代、三代中出现的理想型羊只较多，既具有澳洲美利奴羊羊毛品质好的特点，又具有原有细毛羊品种适应性强的优点。经过严格选择，各场都选择出一些优良的种公羊，并与理想型母羊进行横交固定，经进一步选择和淘汰不符合要求的个体后，所留羊只不仅类型一致，而且主要经济性状都能达到要求。采用复杂育成杂交方法，后代的遗传性稳定，各项主要经济性能指标均超过原有母本，也出现一批优良种公羊，其个体品质超过引进的种公羊，因此，有的种羊场的这些公羊已成为育成新品种的核心和建立新品系的基础。

3.生产性能

根据1985年6月鉴定时统计，4个育种场羊只总数达4.6万余只，其中，基础母羊18万只左右。4个育种场达到攻关指标的特级母羊，剪毛后平均体重45.84kg，毛量7.21kg，体侧净毛率60.87%，平均毛长10.5cm。一级母羊剪毛后平均体重40.9kg，剪毛量6.4kg，体侧净毛率60.84%，平均毛长10.2cm，这一生产水平已达到国际同类羊的先进水平。

羊毛经过试纺，64支的羊毛平均细度22μm，单纤维强度在8.4g以上，伸度46%以上，卷曲弹性率92%以上，净毛率55%左右，比56型澳毛低10%左右。毛纤维长度在8.5cm以上，比56支澳毛低

0.5cm左右。油汗呈白色，油汗高度占毛丛长度2/3以上。单位长度弯曲数与进口56支澳毛相似，经过试纺证明，产品的各项理化性能指标与进口56型澳毛接近，可做高档精纺产品衣料。

根据嘎达苏种羊场屠宰试验的结果（1979～1980年），淘汰公羔去势后单独组群饲养，常年放牧，不补精料，仅在12月至翌年3月末补喂野干草90kg，屠宰试验结果表明：2.5岁羊平均体重42.8kg，胴体重18.5kg，净肉重15.2kg，屠宰率43.4%，净肉率35.5%，骨肉比为1∶4.5；3.5岁的分别为体重50.6kg，胴体重22.2kg，净肉重19.0kg，屠宰率43.9%，净肉率37.5%，骨肉比1∶5.82。

各场经产母羊产羔率120%以上。根据各场羊只主要经济性状的分析，遗传力都在中等以上，主要经济性状的遗传变异基本处于稳定状态，个体表型选择获得良好效果，适合在干旱草原地区饲养。

各地引用中国美利奴羊与当地细毛羊进行大量杂交，根据试验，可提高毛长平均1.0cm，净毛量300～500g，净毛率5%～7%，大弯曲和白油汗比例在80%以上，羊毛品质显著改善，由于净毛产量的增加和羊毛等级的提高，经济效益也显著提高。

中国美利奴羊的培育成功，标志着我国细毛养羊业进入一个新的阶段。不仅可以节省购买国外种羊的大量外汇，也可以减少优质细毛的进口量。为加速这一成果转化成生产力，1992年10月，正式成立了中国美利奴羊品种协会。在品种协会领导下，进行有组织、有计划、有步骤地开展选育提高工作和推广工作。首先是在已有的四个中心育种场的基础上，分别在四片地区组织二级场和三级场，并组织科研单位和院校、地方业务部门和畜牧兽医站等，充分发挥各方面的力量，建立了中国美利奴良种繁育体系。

在繁育体系内，首要任务是培育生产性能高的优良种公羊，组织好人工授精工作，扩大优良种公羊的利用，每年按中国美利奴羊的标准鉴定整群，根据各场具体情况建立核心群和育种群，为了缩短世代间隔，加速遗传进展，精心培育羔羊以补充母羊群，组织好冬春季节绵羊的饲养，因为繁育体系内中国美利奴羊数量越多，特、一级比例越大，育种工作水平就越高。中国美利奴羊的大量推广已产生了巨大的经济效益和社会效益，对我国养羊业的发展产生了深远影响。

（三）东北细毛羊

东北细毛羊是在东北三省的辽宁小东种畜场、吉林双辽种羊场、黑龙江银浪种羊场等育种基地采取联合育种育成的。1967年由农业部组织鉴定验收，定名为"东北毛肉兼用细毛羊"，简称"东北细毛羊"。1981年国家标准局颁布了《东北细毛羊（GB2416-81）》国家标准。

1.产区自然条件

产区位于东北三省的西北部平原和部分丘陵地区，海拔150～500m。冬季漫长寒冷，冬、夏温差大，年均气温4～6℃，绝对高温39℃，绝对最低温-40℃，无霜期为90～180d，降水量450～1000mm，一般11月至翌年4月份降雪，雪厚20～40cm。草原面积大，牧草种类繁多，农副产品丰富。

2.育成过程

1947年东北在新中国成立后，在东北各地先后建立了一批种羊场，并从沈阳郊区，辽宁省部分地区的农村收集了一些兰布列美利奴羊与蒙古羊杂交的杂种公、母羊，集中饲养，以开展繁育工作。当时，这些杂种羊被称为"东北改良羊"，品质差，仅有半数为同质毛，毛长也只有5.0cm左右，产毛量一般为1.5～2.0kg，体重也较小。为改进这些羊的缺点，提高其生产性能，从1952年开始，各场都引用了苏联美利奴羊进行杂交。1954年又分别引用了斯达夫洛波羊、高加索羊、新疆细毛羊和极少数的阿斯卡尼羊进行杂交改良，从而出现了不同品种的一代、二代或几个品种复杂杂交的后代。到1958年各场共有羊19 163只，产毛量比杂交初期有了很大提高，成年母羊平均可达4.5kg，毛长为6.5cm，剪毛后体重平均为42.2kg。但羊只体形外貌不一致，毛长度短，腹毛着生不良。与此同时，在产区的广大农村也引用上述品种公羊与本地内蒙古羊杂交，扩大了东北细毛羊的繁育基地。为加速育种工作，1959年农业部组织了东北三省的农业行政部门、主要育种场、社和科研院校等单位成立了东北细毛羊育种委员会，制定了统一的育种规划和选育指标，开展联合育种工作，促进了羊只数量与质量的不断增加和提高。

1974年以后，东北细毛羊又导入澳洲美利奴羊和当时的良种细毛羊（中国美利奴羊前身）的血液，改善了饲养管理条件，使东北细毛羊的质量获得较大改进。

3.体形外貌与生产性能

东北细毛羊体质结实，结构匀称。公羊有螺旋形角，颈部有1~2个完全或2个不完全的横皱褶，母羊无角；颈部有发达的纵皱褶，体躯无皱褶。被毛白色，毛丛结构良好，呈闭合型。羊毛密度大，弯曲正常，油汗适中。头部羊毛覆盖至两眼连线，前肢达腕关节，后肢达飞节。

育成公、母羊体重为43.0kg和37.81kg，成年公羊体重83.7kg，成年母羊45.4kg。剪毛量成年公羊13.4kg，成年母羊6.1kg，净毛率35%~40%。成年公羊毛丛长度9.3cm，成年母羊7.4cm，羊毛细度60~64支。64支的羊毛强度为7.2g，伸度为36.9%；60支的羊毛相应为8.2g和40.5%。油汗颜色，白色占10.2%，乳白色占23.8%，淡黄色占55.1%，黄油汗占10.8%。

成年公羊（1.5~5岁）的屠宰率平均为43.6%，净肉率为34.0%，同龄成年母羊相应为52.4%和40.8%。初产母羊的产羔率为111%，经产母羊为125%。

（四）内蒙古细毛羊

内蒙古细毛羊，育成于内蒙古自治区锡林郭勒盟的典型草原地带。产区位于内蒙古高原北部，海拔1 200~1 500m，属中温带半干旱大陆性气候。年平均气温为0~3℃，极端低温为-34℃，年降水量200~400mm，无霜期为100~120d。

内蒙古细毛羊是以苏联美利奴羊、高加索羊、新疆细毛羊和德国美利奴羊与当地内蒙古羊母羊，采用育成杂交方法育成。杂交改良工作始于1952年，以"五一"种畜场和白音锡勒牧场为核心，附近牧民羊群为基础，实行场社联合育种。1963年以后，以四代杂种为主，转入横交阶段。1967年以后，育种工作完全转向自群繁育和提高阶段。1976年经内蒙古自治区政府正式批准命名为"内蒙古毛肉兼用细毛羊"，简称"内蒙古细毛羊"。

内蒙古细毛羊体质结实，结构匀称。公羊大部分有螺旋形角，颈部有1~2个完全或不完全的横皱褶，母羊无角。颈部有发达的纵皱褶，体躯皮肤宽松无皱褶。被毛闭合良好，油汗为白色或浅黄色，油汗高度占毛丛1/2以上。细毛着生头部至眼线，前肢至腕关节，后肢至飞节。

育成公、母羊平均体重为41.2kg和35.4kg，剪毛量平均为5.4kg和4.7kg。成年公、母羊平均体重为91.4kg和45.9kg，剪毛量11.0kg和6.6kg，平均毛长为8~9cm和7.2cm。羊毛细度60~64支，64支为主。64支的毛纤维断裂强度为6.8g，伸度为39.7%~44.7%，净毛率为36%~45%。1.5岁羯羊屠宰前平均体重为49.98kg，屠宰率为44.9%；4.5岁羯羊相应为80.8kg和48.4%；5月龄放牧肥育的羯羔相应为39.2kg和44.1%。经产母羊的产羔率为110%~123%。

内蒙古细毛羊适应性很强，在产区冬、春严酷的条件下，只要适当补饲，幼畜保育率能达95%以上。今后应进一步提高被毛综合品质。内蒙古自治区人民政府标准局于1982年颁布了《内蒙古细毛羊（蒙Q1-82）内蒙古自治区企业标准》。

（五）甘肃高山细毛羊

甘肃高山细毛羊，1980年育成于甘肃省皇城绵羊育种试验场、肃南皇城区和天祝藏族自治县境内的场、社。1981年甘肃省人民政府正式批准为新品种，命名为"甘肃高山细毛羊"，属毛肉兼用细毛羊品种。

育种区内属高寒牧区，海拔2 400~4 070m，年平均气温1.9℃，最低为-30℃，最高为31℃，年降水量为257~461.1mm，无霜期60~120d。农作物主要为青稞、大麦、燕麦。天然草场分高山草甸草场、干旱草场和森林灌丛草场三大类型。羊只终年放牧，冬春补饲少量精料和饲草。

甘肃高山细毛羊的育成主要经历了3个阶段。第一阶段为自1943年开始的杂交改良阶段，此阶段共进行了6个杂交组合的试验，以"新×蒙"和"新×高蒙"的杂交组合后代较理想，藏系羊的杂交后代不佳；第二阶段是自1957年起开始的横交固定阶段，此阶段以杂种三代羊为主，选择二代、三代中具有良好生产性能和适应性的理想型羊全面开展了横交固定工作；第三阶段为自1974年开始的选育提高阶段，此阶段成立了甘肃细毛羊领导小组，统一了育种计划和指标，制订了鉴定标准，实行了场、社联合育种，此期间还着重抓了改善羊群饲养管理条件，严格鉴定，建立和扩大育种核心群，加强种公羊的选择和培育，提高优良种公羊的利用率，建立品系，少量导入外血等措施，收到了统一羊群类型、提高生产性能、扩大理想型羊数量和稳定遗传性的良好效果。

甘肃高山细毛羊体格中等，体质结实，结构匀称，体躯长，胸宽深，后躯丰满。公羊有螺旋形大角，母羊无角或有小角。公羊颈部有1~2个横皱，母羊颈部有发达的纵垂皮，被毛闭合良好，密度中等。细毛着生头部至两眼连线，前肢至腕关节及以下，后肢至飞节。

成年公、母羊剪毛后体重为80.0kg和42.91kg，剪毛量为8.5kg和4.4kg，平均毛丛长度8.24cm和7.4cm。主体细度64支，其断裂强度为6.0~6.83g，伸度为36.2%~45.7%。净毛率为43%~45%。油汗多白色和乳白色，黄色较少。经产母羊的产羔率为110%。

甘肃细毛羊产肉和沉积脂肪能力良好，肉质鲜嫩，膻味较轻。在终年放牧条件下，成年羯羊宰前活重57.6kg，胴体重25.9kg，屠宰率为44.4%~50.2%。

甘肃高山细毛羊对海拔2 600m以上的高寒山区适应性良好。

（六）山西细毛羊

山西细毛羊是用高加索、波尔华斯和德国美利奴公羊与蒙古母羊杂交，于1983年育成的细毛羊品种。主要育种单位是山西省介休种羊场及寿阳县和襄垣县的广大农村。成年公羊体重94.7kg，成年母羊54.9kg；成年公羊剪毛量10.2kg，成年母羊6.64kg，净毛率40%。成年公羊毛丛长度8.97cm，成年母羊7.63cm；羊毛细度60~64支，以64支为主。产羔率102%~103%，屠宰率45.0%。

（七）敖汉细毛羊

敖汉细毛羊，育成于内蒙古自治区的赤峰市，中心产区为敖汉旗。1982年内蒙古自治区人民政府正式验收批准为新品种，并颁布了《敖汉细毛羊（蒙Q2-82）内蒙古自治区企业标准》。

敖汉旗南部草场为森林植被草场，中部和北部为干旱草场。羊只终年放牧，冬春大多有一定的补饲条件。海拔350~800m，属大陆性气候。冬季严寒少雪，春季干旱风沙多。年平均气温4.9~7.4℃，最低-26.1℃。年降水量218~595mm，无霜期平均140d左右。

敖汉细毛羊有计划的育种工作开始于1959年，1960年成立了育种委员会，制定了育种方案。整个育种过程分为三个阶段：第一阶段为杂交阶段（1951~1958年），以当地内蒙古羊和少量低代杂种羊为母本，苏联美利奴、斯达夫洛波羊和高加索等品种为父本进行。此阶段明确提出了改进羊毛品质和提高剪毛量的同时，要注意保持良好的适应性；第二阶段为横交阶段（1959~1963年），为及时巩固杂交效果，根据理想型的要求选出了杂种公、母羊进行横交，效果良好，1963年敖汉种羊场横交所产母羊的剪毛后平均体重为46.37kg，剪毛量5.39kg；第三阶段为自群繁育阶段（1964~1981年），此阶段经过逐年鉴定整群、严格淘汰、加强幼龄羊的培育，使羊只的体型外貌渐趋一致，羊毛品质和生产性能得到改善和提高。此过程中，为改进羊毛长度和腹毛着生情况，于1969年引用波尔华斯种公羊，1972年又引用澳洲美利奴种公羊进行导入杂交。经过10多年的育种提高工作，在羊毛长度、腹毛着生情况、羊毛弯曲和油汗质量等方面均得到明显改善，同时仍保持了敖汉细毛羊原有的外貌及体大、繁殖率高和适应性强等优良特性。

敖汉细毛羊体质结实，结构匀称，体躯宽深而长。公羊有螺旋形角，母羊多无角。公母羊颈部有宽松的纵皱褶，公羊有1~2个完全或不完全的横皱褶。被毛闭合良好，细毛着生头部至眼线，前肢达腕关节，后肢达飞节，腹毛着生良好。

成年公、母羊剪毛后平均体重为91kg和50kg；剪毛量为16.2kg和6.9kg，毛丛长度为9.8cm

和7.5cm，羊毛细度60～64支。60支毛纤维的断裂强度为9.24g，伸度为44.70%；64支者分别为9.41～9.80g和40.6%～47.30%。净毛率为34%左右。油汗乳白色和白色的占97%。8月龄羯羊宰前活重平均为34.2kg，屠宰率为41.4%；成年羯羊相应分别为63.7kg和46%。成年母羊的产羔率为132.75%。

敖汉细毛羊适应恶劣的风沙地区，抓膘能力强。成年母羊经5个月的青草期放牧，可增重13kg以上。

（八）鄂尔多斯细毛羊

鄂尔多斯细毛羊，是在内蒙古伊克昭盟境内毛乌素地区以新疆细毛羊为主，少量苏联美利奴和茨盖羊等品种为父系，当地蒙古羊为母系培育而成。在杂交育种过程中曾导入过波尔华斯羊的血液。1985年内蒙古自治区政府正式命名。

鄂尔多斯细毛羊体质结实，结构匀称，个体中等大小。公羊多数有螺旋形角，颈部有1～2个完整或不完整的皱褶；母羊无角，颈部有纵皱褶或宽松的皮肤。颈肩结合良好，胸深而宽，背腰平直，四肢坚实，姿势端正。被毛闭合性良好，密度大，腹毛着生良好，呈毛丛结构。细度以64支为主，有明显的正常弯曲，油汗适中，呈白色。成年公羊体重平均64kg，成年母羊38kg。12个月公羊毛长9.5cm，母羊8.0cm。成年公羊剪毛量11.4kg，母羊5.6kg，净毛率38.0%，产羔率为105%～110%。

鄂尔多斯细毛羊体格健壮，剪毛量高，羊毛品质好。以终年放牧为主，冬春辅以少量补饲。对育成地区风大沙多、气候干旱、草场生产力低等恶劣自然条件有较强的适应能力，具有耐粗放饲料管理、耐干旱、抓膘复壮快等特点。

1986年后导入澳洲美利奴羊血液。

（九）科尔沁细毛羊

科尔沁细毛羊，产于通辽市奈曼旗、科左中旗、开鲁县和科尔沁区等地。系以当地蒙古羊为母本，新疆细毛羊、阿斯卡尼细毛羊、斯达夫细毛羊为父本，采用复杂杂交和引血提高等方法培育而成。1987年4月，自治区政府验收命名为"科尔沁细毛羊"新品种。科尔沁细毛羊成年公羊毛长11.5cm，污毛量11.46kg，剪毛后体重68.8kg；成年母羊毛长9.48cm，污毛量5.75kg，净毛量3.0kg，剪毛后体重42.4kg；羊毛细度以60～64支为主，净毛率为51.4%，产羔率110%～120%。

1988年后导入澳洲美利奴羊血液，羊毛品质有了显著提高。目前，品种数量已发展到25万只。

（十）青海细毛羊

青海细毛羊，是自20世纪50年代开始，在位于青海省刚察县境内的青海省三角城种羊场，用新疆细毛羊、高加索细毛羊、萨尔细毛羊为父系，西藏羊为母系进行复杂育成杂交，于1976年育成的，全名为"青海毛肉兼用细毛羊"，简称"青海细毛羊"。

剪毛后体重成年公羊72.2kg，成年母羊43.02kg；成年公羊剪毛量8.6kg，成年母羊4.96kg，净毛率47.3%。成年公羊羊毛长度9.62cm，成年母羊8.67cm，羊毛细度60～64支。产羔率102%～107%，屠宰率44.41%。

青海毛肉兼用细毛羊体质结实，对高寒牧区自然条件有很好的适应能力，善于登山远牧，耐粗放管理，在终年放牧冬春少量补饲情况下，具有良好的忍耐力和抗病力，对海拔3 000m左右的高寒地区有良好的适应性。

（十一）阿勒泰肉用细毛羊

阿勒泰肉用细毛羊，是新疆自1987年开始，在原杂种细毛羊的基础上，引入国外肉用品种羊（林肯羊、德国美利奴羊）血液而选育成功的肉用型细毛羊。1993年9月通过农业部鉴定。1994年由新疆生产建设兵团正式命名为"阿勒泰肉用细毛羊"，1997年自治区制定了地方标准《阿勒泰肉用细毛羊 DB65/T2579–1997》。

阿勒泰肉用细毛羊体质健壮，体格大，结构匀称，胸宽深，背腰平直，体躯深长，发育良好。公母羊均无角，公羊鼻梁微微隆起，母羊鼻梁呈直线，眼圈、耳、肩部等有小色斑，颈部皮肤宽松或有纵皱褶，四肢结实，蹄质致密坚实，尾长。成年公羊剪毛后体重107.4kg，毛长9.4cm，净毛量5.12kg，体高75.3cm，体长90.4cm；成年母羊剪毛后体重55.5kg，毛长7.3cm，净毛量2.2kg，体高69.5cm，体长76.8cm。羊毛细度22.74μm，主体细度64支。

该羊生长发育快，公羔初生重4.86kg，母羔4.52kg；断奶公羊体重平均为29.9kg，母羊25.61kg；周岁公羊体重平均为48.4kg，母羊34.1kg。舍饲6.5月龄羔羊屠宰率52.9%，成年羯羊屠宰率56.7%。肉品质好，羔羊肉质细嫩，脂肪少，且均匀分布于肌肉间，使肌肉呈大理石状。产羔率128%~152%。

该羊对高纬度寒冷地区、冷季饲料不足的地区具有良好的适应性。

（十二）兴安细毛羊

兴安细毛羊，产于内蒙古兴安盟科右前旗、突泉县和乌兰浩特市等地。1991年6月，自治区政府验收命名"兴安毛肉兼用细毛羊"新品种，数量达24万只。兴安细毛羊成年公羊毛长10.6cm，污毛量9.9kg、剪毛后体重67.4kg，成年母羊毛长8.8cm，污毛量5.38kg，净毛量3.0kg，剪毛后体重48.4kg，羊毛细度以60~64支为主，净毛率为54.5%，屠宰率48.1%，产羔率114.2%。

（十三）乌兰察布细毛羊

乌兰察布细毛羊，产于内蒙古乌盟化德县、商都县、兴和县、卓资县、察右前旗、察右中旗、四子王旗和呼和浩特市武川县。1986年起导入澳洲美利奴羊血液。1994年6月自治区政府验收命名为"乌兰察布细毛羊"新品种。数量约3.7万只。乌兰察布细毛羊成年公羊毛长10.7cm，产毛量9.1kg，剪毛后体重65.3kg；成年母羊长8.3cm，产毛量5.5kg，净毛2.5kg，净毛率45.7%，剪毛后体重40.7kg；细度为64支为主，产羔率112.5%，屠宰率46.92%。

（十四）呼伦贝尔细毛羊

呼伦贝尔细毛羊，产于内蒙古呼伦贝尔市岭东的扎兰屯市阿荣旗和莫力达瓦旗，岭西也有少量分布，1995年5月自治区政府命名为"呼伦贝尔细毛羊"新品种，数量为25.6万只。呼伦贝尔细毛羊成年公羊毛长平均9.86cm，平均剪毛量为8.68kg，成年母羊毛长平均9.03cm，平均剪毛量为5.16kg，净毛率为47.03%。群体净毛量为2.43kg，羊毛细度60~64支。剪毛后体重成年公羊平均70.15kg，成年母羊平均47.81kg，产羔率为113%~123%，屠宰率为48.17%。

第二章　甘肃高山细毛羊的培育和发展

我国的西北地区地域辽阔，草地资源非常丰富，发展畜牧业具有得天独厚的物质条件，草地畜牧业开发和发展的潜力特别巨大，在草原畜牧业中，绵羊是优势畜种。但20世纪初的几十年间，在广袤的牧区草原，优良绵羊品种资源匮乏，牧民获取畜产品的手段极为有限，因此，草地畜牧业的生产能力很低。为改变这种状况，甘肃自20世纪40年代初就有农业部门和民间组织进行绵羊品种的改良，但因长期的战乱和经济衰退，到新中国成立时，用于改良的种羊和改良的成效以及规模很小。真正大规模的绵羊改良始于20世纪50年代初期，主要标志是位于甘肃永昌的西北军政委员会畜牧部所属河西绵羊推广站搬迁皇城滩建立种羊场；有计划进行细毛羊育种是从1957年开始的，主要标志是皇城种羊场移交中国农业科学院西北畜牧兽医研究所管辖，并计划建立国家绵羊研究所；从那时起，建立了育种场，在农牧区引进推广新品种，推广畜牧技术，进行畜牧、兽医、草场改良等方面的科学技术研究。经过几十年的培育，到1980年，在青藏高原祁连山北麓诞生了甘肃高山细毛羊，它的培育和发展经历了从引种改良、品种培育、选育提高等阶段，品种形成和发展，经历了漫长而艰辛的历程。

1980年之后，甘肃高山细毛羊又经历了大规模的澳化（导入澳洲美利奴血液）改造，先后在品种内选育出甘肃高山细毛羊美利奴型新类群、甘肃高山细毛羊肉用类群、甘肃细毛羊优质毛品系、甘肃高山细毛羊细型品系、超细品系等，完善了品种结构。

第一节　培育的历史背景和人文条件

新中国的细毛羊业和其他行业的发展进步一样，也是和国家的经济、社会、文化、民生建设息息相关，随着经济、社会的发展进步和人民生活、生产的需求从无到有，由小到大，经历了由一般产品向优质产品的发展进程。甘肃高山细毛羊的培育，也和国内其他几个旧型细毛羊品种一样，是为了满足当时国内紧缺的生产生活资料而开展的。新中国成立前后，人民群众衣物的纺织原料主要是自产的皮棉，人们穿着主要是自纺自染自制的土布，机制棉布少之又少，纺织化纤，绵羊毛和毛纺织品很少，毛纺织品大多是进口产品和社会上层人士的奢侈品，就西北地区甘肃而言，饲养的绵羊品种主要是蒙古羊、藏羊等原始品种，所产羊毛主要用于地毯和毛毡的制作。新中国成立初期全国只有新疆细毛羊一个培育的绵羊品种，品种资源极为匮乏。由于生产力水平不高，生活必需品缺乏，国家为维持民生，实行了一系列的生活物资供给政策，如粮票、布票、副食票等限制供应措施，成为物资短缺时期生活必需品生产供给的真实写照。纺织品等物资的极度匮乏，形成了那个年代生活必需品的供给制度。就是这种供给也是在新中国成立，人民当家做主，生产力极大发展，工业建设取得巨大成就的社会背景下才得以实现的。为改变这种状况，国家实施了一系列的经济发展计划，兴起了毛纺工业的建设热潮，兰州市的几个毛纺企业就是从那时起步兴建的。为支援国家的工业建设和毛纺业的快速发展，满足人民生活需求，实现西北地区青藏高原畜牧业经济的快速发展，支援祖国的毛纺工业建设，从20世纪40年代起，中国农业科学院西北畜牧兽医研究所（现中国农业科学院兰州畜牧与兽药研究所）和甘肃省皇城绵羊育种场（现甘肃省绵羊繁育技术推广站）的畜牧科技工作者，开始了当地土著绵羊的杂交改良工作，经过几代育种工作者及育种基地县的农牧民坚持不懈的努力和奋斗，于1980年在青藏高原祁连山流域育成了甘肃高山细毛羊，成为新中国细毛羊大家庭中的又一成员。

1980年以后，随着中国美利奴品种的即将育成和世界范围内细毛羊澳化育种热潮的兴起，中国的细毛羊进行澳美化改造成了育种的必然，与世界细毛羊育种和毛纺用羊毛需求趋势接轨，培育中国不同生态环境的美利奴型细毛羊品种，成为我国细毛羊选育工作的重心。

澳洲美利奴所具备的生产性能和羊毛品质等优良遗传基因正是我们育种实践中所需要的。因此，甘肃高山细毛羊品种育成后，为了继续提高种畜品质，培育更高品质的细毛种羊，在羊毛品质、生产性能、遗传力、环境适应性等方面进一步的提高和完善，育种工作也以澳洲美利奴种羊的引种导血培育为核心。1984年中国农业科学院兰州畜牧研究所和澳大利亚开展了合作育种工作，通过项目引进澳洲美利奴种羊，皇城羊场也多渠道争取资金和项目，先后在国内外引入澳美或澳美型种羊9次160多只，其中，从国外直接引种4次，对甘肃高山细毛羊进行了全面的澳化改造育种，育成了甘肃细毛羊美利奴型新类群。期间，开展省级以上的国内外科研项目10多项，取得了一批省级以上的科研成果，极大地推动了甘肃高山细毛羊的育种，提高了育种工作的技术水平和科技含量。

甘肃细毛羊近30年的选育，以甘肃高山细毛羊为育种基础，全面导入澳洲美利奴优良基因，在海拔2 600m以上的严酷自然条件下，通过风土驯化和长期培育，形成了具有澳洲美利奴羊遗传品质、生产性能高、羊毛品质适合现代毛纺需求，能适应严酷自然环境条件，推广应用广的高原细毛羊优良品种，也是我国高寒草原上育成的第一个澳美型细毛羊，其优秀的高原抗逆性和优秀品质，在青藏高原和祁连山广大高寒牧区具有不可替代的生态地位和社会经济意义。

第二节　培育的生态环境和地理布局

一、地理位置及地貌

甘肃高山细毛羊的核心育种场是甘肃省皇城绵羊育种试验场（现更名为甘肃省绵羊繁育技术推广站），是农牧厅直属的事业单位。其前身是位于永昌的"西北羊毛改进处河西绵羊推广站"，1952年6月迁至皇城。1971年更名为甘肃省皇城绵羊育种试验场，在甘肃绵羊的良种试验、培育推广方面作出了巨大贡献，于1957年开始培育细毛羊，1980年育成了细毛羊新品种，被省人民政府正式命名为"甘肃高山细毛羊"，并受到国务院嘉奖，1995年被正式列入《世界动物品种志》。1992年确定为国家级、省级重点种畜禽场。2009年3月更名为甘肃省绵羊繁育技术推广站。场址位于东经101°45′，北纬37°53′的甘肃省肃南裕固族自治县皇城镇境内的皇城滩小盆地，位于甘青两省交界的祁连山东段冷龙岭北麓，东靠皇城镇东滩乡，北连东滩乡大湖滩村及北滩乡北湾村，西接甘肃山丹县及兰州军区后勤部山丹军马场，南与青海省门源回族自治县与祁连山相邻。东西长约35km，南北宽约15km，地势东高西低，呈平缓坡度，西部海拔最高4 000m，东部最低2 600m，中央平坦开阔，四周大小山丘隆起，牧草茂盛，皆适放牧。夏、秋季牧场海拔约3 000~3 500m，冬春季牧场海拔约2 600~3 000m，发源于冷龙岭的东大河经盆地中央流向东北，河床长满了河柳和其他灌木，登高远眺，是郁郁葱葱一片林海，只闻滔滔水声，不见水流。河床柳灌中生栖着鹿、獐、狐、兔、柳鸡等珍稀野生动物。祁连山冷龙岭积雪融会而成的直、斜两条河流到羊场东缘汇集成皇城河，经皇城水库调控，为下游的金昌市提供工农业和人畜饮用水源，同时提供部分电力。

二、气候和自然条件

夏天的皇城草原景色十分美丽，蓝天白云深处的冷龙岭白雪皑皑，雪山下是大片的原始森林，以松柏和灌木为主，绿茵草场从森林深处绵延到整个皇城滩。滩中的牧草、农田花开斗艳、金黄连绵，形成了美丽的立体自然景观。皇城草原即是河西走廊东段自然生态的天然屏障和水源地，也是甘肃河西重要的牧业基地，自古就是重要的牧苑，近代的牧马场，今日的种畜场，世代生息，源远流长。皇城滩属祁连山高山草原，土层厚，草原植被良好，基本没有裸露，生长着禾本科、莎草科、菊科、蓼科和少量豆科等牧草。皇城滩属祁连山高寒牧区，全年四季不分明，气候多变，冬季盛行西北风，夏季多偏南风，冬春干旱寒冷，夏季温暖湿润。年平均温度0.6～3.8℃，1月最低温度-29℃，7月最热达31℃。年平均降水量361.6mm，大部分集中于7～8月间，年蒸发量1 111.9mm。无霜期45～60d，绝对无霜期45d，全年日照时数为2 272h，年均湿度38%～58%，天然草场牧草4月萌发，9月开始枯黄，枯草期达7个月以上。

三、自然资源

草地资源是祁连山高寒牧区的主要资源，皇城绵羊育种试验场现有草原总面积1.32万hm²，其中，可利用面积0.99万hm²，饲料基地0.17万hm²。存栏绵羊约1.8万只（其中，土种藏羊2 000余只），门源马约120匹，牦牛近1 300头，河西绒山羊1 300只。冷龙岭北麓有大量的森林资源，皇城羊场境内的煤丫豁、头道水、二道水、康巴沟高山牧场上存有丰富的森林资源。生长着祁连云杉、柏树及灌木林。祁连山脉有丰富的煤炭资源，皇城羊场的煤丫豁、祁河马也存有大量的煤资源。祁连山水源充足，仅皇城河年泾流量就达3亿m³以上。

四、育种布局和推广

甘肃省皇城绵羊育种试验场作为甘肃细毛羊的核心育种场，一直是中国农业科学院兰州畜牧研究所和其他科研院所的育种试验基地，相关单位的几代科研工作者联合天祝种羊场及肃南县、天祝县、永昌县等细毛羊基地县，近30年在甘肃省科技厅、畜牧厅和相关地、市政府的大力支持下，实施了百万只细毛羊基地建设，对提高甘肃高山细毛羊品种质量，推进澳化进程，扩大甘肃高山细毛羊品种数量和提升细羊毛产业作出了卓越贡献。1989年，省畜牧总站的范青松研究员在河东地区（平凉、定西），主持实施了甘肃河东百万细毛羊产业化建设项目，扩大了甘肃高山细毛羊的养殖区域和数量，取得了良好的经济和社会效益。因此，形成了以祁连山为轴心的甘肃细毛羊育种带，覆盖全省且辐射周边省区的细毛羊生产基地。

甘肃细毛羊从品种培育的选育提高阶段就非常重视推广工作，进行了不同推广地区的适应性研究。品种先后推广到甘肃省的68个县、市（区）和青海、宁夏、陕西、新疆、西藏、内蒙古、湖北等省、自治区的部分地区，其适应性和生产性能接近和高于原产地，深受牧民群众欢迎。据中国农业科学院兰州畜牧研究所1988年内部资料汇编报道，该所从皇城羊场引入到湖北钟祥羊场的澳美型甘肃高山细毛羊，在该场的林地放养，羊只的体重、产毛量、净毛和羊毛品质远高于育种场皇城羊场。说明良好的自然环境可提高甘肃高山细毛羊的各项性能。

第三节　育种核心场简况

在甘肃高山细毛羊的育种过程中，甘肃省皇城绵羊育种试验场是核心育种基地，始终处于育种的主导地位。因此，有必要对育种试验场的情况做一介绍。

一、育种场发展简史

甘肃省皇城绵羊育种试验场，其前身是国民政府农林部"西北羊毛改进处河西绵羊推广站"。筹建于1943年，场址在永昌县。当时有职工20多人，绵羊900多只。

1949年永昌在新中国成立后，由西北军政委员会畜牧部接管。

1952年为了建立一个较大规模且有一定稳定性草场的种羊场，按照西北军政委员会畜牧部"畜牧计字144号通知"，接受"青海省门源县原土畜选育场牧地"，于5月15日接受草原牧地总面积约225km²，6月由永昌县迁至皇城，更名"河西种羊场"，隶属西北军政委员会畜牧部领导。

1954年交青海省畜牧厅，改名为"国营青海省皇城羊场"。

1957年根据全国科学总体规划的布局，青海省人委（57）会扎字018号通知，将国营青海省皇城羊场交属"中国农业科学院西北畜牧兽医研究所"，作为试验研究基地，改名为"中国农业科学院西北畜牧兽医研究所皇城绵羊育种试验场"，开始制定育种计划。

1959年全国第一次家畜（禽）品种规划会议决定，皇城羊场为全国细毛羊育种基地之一，任务是培育甘肃细毛羊新品种，为甘肃省提供细毛种羊和繁殖推广地方良种马门源马。

1961年由于甘肃、青海两省行政区规划的调整，重新划分了草原，皇城羊场冬春草场1.32万hm²，夏秋草场由皇城区政府统一安排约0.67万hm²。

1971年由于中国农业科学院在兰州的研究所机构调整，将皇城羊场下放至甘肃省，由甘肃省畜牧厅领导，更名为"甘肃省皇城绵羊育种试验场"。

1979年又重新划分草原，依据甘政发（1979）10号文件划定我场草原总面积1.32万hm²，其中，可利用面积0.99万hm²，饲料基地0.17万hm²。

1980年育成了细毛羊新品种，同年6月通过鉴定，被甘肃省人民政府正式命名为"甘肃高山细毛羊"，受到国务院嘉奖，甘肃高山细毛羊1995年被正式列入《世界动物品种志》。

2009年经甘肃省批准，甘肃省皇城绵羊育种试验场更名为"甘肃省绵羊繁育技术推广站"，主要职能还以细毛羊育种和推广为主。

二、管理机构、人员结构及办公条件

甘肃皇城绵羊育种试验场，现有组织人事科、畜牧管理科、种植业管理科、科研开发科、财务科、物业管理科、职工子弟学校等7个科室。

全场总人口1 300多人，其中，在职职工270人，离退休人员224人，在校学生140人，各类专业技术人员52人，其中，中级职称15人，高级职称1人。

三、建设及生产条件

建筑总面积87 890m²，其中，生产用房63 126m²（包括畜舍43 000m²），非生产用房24 764m²。拥有各种农业机械设备32台（套），农作物、饲料生产实现机械化作业。

牲畜以群为单位进行放牧管理，存栏绵羊近2万只，公羊群3个，育种公羊群约180只，普通公羊群约600只，幼年公羊群约750只，约占全场绵羊总数的8.3%；甘肃高山细毛羊（各类育种）核心母羊群13个，约9 750只，占全场绵羊总数的52.7%；有核心幼年母羊3群2 250只，占全场绵羊总数的12.16%；细毛羊母羊繁殖成活率保持在80%以上，每年可繁殖羔羊8 000～10 000只，年可向社会提供优质细毛种羊5 000～7 000只；年生产优质细羊毛60～70t。有3个细毛羯羊群约2 700只，粗毛成年母羊2群1 800只，粗毛羯羊1群1 000只。

另外，换饲养门源马380匹，牦牛1 300头，藏羊3 400余只，河西绒山羊1 300只。

种植各类精饲料（青稞、大麦、燕麦）533.33hm²左右，正常年景可收获精料80万～90万kg；种植燕麦青干草180hm²，收获干草70万kg。经济作物主要有啤酒大麦、油菜子等600hm²左右，每年向社会提供优质啤酒大麦2 000t左右，优质油菜子1 000t左右。

特别培育种公羊只均年补饲210kg精饲料，208kg青干草，补饲期从10月初开始翌年5月初结束；后备母羊年补饲精料42kg／只，青干草80kg／只，补饲期从10月初开始翌年5月初结束。成年繁殖母羊年补饲精料25kg／只，青干草46.7kg／只，补饲期从2月初到5月初。

所有生产资料为国有，由场子统一经营。经营方式为，羊群按后备母羊（规模800只/群）、普通培育后备公羊（规模400只/群）、普通育种公羊（800只/群）、特培公羊饲养规模每群250只（其中，成年170只，后备80只）、成年母羊（每群饲养规模750只）分群放牧和与饲养管理，即群为畜牧生产的最小经营单位，每群按羊数设定牧工岗位，采用生产指标承包制，年初按羊只存活率、剪毛量、体重、特一级比例等生产技术指标制定任务，年末按任务完成情况兑现奖罚。实行产春羔，每年11月20开始人工授精配种，来年4月20日开始产羔，5月20日左右断奶，6月20日左右对育种群鉴定，7月初剪毛。

四、主要育种科研成果

1957年开始有计划的甘肃高山细毛羊的育种工作。经过杂交改良、横交固定和选育提高3个育种阶段，1980年育成了细毛羊新品种，被省人民政府正式命名为"甘肃高山细毛羊"。填补了我国高寒地区细毛羊育种的空白，新品种育成获1980年甘肃省人民政府特等奖，同年获国务院嘉奖。1984年获甘肃省人民政府科学技术进步奖；1992年被农业部畜牧兽医司评为全国种畜场先进集体；同年，被农业部评为国家级重点种畜禽场，被甘肃省畜牧厅评为省级重点种畜禽场。甘肃高山细毛羊以其对高海拔的独特适应能力和理想的生产性能优势被国际国内所认可，1995年被正式列入《世界动物品种志》。

1980年新品种育成后，又同中国农业科学院兰州畜牧所等国内外科研机构、大专院校、技术推广单位合作，开设10多项课题进行协同攻关，以不断完善和提高甘肃高山细毛羊的品质。主要有：《犊牛睾丸细胞培养传染性脓皮炎病毒的研究》，1983年获国家农牧渔业部技术进步二等奖；《甘肃高山细毛羊选育提高与推广利用研究》，1990年获甘肃省科技进步二等奖和甘肃省畜牧厅科技进步一等奖；《蠕虫与营养对中国北部绵羊生产性能的影响》（中澳合作8555号项目），1993年获国家农业部部级科技进步二等奖；2000年，"九五"攻关项目，以甘肃高山细毛羊为遗传基础的"甘肃新类群"正式育成，并通过国家验收，2002年获省科技进步二等奖。这一成果，为进一步推进细毛羊育种向高产、优质、高层次、高效益迈进，取得了辉煌成就。使种羊质量明显地上了一个新的台阶。《甘肃高山细毛羊优质毛品系选育》，2005年底鉴定验收，2006年获甘肃省农牧渔业丰收奖一等奖；《甘肃高山细毛肉用类群选育》，2006年获甘肃省农牧渔业丰收奖二等奖。《甘肃超细品系培育》，2006年8月通过了省科技厅组织的成果鉴定。

目前，已培育出甘肃高山细毛羊新类群、甘肃细毛羊细型品系、超细品系等，通过品系繁育提高品种整体生产性能。为了更好地适应市场经济的需求，已确立了当前和今后长期的育种计划，其核心是以羊毛产量和净毛率为育种目标进一步选育细型品系，以改进羊毛细度和质量为育种目标选育超细品系，更好地满足种羊市场的需求。同时，培育新品系和开展品系间杂交，提高品种综合性能。

五、生产管理和信息

（一）家畜信息

甘肃高山细毛羊：核心群成年公羊，体侧毛长11.08cm，毛量12.19kg，净毛率49.56%，活重99.75kg。幼年公羊体重68.6kg。周岁育成羊体侧部毛长为10.5cm，育成羊体侧部毛长为12cm。羊毛细度以66支为主体支数，70支及以上的个体占20%。成幼年母羊污毛量分别达到5.1kg和4.5kg。净毛量分别达到2.6kg和2.2kg。体重分别达到52kg和37.6kg。成年羯羊体重达60kg，屠宰率达48%，净肉率达82.25%，油脂率5.5%。羊毛单纤维强度平均为7.82g。羊毛弯曲清晰，呈正常弯或浅弯，油汗适中，颜色呈白色或乳白色。羊毛密度较大，每平方厘米皮肤毛纤维根数平均达6 000根以上，最高达

7 500根。具有羊毛长度好、品质优良、羊毛较细等特点，对不同生态环境的适应指数较高，对高海拔地区生态环境有独特的适应能力。

甘肃细毛羊美利奴型新类群：核心群规模达到2 530只，成年公羊毛量达到13.6kg，体侧毛长到11.2cm，净毛率53%。该类群继承了甘肃高山细毛羊对高寒地区的适应能力，羊毛品质优良，达到了中国美利奴的质量标准。

纯种澳洲美利奴：规模达到180只，成年公羊平均毛量达到12.35kg，毛长11.55cm，活重92.26kg，净毛率56%。经过高寒牧区风土驯化的纯种澳洲美利奴对我国广大牧区原有细毛羊品种进行澳化改造是一个理想种源。

毛肉兼用类群：目前，核心群规模2 180只，成年公羊活重可达107～126kg，毛长9.50cm，产毛量平均为8kg，羊毛细度为64支。成年母羊平均体重55.55kg，毛长8.72cm，污毛量4.04kg。羔羊4月龄断奶时平均体重可达28kg，羯羊屠宰率为58%。

细型品系：核心群规模4 890只，成年公羊平均毛长10.94cm，体重95.24kg，毛纤维直径（19.98±3.16）μm，平均净毛量5.47kg；成年母羊平均毛长9.58cm，体重达到51.65kg，平均净毛率57.16%，净毛量（2.94±0.38）kg，羊毛密度6 300根/cm²，羊毛纤维直径平均20.49μm。

超细品系：核心群规模1 895只，成年公羊毛长平均（10.15±0.33）cm，体重平均90.00kg，毛纤维直径（17.97±3.52）μm，羊毛强度7.0CN，净毛量平均5.17kg；成年母羊羊毛长度（9.35±1.04）cm，体重平均48.85kg，剪毛量（4.68±0.51）kg，净毛率平均55.24%，净毛量（2.58±0.36）kg，羊毛纤维直径（18.53±0.51）μm。

（二）饲养与放牧管理

夏秋青草季节，依靠放牧就能满足营养需要，羊群依靠放牧饲养。但在冬春枯草季节，根据不同阶段对营养的需求，结合当地的补饲条件对不同群体进行适当补饲。

补饲的原则：粗饲料为主，精饲料为辅，但要区别对待，对高产羊则给予优厚的补饲条件，适当加大精料比例。

1.种公羊的饲养管理

种公羊饲养管理的好坏，对整个羊只的繁殖和生产性能均有直接的影响，所以在人力配备，草场安排上都要优先考虑，总原则是种公羊保持全年营养均衡。

2.种母羊的饲养管理

按繁殖周期划分，母羊的怀孕期五个月，哺乳期为四个月，恢复期只有三个月，因此，母羊的管理应全年抓紧、抓好。

补饲：根据祁连山区域春雪过多的情况，细毛羊养殖要储备足够的干草以防春雪封山。从元月上旬开始补饲，一般到五月上旬结束。种公羊补饲量1.0kg/只、日，母羊0.2kg/只、日，育成羊0.2kg/只、日。补饲一般在早晨进行，下午归牧后，可根据贮备干草的多少适当补给。

羊群结构：公羊6%，母羊60%，后备羊14%，羯羊20%。

3.疫病防疫体系

防疫工作始终坚持"以防为主、防重于治"的原则，主要针对多发病、常见病和各种寄生虫病和传染病采取有效措施，防疫工作制度化、规范化、程序化。坚持按"早、快、严、小"的原则，消灭传染来源，加强中间宿主和终末宿主的管理。减少各种污染源，做到草地无污染、水源无污染、圈舍无污染。

在冬春季节对圈舍及其他场地采取严格的药物喷雾消毒，对绵羊在春秋两季进行疫苗接种和驱虫工作，剪毛后进行药浴，预防各类传染病和寄生虫病的发生。业务技术人员在注射疫苗和投放驱虫药时，按照兽医操作规程严格操作，严格消毒，准确掌握剂量，做到场不漏群，群不漏只，使各类牲畜免疫密度均达100%，有效控制疫病的发生和流行，减少常见病和普通病的发病率。认真落实防疫耳标标识工作，切实加强牲畜及其产品的产地检疫和屠宰检疫，做到检疫出证率达100%。

六、社会效益

甘肃省皇城绵羊育种试验场，是甘肃高山细毛羊这样一个在祁连山高寒牧区具有不可替代的生态地位和社会经济价值的优良品种的核心育种场，也是省内唯一国家级的重点种羊繁殖推广基地。始终以甘肃高山细毛羊的选育提高和繁殖推广为己任，把发展养羊业和牧区畜牧业经济作为自己的历史使命，重视社会效益，自甘肃高山细毛羊育成至今，累计向甘肃、青海、内蒙古、宁夏、陕西、湖北、江西、云南、新疆等9省区的86个县市提供优质细毛种羊14万只。在全省乃至周边省区的细毛羊发展中发挥了重要作用。目前，根据国际细毛羊育种趋向和国内养羊业对不同类型优质细毛羊种羊的需求，及时引进澳洲美利奴，纯种繁殖，向社会及本场育种群提供纯种澳美种羊，为加速甘肃乃至全国细毛羊的澳化改造及国毛的优质化进程提供优秀种质。2004年细羊毛第一次进入国内最大的羊毛市场——南京羊毛市场，并取得同期拍卖的最高价格，截至2007年累计向社会提供细羊毛3500余t，有力地支援了毛纺工业，社会效益明显。

第四节 育种规划

一、甘肃高山细毛羊育种规划

甘肃的细毛羊杂交改良工作始于1943年，新中国成立后，随着国内主要牧区细毛羊育种工作的开展，甘肃省也于1950年开始了细毛羊杂交育种工作，1957年皇城羊场移交中国农业科学院西北畜牧兽医研究所后，确定了羊场的性质、经营方针、育种方向和目标，正式制定育种计划。皇城羊场按绵羊育种试验场进行整顿，对纯种羊和杂种羊进行了全面鉴定，组织了育种公羊群，母羊按等级编组成1～5级群，并选出毛质好，生产性能较高的1～2级母羊列为育种核心群，着手制定育种规划，牧地利用规划以及饲料供应及补饲计划等。当时的育种规划是毛肉兼用型品种。以皇城绵羊育种试验场和天祝羊场为核心育种场，用新疆细毛羊、高加索细毛羊与西藏羊、内蒙古羊杂交，主要在三代中选择理想型群体，横交固定选育而成，当时存栏约4万只。

（一）制定育种规划的依据

通过1955～1957年的3年杂交扩群，1958年对各类羊只的鉴定，对新疆细毛羊和蒙古羊杂交后代的品质与性能的研究结果，认为进行正规育种工作的时机已经成熟，在现有的基础上制定并逐步实施育种规划与措施，在皇城滩育出一种适应高寒地区毛肉兼用细毛羊新品种的条件是具备的，制定育种方向符合国民经济发展的需求，也符合生产力发展的需求。新中国成立后国家大力推行引用细毛公羊与粗毛羊杂交，其目的是变低产的粗毛羊为高产的半细毛羊和细毛羊。使羊毛发生质的变化，提供和扩大优质细羊毛的来源，促进毛纺工业的发展，改变毛纺原料依赖进口的局面。大规模进行绵羊改良，国内细毛羊资源尚属不足，国家也不可能从国外大量购进种羊，主要是依靠本国的力量和技术条件培育自己新的细毛羊品种。皇城羊场和其他地区的育种场一样，根据本地区的自然条件和经济上的需求培育不同类型的绵羊新品种。

从培育基地的条件看，场地的历史久，职工对饲养细毛羊和杂种羊积累了丰富的经验，有一套组织生产的有效办法，基础是稳固的，还有比较良好的放牧草场和放牧土地。粗毛羊杂交改良后生产性能虽然较低，但生活能力强，能够适应不同自然条件和气候特点，这个宝贵的生物学特性对育成适应高寒地区的细毛羊品种意义很大。同时，在甘肃的具体情况下，有必要培育能耐艰苦的细毛羊，以提供高寒山区和其他地区饲养和改良粗毛羊。

从细毛羊杂交效果看，杂种羊的同质毛比例随着代数的提高而增长，一代羊同质毛占35%。二代羊占41.35%，三代羊占65.57%。杂种二代母毛长7cm以上个体占43.64%。被毛细度均匀，羊毛品质符合基本要求，有较好的生产水平，有一定的群体数量。

根据地区特点和具体条件，结合改良要求和效果，采用先级进杂交后育成杂交的方法进行育种，一方面吸取改良品种及被改良品种的优良特性；另一方面弱化（淘汰）亲本所固有的缺点，期望在杂种羊身上结合而形成新的特性。从以后的实际观察和资料分析都证明了所运用的杂交育种方法是正确的，在二代、三代理想型和接近理想型羊群中进行横交固定，可以达到预期效果和目标。

（二）育种规划和目标

1957年，皇城羊场划归中国农业科学院西北畜牧兽医研究所，开始有计划地制定细毛羊育种规划，按照育种方向、培育目标，制定详细的育种方案和拟采取的育种措施。根据当时育种用新疆细毛羊和高加索细毛羊两个父本以及存栏两个系列的各代杂种羊的实际情况，制定了两个部分的育种规划，即"新蒙"系列和"高藏"系列。后来合并了新蒙系列（新疆×蒙古）、高新蒙复杂杂交组合（高×新×蒙）和高藏系列（高加索×西藏）等，育成了甘肃细毛羊。

1.蒙系羊育种规划

（1）育种方向

为适应国民经济对细毛羊和半细毛羊的需求，特别是迅速增加细毛羊和半细毛羊的数量，改良粗毛羊，育成适于一定自然经济条件、适于全年放牧的、用来改良当地粗毛绵羊所必需的绵羊新品种。这个品种应该是继承母系的良好适应性和父系高生产特征的中间型的毛肉兼用细毛羊。

（2）培育目标

用新疆细毛羊和蒙古羊杂交培育细毛羊新品种。新品种的体型外貌与习性：要求体格健壮，结构良好结实，公羊具角或少数无角，颈中等长度、胸宽深，体身长而坚实，背平、臀部丰满、肢高端正、性情活泼、耐苦力强、运动轻快，适应山地和全年放牧。公羊颈下可以有两个褶皱，模样可有可无，公母羊体躯无褶皱，面部两眼连线以下及四肢飞节以下无长毛，但腹毛要求细密，毛被纯白。

生产指标：蒙系羊生产指标见表2-1。

表2-1　蒙系杂种羊育种生产指标

	性别	初生	断乳	一岁	一岁半	三岁
体重（kg）	公羊	4.5	25	50		80
	母羊	4.0	20	35		50
产毛量（kg）	公羊				4.0	7.0
	母羊				3.5	5.0
细度（支）	公羊				60~64	
	母羊				60~64	
毛长（cm）	公羊				8.0	
	母羊				7.5	
净毛率（%）	公羊				38	
	母羊				41	
繁殖率（%）			120			
屠宰率（%）			46			

2.藏系羊育种规划

用高加索细毛羊与藏羊杂交，理想型杂交后代"横交"，育成毛肉兼用细毛羊新品种。拟培育品种体型外貌及习性基本要求：

体格大，活泼健壮，有良好的结构，胸宽体深背平直，臀部丰满，颈长肢高，全身无褶皱、面部、前肢膝关节、后肢关节以下无细毛，腹毛覆盖良好，被毛纯白，繁殖力高，双羔率15%~20%，能耐艰苦的生活条件，具有良好的游走放牧性能。

二、甘肃细毛羊美利奴型新类群育种规划

甘肃细毛羊美利奴型新类群的培育规划，在保持甘肃高山细毛羊高原适应性的前提下，适度导入澳洲美利奴和中国美利奴羊的有益基因为遗传基础，借鉴国际上先进的导血模式，引入杂交与吸收杂交相结合，通过应用现代畜牧技术并加强培育，把羊毛密度、细度和净毛产量作为主体选择指标。

从1982~1996年，在相关部门支持下，由中国农业科学院兰州畜牧与兽药所牵头，联合甘肃省皇城羊场等单位，相继执行了针对甘肃高山细毛羊选育提高的科研项目8项，先后4次引进澳洲美利奴、新西兰美利奴和中国美利奴，进行导血选育，其生产性能得到极大提高，羊毛综合品质也明显改善，甘肃细毛羊也从此走向美利奴型发展阶段。

从1982~1996年，为培育美利奴型细毛羊先后引种情况：

（1）1982年从新疆巩乃斯种羊场引进含澳血的新疆细毛羊种公羊10只。

（2）1986年从澳大利亚引进中、强毛型澳洲美利奴种公羊8只。

（3）1989年从新西兰引进细型新西兰美利奴种公羊8只。

（4）1990年从内蒙古金峰种养场引进澳洲美利奴种公羊6只。

（5）1992年从新疆巩乃斯种羊场引进中国美利奴公羊12只。

（6）1996年从内蒙古金峰有限公司澳美羊繁殖场引进无角澳美型种羊51只，其中，公羊10只。

目前，在甘肃细毛羊主产区，美利奴型新类群存栏约21 530只。成年母羊毛长平均（10.54±1.32）cm，剪毛量平均（5.23±0.95）kg，净毛率57.10%，净毛量（2.99±0.54）kg，羊毛纤维直径（20.64±1.60）μm，体侧毛密度6 513根/cm²。成年公羊毛长平均（11.45±0.63）cm，净毛量（4.57±1.37）kg，羊毛纤维直径（20.02±2.43）μm。

三、甘肃细毛羊细型品系和超细品系培育规划

"十五"期间，农业部在确定畜牧业发展重点时，把羊毛生产确定为加快、突出发展的重点之一，指出羊毛是中国供求缺口最大的畜产品。在制定的规划中，"羊毛"是指优质细羊毛，将确定重点区域，大力发展优质细毛羊，实现优质细羊毛的规模化生产。同时，优质细羊毛也是国内外羊毛生产的主流和方向，其主要技术指标是要求羊毛的高支数（羊毛纤维直径小于19 μm）和综合品质突出。高品质的细毛和超细毛又是国内外羊毛市场的价值趋向。所以细毛羊育种追求的目标就是不断提高羊毛的综合品质以满足毛纺市场对优质原料的需求。随着国内外消费市场对高档毛纺织品需求的看好，原料市场对精细羊毛的需求不断扩大，市场变化也促进了世界羊毛生产结构的变化。1990~2002年全世界羊毛总产下降了34.84%，澳大利亚和新西兰分别下降了13.90%和34.80%，而澳大利亚、新西兰两国的超细毛产量却增加了41.8%和17%。为适应市场需求，获得可观的收益，近年澳大利亚、新西兰及南非超细羊毛生产不断增加，1999年以来的5年间，澳大利亚超细毛的年平均增长率达到了11%，出口量年增长率达到了8%。超细毛的供求和价值趋势说明，随着人们衣着向轻薄、细软、舒适的高档化发展，毛纺工业高支毛加工能力的提高，19 μm以下超细羊毛的需求会不断增加，市场前景极为广阔，呈现供不应求的趋势。

而我国是全世界最大的羊毛需求国，毛纺工业生产规模已经达到了350多万锭，年需净毛35万t左右，而多年来国毛产量一直徘徊在30万t左右，折合净毛11万t左右，只能满足需要量的1/3，约有2/3的羊毛依赖于进口，羊毛缺口很大，尤其是优质羊毛在我国的市场需求很大。目前，国毛既从量上满足不了国内市场的需要，在质上也无法满足国内市场和扩大出口的需要，大量进口澳毛成为维持我国毛纺工业生产的主要途径。

甘肃的细毛羊产业几十年的发展史是各级政府、畜牧科技工作者和广大农牧民用心血和汗水谱

写的，风雨历程中起到了维护一方百姓生存，繁荣地方经济的重要作用。加入WTO后，国毛生产已面临新的挑战，进口配额取消和关税降低，给国毛市场带来更大的冲击，为迎接这一挑战，必须重振国毛生产。而解决甘肃细羊毛产业出路的关键，必须进行品牌化生产，区域化布局和市场化运行，优质羊毛生产的育种、生产、管理、流通等综合技术，必须科学、配套、高效、可行。

甘肃要发展高品质细毛羊产业，必须培育适应其独特生态条件的高支数优质细毛羊品种。为改善国产细毛的品质，我国在20世纪80～90年代引入了澳洲美利奴，但大多数是强毛和中毛型（22～25μm）品种。中国美利奴细型和超细型品系、新吉细毛羊的育成，虽然对我国高档细羊毛的生产提供了品种资源。但因我国幅员辽阔，各地生态环境、饲养条件相差很大，因此，为振兴甘肃的细毛羊产业，培育适应甘肃细毛羊产区独特生态条件的优质细毛羊品种是非常必要的，也是刻不容缓的。

（一）品系培育规划

以羊毛纤维直径和羊毛综合品质为主选性状和主攻方向，综合运用传统育种方法结合现代生物育种技术，培育适应高山生境的细型和超细型细毛羊新品系，力求整体提高甘肃细毛羊的综合品质，完善和提升产业链的品种资源结构。

选育工作一是巩固和强化了甘肃细毛羊"澳化"的进程，在甘肃细毛羊澳化的基础上，用超细的澳洲美利奴和中国美利奴公羊，针对羊毛细度强化选种和导入优良基因，注重密度和产毛量的提高；二是以完善甘肃细毛羊产业结构为目的逐步丰富遗传结构，建立细型品系和超细品系，满足市场不同的需求；三是探索优质羊毛的育种、生产、管理、流通等综合技术，在市场化运作中提高选种育种工作的经济效益。

甘肃细毛羊细型品系、超细品系培育，采用系祖建系和群体建系相结合的选育方法，在保持甘肃细毛羊良好的高原适应性、良好生产性能等优秀品质的前提下，引入澳洲美利奴超细毛公羊和中国美利奴超细品系公羊，按照选育目标，组建符合品系选育要求的基础群，适度导入其有益基因为遗传基础，通过应用现代畜牧技术并加强培育，以羊毛纤维直径和净毛产量为主选性状，培育符合现代羊毛生产所需的优良种羊。

（二）品系培育方案

（1）细型品系培育　以甘肃省皇城绵羊育种试验场为育种基地，以毛长、净毛量和体侧毛密度为主选指标，选择甘肃细毛羊和澳美繁育群组建细型品系培育的基础母羊群；选择纯繁澳洲美利奴和引进的中国美利奴优秀公羊为细型品系公羊，采用群体选育法，以提高群体的羊毛综合指标为目的培育和扩充细型品系。

（2）超细品系培育　以羊毛细度、强度、净毛量为主选指标，选择甘肃细毛羊细度支数70支以上的特、一级母羊组建超细品系培育的基础母羊群。引入超细型美利奴种公羊为超细品系公羊，首先采用群体继代建系，后代依照品系标准严格选择，扩繁基础母羊群；利用目标基因优良个体选种选配，培育超细品系。

（三）技术指标

（1）细型品系　主体支数66支，毛长10cm，净毛量3kg，体侧毛密6 500根/cm²。

（2）超细品系　综合品质符合品系要求，羊毛细度在19μm以下（70～80支），毛长9cm以上，强度7CN以上，净毛量2.5kg。

从1990～1996年，先后引进中国美利奴（军垦型）细型公羊和澳洲美利奴超细公羊，在甘肃细毛羊品种内，培育细型品系和超细品系。细型品系成年母羊，毛长平均（9.79±1.17）cm，剪毛量平均（4.69±0.47）kg，净毛率平均53.44%，净毛量平均（2.51±0.25）kg，羊毛纤维直径平均（18.7±0.49）μm。超细品系成年公羊，毛长（10.06±0.15）cm，毛纤维直径为（18.89±2.05）μm，羊毛强度7CN。

（四）1997年后为了选育甘肃细毛羊细型和超细品系引种情况

（1）2001年和2003年分别从新疆紫泥泉种羊场和农垦科学院引进中国美利奴（军垦型）细型公

羊10只，超细型公羊5只。

（2）2005年从澳大利亚引进澳洲美利奴超细型公羊13只。

第五节　培育历程

一、甘肃高山细毛羊的培育历程

甘肃高山细毛羊的育成可归纳为3个育种阶段，即杂交改良（1943～1957年）、横交固定（1958～1965年）、选育提高（1966～1980年）。

1943年建场开始的杂交改良为第一阶段，共形成了新×蒙、高×蒙、新×藏、高×藏、新×高蒙、新×高藏等杂交组合，通过生产性能评定发现，以新×蒙和新×高蒙杂交组合最理想，藏系羊的杂交后代不佳。

1957年开始的横交固定为第二阶段，以杂交三代羊为主，选择具备良好生产性能和适应性的理想型二代、三代羊，全面开展横交固定。

1966年开始的选育提高为第三阶段，1974年管理部门成立了甘肃细毛羊育种领导小组，组织专家讨论统一了育种计划和品种指标，制定了羊群鉴定标准，采取场社联合育种。同时把改善羊群饲养管理条件，严格鉴定淘汰，扩大育种核心群；加强种公羊的选择和培育，提高优良种公羊的利用率；建立品系，少量导入外血等作为这一阶段的工作重点。通过第三阶段的工作取得了统一羊群类型、提高生产性能、扩大理想型数量和稳定遗传性的良好效果。

到1957年制定有组织的育种计划，形成了以新疆细毛羊为父本的蒙系育种母羊群。从1956年开始又以高加索细毛羊为父本，本地藏羊为母本，进行藏羊的杂交改良。1958年在高×藏杂交母羊群引入新疆细毛羊血液，1961年组成藏系母羊育种群，经过多年的杂交改良，生产了大批杂交三代羊，试验测定显示它们具有良好的适应能力和生产性能，这些杂种羊是进行横交固定的基础，到1965年基本完成横交固定工作，经过10多年的选育提高，于1980年育成甘肃高山细毛羊。

（一）早期杂交改良及绵羊生产

1.杂交亲本特征及生产水平

（1）母本特征及性能

①蒙古羊　在甘肃河西一带分布较广，数量多。在长期的艰苦环境中形成了耐粗饲、放牧性能好、行走运动轻快、适于山地放牧、性情驯顺、体质坚强、适应性良好等宝贵的生物学特征。体格中等，体躯较狭浅，后躯较发达，头颈狭窄，鼻隆起，耳大下垂，公羊多具螺旋形大角，母羊多数无角，属脂尾型。头颈多带色，毛质粗糙，产量低。据皇城、永昌两羊场测定统计，成年母羊平均产毛量（春毛和秋毛）1.4kg，剪毛后体重33.81kg，提高63.69kg，体长69.38cm，胸围77.33cm，屠宰率40.58%。羊毛为混型毛，分绒毛、两型毛、干死毛、粗毛4种，绒毛占85.33%，细度20.59μm，强度11.43g，伸度61.17%；两型毛占8.25%，细度20.59μm，强度27.71g，伸直长度204.92cm，伸度64.1%，密度1342根，净毛率73.27%，含脂率5.75%；粗毛占6.28%，细度54.94μm，强度37.17g，深度63.77%；干死毛占0.14%。

②西藏羊　是我国西部高原分布广、数量多的一个古老品种，有极耐严寒、善游走、耐粗饲、性情活泼、放牧合群性好等优良特性。体格健壮，四肢细长有力，颈细直，头小鼻隆起，体躯狭长。公母羊多数具有螺旋形或扭曲形向两侧伸展的角，尾短小，属短瘦尾型。头颈四肢多带色，身躯多为白色，大约占90%。羊毛多为混型毛，粗且长，光泽较强，为优良地毯毛。一般毛长达9～15cm，成年母羊平均剪毛量1.5kg，剪毛后体重37.49kg，体高68.37cm，体长71.69cm，胸围84.90cm，屠宰率达（加内脂）52.03%，内脂重2.89kg，占体重5.83%，繁殖率不高，极少有双胎，

繁殖率为83.75%，成活率为74.6%。

（2）杂交父本特征及性能

①新疆细毛羊　新疆细毛羊是我国育成的第一个细毛羊品种，由于培育过程中的放牧锻炼，善于爬山游走放牧，适应恶劣的气候条件。新疆细毛羊1953年从永昌进入高寒的皇城牧区，前期在永昌风土驯化，对河西生态条件有较好的适应能力，由于皇城羊场水草条件更优于永昌，种公羊生产性能不稳定的状态在皇城羊场得到相应改善，经历了由高到低又回升到高的过程，剪毛量从1953年的7.06kg降到1955年的4.89kg，1958年回升到6.59kg，至1962年达到9.91kg（表2-2）。生产性能虽不如原产地高，但具有一定的生产潜力，只要在原有的基础上相应改善饲养管理条件，生产力就有较大的增长，这也正是当初制定育种计划时选择新疆细毛羊作为杂交育种主要父系的依据。

表2-2　新疆细毛羊引入皇城羊场后历年生产性能

年度	公羊			母羊			产羔率（%）	羔羊成活率（%）
	头数（只）	剪毛量（kg）	剪毛后体重（kg）	头数（只）	剪毛量（kg）	剪毛后体重（kg）		
1953	18	7.71	64.77	336	5.02	41.46	100.92	70.91
1954	26	6.75	55.70	298	4.24	41.50	105.20	67.58
1955	21	4.89	56.99	334	4.12	37.85	100.61	61.89
1956	44	5.58	52.01	360	3.98	39.43	86.89	77.99
1957	14	5.51	61.39	442	4.08	36.64	96.68	62.17
1958	21	6.59	68.66	536	6.16	40.69	102.08	77.55
1959	24	7.85	69.05	615	5.31	45.20	104.83	86.64
1960	28	7.73	62.96	715	4.60	35.96	108.75	72.44
1961	18	8.46	70.93	731	4.41	38.25	96.97	38.15
1962	22	9.91	77.70	1247	4.25	37.16	105.02	68.98
1963	21	9.86	75.43					

②高加索细毛羊　高加索细毛羊被毛密度和剪毛量比新疆细毛羊好。被毛密度高加索细毛羊平均4 112根/cm²，新疆细毛公羊3 862根/cm²，高加索细毛羊多250根/cm²；剪毛量高加索细毛羊平均8.07kg，新疆细毛羊7.35kg，高加索细毛羊高0.72kg。但对当地条件的适应能力高加索细毛不如新疆细毛羊，它对饲草料条件要求比较高。如幼年公羊的平均剪毛量和体重，新疆细毛羊分别为4.87kg和38.92kg，年度间比较稳定，高加索细毛羊分别为4.59kg和5.15kg，年度间差异较大。羊毛自然长度新疆细毛羊不如高加索细毛羊，成年公羊新疆细毛羊平均6.76 cm，比高加索细毛羊的7.65 cm短0.89 cm，幼年公羊新疆细毛羊平均7.26 cm，比高加索细毛羊的7.82 cm短0.56 cm，差异显著。

2.早期杂交改良的出发点

我国西北高原有广阔的高寒牧区，居住在这里的各族人民以游牧为生，有悠久的养羊历史，是我国主要的畜牧业基地之一。蒙古羊和西藏羊等粗毛绵羊品种分布面积广，数量大，但产毛量低，毛品质差。为适应国民经济发展的需要，提高畜产品产量和质量，以提高养羊经济效益为出发点，引进了一批高产的细毛羊，进行纯繁扩群，同时进行杂交改良，提高当地羊群的产毛量、羊毛品质和各项综合指标。最初的绵羊生产，缺乏明确的发展方向，经营方针屡次更改，不同程度影响了杂交后代质量的提高。但杂交改良生产了一批比原地方品种质量更高的新×蒙、高×新×蒙杂交后代，为进一步杂交改良和育种提供了基础。

3.杂交改良工作及杂交后代生产性能

1943年9月，原国民政府农林部西北羊毛改进处成立了河西绵羊推广站（皇城羊场前身），1944年1月，河西绵羊推广站从新疆伊犁种羊场选购高加索细毛羊、兰哈羊（新疆细毛羊育种自群繁育羊，以下称新疆羊）种公羊80只，母羊30只，并从本地购进蒙古母羊300余只进行杂交改良。同年秋天，用人工授精方法进行配种，翌年产羔后部分调查受胎率为65%左右，当时对人工授精疑虑重重，不得不在第二年暂停人工授精，仅集中数百余只羊改为人工辅助交配。1947年购入考利代种公羊10只，母羊100只进行纯种繁殖。当时社会混乱，群众牲畜流离失散，此一阶段改良结果已无法统计。1949年新中国成立后，河西绵羊推广站与永昌羊场合并，1950年又分离，同年将大部分新疆羊和全部考利代羊调拨甘盐池羊场，生产上变化很大，记载不全，一些资料也就无法收集。1950年底存栏新疆羊公羊100只，新疆羊×蒙古羊杂交羊351只，其中，新疆羊×蒙古羊杂交一代280只，二代69只，三代2只，蒙古羊188只。1951年初在永昌羊场购买当地蒙古母羊741只，甘肃水利林牧公司赠送蒙古羊64只，新×蒙一代母羊6只，11月从新疆伊犁羊场购进新疆羊种公羊109只，母羊52只。1951年夏在现有羊群中组织选种工作，进行了初步整群，育种群全部带耳号，结合剪毛对全部育种公母羊进行产毛量、毛长、体重、体高、胸围、尻宽等指标测定，并采取毛样900余只，为选配工作提供了比较可靠的依据，可以说这是羊场有计划进行杂交改良工作的开始。1952年，又购入新疆羊种公羊50只，母羊299只。1953年12月购入苏联高加索美利奴种公羊198只，母羊69只，1953年获得纯种高加索羔羊48只。1954年存栏新×蒙杂交一代1 776只，二代561只，三代117只，四代8只。

1954年初，羊场改制为经济牧场，鉴于引入的高加索细毛羊比新疆羊具有较高体重、较高的产毛量和好的毛质，从提高畜产品的愿望出发，全部采用高加索公羊（考察血统并鉴定为特级者）与脂尾蒙古羊为基础的各代杂种母羊和蒙古母羊交配，新疆羊、高加索羊仍进行纯种繁殖。1955年5月购入当地藏羊2 475只，又从青海购进藏羊1 532只，进行了群选，分中心群和普通群，用高加索羊进行杂交，开始了西藏羊的杂交改良，1956年获得了高×藏一代1 436只，1957年获得高×藏一代1 192只，1958年起在高×藏杂种一代母羊中引入了新疆羊血液，1961年建立了藏系母羊育种群。

（1）蒙古羊与新疆羊的杂交改良

新中国成立后，党和政府对绵羊杂交改良工作给予极大重视，曾先后多次从新疆购入了新疆细毛羊，从苏联购入了高加索细毛羊供甘肃省绵羊杂交改良之需。从1952年开始以皇城、永昌两场羊场为改良核心，在甘肃省河西各县开展绵羊杂交改良工作。杂种羊的剪毛量要比本地粗毛羊高2～3倍，深受群众欢迎，树立了生产和饲养管理杂种羊的信心。

1955年，中国农业科学院西北畜牧兽医研究所筹备处与西北畜牧兽医学院开始对皇城、永昌两羊场的杂种羊进行了杂交效果的评估研究，认为蒙系杂种羊数量多，杂交效果亦显著。

①各代杂种羊的体尺、剪毛量与体重。1951～1956年，对各代杂种羊进行了体尺测定，348只新蒙一代成年母羊体高64.21cm，体长67.48cm，胸围80.12cm；73只新×蒙二代母羊体高64.65cm，体长66.67cm，胸围82.39cm；25只新×蒙三代母羊体高65.54cm，体长65.86cm，胸围80.25cm。

1953～1956年的资料统计，2 021只新×蒙一代成年母羊平均剪毛量1.65kg，剪毛后活重37.75kg；939只新×蒙二代成年母羊剪毛量2.93kg，剪毛后活重35.09kg；67只新×蒙三代母羊剪毛量2.92kg，剪毛后活重34.22kg。总体衡量杂交后代的表型，可以看出随着杂交代数的提高，三代母羊的体格变小了，活重亦随之降低，产毛量基本与二代相同，新×蒙一代母羊的体格、活重较高，新×蒙二代居中间水平。

1957年成年羊的体尺、毛量、体重（表2-3）测定表明，杂种羊的生产性能、生长发育虽与父系有一定的差距，但与母系相比有了一定的提高，特别是产毛量。新×蒙杂种一代提高了0.58个百分点，新×蒙杂种二代提高了1.14个百分点，新×蒙杂种三代提高了1.22个百分点，高×藏一代毛量也有提高。

表2-3　1957年成年体尺、毛量、体重测定

类别	体高（cm）	体长（cm）	胸围（cm）	毛量（kg）	体重（kg）
新疆羊	69.73	72.30	93.60	5.51	61.39
高加索羊	72.77	57.77	96.80	5.89	60.26
蒙古羊	63.87	69.18	78.13	1.52	32.78
西藏羊	68.12	71.49	84.62	1.31	38.23
新×蒙一代	65.85	70.39	81.43	2.40	35.21
新×蒙二代	66.13	69.88	81.53	3.25	28.49
新×蒙三代	66.28	69.74	83.44	3.37	34.74
高×藏一代				2.0	

②各代杂种羊的羊毛品质　1954年测定结果：新×蒙一代细毛占68.5%，二代占67.7%，三代占78.2%。品质支数新×蒙一代52～58支，新×蒙二代58～60支，新×蒙三代58～64支。羊毛长度新×蒙一代自然长度7.85cm，伸直长度15.39cm，新×蒙二代自然长度7.51cm，伸直长度14.48cm，新×蒙三代自然长度6.61cm，伸直长度11.60cm。弯曲新×蒙一代5.85～11.41个，新×蒙二代6.43～11.56个，新×蒙三代8.08～12.58个。可见，随着杂交代数的增加，羊毛品质支数在提高，长度在缩短，弯曲在增加。

1957-1958年，中国农业科学院西北畜牧兽医研究所对各代杂种羊的羊毛品质进行了测定分析，两年共测定了不同类型个体7 194只，对细毛羊按《细毛羊标准》进行鉴定，各代杂种羊则采用西北畜牧兽医研究所拟定的《简化鉴定标准》进行鉴定，1957年现场鉴定材料统计见表2-4。

表2-4　1957年新蒙、高新蒙成年母羊羊毛细度、密度、长度测定

类别	密度中等或良好比例（%）	毛长7cm以上比例（%）	细度60支以上比例（%）
新×蒙二代	97.06	43.63	58.79
新×蒙三代	99	30.30	87.88
高×新×蒙二代	75	67.22	53.96
高×新×蒙三代	77.78	52.78	67.14

注：表中数据指测定羊只达到标准的占总数的百分比

　　统计结果可以看出，毛长7cm以上的个体新×蒙二代母羊占43.64%，新×蒙三代母羊占30.30%；羊毛品质实验室分析，新×蒙一代母羊肩部和臀部羊毛的细度58～60支（直径23.32～25.71μm），其被毛为混型毛；新×蒙二代羊羊毛60～64支（直径为21.94～23.86μm）的占52.64%；净毛率新×蒙一代平均46.50%，二代平均37.25%，三代平均33.16%。另外，对育种父母本的羊毛作了净毛率测定，其中，新疆羊公羊净毛率平均31.42%（27.84%～37.96%），高加索细毛羊公羊平均37.96%（24.51%～43.16%），蒙古羊净毛率68.68%。随着杂交代数的提高，羊毛细度逐渐变细，但长度却相应变短，净毛率也向父系羊回归，相对降低了。

③各类羊的产肉性能 1957年秋季，进行了各代杂种羊屠宰试验测定（表2-5），结果表明杂种羊的产肉力都有所提高，中等营养状况的新×蒙三代母羊屠宰率44.12%，贮脂能力较强，脂肪重3.31kg，相当于活重的7.56%，胴体含脂重22.61kg，含脂屠宰率51.68%。蒙古母羊屠宰率41.83%，脂肪重1.83kg，相当于活重的4.64%，二代母羊产肉力较好。屠宰率达42.98%。

表2-5 1957年各类羊屠宰率测定

性别	营养状况	种 别	活重（kg）	胴体重		内脏脂肪重		胴体及脂肪重	
				平均	屠宰率（%）	平均	占活重的（%）	平均	屠宰率（%）
♂	中等	新蒙二代	54.25	24.50	46.97	2.50	4.45	26.90	49.58
♀	中等	新蒙一代	40.00	16.80	42.00	2.71	6.78	19.51	48.78
♀	中等	新蒙二代	45.40	19.50	42.96	2.80	6.17	22.30	49.12
♀	中等	新蒙三代	43.75	19.30	44.12	3.31	7.56	22.61	51.68
♀	中等	蒙古羊	39.45	16.60	41.83	1.83	4.64	18.33	49.46
♂	中等	新疆羊	46.00	18.00	39.13	4.91	4.15	19.91	43.28

④杂交后代羔羊生长发育情况 1954年对蒙系各代杂种母羔羊哺乳期生长发育进行测定，结果见表2-6。

表2-6 1954年母羔羊哺乳期生长发育测定

类别	体重（kg）						断奶时体尺（cm）		
	出生	一月龄	二月龄	三月龄	四月龄	净增重	体高	体长	胸围
蒙系杂种一代	3.79	8.57	10.76	11.72	15.67	11.88			
蒙系杂种二代	3.86	9.47	12.12	16.38	19.33	15.47	52.0	56.0	61.0
蒙系杂种三代	3.55	7.75	11.74	13.88	16.86	13.31	51.9	54.0	62.4
蒙系杂种四代	3.73	7.84	10.70	13.40	16.65	12.92	51.5	54.8	58.5
新疆羊	3.88	7.69	11.81	13.81	17.65	13.77	53.0	54.4	62.0

分析测定结果发现二代羔羊生长发育快，个体较大。4月龄断奶活重19.33kg，绝对增重15.47kg，平均日增重128.91g。三代羔羊生长发育次之，其断奶活重16.86kg，绝对增重13.31kg，平均日增重119.16g。另据统计，断奶到1.5岁，蒙系二代、三代净增重12.50kg，藏系二代、三代净增重10.22kg，新疆羊净增重11.64kg，高加索羊净增重11.52kg，以蒙系二代、三代断奶后净增重最高。

皇城羊场1957年冬产羔羊的初生重大多数在4kg以上，其中，细毛羔羊的体重均在4.1kg以上，高加索后代公羔的平均初生重最大，平均4.5kg；4月龄断奶重新疆细毛羊后代羔羊为18.23kg，高加索后代公羔17.54kg，母羔仅15.76kg，而新×蒙一代公羔断奶重19.11kg，母羔18.61kg，表现为杂交代数越高体重越大的趋势（表2-7）。

表2-7 皇城羊场1957年冬羔初生和奶断活重

品　种	性　别	数量（只）	初生体重（kg）	四月龄体重（kg）
新疆羊	♂	128	4.18	18.25
	♀	125	4.10	18.21
高加索羊	♂	14	4.59	17.54
	♀	14	4.22	15.76
新×蒙一代	♂	18	4.59	19.11
	♀	17	4.21	18.60
新×蒙二代	♂		4.54	20.41
	♀		4.33	19.59
新×蒙三代	♂	48	4.85	21.20
	♀	64	4.24	21.01

⑤育种初期主要阶段羊群品种结构（表2-8）。

表2-8　1944～1957年羊群品种结构　　　　　　　（单位：只）

年度	新疆羊	高加索羊	蒙古羊	藏羊	蒙系杂种羊	藏系杂种羊	合计
1944	110		300				410
1950	100		188		351（35）		639
1952	427		883		744（114）		2 054
1957	1 011	188	630	3 751	3 625（1 088）	2 437	11 642

注：括号内数指二代以上母羊数

⑥新蒙杂交后代繁殖性能　1957年对存栏羊繁殖成活率统计，新×蒙杂交一代繁殖成活率63.43%，新×蒙杂交二代的繁殖成活率50.80%，蒙古羊繁殖成活率70.75%，新疆细毛羊羊繁殖成活率56.32%，高加索羊繁殖成活率48.05%，可见新×蒙杂交一代繁殖成活率介于母本与父本之间，新×蒙杂交二代以上繁殖成活率有所降低。

（2）藏羊与高加索细毛羊杂交改良

高加索细毛羊是当时世界细毛羊生产性能较高的优良品种之一，20世纪50年代在西北地区引进利用较广，用于改良当地粗毛羊，由于部分场站对该品种的利用存在不正确的认识，因而未能充分利用其优良的生产性能，发挥较高的经济价值。皇城羊场利用高加索细毛羊与当地饲养的藏羊杂交，以观察其杂交改良的效果，为甘肃细毛羊育种探索新的杂交组合。

①藏系羊育种计划　皇城羊场于1953年引入高加索细毛羊，1955年开始饲养藏羊，1956年利用高加索细毛羊与部分藏羊进行杂交，1957年存栏藏系杂种一代母羊2 437只，藏羊3 751只，杂交羊数量逐年增加。1960年利用高加索细毛羊对藏羊全部进行杂交改良，为育成一个毛肉兼用细毛羊新品种扩大杂交群体。到1964年普遍开展横交固定时，二代以上杂种母羊达到7 492只，其中，藏系2 608只，计划用高加索羊与藏羊杂交，理想型杂交后代"自交"，育成毛肉兼用细毛羊或半细毛羊新品种。

②拟培育品种体型外貌及习性基本要求　体格大，活泼健壮，有良好的结构，胸宽、体深、背平直，臀部丰满，颈长肢高，全身无褶皱，面部、前肢膝关节、后肢关节以下无细毛，腹毛覆盖良

好，被毛纯白，繁殖力高，双羔率15%～20%，能耐艰苦的生活条件，具有良好的游走放牧性能。

③育种指标　藏系杂交羊生产指标和羊毛品质指标见表2-9和表2-10。

表2-9　藏系杂交后代个体育种生产指标

性能	性别	初生	断乳	1岁	1.5岁	3岁
体　重（kg）	♂	5.0	28	56		90
	♀	4.5	23	38		60
产毛量（kg）	♂				3.5	6.5
	♀				3.0	4.5
繁殖率（%）						115
屠宰率（%）						47

表2-10　藏系杂交个体羊毛品质

性别	年龄	毛质		
		细度（支）	长度（cm）	净毛率（%）
♂	成年	50～60	11.0	45
♀	成年	50～56	10.0	48

④育种方法和措施　用高加索细毛羊做父本，当地藏羊做母本进行杂交，杂交到第二代，选择理想类型进行"横交"繁育，非理想型羊继续杂交，以期获得理想型后代，通过有计划的选种选配，巩固并提高理想类型的生产特性，形成毛肉兼用同质细毛羊或半细毛羊新品种，这个品种应具有坚强体质，体格高大，外貌良好，毛长、同质、产毛量高等特点，同时应保持西藏羊耐粗饲、游牧性强、适应性良好的特性。

高加索×藏羊育种所采用的措施基本同新疆细毛羊×蒙古羊育种体系，只是在培育上更注重对当地条件的适应性，给予更优越的饲草条件，使之高生产性能得以充分表现。

⑤育种群鉴定标准和方法　对杂种羊的鉴定首先要求体质健康，结构良好，种性和体型鉴定应以合乎自然经济条件，适于全年放牧，山地饲养耐艰苦和肉用价值为原则，羊毛品质鉴定时，长度、细度、匀度应是主要的性能指标。

育种群的鉴定分为"羔羊断乳鉴定"，"成年品质鉴定"，其鉴定项目和要求基本同蒙系羊鉴定标准，只有两个指标有差异，一是羊毛长度，一级为9cm以上，二级8cm以上，三级、四级9cm以下；二是细度，一级、二级细度为50～58支，三级、四级细度在50支以下。

断奶羔羊以体质结构、毛色、毛质为主要鉴定指标。符号及含义（下同）：

结⁺（体质结实，结构良好），结（体质趋于粗糙），结⁻（体质趋于细致型）。结⁼（结构不良，呈松懈型）。

毛⁺（被毛同质），毛（体躯主要部位为同质毛），毛⁻（被毛中有少量粗毛），毛⁼（被毛不同质，有大量粗毛）。

色⁺（体躯纯白），色（头及四肢有杂色毛），色⁻（体躯有少量杂色毛斑点），色＝（体躯有大量杂色毛斑点）。

⑥亲代及杂种后代的生产性能

活重和产毛量

测定结果表明，高加索×藏羊杂交一代成年母羊的平均产毛量比藏羊提高40%，而体重接近藏羊。杂交二代幼年母羊产毛量比杂交一代幼年母羊平均提高28%，活重亦较杂交一代稍高，随着级进代数的增加，产毛量亦有所提高，测定数据见表2-11。

体尺和等级

杂交一代、二代成、幼年母羊的体尺基本接近亲本，年度间差异不显著。1958年和1959年鉴定的杂种二代幼年羊与羔羊大多评为三级、四级，一级羊只占1.75%～16.37%。

体型结构和毛质毛色

体型结构杂交二代羔羊次于杂交一代羔羊，但毛质和毛色杂交二代羔羊有不同程度的提高，尤其毛色杂交二代羔羊优势比较显著，结果见表2-12。

表2-11　活重、产毛量测定统计表

品种	性别	年龄	头数	年份	剪毛后活重（kg）		产毛量（kg）	
					平均	范围	平均	范围
高加索	公	成	15	1957	58.09	57～60.8	6..33	5.20～7.2
高加索	公	成	29	1958	60.89	38.60～86.00	8.06	4.8～10.0
高加索	公	成	21	1959	61.38	38～80.50	7.79	4.5～10.0
高加索	公	幼	6	1958	36.38	25.30～47.60	5.78	5.0～7.7
高加索	公	幼	26	1959	34.30	18～47.0	4.03	2.5～6.5
高加索	母	成	30	1957	40.18	30.20～46.6	5.20	3.7～7.0
高加索	母	成	47	1958	40.68	26.40～51.0	6.23	3.8～8.0
高加索	母	成	102	1959	42.70	28.00～56.00	6.27	3.5～9.6
高加索	母	幼	11	1958	28.55	23.00～39.00	4.70	3.0～6.5
高加索	母	幼	21	1959	28.40	21.00～30.00	4.20	3.1～5.6
西藏羊	母	成	50	1957	37.60	29.0～52.4	1.51	0.8～2.2
高藏一代	母	成	45	1958	36.68	25.0～46.0	2.61	1.50～3.90
高藏一代	母	成	945	1959	37.90	28.0～58.0	2.55	1.0～5.0
高藏一代	母	幼	39	1958	27.72	21.0～37.0	2.27	1.2～3.6
高藏一代	母	幼	155	1959	30.00	20.0～39.0	2.46	1.0～5.0
高藏二代	母	幼	45	1959	31.30	23.0～39.0	3.35	1.7～6.0

表2-12　高藏杂种羔羊断奶鉴定结果

品种	性别	头数	体型（%）			毛质（%）				毛色（%）			
			结⁺	结	结⁻	毛⁺	毛	毛⁻	毛＝	色⁺	色	色⁻	色＝
高藏一代	♀	455	43.15	48.57	7.91					22.64	59.34	13.38	2.64
	♀	873	42.96	49.71	7.33	0.23	10.88	32.42	56.47	16.59	22.11	18.79	42.45
高藏二代	♀	87	36.79	55.17	8.05	4.60	29.07	57.47	8.06	44.83	21.84	6.90	26.42
	♂	6				16.67	83.33			83.33	16.67		

羊毛密度和羊毛长度

高加索×藏羊杂交二代幼年羊羊毛长度指标公母羊都较优良，但羊毛密度较差，不如新×蒙杂种羊（表2-13）。

表2-13 高×藏杂交二代幼年羊羊毛密度、羊毛长度情况

项目	分布	百分比（%）	
		公	母
密度	M	7.50	21.05
	M⁻	65.00	45.11
	MP	27.50	33.83
羊毛长度	7.5 cm		9.77
	7.0 cm	15.00	25.56
	7.5～8.5 cm	37.50	34.59
	8.5 cm以上	47.50	30.07

净毛率

1957～1958年抽样测定了育种羊群的羊毛净毛率，高加索成年公羊14只，平均37.96%，西藏母羊10只，平均74.31%，高×藏杂一代成年母羊17只，平均60.72%。高×藏杂交一代母羊的净毛率比新×蒙杂交一代母羊高14.22%，比青海三角城羊场的新×藏杂一代母羊高6.57%。

细度

对无髓毛的细度分析，高加索种公羊肩部毛的细度分布10～45μm，平均细度为19.20μm，臀部细度为19.94μm；西藏母羊肩部无髓毛分布为10～70μm，平均细度26μm，臀部的平均细度为84.18μm；高×藏杂一代母羊肩部无髓毛的细度分布为10～60μm，平均细度23.37μm，臀部平均细度为25.02μm。所以，杂交一代羊无髓毛的平均细度与分布范围比西藏羊提高了很多。

羔羊生长发育情况

高加索羔羊初生重公母平均为4.41kg，但4月龄断奶时公羔体重17.45kg，母羔15.76kg，平均16.65kg，平均日增重102g；杂种一代公母羔初生重平均4.17kg，4月龄断奶公羔体重15.45kg，母羔体重15.02kg，公母平均15.24kg，育羔期日增重92g；杂种二代羔羊初生重公母羔平均3.41kg，断奶公羔为20.23kg，母羔为19.0kg，公母平均19.51kg，育羔期日增重134g。

放牧性能

根据放牧观察，高×藏杂种羊放牧性介于高加索羊与藏羊之间。与藏羊相比，放牧时游走较慢，提高了草地的利用率。例如，在牧草生长情况相同的一般天然草地放牧时，高加索细毛羊每小时游走563m，平均每分钟游走14.39m；西藏羊则每小时游走1 468m，平均每分钟游走24.47m；而高×藏杂一代母羊每小时游走1 248m，平均每分钟游走20.81m。一般上午放牧时游走的时间较多，下午较少。

4.杂交改良经验

①亲本特点的结合以蒙系三代羊最理想，第四代杂种对本地区自然环境的适应能力明显下降，体质变弱，生产性能下降。第三代杂种羊不但继承了父系的羊毛品质，而且保留了母本对高寒生态条件的适应性和良好的产肉性能。因此，在皇城高寒山区以放牧为主的条件下，用育成杂交方法培

育适应于本地区的细毛羊，是符合实际情况的，以三代为主进行横交固定为宜。

②从亲本及其各代杂种羊的生产水平和生长发育在年度间存在较大差异的现象来看，在高寒山区以放牧为主的条件下，要充分发挥羊只的生产潜力，还必须根据杂种羊的内在要求及其形成的生物学特性创造必要饲管条件，才能达到预期的效果。就是说对纯种细毛羊或生产性能高的杂种羊要比土种羊给予更优越的饲养管理条件。

5.杂种改良中发现的问题

20世纪50年代中期，利用新疆细毛羊杂交改良蒙古母羊，经观测分析杂交结果良好，杂种羊继承了父、母亲本的优良特性，体质结实，善于爬山，对恶劣气候条件有忍耐力，生产性能比母本提高很多，毛质基本符合要求，但当时皇城羊场的归属和经营方针几度改变，加上工作人员业务经验不足，在改良过程中出现了一些问题。

（1）饲养管理条件不配套

随着杂交代数的提高，相应地改善饲养管理条件是养好杂种羊的关键措施之一。当地长期饲养土种羊，形成了粗放的饲养管理习惯，杂交改良初期对改善饲养管理工作的认识不足。杂种一代半粗毛羊生命力较强，饲养管理要求不高。但二代以后由于生产性能不断提高，绝大部分已改为同质细毛羊，营养需要也提高了，因此要有良好的饲养条件和管理水平。但实践中，在杂交改良过程中，由于饲养管理条件不良，在一定程度上限制了杂种优势的表达，因而不可避免地出现了杂交代数提高，产毛量、体重下降，毛长不理想和适应能力相对减弱的现象。1958年开始加强了饲养管理，随着饲养管理水平、条件的改善，各代杂种羊的毛量、体重显著地提高了。新×蒙杂交二代母羊的体重从37.02kg增加到43.67kg，提高6.65kg，毛量比1957年增加了0.56kg。新×蒙杂交三代母羊比1957年增加5.06kg，毛量增加0.66kg，羊毛长度亦相应提高。

（2）种公羊和后备公羊的培育未得到高度重视

在杂交过程中，特别是1955～1957年所利用的种公羊的质量较差，生产性能不高，也和当时新疆细毛羊也是新品种，整体性能不高、不稳定有关。皇城羊场杂交育种经验还不足，缺乏一套具体、合理的管理措施有关。种公羊群大，管理饲养水平跟不上，全年饲养不够均衡。同时由于当时羊场经营方针的变更，对种公羊培育管理的重要性认识不明确，未能把如何加强培育本场的后备公羊列为重点，致使1955年后的种公羊生产水平下降，优良种羊不足，影响了杂交效果。

（3）缺乏科学的选育技术措施及系统记录

1957年前，羊场的经营方针、育种方向未定，仅处于一般的杂交改良阶段，对如何加强选育工作缺少经验。例如，1954年改为经济羊场后，进行一般性的选育工作，各种系统型生产记录减少。在选择公羊时只注重羊毛细度、白色油汗及皱褶的多少的遗传性，忽略了毛的长度，甚至大量使用二级新疆细毛羊公羊，影响了后代毛长的提高，加之饲养管理条件跟不上，出现了杂种羊毛长逐代变短的现象。另外，当时因质量优良的杂种羊少，不能按等级组群，只能以杂交代数组群，选育方法仅限于群的选配范围之内。各项记录不系统和完善，尤其是系谱登记不清，给资料整理造成了困难。

（二）有计划的品种培育

1957年，核心种羊场皇城羊场划归中国农业科学院西北畜牧兽医研究所作为科研基地，开始制订了长期育种计划。即以毛肉兼用的新疆细毛羊为父本，以当地蒙古羊为母本进行改造杂交（级进杂交）来获得兼有母系和父系共同优良品质的理想型绵羊，三代杂种停止用新疆细毛羊及进杂交，对理想型杂交后代采用"横交"繁育方式（自群繁育），对非理想型的母羊用理想型的公羊来交配，以期生产理想型后代，当时根据苏联育种经验，把级进杂交和育成杂交巧妙结合来培育新品种。在杂交过程中特别重视发现个别有价值的、高产性能的杂种羊给予特别培育，选择这些杂种羊进行"横交"和"品系繁育"，以巩固优良特性，争取在一个预定的期限内育成理想的绵羊新品种。

1.第一个十年育种计划

1957年，皇城羊场存栏1~3级成年、幼年蒙系杂种母羊1730只，基础母羊不足，计划1958年购买2000只优良蒙古母羊，把基础母羊扩增到3500~4000只，便于更有效的组织育种工作，草拟了分3个阶段来执行的十年育种计划。

第一阶段：1958~1962年，进行杂交，获得理想型杂种羊，计划生产三代杂种成年母羊1200只左右。

第二阶段：1963~1965年，选择理想型F_3代杂交羊进行横交，以固定获得的理想性能。

第三阶段：1966~1967年，继续繁育并进一步严格选择提高新品种核心群的性能，到1967年建立新品种雏形。使横交后代成年母羊群达到5400只以上，基础群数量达到1万只。

2.采取的育种措施

（1）组建理想育种群

主要是在杂种三代中选择最理想的公母羊组成育种核心群。

（2）组织后备育种群

将杂交三代中非理想型母羊，用理想型公羊来配种，后裔达到理想型者转入理想育种群。

（3）制定育种群的鉴定标准

①"杂种羔羊鉴定标准"，其项目有体型、体格、毛质、毛色四项，分四个等级。

②"一代杂种羊鉴定标准"鉴定项目有种性、毛质、均匀、体格、体质结构、腹毛、总评七项，鉴定分四等，总评分优、上、中、劣。

③"二代、三代杂种羊鉴定标准"，鉴定项目有：种质、体型、密度、长度、弯曲、细度、匀度、油汗、体格、外形结构、腹毛、总评共12项，根据鉴定结果，总评分优、上、中、下等。

每一项鉴定项目附评判说明。

（4）加强饲养管理和选种选配工作

加强饲养管理和营养，采取优配优的方法产生羔羊，从优秀公羔中选留后备公羊需要量5~6倍的公羔组成特殊培育群，从小进行特殊培育，定期鉴定测量生长发育情况。选留的1.5岁公羊要进行后裔测定，评定公羊的遗传品质。对利用中的成年公羊每年进行测定，作出评价。

选入育种群的公羊为特级或一级，母羊应为1~2级。应有坚实的体质和较大的体格，生产性能高，遗传稳定。

（5）重视净毛率选育

育种羊群（可取5%~10%的个体）每年剪毛时在肩、侧、臀三部分采取毛样100~200g做净毛率测定，给选种提供依据。

（6）做好种羊编号和育种登记工作

①杂交代数标记，记号是在左耳打缺口。

②个体等级标记，在右耳上打缺口，一级前缘1个，二级前缘2个，三级后缘1个，四级前后缘各1个，五级后缘1个前缘2个。

③个体编号，用金属制成正面表示出生年份和序号，反面表示品种。

④育种登记表格，按部统一规定样式；有种羊卡片，剪毛及体重登记表，生长发育记录，配种等级表，产羔登记表，后裔测定登记表，鉴定登记表，饲料消耗统计表。

3.育种群饲养管理制度

进入有计划育种阶段后，育种场建立了育种群饲养管理制度，主要包括四季放牧制度、常规管理制度（剪毛、配种、产羔、去势、断尾、分群、饮水、喂盐等）、兽医防治制度、补饲制度和补饲量（见表2-14）等。

表2-14　羊群饲料补给计划表　　　　　　　　　（单位：kg）

类别	年龄	补饲计划	饲草	多汁饲料
育成公羊	成	236	179.5	61
育成公羊	幼	236	179.5	61
纯种母羊	成	126	233	89
纯种母羊	幼	79.5	112	30.5
纯种母羊	羔	23.0	41	
二、三代育种母羊	成	126.	233	89
二、三代育种母羊	幼	79.5	112	30.5
二、三代育种母羊	羔	23.0	41	
一代育种母羊	成	53.0	233	61
一代育种母羊	幼	26.5	112	
一代育种母羊	羔	13.5	41	
二、三代繁殖母羊	成	41.5	179.5	
二、三代繁殖母羊	幼	23.0	64	
二、三代繁殖母羊	羔	13.5	37	
蒙古母羊	成	34.0	112	
蒙古母羊	羔	11.4	37	
藏系母羊	成		41	
藏系母羊	幼		41	
藏系母羊	羔	11.4	37	

（三）横交固定

1958年，育种核心场在大量杂交改良的同时，进行了横交试验，试验结果显示，高寒牧区在级进杂交三代后进行横交固定是符合生物学特性和当地自然条件的，后代既继承了父本优良的毛质特性和生产性能，又保持了母本的良好适应性。取得可靠试验结果后，于1959～1960年在一级、二级母羊中展开了全面横交固定。在总结皇城羊场横交固定经验的基础上，对育种区人民公社和牧场的杂种羊横交固定则不追求代数，实行四类四级鉴定法，凡达到一类的母羊进行横交，此法基本上解决了牧场和人民公社羊只结构和横交固定中的难题，同时解决了高寒牧区羊只成活率低，适应性差的问题。

到1965年，横交后代已基本达到育种指标的要求。为了进一步提高羊群质量和生产水平，巩固羊只对当地自然条件的适应性，从1966年起，从一级母羊群中挑选优良个体，组成育种核心群，开展个体选配。1972年后对各等级群进行了多次整群，先后建立了多毛、体大、毛长等品系，开展了品系繁育。1971年为了改进毛长不足，产毛量低的缺点，引入斯大夫公羊进行导入杂交。1975年为了改进羊毛品质和头型不一致的问题，又引入含澳血的公羊进行改善。同时，加强了怀孕后期母羊、哺乳期羔羊和育成羊的培育，重视和改善了饲养管理和放牧管理，上述措施对改进羊毛品质，提高生产性能起到很大作用。

1.横交固定试验

1958年，选择杂交三代一级羊群中的优秀公羊与育种群理想型三代母羊进行横交固定试验。横交后代的生产性能和羊毛品质测定分析结果，属于同质毛的占50%，鉴定为一级的羔羊占42.11%，比同年级进三代羔羊（同质毛占41.28%，一级占34.04%），分别高8.72%和8.07%。在生长发育过程继续进行试验观察后，认为横交固定的效果比较理想。从1959年起对育种群理想个体全部进行横交固定。据1962～1963年横交后代鉴定材料统计，藏系和蒙系组合同质毛羔羊已占77.32%和90.49%，一级羔羊占40.99%和55.28%，纯白羔羊占93.33%和95.98%，羔羊断奶重15.40kg和18.53kg，横交羔羊成活率89.04%和87.31%。横交周岁育成母羊的羊毛品质和生产性能均优于三代杂种羊，毛长7.16cm，一级羊占43.99%，剪毛量3.57kg，剪毛后体重25.73kg；而同龄杂交三代母羊毛长6.65cm，一级羊占16.02%，剪毛量2.67kg，剪毛后体重24.13kg。横交公羊羊毛长度逐年上升，已超过了新疆细毛羊和三代杂种羊的长度。例如，1961～1963年，横交公羊毛长增长了0.78cm，新疆公羊增长了0.16cm，三代公羊增长了0.75cm，种公羊的毛长增长对后代毛长的提高有重要作用，被毛长是当时横交羊的特点。

据1963年对三级母羊群中进行的横交固定与级进杂交的对比试验效果看，横交固定的效果好。纯白羔羊占87.93%，粗毛羔仅为17.24%，四级羔羊为56.90%；而级进效果较差，纯白羔羊占80.23%粗毛羔羊27.11%，在提高与巩固质量的基础上，应迅速扩大横交羊的数量。

2.横交后代生产性能和羊毛品质

横交后代已逐渐克服了杂交后代毛短和体小（特别是三代以后）的现象，羊毛长度迅速提高，对所生长的高寒牧区有良好的适应性。

（1）体型外貌特征

体质结实，四肢匀称，蹄质致密，体躯结构匀称，善于爬山放牧，合群性好，保母性强，公羊有螺旋形角，大部分母羊无角，头毛着生至眼线，四肢毛至膝关节和飞节。背平，胸深适中，颈下有不完整的褶皱或仅有纵的垂皮，被毛较密闭，毛丛结构好，油汗适中成白色，腹毛较稀，没有环状弯曲。

（2）体重和体尺

公羊剪毛后活重76.77kg，秋季活重84.48kg，体高77.0cm，体长82.2cm，胸围97.0cm；母羊剪毛后活重39.11kg，秋季活重60.26kg，体高71.5cm，体长73.6cm，胸围84.2cm。

（3）污毛产量

1961年，横交后代成年公羊平均剪毛量达到8.51kg，比1957年的3.85kg增加了4.66kg。幼年母羊的毛量1957年为2.55kg，1962年3.89kg，1959年达到4.91kg。育种群成年母羊也有一定的增长，从1957年的3.28kg提高到1962年的3.93kg，增长了0.65kg。在正确选种选配情况下，给予较好饲养条件，剪毛量可逐年提高。

横交后代的幼年公母羊具有早熟性，它们到1.5岁时剪毛量、活重分别高于新疆细毛羊，1957～1962年饲养管理不尽相同，就更能证明这个特点了。

（4）产肉性能

横交后代是向着毛肉兼用方向发展的，产肉能力的高低是重要指标之一，1962年测定了屠宰率，在中等营养状况下平均屠宰率为41.91%，比1957年测定的结果略低，贮脂能力两次测定结果基本是一致的，肉的品质肥美可口。

（5）横交后代的羊毛品质

羊毛长度

受父本新疆细毛羊遗传影响，杂交过程中杂交后代的羊毛长度逐代变短，在横交固定时运用选种选配与改善饲管、放牧条件相结合的措施，后代毛长的提高效果很显著。1962年鉴定材料统计，育种1～2级群974只成年母羊平均毛长7.09cm，7cm以上的占45.09%，毛纤维伸直长度11.91cm，在较好条件下培育的公羊1.5岁毛长7.09cm，1.5岁母羊毛长7.99cm；1963年选用横交公羊平均毛长7.5cm，7cm以上的个体占90%。肩部毛纤维伸直长度11.04cm，在较好条件下培育的小公羊1.5岁毛长8.31cm，1.5岁母羊毛长达到8.01cm。

羊毛细度

随着横交固定工作逐年开展，后代的羊毛细度逐渐向60～64支集中，1959年时小母羊群60～64支毛的个体已达82.54%，1962年小母羊羊毛细度60～62支的占89.59%，据中国农业科学院西北畜牧兽医研究所实验室分析，成年公羊羊毛，平均细度为（21.33±4.57）μm，母羊（21.49±4.73）μm，相当于64支。符合细毛羊的要求。

羊毛强度与伸度

横交后代羊毛断裂强度公羊平均6.7g，母羊平均7.52g；羊毛伸度公羊平均46.25%，母羊平均45.18%。公羊的断裂强度较低，可能与配种季节营养不足和一年中营养不均衡有关。

羊毛密度

据1962年育种群成年母羊鉴定结果，密度符合标准的占79.81%，1963年育种群幼年母羊鉴定，密度良好的占70.1%。以密度钳取采样分析，成年母羊每平方厘米皮肤面积上生长羊毛3 565根，幼年母羊每平方厘米皮肤面积上生长羊毛3 632根，密度还不够。但1963年采集皮肤样本测定毛囊数量，横交后代公羊皮肤毛囊总数为7 034个/cm²，1.5岁育成母羊为7 283个/cm²，从这个测定结果看，如果所有毛囊能正常发育的话，羊毛密度还是理想的。

羊毛油脂含量

横交后代羊毛油脂颜色属于白色和淡黄色的约70%以上，油汗为易溶性，据1961年测定，公羊含脂率33.94%。母羊24.38%。可能由于当时有颗粒等不良油脂的关系，这与以后品种育成后测定的14%～17%有差异。

净毛率

1961年，以套毛网采样法取样测定净毛率，公羊净毛率为32.96%，母羊为36.60%，1962年用同样的方法取样，测得母羊净毛率为40.88%，折合净毛1.61kg，公羊净毛量为2.68kg，净毛量均不高。

（6）繁殖能力

当时在皇城地区绵羊实行两季产羔，配种季节分别是7月底至8月初和12月底至1月初，7～8月份配种产冬羔，12月、1月配种产春羔。横交后代羊性欲旺盛，母羊受胎率较高。据统计母羊性周期介于17～18d的占36.67%～61.76%，母羊发情持续期为30～36h。从1958～1962年，最低受胎率86.50%，最高受胎率96.23%。产羔率最低94.09%，最高106.30%。母羊一般利用七年，公羊可利用到6～8岁。

（7）生长发育情况

表2-15　横交后代和新疆细毛羊培育公羊体重增长比较　　　　（单位:kg）

月龄	初生	4月	8月	12月	16月
横交公羊	4.39	27.02	38.5	53.38	62.93
新疆公羊	4.54	25.40	33.75	44.28	53.75

从表2-15可见，从初生到16月龄，横交后代培育公羔净增重58.54kg，新疆细毛羊培育公羔净增重49.21kg，横交后代培育公羔比新疆细毛羊公羔多增重9.33kg。

普通群的母羔，从年景好的1958年和受灾的1960年来看，横交后代羔羊发育速度仍然比新疆细毛羊快，2年的4月龄断乳重分别比新疆细毛羊羔羊高3.94和3.67kg。

（8）生理指标测定

1962年春季和夏季，测定了父母本、横交后代及杂交羊的生理指标和血液指标，用来评定横交后代对高寒草原地区的适应性。发现在同一地区饲养的细毛羊品种的呼吸、脉搏都比横交后代高。红细胞含量各品种均比藏羊多，这是适应环境的正常现象。

1962年，又在海拔3 235m的夏季牧场对横交后代和新疆细毛羊的生理指标进行了3次测定，横交后代羊呼吸32.4次/min，脉搏78.6次/min，新疆细毛羊呼吸3 502次/min，脉搏85次/min。海拔由2 500m上升到3 235m，呼吸频率横交后代羊高8.75次/min，新疆细毛羊高9.39次/min，脉搏跳动横交后代多18.54次/min，新疆细毛羊多9.39次/min；改良羊脉搏多跳动18.45次/min，新疆羊多跳动15.75次/min。随着海拔高度的上升，呼吸脉搏频率加快，次数的多少是一种生理上的适应状况。

3.横交固定阶段育种工作的调整

经1957～1962年的横交固定工作，改良羊的特性已基本接近细毛羊，表现在：体型外貌比较整齐，生产性能、羊毛品质达到了预期要求，生长发育快，放牧性能好，繁殖能力较强，生理上适应高寒地区条件。

要进一步提高其生产性能，首先应尽快发展数量，有了一定的数量才会有严格选择的余地，也才能有质的迅速提高。因此当时提出了以下几点培育毛肉兼用细毛羊新品种的建议。

①调整各品种、各类别的比例，积极创造促进羔羊，年幼羊生长发育和种羊生产的饲管条件。

②防治传染病，寄生虫病的发生和传播。

③注意选种选配技巧的研究，掌握遗传规律，在巩固提高毛长的情况下，增进羊毛密度和改善腹毛状况，提高剪毛量。

④培育羔羊和幼年羊的方法应该致力于经常性的放牧和不良条件和忍耐力的锻炼，保持适应性强的生物学特性。

4.横交固定时期的研究工作

1957～1966年甘肃细毛羊的横交固定阶段，根据主要出现的问题及杂种改良羊的性能进行了一系列专项研究。

（1）莎力斯血导入试验

1957年以来，杂种羊群的横交固定和选育提高工作，使羊群的生产性能已基于达到预定目标，品质亦日趋完善，并表现出适应于山区放牧与生存的生物学特点。但存在体型不统一，褶皱不够，被毛密度较小，腹毛着生不良等缺点。

体型不统一的原因，是在早期杂交改良过程中曾引用了高加索羊、印度赫斯特羊、考力代羊与新疆羊等作父系，因而它们的后代体型表现不一，如有的头毛过多，发生毛盲（高加索类型），有的颈下无垂皮和褶皱（母系特点）等。1957年后确定新疆细毛羊为杂交的主要父系之后，类型在逐渐统一。据1962年对育种群976只母羊的体型外貌鉴定，属于理想型（C）的占54.6%，非理想型的（C$^+$与C$^-$）的仍占45.39%。

被毛密度的大小是影响剪毛量的基本因素之一，1961年对横交固定成年母羊的被毛密度进行了测定，皮肤切片法测得平均羊毛密度3 632根/cm^2，1962年再次对1961年生的小母羊的密度进行了测定，结果肩部3 242根/cm^2，腹部3 710根/cm^2。

根据横交固定后代的特点及存在的缺陷，应用苏联莎力斯进行了导入改进试验。苏联莎力斯是皇城羊场1959年引入的，考虑到要吸收莎力斯细毛羊腹毛好和颈下褶皱（体型）完整的优点，但避免它的头毛，四肢毛多的影响，因而曾再三考虑所选用的公羊必须是属于特级的优秀个体，剪毛量10kg以上，腹毛长5.5cm以上。

导入杂交一代母羊在哺乳期与离乳后的生长发育速度与强度较本品群母羊均有较快之趋势。1962～1962年冬季，对饲养管理条件相同的两组合后代进行了检查，导入莎力斯血的一代羔羊初生鉴定，初生重4.20～4.25kg，评为一级的占46.67%～66.67%。断奶鉴定时，一级羔羊占9.09%～14.28%，断奶重为14.34～17.50kg。但纯繁羔羊初生鉴定属于一级的占50.22%，出生重4.13kg；断奶鉴定时一级羔羊占5.13%～18.75%，断奶重15.40～16.01kg。初步认为：兼用莎力斯导入杂交后，其杂种一代保留了本品群生长发育快的特点。

断奶时导入杂交一代母羊体测毛长3.20cm，本品群母羔体测毛长3.40cm；哺乳期内，导入杂交一代母羔毛长增长了1.70cm，本品群母羔为1.90cm。导入杂交一代母羔6月龄时的腹毛为3 545根/cm²，介于3 062～4 898根之间，本品群母羔为3 520根/cm²，介于2 991～4 395根/cm²之间。从平均数看两者无差异，从个体中的最低与最高数字看，前者较高，说明导入一代密度偏向两级，个体之间差异很大。腹毛的产量约占总剪毛量的15%。1963年经实验室内对导入杂交一代小母羊的羊毛密度，杂交一代小公羊和小母羊的体侧和腹毛状况的测定，比横交后代的体侧密度分别增进25.93%和17.63%，腹毛提高4.01%和42.51%。而且导入杂交以后仍然保持了原来的毛长。即杂交一代1.5岁母羊毛长8.33cm，横交后代同龄母羊为8.25cm。

导入杂交一代羔羊的体型有所改进，属于理想型的占31.5%，比本品群高4.61%。

（2）横交后代的适应性研究

在不同海拔高度的放牧区域的中等品质草场上，甘肃改良羊具有比新疆细毛羊较强的放牧及草原利用能力。因为，在试验期内它们的活重消长状况有显著的差别，甘肃改良羊绝对增重8.76kg，比新疆细毛羊（5.94kg）多2.82kg，相对增重高6.52%，证明改良羊适应较高海拔地区气候物质环境。在海拔2 500m到3 235m的地区放牧，呼吸次数每分钟增加了4.75次，而新疆细毛羊则增加了9.39次。经测定皇城羊场上扎子区域草生长状况属于中等阳坡，基本上以禾本科和莎草科组成，草层较厚，占81.85%。

（3）性状相关性研究

不同饲料及饲养条件、公母羊的遗传、羊毛长度、细度是影响被毛密度的重要因素，数据测定和研究认为：在增进羊毛密度的同时，必须注重对羊毛长度的影响，资料分析说明，毛长与密度、细度是呈负相关的关系。影响羊毛密度基本因素除了取决于选种选配的技巧和遗传性外，利用外界条件之影响也是不可忽略的重要因素。在试验期间内，补饲燕麦+豆科组的小母羊毛纤维数量比其他组多18.58%，说明富含蛋白质的饲料对生是生后期毛囊发育毛纤维可以产生良好的作用。

（4）种公羊的选择培育

欲获得高育种价值的公羊，取决于它们的初生后，幼年期的培育条件。1959～1960年冬季，给予了母羊优越的饲养条件，培育的小公羊则得到较充分的生长发育，4月龄断奶活重达到55.58kg，第一次剪毛量平均为6.50kg，给以后的生产力也奠定了基础，相反在1962～1963年冬季对母羊的饲养条件较差，小公羊4月龄断奶时活重只有21.16kg。研究结果认为，培育公羊在母羊怀胎期及泌乳期即应着手，给予它们较丰富的饲料和妥善的放牧管理条件，对有机体的变异，必然发生巨大影响。

（5）育种群最佳生产年龄研究

研究了不同代数、不同等级母羊群与剪毛量的变化规律，认为绵羊生产力达到旺盛期年龄是3.5～6.5岁，维持大数量早熟的和生产力旺盛期的羊群是提高经济效益十分重要的因素。从年龄与剪毛量关系的资料中分析，二代母羊比较早熟，1.5岁剪毛量是4.5岁毛量的92%，其生产力旺盛期亦较长，5.5～7.5岁时的毛量仍相当于4.5岁时的97%～99%。

（6）横交选配方法与遗传规律等研究

①横交选配方法。本次检验没有进行每个组合特点与亲代的比较，只在后代中做了组合间的比较，验证后代能否表现出该组合的特点，作为衡量的标准检验两种选配方法的效果。同质选配：毛长组合（毛长×毛长）后代1.5岁毛长8.90cm，比毛密组合（毛密×毛密）和体大组合（体大×体大）长0.7cm和0.6cm；体大组合1.5岁时活重分别比毛长和毛密组合高4.0kg和2.0kg，毛密组剪毛量3.5kg，高于其他两组0.3kg。异质选配：体大组合后代的体重较其他两组分别高0.7kg和2.0kg，其他两组特点没有明显表现出来。在1～3级母羊群应用这两种选配方法获得了较好效果，一级羔比例上升，毛长、体重、剪毛量增加。对提高羊群品质有利。应灵活掌握，恰当应用。

②羊毛长度和毛品质的遗传现象。分析1962～1964年的毛质与毛长变化情况，发现羔羊毛纤维有变粗的趋势；1.5岁母羊的羊毛细度则向58～60支集中；横交公羊与1～3级母羊群交配，出现了

4.55% ~ 6.88%的粗毛羔羊，横交后代羊毛长度有了相应的增长，这是合理的选种选配和培育条件改善结合的结果。在育种群的一级和二级母羊群中，选用同样的种公羊交配，其后代毛长都有不同程度的增长，二级群羔羊的毛长虽然比一级群短，但增长幅度较大，公羔尤其显著。

③绵羊的年龄与剪毛量的关系。通过1957 ~ 1964年的8年资料分析，发现剪毛量与年龄有一定的关系。一级母羊从1.5岁开始，剪毛量随年龄增长而增长，3.5 ~ 7.5岁剪毛量基本稳定，在3.85 ~ 4.36kg之间。二级母羊同样表现出此规律，但因各年龄统计头数不同，差异较大。

④不同种别羔羊羊毛生长规律的初探。观察羔羊生后毛囊继续发育为毛纤维及其纤维生长速度的规律性。据测定因品种而异，有毛囊数量随年龄增长而增长，露出皮肤表面的毛纤维数量则是随年龄增长而相对减少。

⑤运用莎力斯公羊导入杂交、反交效果初探：运用导入杂交方法，预期改善羊群的体型、提高毛长、增进密度和改善腹毛。经反交（1/2莎力斯血×横交母羊）后，根据为数不多的一代羊初生、断奶材料看，效果不显著，有待进一步观测。

（7）同级不同代母羊横交固定对比

对出生于1965年的属于1 ~ 2级母羊群的不同代数的横交羔羊的品质进行验证，为能更有效地说明问题，也搜集了初生于1961 ~ 1964年的母羔羊，1.5岁时羊毛长度、细度及其生产性能资料进行综合比较。分析的组合有4个：即：横交×二代、横交×三代、横交×横交、三代×三代。4种横交固定方式的后代羔羊初生品质无明显差异，断奶品质除横交×二代的断奶重较体大，鉴定等级属于1 ~ 2级的比例较低有差异外，其余均无差异。1.5岁时的羊毛长度相差无几（$P \times 0.05$），羊毛细度集中于60 ~ 64支之间。剪毛量和体重亦很近似。说明杂种羊改良到1 ~ 2级理想型后二代或三代均可横交。

（8）亲代羊毛品质对后代的影响

在杂交育种的横交固定阶段，获得大量同质羔羊具有重要意义，它可以反映出遗传性能是否稳定，杂交方案是否正确。

①亲代羊毛细度的影响。羔羊毛质类型的变化与其亲代羊毛细度组合有一定的关系，以育种1 ~ 3级3个群1965年的统计数字为例，羊毛细度为60支的公羊配58支的母羊，后代中同质毛羔羊占74.84%，与配60支母羊同质毛羔羊占81.09%，增加6.25%，与配64支的母羊，同质毛羔羊占86.45%增加11.61%。

②亲代羊毛长度的影响。为了探索增加毛长的有效途径和掌握羊毛增长的规律，整理了历年资料，从资料中看出，长毛公羊（8cm）对特短毛母羊（5 ~ 5.5cm）和短毛母羊（6.0 ~ 6.5cm）后代的毛长起显著的提高作用。例如，毛长8cm的公羊与特短毛和短毛成年母羊的后代中，8cm以上毛长的个体可达到71.42%和81.81%，与毛长7.0 ~ 7.5cm和毛长8.0 ~ 8.5cm的成年母羊的后代中，8cm以上个体可占到94.74%和100%。

③细毛杂种羔羊毛质变化的发展趋势。从毛质类型的发展状况来看，被鉴定为"毛$^+$"（全身细而短的毛）和"毛"（略有浮毛）的初生羔羊长至成年时，毛的长度、细度变化趋势较明显。属"毛$^+$"的1.5岁时羊毛细度64 ~ 70支的占72.93%；平均毛长8.02cm，8cm以上个体占67.76%；属"毛"的平均毛长8.21cm，达8cm以上的个体占72.39%。初生鉴定属毛$^+$的羔羊，大多数长大为细毛，羊毛长度较短，鉴定为"毛"的羔羊毛稍偏粗，毛较长。

截至1965年，育种群绵羊的生产性能和羊毛品质都取得了一定进展，例如，克服秋季羽茅草成灾的严重威胁，全场羊只膘情很好，秋季活重一级母羊56.47kg，二级母羊57.22kg，三级母羊51.08kg。保活羔羊6 565只，其中，冬羔3 926只，成活率82.32%，春羔2 639只，成活率96.03%。1.5岁母羊的鉴定等级为一级占24.30%，比上年增多12.74%，羊毛长度平均8.5cm，8.0cm以上个体占79.94%。本年横交公羊剪毛量平均达到9.22kg，最高11.05kg。比上年增加

1.12kg，1.5岁横交公羊平均剪毛量7.69kg，最高9.2kg，较上年增加1.74kg。横交母羊各项生产性能比其他各杂种羊日益领先。基本上改变了饲料生产单一面貌、调整了青、干、多汁饲料种植比例。

甘肃高山细毛羊育成之初，成年公羊体重75.00kg，剪毛量7.50kg，羊毛长度8.20 cm，羊毛主体细度64支（60～64）；成年母羊体重40.00kg，剪毛量4.30kg，羊毛长度7.58 cm；羊毛主体细度64支（60～64），产羔率110.00%，双羔率13%，屠宰率44.40%～50.20%。

甘肃高山细毛羊具有良好的放牧抓膘性能，脂肪沉积能力强，肉质纤细肥嫩。

（四）选育提高阶段的育种工作

甘肃细毛羊的培养，从1966年起全面转入选育提高阶段，期望在横交羊已形成的优良特性的基础上，逐步统一类型，提高生产水平，扩大理想型数量，稳定遗传性，促进品种形成，因此在做好一般饲养管理和育种技术工作的同时，期间重点开展了以下几个方面的工作：

1.加强种公羊的选择和培育

甘肃细毛羊种公羊的选育以早期选择，小群培育，阶段筛选为主要方法。一般在2月龄左右按羔羊的发育及表现型结合系谱进行初选，组成母仔小群，由经验丰富的牧工进行管理培育；在断奶鉴定筛选后集中到种用公羊群进行小群培育；周岁、1.5岁、2.5岁进行个体鉴定，根据综合性状再次筛选，并于1.5岁配种进行后裔测验，根据后裔品质综合评定选留。甘肃高山细毛羊1980年育成以后，特别加强了选种工作力度，核心育种场皇城羊场进行了以断奶、育成和成年羊鉴定整群为基础的选种工作，使种群的整体品质逐步提高。1981年国家标准局发布了国家行业标准《细毛羊鉴定项目、符号、术语》（GB2427—81）（附件3），1982年底甘肃省标准局又发布《甘肃高山细毛羊》（甘Q/NM1—82）企业标准（附件4），从此，甘肃细毛羊的鉴定标准得进一步明确和统一并走向正规，逐步与全国细毛羊标准接轨。

（1）初生鉴定

羔羊初生时进行登记和鉴定，要记录羔羊系谱、性别、测量初生重、评定羔羊的体质、毛质毛色，以鉴定结果为依据评定羔羊的初生等级。初生鉴定根据甘肃高山细毛羊羔羊初生鉴定标准进行（附件3），实际上皇城羊场羔羊初生鉴定时只对体质差、毛质、毛色不符合标准的个体进行淘汰。由于羔羊初生重受母体效应及环境影响大，对初生重不符合标准的个体不做淘汰处理，而是经培育到断奶再做选留决定。一般羔羊初生时留种率达92%以上。

（2）断奶鉴定

鉴定项目包括体质、头型、毛质、毛色、羊毛密度、羊毛弯曲、油汗、细度、体重、毛长等，鉴定标准（附件4）。理想型（一级）要求头型正常，毛长达3.5cm以上，密度中等以上，体躯着生同质细毛或少量浮毛，被毛纯白，体质结实，发育良好，冬、春体重分别达18kg和22kg。断奶鉴定是早期选种的关键环节，仅对4级羔羊进行淘汰，而对3级（含3级）以上的个体留场进行培育，待1岁或1.5岁时进行育成鉴定。断奶时公母羔留种率达60%左右。

（3）育成鉴定

育成鉴定确定终生等级。从1982年甘肃细毛羊企业标准颁布以来，严格按照企业标准进行鉴定，主要从体质、外形、生产性能及羊毛综合品质几个主要方面进行全面鉴定。育成鉴定后根据羊只的品种类型和等级归入相应的管理群中。至此，种羊的选择基本完成。育成鉴定在整个选种中占有重要的地位。

鉴定的项目中除体重、毛长、腹毛长、毛量现场准确测量外，其他项目如头型、羊毛细度、密度、油汗、弯曲等性状则凭鉴定者肉眼估测，据分析，肉眼估测由于其误差的存在，是影响选种精度和选种效率的因素之一。

1996年，考虑到甘肃细毛羊通过引入澳洲美利奴进行血液更新，遗传品质的变化使其生产性能和羊毛综合品质有了质的飞跃，核心育种场皇城羊场为适应甘肃细毛羊新的发展，对原有企业标准进行修改，该年6月邀请专家论证制定了"甘肃高山细毛羊地方标准"，1997年"甘肃高山细毛羊"地方标准由甘肃省标准局正式颁布（附件5），为更高层次的美利奴型细毛羊的诞生确立了一个基准点。

2.加强基础母羊的整群鉴定

核心育种场皇城羊场带动整个产区，坚持定期对核心育种群母羊进行整群鉴定，及时掌握品种现状及存在的不足，制定科学的育种方案。通过整群淘汰成年羊中一些不符合标准的个体，特别注意淘汰毛量达不到标准的个体，使甘肃细毛羊的整体水平这逐年提高。

3.等级法选种促进了品种质量的全面提高

甘肃高山细毛羊的选种采用等级法，依据"甘肃细毛羊"（甘Q/NM1—82）鉴定标准进行综合等级评定，然后依据鉴定等级确定留种与淘汰，这种方法实际上是独立淘汰法。甘肃细毛羊鉴定标准对品种标准、等级标准从质量和数量性状方面做了明确的规定（附件4）。在鉴定工作中，以表型选择为主，而以基因型选择为辅，特别是在种母羊的选择上基本上是依据表型成绩而进行的，对种公羊的选择是在表型选择的基础上，坚持进行后裔测验，依据公羊的育种值进行。

甘肃细毛羊等级的评定按5级进行，生产性能符合品种标准的为一级；所有指标符合一级，而在产毛量、体重、羊毛长度三项中，有两项达到一级标准的110%或一项达到一级标准的120%者可列为特级；剪毛量符合标准但体重或毛长少于标准10%以内的个体为二级；体重和羊毛长度符合标准，但羊毛密度差的个体为三级；不符合三级标准的个体列为四级，不做种用淘汰。等级评定后以耳缺口来识别羊只的等级，并按等级归群，分为育种核心群和生产群，核心群以育种为主，并实行产冬羔，生产群以生产为主，辅助育种，并实行产春羔。核心群为特级和一级母羊，生产群中也有特级、一级群，同时，也有二级、三级羊群。实践证明，等级法选种能够兼顾各项生产性能，体型外貌、羊毛品质，使种羊在各方面得到全面进步，在改进羊只外形，全面提高品种质量方面不失为一种理想的方法。

4.根据需要调整选配方案

选配就是对家畜的配对加以人工控制，使优秀个体获得更多的交配机会，并按照一定的育种目标，使优良基因更好地重组，促进种群的改良和提高，与种畜选择、培育在育种中占有同样重要的地位。甘肃细毛羊育种及选育提高过程中始终坚持严格的选配制度，每年在配种开始前都要制定选配计划。选配工作主要围绕品系繁育和外血导入两个方面进行，选配方法也根据不同阶段育种措施的不同而有所不同。

从1973年开始至1992年的甘肃细毛羊品系繁育工作中，主要进行封闭式的纯种自群繁育，曾建立有体大系、毛长系和毛密系3个品系，从系祖公羊的选择到品系群母羊的选择上均采用同质选配方法，选择在体格、毛长、被毛密度方面表现突出并相似的个体配种，使具有相同品质特点的基因实现重组、巩固，并使其基因频率在各自的品系中逐步提高。每年在对核心母羊群品质进行测定的基础上，填写选配登记表，根据每只母羊在毛长、体重、密度三方面表现的不同特点确定相应的与配公羊，使选择育后代品系特点突出。

导入外血采取种群选配，从1976～1996年的20年时间曾5次从国内、外引进4种不同类型的细毛羊对甘肃高山细毛羊进行了改良，用此方法可充分利用杂种优势，更新本品种的血液，特别对改进羊毛弯曲、油汗和净毛率等本品种选育改进较慢的性状不失为一种快捷有效的途径。

1987年以后，选配方案不再采用个体选配，而是依据羊只基因类型进行。核心群公母羊都佩戴有能同时识别四种信息的耳号，这4种信息为出生年度、基因类型、含血量及个体识别码，例如，1X1—135中，第一个"1"表示含血量为1/2，"X"是基因类型，第二个"1"表示代数，"135"为个体识别码。

5.加强畜群的饲养管理

饲养管理是种羊培育十分重要的一个方面，皇城羊场在种羊饲养管理中采取畜群指标管理制度并逐步完善。

从1979年开始实行"三定一奖（罚）责任制"，即定人员、定饲草料量和定放牧牲畜数量，同时，根据不同羊群类型确定切合实际的育种生产指标，超产或欠产按一定比例奖罚，始终未实行彻底的"大包干"责任制。

1993年后，以群组为单位进行育种指标和生产指标承包的"全奖全罚责任制"，由主承包人签订合同，组合本群人员管理畜群，实行工资总额按比例风险抵押，生产母羊群定生产指标，主要是个体毛量、繁殖成活率和羊只保活率；核心育种羊群定育种指标，主要包括产毛量、繁活率、特一级比例、羔羊断奶体重和母羊保活率等。同时完善了畜群放牧管理的一系列制度，明文规定各类羊群的出春、上幛、进圈的时间，并明确规定不同季节草场的界限，不准越界放牧，坚持乏弱群分群放牧等管理原则。

皇城羊场羊的管理以群为单位进行，有种公羊群，普通幼年公羊群，试情及补配公羊群，3个幼年羊群，12个成年母羊群，其中，6群为核心育种群，6群为生产羊群。有特级母羊群3个，一级母羊群6个，二级、三级母羊群3个。在1981年前实行8群冬产，4群春冬产，8群春产。由于冬产羔羊成本高，效益低，从1998年开始进一步调整，不再进行冬产。

另外，补饲是种羊培育的重要手段。祁连山草原枯草期长达7个月之久，放牧牧草营养供应极不平衡，特别是在11月至翌年4月的6个月时间内，牧草极度枯黄，为了使这一阶段绵羊生产不受影响，始终坚持科学的补饲制度，根据不同类型羊只不同生长发育（或使用）阶段的特点及营养需要量，制定不同的补饲标准。坚持采用科学合理全价的日粮配方，精粗饲料合理搭配，充分利用自己生产的青稞、大麦、燕麦精饲料、燕麦青贮、燕麦青干草，同时从外地购进豌豆、玉米等用于种羊的补饲。在种公羊的配种期、羔羊哺乳后期、育成期、母羊泌乳期加大补饲量，使种羊所需营养得到均衡供应。

各类羊只的精料补饲量在不断提高。而且青干部草、青贮草的补饲量也是有增无减的。成幼年种公羊的精料冬季（12月至翌年4月底）补饲量从1980年的150kg提高到目前的210kg，幼年母羊的补饲量从29kg提高到42kg，冬产母羊补饲量从33kg提高到40kg，冬产羔羊补饲量基本未变。种公羊青干草、青贮的补饲量每只每日分别达1.15kg和9.6kg，成年冬产母羊的青干草、青贮的日只补饲量分别为0.85kg和2.37kg，幼年母羊的青干部草和青贮的补饲量别为0.2kg和1.75kg。根据现有资料测算，冬产母羊泌乳期和幼年母羊的冬季粗蛋白质补饲量，已分别从每日190.61g/只和108.39g/只提高到218g和133g。

6.针对性的导入优质外血

20世纪80年代，我国的细毛羊发展进入"澳化阶段"，引进澳洲美利奴，培育不同生态区域的美利奴型细毛羊新品种（品系、类群），改善我国细毛羊品种结构，提高其生产水平和产品质量成为国内细毛羊育种工作的共识。一方面加速甘肃高山型细毛羊的澳化进程，用澳洲美利奴和中国美利奴公羊针对性的改造旧型细毛羊，注重羊毛密度、细度和净毛量指标的提高；另一方面从长计议完善中国美利奴品种的产业体系和品种结构，使甘肃细毛羊的育种工作，尽快和全国乃至世界同类地区的先进水平接轨。因此，甘肃细毛羊的育种规划调整为利用导入外血在品种内选育生产性能优秀的新类群、新品系品系。先后选育了甘肃新类群、细型品系和超细品系。

通过多年的研究和总结，我们认为在导入优质外血的过程中，仍存在不少问题值得我们去思考。

第一，最初在导入外血时，种羊引进主要依靠政府间合作项目完成，育种工作者对种羊的选择余地小，对改善羊群缺陷的针对性差，所以导入外血工作存在一定的盲目性。例如，甘肃细毛羊

1986年的导入澳洲美利奴血液（强毛型、中毛型）引起羊毛同质率下降，1989年导入新西兰美利奴血液引起体重下降，因此，导入什么类型的外血必须要经过严格论证。

第二，引进优秀公羊的利用率仍然不高，精液高倍稀释授精技术没有广泛应用于细毛羊育种生产，引入澳洲美利奴公羊为3岁羊，不能在有限的时间内充分利用。

第三，引入公羊时首先应考虑其繁殖能力，它是首要指标。必要时进行采精试验，因为繁殖能力弱，就不会将优质基因遗传给更多的后代。

1982年-1996年，甘肃高山细毛羊引入澳洲美利奴和中国美利奴血液后，各项生产性能和羊毛品质都有不同程度提高（表2-16、表2-17）。

表2-16　皇城羊场冬产特一级母羊群1982～1996年生产性能

等级	类型	生产性能	82	83	84	85	86	87	88	89	90	91	92	93	94	95	96
特级	导入W	双羔率（%）	6.46	8.39	9.44	6.20	9.60	5.25	—	4.09	4.10	6.50	1.66	2.45	1.79	2.56	5.34
		产毛量（kg）	4.34	4.42	4.44	4.41	4.53	4.73	4.79	4.72	4.58	4.61	4.65	4.31	4.63	4.59	4.79
	品系P	双羔率（%）	10.47	12.07	8.33	7.80	8.18	5.38	—	11.56	8.86	5.70	4.52	3.40	3.30	3.86	8.14
		产毛量（kg）	4.36	4.68	4.87	4.40	4.81	4.69	4.15	4.54	4.56	4.66	4.25	4.89	4.51	4.73	4.73
一级	导入X	双羔率（%）	8.01	8.60	1.88	6.40	6.00	4.65	—	2.13	3.13	5.20	2.12	4.19	3.60	2.52	4.49
		产毛量（kg）	4.39	4.69	4.46	4.56	4.69	4.64	4.70	4.40	4.51	4.69	4.36	4.57	4.24	4.35	4.35
	品系Z	双羔率（%）	8.36	0.35	2.48	6.20	10.87	8.30	—	4.96	3.61	4.70					
		产毛量（kg）	4.30	4.38	4.45	4.44	5.00	4.31	4.10	4.02	4.45	4.02					
	甘细D	双羔率（%）	3.60	5.78	1.72	1.2	5.40	5.60	—	4.66	2.10	4.50					
		产毛量（kg）	4.22	4.29	4.33	4.65	4.51	4.46	4.27	3.97	4.26	4.29					
	甘细Y	双羔率（%）	5.06	4.91	5.00	1.20	2.40	5.40	—	3.13	3.13	3.30	2.32	1.75	6.74	1.52	4.43
		产毛量（kg）	3.98	4.07	4.28	4.46	4.63	4.47	4.06	4.35	4.46	4.25	4.35	4.33	4.38	4.11	4.16

二、甘肃细毛羊美利奴型新类群培育

（一）培育背景

1.甘肃细毛羊自身发展的需要

20世纪90年代，考虑到甘肃高山细毛羊1980年育成后，经过近20年的选育、提高、推广，建

表2-17 导入外血与甘肃细毛羊后代生产性能比较

外血类型	年度	导入与对照	初生质量				断奶质量			1.5岁时质量（母羊）												
			统计头数	初生重	被毛同质率	被毛同白率	统计头数	体重	毛长	统计头数	体重	毛长	腹毛长	污毛量	净毛率	净毛量	特一级比例	头型正常比例	密度中上比例	大中弯曲比例	白乳白油汗比	无角比例
含澳血新疆公羊	1983	导入	738	3.81	97.56	98.51	779	19.23	3.57	348	34.90	10.52	8.01	4.50			73.56	81.03	97.70	55.14	25.57	91.09
		对照	196	4.13	94.90	95.40	248	18.51	3.35	1024	34.42	9.83	7.35	4.24			65.63	73.83	95.12	37.60	4.30	84.77
	1984	导入	588	4.10	96.77	97.28	560	19.55	3.63	331	34.65	10.36	7.73				58.91	87.92	97.28	37.76	52.26	87.92
		对照	266	4.30	98.50	97.37	48	19.55	3.49	152	39.10	9.87	7.12				77.63	92.11	97.37	17.11	22.12	90.79
	1985	导入	520	4.18	96.35	99.04				396	36.34	10.34	7.92				77.02	82.58	96.72	57.07	52.78	90.40
		对照	115	4.07	98.31	100.00				629	38.34	9.96	7.24				56.57	83.45	96.96	33.45	32.42	74.66
	合计	导入	1846	4.01	96.97	98.27	1339	19.36	3.60	1075	35.35	10.40	7.89	4.50			70.32	83.72	97.21	50.50	43.81	89.86
		对照	577	4.20	97.24	97.22	296	18.68	3.37	1868	36.25	9.88	7.29	4.24			63.25	78.88	95.98	34.40	16.17	81.51
		导入—对照		-0.19	-0.27	1.05		0.68	0.22		-0.90	0.52	0.60	0.26			7.07	4.84	2.00	16.10	27.64	8.35
澳洲美利奴公羊	1988	导入	794	3.96	96.22	97.98	663	17.30	3.42	245	37.37	10.67	8.03	4.72	49.77	2.22	83.27	97.96	96.73	60.00	20.82	94.69
		对照	1362	3.97	95.74	97.72	1302	17.5	3.48	342	37.44	10.38	7.81	4.38	45.75	1.97	76.32	98.83	97.08	45.53	18.05	88.01
	1989	导入	199	3.82	96.98	94.97	145	18.36	3.78	178	37.94	10.50	8.03				76.40	95.51	91.01	51.68	54.50	
		对照	131	3.63	98.47	98.47	107	20.31	3.87	306	39.16	10.33	7.88				72.22	89.22	94.45	39.84	44.11	
	1990	导入	338	3.75	98.82	97.04	289	17.36	3.52	112	33.86	10.82	6.75				45.53	97.32	82.14	35.71	40.17	94.64
		对照	199	3.81	100.00	96.48	764	18.39	3.57	408	34.46	10.69	6.75				47.79	95.59	88.46	30.88	31.12	93.14
	合计	导入	1331	3.89	96.99	97.29	1097	17.46	3.49	535	36.82	10.64	7.76	4.72	49.77	2.22	73.08	97.01	91.77	52.15	36.08	94.67
		对照	1692	3.92	96.45	97.63	2173	17.95	3.53	1056	36.79	10.49	7.42	4.38	45.75	1.97	64.01	94.79	92.99	39.19	30.65	90.80
		导入—对照		-0.03	0.54	-0.34		-0.49	-0.04		0.03	0.15	0.34	0.34	4.02	0.25	9.04	3.00	-1.22	12.96	5.43	3.87

（续表）

外血类型	年度	导入与对照	初生质量				断奶质量			1.5岁时质量（母羊）												
			统计头数	初生重	被毛同质率	被毛同白率	统计头数	体重	毛长	统计头数	体重	毛长	腹毛长	污毛量	净毛率	净毛量	特一级比例	头型正常比例	密度中上比例	大中弯曲比例	白乳白油汗比	无角比例
邦德	1995	导入	219	4.13	95.89	98.63	178	20.57	3.82	41	41.90	12.00	8.30	4.97			92.68	95.10	95.10	22.65	68.30	97.60
		对照	432	4.13	84.68	97.92	386	20.50	3.70	476	41.80	11.80	8.40	5.15			82.56	96.60	90.10	42.40	59.70	98.30
新西兰美利奴公羊	1991	导入	436	3.97	94.72	98.62	406	17.65	3.42	166	34.48	10.33		3.96	40.05	1.59	51.80	92.80	83.20	33.20	66.90	
		对照	47	3.86	95.74	100.00	1 420	17.79	3.58	214	37.03	10.47		4.01	43.02	1.73	63.10	93.90	79.40	40.20	61.70	
	1992	导入	369	3.90	97.02	98.92	341	15.48	3.59	99	36.61	11.13	7.53	4.22	54.10	2.28	79.80	98.99	90.91	49.49	65.66	97.98
		对照	181	3.90	97.24	98.34	323	16.54	3.54	433	38.93	10.95	7.38	4.36	53.43	2.33	81.92	98.85	93.07	32.33	47.58	97.92
	1993	导入	517	3.88	95.74	99.81	467	15.75	3.51	100	39.29	11.22	1.94	4.58	47.29	2.17	76.00	98.00	84.00	27.00	58.00	98.00
		对照	413	3.77	90.80	99.27	448	16.56	3.67	487	40.66	11.18	7.78	4.70	44.89	2.10	80.49	98.97	89.80	22.40	52.50	92.60
	1994	导入	455	4.03	96.04	98.68	423	17.85	3.60	103	37.28	10.82	7.55	4.11	47.24	1.94	73.79	100.00	86.41	36.69	63.11	95.15
		对照	1 064	4.00	96.33	99.06	1 016	17.94	3.58	407	37.92	10.89	7.84	4.23	46.28	1.96	78.87	98.03	92.63	32.93	52.34	97.30
	1995	导入	253	3.94	97.63	97.63	240	19.01	3.84	52	41.50	11.90	8.50	4.72	50.28	2.37	55.77	100.00	78.80	57.70	71.20	100.00
		对照	922	3.96	96.31	98.59	904	20.35	3.85	476	41.80	11.80	8.40	5.15	51.53	2.65	82.56	96.60	90.10	42.40	59.70	98.30
	合计	导入	2 030	3.94	96.06	98.87	1 877	17.00	3.57	520	37.07	10.91	7.79	4.23	46.56	1.97	66.54	97.12	85.02	38.25	64.63	97.46
		对照	2 627	3.94	95.51	98.90	4 111	18.16	3.65	2 017	39.62	11.14	7.06	4.565	48.37	2.21	79.11	97.66	90.04	33.26	54.16	96.44
		导入—对照		0	0.55	-0.03		-1.16	-0.08		-2.55	-0.23	-0.07	-0.335	-10.81	-0.24	-12.57	-0.54	-5.02	4.99	10.47	1.02

（续表）

外血类型	年度	导入与对照	初生质量				断奶质量			1.5岁时质量（母羊）												
			统计头数	初生重	被毛同质率	被毛同白率	统计头数	体重	毛长	统计头数	体重	毛长	腹毛长	污毛量	净毛率	净毛量	特一级比例	头型正常比例	密度中上比例	大中弯曲比例	白乳白油汗比	无角比例
中国美利奴（新疆型）	1993	导入	328	3.95	86.89	100.00	319	16.52	3.58	73	40.38	11.42	8.42	4.75	45.06	2.14	80.82	97.30	90.40	20.60	58.90	94.50
		对照	915	4.05	90.82	100.00	1056	17.86	3.68	487	40.66	11.18	7.78	4.70	44.89	2.11	80.49	98.97	89.80	22.40	52.50	92.60
	1994	导入	720	4.16	89.68	98.68	978	18.27	3.63	285	37.40	11.09	7.88	4.54	47.20	2.14	75.19	94.57	94.47	46.13	64.34	98.04
		对照	1567	4.00	94.45	98.85	1409	18.30	3.62	407	37.92	10.89	7.84	4.23	46.28	1.96	78.87	98.03	92.63	32.93	52.34	97.30
	1995	导入	911	3.98	93.89	99.17	636	19.23	3.67	141	40.70	12.10	8.50	5.14	51.00	2.66	81.56	95.00	90.10	49.70	61.70	96.50
		对照	676	3.91	91.27	98.67	611	21.02	3.84	476	41.80	11.80	8.40	5.15	51.53	2.65	82.56	96.60	90.10	42.40	59.70	98.30
	合计	导入	1959	4.06	90.76	99.08	1933	18.30	3.63	472	38.85	11.44	8.15	4.75	48.24	2.30	77.96	95.12	90.90	43.25	62.71	97.03
		对照	3158	4.00	92.72	99.14	3076	18.69	3.68	1370	40.24	11.31	8.11	4.72	47.61	2.25	80.73	97.87	90.74	32.48	54.95	95.98
		导入—对照		0.06	-1.96	-0.06		-0.39	-0.05		-1.39	0.13	0.14	0.03	0.63	0.04	-2.77	-2.75	0.16	10.77	7.76	1.05

立了较为稳定的群体数量和广泛的生态分布区域的品种基础。其生产性能和群体水平得到了较大的发展，已成为甘肃省及周边省（区）广大农牧区的当家细毛羊品种之一。但其与澳美羊及中国美利奴羊的生产水平相比还有一定差距，表现为，个体净毛量低，羊毛纤维直径偏大，羊毛综合品质不理想。

2.国内外细毛羊产业发展需求

从20世纪90年代开始，世界范围的细毛羊澳化及以新疆、内蒙古为先导和样板的多生态型的中国美利奴生产体系的发展，给甘肃畜牧业提出了一个刻不容缓的命题，就是如何尽快地培育出适于甘肃高山草地的美利奴型细毛羊新类群。把甘肃细毛羊的发展融入中国美利奴产业的系统发展中去，从根本上确立甘肃省羊毛生产高产、优质、高效的基础。当时来看，这一重大良种工程，具有现实的迫切性和历史的必然性，也具有完善丰富细毛羊育种技术体系和理论内涵的科学意义。从"七五"、"八五"到"九五"在制定科研方案时，我们在分析世界范围内细毛羊的发展趋势及国内细毛羊生产中存在的主要制约因素的基础上，先后提出上报了《提高甘肃高山细毛羊生产性能及优化生产模式的研究》、《中国北方优质细毛羊产业现代化技术体系的研究》、《甘肃高山细毛羊选育》及《甘肃新类群的培育》等。经研讨认为，甘肃高山细毛羊融入中国美利奴产业体系已成为不可阻止的必然趋势，最终较为成熟地提出培育甘肃细毛羊美利奴型新类群的战略思路和技术路线。

（二）培育计划

甘肃细毛羊美利奴型新类群的培育，在保持甘肃高山细毛羊高寒草地良好适应性的前提下，引进优质澳洲美利奴和中国美利奴羊的有益基因为遗传基础，借鉴国际上先进的导血模式，引入杂交与吸收杂交相结合，适度导入澳美及中美有益基因，通过应用现代畜牧技术并加强培育，把细度、净毛量、被毛密度和腹毛着生作为主体选择指标，培育成羊毛品质好、综合生产力高的美利奴型细毛羊。一方面加速甘肃高山型细毛羊的澳化进程，用澳洲美利奴和中国美利奴公羊针对性的改造甘肃细毛羊；另一方面从长计议完善中国美利奴品种的产业体系和品种结构，使甘肃细毛羊的育种工作，尽快和全国乃至世界同类地区的先进水平接轨。

生产性能指标，毛长在10cm以上，主体细度支数66支，匀度良好、体侧部密度5 800根/cm^2、体重52kg、个体净毛量在（3.0±0.3）kg以上，净毛率不低于50%的新类群。

此培育计划获得甘肃省攻关项目资助。

（三）技术路线和组织实施措施

1.主要技术路线

①甘肃省皇城绵羊育种试验场为核心育种场，以培育目标和主体指标为条件，选择甘肃高山细毛羊特一级母羊作为育种基础群，一群母羊导入澳美血液；另一群母羊导入中美毛密系血液：F$_1$代母羊和两个父系品种公羊交叉配种，F$_2$代理想型横交，选育新类群。

②导血同时开展中美毛密系品系和澳美羊的纯繁，并从纯繁公羊中选择培育，作为育种后备种公羊，其他种公羊可作为辐射区旧型细毛羊改造的种资源。

③在肃南县和天祝县两个细毛羊生产基地县各选择一个乡，试点建立旧型细毛羊改造及甘肃细毛羊美利奴型新类群繁育推广的多类型示范模式。

2.组织实施措施

甘肃细毛羊美利奴型新类群培育，依托甘肃省重点攻关项目，在省科委和省畜牧局的领导下，集中科研、业务主管、生产推广几方面的力量和优势，形成政、技、物三结合；科研、生产、推广三结合，领导机关、技术依托单位（承担单位），生产部门三结合；研究、示范、推广三结合的新型管理机制。实现资金、人才、物资、科技的高度集成。联合攻关优势集成，人才荟萃、统筹项目、各有侧重、分工合作，集中资金，目标管理，以增加技术资金的支撑强度和科技的显示度，从而促进项目的圆满完成。一是成立以业务主管部门主管领导为组长，各方面主要人员参加的项目领导小组，负责组织协调、资金筹措、生资供应及试点安排；二是聘请省内外知名专家成立专家组、负责对重大技术的咨询和指导；三是成立以承担单位、单位科研技术骨干为主体，多环节人员共同组成的课题执行组，具体负责课题设计、专题研究、技术方案制定和组织实施等工作。

（四）培育历程

1.方案论证和选育标准修订

甘肃省畜牧局（现甘肃省农牧厅）于1996年6月17~19日在甘肃省皇城绵羊育种试验场召开了"甘肃细毛羊新类群学术讨论会暨甘肃高山细毛羊企业标准修订会"。中国农业科学院兰州畜牧研究所、甘肃农业大学、甘肃省草原生态研究所、省内毛纺企业、质检部门和细毛羊基地县等13个单位的有关专家学者和负责同志共37人参加了会议。甘肃省畜牧局副局长刘阳光、正地级调研员彭效忠到会分别就甘肃的细毛羊发展做了重要讲话。

论证会总结和交流了细毛羊选育工作经验，针对在市场经济条件下如何开展细毛羊选育工作提出了宝贵意见，充分论证和通过了"在保持甘细羊适应性的前提下，适度导入澳美、中美和德国美利奴的有益基因，通过采取现代新技术，并加强培育，把体大、毛细、净毛量高和产肉力作为主体选育指标"为核心内容的高山型中国美利奴选育方案。揭开了高山型中国美利奴培育工作的序幕。

甘肃高山细毛羊企业标准修订会，讨论修订了由皇城羊提出并起草的甘肃高山细毛羊地方标准，1997年3月已由甘肃省技术监督局颁布，标准代号DB62/T210～1996（甘肃省地方标准〈甘肃高山细毛羊〉）取代了1981年制定并执行了十几年的甘肃高山细毛羊企业标准，为高山型中国美利奴的培育确立了一个高起点。

2.新类群培育及专项研究

（1）选育工作

甘肃皇城绵羊育种场为核心育种场，以培育目标和主体指标为条件，选择甘肃高山细毛羊特一级母羊2 000只，1 000只为一群，单独组群作为育种基础群。

项目组专家1996年4月18日至5月8日赴内蒙古赤峰市考察并购买了优质进口无角澳洲美利奴公羊10只，母羊41只，加强放牧管理，提高补饲水平，观察结果表明，这些羊在近一年的时间内生长发育迅速，完全适应了皇城绵羊育种试验场所处高寒牧区的生态环境。

培育工作于1996年正式开始，一群基础母羊导入澳洲美利奴血液；另一群基础母羊导入中国美利奴毛密品系血液：F_1代母羊和两个父系品种公羊交叉配种，F_2代理想型横交，加强选择培育。

针对新类群繁育体系建设设置了6个专题：

①澳美（中美）有益基因导入的最佳方式和适宜度的研究；

②培育类群种质特性的细胞遗传学和生化遗传学研究，丰富绵羊杂交育种方法的实践和细毛羊细胞、生化遗传及羊毛生长生理学理论；

③新类群良种繁育体系和多类型推广示范工程模式的研究，将提供现代优质羊毛生产基地建设的新模式；

④培育类群冬春最优补饲方案的研究；

⑤培育类群羊毛生长生理及营养调控新技术的研究，对制约培育类群遗传潜力发挥和细毛羊营养状况的关键性制约因子将会产生更为科学合理和现实的营养供给方式；

⑥甘肃优质羊毛现代生产技术管理体系的研究，从产毛到纺织加工这一较长生产中间环节的人为技术性损失的难题；

专项研究分别从理论，基础材料积累，技术探索与集成，示范推广模式等入手，突出重点，既有普通问题的深入，又有特殊问题的探究，较好体现了传统绵羊育种方法和新技术的结合，具有一定的先进性和科学性。

1997年6月生产1/2澳美血后代1 200只，纯种澳美后代35只。1/2澳美后代初生及断奶品质均优于甘细羊。1999年抽测核心群成年母羊和育成母羊，平均体重为52.58kg，幼年羊平均毛长（10.76±3.92）cm，平均净毛量3.05kg，净毛率56.12%，体侧毛密度6404根/cm²；幼年羊主体细度21.08μm（66支），其他各项物化指标均达到优质羊毛标准。2000年项目结束时，共繁育1/2澳洲美利奴血F_1代3300只，1/2中国美利奴血F_1代4370只，1/2血澳美甘后代3300只，1/2血中美甘后代4370只，累积向社会推广优质澳血种羊2000只，提交验收鉴定的具备培育新类群理想型的核心育种群母羊1500只，其各项生产性能指标取得了显著突破。

（2）取得的主要成果和效益

①建立了200只的澳美羊纯繁群体，成为甘肃省优质的细毛羊的宝贵基因源，稳定地向细毛羊基地提供优质纯种澳美种羊。

②建立了符合甘肃新类群育种指标的核心群1500余只，为进一步培育甘肃新品种奠定了基础，丰富了中国美利奴羊的品种结构，首次在平均海拔3000m的高山草地培育出优质美利奴型的细毛羊新类群。

③系统研究了各类型的细毛羊皮肤毛囊的发生、发育规律和毛纤维生长规律，为建立科学合理营养补给技术提供了基础依据。

④针对制约高海拔牧区羊毛生产的主要限制因素，优化筛选出培育类群不同生理阶段的冬春补饲方案。

⑤首次对甘肃高山细毛羊及培育类群细毛羊进行了生化遗传学研究，为品种的提高进化积累了遗传素材。

⑥提出了系统先进规范并具有可操作性的优质羊毛生产技术管理体系。

⑦取得了明显的经济效益和广泛的社会效益，有效地稳定和推进了甘肃细毛羊业的发展。皇城羊场年新增产值875万元。天祝辐射推广区，新增纯收入36.42万元；肃南辐射推广，新增纯收入35.4万元。

目前，在甘肃细毛羊主产区，美利奴型新类群规模约22500只，成年公羊毛量达到13.6kg，体侧毛长达11.2cm，羊毛细度66支以上，净毛率53%。该类群继承了甘肃高山细毛羊对高寒地区的适应能力，羊毛品质优良，达到了中国美利奴的质量标准。

三、甘肃细毛羊细型品系和超细品系选育

（一）培育背景

农业部在确定"十五"畜牧业发展重点时，把羊毛生产确定为加快、突出发展的重点之一，指出羊毛是中国供求缺口最大的畜产品。规划中的羊毛是指优质细羊毛，今后将确定重点区域，大力发展优质细毛羊，实现优质细羊毛的规模化生产。同时，优质细羊毛也是国内外羊毛生产的主流和方向，其主要技术指标是要求羊毛的高支数（<19μm）和综合品质突出。高品质的细毛和超细毛又是国内外羊毛市场的价值趋向。

所以，细毛羊育种追求的目标就是不断提高羊毛的综合品质，以满足毛纺市场对优质原料的需求。随着国内外消费市场对高档毛纺织品需求的看好，原料市场对精细羊毛的需求不断扩大，市场变化也促进了世界羊毛生产结构的变化。当时的发展变化情况是，1990～2002年全世界羊毛总产下降了34.84%，澳大利亚和新西兰分别下降了13.90%和34.80%，而澳大利亚、新西兰两国的超细毛产量却增加了41.8%和17%。为适应市场需求，获得可观的收益，近年澳大利亚、新西兰及南非超细羊毛生产不断增加，1999年以来的5年间，澳大利亚超细毛的年平均增长率达到了11%，出口量年增长率达到了8%。超细毛的供求和价值趋势说明，随着人们衣着向轻薄、细软、舒适的高档化发展，毛纺工业高支毛加工能力的提高，19μm以下超细羊毛的需求会不断增加，市场前景极为广阔，呈供不应求的趋势。

我国是全世界最大的羊毛需求国，毛纺工业生产规模已经达到了350多万锭，年需净毛35万t左

右，而多年来国毛产量一直徘徊在30万t左右，折合净毛11万t左右，只能满足需要量的1/3，约有2/3的羊毛依赖于进口，羊毛缺口很大，尤其是优质羊毛在我国的市场潜力很大。目前，国毛既从量上满足不了国内市场的需要，在质上也无法满足国内市场和扩大出口的需要，大量进口澳毛成为维持我国毛纺工业生产的主要办法。

甘肃的细毛羊产业几十年的发展史是各级政府、畜牧科技工作者和广大农牧民用心血和汗水谱写的，风雨历程中起到了维护一方百姓生存，繁荣地方经济的重要作用。加入WTO后，国毛生产已面临新的挑战，进口配额取消和关税降低，给国毛市场带来更大的冲击，为迎接这一挑战，必须重振国毛生产。而解决甘肃细羊毛产业出路的关键必须进行品牌化生产，区域化布局和市场化运行，优质羊毛生产的育种、生产、管理、流通等综合技术，必须科学、配套、高效、可行。

甘肃要发展高品质细毛羊产业，必须培育适应其独特生态条件的高支数优质细毛羊品种。因现有的细毛羊品种大多数都是用杂交育种方法育成的，在育种过程中使用的母系都是粗毛品种，在遗传方面缺少超细毛的有益基因。为改善国产细毛的品质，我国在20世纪80~90年代引入了澳美羊，但大多是强毛和中毛型（22~25μm）品种。中国美利奴细型和超细型品系、新吉细毛羊的育成，虽然对我国高档细羊毛的生产提供了品种资源。但因我国幅员辽阔，各地生态环境、饲养条件相差很大，因此，为振兴甘肃的优质细毛羊产业，培育适应甘肃细毛羊产业带独特生态条件的优质细毛羊品种是非常必要的，也是刻不容缓的。

甘肃细毛羊细型品系和超细品系选育的特色在于继承发展和创新。一是巩固和强化了甘肃细毛羊澳化的进程，在甘肃细毛羊澳化的基础上，用超细的澳美和中美公羊，针对羊毛细度强化选种和导入优良基因，注重密度和产毛量的提高；二是以完善中国美利奴高山型细毛羊产业结构为目的逐步丰富遗传结构，建立超细品系和优质品系，满足市场不同的需求；三是研究细毛羊蛋白质、DNA片段或基因位点有关的多态性，进行遗传标记，建立数量性状遗传学的分子基础，把数量性状分子遗传学的原理应用到细毛羊的育种中，加速选种育种进程；四是探索优质羊毛的育种、生产、管理、流通等综合技术，在市场化运作中提高选种育种工作的经济效益。

（二）培育目标

采用系祖建系和群体建系相结合的选育方法，在中国美利奴高山型细毛羊新类群的基础上，保持其良好的高原适应性、生产性能和优秀品质的前提下，组建符合品系选育要求的基础群，引入澳洲美利奴超细公羊和中国美利奴超细品系公羊，按照选育目标，适度导入其有益基因为遗传基础，通过应用现代畜牧技术并加强培育，以羊毛纤维直径和净毛产量为主选性状，培育符合现代羊毛生产所需的优良种畜。

1.细型品系

以中国美利奴高山型细毛羊新类群中生产性能突出，羊毛综合品质指标好的羊只为基础，选育羊毛主体细度66支以上，毛长10cm，体侧毛密6 500根/cm²以上，净毛量3kg以上的品系群。

2.超细品系

超细品系培育：选择羊毛细度支数70支以上的特、一级母羊为基础群，引进超细型的中美或澳美公羊，利用系祖建系和群体建系相结合的选育方法，培育遗传基础稳定，综合品质符合品系要求，羊毛细度在19μm以下（70~80支），毛长9cm以上，强度符合要求，净毛量2.5kg的品系核心群。

（三）培育过程

1.甘肃细毛羊细型品系选育

1996年开始以甘肃高山细毛羊美利奴型种群中羊毛细度66支以上的个体组成基础群，引入中国美利奴细型公羊，采用同质选配方法，培育甘肃高山细毛细型品系。项目结束时，细型品系断奶毛长平均（4.10±0.58）cm，断奶重平均（23.59±3.74）kg，羊毛白色和乳白色油汗的个体比率分别为57.80%和32.70%，羊毛匀度正常的个体占94.40%。育成母羊平均毛长

（10.27±1.22）cm，体重（37.20±4.39）kg，剪毛量（4.06±0.67）kg，净毛率57.12%，净毛量2.32kg，细度18.93μm。品系成年母羊产毛量平均（5.23±0.95）kg，净毛率57.1%，净毛量（2.99±0.54）kg，毛纤维直径20.64μm。

进行了品系主要经济性状的蛋白质和分子遗传标记研究，完成了全血DNA多态性分析和微卫星基因位点遗传标记分析，为细毛羊早期选种培育提供了理论依据。通过对不同基因类型个体羊毛细度比较研究发现，羊毛纤维直径最突出的是K6组和K1组，平均直径达到17.13μm和17.24μm，这两个组选配父本均为中国美利奴超细公羊，母本分别为品系基础群和品系核心基础群母羊，这两组比其他直径小于18.75μm的组合均有明显的统计学差异，位于第二个层次的是中美细型为父本的选配组合和甘细原种，再次是不同含血量的几个澳血组合。从直径变异系数情况看，K6、K7两个品系选配组细度变异系数较大，剩余各组变异系数在21.2%～23.44%，组间无明显的统计学差异。有趣的是细度最细的K6（17.13）和K2（17.24）两个组，K6组变异最大，而K2组细度变异系数只有22.2%。据分析，与这两个组的管理条件不同有关，K2组冬季补饲条件要比K6组补饲条件优越得多。

净毛量表现最突出的是纯种澳美组，达到3.02kg；其次依次为K2、K3、A2，达到2.47kg和2.58kg，净毛量表现最差的是细度表现最突出的K6组。羊毛长度澳美纯种最为突出，其次为所有含澳血的组合羊毛长度均达到10cm以上，毛长最低的是K5、K1两个品系选配组，其次为中美细型×甘细组，详见表2-18。

表2-18 不同基因类型羊毛品质性状的均值与多重比较

影响因素	周岁毛长（cm）	羊毛弯曲分	羊毛油汗分	污毛量（kg）	净毛量（kg）	净毛率（%）	羊毛纤维直径（μm）	纤维直径CV（%）
A1	10.78g***	2.43	3.29	5.09	3.02e	56.16	19.25bcd	22.96bcd
A2	10.00abcde	1.94	3.31	4.17	2.47cd	56.45	17.97ab	23.44bcd
C1	10.61fg	2.05	3.06	4.44	2.29bcd	50.99	18.82bc	22.42abc
C2	10.49efg	1.85	3.07	4.51	2.14bc	47.37	19.54cd	21.20ab
C3	10.50efg	2.16	3.08	4.00	2.21bcd	56.51	18.81bc	22.37abc
C4	9.99abcde	1.95	3.15	4.05	2.25bcd	49.55	17.85ab	21.00ab
B	10.27def	1.83	2.78	4.53	2.08b	46.49	20.26de	24.34cde
D1	9.77abcd	2.00	3.00	3.42	1.61a	47.52	20.97e	19.92a
D3	9.79abcd	1.67	2.88	3.65	1.92ab	51.04	19.56cd	20.92ab
K1	9.60ab	1.62	3.68	4.16	2.28bcd	54.24	17.24a	22.53abcd
K2	10.04bcde	1.68	3.05	4.50	2.58d	53.38	17.85ab	22.20abc
K3	10.24cdef	2.13	3.08	4.28	2.56d	53.39	18.05ab	22.39abc
K5	9.49a	1.53	2.97	3.90	2.15bc	52.31	18.15ab	21.65abc
K6	10.00abcde	1.75	3.25	4.14	1.94ab	50.64	17.13a	25.03de
K7	10.09bcdef	1.73	2.73	4.03	1.89**	48.84	18.75bc	25.95e
K8	10.18cdef	1.83	3.03	4.28	2.15b	50.85	18.96bc	22.24abc
X0	9.73abc	1.63	2.96	3.86	2.14bc	53.24	18.34abc	21.88abc

*:遗传因素，其中，A1代表澳美纯种，A2代表中美细型×澳美后代，C1为1/2澳美，C2为1/4澳美，C3为3/4澳美，C4为甘肃高山细毛羊，B为含邦德血后代，D1为德美×甘杂交F1代，D3德美×甘F2代横交，K1为中美超细×甘细核心群同质母羊，K2为中美细型×甘细核心群同质母羊，K3为澳美型×甘细核心群同质母羊发，K5为中美细型×基础群同质母羊，K6为中美超细×基础群同质母羊，K7为品系选育后代公×基础群同质母羊，K8为澳型公羊×基础群同质母羊，X0为中美细型公羊×甘细母羊杂交F1代

**:净毛量指标因为只有1个记录，未参与方差分析及多重比较

***：平均值后有相同字母乾为差异不显著，有不同字母者为差异显著

分析表明，基因类型除对羊毛油汗分没有明显影响外，对其余性状均有显著影响、其他非遗传因素中产羔年度对羊毛质和量的影响处于相对重要的位置，对本文分析的所有性状均存在极显著的作用。产羔类型仅对原毛量和净毛量有明显影响，而且双羔产毛量要比单羔高，对其他指标无明显作用，看来双羔到周岁后能够比单羔多产毛，而且羊毛其他品质与单羔无异；初生时管理群仅对原毛量有明显影响，对其他指标的作用效果不明显；断奶后管理群对羊毛细度、净毛率无明显影响，但对羊毛长度、污毛量及羊毛外观性能有明显的影响作用，对净毛量的影响接近显著水平。此外对羊毛净毛量和细度指标均存在基因类型和产羔年度的互作效应。育种生产活动从本质上讲是通过人为控制遗传和环境因素而提高畜产品质量和产量的过程。通过遗传和环境控制来提高羊毛品质和产量还是有很大的潜力。要改进羊毛的细度采用导入外血，特别是中国美利奴超细型公羊与甘肃细毛羊中的同质母羊选配是最有效的方法，但要注意因冬营养供给不足而造成细度变异的加大。在品种相同的情况下，通过改善饲养管理条件来提高羊毛净毛量和羊毛品质可以在短期内获得理想的效果。

项目实施期间，繁殖细型品系羔羊4 309只，其中，母羔2 220只，断奶毛长（4.27±0.63）cm，断奶体重（23.50±4.14）kg；培育周岁育成母羊2887只，生产性能测定，毛长平均（10.27±1.22）cm，体重（37.20±4.39）kg，剪毛量（4.06±0.67）kg，净毛率57.12%，净毛量2.32kg，细度18.93μm。培育品系成年母羊2 596只，剪毛量平均（5.23±0.95）kg，净毛率57.1%，净毛量（2.99±0.54）kg，优质毛纤维直径20.64μm，体侧毛密度6 513根/cm^2。

项目实施期间，向社会推广各类别种羊5 200多只，推广细型品系公羊300多只；累计改良细毛羊65 000多只。

2.甘肃细毛羊超细品系选育

（1）育种公羊的引进

2001年5月，皇城羊场从新疆紫泥泉种羊场引入10只中国美利奴周岁公羊。毛长平均（10.16±1.10）cm，剪毛量平均（8.38±0.95）kg，剪毛后体重（71.70±7.95）kg，其中，5只细型公羊的羊毛纤维直径平均为（19.30±0.623）μm。

2003年，从新疆农垦科学院引进胚胎移植生产的超细型澳洲美利奴种公羊5只，体重平均（90.88±10.13）kg，毛长平均（10.85±1.52）cm，毛纤维直径（17.69±0.52）μm，污毛量平均（11.24±1.51）kg，净毛率平均68.26%±2.60%。

（2）品系基础群建立

2001年6月通过鉴定整群，以羊毛长度、净毛量、体侧毛密度为主选性状，选留符合选育标准的成年母羊2 000只，作为细型品系选育的基础群。其中，符合标准的特级成年母羊300只，毛长平均（8.61±1.02）cm，体重平均（47.96±5.81）kg，纤维直径平均（21.26±1.39）μm，产毛量平均（4.73±0.72）kg；符合标准的一级成年母羊315只，毛长平均（8.46±0.95）cm，体重平均（45.11±4.96）kg，产毛量平均（4.06±0.66）kg，纤维直径平均（20.32±1.22）μm。

2006年从符合品系标准的周岁育成母羊中选择出育成母羊160只，经激光扫描仪进行细度测定，纤维直径平均为19.26μm；从幼年母羊中选出70支个体129只，80支个体31只。见表2-19和表2-20。

（3）品系核心群的组建

从以上选择的幼年母羊中又依据体重、毛长、体型、净毛率等性状选择67只母羊，加强饲养管理，作为品系选育的核心群。其中，70支个体55只，纤维直径平均为（19.01±0.541）μm，变异系数平均23.22%，毛长平均（8.0±0.965）cm，体重平均（38.38±2.786）kg，剪毛量平均（4.49±0.628）kg，净毛率平均（43.35%±5.457）%，净毛量1.95kg；80支个体12只，纤维直径平均为（17.06±0.732）（15.62~17.93）μm，变异系数平均21.93%，毛长平均（8.0±0.916）cm，体重平均（38.47±2.863）kg，剪毛量平均（4.42±0.861）kg，净毛率平均42.72%±6.106%，净毛量平均1.89kg。

表2-19　2001年基础群（选留70支）重要育种指标统计

细度支数	年龄		N	最小值	最大值	平均	标准差
70支	成年	激光支数	35	70	70	70.00	0
		强毛比例	35	0.70	5.60	2.504 3	1.096 5
		激光纤维直径	35	18.21	19.99	19.432 0	0.467 0
		变异系数	35	17.59	29.90	25.384 0	2.891 5
		卷曲度	35	91.75	144.14	124.077	12.811 0
		毛长	35	7.00	11.00	8.428 6	0.924 7
		腹毛长	35	4.00	9.50	6.028 6	1.300 1
		鉴定支数	35	64	70	—	—
		体重	35	35.60	67.60	46.154 3	7.493 4
		污毛量	35	3.13	7.41	4.456 9	1.107 5
		净毛率	6	38.95	56.85	48.805 0	6.836 8
		剪毛支数	35	64.00	70.00	—	—
	幼年	激光支数	129	70	70	70.00	0
		强毛比例	129	0.40	5.65	1.633 5	1.013 4
		激光纤维直径	129	18.01	20.00	19.066 1	0.557 9
		变异系数	129	17.09	31.32	23.059 5	2.872 3
		卷曲度	129	80.21	150.46	115.108	13.632 1
		毛长	113	8.00	13.50	10.159 3	1.082 0
		腹毛长	113	5.50	12.00	7.508 8	0.944 9
		鉴定支数	113	60	80	—	—
		体重	113	32.20	49.00	38.348 7	3.186 6
		污毛量	113	2.96	7.00	4.431 1	0.681 8
		净毛率	83	30.17	56.41	44.859 8	6.192 8
		剪毛支数	113	60.00	70.00	—	—

（4）建系及选配方法

品系培育首先采用从群体到群体的群体继代选育法，同时导入品系目标基因，因为这种建系法比系祖建系法可缩短过程，扩大遗传基础，使后代品质优于任一祖先；以羊毛细度、强度、净毛量和羊毛长度、净毛量、体侧毛密度为主选指标分别组建超细品系和优质毛品系基础群。将基础群闭锁繁育，让基因分散和固定，通过选种选配在分散的基础上定向提纯固定，使优良性状成为群体共有的稳定性状。在后裔测验基础上，也可利用突出的父系公羊进行系祖建系繁育，利用同质选配或亲缘选配，让系祖的特定性状转变为群体性状。

表2-20　2001年基础群（选留80支）重要育种指标统计

细度支数	年龄		N	最小值	最大值	平均	标准差
80支	成年	激光支数	3	80	80	80.00	0
		强毛比例	3	0.75	0.90	0.816 7	0.076
		激光纤维直径	3	17.68	18.00	17.803 3	0.172 1
		变异系数	3	23.89	25.42	24.533 3	0.793 5
		卷曲度	3	119.31	149.56	133.823	15.162 1
		毛长	2	8.00	8.50	8.250 0	0.353 6
		腹毛长	2	6.00	6.50	6.250 0	0.353 6
		鉴定支数	2	70	70	70.00	0
		体重	2	43.60	46.40	45.000 0	1.979 9
		污毛量	2	3.73	4.73	4.230 0	0.707 1
		净毛率	2	—	—	—	
		剪毛支数	2	64.00	70.00	67.000 0	4.242 6
	幼年	激光支数	31	80	80	80.00	0
		强毛比例	31	0.10	2.20	0.722 6	0.456 6
		激光纤维直径	31	15.62	17.93	17.186 8	0.610 7
		变异系数	31	14.56	30.49	22.491 3	3.488 8
		卷曲度	31	88.73	148.07	114.897	15.107 5
		毛长	29	8.00	12.50	10.017 2	0.94
		腹毛长	29	6.00	9.00	7.155 2	0.982 9
		鉴定支数	29	66	80	—	
		体重	29	32.80	46.40	38.041 4	3.597 8
		污毛量	29	3.26	6.06	4.444 1	0.676 2
		净毛率	16	33.80	55.56	44.251 3	6.378 4
		剪毛支数	29	64.00	70.00	—	

（5）品系群生产性能指标

F_1代断奶指标：

测定超细品系断奶羔羊158只，断奶毛长平均（4.09±0.556 4）cm，断奶体重平均（24.02±4.16）kg，羊毛白色和乳白色油汗的比率为89.87%，匀度正常的比率为89.87%。

F_1代育成指标：

2002年选留的品系基础群育成母羊的育种指标见表2-21。

表2-21　2002年选择超细品系育成母羊育种指标

育种指标	超细品系基础群			超细品系核心群		
	N	Mean	SD	N	Mean	SD
纤维直径（μm）	124	19.027 0	1.270 7	56	18.436 1	0.946 9
变异系数（%）	124	22.847 2	2.674 5	56	22.619 5	2.478 3
卷曲度（度）	124	114.251 0	10.156 4	56	111.433 9	11.297 5
毛长（cm）	120	9.758 3	0.884 0	56	9.982 5	0.891 3
腹毛长（cm）	120	7.125 0	0.863 0	56	6.973 7	0.863 0
育成体重（kg）	120	38.100 8	3.278 8	56	40.145 6	2.460 3
剪毛量（kg）	109	4.282 3	0.584 0	52	4.651 9	0.665 2
净毛率（%）	14	49.31	13 925	15	47.75	15.052
含蜡率（%）	15	7.23	2.323	15	9.26	2.626
80支比例（%）	23	18.55	—	16	28.57	—
70支比例（%）	72	58.06		40	71.43	—

2002年品系基础群所选羊只各项性能指标较上年有大的提高，特别是净毛率提高较明显。

2003年鉴定超细品系育成母羊175只，毛长平均（9.68±0.93）cm，鉴定体重平均（38.90±4.10）kg，剪毛量（155只）平均（3.98±0.648 8）kg，体侧部毛样纤维直径（67只）平均为（18.62±1.544 1）

μm。以品质支数统计，66支个体9只，占13.43%；70支个体34只，占50.75%；80支个体22只，占32.84%。这些羊只全部归入两个品系繁育基础群。核心群选入育成母羊53只，剪毛量平均（5.23 ± 0.88）kg。

F_2代初生指标：

2003年细型品系和超细品系各出生F_2代羔羊1 055只和315只，母羔分别为545只和167只。细型品系单母羔512只，初生重平均（3.59 ± 0.634）kg，超细品系单母羔155只，初生重平均（3.61 ± 0.723）kg。

F_2代断奶指标：

超细品系断奶羔羊273只，其中母羔142只，断奶毛长平均（$4.07 \pm 0.529\ 4$）cm，断奶重平均（24.00 ± 4.47）kg，羊毛白色和乳白色油汗的个体比率分别为46.20%和39.20%，羊毛匀度正常的个体占94.90%。

项目实施的2002～2005年共繁殖超细品系羔羊5 122只，培育超细品系羔羊4 785只，其中，母羔2 409只，平均断奶毛长（4.05 ± 0.49）cm，断奶体重（24.03 ± 4.23）kg。培育超细品系育成母羊994只，平均毛长（9.79 ± 1.46）cm，平均体重（37.70 ± 4.31）kg，统计剪毛数922只，平均剪毛量（4.34 ± 0.70）kg，平均净毛率为53.04%，平均净毛量2.30kg，平均细度18.14 μm。成年羊平均剪毛量4.69kg，净毛率53.44%，净毛量2.51kg。

目前，以国家"十一五"科技支撑计划课题"甘肃优质超细毛羊新品种（系）选育及产业化开发"和甘肃省"十一五"科技支撑计划课题"甘肃细毛羊品系培育及选育技术研究"为支柱，前期选育的核心群为基础的甘肃细毛羊细型品系和超细品系选育工作即将完成。

四、科学研究促进品种质量的不断提高

甘肃细毛羊育成以后，以核心育种场甘肃省皇城羊场为研究基地，国内外科研机构与之合作进行了细毛羊育种、营养、牧草引种及疾病防治等方面的大量科学研究工作，直接或间接地推动了细毛羊育种事业的发展。

（一）"群选法"选育提高甘肃细毛羊品质的研究

1. "群选法"的实质

"群选法"由甘肃农业大学张松荫教授于1982年提出，其实质是在掌握绵羊生物学特性的基础上，以群体单位进行选育的一种方法。此方法以摩尔根基因遗传学理论为基础，强调有益性状的遗传力和性状间的遗传相关，利用有益性状间的遗传相关进行选种，特别注意外形和生产性能间的相关的一致性，张松荫认为用"群选法"选种主攻方向明确、项目少、针对性强、重点突出、兼顾其他，注重外形的改造和生产性能的提高，选择力度大。一般组3个类群，即核心群、一般群和淘汰群，每年根据鉴定结果有去有留，有升有降，通过选择和导入外血等一系列技术措施逐步扩大核心群，使品种质量得到提高。

2. "群选法"选育标准

（1）外形

要求面谱要光面，严格淘汰毛面，毛盲个体；公羊颈部要有一个横皱褶，母羊要求有纵垂皮，公羊要求有螺旋型向外开张的大角，母羊无角，公羊要求无单睾、隐睾等到缺陷，前肢有毛而少，后肢有毛而多，口唇、蹄允许有小斑点存在；体型结构要求有三宽一深一长的砖型结构，即胸、肩、背三宽而体长又深，后躯发达，无垂腹、斜尻等缺陷。选育标准说明，外貌的高度一致性标志着品种的高纯度和高的遗传力。

（2）生产指标

成年公羊体重80kg以上，成年母羊体重45kg以上，公羊毛长为9.0cm以上，母羊为8cm以上，细

度60~64支净毛重公羊为3.5kg以上，母羊为2.0kg以上，产羔率120%。

（3）油汗

要求白色或乳白色，克服了以前仅以油汗多少来评价好坏的弊端，羊毛弯曲要大弯曲或中弯曲，克服以往只要求正常弯曲的不足。

3.选择育方法与技术措施

1982～1987年，"群选法"选育提高甘肃高山细毛羊品质的研究在甘肃省皇城绵羊育种试验场正式实施，主要进行了以下几个方面的工作。

（1）整群与组群

1982年依据选育指标对皇城羊场6 934只母羊进行摸底整群，然后对2 369只母羊进行组群，组成核心群、一般群和淘汰群，提出了选育目标。1986年对群选法试验羊群又进行了一次整群，以评估研究效果。

（2）种羊选育

依据选育目标，选择优良的公母羊个体进行培育。

（3）适度导入澳血改善个体缺陷加快选育进展

1982年，核心育种场皇城羊场由彭运存等同志从新疆巩乃斯种羊场选择引进含澳洲美利奴血的新疆细毛羊公羊10只（其中新疆公羊1只，澳波新2只、澳新横交2只、澳波新横交2只、澳波F_3代2只、澳新F_4代1只），其澳血含量在37.5%~87.5%之间。当年加强了这些公羊的选种选配，进行了导入改良工作，选择优良后代个体建立家系繁殖，严格保留甘肃高山细毛羊的优良特性。

（4）加强种公羊的选择和培育

进行阶段选择和培育方法，提高饲养管理水平，实行补饲五期化，即妊娠期、哺乳期、断奶期、幼年培育期和成年期，根据5期不同生长及放牧管理特点进行合理补饲，改进管理方法。其中，关键性的技术措施一是严格按《群选法》选育目标和方法进行选种选配转型是导入外血。

4.取得的效果

经5年的选育，甘肃高山细毛羊各项指标明显提高。1986年和1982年两年整群结果相比较，种公羊的外形合格率从66.67%提高到82.95%。核心群的羊只体躯结构良好，具有二宽一深一长的健康体质，身体结构良好，符合选育指标。

剪毛量幼年公羊从（5.78±0.65）kg提高到（8.35±1.31）kg，幼年母羊剪毛量从（4.60±0.72）kg提高到（5.30±0.78）kg羊毛大、中弯曲比例幼年公羊由44.4%提高到89.19%，幼年母羊由9.52%提高到46.97%；白、乳白油汗比例幼年公羊由26.99%提高到44.08%；净毛率由40.11%提高到45.79%；羊毛长度幼年公羊由（10.72±1.2）cm提高到（1.25±1.05）cm，幼年母羊由（9.74±1.13）cm提高到9.96±1.45cm。各项选育指标达到或基本达到计划指标，取得了预期效果。

1987年5月25～28日，由省畜牧厅主持，在甘肃省皇城绵羊育种试验场对《应用"群选法"选育提高甘肃高山细毛羊品种质量试验研究》课题进行鉴定验收。鉴定专家组同志一致认为：通过5年的实践，在导入澳洲美利奴血液的基础上，用"群选法"选育甘肃高山细毛羊核心群，体型外貌一致，羊毛长度增加，油汗白色或乳白色，多数呈大或中弯曲，毛丛结构良好，羊毛总体品质从个体到群体都有显著改善，剪毛量明显提高，经济效益比较好，说明"群选法"作为一种选育方法，具有一定的科学性，可望在今后的生产中逐步推广。

通过该项目的研究实施，为皇城羊场培养了人才，在细毛羊选种工作中吸收了"群选法"中大量的先进科学手段，特别对羊只外形、羊毛油汗、弯曲等品质的选择上汲取了群选法的主要成分，并不断完善，对以后的甘细羊选育工作产生了深远的影响。

（二）种公羊的选择、培育和利用的研究

1980年甘肃高山细毛羊品种育成后，为了改进新品种的外貌不一致性和某些不足，中国农业科学院兰州畜牧研究所和甘肃省皇城羊场合作，获得甘肃省重点攻关项目"甘肃高山细毛羊选育提高及推广利用研究"（1984～1988年）支持，以甘肃高山细毛羊的选育提高和推广作为两大主题，涉及3个种羊场，3个市五个基地县，也称"河西百万只细毛羊基地建设"。项目由中国农业科学院兰州畜牧所和甘肃省畜牧厅主持，主持人为马海正和张长生。甘肃省皇城绵羊育种试验场、金昌市永昌羊场、威武市天祝羊场和张掖市、金昌市、武威市、肃南县、永昌县、天祝县、高台县、山丹县等参加。项目把种公羊的质量作为育种工作的重心，列专题以种公羊的选择、培育和利用作为全场育种工作的切入点和突破口，开展研究探讨。

种公羊选择培育和推广利用是该项目主要研究之一，主要研究工作为：

1.进行种公羊的早期选择与培育

每年羔羊断奶时选择体质结实、体型外貌良好、体重25kg以上、毛长4cm以上、且羊毛品质理想的公羊个体组建后备公羔特培群，加强后备公羔的放牧、饲养管理。

2.后备公羔生长发育的测定

探讨不同阶段的生长发育特点，制定相应的培育方案。

3.种公羊遗传进展研究

采用种公羊产本身表型值、半同胞及后裔品质、系谱品质进行育种值测定，评定种用价值。

4.通过后裔测验的优秀公羊的有效利用

种公羊经多年的选择培育其品质明显提高，从表2-22看出，经过16年的不断选择培育，成幼年公羊的毛长、体重、毛量三大指标都有大幅度提高，幅度从5.92%（成年公羊体重）到38.92%（成年公羊毛量），而且特培的公羊与普培的公羊相比，三大指标占绝对优势，从此证明羊场一贯实行的种公羊的选择与培育方法有效、措施有力。

表2-22　种公羊选育进展

年度	成年公羊群					1.5岁特别培育群				1.5岁普通培育群				
	头数（只）	毛长（cm）	体重（kg）	毛量（kg）	净毛率（%）	头数（只）	毛长（cm）	体重（kg）	毛量（kg）	头数（只）	毛长（cm）	体重（kg）	毛量（kg）	净毛率（%）
1980	47	8.69	89.69	8.17		32	9.56	65.31	7.04	693	9.02	37.73	4.29	48
1985		9.34	90.44	10.54			11.18	62.03	7.86	853	9.18	36.80	4.42	50
1990		10.20	89.90	9.65			11.82	67.03	7.87	765	9.48	36.35	—	53
1996		10.73	95.00	11.35			11.65	70.34	8.43	738	10.50	46.40	4.62	54
增加值				3.18			2.09	5.03	1.39		1.48	8.76	0.33	
比例		23.62	5.92	38.92			21.86	7.70	19.74		16.41	22.98	7.69	

通过研究总结了幼年公羊不同时期的生长发育特点，为培育工作提供了依据，据测定公羔体重、毛长的生长发育特点是：初生到四月龄（断奶）生长迅速；4~8月龄羔羊处于断奶后阶段，从母乳型向放牧型过渡，使体重和毛长生长发育相对受阻；8月龄后补饲和羔羊小消化道对采食牧草的适应，故生长发育迅速；16月龄以后，仍呈发育强劲时期，见表2-23。体重、毛长生长发育呈现出的特点，主要是由气候、牧草生长期以及羔羊自身生理特征的阶段性这3个因素所决定。

表2-23　培育公羔体重、毛长生长发育测定

项目	年度	头数	初生	4月	6月	8月	10月	12月	14月	16月	18月
体重（kg）	1985	130	4.28	25.28	28.80	37.95	37.05	45.56	53.82	59.79	62.47
	1986	113	4.38	25.42	30.97	39.25	43.50	48.80	60.00	65.39	65.75
	1987	63	4.06	27.43	32.45	38.98	46.13	55.61	66.54	74.06	73.71
	平均	306	4.27	25.94	30.34	37.30	41.18	48.80	58.39	64.61	65.96
毛长（cm）	1985	135		4.09	4.90	6.39	6.55	8.08	8.90	10.08	11.38
	1986	111		4.05	4.88	6.41	7.04	8.30	9.39	10.22	11.45
	1987	72		4.14	5.59	6.43	7.65	8.25	9.30	10.61	11.52
	平均	318		4.09	5.04	6.40	6.95	8.19	9.23	10.24	11.00

逐步实现了种公羊选择与利用的有效结合，使优秀公羊的利用率得到提高，种公羊的选择是在全面考虑其鉴定表型成绩的基础上，着重依据主要经济性状的培育值进行。从1991年开始，在种公羊的选择上以净毛量为主选性状进行，同时兼顾体重、羊毛品质等。在选择的基础上加大了对优秀公羊，特别是几批导入澳血公羊的利用力度，使其优质基因尽可能多得输入群体，形成经济优势，实现选择成果向群体生产优势的转化。1984~1987年统计资料表明，每只公羊年生产后代仅50只左右，利用率很低（《中国养羊》1989年增刊），根据近年对导入澳血公羊的利用情况看，利用率有所提高，平均每只公羊年生产具有清晰谱系记录后代100只左右（89~130只），加上由于母羊耳号丢失而未统计在内的后代羔羊，实际后代数还要高于这个数。1996年秋配种公羊4R5000号授配母羊340只，按88%的受胎率计算，预计要生产后代300只，按此计算全场12群繁殖母羊公需25只公羊即可。通过本项目研究的实施，公羊的利用率有了明显的提高。

（三）品系繁育试验

1.毛长品系和体大品系选育

从1973年开始搞的品系繁育试验中曾进行过毛长品系和体大品系的选育，但到1984年时因选择不出毛长品系公羊的良好继承者，毛长品系选育被迫中断。甘肃高山细毛羊细幼年母羊体重、毛长两项重要指标已分别从1980年的32.93kg和9.46cm提高到1996年的41.50kg和11.90cm，提高26.02%和25.79%，毛量从4.54kg提高到5.18kg，提高14.10%。

2.毛密品系选育

之前的选育工作中，羊毛密度评分仅从1.95分提高到2.11分，提高8.21%，因此，继续提高羊毛产量和质量，进一步改进被毛密度被列为甘肃细毛羊育种工作的重心。1992年在核心育种场-皇城羊场开展了甘肃细毛羊毛密品系选育。

毛密品系选育采用群体继代选育建系法，以毛量、密度为主选性状，完善对羊毛密度的测量手段，以提高被毛密度的选择效果。

（1）基础群的选择与选配

基础母羊的选择主要依据毛量进行，选择毛量高于群体平均数1个标准差以上的公母羊组建毛密品系基础群，用同质选配方法进行选配，要求公羊的羊毛净毛率、羊毛品质都超过群体平均水平。

（2）品系后代的选择与培育

品系后代的选择与培育与常规的甘肃细毛羊的选择培育相同，培育在同等条件进行。

（3）品系后备公羊的选择

对品系后代公羊在羊毛密度等各方面表现特别突出的个体选留作为继承公羊。

在毛密品系选育中，导入中国美利奴公羊血液作为毛密品系选育的辅助手段。

（4）选育进展

从1992年秋季配种开始毛密品系选配工作，该工作在四群冬产母羊和两群春产母羊群进行。从1993～1996年共出生毛密品系后代1 380只，向核心群选留370只母羊，选留毛密品系公羊20只，向社会提供毛密品系种羊近1 000只。品系基础母羊群从数量上已初具规模，为毛密品系选育工作的进一步开展打下了一个良好的基础。通过对1993年出生羔羊从初生到2.5岁的育种资料分析，我们初步得出以下结论：

品系后代的羊毛品质得到改，1.5岁时羊毛弯曲、油汗、密度分比对照组高0.1分，污毛量和净毛率也相应提高。育成母羊毛量和育成公羊净毛率分别提高0.22kg和5.35个百分点；2.5岁时母羊毛量毛密品系为4.75kg，比对照的4.45kg提高0.3kg；羊毛品质支数增加0.62，羊毛更细，符合细毛羊育种方向。

公羊血液类型直接影响选育效果，以导入中国美利奴血液作为毛密品系选育的辅助手段效果最好，品系后代中含中国美利奴基因的母羊2.5岁污毛量高达5.41kg，比对照高0.96kg（P<0.001），比2.5岁含1/2中国美利奴血毛量个体（平均值4.74kg）高出0.67kg（P<0.001）。

从1994年和1995年出生羔羊1.5岁时污毛量比较，毛密品系组分别比对照高0.08kg和0.04kg，净毛量比较前后两年吕系组比对照分别高0.11kg和0.07kg，品系后代毛量虽然始终高于对照，但差异似乎在减少，这可能与选配工作中基础公羊的留种率太高有关，之后，我们在加强品系基础母羊选择的基础上，更加重视品系公羊的选种力度，降低留种率，提高选择差。

3.细型品系和超细品系选育

1996～2000年，中国农业科学院兰州畜牧与兽药研究所获得甘肃省科技攻关项目"中国美利奴高山型细毛羊选育"资助，与甘肃省皇城绵羊育种试验场合作，引入中国美利奴细型公羊，甘肃高山细毛羊群为遗传基础，本品种内同质选配方法，在海拔2 600～3 500m的高山草原培育甘肃高山细毛羊细型品系。选育出理想型母羊1 098只，成年公羊56只。成年公羊毛长9.82cm，体重89.44kg，纤维直径19.91μm，净毛量5.53kg。成年母羊毛长9.02cm，体重49.46kg，纤维直径21.02μm，净毛量2.56kg。

2000～2005年，以甘肃省"十五"攻关项目"中国美利奴高山型细毛羊超细品系培育"项目为依托，采用群体选育和系祖选育结合在海拔3 000m的高寒牧区培育出甘肃细毛羊超细品系和细型品系群。于2006年8月通过了省科技厅组织的成果鉴定。超细品系成年母羊产毛量平均（4.69±0.47）kg，净毛率53.44%，净毛量（2.51±0.25）kg，毛纤维直径平均（18.01±1.71）μm；成年公羊羊毛细度平均（18.89±2.05）μm，羊毛单纤维强力7CN。细型品系成年母羊产毛量平均（5.23±0.95）kg，净毛率57.1%，净毛量（2.99±0.54）kg，毛纤维直径20.64μm。

"十一五"期间，中国农业科学院兰州畜牧与兽药研究所获得国家和甘肃省支撑计划项目资助，联合甘肃细毛羊核心育种场和生产基地县，进一步开展超细品系和细型品系的培育和选育技术研究以及产业化生产技术的研发推广。

（四）甘肃细毛羊羊毛品质的动态研究

细毛羊的羊毛品质是育种工作者和轻纺工业同时关注的焦点，几代育种工作者为甘细羊的羊毛品质的改进作出了不懈努力。并取得了明显效果。1979年品种即将育成时对核心场的细毛羊羊毛品质进行了工业验证，从1980年育成至1996年的十多年时间内，又通过几次实验室分析，毛纺工业加工测试，掌握了甘肃细毛羊羊毛品质的动态发展与现状，为育种决策提供了依据，1984～1990年间，羊毛品质研究分别被列入甘肃省科技攻关项目"甘肃高山细毛羊选育提高及推广利用的研究"和中澳合作项目"开展绵羊育种提高中国细毛羊羊毛品质的研究"作为专题进行了研究。

1979年兰州一毛纺厂对黄城绵羊育种场细毛羊羊毛进行工业验证，结果见表2-24、表2-25。

表2-24　原毛选择结果

等级	择成率（%）	细度（μm）	毛茸长度（mm）	含油率（%）	试验室小样本净毛率（%）
66支	46.47	19.97 ± 4.90	65.67	13.65	41.12
64支	36.59	20.25 ± 5.52	64.70	13.04	42.40
60支	8.92	21.50 ± 6.34	59.47	14.35	44.00
1级	3.92	22.39 ± 7.02	43.30	14.10	41.05

表2-25　洗净毛品质分析结果

支数	细度（μm）	单纤维强度（g）	单纤维伸度（%）	平均长度（mm）	主体长度（mm）
66支	19.97	6.46	43.07	63.17	70.61
64支	20.52	9.92	43.16	63.31	70.10

66支和64支的制条率分别为66.4%和72.83%。本次验证结论认为黄城绵羊育种场的甘肃细毛羊的细度整齐、干净、大批量生产表现出较高的检出率（98.56%）和净毛率（43%~45%），此外成条、纺纱、织造、染色等性能都达到了工业生产的标准要求。羊毛长度、细度、强度都符合精纺工业要求，纤维强度赶上了澳毛水平，在兰州一毛厂被列为最优原料。羊毛长度相对较低（65mm以下），羊毛偏细（参阅自1979年《甘肃高山细毛羊羊毛工业验证及羊毛品质分析》）。

1992年，又采集了皇城绵羊育种场的成年公母羊和幼年公母羊的羊毛样品，在实验室测定了主要指标，细度、密度、含脂率和净毛率。

详细结果见表2-26。

表2-26　1992年皇城羊场羊毛品质

羊只类型	细度（μm）	密度（根/m^2）	含脂率（%）	净毛率（%）
成年公羊	25.60	5 392.5 ± 1 037.6	16.01	44.21
成年母羊	21.74	5 924.3 ± 1 087.2	11.78	45.28
幼年公羊	21.65	6 060.0 ± 830.8	7.79	42.43
幼年母羊	19.73	5 675.0 ± 805.4	9.08	44.06

1994年、1995年和1997年通过毛纺加工试验，我们又获得部分羊毛加工指标，例如，1994~1995年兰州第三毛纺厂加工结果为：1994年原毛择成率66支、64支和一级毛分别为79%、15.74%和2.98%，羊毛长度为76.5mm，1995年原毛择成率66支、64支和一级分别为58.2%、35.42%和10.17%，毛绒长度为78.9mm。平均制条率在76%~78%之间，比一般国毛高出3~4个百分点（兰州三毛厂于1996年6月在皇城羊场召开的甘肃细毛羊育种及生产研讨会上提供）。再如，1997年肃南县毛条厂加工结果表明，66支、64支和一级毛的制成率分别为39.70%、53.50%和3.17%，制条率66支、64支的分别为78.5%和81.60%，平均为80.26%。1995年、1996年张掖纤检所对羊场羊毛毛包抽样分析净毛率48.7%和49.6%。

从以上数据看出，皇城羊场细羊毛的纺织指标有大幅度的提高，毛条制成率从1979年的66%~72%提高到目前的78%~81%，66支和64支毛的制成比例从1979年83%上升到目前的93.24%~94.7%，羊毛品质也有所改进，净毛率提高。

（五）甘肃高山细毛羊补饲标准的制定和研究

"七五"期间，中国农业科学院兰州畜牧研究所在执行甘肃省重大攻关项目"甘肃高山细毛羊选育提高及推广利用"时，考虑到甘肃高山细毛羊特殊的生存环境造成其全年牧草供应极不平衡，为了均衡营养供给，提高生产性能和羊毛品质，研究它的补饲标准格外重要。所以与甘肃省皇城绵羊育种试验场合作，进行了"甘肃高山细毛羊补饲标准及配套饲养技术研究"。

1.补饲时间的确定

试验从5月30日始，至6月15日结束，三组增重分别为2.0kg、2.3kg和2.6kg，差异不显著。从6月15日始，至6月30日结束，Ⅰ组和Ⅲ组增重相等，分析认为，此阶段进入青草季节，绵羊能大量采食牧场青草，Ⅰ组在放牧采食时能较好满足其营养需要，而Ⅲ组在采食补饲料后减少了青草采食量，6月15日以后皇城地区青草能满足羔羊的营养需要，再补饲是对饲料和人力的浪费，应停止补饲。

屠宰结果（表2-27）验证了补饲试验的准确性。对试验羊进行三期比较屠宰试验。补饲开始与结束分别取6只、9只试验羊屠宰，分析屠体成分（包括皮、毛、骨、内脏、蹄、肌肉），测定羊体中蛋白质、脂肪含量，并换算成能量。从表2-27看出，试验结束时三群羊所沉积的蛋白质、脂肪、能量均比试验开始时为高。Ⅰ组母羊比试验开始时分别高出21.59%、27.36%、23.91%；Ⅱ群35.59%、41.53%、37.98%；Ⅲ组最高，分别为38.69%、88.15%、58.63%，从而验证补饲标准的准确性。

这种补饲也是经济合算的。由5月15日至6月15日，经30d补饲，Ⅱ组、Ⅲ组比纯放牧的Ⅰ组分别多喂9kg和18kg颗粒料，价值分别为1.08元和2.16元，而获得的增重比纯放牧群分别高出2.6kg和3.8kg。如果每千克活重按当时的2.80元计，则可分别获利7.28元和10.6元，扣去饲料消耗纯盈利分别为6.20元和8.5元。Ⅲ组平均剪毛量为6.0kg，比大群中同年龄和体格的羊平均剪毛量高1.7kg。

表2-27 比较屠宰试验结果统计

项目		性别	沉积蛋白质（g）	沉积脂肪（g）	羊体能量（kcal）
试验开始		公	2 850.48 ± 342.81	1 062.72 ± 342.81	27 241.39 ± 2 475.41
		母	2 651.50 ± 300.55	1 074.20 ± 472.65	25 318.49 ± 6 109.64
试验结果	Ⅰ	母	3 224.01 ± 317.35	1 368.15 ± 330.63	31 371.69 ± 4 744.75
			+21.59%	+27.36%	+23.91%
	Ⅱ	母	3 595.09 ± 496.07	1 520.32 ± 627.50	34 935.16 ± 8 775.79
			+35.59%	+41.53%	+37.98%
	Ⅲ	母	3 677.41 ± 430.00	2 021.13 ± 612.59	40 161.92 ± 819.46
			38.69%	+88.15%	+58.63%

2.补饲量确定

实验将断奶羔羊（平均体重20kg）分为三组。Ⅰ组放牧不补饲，Ⅱ组和Ⅲ组分别补饲不同能量和蛋白质水平的饲料（颗粒料）。经45d补饲结果，三组增重分别为3.0kg、5.6kg和6.9kg。日增重分别为66g、126g和154g。试验确定体重20kg左右的断奶羔羊每只每日补以1.33兆卡代谢能，86g的粗蛋白质，增重明显。

妊娠母羊10月份前放牧于茬子地，由于采食掉落的子粒，羊只体重仍在增加，但10月后随着胎儿的迅速生长，母羊对营养需要特别迫切，此时牧草枯黄，子粒采尽，其养分不能满足胎儿生长和母羊维持体况，需及时补饲。本试验将怀孕母羊（平均体重58kg）分三组，以3个不同蛋白质和能量水平，补饲到分娩。三组分别增重为1.62kg、3.64kg和5.4kg。分析认为，以每日每只补饲2.65兆卡代谢能，155g粗蛋白质要比补饲I组多增重3.8kg。因此，体重58kg左右的妊娠母羊每日补饲2.65兆卡代谢能、155g粗蛋白质是适宜的。

3.牛羊放牧采食量测定

它是广大牧区合理规划、利用草原和合理补饲、科学养畜的依据，然而测定放牧家畜的采食量要比测定舍饲家畜的难得多，尤其母畜更难测定，因为粪尿不便分离。当时国外用食道瘘管羊采集标样，以代替人工模拟或刈割法采样，项目组在国内首先引用食道瘘管法，在皇城羊场夏季牧场上采得了牧草标样，应用外源指示剂Cr_2O_3测定排粪量，再用内源指示剂4N盐酸不溶灰分法测算出体重34kg甘肃高山细毛处女羊日采食风干牧草1.7kg，折合鲜草4.3kg。本测定所用外源指示剂是用投饲管直接投进食道的，无一损耗。又用直肠采粪避免沙土污染粪样，对试验羊既不戴粪兜，也不单独组群，使羊只处于放.牧状态，更接近实际。此法要比人工模拟或刈割采样省事、准确、更接近于羊的实际采食。

4.种公羊蛋白水平对其繁殖能力的影响

种公羊的配种能力与其蛋白质的质与量极为密切。试验将公羊分为两组，I组按羊场补饲标准补青稞、大麦、豌豆各1/3，简称三合料。II组减少三合料中青稞、大麦比例，增加鱼粉13%、大豆饼10%，其喂量均为1.2kg，能量也接近2.93兆卡。I组饲料粗蛋白含量167g，II组饲料粗蛋白含量289g，饲喂50d后排精检查精液品质，I组每只每日采精平均1.57ml，精子浓度29.1亿/ml，每次射出总数为23.7亿。精子活力正常，畸形精子只有7.6%，精液品质尚好。II组日粮多喂了112g粗蛋白质。由于补充了赖氨酸和蛋氨酸，增加了公羊的性欲，爬跨快，动作敏捷，要比羊场组多射0.2ml精液，精子浓度每毫升多6.3亿，一次射精比羊场组多7.8亿。如果给母羊每次输精5 000万个精子，那么羊场组可供47只母羊输精，而试验组可给63只母羊输精。由此可见，提高种公羊蛋白质水平，可增加输精母羊的头数，提高了种公羊利用率，充分发挥优良公羊的配种能力，减少种公羊饲养量，节约了饲养公羊的人力和饲料，从而提高了经济效益，因此，试验组的补饲量可确定为青年种公羊的补饲量。

5.甘肃高山细毛羊主要产地饲料成分及营养价值分析

采集了甘肃高山细毛羊主要产地皇城、天祝、永昌羊场等地饲草、饲料30余种，测出30种饲草料的八大营养成分和能值（表2-28），为合理补饲配合日粮和生产配合饲料提供了科学依据。

表2-28　甘肃高山细毛羊常用饲料成分及营养价值

编号	饲料名称	样品来源	干物质	粗蛋白	粗脂肪	粗纤维	无氮浸出物	粗灰分	钙	磷	总能
4-07-601	大麦	皇城	90.2	10.2	2.2	4.1	69.6	4.1	0.76	0.24	3.95
4-07-602	青稞	皇城	89.4	11.6	1.6	2.6	71.5	2.1	0.10	0.53	3.94
4-07-603	燕麦	皇城	92.4	15.1	5.1	10.0	58.2	4.0	0.16	0.14	4.07
4-07-604	混料	永昌	89.7	16.0	2.8	4.1	63.5	3.3	0.14	0.23	3.92
4-08-605	小麦麸	肃南	88.2	13.9	6.8	10.0	53.2	4.3	0.54	1.15	4.16
5-09-01	豌豆	肃南	91.4	20.5	1.3	6.6	59.7	3.3	0.48	0.14	3.92
5-09-02	蚕豆	永昌	88.9	24.0	1.2	7.8	52.5	3.4	0.11	0.44	3.95
5-10-03	菜籽饼	皇城	89.4	31.6	15.2	6.1	29.2	7.3	0.16	0.46	4.84
5-10-04	豆饼	大洼山	85.8	42.3	6.9	3.6	26.4	6.5	0.28	0.57	4.27

（续表）

编号	饲料名称	样品来源	干物质	粗蛋白	粗脂肪	粗纤维	无氮浸出物	粗灰分	钙	磷	总能
5-13-05	鱼粉	秘鲁	91.7	58.5	9.7	0.0	8.4	15.1	3.91	2.90	4.49
1-05-01	燕麦青干草	皇城	93.7	10.4	7.3	22.3	48.9	4.8	0.02	0.16	4.08
1-05-02	燕麦青干草	永昌	92.8	10.3	8.3	32.0	33.7	8.5			3.90
1-05-03	燕麦青干草	天祝	93.9	7.1	3.0	31.4	42.5	9.9	0.83		4.30
1-05-04	红豆草	皇城	93.4	14.3	2.2	25.6	45.6	5.7	0.99	0.17	4.01
1-05-05	马蔺	天祝	92.2	8.5	4.1	27.3	48.3	4.7	1.05	0.19	4.83
1-05-06	骆驼蓬	天祝	94.3	16.7	2.7	12.6	39.5	22.8	1.76	0.14	3.95
1-05-07	荒草	皇城	94.3	4.0	7.9	33.1	43.1	6.2	0.46	0.04	4.13
1-05-08	河滩青草	皇城	91.0	20.8				6.7			4.15
1-05-09	模拟羊采食青草	皇城	97.2	14.5				7.6	0.62	0.16	4.32
1-05-10	模拟采样	皇城	96.7	13.4		20.5					4.26
1-05-11	食道瘘采样	皇城	97.0	14.5	3.7	21.8		12.8	0.77	0.28	4.16
1-05-12	燕麦茬	皇城		3.8		37.0					3.87
1-05-13	燕麦茬	皇城		4.1		40.7					3.97
1-06-14	油菜子壳	天祝	93.2	8.5	2.2	39.0	35.1	8.4	1.56	0.02	3.98
1-06-15	青稞稿秆	天祝	94.5	3.5	1.5	40.1	42.3	7.1	0.78		4.23
1-11-16	甜菜渣	永昌	24.6	2.8	0.4	5.5	14.9	1.0	0.18	0.02	1.05
1-03-01	燕麦青贮	皇城	38.9	2.6	1.2	10.5	21.9	2.7			1.71

（六）中澳合作8456号项目"开展绵羊育种提高中国西北部绵羊品质"

　　1984年5月17日，根据中国农牧渔业部副部长相重阳代表中国政府与澳大利亚国际农业研究中心主任迈克威廉姆教授代表澳大利亚政府在北京签署的两国政府关于促进农业发展合作计划的议定书的有关条款，提出了"开展绵羊育种，提高中国西北绵羊的羊毛品质"合作项目。中方由中国农业科学院负责协调，澳方由澳大利亚国际农业研究中心负责协调，项目的实施由中国农业科学院兰州畜牧研究所负责。1984年12月初，由澳大利亚国际农业研究中心项目官员柯普兰德博士等专家来到甘肃，与兰州畜牧研究所的领导及项目负责人共同来皇城羊场进行了实地考察，确认皇城羊场开展项目是可行的，随即于1985年6月开始了研究工作，按照研究设计，要在确定和掌握中国北方细毛羊羊毛生产现状的基础上，估测羊毛经济性状和其他性状的遗传参数，并制定更加有效的选育方案，同时，评定澳美公羊的导入在遗传方面可能对中国北方细毛羊的贡献，最终达到提高羊毛品质的目的。

　　研究工作主要涉及如下几个方面：

1.进行甘肃高山细毛羊主要经济性状遗传力和遗传相关的分析

分析表明，大多数性状遗传力属中等或高遗传力。采用表型选择提高甘肃高山细毛羊主要经济性状是可行的，遗传相关结果表明，断奶毛长和体重与1.5岁毛量也呈强正遗传相关（0.84）。为早期选种提供了依据，为改进选种制度奠定了理论基础。

2.进行了影响甘肃细毛羊母羊10个经济性状的环境方差分析

甘细羊10个经济性状方差分析的均方，就18月龄性状而言，细度支数、毛长未受任何环境因表的影响，而毛量明显地受母亲年龄、初生类型和实生日期的制约，体重明显受年度、断奶日期、管理组别、初生日期等方差的影响。本项研究分析结果使我们重新认识环境因表的重要性，为进一步改进饲养管理条件，从环境角度挖掘潜力，提高甘肃细毛羊品质提供了理论基础（表2-29）。

表2-29　甘肃细毛羊母羊10个经济性状方差分析的均方

项目		年度	母亲年龄	断奶日龄	出生类型	管理组别	初生日期	误差
出生性状	体重	0.045	1.833***	NF	12.26***	0.127	0.047	0.313
出生性状	等级	1.659	4.265***	NF	2.841*	0.319	1.861	0.778
断奶性状	毛长	0.689*	0.368*	0.372	0.236	0.491*	20.318***	0.168
断奶性状	体重	24.881**	26.783**	10.521	18.054	14.582*	998.867***	8.347
断奶性状	等级	0.300	0.884	0.618	0.434	1.234**	21.828***	12.673
18月龄性状	体重	204.478***	15.517	23.346*	25.970	49.824**	452.502***	12.673
18月龄性状	支数	1.707	10.514	2.366	2.528	6.652	0.454	7.287
18月龄性状	毛长	0.144	1.090	2.975	1.059	2.582	14.489	1.224
18月龄性状	毛量	10.127	0.851*	0.923	2.090*	0.570	58.089***	0.618
18月龄性状	等级	57.03***	1.095	0.752	2.219	1.466	21.695***	2.616

3.评定了澳洲美利奴公羊导入甘肃细毛羊的遗传效果

中澳合作8456项目中，我国从澳大利亚引进一批澳洲美利奴公羊，1986年9月给皇城绵羊育种试验引入8只（中毛型3只，强毛型5只），当时年满3岁，这批公羊体格大，其中，7只在颈部和后脚处有粗毛。从1986-1989年在核心母羊群中进行导入。

（1）澳洲美利奴公羊生产性能

表2-30　澳洲美利奴公羊羊毛物理性能

品种	数量（只）	污毛量（kg）	净毛率（%）	净毛量（kg）	羊毛细度（μm）	羊毛束强	
						强度N/K T	断裂部位
澳强毛型	4	11.6	52.45	6.15	23.88	81.97	0.43
澳中毛型	3	14.97	46.26	6.99	23.93	70.98	0.45
甘肃细毛羊	6	8.97	34.77	3.12	26.53	48.17	0.49

表2-30是澳洲美利奴公羊和甘肃细毛羊公羊的性能测定结果，比较看出澳洲美利奴公羊的羊毛生产性能显著高于甘肃细毛羊公羊。

从表2-31可以看出，澳洲美利奴公羊的毛长、毛量和体重三项指标，1988年5.5岁时最高，随后逐年下降，而且从5.5岁开始部分羊只患病死亡，到1990年时仅有4只，被一次性淘汰。

表2-31　澳洲美利奴公羊历年生产成绩

年度	数量	体重（kg）	毛长（cm）	毛量（kg）	净毛率（%）	生产羔羊	断奶	育成
1987	8	102.28	9.81	10.75	—	303	254	—
1988	7	106.97	11.50	13.17	—	794	663	♀：170
1989	5	96.60	10.90	11.10	59.82	624	485	♀：245
1990	4	87.10	10.25	10.00	61.74	320	301	♀：191

几年累计在冬产核心母羊群生产1/2澳血羔羊1 700只，在春产母羊群生产1/2澳血羔羊150只。育成母羊补充到含澳血的核心群，育成公羊除留种（累计40只）外，其余向社会提供，为甘肃省细毛羊的澳化做贡献。

（2）甘肃细毛羊导入澳洲美利奴血液效果分析

据研究导入澳洲美利奴血液使甘肃细毛羊的毛长、毛量、净毛率和净毛量分别提高0.29cm、0.4kg、4.01%和0.25kg，并且明显改进了羊毛综合品质和外形的一致性等。研究发现1/2澳血个体再导入澳血，它的被毛同质率有下降的倾向（88.64%），原因可能与该批羊为强、中毛型，并且颈部和后躯有粗毛不无关系。

①F$_1$代初生性状

表2-32　1/2澳洲美利奴血液羔羊初生性能

品种	年度	初生重（kg）		一二级比例（%）		同质毛比例（%）		纯色毛比例（%）	
		数量/只	平均数	数量/只	比例	数量/只	比例	数量/只	比例
澳美	87	302	3.10±0.57	182	60.26	285	94.37	298	98.68
	88	458	3.52±0.72	354	77.29	439	95.85	451	98.47
甘细	87	203	3.07±0.54	119	58.62	192	94.58	201	99.01
	88	253	3.56±0.62	208	82.21	247	97.62	252	99.60

从表2-32看，含1/2澳洲美利奴血液的羔羊初生性状和甘肃细毛羊羔羊的初生性状无显著差异。

②F$_1$代断奶性状

表2-33　1/2澳洲美利奴血液羔羊断奶性能

品种	公羊数量（只）	后裔数量（只）	后裔毛长（cm）	后裔体重（kg）	等级比例/%			
					一级	二级	三级	四级
澳中毛	3	112	3.54	19.54	57.14	26.79	10.71	5.36
澳强毛	4	137	3.72	20.75	75.91	17.52	5.11	1.46
甘细毛	8	222	3.45	20.42	56.76	25.68	11.71	5.86

分析表2-33，含1/2澳洲美利奴血液的羔羊断奶性状显著高于甘肃细毛羊羔羊的断奶性状，同时强毛型澳洲美利奴公羊的后代断奶性状显著优于中毛型澳洲美利奴公羊的后代。

③F$_1$代周岁性状

表2-34　1/2澳洲美利奴血液后代周岁性能

类别		性别	数量（只）	毛长（cm）	等级比例		羊毛弯曲		羊毛油汗		体重（kg）
					≥二级	比率	大中	比率	白、乳	比率	
澳美后代	中毛型	♂	52	7.99	28	53.85	33	63.04	31	59.62	29.26
		♀	49	7.85	16	32.65	25	51.02	32	65.31	23.81
	强毛型	♂	68	8.25	38	55.88	42	61.76	40	58.82	28.34
		♀	62	8.14	22	35.48	41	66.13	37	59.68	22.94
甘细后代		♂	101	7.72	60	59.41	37	36.63	47	46.53	29.49
		♀	97	7.68	34	35.05	28	28.87	41	42.27	24.07

表2-34是1/2澳洲美利奴血液后代周岁性能，可见澳洲美利奴后代周岁时羊毛长度和油汗显著优于甘肃细毛羊后代（$P<0.05$），体重小于后者0.87%，但差异不显著（$P>0.05$）。

总之，澳洲美利奴在皇城所在的祁连山高海拔地区比较适应，在同样的饲养管理条件下生产性能优于甘肃细毛羊；导入澳洲美利奴血液可以迅速提高甘肃细毛羊生产性能和羊毛品质。

4.穿衣保护提高羊毛品质的研究试验

1986年，项目引进澳大利亚制造的用于防止羊毛被灰尘、草芥等污染的专用防护服，在甘肃省皇城绵羊育种试验场进行了效果检验，结果见表2-35。

试验结果表明，绵羊穿衣对提高净毛率、净毛量、降低灰尘污染有显著效果。同时由于改善了羊体小环境，毛被整体结构也得到改善，如毛丛结构、油汗数量和色泽、羊毛顶部脆死毛等都有所改善。但因当时国内羊毛市场的混乱，正是当时"羊毛大战"的年代，销售环节掺杂使假现象十分突出，绵羊穿衣技术被细毛羊养殖业者认为与市场是反向操作，没有推广的市场。但令人欣喜的是之后随着羊毛交易市场的规范，按净毛计价规则的推广使绵羊穿衣技术在国内细毛羊产区逐步过大推广。

表2-35 甘肃省皇城羊场穿衣与不穿衣服的羊毛性状比较

项目	污毛率（kg）	净毛率（%）	净毛量（kg）	毛长（cm）	含脂率（%）	油汗浸润长度（cm）	灰尘含量（%）
穿衣	4.48	53.14	2.38	7.52	13.09	4.50	23.64
不穿衣	4.78	40.70	1.94	7.14	8.88	3.06	81.74

（七）甘肃高山细毛羊适应性调查研究

甘肃高山细毛羊是在海拔2 600~3 500m的祁连山区育成的毛肉兼用细毛羊新品种，能适应严酷的自然条件，抗逆性强，遗传性能稳定，有较高的性产性能。为了了解它在不同生态环境下的适应性以及在绵羊改良中的作用，探索发展细毛羊的途径，从1992年起我们采用查阅历资料、信函调查和实地考察3种途径，对从甘肃省皇城绵羊育种场调出的甘肃细毛羊进行了适应性等方面的调查。

调查表明，1980年以来，甘肃细毛羊核心场共售出优质种羊5万余只，其中，公羊约58.7%，母羊41.3%，分布于6省区（甘肃、青海、山西、陕西、内蒙古、湖北）的67个县市。其中，大部分分布于甘肃省各地，河西地区以张掖、武威、金昌饲养量大，河东地区以甘南、定西、平凉、临夏分布最广。我们将调查结果在甘肃东片、西片及皇城羊场三者之间进行了比较，原产地皇城羊场冬春要进行补饲，饲养条件要优于东西两片，东西片以放牧为主，很少补饲，生产性能中初生重、断奶重与羊场接近。成年公羊体重分别比东西片高出11.45kg和7.35kg，成年公母羊的产毛量、屠宰率都以羊场较高，其中，繁殖成活率要比东西片高出15.5个百分点和13.4个百分点。差异的存在主要是由草场的优劣、饲养管理水平的不同所致，若设法改善甘肃省细毛羊饲养区的饲养管理条件，甘肃细毛羊的发展潜力是很大的。

调查研究认为，甘肃细毛羊在海拔660~4 000m，温带、中温、寒冷及高寒条件下都表现出较强的适应性，在较好的饲养管理条件下，能表现出良好的生产性能。

（八）甘肃高山细毛羊遗传参数估测研究

定期进行遗传参数的估测，掌握经济性状的遗传动态规律，对于一个细毛羊品种来说是非常必要的。1979年、1989年两次对甘肃省皇城绵羊育种试验场的甘肃细毛羊部分经济性状的遗传参数进行了估测，前后两次统计头数分别为428只和918只，分析结果对指导一个阶段的选种工作具有一定的参考价值。

进入20世纪90年代后，借助计算机软件对甘肃高山细毛羊育成十几年后的性状做了更准确的估测。为之后的选种工作奠定了一个可靠的理论基础。用微机整理了1990~1994年初生的133头公羊2 090只母羊从实生到1.5岁育成的全部资料，用半同胞组内相关法对18个经济性状的遗传力、性状间的遗传相关及表型相关进行了测算，结果见表2-36。分析结果中遗传力除初生重、育成时毛长、细度有降低外，其余性状遗传力均有所提高，而且大多数性状（除育成等到级和弯曲外）都属中等以上遗传力。遗传相关分析发现，有这样三组性状，组内性状间存在明显的正遗传相关，据分析它们可能受三组不同的基因工程或基因工程组的控制。Ⅰ组性状有断奶重、断奶校正重、断奶时密度分、油汗分、断奶等级分、育成时体重、羊毛密度分、腹毛长和毛量；Ⅱ组性状有断奶毛长、育成时毛长、羊毛弯曲分和油汗分；Ⅲ组性状有初生重、初生等级、育成时羊毛油汗分、腹毛长和细度支数。并发现所有7个断奶性状与育成时剪毛量呈中等以上正遗传相关，弯曲分与很多主要性状存在负遗传相关，选择"大"弯曲会引起体重、密度、细度、毛量的下降。该结果对我们以后的甘细羊选种具有一定的指导意义。

表2-36 甘肃高山细毛羊性状遗传力及平均数测定结果

测定性状	遗传力		平均值与弯曲		
	H	Se	X	X	C.V（%）
初生体重/kg	0.178	0.016	3.94	0.603 4	15.31
等级分	0.122	0.011	3.19	0.973 4	30.51
断奶体重/kg	0.228	0.020	18.86	3.045 2	16.15
120日校正重/kg	0.196	0.018	19.50	2.884 6	14.79
毛长/cm	0.252	0.022	3.74	0.482 4	12.90
密度分	0.153	0.014	2.02	0.242 9	12.02
弯曲分	0.212	0.019	1.69	0.793 4	46.95
油汗分	0.233	0.021	3.23	0.586 9	18.17
等级分	0.290	0.025	3.17	0.970 9	30.63
1.5岁体重/kg	0.429	0.036	37.74	4.105 6	10.88
毛长/cm	0.187	0.017	10.90	1.230 7	11.29
密度分	0.131	0.012	2.08	0.521 2	25.06
弯曲分	0.048	0.005	1.49	0.738 1	49.54
油汗分	0.129	0.012	2.65	0.686 7	25.91
腹毛长/cm	0.315	0.027	7.45	1.103 6	14.81
细度支数	0.105	0.010	64	2.538 2	3.97
等级分	0.055	0.005	4.10	1.114 4	27.18
剪毛量/kg	0.330	0.028	4.27	0.811 2	19.00

注：经T检验，遗传力显著水平均达1%

（九）高寒牧区豆科牧草及饲料作物基地建立研究

皇城滩位于祁连山腹地，是甘肃高山细毛羊产地，由于该地区地势高寒，气候多变，年平均气温为0.6~3.6℃，绝对最高气温为31.0℃，绝对最低气温为-29.0℃。无霜期约为45~60d。海拔2 600~3 500m。所以，农业生产受到一定的限制，只能利用自然资源发展畜牧业。随着畜牧业的发展，天然草原生产的饲草品质和数量远远赶不上需要，豆科牧草尤其缺乏，因此，人工饲草料基地的建立越来越显得重要。在执行甘肃省科技攻关项目"甘肃高山细毛羊选育提高及推广利用"时，我们在高寒牧区进行了建立豆科牧草和饲料作物基地试验研究。

众所周知，豆科牧草、饲料作物蛋白质含量高，各种维生素、氨基酸含量较丰富，是各种家畜丰富蛋白质来源。可是，在天然草地上豆科牧草相当贫乏。据调查所获得资料，豆科牧草在天然植被中仅占3%~5%。牲畜可采食的仅有花苜蓿（Melissitus ruthenicus. C. W. Chang），米口袋（Gueldenstaedtia uniflora kuang. et. H. P. Tsui），红花岩黄芪（Hedysarum multijugum maxim），披针叶黄花（Thermopsis Iasceolata R. Br.).这些植物多呈地热性分布，青草产量颇低。

1985年，中国农业科学院兰州畜牧研究所和甘肃省皇城绵羊育种试验场等单位，在执行甘肃省科技攻关重大项目时，引入豆科牧草和饲料作物，先后在皇城、永昌、天祝等地进行试验推广。到1989年建立豆科牧草和饲料作物基地133.33hm²。

在引种筛选优质豆科牧草、豆科饲料作物的同时，对多年生豆科牧草的越冬成活率、营养成分、微量元素等进行试验研究及推广种植。

1.豆科牧草及饲料作物的引种与试验

（1）豆科牧草及饲料作物的引种筛选

豆科牧草及饲料作物的引种筛选，是选择适宜的高产优质牧草、饲料作物推广种植的必要前提。4年先后引进豆科牧草和饲料作物共48种，其中，豆科牧草34种，一年生豆科作物7种，禾本科牧草7种。

通过引种观察、试验，筛选出适于高寒牧区栽培的苜蓿品种有黄花苜蓿、草原二号苜蓿，润布勒苜蓿和饲料作物1341英国白花豌豆、中豌4号豌豆、66-25箭舌豌豆、大荚箭舌豌豆和红豆草。

1988年在皇城羊场对新引入的中豌4号豌豆与1341英国白花豌豆做了观察比较，详见表2-37。

表2-37　中豌4号与1341豌豆比较

观察项目	品　种	
	中豌4号	1341豌豆
播种日期（日／月）	4／5	2／5
出苗日期（日／月）	22／5	22／5
开花期（日／月）	13／7	13／7
开花期平均株高（cm）	43.2	62.0
结荚期（日／月）	21／7	21／7
成熟期（日／月）	30／8	26／8
成熟期株高（cm）	57.5	87.3
生育期	98d	94d
千粒重	262.2	201.6
亩产子粒（kg／667m^2）	155.0	105.0

豌豆均可在高寒牧区种植，它不仅是人们的粮食，而且是牲畜必要的精饲料。从产量来看，中豌4号比1341英国白花豌豆亩产子实高32.3%。通过引种筛选，基本上为高寒牧区选出了可以推广种植的豆科牧草和饲料作物，初步解决了畜牧业发展中蛋白质饲料紧缺问题。采样分析表明，可以推广种植的豆科牧草和饲料作物的蛋白质平均含量普遍高于天然草地牧草蛋白质含量的22.64%～52.76%，见表2-38。

表2-38　豆科牧草、饲料作物蛋白质含量　　　　　　　　　（单位：%）

牧草名称	分析项目			
	粗蛋白质	粗纤维	17种必需氨基酸总量	备注
草原一号苜蓿	15.24	28.48	11.36	孕蕾
草原二号苜蓿	16.40	29.05	11.25	孕蕾
润布勒苜蓿	17.24	24.49	12.39	孕蕾
黄花苜蓿	19.52	21.19	14.71	孕蕾
豌豆子实	26.5	6.10	—	子实
箭舌豌豆	26.8	25.60	—	子实
红豆草	14.27	25.59	—	孕蕾期
天然草	12.79	27.18	8.34	混合样

（2）试验研究

①豆科牧草越冬成活率测定　豆科牧草越冬成活率的高低，是决定该品种在高寒牧区能否栽培和推广的先决条件。越冬成活率越高，越易于推广栽培。由引种筛选出的几种豆科牧草品种来看（一年生饲料作物除外），一般越冬率都是比较高的（表2-39）。由表2-39可看出，第二年在不覆盖的情况下，越冬成活率普遍都是较高的。特别是几个苜蓿的成活率均比红豆草、沙打旺为高。这足可说明，苜蓿在高寒牧区的栽培是完全可行的，对畜牧业的发展能够起到良好的促进作用。

表2-39　豆科牧草越冬成活率　　　　　　　　　　　　　（单位：%）

牧草名称	皇城			永昌	
	第一年覆盖	第一年不盖	第二年不盖	第一年覆盖	第一年不盖
草原一号苜蓿	79.41	18.40	75.00	—	—
草原二号苜蓿	73.03	28.12	82.85	94.93	90.34
新疆苜蓿	70.17	12.70	25.00	75.24	54.80
润布勒苜蓿	58.40	28.80	85.41	98.73	88.41
黄花苜蓿	81.50	41.30	94.87	—	—
红豆草	43.50	7.60	17.54	67.10	26.00
沙打旺	18.50	5.40	24.48	—	—

②根茎中糖分含量测定　根茎中可溶性糖分的积累，能够提高越冬植物的抗寒力。这主要是增加细胞液浓度，降低冰点，缓和原生质过度脱水，保护原生质胶体不致遇冷凝固。为了探索高寒牧区豆科牧草根茎中糖分积累与越冬率的关系，我们曾对黄花苜蓿、草原二号苜蓿、润布勒苜蓿等，按不同发育阶段，进行采样分析。由分析结果来看（表2-40），根茎中糖分含量高的越冬成活率相应地就高。像黄花苜蓿、草原二号苜蓿、润布勒苜蓿，越冬成活率分别是94.8%、82.8%、85.4%，比红豆草高65.2%～77.3%。这可能与品种间根系分布、同化作用等有关。

表2-40　几种豆科牧草根颈中糖分含量变化　　　　　（单位：%）

采样时间	红豆草	润布勒	黄花苜蓿	草原二号	草原一号
1987年7月	0.61	1.24	1.39	1.48	1.50
1987年8月	0.91	3.55	3.37	3.50	4.41
1987年10月	1.04	1.66	1.59	1.72	1.22
1988年3月	4.51	2.66	3.81	3.00	2.36
平均含量（%）	1.767	2.277	2.54	2.432	2.295

③微量元素测试　土壤中微量元素的多糖对农业、畜牧业生产，人体健康都有直接或间接的影响，同样对植物生长发育也有相当重要作用。我们想通过土壤中有效态锌、铜、锰、铁含量分析，了解其余缺变化情况，进而为人工饲料基地施肥，提高饲草料产量、质量提供依据。

通过采样分析结果来看，高寒牧区土壤中微量元素含量变化范围是，锌0.513～1.83mg/kg，铜0.78～1.60mg/kg，锰12.88～22.84mg/kg，铁12.22～49.83mg/kg。按照绵羊日粮推荐量，锌应该是35～50mg/kg，显然该地区土壤中锌含量低，饲料中含量也不会高。据试验报导，锌、铜对产毛家畜的生长发育、怀孕、产羔都有一定的影响。给母羊饲料中加补锌能将怀孕率比对照羊提高23%。所以，微量元素在高寒牧区的测试，对畜牧业的发展有着相当重要的的意义和作用。望各牧业生产单位，今后对微肥的利用应给予足够的重视。

2.豆科牧草和饲料作物的推广种植

豆科牧草和饲料作物的推广种植，是在试验研究的基础上进行的。通过试验研究来解决生产上提出的一些具体问题。

从1985～1988年，先后在皇城羊场，永昌羊场，天祝羊场，金昌等地建立起豆科牧草、饲料作物基地168.1hm²。收获优质牧草、饲料作物累计51.5万kg，各类种子累计10 158kg，初步对高山细毛羊的发展起到了良好作用。从而引起各生产场对豆科牧草、饲料作物的生产较为关注，也积极地投入一定的人力和物力来做好这项工作。

3.结论

①几年对苜蓿的引种观察、试验，有草原二号苜蓿、黄花苜蓿、润布勒苜蓿、苏联土库曼苜蓿几个品种可以在高寒牧区推广种植。田间管理工作关键是，加强苗期清除杂草，适时施肥和浇灌。特别是播种当年可根据生长情况适当利用，严禁放牧利用和频繁刈割。

②一年生饲料作物1341英国白花豌豆、中豌4号豌豆、66-25箭舌豌豆，完全能够用于大田生产种植，不存在越冬保护问题，而且能解决羊群的精料来源。此外，在土壤培肥改土、轮作倒茬方面也有良好作用，应该列入饲料生产计划。

③微量元素利用，根据测试的结果来看，锌、铜在几个试验地还是比较缺乏，特别在干旱少雨、土壤pH值在7以上的地区，一般是易造成缺乏。这对动植物的生长发育会造成一定的影响，特别是对产毛家畜尤为重要。各生产场应给羊只适当地补饲一些微量元素锌、铜外，每年应给饲料地里增施一定量的微肥，以增加牧草、饲料作物的产量和质量。确保羊只生长发育的需要。

（十）Fecundin对甘肃高山细毛羊繁殖性能影响的研究

1.研究概况

澳大利亚联邦科工组织和Claxo医药公司研制出的双羔苗Fecundin，是用性类固醇激素免疫的方法，削弱丘脑下部负反馈的作用来增加脑垂体FSH和LH的脉冲频率，达到提高排卵率的目的。1985年6月，由澳大利亚联邦科工组织高级研究员黄赐华与兰州畜牧研究所和甘肃省皇城羊场合作，在皇城羊场开展了本研究工作，研究达到了预期结果，具有国际领先水平。

2.研究内容

主要分为3个方面：

①Fecundin注射免疫对甘肃高山细毛羊的排卵效果观察。

②甘肃高山细毛羊排卵性能的观测。

③Fecundin注射免疫对甘肃高山细毛羊产羔率的影响试验。三方面均取得满意结果，现分述如下：随机选择在同等饲养管理条件下经防疫、剪毛、药浴的3～5岁甘肃高山细毛羊210只，随机分为试验组和对照组（各105只），试验、对照两组的体重分别为45.53kg和45.79kg，两组无明显差异，用澳大利亚Fecundin于1985年6月9日和26日对试验组羊两次右侧颈部（耳后）皮下注射，于第二次注射后27d用内窥镜观测左右两侧卵巢，排卵数以顶端有凹陷（排卵窝）的新鲜黄体计，老黄体和各阶段大小不同的卵泡不计算，观察前一天禁食水草。试验结果（表2-41）：结果表明，经免疫的羊双羔率超过一半，比对照组提高47.4%，总排卵率提高59.4%试验组排卵羊平均体重41.9kg，双卵羊体重46.8kg，三卵羊体重49.6kg；对照组单卵羊体重43.1kg，双卵羊47.5kg。性激素免疫后，每增加1kg体重，排卵率提高9%，对照组每增加体重1kg，排卵率仅提高2%。本试验说明甘肃高山细毛羊对Fecundin的排卵效果是良好的。

表2-41　Fecrndin对母羊排卵的影响

组　别	观测羊数（只）	新鲜黄体羊数（只）	单卵羊（只）	双卵羊（只）	三卵羊（只）	总排卵数（个）	排卵率（%）
试验组	80	50	19	26	3	84	168
对照组	80	58	53	5	0	63	108.6

1985年6月，试验羊两次注射Fecundin–与对照组一起于7月25日与对照羊标记，1985年12月15日至1986年1月28日产羔，产羔情况（表2-42）：免疫注射组产羔率比对照组高27%，比全场羊群高25%，由此说明Fecundin对提高甘肃高山细毛羊的产羔率具有明显效果。

表2-42　Fecundin对母羊产羔率的影响

组别	产羔母羊数（只）	羔羊数（只）	产羔率（%）	产双羔母羊数（只）	双羔率（%）
试验组	75	99	132%	24	32
对照组	60	63	105%	3	5
全场羊群	4 309	4 604	106.8%	293	7

（十一）甘肃高山细毛羊补饲标准的制定和研究

1.甘细羊补饲标准制定和研究项目

甘细羊补饲标准的制定和研究项目是甘细羊选育提高与推广利用的重要组成部分。

2.项目研究主要内容与成果

①冬产断奶羔羊补饲标准的制定。通过三组羔羊的补饲试验，确定了断奶羔羊的适宜补饲量，即每日每只补饲1.3兆卡代谢能，86g精蛋白质。

②妊娠母羊补饲标准制定。通过三组母羊补饲试验，结果认为体重58kg左右的妊娠母羊。

③用食道瘘管采样法测定了母羊放牧采食量，测定放牧采食量是制定放牧畜营养需要量和补

饲标准的首依据。目前，国内外用食道瘘管羊采集牧草标样，以替代人工模拟或刈割法采样，我们在国内首先应用此法，在皇城羊场夏季草场采得了牧草标样，应用外源指示剂Cr_2O_3测定排粪量再用内源指示剂4N盐酸不溶灰分法测算出体重34kg的甘细羊幼年母羊日采食风干牧草1.7kg，折合鲜草4.3kg。

④种公羊补饲标准的研究，研究表明配种前50d开始每只每日补给289g粗蛋白质，2.93兆卡代谢能可提高射精量，提高精子密度和活力。

⑤测定了皇城羊场草料的营养成分，见表2-43，为合理日粮配合、补饲方案的制订提供了足够依据。

表2-43 皇城羊场甘肃高山细毛羊常用饲料成分及营养价值

编号	饲料名称	干物质（%）	粗蛋白（%）	粗脂肪（%）	粗纤维（%）	无氮浸出物/%	粗灰分（%）	钙（%）	磷（%）	总能（兆/kg）
4-07-601	大麦	90.2	10.2	2.2	4.1	69.6	4.1	0.76	0.24	3.95
4-07-602	青稞	89.4	11.6	1.6	2.6	71.5	2.1	0.10	0.53	3.94
4-07-603	燕麦	92.4	15.1	5.1	10.0	58.2	4.0	0.16	0.14	4.07
5-10-03	菜籽饼	89.4	31.6	15.2	6.1	29.2	7.33	0.16	0.46	4.84
1-05-01	燕麦青干草	93.7	10.4	7.3	22.3	48.9	4.8	0.02	0.16	4.08
1-05-04	红豆草	93.4	14.3	2.2	25.6	45.6	5.7	0.99	0.17	4.01
1-05-07	荒草	94.3	4.0	7.9	33.1	43.1	6.2	0.46	0.04	4.13
1-05-08	河滩青草	91.4	20.8				6.7			4.15
1-05-09	模拟羊采食表草	97.2	14.5				7.6	0.62	0.16	4.32
1-05-10	模拟采样	96.7	13.4		20.5					4.26
1-05-11	食道瘘采样	97.0	14.5	3.7	21.8		12.8	0.77	0.28	4.16
1-05-12	燕麦茬		3.8		37.0					3.87
1-05-13	燕麦茬		4.1		40.7					3.97
3-03-01	燕麦青贮	38.9	2.6	1.2	10.5	21.9	2.7			1.71

五、甘肃细毛羊近30年育种进展

甘肃细毛羊育成后，从1984～2010年，通过不断选育提高，随着品种内不同类群、品系育成，品种整体生产性能和综合品质进一步提高：

（1）剪毛量

成年公羊由8.17kg提高到12.3kg，提高53%；成年母羊由4.30kg提高到5.1kg，提高18.6%。

（2）羊毛长度

成年公羊由8.79cm提高到11.08cm，提高26.05%；成年母羊由7.67cm提高到8.90cm，提高16.04%。

（3）体重

成年公羊由92.72kg提高到99.75kg，提高7.58%；成年母羊由45.49kg提高到52.0kg，提高14.31%。

羊毛细度以66支为主体支数，细度均匀；随着细型、超细品系选育，70～80支个体数量逐年增加，弯曲清晰，呈正常弯曲；油汗适中，呈白色或乳白色油汗;平均净毛率48%～57%。

第六节 品种结构、群体规模和生产性能

甘肃高山细毛羊从1980年育成后，为了丰富品种结构，有效地防止了小群体随机交配可能产生

的遗传漂变和优良基因丢失，通过市场分析，根据不同育种阶段甘肃高山细毛羊品种质量中存在的不足，定期导入外来优质细毛羊品种血液，同时，开展了甘肃高山细毛羊新类群和新品系的选育工作，例如，先后选育了体大系、毛长系、毛密系、美利奴型新类群、细型品系和超细品系等新品系。

目前，主要核心种群规模与生产性能如下：

1.甘肃高山细毛羊

核心种群规模为种羊80万只，核心群主要生产性能：成年公羊毛量12.19kg，体侧毛长11.08cm，活重99.75kg，成年母羊活重48.6kg，毛量4.56kg，毛长8.90cm。羊毛细度以66支为主体支数，母羊产羔率为110%～120%。对高海拔地区生态环境有独特的适应能力。

2.甘肃高山细毛羊美利奴型新类群

核心种群规模22 500只，核心群成年公羊活重平均达到99kg，毛量达到13.6kg，体侧毛长到11.2cm，成年母羊平均净毛量达到3.04kg，平均活重52kg，毛长平均9.2cm，羊毛细度支数64～66支。其中保存在核心种群中的培育父本澳洲美利奴成年公羊平均毛量达到12.35kg，毛长11.55cm，活重92.26kg。成年母羊原毛量6.4kg。经过高寒牧区风土驯化的纯种澳洲美利奴，对我国广大牧区原有细毛羊品种进行澳化改造是一个理想种源。

3.甘肃高山毛羊细型品系

核心群群体规模4 890只，成年公羊平均毛长10.15cm，体重89.44kg，平均净毛量5.53kg；成年母羊平均毛长9.02cm，体重达到49.46kg，平均净毛率52.84%，净毛量2.56kg，羊毛细度66～70支。

4.甘肃高山毛羊超细品系群

核心群规模1 895只，成年公羊毛长平均9.82cm，体重平均90.00kg，毛纤维直径（17.97±3.52）μm，羊毛强度7.0CN，净毛量平均5.17kg；成年母羊羊毛长度（9.35±1.04）cm，体重平均48.85kg，剪毛量（4.68±0.51）kg，净毛率平均55.24%，净毛量（2.58±0.36）kg，羊毛细度70～80支。

甘肃高山细毛羊毛肉兼用类群：核心群规模2 180只，成年母羊平均体重55.55kg，毛长8.72cm，污毛量4.04kg。成年公羊平均体重为99.89kg，毛长9.50cm，剪毛量9.12kg。羔羊断奶前日增重185g/d，羯羊屠宰率为58%。

第七节　生物学特性和适应性

一、生物学特征与放牧管理特点

1.合群性强

无论放牧或舍饲，一个群体的成员总喜欢在一起活动，由年龄大、后代多、身强力壮的母羊担任头羊。如出现掉队的羊，往往不是因病，就是老弱跟不上群。合群性强有利于放牧管理、转场和组建新群。但由于群居行为强，羊群间距离近时容易混群，或少数羊受惊奔跑，其他羊也盲目跟随。甚至还有前面的羊不幸跌坑跳水，后面的羊也随之跌坑跳水，因而造成损失。对此，在管理上不可不防。

2.采食能力强，食性广

羊具有薄而灵活的嘴唇和锋利的牙齿，能啃食矮草和利用其他家畜不能利用的饲草饲料。"羊吃百样草"，一方面说明其采食范围之广，另一方面也说明它对过分单调的饲草最易感到厌腻。羊最爱吃的是那些多汁、柔嫩、低矮、略带咸味或苦味的植物。同时要求草料要洁净，凡被践踏、躺卧或粪尿污染过的草，一般都避而不吃。甘肃高山细毛羊常年放牧在高寒草原，扒雪吃草和识别毒草能力较强。

3.喜高燥、怕湿热

羊的圈舍、牧地和休息场所，都以高燥为宜。如久居泥泞潮湿之地，则必将加重寄生虫和传染病的发生，使毛质降低，脱毛加重，腐蹄病增多。细毛羊汗腺不发达，散热性能差，在炎热天气相互间有借腺庇荫行为，俗称"扎窝子"。

羊舍应该修在通风干燥地势较高的地方，羊舍运动场要有适当的坡度，易于排出雨水。放牧方面，特别是炎热的天气情况下，做到早出晚归。

4.喜盐性

由于牧草中所含的钠太少，仅占日粮的0.05%～0.15%，远不能满足羊体的需要。羊如长期缺盐，则口淡异嗜，吃毛吃土，精神委靡，食欲不振。故在饲养管理中，可把喂盐或舔碱作为调节食欲和防病保健的一种手段。甘肃高山细毛羊放牧期间采取定期补盐的措施，即放牧时将盐散在草原上让羊只自由采食，可隔一段距离撒一处，以每只羊都能吃到为原则。

5.善游走

甘肃高山细毛羊羊始终以放牧为主，需长途跋涉才能喂好，冬春草场相对平坦，但夏秋放牧以草场山地草场为主，1日往返里程一般是6～10km，故具有较强的游走及爬坡能力。

6.性情温驯，胆小易惊

甘肃高细毛羊性情温顺，易于管理，但胆小怯懦，反应迟钝，受到突然惊吓，容易"炸群"四散逃避，所以必须加强放牧管理，保持羊群安静。

7.嗅觉灵敏

羊嗅觉灵敏，母羊主要凭嗅觉认识自己的羔羊，视觉和听觉可起辅助作用。羔羊出生后与母羊接触几分钟，母羊就通过嗅觉识别自己的羔羊。在生产上利用这一特性寄养羔羊，只要在被寄养的孤羔和多胎羔身上涂抹保姆羊的羊水或尿，寄养就多会成功。羔羊出生一周后，母子可以相互识别对方的叫声，因此，在大群奶羔中，奶育羔人员要协助母羊寻找羔羊，防止羔羊"背奶"。

二、适应性

甘肃高山细毛羊核心培育地甘肃省皇城绵羊育种试验场位于甘肃省肃南裕固族自治县皇城镇境内的祁连山东段冷岭北麓，东经101°45′，北纬37°53′，海拔2 600～3 500m。全年平均气温0.6～3.8℃，最高气温31℃，最低气温-29℃。天然草场牧草4月萌发，9月开始枯黄，枯草其长达7个月以上。绝对无霜45～60d。年平均降水量361.1mm，年蒸发量1 111.9mm，草原属关干旱草场，以禾本科和莎草科牧草为主。品种的培育是在终年放牧，冬春季节少量补饲的情况下进行的。张贵谦等（1996）根据多年来种羊在全国的推广情况对甘肃高山细毛羊的适应性进行了为期3年的调查，结果显示：甘肃高山细毛羊在海拔660～4 000m之间，温带、中温、寒冷及高寒条件下都表现较强的适应性。在甘肃各地及我国西北、西南、东北都可以正常繁衍生存，只以饲草料有所保证，再加上科学的饲养管理，可表现了良好的生产性能。

甘肃高山细毛羊具有各方面的较好的适应性：

1.耐粗性

在饲料条件在极端恶劣的情况下，具有较强的生存能力。在没有优质牧草的情况下，细毛羊能够采食各种杂草，还能捕食一定数量的树皮，但细毛羊在精饲方面不如山羊和一些肉羊品种。

2.耐渴性

当夏秋季缺水时，细毛羊能在黎明时分，沿牧场快速移动，用唇和舌接触牧草，以便更多地搜集叶上凝结的露珠。每千克体重需水197ml。

3.耐热性

由于羊毛有隔热作用，能阻止太阳辐射迅速传到皮肤上，所以较能耐热。绵羊汗腺不发达，蒸发散热主要靠喘气，其耐热性较山羊差，所以当夏季中午炎热时，绵羊常有停食、喘气和"扎窝子"等表现。

4.耐寒性

绵羊由于有厚密的被毛和较多的皮下脂肪，能减少体热散发，细毛羊被毛虽厚，但皮较薄，故其耐寒能力不如粗毛羊。

5.抗病能力

在放牧条件下，只要能吃饱饮足，一般全年发病较少，在夏季肥膘时期，更是体壮少病。膘好时对疾病的耐受力较强，一般不表现症状，有的临死还勉强吃草跟群。为做到有病早治，必须细致观察才能及时发现、及时治疗。

第八节　现状、问题和发展对策

一、甘肃高山细毛羊的生产现状

甘肃高山细毛羊的特点是能适应严酷的自然条件，抗逆性强，遗传性能稳定，有较高的生产性能，在祁连山高寒牧区具有不可替代的生态地位和社会经济价值的优良品种。高山细毛羊主要分布在海拔2 400～4 070m的青藏高原祁连山流域，区内有皇城河、金强河、石门河和黑马圈河等河流。其众多河流能用以灌溉，山间多有溪流，可供人畜饮水。天然草场类型有高山草甸草场和干旱草场为主，还有部分森林灌丛草场，草原可利用面积24.67余万hm²，有饲料基地0.67余万hm²。

甘肃高山细毛羊有120余万只的稳定群体，细毛羊产毛量平均4.59kg/只。绵羊毛年产量达到了5 000万t，年出栏细毛羊40万只以上，每年细毛羊产业的收入达到6亿元以上，是广大牧民增收致富的主要来源。优质细毛羊达60多万只，年产优质羊毛2 000万t。

核心育种场（皇城羊场），累计向甘、青、宁、陕、藏、赣、鄂、新等8省（区）的86个县市提供优质细毛种羊14万只，对引入地土种羊的改良和细毛羊的发展发挥了重要作用。目前从该品种分布情况看，除原产地外，主要分布于甘肃的甘南、青海、新疆等省（区）的广大牧区，农区饲养细毛羊的数量较少。仅肃南县2010年初细毛羊存栏数达70余万只，占全县牲畜饲养总数的75.27%。

甘肃细毛羊是其主产区畜种资源中科技含量最高、经济效益最显著、牧民得到实惠最多、发展潜力最大的优势畜种。

二、甘肃高山细毛羊存在的主要问题

1.千家万户分散饲养与大市场的矛盾

在牧区，养羊作为牧民谋生的一项重要产业，饲养规模一般较农区较大，对主要生产环节的组织和羊群的饲养管理比较重视，但由于受生态经济条件的制约，饲养管理和经营比较粗放，未能根本改变"靠天养畜"的局面。在农区，由于农业产业结构的调整，广大农户发展养羊业的积极性高涨，但品种良种化水平不高，畜舍简陋，饲养管理粗放，市场观念差，先进实用的科学技术普及推广困难等，仍然是当前制约农区养羊业迅速发展提高的障碍。另外，千家万户的分散经营，饲养水平参差不齐，疫病很难得到控制，因而养羊产业在质量和安全卫生等方面很难达较高水平并得到保证，因此很难突破"绿色壁垒"对我国的"封杀"，这就削弱了产品在国内、国际市场的竞争力，对甘肃省养羊业生产持续、健康的发展产生影响。

2.科技含量低，经济效益差

在养羊业发达国家，基本上实现了品种良种化，天然草场改良化和围栏化，饲料生产工业化、产业化，主要生产环节机械化，并广泛利用牧羊犬。澳大利亚通过自然草场向人工草场过渡，毛用羊向肉用羊过渡，小群向大群过渡，对羊群根据羊的生理特点采取相应的饲养管理措施，实施围栏轮牧，羊群有一个轻松而自由的采食、生活、休息环境，2个人加3个牧羊犬可管理2 000只左右的羊群，降低了人工及饲草、饲料成本，基础设施完备、简单而实用。注重养羊业和种草业的协调发展。根据草地的载畜量、养羊业劳动力成本来控制羊群的数量；根据食草量、能量平衡确定合理的载畜量和经济效益。

甘肃省2005年畜牧业产值占农业产值约40%。总体看来，科技含量低、成本高是影响畜牧业发展的主要因素。主要表现在：基础设施投入过大，羊群管理及科学技术应用上的投入相对不足；传统的放牧饲养缺乏科学的指导，即使实施舍饲圈养的羊群也缺乏科学的规划与饲养；盲目追求经济效益，过度放牧，不注重人工草场的建设和草地的维护；盲目追求数量上的扩充，而忽视质量上的提高。饲养以小群体放牧为主，补饲较少，家畜增重缓慢，出栏率低，经济效益差。

3.优良地方品种和培育品种的种质资源保护意识不强

由于局部短期利益的驱动，不断引进外来品种，利用杂种优势生产肉羊，特别是肉用肥羔，但缺乏系统性和规划性，缺乏政策的引导和组织措施，引种和改良存在盲目性，使优良的地方品种资源受到不断的冲击，品种退化、品种混杂现象严重。

4.养殖小区正在兴起但还存在许多问题

养殖小区建设正在兴起，但尚处在起步阶段，相当一部分养殖小区的建设还不够规范，动物防疫和环保设施建设不配套，管理还不够到位。

5.羊毛规范化生产技术体系尚需完善

细羊毛是细毛羊的主要产品，其品质的高低直接影响其收益。甘肃细毛羊产区呈东西1 000多km的条状分布，各地羊毛生产条件千差万别，羊毛产品存在污染严重、分级不严、次毛含量高、净毛率低等问题。主要原因为：①在饲养管理中，由于大部分牧场已分羊到户，牧场饲养规模过小，形成不了规模批量；不同羊种、不同品质羊混群饲养，品种混群饲养，出现同一地区销售批次同质性差，羊毛质量不稳定；为了区别饲养分群对羊背上做有色标记，有的用油漆，有的用墨汁加废机油，有的甚至用沥青、还有的用有色纱线或彩色塑料线等，后果是不可洗涤标记毛或异纤造成工厂产品次品，甚至会造成加工设备的损坏，亟须开发出专用涂料；饲养场地受自然环境的影响，冬季羊群一般都在棚圈内饲养，棚圈设施简陋，因受潮羊毛尿粪的污染，干草草杂的污染，棚圈过于干燥，尘土的污染。羊穿衣可以提高净毛率，但是羊穿衣的材料选择和规格上有待进一步提高。需要开发新的羊穿衣。②羊毛的后整理：大部分羊只不能在合格的剪毛棚内剪毛，一般在饲圈内或室外剪毛为多，这样就会出现草杂、尘土的污染，即使有条件的在剪毛棚内剪毛，也由于因剪毛棚的场地、分级台、达不到标准而造成羊毛污染质量下降；由于大都采用的是手工剪毛，这样造成剪下的羊毛偏短，羊毛成套差，采用机械剪毛，也存在培训规范与熟练程度的提高；牧民与分级人员对分级的意义认识不够，羊毛分级员大部分没有进行专业培训。操作场地简陋，没有分拣台和羊毛隔离仓，剪毛分级室内空间偏小与光线偏暗。羊毛除分级的操作没有按规范的程序进行，如剪下的毛套没有及时上分拣台，而是混套堆放，分拣时是散毛或混套上台，边坎毛、残次毛无法完全拣出，造成疵点毛含量超标。在包装方面，有用麻布的、纸片的、废塑料袋、旧化肥袋等。这些造成异性纤维浸入，人为造成新的污染。③羊毛流通市场仍处于混乱状态——还没有建立规范的羊毛流通市场，市场的主体仍以混等混级、无序竞争的混乱交易为主，职能部门引导牧民加入规范的羊毛交易市场还缺乏有效的措施和管理机制。

三、甘肃高山细毛羊业发展的对策

1.加强领导，努力促进畜牧业生产方式的转变

畜牧业生产方式，是饲养方式、增长方式和经营方式的有机统一。畜牧业生产方式的转变，是一项长期而艰巨的任务，也是一项集资金、技术、管理、服务于一体的系统工程。推进畜牧业生产方式转变，建设现代畜牧业，必须坚持以科学发展观为指导，从政策、投入、宣传等多方面加大力

度，统筹兼顾，系统部署，齐抓共管，整体推进。当前，转变畜牧业生产方式重点是，推进畜牧业的规模化、集约化、标准化和产业化，用先进的科学技术、先进的生产手段武装畜牧业，推进体制和机制创新，提高组织化程度和管理水平，增强畜牧业的综合生产能力和畜产品市场竞争力。

2.加快养殖小区建设，逐步实现集约化

养殖小区是近年来提出的一种新概念，是适当规模养殖经济的形成。评价小区仅仅看是否具有一定规模，建筑布局是否合理，环境是否整洁，规章制度是否健全，这是不全面的。理想的小区应该是①有规可循。总体规划、建设规范、技术操作规范。②有组织。龙头企业支撑下的订单式经营或销售网络组织、技术服务组织、生产管理组织。③有资金保障。④技术具有先进性。⑤产品应该优质安全。从现阶段甘肃省畜牧业和农村经济发展的现状看，建设养殖小区是转变畜牧业生产方式的一条有效途径，是从分散饲养走向集约饲养的一种过渡性养殖方式，既可以解决集中饲养、人畜分离的问题，又能适应家庭生产经营形式。

3.培育、选育新品种，发挥地方品种的资源优势

未来的竞争是品种资源的竞争，是基因的竞争，我们应详细普查品种资源，全面了解资源状况。现有的品种资源要不断地加以保护，对品种资源的优点，我们应该继承，充分地加以利用，并不断地选育提高。在选育新品种的过程中，一定要立足于本地羊作母本，立足当地的饲草饲料资源和基本生产技术条件，选择适宜的父本，先进行小范围试验，待有好的效果后，再进行大面积推广。只有加强本品种选育，培育新品种，发挥地方品种的资源优势，才能实现生态畜牧业的可持续发展。

4.抓龙头基地建设，做好示范带动作用

抓好龙头企业基地建设，带动农牧民按照市场需求调整品种结构，提高畜产品生产规模化和组织化程度，是转变畜牧业生产方式的重要途径。一要加大对龙头企业的扶持力度。按照"扶优、扶强、扶大"的原则，培育壮大一批知名度高、带动力强、辐射面广的畜牧业龙头企业，特别是畜产品加工企业。加工企业要把养殖小区纳入生产基地建设的重要环节，通过发展"订单农业"，积极引导养殖小区发展标准化养殖，按合同契约组织收购或销售小区的畜禽产品，互惠互利、共赢发展。二要引导规范农民专业合作组织和专业协会的发展。要按照"因地制宜、分类指导、积极发展、逐步规范"的方针，坚持民办、民管、民受益的原则，加快培育多种类型的畜牧业合作组织，引导养殖户转变观念、积极参与。要扩大农民专业合作组织试点，加强对合作组织的组成和运作的规范化指导，充分发挥中介组织在提高农民组织化程度方面的重要作用。三要积极创立品牌。要加大畜牧业标准的推广应用力度，推行标准化生产，建立与国际标准和国家标准接轨的生产标准体系，重点完善无公害、绿色和有机畜产品、名特优畜产品生产标准，以及产地环境标准等。要从饲料、兽药等投入品的质量安全、动物饲养环境、屠宰加工工艺和卫生管理、肉品质量分级及安全卫生检验等方面，制定系统的技术标准。加强畜产品质量认证工作，积极推动农户按标准化要求生产，形成市场竞争力强的品牌产品，提高市场占有份额。

第三章　甘肃高山细毛羊的遗传育种理论、技术和方法

第一节　群体遗传结构

动物个体的遗传组成是由基因型及其数量的多少组成的。在遗传学意义上，一个群体不仅仅是一群个体，而且是一个能繁殖的类群；一个群体的遗传学不仅涉及个体的遗传组成，而且也涉及从一个世代到下一世代的基因传递。在传递过程中，亲本的基因型分开了，后裔中由配子传递的基因组成了一组新的基因型。这样，群体携带的基因在世代间具有连续性，但它们构成的基因型却没有这种连续性。一个群体的遗传组成，以其携带的基因为依据，可以通过基因频率的陈列来描述。基因频率以及由之决定的基因型频率是群体基本的遗传特征。群体在各种基因的频率与由此形成的基因型的数量分布成为群体的遗传结构。

甘肃高山细毛羊是以新疆细毛羊、高加索细毛羊为父本，与当地蒙古羊、西藏羊为母本，经过杂交改良、横交固定和选育提高3个阶段培育的我国第一个高山型细毛羊品种。该品种羊体格中等，体质结实，结构匀称，被毛纯白，类型正常，头部细毛着生至眼线和两颊。公羊有螺旋大角，颈部有1~2个横皱褶；母羊无角，颈部有发达的纵垂皮。体躯较长，胸宽且深，背平直，后躯丰满，四肢端正有力，前肢细毛着生至腕关节，后肢关节以下略着毛。被毛闭合性好，密度中等以上，弯曲清晰，呈正常弯或浅弯。被毛毛丛自然长度（12个月）在80mm以上，纤维平均直径≤23.0μm，被毛整体均匀性好；油汗适中，占毛丛高度≥50%，多数呈白色或乳白色；净毛率45%以上。在终年放牧、不予补饲的条件下，成年羯羊宰前活重平均为57.55kg，胴体重25.89kg，内脂重2.66kg，屠宰率45.04%，加内脂屠宰率49.77%。公、母羊8月龄性成熟，初配年龄18月龄；经产母羊的产羔率110%以上。甘肃高山细毛羊已成为本地区的当家品种，形成了以甘肃省皇城绵羊育种试验场为中心，辐射肃南县、天祝县、金昌市、张掖市、金塔县等祁连山流域广大地区的稳固生产基地。

一、甘肃细毛羊群体结构

按照市场发展需求和进一步完善品种结构的要求，在中国农业科学院兰州畜牧与兽药研究所细毛羊育种团队和甘肃省皇城绵羊育种试验场几代育种工作者的精心培育下，经过50余年的不懈努力，已育成了甘肃高山细毛羊本品种内的美利奴型、毛肉类型、细型和超细型等品系，进一步丰富了甘肃高山细毛羊的遗传资源，并奠定了细毛羊群体的基础和优化了品种结构。

二、甘肃细毛羊群体遗传结构

甘肃高山细毛羊的育种工作，结合传统育种手段，采用血液蛋白/酶及DNA多态标记进行辅助选择，并对甘肃高山细毛羊品种的群体遗传结构进行了深入研究和描述。

（一）血红蛋白基因座

甘肃高山细毛羊共鉴别出HbAA、HbAB、HbBB三种表现型，受HbA和HbB一对等位基因控制，HbA控制快泳区带，区带向阳极迁移最大，HbB控制慢泳区带，区带向阳极迁移最小，HbAB具有快

慢两条混合区带，没有发现其他异体（如HbC，HbN之类）。其基因型和基因频率，见表3-1。

由表3-1可以看出，甘肃高山细毛羊以HbBB型占优势，其次为HbAB型，HbAA型个体最少。

表3-1　Hb基因频率与基因型频率分布

品种	产地	样本数	基因频率		基因型频率		
			A	B	AA	AB	BB
甘肃细毛羊	皇城	103	0.222 9	0.777 1	0.043 5	0.358 7	0.597 8

（二）转铁蛋白

甘肃高山细毛羊羊群体转铁蛋白位点共发现12种表现型，由5个等位基因控制，在甘肃高山细毛羊中发现3只TfAA型个体；甘肃高山细毛羊以TfDD为优势基因型，其次为TfBD。甘肃高山细毛羊羊群体转铁蛋白位点，见表3-2。

表3-2　转铁蛋白基因座电泳结果

		甘肃高山细毛羊		甘肃高山细毛羊
基因型频率	AA	3（3.06）	DQ	
	AB		EE	1（1.02）
	AC	2（2.04）	IA	
	AD	5（5.10）	IE	
	AG		GG	
	AL		GB	
	AM		GL	
	AE		GC	
	AQ		GD	
	BC	5（5，5.10）	GQ	
	BD	28（28.57）	LC	
	BB	4（4.08）	LD	
	BE	2（2.04）	LE	
	BM		A	0.063 0
	CC		B	0.219 4
	CD	7（7.14）	C	0.075 6
	CE	1（1.02）	D	0.576 5
	CP		E	0.061 2
	CM		G	0
	CQ		I	0
	DD	33（33.67）	L	0
	DE	7（7.14）	M	0
	DM		P	0
	DP		Q	0

注：括号中的数字为百分数

（三）血清白蛋白（Alb）

被调查的甘肃高山细毛羊羊群，用常规高pH值不连续聚丙烯酰胺凝胶系统没有检测到血浆白蛋白（Alb）的多态性，全部被检个体在该电泳条件下都呈单态型SS型，受基因Albs的控制。

（四）血清脂酶（Es）

绵羊血清中存在羧基酯酶，胆碱酯酶和芳基酯酶3种酯酶，据资料报道只有芳基酯酶存在多态性，因此，通常以芳基酯酶来代表血清脂酶位点的多态性，所以本研究所列各类羊的血清脂酶多态性的各项参数实际上就是芳基酯酶多态性的参数。血清脂酶的多态性存在品种差异，根据ES的基因频率可以将绵羊分成两大类，一是ES-占绝对优势，其ES-基因频率在0.8~1.0之间；另一类的ES+频率较高，它们的ES-与ES+基因频率大致相等。经测定，中国美丽奴高山型细毛羊羊群表现出3种基因型ES+/ES+、ES+/ES-、ES/ES-，受等位基因ES+和ES-控制，其基因型频率和基因频率，见表3-3。

表3-3所列三类羊群的血清脂酸ES+的频率分别为：0.566 7、0.666 7、0.533 3，故这三群羊均应属于后一类绵羊。

表3-3　Es基因频率与基因型频率

品种	采样地	样本数	基因型频率			基因频率	
			ES+/ES+	ES+/ES-	ES-/ES-	ES+	ES-
甘美利奴型细毛羊	甘肃皇城	152	0.322 3	0.427 6	0.250 0	0.536 1	0.463 9
甘肃高山细毛羊	甘肃皇城	103	0.366 7	0.400 0	0.233 3	0.566 7	0.433 3
澳洲美利奴	甘肃皇城	39	0.433 3	0.466 7	0.100 0	0.666 7	0.333 3

（五）微卫星标记座位

1.微卫星位点等位基因频率

选用15个微卫星座位标记位点，对甘肃高山细毛羊的群体遗传结构进行了评估。15个微卫星位点的等位基因在甘肃高山细毛羊中的分布及频率，见表3-4。由表3-4可见，甘肃高山细毛羊在15个微卫星座位上共检测到164个等位基因，每个座位平均为10.93个等位基因，其中FCB128位点的等位基因数最多，为14，片段大小分别为109~153，等位基因频率为0.031 3~0.135 4。OarAE129位点的等位基因数最少，为8，其片段大小为145~175，等位基因频率为0.052 1~0.239 6。

2.微卫星位点的多态信息含量、有效等位基因数及群体杂合度

15个微卫星位点在甘肃高山细毛羊中的多态信息含量、有效等位基因数及群体杂合度，见表3-5。由表3-5可以看出，15个微卫星位点在甘肃高山细毛羊的平均多态信息含量、平均有效等位基因数及群体平均杂合度分别为0.864 4、9.145 8、0.885 9。BM6506位点的多态信息含量、有效等位基因数及群体杂合度最高，分别为0.906 3、12.92、0.922 6。OARAE129位点最低，3个指标分别为0.819 4、6.571、0.847 8。说明，BM6506位点变异最大，OARAE129位点变异最小。

表3-4 甘肃高山细毛羊15个微卫星位点等位基因分布及频率

位点	等位基因数		1	2	3	4	5	6	7	8	9	10	11	12	13	14	15	16	17	18	19	20	21
OarAE129	7	大小	143	145		147	149	151	169	171	173	175	175											
		频率		0.0625		0.1042	0.2188	0.1146	0.0625	0.0521	0.2396	0.1458												
BM6506	13	大小	184	186	188	190	192	194	196	198	200	214	216	218	220	222	224	226	228	230	232	234	
		频率		0.0625		0.1146	0.0729	0.1042			0.0729				0.0625		0.1354				0.0521	0.0417	
OarVH72	11	大小	125	127	129	131	133	135	137	139	145	153	155	157	159	161	165						
		频率			0.0625	0.0313	0.0313	0.1458	0.1875	0.0729	0.0729					0.0313	0.1354						
FCB48	11	大小	137	139	143	145	147	149	153	155	157	159	161	163	165	167	169	171	173	175			
		频率	0.0729	0.0208	0.1979	0.125	0.0313	0.0938		0.1875	0.0833	0.0729		0.0625	0.0313	0.270	0.0729	0.125		0.0417			
JMP29	11	大小	118	124	128	132	134	138	148	152	154	158	162	164									
		频率	0.0208		0.0417	0.2604	0.0938	0.0833	0.0417	0.0833	0.1979	0.0938	0.0625										
BM6526	13	大小	153	155	157	159	161	163	167	169	171	173	175	177	179	181	183	185	187	191			
		频率		0.1146	0.0625	0.1563		0.0208	0.0729	0.0729	0.0833	0.0313	0.0729	0.0313	0.0313		0.0938		0.1458	0.0313	0.0521	0.0729	
OarHH35	8	大小	121	125	127	131	139	141	143	145	147	149	151										
		频率		0.1979	0.0833	0.1042		0.1458		0.0729	0.125	0.0625	0.0938										
BM757	10	大小	174	178	180	182	184	186	188	204	208	210	212	214	216	222							
		频率		0.0938	0.2188	0.1042		0.0521	0.0313			0.1771	0.1146	0.1354	0.0729								
JMP8	10	大小	115	119	123	125	127	129	131	135	137	140	141	143	145	147	149	151	153				
		频率				0.0417	0.0729	0.0313	0.1979		0.0729		0.0521		0.0833	0.0729	0.1354	0.0313	0.125				
BM8125	8	大小	116	118	120	122	124	126	132	134	136	138	140	142									
		频率		0.1146	0.1875	0.0521	0.1458			0.0938	0.1563	0.0729	0.0625	0.1146									
RM4	12	大小	141	143	145	147	149	153	155	159	161	169	171	173	175	177	181						
		频率		0.0521		0.0833	0.1458	0.1354	0.0625	0.0625		0.0625	0.0208	0.0521	0.0313	0.2396	0.0938						
CSSM47	10	大小	128	130	132	134	136	138	140	142	144	146	148	150	152	154	156	158					
		频率	0.0521			0.2083	0.1458			0.0729		0.1979	0.0833	0.0417		0.0313		0.0313					
OarHH41	11	大小	122	124	128	134	136	138	140	142	144	148	152	154	158								
		频率	0.0521	0.1042	0.125	0.0833				0.1146	0.0208	0.1458	0.0521	0.0833	0.0833								
BM827	11	大小	214	216	218	220	222	224	226	228	230	246	250	252	254	256	258	260					
		频率	0.0521		0.0625	0.0313	0.125	0.1146		0.1146			0.0417	0.1354	0.125	0.0521	0.0521						
FCB128	14	大小	109	113	115	117	121	123	125		127	129	131	133	135	137	139	145	147	149	153		
		频率	0.0521	0.0417		0.1146	0.0729		0.1354		0.0521		0.0417	0.0313	0.1354	0.0625	0.0417	0.0833	0.0521		0.0833		

·90·

表3-5 15个微卫星位点在甘肃高山细毛羊中的多态信息含量（PIC）
有效等位基因数（E）和平均杂合度（h）

	甘肃高山细毛羊/Gansu alpine fine-wool sheep			
位点/Loci	观察等位基因数Na	有效等位基因数Ne	多态信息含量（PIC）	平均杂合度（H）
OARAE129	8	6.571	0.819 4	0.847 8
BM6506	13	12.92	0.906 3	0.922 6
OARVH72	10	6.888	0.829 4	0.854 8
FCB48	11	8.492	0.860 1	0.882 2
JMP29	11	7.261	0.838 2	0.862 3
BM6526	13	11.32	0.894	0.911 6
OARHH35	9	8.636	0.862 1	0.884 2
BM757	9	7.677	0.845 3	0.869 7
JMP8	12	10	0.881	0.9
BM8125	9	8.429	0.858 6	0.881 4
RM4	12	8.429	0.860 1	0.881 4
CSSM47	11	8.187	0.855 5	0.877 9
OARHH41	10	8.382	0.858 4	0.880 7
BM827	12	11.12	0.892	0.910 1
FCB128	14	12.88	0.906 2	0.922 4
Mean	10.93	9.145 8	0.864 4	0.885 9

第二节 数量性状及遗传机制

一、数量性状的概念及其遗传特点

畜牧业生产中，与生产性能有关或具有经济价值的性状，叫做经济性状（Economic trait）。其中，有些性状的变异在表现上可以明显区分，表现为不连续的变异（Discontinuous variation），例如，细毛羊的毛色、角型、血型、先天性畸形以及致死性状等，这类性状就是所说质量性状（Qualitative character）或叫单位性状（Unit character）。质量性状只受少数基因控制，可以用遗传学中的分离、自由组合、连锁等规律来研究，主要采用计数方式，研究性质上和种类上的差异，这类性状受环境的影响较小。还有些性状在表型之间不能明显区分，例如，细毛羊的产毛量、羊毛细度等，这类性状从低到高，从少到多逐渐过渡，形成一个连续变异（Continuous variation）的系列。这种具有连续变异，用数值表示特征的性状，就叫做数量性状（Quantitative character）。畜禽中绝大多数的经济性状都属于数量性状，如细毛羊的产毛量和体重等，这类性状由于受多基因（polygene）的控制，这些基因很难区分出显隐性，其作用是累加式的，是一种加性关系，并且受环境影响较大，其表型变异呈现为正态分布（Normal distribution），主要采用度量方式，研究定量和程度上的差异。这类性状遗传方式的基本原则与质量性状相同，就每个基因来说仍遵循孟德尔的遗传规律，既有分离、重组，也有连锁和互换。支配性状的任何一个基因都有一个效应包含在性状的数值中。

（一）**数量性状主要特点**

①性状变异程度可以用度量衡度量；

②性状表现为连续性分布；

③性状的表现易受环境的影响；

④控制性状的遗传基础为多基因系统。

（二）**数量遗传性状特点**

①必须进行度量；

②必须应用统计方法进行分析归纳；

③应以群体为研究对象。

二、数量性状的遗传机制

数量性状的一个重要特征是其度量值表现为一正态分布，即属于中间程度的个体较多，而趋向两极的个体越来越少。从遗传学的角度来看，数量性状是由许多微效基因或称多基因的联合效应控制的，它们在一起造成性状的正态分布。

（一）数量性状的遗传方式

数量性状的遗传方式如下：

1.中间型遗传

在一定条件下，两个不同品种杂交，其杂种一代的平均表型值介于两亲本的平均表型值之间，群体足够大时，个体性状的表型值呈现正态分布。

2.杂种优势

杂种优势是数量性状遗传中的一种常见遗传现象。是指杂种性能优于双亲的一种现象，一般表现在生活力、抗逆性、抗病性及生产性能多个方面，只要有一个方面，杂种优于双亲，就称为具有杂种优势。但是子二代的平均值向两个亲本的平均值回归，杂种优势下降。

3.越亲遗传

两个品种或品系杂交，一代杂种表现为中间类型，而在以后世代中可能出现超过原始亲本的个体，则成为越亲遗传。

（二）多基因假说

根据质量性状研究的结果得来的孟德尔定律同样可以用来解释数量性状的遗传，1908年Nilson—Ehle提出了数量性状的多基因学说，其要点是：①数量性状受一系列微效多基因的支配，简称多基因（multiple gene或polygene），它们的遗传仍符合基本的遗传规律；②由于多基因之间通常不存在显隐性关系，因此，F_1代大多表现为两个亲本类型的中间类型；③多基因的效应相等，而且彼此间的作用可以累加，后代的分离表现为连续变异；④多基因对外界环境的变化比较敏感，数量性状易受环境条件的影响而发生变化；⑤有些数量性状受一对或少数几对主基因（major gene）的支配，还受到一些微效基因（或称修饰基因）的修饰，使性状表现的程度受到修饰。多基因学说虽然阐明了数量性状遗传的某些现象，但还不能完全解释数量性状的复杂现象。对于许多性状而言，每一性状究竟受多少对基因的支配也很难估计；因此，一般都是从基因的总效应去分析数量性状遗传的规律。多基因的作用方式有累加作用和乘积作用。

微效多基因也是以染色体为载体的，它们的遗传动态不仅有分离和重组，而且有连锁和交换。超亲遗传就是基因重组的结果，这种重组可以通过选育措施在群体中保持下来。杂种优势则主要是基因的非加性效应造成的，不过随着基因的纯化，其杂种优势便逐渐消失。

（三）基因数目的估计

估测基因数目的常用方法有以下两种：

①根据子二代（F_2）中出现的某一极端类型（纯合基因型）的频率进行估测，如果是1/16，就有两对基因，如果是1/64，就有三对基因，如果是1/4n，就有n对基因。当以基因个数进行估测时，子二代（F_2）中出现极端类型的频率则为（1/2）2n，n为基因个数。

②利用子一代（F_1）和子二代（F_2）的标准差估测某一性状的基因数目，计算的公式如下：

$$N = \frac{D^2}{8(\sigma_{F_2}^2 - \sigma_{F_1}^2)}$$

式中，N表示被估测的基因数目，D表示两个亲本品系的平均数之差，即；$(\overline{P_1} - \overline{P_2})$ σ_{F_1}、σ_{F_2}分别表示F_1和F_2的标准差。

采用以上两种方法所估测出来的基因数目都是近似值，是在所有基因对其类型都产生相同的累加效应和基因对之间的组合是随机的这一假设条件下所测得的结果。

三、数量性状遗传力估计

（一）遗传力的概念

遗传力就是性状遗传的能力，它是生物每一个性状的重要特征之一，也是数量性状的一个最基本的遗传参数，在数量遗传学研究的许多问题中几乎都与这个参数有关。遗传力又叫做遗传率或遗传度，广义的遗传力是指在表型方差中遗传方差的比率，也就是在整个群体中，一个性状的可遗传变异占总变异的百分率，在数量遗传的研究中，把它定义为遗传的决定系数，也就是性状的遗传决定的程度，常以符号H^2表示：

$$H^2 = \frac{V_G}{V_P}$$

狭义的遗传力是指在表型方差中育种值方差的比率，表示亲代将某一性状的变异遗传给后代的能力，以符号h^2表示：

$$h^2 = \frac{V_A}{V_P}$$

现就遗传力的基本概念概括为4个方面分别阐述如下：

①从基因的结构以及所产生的效应来看，遗传力就是可遗传的加性效应的方差占表型总方差的百分率，也就是以上所谈到的狭义遗传力的定义。

$$h^2 = \frac{V_A}{V_P}$$

②从育种的角度和实践的意义来看，遗传力是选择差可传递给后代的百分数，即：

$$h^2 = \frac{R}{S}$$

③遗传力的一个当量的意义，是指育种值对表型值的回归系数，也即$A = h^2 P$。

$\because P = A + R$，由于A与R不相关，即：

$$\sum SP_{AR} = 0$$

$$\frac{\sigma_A^2}{\sigma_P^2} = \frac{SS_A}{SS_P} = \frac{SS_A + SP_{AR}}{SS_P} = \frac{SP_{AP}}{SS_P} = b_{AP}$$

也即：$h^2 = b_{AP}$

④从育种值和表型值的相关（r_{AP}）来衡量，遗传力是根据表型值来估计育种值的准确度的度量，即：

$$r_{AP} = b_{AP} \cdot \frac{\sigma_P}{\sigma_A} = h^2 \cdot \frac{1}{h} = h$$

$$\therefore h^2 = r_{AP}^2$$

相关系数的平方叫做相关指数（Correlation index），是度量准确度的一个统计量，可以认为遗传力就是根据表型值来估计育种值的准确度。

由此可见，遗传力既代表了亲子关系，又代表表型值与育种值的关系，既反映了亲子间的相似程度，又反映了育种值与表型值间的一致程度。因此，遗传力估计值的大小，便可作为亲子间遗传关系的一个衡量指标。

（二）遗传力估计原理

利用通径分析的理论可以推导出估计遗传力的公式。设$P1$为一个亲属某一性状的表型值；$P2$为另一亲属该性状的表型值；$A1$为一个亲属该性状的育种值；$A2$为另一亲属该性状的育种值；$R1$为一个亲属该性状的剩余值；$R2$为另一亲属该性状的剩余值；r为亲属间该性状的表型相关；rA为亲属间的遗传相关。

$P_{P \cdot A} = \sigma_A / \sigma_P = h$，即表示$A$到$P$的通径系数。$h^2 = \sigma_A^2 / \sigma_P^2 = d_{P \cdot A}$，表示$A$对$P$的决定系数。

遗传力表示育种值方差和表型方差之比，即育种值对表型值的决定程度。

假设$R1$、$R2$之间没有相关，并忽略显性偏差和互作偏差及共同环境的影响，则亲属间的表型相关可根据通径系数的理论计算：

$$r_{P_1 P_2} = r_A \cdot h \cdot h = r_A h^2$$

所以，$h^2 = r_{P_1 P_2} / r_A$

因为不同亲属关系的遗传相关（亲缘系数）不同，将其值代入后，只需估计亲属间性状的表型相关系数，将所求各值代入上式即可得到遗传力的不同估计公式。

由全同胞的表型相关估计遗传力

因为，$r_A = \dfrac{1}{2}$　$r_{(FS)} = \dfrac{h^2}{2}$　所以，$h^2 = 2r_{(FS)}$

由半同胞的表型相关估计遗传力

因为，$r_A = \dfrac{1}{4}$　$r_{(HS)} = \dfrac{h^2}{4}$　所以，$h^2 = 4r_{(HS)}$

由亲子间的表型相关估计遗传力

因为，$r_A = \dfrac{1}{2}$　$r_{OP} = \dfrac{h^2}{2}$　所以，$h^2 = 2r_{OP}$

由子女均值对双亲均值之间的表型回归估计遗传力

因为，$b_{\overline{OP}} = h^2$　所以，$h^2 = b_{\overline{OP}}$

（三）遗传力的估计方法

1.母女回归法估计遗传力

（1）原理

根据育种实践中所获得的亲子两代的材料，一般以取用母女材料为宜，母女材料可以用同一年度的，也可以用不同年度的。应用同一年度的母女材料，要考虑母女存在的年龄差和母代个体间的生理差异（如产羔、配种与否等）的影响，这些差异可以用校正系数加以平衡，但准确性总不及母女相同年龄的材料，尤其是已知所选性状的重复率偏低，误差更大。母女材料以取用饲养条件相近的不同年度的某一特定（如1岁）年龄数据为宜。采用母女回归法分析，其原理是：

$$b_{OP} = \dfrac{C_{OV_{OP}}}{V_P}$$

其中：

b_{OP}——女儿对母亲的回归系数；

$C_{OV_{OP}}$——母女协方差；

V_P——母亲的表型方差。

因为，$Cov_{OP} = \dfrac{\sum(O-\overline{O})-(P-\overline{P})}{N}$

$$= \dfrac{\sum(1/2)-(A-\overline{A})\left[A+R-\left(\overline{A}+\overline{R}\right)\right]}{N} \quad （女儿的平均值为母亲育种值的一半）$$

$$= \dfrac{\sum(1/2)\left(A-\overline{A}\right)\left[A-\overline{A}+\left(R-\overline{R}\right)\right]}{N}$$

$$= \dfrac{\sum(1/2)-(A-\overline{A})^2+\sum(1/2)\left[\left(A-\overline{A}\right)\left(R-\overline{R}\right)\right]}{N}$$

$$= \dfrac{1}{2}\dfrac{\sum(A-\overline{A})^2}{N}+0 = \dfrac{V_A}{2}$$

$$b_{OP} = \dfrac{V_A/2}{V_P} = \dfrac{h^2}{2}$$

所以，$h^2 = 2b_{OP}$

（2）计算方法

①资料整理。

P 母亲性状；O 女儿性状；S 公羊数；N 母女配对数；n 公羊内母羊数。

求和 $\sum P_T$；$\sum O_T$；$\sum P_T^2$；$\sum(OP)_T$

②计算步骤

计算校正系数、总平方和、总乘积和为：

$$C_P = \dfrac{\left(\sum P_T\right)^2}{N}$$

$$SS_{P_T} = \sum P_T^2 - C_P$$

$$SP_{OP_T} = \sum(OP)_T - \dfrac{\sum P_T \sum O_T}{N}$$

计算公羊间平方和、乘积和为：

$$SS_{P_S} = \sum \dfrac{\left(\sum P\right)^2}{n} - C_P$$

$$SP_{OP_s} = \sum \dfrac{\sum P \sum O}{n} - \dfrac{\sum P_T \sum O_T}{N}$$

计算公羊内平方和、乘积和为：

$$SS_{P_S} = SS_{P_T} - SS_{P_S}$$

$$SP_{OP_W} = SP_{OP_T} - SP_{OP_S}$$

（3）计算遗传力

$$h^2 = 2b_{OP} = \dfrac{2SP_{OP_W}}{SS_{P_W}}$$

2.全同胞相关法估计遗传力

（1）原理

全同胞的相关估计为：

$$h^2 = 2r_{FS}。$$

相关包括直线相关和组内相关（同类相关）。直线相关只能表示两个变量间的相关，而全同胞之间的相关是多个同类变量之间的相关，因此，全同胞相关要用组内相关（同类相关）方法来计算。组内相关公式为：

$$r_1 = \frac{\sigma_B^2}{\sigma_P^2} = \frac{\sigma_B^2}{\sigma_B^2 + \sigma_W^2}$$

组内相关系数是组间方差和总方差之比，即组间变异量在总变异量中占的比率。在总变异量中，组间变异量相对大时，组内变异量则相对小，组内各变数间相关也就相对大，这即为组内相关原理。

同父同母的全同胞组内相关公式为：

$$r_1 = \frac{\sigma_S^2 + \sigma_D^2}{\sigma_S^2 + \sigma_D^2 + \sigma_W^2}$$

其中：σ_S^2为公畜间的方差；σ_D^2为母畜间的方差；σ_W^2为母畜内后代间的方差。

（2）计算方法

①资料整理。

x性状测定值；S公畜数；D母畜数；N女儿数；

求和：$\sum x$　$\sum x^2$

②计算步骤。

计算校正系数、总平方和、父本间平方和、母本内后代间平方和为：

$$C = \frac{\left(\sum x\right)^2}{N}$$

$$SS_T = \sum x^2 - C$$

$$SS_S = \frac{\left(\sum x_1\right)^2}{n_1} + \cdots + \frac{\left(\sum x_m\right)^2}{n_m} - C$$

$$SS_D = \frac{\left(\sum x_{i1}\right)^2}{n_{i1}} + \cdots + \frac{\left(\sum x_{in}\right)^2}{n_{in}} - SS_S - C$$

$$SS_W = SS_T - SS_S - SS_D$$

计算父本间均方、母本间均方、母本内后代间均方为：

$$MS_S = \frac{SS_S}{S-1}$$

$$MS_D = \frac{SS_D}{D-S}$$

$$MS_W = \frac{SS_W}{n-D}$$

计算：σ_W^2、σ_D^2、σ_S^2

因为，$MS_W = \sigma_W^2$　　所以，$\sigma_W^2 = MS_W$

因为，$MS_D = k_1\sigma_D^2 + \sigma_W^2$　　所以，$\sigma_D^2 = \dfrac{MS_D - \sigma_W^2}{k_1}$

因为，$MS_S = K_3\sigma_S^2 + K_2\sigma_D^2 + \sigma_W^2$　　所以，$\sigma_S^2 = \dfrac{MS_S - \left(k_2\sigma_D^2 + \sigma_W^2\right)}{k_3}$

由于各头母畜的子畜数不等，由于各头公畜的子畜数也不等，因此要求出3个加权均数k_1、k_2、k_3，然后代入上式，k_1是每头母畜平均产仔数，k_2是公畜内每头母畜平均产仔数，k_3是每头公畜平均产仔数。

$$k1 = \frac{N - \sum \dfrac{n_{ij}^2}{n_i}}{D - S}$$

$$k2 = \frac{\sum \dfrac{n_{ij}^2}{n_i} - \dfrac{\sum n_{ij}^2}{N}}{S - 1}$$

$$k3 = \frac{N - \dfrac{\sum n_i^2}{n}}{S - 1}$$

$$\sigma_W^2 = MS_W$$

$$\sigma_D^2 = \frac{MS_D - MS_W}{k_1}$$

$$\sigma_S^2 = \frac{MS_S - \left(k_2\sigma_D^2 + \sigma_W^2\right)}{k_3}$$

（3）计算全同胞的遗传力

$$r_{(FS)} = \frac{\sigma_S^2 + \sigma_D^2}{\sigma_S^2 + \sigma_D^2 + \sigma_W^2}$$

$$h^2 = 2r_{FS}$$

3.半同胞相关法估计遗传力

（1）原理

因为，$r_{(HS)} = h^2 \big/ 4$　　所以，$h^2 = 4r_{(HS)}$

从公式可知遗传力是半同胞组内相关系数的四倍。

组内相关公式：

$$r_1 = \frac{\sigma_B^2}{\sigma_P^2} = \frac{\sigma_B^2}{\sigma_B^2 + \sigma_W^2}$$

因为，$\begin{aligned} MS_B &= n\sigma_B^2 + \sigma_W^2 \\ MS_W &= \sigma_W^2 \end{aligned}$

所以，$n\sigma_B^2 = \dfrac{MS_B - MS_W}{n}$

代入公式得:

$$r_1 = \frac{(MS_B - MS_W)/n}{(MS_B - MS_W)/n + MS_W} = \frac{MS_B - MS_W}{MS_B + (n-1)MS_W}$$

公式中组间均方和组内均方可由方差分析求得，n为各公畜平均女儿头数。

（2）计算方法

① 资料整理。

S公羊数；N女儿总数；n平均女儿数；x测定性状。

求和：$\sum\sum x$ $\sum\sum x^2$

② 计算步骤。

计算校正系数、总平方和、公羊间平方和、公羊内平方和为：

$$C = \frac{(\sum\sum x)^2}{N}$$

$$SS_T = \sum\sum x^2 - C$$

$$SS_S = \frac{(\sum x)^2}{n} - C$$

$$SS_W = SS_T - SS_S$$

计算公羊间均方、公羊内均方为：

$$MS_S = \frac{SS_S}{S-1}$$

$$MS_W = \frac{SS_W}{N-S}$$

（3）计算遗传力

$$r_I = \frac{MS_S - MS_W}{MS_S + (n-1)MS_W}$$

$$h^2 = 4r_I$$

由半同胞资料计算h^2的步骤较为简单，而且由于半同胞的数量多，处于相同的胎次、相同的年龄，环境差异小，因此计算的h^2精确程度较高。

另外，若公羊的女儿数不等，则要求计算加权平均女儿数n_0，公式为：

$$n_0 = \frac{1}{S-1}\left[\sum n_i - \sum n_i^2 / \sum n_i\right]$$

其中，n_i为第一头公羊的女儿数。

4.公羊间亲缘相关的半同胞资料遗传力估计

应用前提：①每一公羊的子女是严格的半同胞，不应存在全同胞；②子女处于同一环境条件下；③公羊间存在亲缘相关。

步骤1　半同胞资料整理格式

公羊	半同胞子女观察值	子女数	组总和
1	$x_{11}\ x_{12}\ \cdots\ x_{1n}$	n_1	X_1
2	$X_{21}\ x_{22}\ \cdots\ x_{2n}$	n_2	X_2
3	$X_{31}\ x_{32}\ \cdots\ x_{3n}$	n_3	X_3
…	…	…	…
S	$X_{31}\ x_{32}\ \cdots\ x_{3n}$	n_s	X_s

对表中每一观察值可写出如下的数学模型：

$$x_{ij} = \mu + S_i + e_{ij}$$

其中μ为总体均数；S_i为第i头公羊效应；e_{ij}为随机误差效应。

以偏差表示：

$$E(S_i S_{i'}) = Cov(S_i, S_{i'}) = r_{i,i'} \sigma_S^2$$

其中$r_{i,i'}$表示i公羊与i'公羊亲缘相关程度的分子亲缘系数。

方差分析结果与期望均方

步骤2　常规半同胞法

变异来源	自由度	平方和	均方	期望均方
公羊间	$s-1$	$\displaystyle\sum_{i=1}^{s} \dfrac{\left(\sum_{j=1}^{n_i} x_{ij}\right)^2}{n_i} - \dfrac{\left(\sum_{i=1}^{s}\sum_{j=1}^{n_i} x_{ij}\right)^2}{\sum_{i=1}^{s} n_i}$	$\dfrac{SS_s}{df_s}$	$\sigma_e^2 + k_0 \sigma_s^2$
公羊内	$\displaystyle\sum_{i=1}^{s} n_i - S$	$\displaystyle\sum_{i=1}^{s}\sum_{j=1}^{n_i} x_{ij}^2 - \sum_{i=1}^{s} X_i \dfrac{\left(\sum_{j=1}^{n_i} x_{ij}\right)^2}{n_i}$	$\dfrac{SS_e}{df_e}$	σ_e^2

但由于公羊间存在亲缘相关，因而各期望均方的构成应做如下修正。

$(1) x_{ij} = \mu + s_i + e_{ij}$

$E(x_{ij}^2) = \mu^2 + \sigma_s^2 + \sigma_e^2$

$E\left(\sum_i \sum_j x_{ij}^2\right) = \sum_i \sum_j E(x_{ij}^2) = n \mu^2 + n\sigma_s^2 + n\sigma_e^2$

$(2) x_{i\cdot} = n_i \mu + n_i S_i + \sum_j e_{ij}$

$E(x_{i\cdot}^2) = n_i^2 \mu^2 + n_i^2 \sigma_s^2 + n_i^2 \sigma_e^2$

$E\left(\sum_i \dfrac{x_{i\cdot}^2}{n_i}\right) = \sum_i \dfrac{1}{n_i} E(X_{i\cdot}^2) = n \mu^2 + n\sigma_s^2 + s\sigma_e^2$

$(3) x_{\cdot\cdot} = n\mu + \sum_i n_i s_i + \sum_i \sum_j e_{ij}$

$E(x_{\cdot\cdot}^2) = n^2 \mu^2 + \sum_i n_i^2 \sigma_s^2 + \sum_i \sum_{i'} n_i n_{i'} Cov(s_i, s_{i'}) + n\sigma_e^2$

$E\left(\dfrac{x_{\cdot\cdot}^2}{n_\cdot}\right) = \dfrac{1}{n_\cdot} E(x_{\cdot\cdot}^2) = n^2 \mu^2 + \sum_i \dfrac{n_i^2}{n_\cdot} \sigma_s^2 + \sum_i \sum_{i'} \dfrac{n_i n_{i'}}{n_\cdot} r_i r_{i'} \sigma_s^2 + \sigma_e^2$

因此，公羊间均方及公羊内均方构成如下：

$$E\left(MS_e\right)=\frac{1}{df_e}E\left(SS_e\right)$$

$$=\frac{1}{df_e}E\left(\sum_i\sum_j x_{ij}^2-\sum_i\frac{x_i^2}{n_i}\right)$$

$$=\frac{1}{df_e}\left(n\mu^2+n\sigma_s^2+n\sigma_e^2+n\mu^2-n\sigma_s^2-s\sigma_e^2\right)$$

$$=\frac{1}{df_e}\left(n_.-s\right)\sigma_e^2$$

为区别公羊组间平方、自由度与公羊效应，这里用下标B代替前述下标S，因此，

$$E\left(MS_B\right)=\frac{1}{df_B}E\left(SS_e\right)$$

$$=\frac{1}{df_B}E\left(\sum_i\frac{x_{i.}^2}{n_i}-\frac{x_{..}^2}{n_.}\right)$$

$$=\frac{1}{df_B}\left(n\mu^2+n\sigma_s^2+n\sigma_e^2+n_.n_{i'}\mu^2-\sum_i\frac{n_i^2}{n_.}\sigma_s^2-\sum_i\sum_{i'}\frac{n_in_{i'}}{n_.}r_{i,i'}\sigma_s^2-\sigma_e^2\right)$$

$$=\frac{1}{df_B}\left(n_.-\frac{\sum_i n_i^2+\sum_i\sum_{i'}n_in_{i'}r_{i,i'}}{n_.}\right)\sigma_s^2+\sigma_e^2$$

$$=k\sigma_s^2+\sigma_e^2$$

记

$$k=\frac{1}{df_B}\left(n_.-\frac{\sum_i n_i^2+\sum_i\sum_{i'}n_in_{i'}r_{i,i'}}{n_.}\right)=\frac{1}{df_B}\left(n_.-\frac{n'Rn}{n_.}\right)$$

这里，

$$n=\begin{pmatrix}n,\\ \vdots\\ n_s\end{pmatrix}$$

$$R=\begin{pmatrix}1&r_{1,s}\\ r_{s,1}&1\end{pmatrix}$$

由上述期望均方组成可估计各方差组分：

$$\begin{cases}\sigma_e^2=MS_e\\ \sigma_X^2=\frac{1}{k}\left(MS_B-MS_e\right)\end{cases}$$

因为组内相关系数为：

$$r_I = \frac{\sigma_s^2}{\sigma_s^2 + \sigma_e^2}$$

$$h^2 = \frac{r_I}{r_A} = \frac{4\sigma_s^2}{\sigma_s^2 + \sigma_e^2}$$

5.遗传力的显著性检验

遗传力估计之后，需要进行显著性检验。通常用t检验法测验所估计遗传力的显著性，需要计算遗传力的标准误差σ_{h^2}。如果遗传力由公羊内母女回归计算，$h^2 = 2b_{OP}$，因而，$\sigma_{h^2}^2 = \sigma_{2b_{OP}}^2 = 4\sigma_{b_{OP}}^2$，$\sigma_{h^2}^2 = 2\sigma_{b_{OP}}$

所以，

$$t = \frac{h^2}{\sigma_{h^2}^2} = \frac{b_{OP}}{\sigma_{b_{OP}}} = \frac{b_{OP}}{\sqrt{\dfrac{\sum\left(O - \overline{O}\right)^2 - b_{OP}^2 \sum\left(P - \overline{P}\right)^2}{\left(D - S - 1\right)\sum\left(P - \overline{P}\right)^2}}}$$

式中，$\sigma_{b_{OP}}$为回归系数的标准误差。

如果遗传力由中亲值计算，由于$h^2 = 2b_{o\overline{p}}$，$\sigma_h^2 = \sigma_{b_{o\overline{p}}}$，$t$的计算公式仍然同上，只是计算公式中亲代表型值为双亲均值。

如果遗传力由父系半同胞计算：

$$\sigma_h^2 = \frac{16 \times \left[1 + \left(n-1\right)r_I\right]\left(1 - r_I\right)}{\sqrt{n\left(n-1\right)\left(s-1\right)/2}}$$

如果遗传力由父系全同胞家系计算：

$$\sigma_h^2 = \frac{2}{\sigma_p^2}\sqrt{2\left[\frac{1}{k_3^2}\frac{MS_s^2}{S-1} + \left(\frac{1}{k_1} - \frac{1}{k_3}\right)^2 \frac{MS_d^2}{D-S} + \frac{1}{k_1^2}\frac{MS_W^2}{N-D}\right]}$$

所有的t值计算：

$$t = \frac{h^2}{\sigma_h^2}$$

值得注意的是，当t检验结果表明h^2估计值显著或极显著时，说明该参数值正确度较高，在实际中可被利用；而检验结果表明不显著时，则表明该参数值在实际育种中不宜被利用，因为抽样误差太大，所得的h^2值准确度太低，与理论h^2值不吻合。

第三节　数量性状遗传参数分析

定期分析和估计不同性状的遗传参数，是掌握甘肃高山细毛羊遗传规律，指导育种的重要而必不可少的技术手段。在甘肃高山细毛羊的育种过程中，曾于1979年、1989年、1997年和2006年分别对主要经济性状的遗传力和性状间的遗传相关进行了分析，见表3-6。

一、遗传力

前四次估计均采用半同胞组内相关法进行，2006年利用MTDFREML软件进行分析。根据历次结果，羔羊初生体重1979年估测结果较高达到0.84，其他4次结果接近在0.14~0.23之间，羔羊断奶体重5次结果差异很大，最低为0.02（2006）到最高到0.6（1979），其他几次结果则比较接近，120日龄断奶校正体重的遗传力为0.196（1997），断奶前羔羊生长速度（日增重）的遗传力为0.4（2006）。育成羊体重指标除1986年分析结果为中等遗传力外，其余各次结果均在0.3以上，其中，1979年和2006年两次结果在0.78以上，属高遗传力。在甘肃高山细毛羊的整个育种过程中，育种方向是毛肉兼用方向，始终注重对体重指标的选择。长期的人工选择使这一指标的遗传力提高。羔羊断奶毛长的遗传力在0.19~0.31之间，属中等遗传力，而且多次估计的结果之间没有太大的差异。育成鉴定毛长1979年、1997年两次为中等，而其余3次结果为高遗传力。5次测定的污毛量的遗传力在0.16~0.45之间，为中等以上遗传力，过去因为没有足够的羊毛分析测定数据，净毛量和羊毛纤维直径指标的遗传力没有进行估测，根据2006年估测结果，净毛量遗传力为0.33，羊毛纤维直径的遗传力为0.4，均属高遗传力。

表3-6 甘肃高山细毛羊主要经济性状遗传力

	1979	1989	1986	1997	2006（年）
初生重	0.84	0.23	0.15	0.178	0.14
羔羊断奶重	0.60	0.13	0.24	0.228	0.02
120日龄断奶重	—	—	—	0.196	—
羔羊断奶毛长	0.20	0.19	0.31	0.252	0.23
断奶前日增重					0.40
1.5岁体重	0.82	0.44	0.25	0.429	0.78
1.5岁毛长	0.27	0.58	0.31	0.187	0.40
1.5岁毛量	0.45	0.22	0.23	0.330	0.16
周岁净毛量					0.33
1.5岁被毛密度	—	—	—	0.131	0.02
1.5岁羊毛细度（支）	—	0.26	1.27	0.105	—
1.0岁羊毛纤维直径					0.40

多次估测结果说明，甘肃高山细毛羊经济性状中，决定种羊品质的主要性状：育成体重、育成毛长、断奶前生长速度、净毛量、羊毛纤维直径等重要性状为高遗传力。说明甘肃高山细毛羊主要性状遗传性能稳定，通过个体表型值选种，即可以获得理想的遗传进展。

二、性状间的遗传相关

从多次估测的结果可以看出，两性状间的遗传相关在方向上绝大多数是一致的，而且各美利奴育种界普遍认可的结果一致。早期性状与育成后性状间的遗传相关的主要意义在于它能够为早期选种提供依据。相对于其他性状间的关系，初生重与后期性状的遗传相关较弱，但1986年和1997年研究结果均表明，初生重与育成鉴定羊毛细度支数呈强正遗传相关，与断奶重存在强正遗传相关（1997），2006年的研究结果则表明，初生重与育成体侧毛长、净毛量、羊毛纤维直径均呈强正遗传相关。从预测周岁性状和间接选择周岁性状的角度讲，从表3-6不难发现，断奶重是早期选择周岁体重和周岁污毛量的理想性状，几次估测结果均取得了一致的正的遗传相关。断奶毛长与育成毛长间的遗传相关5次估测结果非常一致，相关系数在0.7~0.99，与产毛量指标呈强正遗传相关，与羊毛细度支数呈负遗传相关，与羊毛纤维直径呈正遗传相关。因此，可以指出，断奶体重和断奶毛长是间接选择周岁相应性状的理想性状，同时，两性状均可作为周岁毛量指标的间接选择性状。1979年和1997年两次估测结果显示，羊毛细度支数与育成鉴定毛长、体重两指标均为负遗传相关，2006年分析结果表明，羊毛纤维直径与育成鉴定毛长和体重为正遗传相关，这与细度支数和两性状的结果是一致的。育成鉴定体重与毛长相互间为正遗传相关，两指标与污毛量和净毛量均为强正遗传相关，见表3-7。

表3-7 甘肃高山细毛羊重要经济性状间的遗传相关参数

性状	年度	Bw	Wwt	Wwt120	Wsl	Ywt	Ysl	Qn	Gfw	Cfw	Afd
初生重	1979										
（bw）	1986		0.10		–0.12	–0.02	–0.3	0.8	0.13		
	1989										
	1997	0.439	0.155	0.102	–0.175	–0.004	0.440	0.090			
	2006					0.99				0.91	0.76
断奶重	1979					0.72			0.77		
（wwt）	1986				–0.12	0.46	0.15	0.32	1.23		
	1989					0.54	–0.08	0.77	0.84		
	1997			0.795	0.431	0.143	0.157	0.003	0.483		
	2006					0.81				0.98	0.75
120日龄校	1979										
正断奶重	1986										
（wwt120）	1989										
	1997				0.206	0.347	–0.126	0.133	0.410		
	2006										
断奶毛长	1979					0.86			0.82		
（wsl）	1986					0.07	0.70	–1.70	—		
	1989					0.12	0.79	–0.63	0.33		
	1997					0.388	0.739	–0.293	0.319		
	2006					0.99				0.89	0.92
育成体重	1979					0.29	–0.12		0.67		
（1.5/1.0）	1986										
（ywt）	1989										
	1997					0.122	–0.266		0.688		
	2006					0.56				0.82	0.48
育成毛长	1979								0.57		
（ysl）	1986						–0.36		0.31		
	1989										
	1997						–0.236		0.407		
	2006									0.94	0.93
细度支数	1979										
（qn）	1986								–0.18		
	1989										
	1997								–0.028		
	2006										

注：Bw-初生体重，Wwt-断奶体重，Wwt-120日龄校正断奶重，Wsl-断奶毛长，Ywt-育成体重，Ysl-育成毛长，Qn-细度支数，Afd-纤维直径，Gfw-污毛量，Cfw-净毛量，下同

李文辉等（1997）通过遗传参数估计，发现甘肃高山细毛羊有3组性状，组内性状的间存在正的遗传相关，认为这3组性状可能受3种不同的基因或基因组的控制，I组性状包括断奶重、断奶时校正重、断奶时羊毛密度分、油汗分、断奶等级、育成时体重、羊毛密度分、腹毛长和毛量；II组性状有断奶毛长、育成时毛长、羊毛弯曲分；III组性状有初生重、初生等级、育成时羊毛油汗分、腹毛长和细度支数。这一发现为甘肃高山细毛羊经济性状的早期选择和间接选种提供了依据。

第四节 主要性状的遗传

基因是遗传的功能单位，它包括三方面内容：在控制遗传性状发育上它是作用单位，在产生变异上它是突变单位，在杂交遗传上它是重组和交换单位。基因是遗传性状在分子水平上的物质基

础。性状遗传的基本规律是品种选育工作的理论基础。在现实工作中性状的选择主要依据基因型还是依据表现型进行，主要取决于该性状在品种中的遗传规律特点。基因型是指所有从亲代继承下来的各种遗传因素的整体作用，是指父母传下来基因的总构成。在个体发育过程中，基因型具具有相对稳定的特点，是表型的内在基础。表现型（表型）是指能观察、测量或评价的性状。父母的基因型是不能遗传的，因为上下代之间直接遗传传递的物质是基因，父母的基因型分配到各自的配子的基因，在形成了子一代的合子时要重新组合才构成下一代的基因型。也正是这个重新组合的过程，为人类创造性地开展育种工作并重新组合优秀基因型个体提供了一个机会。

一、影响甘肃高山细毛羊性状的非遗传因素

对于数量性状表现型并不等于基因型的完全表现，因为基因型要与环境互相作用决定表现型。因此，研究影响主要性状的环境因素，遗传力是代表群体遗传特征，是研究性状遗传规律的最重要性状，在测算遗传力参数量必须把非遗传因素对性的影响区分开来，因此，研究包括环境因素在内的非遗传因素的影响，是正确把握性状遗传规律并具有重要意义。

分析甘肃细毛羊群体管理制度及生存环境等，影响经济性状的非遗传因素包括：

1.不同生长阶段管理群（妊娠断奶羊育羔群、断奶后培育群、育成后归入的繁殖母羊群或育种公羊群）

不同管理群对羊只性状表现的影响主要表现在畜群管理方法、四季放牧草场质量情况、管理人员的责任心等方面的不同，生产管理实践中特别是管理人员的责任心的差异对群体的生产性能表现具有明显的影响。

2.不同生产年度

主要表现在不同年度由于气候因素、草场生长状况等的不同而对羊只生产性能表现的影响。

3.不同的补饲水平

主要表现在每只羊补饲草、料的数量、草料质量及搭配情况的影响。

4.羔羊出生类型

出生为单羔、双羔或三羔，该因素对羔羊生长发育性状及后期生产性能表现是有影响的。

5.性别

羊只性别无疑是对生产性能表现有明显影响。

6.母亲年龄

即羔羊出生时母亲的年龄。

7.性状测定时生长日龄

在影响性状的非遗传因素的模型建立中，可以把该性状作为协变量加入模型中，或通过建立以生长日龄为依变量，分析性状为自变量建立回归方程，对分析性状进行校正。

二、甘肃高山细毛羊主要性状

从遗传学角度讲可把羊的性状分为质量性状和数量性状。区分质量性状和数量性状对甘肃高山细毛育种具有重要意义。对于甘肃高山细毛羊而言，质量性状其实代表着品种的外貌特征的一致性。人们对品种外貌的要求，一是为生产的需要；二是长期以来形成的习惯。而且这种对外貌的要求标准也在随着时间的推移而在发生着变化。

甘肃高山细毛羊体质结实，蹄质致密，体躯结构匀称，胸阔深，背平直，后躯丰满，四肢结实、端正有力。公羊有螺旋形大角或无角，颈部有1～2个横皱褶或无皱褶；母羊多数无角，少数有小角，颈部有纵垂皮。被毛纯白，闭合性良好，密度中等以上，体躯毛和腹毛均呈毛丛结构，细毛着生头部至两眼连线，前肢到腕关节、后肢到飞节。

（一）甘肃高山细毛羊质量性状

角的有与无，细毛着生部位、颈部皱褶的有无。总体而言角的有与无就是一个形式问题，但从生物学角度讲，长角肯定会与生产羊毛争夺营养，从而相对而言减少羊毛的个体产量，但具皇城羊场多年的生产经验，有角母羊保姆性要比无角羊强。但就目前甘肃高山细毛羊育种而言，公羊要求要螺旋形大角，或无角，而母羊要求多数为无角，有角羊只不进入育种群，只进入三级生产群。颈部皱褶的要求按照传统的习惯，要求公羊有1~2个横皱褶，母羊有发的纵垂皮，所有品种羊个体都具有相同或相似的颈皱褶形态，因为颈部皱褶发达，可以增加皮肤的面积，可以大提高羊毛个体单产。但近年来随着电动剪毛机的推广应用，发达的皱褶不利于电动剪毛机的推广，因此，就细毛羊颈部皱褶的育种将倾向于减少皱褶。但这样做无疑会使羊毛产量产生负面影响。

还有一些性状本应该是数量性状，但在种羊鉴定时只根据肉羊观察评定为不连续的几个等级。这类性状包括：羊毛密度分，根据鉴定时羊毛单位皮肤着生的稀疏程度，确定为"M−、M、M+"3个档，分别代表羊毛密度差、正常和密度好，这一性状同时也是对被毛闭合性的一个评价，羊毛密度差的可能闭合性就差，而且有可能出现毛穗、毛辫及毛嘴等缺陷，影响羊毛的质量，羊毛闭合性好，密度好的在其他情况相同的情况下，单位皮肤羊毛根数增加会提高羊毛个体产量；另一性状为羊毛油汗颜色，在实际鉴定工作中，一般是将其分为不连续的4个档，即纯白、乳白、浅黄和深黄，羊毛油汗颜色是决定羊毛外观品质的重要指标，在该性状多年的不断严格选择中，深黄色油汗已经基本消灭；羊毛弯曲性状，在这一性状上，一是看羊毛弯曲形态是否正常；二是以毛丛单位长度弯曲个数来分档的羊毛弯曲分，即每厘米长度1~4个弯曲为"大弯"、5~6个为"中弯"、7个（包括7个）以上为小弯3个档，在国际惯例中对这一性状的测定是按厘米毛丛的弯曲数进行的，叫crimp frequency。另外，还有羊毛细度支数，在鉴定操作中一般分为60支、64支、66支、70支和80支5个档次。羊只鉴定等级分为羔羊初生和断奶鉴定等级分为1~4个等级，育成鉴定等级分为特、1~4个5个等级。

（二）甘肃高山细毛羊的数量性状

数量性状大多为具有重要经济价值的经济性状，所以数量性状又称为经济性状（赵有璋，《羊生产学》）。

按照数量性状的生物学特点，可将数量性状再分为繁殖性能性状（包括发情率、受胎率、产羔率和繁殖成活率）、增重性状（包括羔羊初生重、断奶重、断奶前日增重、断奶后到育成前总增重、日增重、育成体重、剪毛后体重）、羊毛性状（包括污毛量、净毛量、毛束长、纤维直径、每厘米卷曲数、密度，每单位皮肤面积生长的纤维根数；肉用性状包括肉用型评分、屠宰率、净肉率等。

育种目标是采取一定的育种措施，在一定的生产和市场情况下，在一定时期内使生产群获得最大的经济效益（张沅，1991）。甘肃高山细毛羊的整个育种过程中重点选育提高的经济性状是其毛用性状。与羊毛生产效益直接相联系的性状包括，羊毛纤维直径（是决定羊毛价格的最主要因素）、净毛量（直接决定羊毛销售收入）、羊毛长度（代表羊品质的主要因素，决定羊毛分级的等次及价格），体重，体重的大小与羊只个体的繁殖性能为正相关，并且体重大的羊只淘汰时能获得较大的商品价值。因为，羊毛纤维直径和净毛量是现场无法准确观测到的性状，因此，在母羊的选择中，纤维直径用肉眼观测到的细度支数代替，净毛量通过测定原毛量和净毛率，并通过测算而得。

（三）甘肃高山细毛羊主要性状的遗传规律与特点

1.主要经济性状的遗传进展

对甘肃细毛羊核心群体系统测定年份的生产性能进行的全面统计，主要经济性状取得了良好进展。

（1）初生性状

初生重从1980年（产冬羔）的（3.89±0.635 3）kg降低到2006年（产春羔）的（3.56±0.700 4）kg，羔羊被毛同质率从品种育成初（3年）的86.36%～95.56%，提高到近3年的92.91%～95.43%，被毛纯白率从初期的88.72%～97.09%提高到目前的98%以上，体质正常比例从1980年的96%提高到目前的99%以上。

（2）断奶性状

断奶羊4月龄断奶体重从1980年的21.12kg（冬羔）提高到目前的23.86kg（春羔），断奶毛长从3.53cm提高到目前的4.29cm。

（3）育成性状

①育成公羊。体侧毛长从1980年的（9.515±1.014 5）cm，提高到2007年的（11.013±1.067 3）cm；体重从育成初期5年的54～62kg提高到近5年的63～69kg；污毛量从1980年的（6.547±0.875 6）kg提高到2000年的（8.209±1.709 9）kg，但从2000～2007年8年间总体处于下降形势，其中，污毛量从2000年的（8.209±1.709 9）kg下降到2007年的（6.226±0.714 6）kg，净毛量从2000年（4.046±0.677 7）kg下降到2007年的（3.162±0.535 5）kg；羊毛纤维直径从2000开始全群检测以来稳步改进，从2000年的（23.022±1.546 6）μm稳定下降到2007年的（18.046±1.569 1）μm，净毛率从2000年的（46.4%±6.781 9）%提高到2007年的（51.1%±5.133 7）%。近10年毛长、体重、污毛量、净毛量、羊毛纤维直径和净毛率平均分别达到11.03cm、67.737kg、7.273kg、3.651kg、20.05μm和50.04%。

②育成母羊。从1980～2007年共鉴定育成母羊100 468只，其中，特一级母羊比例从育成初期的43.67%～53.56%，提高到近期的65.56%～72.16%（两年），体重从品种育成初期5年的32.37～33.95kg（产冬羔，18月龄），提高到目前（产春羔，14月龄）34.48～38.18kg。体侧毛长从1980年（冬羔，18月龄）的（9.18±1.130 7）cm，提高到2007年（春羔，14月龄）的（9.74±1.026 6）cm。平均细度支数从1980年的64.26支提高到2007年的66.19支。近10年平均特一级比例、体重、毛长、污毛量、纤维直径和净毛率分别达到67.5%、36.95kg、10.28cm、3.853kg、18.487μm和51.08%。

（4）成年性状

①成年公羊。毛长从1980年的（8.672±0.996 8）cm提高到2007年的（10.015±0.947 8）cm，体重从品种育成初期83.979～96.267kg提高到近几年的90kg以上，产毛量从1980年的（8.328±1.084 6）kg提高到2007年的（9.203±1.506 3）kg，净毛量从2000～2001年的（4.377～4.842）kg，提高到2006～2007年为（4.452～5.025）kg，羊毛纤维平均直径从2000年的（25.072±2.302 4）μm稳定下降到2007年的（21.424±2.984 0）μm，净毛率从2000年的（41.65±6.765 6）%提高到2007年的（48.11±6.718 8）%。近10年毛长、体重、污毛量、净毛量、羊毛纤维直径5项经济性状平均值分别达到10.399kg、95.022kg、10.754kg、4.845kg和23.295μm。

②成年母羊。羊毛个体单产从1980年的（4.10±0.749 5）kg提高到2006年的（4.37±0.853 3）kg。近10年平均体重为48.6kg，平均毛长8.92cm，平均污毛量（4.41±0.888 1）kg，平均羊毛纤维直径21.27μm，平均净毛率50.92%。

综合净毛率从1983年的（43.68±8.314 7）%提高到2006年的（54.82±7.406 5）%，综合平均羊毛纤维直径从2000年的（20.265±1.430 4）μm下降到2006年的（17.364±1.604 9）μm。

2.不同经济性状的遗传规律与特点

研究主要经济性状遗传的目的，是掌握性状遗传的规律与特点，探讨品种选育过程中采取的选育措施对遗传进展的影响，从而总结选育工作经验，以期今后主要经济性状获得最大遗传进展。近30年的育种实践证明，质量性状的只要我们坚持不良性状的表现型个体，就要以在很大程度上改进质量性状。而数量性状的遗传改进受到测量的精确性的影响，测量的精确性对性状选择起着基础性作用。以育成母羊18月龄体重和体侧毛长为例，体重从1980年的32.62kg提高到1998年的40.11kg，18

年提高7.49kg，年遗传改进量为0.416kg，年改进1.276%；体侧毛长从1980年的9.18cm提高到1998年的11.58cm，提高了2.4cm，平均年改进0.13cm，年改进幅度为1.452%。这样一突出的选育进展对改进甘肃高山细毛羊育成当时体格小、毛短的缺陷起到了决定性作用，使羊毛长度好成为甘肃高山细毛羊的一大优势。取得这样一个遗传进展除了有比较精确的测量手段外，与选种过程中重视这两项指标密切相关，在精确测量为选种中的重视性状提供了一个前提条件。测量手段的落后或不精确成为其他一些特别是肉眼估测性状遗传进展缓慢的主要原因，以羊毛密度分为例，从1980~1996年间，羊毛密度分从1.95提高到2.11，提高0.16分，平均年改进0.01，年改进幅度为0.51%，羊毛细度支数从1980年的平均64.22，提高到1996年的66.41，提高2.19，平均年改进0.137，年改进幅度为0.21%，后两性状年改进幅度远远低于体重、毛长指标，这些以肉眼鉴定评分分档的质量性状，由于测量手段落后不精确，导致选择性状留种率高，因此，遗传进展缓慢，据李文辉1997年报道，羊毛密度分和羊毛细度支数两项指标的留种率分别高达90%以上和99.94%（中国养羊，1997年第3期）。从1999年开始甘肃省皇城绵羊育种试验场突出了羊毛纤维直径的选择，育成母羊的羊毛纤维直径从2000年的20.265μm降低到2007年17.364μm，7年间降低2.9μm，平均年改进0.41μm，年改进幅度2.045%。

肉眼评定性状并不能完全准确反映性状的真实表现，这类性状的遗传传力比其他客观测量性状要低。如1997年对甘肃高山细毛羊遗传参数进行分析的结果表明，育成母羊羊毛密度分、弯曲分、油汗分、细度支数的遗传力分别为0.131、0.048、0.129和0.055，而体重、毛长、毛量的遗传力分别为0.429、0.187和0.33，其他几次遗传参数也取得了一致的结果。

第五节　外貌评定与生产性能测定

外貌评定即羊只个体品质鉴定是绵羊表型选择的基础，此法标准明确，简便易行。鉴定时依据《甘肃高山细毛羊地方标准（DB62／T210-1997）》进行。成年羊还要结合往年的生产成绩进行综合评定。鉴定时主要有八个主观测试指标即：品种特征、头型、羊毛密度、细度、弯曲、油汗、羊毛匀度、体质体格。现场称取体重（剪毛前体重）、测量毛长，最后根据上述指标的鉴定进行总评。另外，在剪毛时测试剪毛量（污毛量），对选留的种公羊依据剪毛后的毛量数据和鉴定成绩进行再一次选择。

一、鉴定时间和群体

甘肃高山细毛羊的个体品质鉴定通常在每年的6月中旬剪毛前进行，其幼年羊一般为13~14月龄，此时，羊只的羊毛品质及其经济性状已能正确体现本品种的特性。进行个体鉴定的羊只主要包括种公羊、育成羊。另外，还可根据育种的要求，对特、一级成年种用母羊可做整群鉴定。

二、鉴定方式

根据育种工作的需要鉴定方式可分为个体鉴定和等级鉴定两种。两者都是根据鉴定项目逐头进行，等级鉴定不做个体记录，依据鉴定结果综合评定等级，作出等级标记。而个体鉴定要进行个体记录，并可根据育种工作需要增减某些项目，绵山羊个体品质鉴定的内容和指标随育种进程有所不同侧重。

张松荫教授在1980年前后试验用"群选法"，也就是等级鉴定选择，在甘肃省皇城绵羊育种实验场开展过细毛羊选育，但羊毛性状选择有其特殊性，往往需要选择某一性状突出的个体，等级选择法有一定局限性。因此，甘肃高山细毛羊采取个体鉴定的方式，根据鉴定项目逐头进行，对每只羊的鉴定成绩做个体记录，作为选择种羊的依据，最后依鉴定结果给每只羊评定等级，并在耳朵上分别打出特级、一级、二级、三级和四级的等级缺口，作为终身等级。

三、鉴定方法和技术

鉴定前要选择距离各羊群比较集中的地方准备好鉴定圈，圈内装备好可活动的围栏，以便能够根据羊群头数多少而随意调整圈羊场地的大小，便于捉羊。圈的出口处设有称羊设备，羊只先称重后鉴定。甘肃高山细毛羊采用坑式鉴定法即在圈出口的通道两侧和中间挖坑，坑深60cm，长100～120cm，宽50cm。鉴定人员站在坑内，目光正好平视被鉴定羊只的背部。鉴定开始前，鉴定人员要熟悉掌握品种标准，并对要鉴定羊群情况有一个全面了解，包括羊群来源和现状、饲养管理情况，选种选配情况，以往羊群鉴定等级比例和育种工作中存在的问题等，以便在鉴定中有针对性地考察一些问题。鉴定开始时，要先看羊只整体结构是否匀称，外形有无严重缺陷，被毛有无花斑或杂色毛，行动是否正常，待羊接近后，再看公羊是否单睾、隐睾，母羊乳房是否正常等，以确定该羊有无进行个体鉴定的价值。对进行个体鉴定的羊要按规定的鉴定项目逐一进行，认真做好鉴定记录。

（一）甘肃细毛羊的生产性能测定和品质鉴定

1.甘肃细毛羊主要生产性能测定和羊毛品质鉴定指标

（1）体重指标

按羊只生长发育过程，甘肃细毛羊依次测定的体重指标主要有初生重、断奶重、周岁重、成年重。

（2）剪毛量

剪毛量是指从一只羊身上剪下的全部羊毛（污毛）的重量。甘肃细毛羊和其他细毛羊品种一样，剪毛量在很大程度上受品种、营养条件的影响，年龄和性别也影响剪毛量。剪毛量一般在5岁前逐年增加，5岁后逐年下降，公羊高于母羊。

（3）净毛率

毛被中一般含有油汗、尘土、粪渣、草料碎屑等杂质，这种毛称为污毛。除去杂质后的羊毛重量便是净毛重。净毛重与污毛重相比，称为净毛率。其计算公式是：

净毛率=净毛重/污毛重×100%

（4）羊毛品质性状

①羊毛长度。羊毛长度指的是毛丛的自然长度。现场将钢尺插入体侧毛丛中，量取羊毛的自然长度。对种公羊和首次参加鉴定的断奶羊、育成羊在常规鉴定时逐只测定体侧、背部、肩部、腹部、股部五部位的羊毛长度，而往年已有鉴定记录的成年母羊个体只测体侧、腹部毛长。方法是用两手轻轻将毛被分开，保持毛丛的自然状态，用钢制毫米刻度直尺沿毛丛生长方向测定其自然长度，精确度为0.1cm。

羊毛长度测定部位的界定：

体侧，肩胛骨后缘一掌处与体侧中线交点处。

背部，背部中点。

肩部，肩胛部中心。

腹部，腹中部偏左处。

股部，髋关节与飞节连线的中点。

②羊毛细度。羊毛细度指的是毛纤维直径的大小。在实验室中是用测微顺在显微镜下测定毛纤维的直径，直径在25μm以下为细毛，25μm以上为半细毛。在工业上则常用"支"来表示，所谓"支"，就是1kg羊毛每纺出1个1 000m长度的毛纱度为1支，如能纺出60个1 000m长的毛纱，则为60支。支数越多，表示羊毛纤维越细。现场鉴定时，鉴定者取羊只体侧毛一束，用肉眼观察，凭经验判定其细度支数，也可以用羊毛细度标样对照判定。单位为"支"，通常按照惯例分为58支、60

支、64支、66支、70支、80支等。

③羊毛密度。羊毛密度是指单位皮肤面积上的毛纤维根数。现场鉴定首先通过观察羊只被毛外毛丛结构是平顶毛丛还是辫型毛丛，然后用手触摸羊体主要部位的毛被，感觉毛被的密实程度，再分开毛被观察羊毛缝隙大小和内毛丛结构，来综合判断羊毛密度。一般平顶毛丛比辫型毛丛密度大，但未剪过毛的育成羊以辫性外毛丛为主，但不是密度都小，鉴定时要仔细分辨；手感硬而密实的毛被密度大，但羊毛长度大、油汗和杂质少的个体，往往被毛手感软，但不一定密度小；羊毛缝隙小和内毛丛结构密的，毛被密度一般大。

④羊毛弯曲。鉴定时用手分开羊只体侧毛被，观察毛丛，凭经验判定弯曲状况。

⑤羊毛油汗。羊毛油汗是皮脂腺和汗腺分泌物的混合物，对毛纤维有保护作用。油汗以白色或浅黄色为佳，黄色次之，深黄和颗粒状为不良。鉴定时以观察体侧部位，兼顾其他部位，综合判定。

⑥羊毛匀度。鉴定者通过肉眼观察羊只全身不同部位间被毛细度差异和同一部位毛丛中羊毛纤维细度差异，判定个体羊毛细度的均匀程度。

2.体形外貌评定

（1）体格大小

依据羊只体格大小和发育状况，将其以5分制登记。

（2）外貌评分

把羊的个体外貌特点用长方形加修饰符表示出来

（3）毛被状况

①毛色。观察毛被有无杂色，甘肃细毛羊育种母本都有花色个体，所以，在后代中容易出现花色被毛个体，鉴定中都淘汰。

②腹毛着生。触摸感觉腹部羊毛着生状况，对不理想个体或降级或淘汰。

③四肢毛着生。四肢毛要求前肢到腕关节，后肢到飞节。

④头部羊毛着生。头毛着生要求至两眼连线。用符号T表示头毛生长正常，用T+表示头毛过多，超过两眼连线，用T−表示头毛过少，达不到两眼连线。

（4）有无角

甘肃细毛羊育种，选择目标是公羊有螺旋形大角，母羊无角。但在甘肃细毛羊向美利奴型发展过程中，从澳大利亚引入的澳洲美利奴种公羊或从新疆引入的中国美利奴种公羊都有无角个体。所以现在的细毛羊群体，要求母羊无角，公羊不严格要求有无角。

3.现场鉴定总评

现场鉴定按5分制综合评定，用圆圈表示。

4.品种

随着甘肃细毛羊选育进程的深入，引入的外血也变得十分复杂，所以鉴定中对品种的登记也十分重视，一般在耳标编号中用大写字母区别。

（二）甘肃细毛羊的鉴定标准

1.1972年甘肃细毛羊企业标准

甘肃细毛羊育种之初至1981年左右，鉴定标准使用1972年制定的"甘肃细毛羊企业标准"，主要生产性能测定和羊毛品质鉴定指标和目前一样，主要在羊毛品质和体型外貌鉴定的记录标记上有区别。

（1）羊毛密度

鉴定结果一般记录为：M++表示密度很大，M+表示密度较大，M表示密度中等，M−表示密度较差，M=表示密度很差。

（2）羊毛弯曲

鉴定结果记录为：WD大弯曲，表示弯曲不明显，呈平波状；WZ中弯曲，表示弯曲明显，呈浅波状或半圆状；WX小弯曲，表示弯曲十分明显，弯曲的底小弧度深；WG高弯曲，羊毛弯曲似弹簧状。

（3）羊毛油汗

鉴定结果记录为：$\overset{o}{H}$ 表示白油汗，$\overset{v}{H}$ 表示乳白油汗，$\hat{H}$ 表示黄油汗，$\hat{H}$ 表示深黄油汗。

（4）羊毛匀度

鉴定结果记录为：Y表示羊毛匀度良好，Y–表示羊毛匀度较差，Y=表示羊毛匀度很差，YX表示有干死毛。

（5）体格大小

鉴定结果记录为：

5分表示体格大，发育很好，体重超过标准。

4分表示体格较大，发育正常，体重符合标准。

3分表示体格中等，发育一般，体重稍低于标准。

2分表示体格较小，发育较差，体重远低于标准。

1分表示体格很小，发育不良。

（6）腹毛着生

鉴定结果记录为：

O——腹部羊毛着生符合理想标准。

$\underline{O}$——腹部羊毛着生良好。

$\hat{O}$——腹部羊毛稀、短，不呈毛丛结构。

$\hat{O}_x$——腹部羊毛有环状弯曲。

（7）头部羊毛着生

鉴定结果记录为：T表示头毛生长正常，用T+ 表示头毛过多，超过两眼连线，用T– 表示头毛过少，达不到两眼连线。

（8）现场鉴定总评

现场鉴定按5分制综合评定，用圆圈表示。

〇〇〇〇〇 表示很好，可进特级。

〇〇〇〇 符合理想型要求，可进一级。

〇〇〇 中等。

〇〇 不良。

2.1981年国家标准和1982年甘肃细毛羊企业标准

1981年，中华人民共和国国家标准《细毛羊鉴定项目、符号、术语（GB2427-81）》颁布，1982年甘肃省颁布"甘肃细毛羊"企业标准（Q/NM1-82），直至1997年，甘肃高山细毛羊鉴定工作都依据上述两标准执行。

主要鉴定项目有：

（1）头毛

T：头毛着生至两眼连线。

T+：头毛过多，毛脸。

T–：头毛少，甚至光脸。

这里需要强调指出的是，现代细毛羊育种的趋势是要求绵羊面部为"光脸"（open-faced）。

面部盖毛着生多，容易形成"毛盲"（wool-blind），这不仅增加修剪面部盖毛所需的劳动力，提高管理成本，也极不利于绵羊本身的放牧采食、自我保护等生活能力。所以，在鉴定时对这一性状不可过分强求。

（2）类型与皱褶

L：公羊颈部有1~2个完全或不完全的横皱褶，母羊颈部有一个横皱褶或发达的纵垂皮。

L+：颈部皱褶过多；甚至体躯上有明显的皮肤皱褶。

L−：颈部皮肤紧，没有皱褶。

在现代养羊业中较倡导颈部或全身无皱褶的羊只，因为体表无皱褶的绵羊剪毛容易，刀伤少，较少受蚊虫侵袭。

（3）羊毛密度

羊毛密度指单位皮肤面积上着生的羊毛纤维根数，是决定羊毛产量的主要因素之一。羊毛密度的鉴定可从以下方面判断。

①用手抓捏和触摸羊体主要部位被毛，以手感密厚程度来判定。一般手感较硬而厚实者则密度大；反之，则密度较小。但在鉴定时要考虑到羊毛长度、细度、油汗及夹杂物等因素的影响，以免造成错觉。

②用手分开毛丛，观察皮肤缝隙的宽度和内毛丛的结构，皮肤缝隙窄，内毛丛结构紧密者，往往羊毛密度大；反之，密度较小。

③观察毛被的外毛丛结构。外毛丛呈平顶形毛丛的被毛较辫形毛丛被毛密度大。表示方法与记录符号：

M：表示密度中等，符合品种的理想型要求。

M+：表示密度较大。

M++（或MM）：表示密度很大。

M−：表示密度较差。

M＝：表示密度很差。

（4）羊毛长度

羊毛长度是指被毛中毛丛的自然长度。测定时，在羊体左侧横中线偏上肩胛骨后缘一掌处，将毛丛轻轻分开，用有mm刻度单位的钢直尺顺毛丛方向测量毛丛自然状态的长度，以cm表示，精确度为0.5cm，尾数三进二舍。直接用阿拉伯数字表示，如记录为6.5，7.0，7.5，8.0等。鉴定母羊时测量体侧（即在肩胛骨后缘一掌处与体侧中线交点处）和腹部（腹中部偏左处）两个部位，测定；鉴定种公羊时，除体侧外，还应测量肩部（肩胛部中心）、股部（髋结节与飞节连线的中点）、背部（背部中点）和腹部五个部位，记录方法如下：背、肩、侧、股、腹，对育成羊应扣除毛咀部分长度。

（5）羊毛弯曲

鉴定羊毛弯曲状况，应在毛被主要部位（体侧）将毛丛分开观察，按羊毛弯曲的明显度及弯曲大小形状来判断。表示方法与记录符号：

W：属正常弯曲，弯曲明显，弧度呈半圆形，弧度的高等于底的1/2，符合理想要求。

W−：弯曲不明显，呈平波状，弧度的高小于底的1/2。

W+：具有明显的深弯曲，弧度的高大于底的1/2。

为了记载弯曲的大小，可在同一符号的右下角用大写字母D、Z、X表示大弯、中弯和小弯。如WD、WZ、WX，对大、中、小弯的判定，一般依单位厘米长羊毛中的弯曲数来判定，通常1cm毛长有1~3个弯曲为大弯曲，4~5个为中弯曲，6个以上为小弯曲。

（6）羊毛细度

在测定毛长的部位取少量毛纤维测定其细度，现场鉴定用肉眼凭经验观察。观察羊毛细度时要注意光线强弱和阳光照射的角度以及羊毛油汗颜色等因素，以免造成错觉。羊毛细度的鉴定结果直接以品质支数表示，如70支，66支，64支等。

（7）羊毛匀度

羊毛匀度指被毛和毛丛纤维的均匀度。包括不同身体部位间被毛细度的差异程度以及同一部位被毛的毛丛内毛纤维间细度的差异程度。在我国，现阶段在鉴定羊毛匀度时主要根据体侧与股部羊毛细度的品质支数差异和毛丛内匀度差异来评定。表示方法与记录符号：

Y：表示匀度良好，体侧与股部羊毛细度的差异不超过品质支数一级。

Y－：表示匀度较差，体侧与股部羊毛细度品质支数相差二级。

Y＝：表示细度不匀，体侧与股部羊毛细度品质支数相差在二级以上。

（8）羊毛油汗

主要观察体侧部位、背部及股部。鉴定羊毛中油汗的含量及油汗的颜色。表示方法与记录符号：

H：表示油汗含量适中，分布均匀，油汗覆盖毛丛长度1／2以上。

H＋：表示油汗过多，毛丛内有明显可见的颗粒状油粒。

H－：表示油汗过少，油汗覆盖毛丛长度不到1/3，羊毛纤维显得干燥，尘沙杂质往往侵入毛丛基部。

现代绵羊育种中，对羊毛油汗的颜色也引起重视，因为，油汗颜色不仅关系到油汗本身的质量，同时，与保护羊毛质量和羊毛品质也有密切关系。其中，以白色和乳白色油汗为最好，是绵羊育种家追求的理想油汗。为此，为了在育种工作中能够选择油汗，在绵羊鉴定时对油汗颜色可附加一些符号，如以H表示白色油汗，∨H表示乳白色油汗，∧HH表示黄色油汗，H表示深黄色油汗等。

（9）体格大小

根据鉴定时羊只体格大小和一般发育状况评定。以5分制表示，也可在分数后面附加"＋"、"－"号，以示上述分数的中间型。表示方法与记录符号：

"5"—表示发育良好，体格很大，体重显著超过品种标准。

"4"—表示发育正常，体格大，体重符合品种标准。

"3"—表示发育一般，体型中等，体重略小于品种标准。

"2"—表示发育较差，体格小，体重显著小于品种标准。

（10）外形

用长方形代表羊只身体，并在上面画出相应符号表示羊外形表现突出的优缺点。

（11）腹毛和四肢毛着生状况

绵羊腹部面积占整个体表面积14％左右，腹毛优劣直接关系到产毛量。表示方法可在总评圈下标记，以中间的圈代表腹毛，前面的圈代表前肢毛，最后的圈代表后肢毛。

○：表示腹毛和四肢毛着生基本符合理想型。

○：表示腹毛着生良好。

Ô： 表示腹毛稀、短，不呈毛丛结构。

○：表示腹毛有环状弯曲。

（12）总评根据上面鉴定结果给予综合评定，按5分制评定，用圆圈数表示。

00000：表示综合品质很好，可列入特等。

0000：表示综合品质符合理想型要求。

000：表示生产性能及外貌属中等。

00：表示综合品质不良。

也可以在圈后附加"＋"、"－"号，以示中间型。

（13）定级

根据以上鉴定结果，可以给鉴定羊只定级。因为在左耳上戴有耳标，所以一般在羊只右耳上用打缺口的方法作等级标记。标记方法是：

特级：在耳尖剪一个缺口。

一级：在耳下缘剪一个缺口。

二级：在耳下缘剪二个缺口。

三级：在耳上缘剪一个缺口。

四级：在耳上、下缘各剪一个缺口。

至此，羊只鉴定程序全部完毕。外貌评定工作结束。

期间，绵羊毛执行1979年颁布的中华人民共和国国家标准《绵羊毛》（GB1523–1524–79）。

3.1997年甘肃省地方标准和1993年国家标准

1997年，甘肃省地方标准《甘肃高山细毛羊》（DB62/T210–97）颁布，甘肃细毛羊鉴定参照此标准执行，绵羊毛标准执行1993年颁布的中华人民共和国国家标准《绵羊毛》（GB1523–93）。

4.2004年农业部行业标准和2010年国家标准

2004年，农业部行业标准《细毛羊鉴定项目、符号、术语》（NY1–2004）颁布，2010年国家标准《甘肃细毛羊》（GB/T21453）颁布，目前，甘肃高山细毛羊鉴定参照上述两标准执行。绵羊毛标准还执行"中华人民共和国国家标准"（绵羊毛GB1523–93）。

第六节　记录系统

资料记录是在甘肃高山细毛羊育种和生产过程中的一项重要工作。通过资料的收集、整理和分析，可及时全面的掌握和了解羊只（或羊群）的品质、生产性能及存在的缺点和问题等，还可由此调整育种方向和生产计划，安排补饲、配种、剪毛、断奶等日常管理工作。甘肃省皇城羊场自从建场之日起资料记录工作就没有间断过，既便是在"文革"期间也未曾间断。经过多年的不断改进和完善，目前，主要有以下几种记录表。

一、种公羊卡片

凡是经过鉴定认为可作为种用的优秀公羊，都必须填写种羊卡片。卡片内容包括种羊个体编号，品种类型，出生日期和地点，单双胎以及本身的生产性能和鉴定成绩，系谱性能，它历年配种情况及后裔品质、产毛量等，见表3–8。

表3–8　种公羊卡片（正面）

个体编号＿＿＿＿＿＿　品种＿＿＿＿＿　出生日期＿＿＿＿＿

出生地点＿＿＿＿＿　单（双）羔＿＿＿＿　初生重＿＿＿＿

断奶重＿＿＿＿　离场日期及其原因＿＿＿＿＿

亲代生产性能及鉴定成绩

亲属关系	个体编号	品种	年龄	体型	羊毛品质				剪毛量	体重	等级	鉴定年度
					细度	长度	密度	油汗				
父												
祖父												
祖母												
母												
外祖父												
外祖母												

本身生产性能及鉴定成绩

鉴定年度	年龄	体型	体质	羊毛品质						体格大小	总评	等级	剪毛量			体重
				长度	密度	细度	匀度	弯曲	油汗				原毛	净毛率	净毛	

表3-8 历年配种成绩及后裔成绩（背面）

年度	与配母羊		分娩母羊只数	所生后裔																	备注
	等级	只数		羔羊只数			初生重		离乳重		剪毛前体重		剪毛量		等级（%）						
				公	母	计	公	母	公	母	公	母	公	母	特级	一级	二级	三级	四级	

年度	与配母羊		分娩母羊只数	所生后裔																	备注
	等级	只数		羔羊只数			初生重		离乳重		剪毛前体重		剪毛量		等级（%）						
				公	母	计	公	母	公	母	公	母	公	母	特级	一级	二级	三级	四级	

二、种母羊卡片

种母羊卡片适用的个体和种公羊相同，记录内容除历年产羔记录外，其他项目和种公羊相似，见表3-9。

表3-9 种母羊卡片

编号_____ 品种_____ 等级_____ 出生日期及地点_____

出生体重_____ 离乳体重_____ 离去日期及原因_____

亲代生产性能

亲属关系	个体编号	品种	年龄	体型	羊毛品质				剪毛量	体重	等级	鉴定年度
					长度	细度	密度	油汗				
父												
祖父												
祖母												
母												
外祖父												
外祖母												

本身生产性能及鉴定成绩

年度	年龄	体型	羊毛品质						体格大小	总评	等级	生产性能	
			长度	密度	细度	匀度	弯曲	油汗				剪毛量	体重

历年产羔成绩

年度	与配公羊				产羔数			羔羊发育				后裔鉴定记录（平均指标及%）							
	个体号	品种	年龄	等级	公	母	计	初生重	离乳重	周岁	等级	体型	毛长	细度	密度	等级	剪毛量	体重	备注

三、甘肃高山细毛羊个体鉴定表

甘肃高山细毛羊公羊和母羊的鉴定记录表稍有差异。公羊要测定5个部位即肩部、体侧部、股部、背部的腹部毛长，并进行体形外貌和总评打分；而母羊则只测定体侧部及腹部两个部位毛长，且不进行体形外貌和总评打分。

公羊鉴定记录表格见表3-10，母羊鉴定记录表格见表3-11。

表3-10 甘肃高山细毛羊个体鉴定记录表（公羊）

品种_____ 群别_____ 年龄_____ 性别_____

耳号	毛 长		鉴定			体重	等级	备注
	背肩侧股腹	羊毛品质	体格及外貌评分	细度				
		T L M W H Y	☐					
		T L M W H Y	☐					
		T L M W H Y	☐					
		T L M W H Y	☐					
		T L M W H Y	☐					

鉴定员_____ 记录员_____

表3-11 甘肃高山细毛羊个体鉴定记录表（母羊）

品种_____ 群别_____ 年龄_____ 性别_____

耳号	毛 长		鉴定		体重	等级	备注
	体侧	腹部	羊毛品质	细度			
			T L M W H Y				
			T L M W H Y				
			T L M W H Y				
			T L M W H Y				
			T L M W H Y				

鉴定员_____ 记录员_____

四、绵羊配种记录表（表3-12）

表3-12　甘肃高山细羊绵羊配种记录表（正面）

母羊		选配公羊类型	第一次输精		第二次输精		备注
耳号	类型		日期	公羊耳号	日期	公羊耳号	

表3-12　甘肃高山细羊绵羊配种记录表（背面）

序号	母羊		公羊		交配日期	产羔日期	羔羊			羔羊初生鉴定					单双羔	备注
	品种	耳号	品种	耳号			性别	临时号	耳号	体重	体质	毛质	毛色	等级		

配种员_____记录员_____

五、羔羊离乳鉴定记录表（表3-13）

表3-13　甘肃高山细毛羊离乳鉴定表

品种_____群别_____性别_____鉴定日期_____

羔羊耳号	父号	母号	鉴定	体重（kg）	等级	备注
			TLMWHYS cm支			
			TLMWHYS cm支			
			TLMWHYS cm支			
			TLMWHYS cm支			
			TLMWHYS cm支			
			TLMWHYS cm支			

鉴定员_____记录员_____

六、绵羊剪毛称重记录表（见表3-14）

表3-14　绵羊剪毛称重记录表

群别_____性别_____年龄_____时间_____年_____月_____日_____

耳号	剪毛量（kg）	细度/支	等级	备注	耳号	剪毛量（kg）	细度/支	等级	备注

称重员_____记录员_____

第七节　选种技术

一、选种的意义

在细毛羊育种过程中，选种的意义十分重要。通过选种重新安排遗传素材，不断提高群体中优良遗传基因出现的频率，降低和消除劣质基因频率，使羊群质量不断提高。选种是育种工作中一个不可缺少、最基本的技术手段和环节之一。实践证明，在品种形成的关键阶段，只要选择少数几只甚至一只优秀种公羊，加以扩大利用，就会大大加快新品种的育成。

二、选种的含义

家畜的选种，就是按照预定的目标，通过一系列的方法，从畜群中选择优良个体作种用。其实质就是限制品质较差的个体繁衍后代，使优秀的个体得到更多繁殖机会，产生更多的优良个体。这样做的结果，必然会使群体的遗传结构发生定向变化，有利基因的频率减少，最终使有利基因纯合个体的比例逐代增多。相反，如不加选择，长期听任不合格的家畜特别是劣等分畜繁殖下去那么畜群的品质将很快退化。

由此可见，家畜选种是家畜育种工作中的重要环切之一。任何家畜的育种都需要选种，并且贯穿于全部育种工作的始终，没有选种，就没有畜群的改良。即使是杂交育种，杂交本身也只是一种手段，而起决定作用的也仍然是杂交用种畜本身的选择是否得当。

三、甘肃细毛羊的选种技术

细毛羊育种过程中的选种，主要是针对种公羊的选择，它是利用育种场核心群中所有公母羊的生产性能测定和个体品质鉴定成绩，直接判断或通过计算判定某个种公羊的种用价值，来决定其去留的过程。甘肃细毛羊的选种，从最初采用个体表型值选择逐渐发展到后来采取个体表型值结合系谱育种值、同胞半同胞表型值和后裔测验成绩等综合选择的方法，再到综合指数选择利用，目前，发展到传统选种方法结合分子标记辅助选择，是一个不断发展的过程。

（一）选种方法

1.个体表型选择

个体表型选择是依据个体鉴定成绩，即个体生产性能和羊毛综合品质测定结果选择种羊的办法。现阶段我国绵山羊培育广泛应用这一方法。但个体表型选择法的效果决定于所选性状的遗传力大小和所选性状表型与基因型的相关性，同时，环境因素的影响也要考虑。

（1）遗传力

是数量性状遗传给后代的能力，是指在整个表型变异中可遗传的变异所占的百分数。遗传力值的变动范围介于0～1之间，由于任何数量性状都或多或少要受到环境因素的影响，所以，遗传力值很少超过0.7。一般把遗传力值在0.4以上的性状认为是高的，0.2～0.4为中等，0.2以下为低度遗传力。

甘肃细毛羊主要经济性状的遗传力见表3-15，可见初生鉴定等级、断奶体重、断奶毛长和18月龄鉴定等级为低遗传力性状；初生重、断奶鉴定等级、18月龄剪毛量和18月龄羊毛细度为中等遗传力性状；18月龄体重和18月龄毛长为高遗传力性状。

表3-15　甘肃细毛羊主要经济性状的遗传力

性状	遗传力	标准差
初生重（kg）	0.23	0.09
初生鉴定等级	0.17	0.08
断奶体重（kg）	0.13	0.08
断奶毛长（cm）	0.19	0.09
断奶鉴定等级	0.22	0.09
18月龄体重（kg）	0.44	0.12
18月龄毛长（cm）	0.58	0.12
18月龄剪毛量（kg）	0.22	0.09
18月龄羊毛细度（支）	0.26	0.09
18月龄鉴定等级	0.13	0.08

　　性状的遗传力可从两方面影响选择效果，一方面是直接影响选择反应，遗传力高的性状其选择反应就要比遗传力低的性状大很多；另一方面是能影响选择的准确性，凡遗传力高的性状，表型选择的准确性也愈大。通常遗传力越大、表型与基因型的相关性越大的性状，选择效果越明显。

　　（2）选择差与选择强度

　　选择差就是所选种畜某一性状的表型平均数与畜群该性状的表型平均数之差。从公式$R=h^2XS$可以看出，R（选择反应）值不仅受遗传力（h^2）直接影响，而且与选择差（S）的大小密切相关。就是说，在性状传力相同的条件，选择差越大，选择反应也越大。在此需要指出，在影响选择效应的两个因素中，唯有选择差可由性状在群体中的变异程度来决定，变异程度愈大，则选择差也就愈大，选择效果也愈大。为便于比较分析，可将选择差标准化，即选择差（S）除以各该性状表型值的标准差（以$6R$代表）所得结果叫做择强度（以i代表），用公式表示：$i=S/6R$。

　　选择不仅要考虑单个性状的遗传力，还要考虑主要性状间的遗传相关以及它们与遗传和环境间的互作等因素。表3-16是甘肃细毛羊主要经济性状的遗传相关和表型相关系数，表3-17是甘肃细毛羊主要经济性状与遗传及环境因素互作表。

表3-16　甘肃细毛羊主要经济性状的遗传相关和表型相关

性状1	性状2	遗传相关	遗传相关标准差	表型相关	表型相关标准差
18月龄	断奶毛长	+0.33	0.34	+0.24	0.06
污毛	断奶等级	−0.62	0.30	−0.31	0.06
产量	断奶体重	+0.84	0.30	+0.39	0.05
18月龄	断奶毛长	−0.63	0.42	−0.19	0.06
羊毛	断奶等级	−0.64	0.50	−0.06	0.07
细度	断奶体重	+0.77	0.61	−0.03	0.06
18月龄	断奶毛长	+0.79	0.18	+0.42	0.00
羊毛	断奶等级	−0.17	0.29	−0.07	0.07
细度	断奶体重	+0.08	0.33	+0.09	0.07
18月龄	断奶毛长	+0.54	0.93	+0.20	0.06
鉴定	断奶等级	+0.29	1.02	−0.19	0.06
等级	断奶体重	+0.48	0.93	+0.28	0.06
18月龄活重	断奶毛长	+0.12	0.26	+0.09	0.07
	断奶等级	−0.29	0.25	−0.28	0.07
	断奶体重	+0.54	0.22	+0.57	0.05

表3-17 甘肃细毛羊主要经济性状与遗传及环境因素互作表

性 状	年 度	母亲年龄	初生日期	断奶日期	初生类型	管理组别
初生重	ns	***	ns	ns	***	
初生类型	ns	***	ns	ns	*	ns
断奶毛长	ns	*	***	ns	ns	*
断奶重	**	**	***	ns	ns	*
断奶等级	ns	ns	***	ns	ns	**
18月龄活重	***	ns	***	*	ns	**
18月龄羊毛细度	ns	*	ns	ns	ns	ns
18月龄羊毛长度	ns	ns	**	ns	ns	ns
18月龄污毛量	***	ns	***	ns	*	ns
18月龄鉴定等级	***	ns	***	ns	ns	ns

注：*** $P<0.001$，** $P<0.01$，* $P<0.05$，ns $P>0.05$

育种后期，为了选择更优秀的个体，提高表型选择的效果，进一步提高群体品质，用"性状率"和"育种值"指标来选择种公羊。

（3）性状率

性状率指绵羊个体某一性状的表型值与其所在群体同一性状平均表型值的百分比。公式为：

$$T(\%) = Px\sqrt{\overline{P}x} \times 100$$

T——性状率。

Px——个体某一性状的表型值。

$\overline{P}x$——个体所在群体同一性状平均表型值。

用它可以衡量不同环境或同一环境下种羊个体之间的优劣。

（4）育种值

育种值根据被选羊个体某一性状的表型值和同群羊同一性状同一时期的平均表型值、被选性状的遗传力进行估算。公式为：

$$\hat{A}x = \left(Px - \overline{P}\right)h^2 + \overline{P}$$

$\hat{A}x$——被选羊个体某一性状的估计育种值。

Px——被选羊个体某一性状的表型值。

$\overline{P}$——同群羊某一性状的平均表型值。

h^2——所选性状的遗传力。

2.系谱选择

系谱选择是根据被选羊祖先的生产性能来估计被选羊育种价值的方法。通常把本身优秀的羊与其祖先比较，若许多主要经济性状有共同点，则证明遗传稳定，可留种。对还没有生产记录的被选羊可以根据系谱资料估计其育种值，进行早期选则。公式是：

$$\hat{A}x = \left[\left(P_F + P_M\right)\frac{1}{2} - \overline{P}\right]h^2 + \overline{P}$$

$\hat{A}x$——被选羊某一性状的估计育种值。

P_F——被选羊父亲某一性状的表型值。

P_M——被选羊母亲某一性状的表型值。

$\overline{P}$——被选羊父母所在群体某一性状的平均表型值。

h^2——某一性状的遗传力。

3.半同胞测验

半同胞测验是利用绵羊个体同父异母半同胞的表型值估算被选个体育种值，从而对其进行选择的方法。公式是：

$$\hat{A}x = \left(\overline{P}_{HS} - \overline{P}\right)h^2{}_{HS} + \overline{P}$$

$\hat{A}x$——所选个体某一性状的估计育种值。

$\overline{P}_{HS}$——所选个体半同胞某一性状的平均表型值。

$\overline{P}$——所选个体同期羊群某一性状的平均表型值。

$h^2{}_{HS}$——半同胞均值遗传力。

对所选个体因半同胞数量不相等造成的半同胞均值遗传力误差可以用以下公式校正：

$$h^2{}_{HS} = \frac{0.25Kh^2}{1+(K-1)0.25h^2}$$

$h^2{}_{HS}$——半同胞均值遗传力。

K——半同胞只数。

0.25——半同胞间遗传相关系数。

h^2——性状的遗传力。

在被选个体无后代时就可利用这一方法进行早期选择。

4.后裔测验

后裔测验是用后代生产性能表型值和品质来验证和评定种羊育种价值的方法，后代越好则所选公羊种用价值越高。通常用母女对比和同期同龄后代对比两种方法。

（1）母女对比法

母女对比法可以用母女同龄成绩对比，也可以用母女同期成绩对比。前者因年份差异会影响结果，后者受年龄因素的影响，应用中要校对。

母女直接对比法：比较母女同一性状的差。

公羊指数对比法：

用公式$F = 2D - M$计算公羊指数。

F——公羊指数。

D——女儿性状值。

M——母亲性状值。

（2）同期同龄后代对比法

在对多只公羊用同期同龄后代对比法进行比较时，由于每只公羊的后代个数不等，所以，要用加权平均后的有效女儿数来计算。有效女儿数的计算公式：

$$W = \frac{n_1 \times (n_2 - n_1)}{n_1 + (n_2 - n_1)}$$

W——相对育种值。

n_1——某公羊女儿数。

n_2——被测所有公羊总女儿数。

被测公羊相对育种值的计算公式：

$$Ax = \frac{D_w + \overline{x}}{\overline{x}} \times 100$$

Ax——相对育种值。

D_w——被测公羊女儿某性状平均表型值（x_1）与被测所有公羊总女儿同性状平均表型值（$\bar{x}$）之差（$x_1-\bar{x}$）。

$\bar{x}$——被测所有公羊女儿某性状平均表型值。

Ax越大，公羊越好。

后裔测验需要较长的时间，在种羊有了能充分反映其生产性能和品质的后代，才能进行评定。

（二）影响选择性状遗传进展的因素

1.性状遗传力

遗传力高的性状，通过个体表型选择就可以获得提高，遗传进展就快。遗传力低的性状表型值受环境影响较大，用系谱、庞熙和后裔测验选择效果更好。

2.选择差的大小

选择差是留种群某一性状的表型均值与全群同一性状表型均值之差。选择差受留种比例和所选性状表准差的影响，留种比例越大，选择差越小，性状标准差越大，选择差也越大。

3.世代间隔的长短

世代间隔指高扬出生时双亲的平均年龄，或从上一代到下代所经历的时间。

计算公式为：

$$L_0 = P + \frac{(t-1)}{2}C$$

L_0——世代间隔。

P ——初产年龄。

t ——产羔次数。

C ——产羔间隔。

世代间隔长短直接影响选择性状遗传进展，在一个世代里，每年的遗传进展量取决于性状选择差、性状遗传力及世代间隔的长短。

计算公式为：

$$\Delta G = sh^2/L_0$$

ΔG ——每年遗传进展量。

s ——选择差。

h^2 ——性状遗传力。

L_0 ——世代间隔的时间。

世代间隔越长，遗传进展就越慢。

四、甘肃细毛羊育成后选育提高进展

甘肃高山细毛羊1980年育成后，多次针对性引进中国美利奴细毛羊和澳洲美利奴等优秀种羊，进行选育提高取得了理想的选育效果，见表3-18。

表3-18　甘肃高山细毛羊1980～1996年经济性状选择效果

项目	遗传力	标准差	留种率（P）		选择强度（i）	直接选择效果		实际选择效果（1980～1996）		
			母羊	公羊		R	年改进	1980～1996	提高	年改进
体重（kg）	0.429	4.1056	74.78	28.57	0.802	1.413	0.353	32.93	8.57	0.536
			74.78	0.75	1.593	2.806	0.702	41.50	26.02%	
						+1.393	+0.349			
毛长（cm）	0.187	1.2307	99.19	28.57	0.604	0.139	0.035	9.46	2.44	0.153
			97.11	0.75	1.416	0.326	0.082	11.90	25.79%	
						+0.187	+0.047			
密度分	0.131	0.5212	90.42	28.57	0.688	0.047	0.012	1.95	0.16	0.01
			80.42	0.75	1.556	0.106	0.0265	2.11	8.21%	
						+0.059	+0.0145			
细度支数	0.105	2.5382	99.94	28.57	0.604	0.161	0.040	64.22	2.19	0.137
			80.43	0.75	1.556	0.415	0.104	66.41	3.41%	
						+0.254	+0.064			
等级分	0.055	1.1144	70.02	8.57	0.824	0.051	0.013	3.43	0.79	0.049
			43.45	0.75	1.829	0.112	0.028	4.22	23.03%	
						+0.061	+0.015			
毛量（kg）	0.330	0.8112	65.86	28.57	0.868	0.232	0.058	4.54	0.64	0.040
			82.28	0.75	1.764	0.472	0.118	5.18	14.10%	
						+0.240	+0.06			

第八节　个体遗传评定——选择指数法

　　家畜选种的目的是从经济效益的角度获得单位时间内最大的性状遗传进展。与细毛羊经济效益关系最密切的性状有体重、毛长、毛量和羊毛细度，根据对甘肃细毛羊遗传参数分析，就选种方向而言，体重、毛长、毛量3个性状之间存在正的遗传相关，可以进行一致的正向选择同时提高；但羊毛纤维直径指标与上述三个性状的选择是反向的，因此，如果只进行单个性状的选择或选种中只测重某一个性状，可能会对反向性状构成负面影响。因此，在甘肃高山细毛羊的育种中利用综合选种指数法，解决了这一问题，克服了过去表型选择方法的不足，综合选择指数法将影响表型值的非遗传因素充分分离，利用MTDFREML技术对性状遗传参数进行正确估计的基础上进行。2007年对甘肃高山细毛羊重要经济性状进行了遗传参数估计（李文辉等），并建立了4个性状的综合育种指数方程。

一、基础数据整理

　　所用数据为育种工作中建立的甘肃高山细毛羊原始资料数据库文件，以2000～2006年出生的

14 730只羔羊为基础。通过对产羔记录、断奶记录、育成鉴定记录、剪毛记录、净毛率分析结果记录、羊毛纤维直径测定记录6个库依据共同的耳号字段进行关联，建立起包括初生至育成时所有数量性状、系谱记录、管理环境因素字段在内的数据库，以此数据库为基本库，通过执行一个foxpro6.0程序模块筛选有选择性状记录并且有父、母耳号的记录，导出SPSS库文件，导出库文件必须包括个体耳号、父号、母羊、选择性状、出生年份、出生管理群、初生类型、性别、断奶后管理群、母亲年龄、鉴定时日龄（或剪毛时日龄）。主要对育成体重、育成毛长、育成时污毛量、毛纤维直径4个性状进行分析，数据结构如表3-19。

表3-19　重要经济性状统计与遗传分析数据结构

统计量	ywt	ysl	gfw	afd
平均值	37.225	10.14	4.05	18.087
标准差	4.233	1.166	0.854	1.672
变异系数	11.37	11.5	21.09	9.25
记录只数	2759	2758	2243	1079
公羊数	151	151	145	103
母羊数	2264	2264	1972	971
平均后代数/母亲	1.05	1.05	1.137	1.11
平均后代数/父亲	18.27	18.27	15.47	10.48

二、固定效应模型筛选

利用SPSS软件中GLM模块对可能影响育成体重、育成毛长、污毛量、羊毛纤维直径4个性状的品种类型（4个水平）、初生类型（单、双2水平）、出生年度（7个水平）、出生管理群（6个水平）、母亲年龄（2、3、4、5、6+，6个水平）、断奶后管理群（4水平）、育成时日龄或剪毛时日龄（仅适用于剪毛量）等遗传和环境因素进行方差（协方差）分析（表3-20）。本次分析只分析因素主效应，对因素间的交互效应未进行分析，在方差分析中差异不显著的因素没有列入影响分析性状的因素模型方程中。

表3-20　影响甘肃高山细毛羊重要经济性状的因素分析

变异原因	Ywt（2731）			Ysl（2730）			Gfw（2327）			Afd（1036）		
	df	mean S.	Eta^2	df	mean S.	Eta^2	df	mean S.	Eta^2	df	mean S.	Eta^2
GT	3	134.928***	0.012	3	13.889***	0.014	3	.250N.S	0.001	3	7.940**	0.012
BT	1	178.539***	0.005	1	2.755N.S	0.001	1	4.063***	0.005	1	.124N.S	0
BY	6	366.115***	0.063	6	17.402***	0.035	6	34.997***	0.201	6	21.686***	0.062
BF	4	47.293**	0.006	4	2.433N.S	0.003	4	1.202**	0.006	4	19.479***	0.038
DA	4	128.992***	0.016	4	5.485***	0.008	4	3.082***	0.015	4	.208N.S	0
YF	3	2635.985***	0.195	3	45.202***	0.045	3	35.819***	0.114	2	12.080**	0.012
AD	1	243.669***	0.007	1	28.057***	0.01	1	32.450***	0.037	1	8.056**	0.004
B:		0.052***			0.018***			0.021***			0.016*	

通过方差分析显著性检验，确定影响体重、毛长、污毛量、毛纤维直径4个分析性状的固定因素模型分别为以下（1）、（2）、（3）和（4）：

Yijklmno=GTi+BTj+BYk+BFl+DAm+YFN+AGO+eijklmno （1）

Yijklm=GTi+BYJ+DAK+YFL+AGM+eijklm （2）

Yijklmn=BTi+BYj+BFk+DAl+YFm+AGn+eijklmn （3）

Yijklm=GTi+BYj+BFk+YFl+AGm+eijklm （4）

其中：Y是分析性状的表型值；

GT品种类型效应；

BTi是初生类型效应；

BY是出生年度效应；

BF是初生管理群效应；

DA是母亲年龄效应；

YF是断奶后管理群别效应。

以上6个因素均按固定因素处理，AG是性状测定时的日龄效应，在模型中处于协变量位置。性状测定时日龄的协方差分析结果显著，公共回归系数T检验差异均为极显著。e是随机残差.

三、混合线性模型设计与筛选

根据BLUP方法原理，结合选择性状的育种的实际情况，同时参照国外相关研究的做法。首先建立以下4种混合线性模型：

y=Xb+Za+e （1）

y=Xb+Za+Wm+e （2）

y=Xb+Za+Sl+e （3）

y=Xb+Za+Wm+Sl+e （4）

y：各性状观察值向量；b：固定效应；

a：个体加性遗传效应；m：母体加性遗传效应；

l：母体永久环境效应；e：残差效应向量。

X、Z、W、S分别为固定效应、个体加性效应、母体加性遗传效应、母体永久环境效应的结构矩阵。通过运行MTDFREML软件求解方程组，得到4个不同性状不同方差组分的及其比例，同时，得出了不同模型的Log似然值（Log Likelihood），通过对Log likelihood的比较选择理想的模型。

4个性状的混合模型中当将母体加性效应考虑进去后，Log L值显著改进，而且个体加性遗传效应所占比例，即性状遗传力在4个模型中处于最高，残差效应所占比例最小。而在模型II的基础上，加入母体永久环境效应的模型III和在模型I基础上，不考虑母体加性效应而只加入母体永久环境效应的模型IV对Log L值无显著改进，因此，4个性状的模型均选择模型II为理想模型。

用模型II估算出了所有分析羊只的4个性状的育种值。

甘肃高山细毛羊重要选中性状遗传性能估计值表3-21。

表3-21 甘肃高山细毛羊重要选中性状遗传性能估计

model	$Б_p^2$	$Б_a^2$	$Бm^2$	$Б_c^2$	$Б_e^2$	h^2	m^2	C^2	e^2	log L
						ywt				
1	12.092	1.918			10.174	0.16 (0.049)			0.84 (0.049)	9 643.876 4a
2	12.976	2.352	0.333		10.012	0.18 (0.051)	0.03 (0.041)		0.77 (0.054)	9 819.089 6b
3	12.047	1.499	2.477	0.410	9.573	0.12 (0.044)	0.21 (0.006)	0.034 (0.001)	0.79 (0.051)	9 639.506 1c
4	12.047	1.499		0.969	9.578	0.12 (0.044)		0.080 (0.041)	0.80 (0.051)	9 639.506 1c
						ysl				
1	1.094	0.274			0.820	0.25 (0.055)			0.75 (0.055)	3 012.607 2a
2	1.117	0.310	0.499		0.701	0.28 (0.063)	0.45 (0.013)		0.63 (0.061)	3 019.609 2b
3	1.095	0.283	0.139	0.045	0.826	0.26 (0.060)	0.13 (0.004)	0.041 (0.045)	0.75 (0.061)	3 012.537 3a
4	1.094	0.272		0.000	0.822	0.25 (0.058)		0.000 (0.045)	0.75 (0.060)	3 012.608 1a
						gfw				
1	0.376	0.038			0.338	0.10 (0.040)			0.9 (0.040)	151.185 4a
2	0.388	0.090	0.113		0.286	0.23 (0.072)	0.29 (0.051)		0.74 (0.069)	160.299 9b
3	0.378	0.048	0.053	0.000	0.327	0.13 (0.047)	0.14 (0.004)	0.001 (0.000)	0.87 (0.057)	151.729 1a
4	0.376	0.036		0.009	0.331	0.10 (0.040)		0.024 (0.047)	0.88 (0.054)	151.761 6a
						afd				
1	2.163	0.269			1.893	0.12 (0.071)			0.88 (0.071)	1 938.764 0a
2	2.293	0.751	1.167		1.312	0.33 (0.127)	0.51 (0.025)		0.57 (0.118)	1 947.850 3b
3	2.161	0.264	0.014	0.048	1.896	0.12 (0.073)	0.01 (0.000)	0.022 (0.001)	0.88 (0.101)	1 938.767 3a
4	2.164	0.269		0.000	1.894	0.12 (0.074)		0.000 (0.092)	0.88 (0.101)	1 938.764 0a

四、综合选择指标方程

用mtdfreml计算出的羊只个体的不同性状育种值是以群体平均数为基数，这个基数对应育种值的0值，育种值表示在一个世代中可能获得的遗传改进量（或减少量），本研究中以不同选择性状的价格指数作为加权值，建立综合选种指数方程如下：

Index=Ywt × 30+Ysl × 10+gfw × 27+（4.0+gfw）×（−afd × 8.1）

式中，Index为4个育种性状的综合育种值。

体重（ywt）育种值的加权系数为30元，作为种羊来说每千克活重买30元，正好与目前皇城羊场种公羊销售价格相吻合；羊毛长度（Ysl）是确定羊毛等级的基本因素，特级羊毛和一级羊毛长度的差异正好是1cm，而特级和一级羊毛的每千克价格差异设为10元也是比较合适的；个体羊毛产量（gfw）育种值直接乘以2007年的综合羊毛价格27元/kg；毛纤维直径（afd）是影响羊毛价格的主要因素，纤维直径每降低和增加1 μm对羊毛价格影响程度设为±30%，由于羊毛纤维直径变化对效益影响的部分则为该只种羊动态的羊毛产量（群体均值4.0+gfw育种值）与动态的羊毛价格（afd育种值×27×30%）的积。

第九节　个体遗传评定—BLUP法

一、BLUP方法的概念

BLUP方法又称最佳线性无偏预测，是Best Linear Unbiased Prediction的简称。是由美国数量遗传学专家C.R.Henderson提出的。所谓最佳（best），是指估计值的误差方差最小，也即估计值的精确度高；线性（linear）是指估计值为观察值的线性函数；无偏预测（unbiased）是指估计值的数学期望值等于真值。预测（prediction）和估计（estimation）在英文中是有区别的，估计参数和固定效应用"estimation"，而估计随机效应则应用"prediction"。BLUP方法的重要特征是将选择指数法和最小二乘法有机结合起来，所用的混合线性模型，能够在同一个方程组中既能估计固定的环境效应和固定的遗传效应，又能预测随机的遗传效应。

二、BLUP方法的优点

①可充分利用多种亲属的信息，可以综合利用个体成绩，祖先成绩、同胞成绩及后裔成绩等不同信息来有效估计个体育种值。

②具有无偏估计值，即估计值的期望等于其真值，估计值方差最小其真值与估计值之间的误差方差最小。

③可以校正固定环境效应（选择指数不能做到），有效地消除了由于环境造成的偏差，使估计育种值同真实育种值最大程度的接近。

④能够考虑不同繁殖世代的遗传差异，因为对于种畜，不同的繁殖世代充当不同的角色（子女、同胞、父母、祖父母或外祖父母）。

⑤当利用个体的多次记录成绩，可将由于淘汰造成的偏差降到最低。

三、BLUP法基本原理

BLUP法的重要特征是，在同一估计方程中，既能估计固定的环境效应和固定的遗传效应，又能预测随机的遗传效应，所以说，BLUP法是目前相对能全面分析各种因素对动物性状遗传效应的方法。其原理是：

（一）建立数学模型

预测种公畜育种值最可靠的遗传信息是其后代（女儿）的生产性能，即后裔鉴定选择法。设有t只待测种公羊，这些公羊根据它们的遗传基础（如不同年龄、不同家系、不同血缘关系等）分为q组，它们的女儿分布于p个不同的场—年—季效应水平，则n只女儿的表型值（观察值）可用下面的线性模型来描述：

$$y_{ijkl} = h_i + g_j + s_{jk} + e_{ijkl} \qquad （10.1）$$

式中：

y_{ijkl} —女儿成绩观察值；

h_i —第i个场—年—季的固定环境效应；

g_j　—第j只公羊组的固定遗传效应；

s_{jk}　—第j个公羊组第k只公羊的随机遗传效应；

e_{ijkl}　—对应于观察值的残差效应。

根据模型可知，第j组的第k只公羊的估计传递力（estimated transmitting ability，ETA）为：

$$ETA_{jk} = \hat{g}_j + \hat{s}_{jk} \qquad (10.2)$$

由于公羊传递给女儿的遗传物质仅为1/2，因此种公羊的预测育种值（BV）应等于2倍的ETA，即：

$$BV_{jk} = 2ETA_{jk} \qquad (10.3)$$

模型10.1中包括了固定效应和除了残差效应以外的随机效应，是一个混合模型（MM）。如果用矩阵形式表示，则模型10.1有下列一般形式：

$$Y = Xh + Bg + Zs + e \qquad (10.4)$$

其中，

Y—观察值的n维向量；

X—场-年-季效应（固定效应）的n×p阶结构矩阵；

h—场-年-季效应的p维向量；

B—公羊组效应（固定效应）的n×q阶结构矩阵；

g—公羊组效应的q维向量；

Z—公羊效应（随机遗传效应）的n×t阶结构矩阵；

s—公羊效应（随机遗传效应）的t维向量；

e—随机残差的n维向量。

且有：E（s）=0，E（e）=0，E（Y）=Xh+Bg

　　　Var（s）=G，Var（e）=R，

　　　Cov（Y，e'）=R，Cov（Y，s'）=ZG，Cov（Y，e'）=R，

　　　Cov（Y）=[ZGZ' +R]σ2

（二）求BLUP解的混合模型方程（MME）

对于模型11.4，若令：

D=（X B），$\beta = \begin{pmatrix} h \\ g \end{pmatrix}$

则Y和s的联合密度函数为：

f（Y，s）=g（Y/s）h（s）

式中，

$$g(Y/s) = C_1 \exp \left\{ -\frac{1}{2} \left(Y - D\hat{\beta} - Z\hat{s} \right) R^{-1} \left(Y - D\beta - Zs \right) \right\} \qquad (10.5)$$

$$h(s) = C_2 \exp \left\{ -\frac{1}{2} \hat{s}' G^{-1} s \right\}$$

其中：

$$C_1 = (2\pi)^{-n/2} |R|^{-1/2}$$

$$C_2 = (2\pi)^{-t/2} |G|^{-1/2}$$

式中的n为向量Y的阶数，t为向量s的阶数。于是：

$$f(y,s) = C\exp\left\{-\frac{1}{2}\left(Y - D\hat{\beta} - Z\hat{s}\right)' R^{-1}\left(Y - D\beta - Zs\right) - \frac{1}{2}s'G^{-1}s\right\}$$

式中$C = C1 \times C2$，为一常数。

求此函数的关于β和s的极大值，即分别求β和s的偏导数，并令其等于0，则有：

$$\begin{cases}\dfrac{\partial f(Y,s)}{\partial \beta} = C\exp\{a\}\left(D'R^{-1}Y - D'R^{-1}D\hat{\beta} - D'R^{-1}Z\hat{s}\right) = 0 \\[3mm] \dfrac{\partial f(Y,s)}{\partial \hat{s}} = C\exp\{a\}\left(Z'R^{-1}Y - Z'R^{-1}Z\hat{\beta} - Z'R^{-1}Z\hat{s} - G^{-1}s\right) = 0\end{cases}$$

其中，a为$f(y，s)$中的指数函数的幂。上式化简整理后得：

$$\begin{cases}D'R^{-1}D\hat{\beta} + D'R^{-1}Z\hat{s} = D'R^{-1}Y \\[2mm] Z'R^{-1}D\hat{\beta} + \left(Z'R^{-1}Z + G^{-1}\right)\hat{s} = Z'R^{-1}Y\end{cases}$$

若写成矩阵形式，则有：

$$\begin{bmatrix} D'R^{-1}D & D'R^{-1}Z \\ Z'R^{-1}D & Z'R^{-1}Z + G^{-1} \end{bmatrix}\begin{bmatrix} \hat{\beta} \\ \hat{s} \end{bmatrix}\begin{bmatrix} D'R^{-1}Y \\ Z'R^{-1}Y \end{bmatrix} \tag{10.6}$$

此方程组称为混合模型方程组（mixed model equations，MMX），由于混合模型方程组的解与BLUP估计值等价，即由方程10.6所求得的$\hat{\beta}$和$\hat{s}$即为β和s的最佳线性无偏预测值，所以，在动物育种中，混合模型方程组法已成了BLUP法的同义词。

（三）MME的灵活运用

1.随机剩余误差e的方差矩阵R

在一般情况下，我们假设随机剩余误差e之间是不相关的，即：

$R = I\sigma_e^2$（I为单位矩阵）

则方程11.6可简化为：

$$\begin{bmatrix} D'D & D'Z \\ Z'D & Z'Z + \sigma_e^2 G^{-1} \end{bmatrix}\begin{bmatrix} \hat{\beta} \\ \hat{s} \end{bmatrix}\begin{bmatrix} D'Y \\ Z'Y \end{bmatrix} \tag{10.7}$$

2.公羊的随机效应s的方差矩阵G

若s具有同方差σ_s^2，且公羊间不相关，则：

$$G = I\sigma_s^2,\ G^{-1} = I\frac{1}{\sigma_s^2}$$

$$\because \sigma_p^2 = \sigma_s^2 + \sigma_e^2,\ \sigma_s^2 = \frac{1}{4}\sigma_A^2$$

$$\therefore \sigma_e^2 G^{-1} = \sigma_e^2 / \sigma_s^2 = \left(\sigma_p^2 - \sigma_s^2\right) / \sigma_s^2$$

$$= \left(\sigma_p^2 - 0.25\sigma_A^2\right) / 0.25\sigma_A^2$$

$$= \left(4 - h^2\right) / h^2$$

其中h^2为性状遗传力，令$\left(4-h^2\right)\big/h^2=\lambda$，则方程10.7可进一步化为：

$$\begin{bmatrix} D'D & D'Z \\ Z'D & Z'Z+I\lambda \end{bmatrix}\begin{bmatrix} \hat{\beta} \\ \hat{s} \end{bmatrix}=\begin{bmatrix} D'Y \\ Z'Y \end{bmatrix} \qquad （10.8）$$

3.若公羊间存在相关，设血缘秩次相关系数矩阵

若公羊间存在相关，设血缘秩次相关系数矩阵（或叫加性相关系数矩阵：additive relationship matrix；或叫分子血缘相关矩阵：numerator relationship matrix）为A，则有：

$$G = A\sigma_s^2,\ \sigma_e^2 G^{-1}=A^{-1}\lambda$$

这时混合模型为：

$$\begin{bmatrix} D'D & D'Z \\ Z'D & Z'Z+A^{-1}\lambda \end{bmatrix}\begin{bmatrix} \hat{\beta} \\ \hat{s} \end{bmatrix}=\begin{bmatrix} D'Y \\ Z'Y \end{bmatrix} \qquad （10.9）$$

4.A^{-1}的计算方法

在上述10.9中，A^{-1}从理论上讲可以通过对A求逆得到，但当A阵很大时，对它求逆十分困难以致不太可能。事实上，有时构造A阵本身也不是一件容易的事。Hendertson（1975）提出了一个可以从系谱直接构造A^{-1}（不要构造A）的简捷方法，正是由于这一方法的提出，才能使得BLUP法，尤其是BLUP动物模型在动物育种中的真正广泛使用成为可能。这是Hendertson对动物育种的重大贡献。

应用这个方法的前提是n头动物为非近交个体，引用下例说明具体计算方法步骤。

设有5个个体的系谱为：

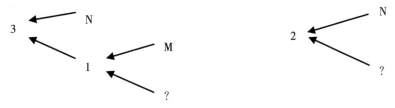

用Hendertson的简捷方法构造A^{-1}即分子血缘相关矩阵A的逆阵A^{-1}，设$B=A^{-1}$。

步骤1　根据系谱将所有个体按血统顺序为3列表

个体	父	母
M	–	–
N	–	–
1	M	–
2	N	–
3	N	1

列表中应注意：①在个体一列中应包括所有在父和母列出现过的个体；②在个体一列中应保证后代绝不会出现在亲代之前，一般可按出生日期来排序，先出生的在前；③为便于编写计算机程序，个体应用自然数从1开始连续编号；④个体有父或母者，在父或母列中直接写上编号，无父或母者，用"–"代表。

步骤2　根据三列表，再将个体按求A^{-1}阵时的方式安排在一个表中，并将A^{-1}中所有元素置为0。

	—— M	—— N	M– 1	N– 2	N1 3	亲体 个体
M	0	0	0	0	0	
N	0	0	0	0	0	
1	0	0	0	0	0	
2	0	0	0	0	0	
3	0	0	0	0	0	

步骤3根据以下公式，计算数值后加到A^{-1}中。

注意到有3种情况：

若个体i的父母均不知道，则把下式的值加到A^{-1}中：

$b_{ii}=1$，$b_{ij}=0$ （$i≠j$）　　　　（10.10）

若个体i的一个亲体已知，则把下式的值加到A^{-1}中：

$b_{ii}=3/4$，$b_{ip}=-2/3$

$b_{pp}=1/3$，$b_{ij}=0$　　　　（10.11）

若个体i的双亲p和q都已知，则把下式的值加到A^{-1}中：

$b_{ii}=2$，$b_{pp}=1/2$

$b_{ip}=-1$，$b_{qq}=1/2$

$b_{iq}=-1$，$b_{qp}=1/2$　　　　（10.12）

详细说明如下：取1号（$i=1$）个体的系谱，它的父亲是M（$p=M$），母亲未知，则根据10.11式得：

$b_{11}=4/3$；

$b_{1M}=-2/3$；

$b_{MM}=1/3$；

$b_{1j}=0$

把它们加到A^{-1}中的相应位置，表格变为：

	M	N	M–1	N–2	N1 3	亲体
						个体
M	1/3					
N						
1	–2/3	0	4/3			
2						
3						

同理，取2号（$i=2$）个体系谱，它的父亲是N（$p=N$），母亲未知，则：

$B_{22}=4/3$；$b_{2N}=-2/3$；$b_{NN}=1/3$；$b_{2j}=0$

把它们加到A^{-1}中的相应位置，表格变为：

	M	N	M–1	N–2	N1 3	亲体
						个体
M	1/3					
N		1/3				
1	–2/3	0	4/3			
2	0	–2/3	0	4/3		
3						

取3号（$i=3$）个体系谱，它的父亲是N（$p=N$），母亲是1号（$q=1$），则根据10.12式得：

$b_{33}=2$；$b_{3N}=-1$；$b_{31}=-1$；

$b_{NN}=1/2$；$b_{11}=1/2$；$b_{1N}=1/2$

把它们加到A^{-1}中的相应位置，表格变为：

	——	——	M—	N—	N1	亲体
	M	N	1	2	3	个体
M	1/3					
N		1/3+1/2				
1	–2/3	1/2	4/3+1/2			
2	0	–2/3	0	4/3		
3		–1	–1		2	

最后分析M（i=M）和N（i=N）的系谱，它们的双亲均未知，根据10.10式，得：

bMM=1；bNN=1

把它们加到相应的位置上（实际为对角线）。

步骤4将上述结果整理，得到A^{-1}。因此，求得的A^{-1}为：

　　　—— 　—— 　M— 　N— 　N1 　←　亲体
　　　 M 　 N 　 1 　 2 　 3 　←　　个体

$$A^{-1}\begin{bmatrix} 4/3 & & & & \\ 0 & 11/6 & & sym. & \\ -2/3 & 1/2 & 11/6 & & \\ 0 & -2/3 & 0 & 4/3 & \\ 0 & -1 & -1 & 0 & 2 \end{bmatrix}$$

四、混合模型的求解

（一）直接法

在样本较小的情况下，可以直接用求逆法解方程，但在一般情况下，该系数矩阵为非满秩阵，所以其解是不确定的，或者说是无穷多的。因此必须对被估参数加上约束条件，才能得到唯一解，即：$\sum \beta_i = 0$。

这个约束条件称为"和约束"。对于随机效应，不论什么情况下解总是唯一的。设10.6式中的系数矩阵之逆为C，则：

$$\begin{bmatrix} \hat{\beta} \\ \hat{s} \end{bmatrix} = \begin{bmatrix} C_{11} & C_{12} \\ C_{21} & C_{22} \end{bmatrix} \begin{bmatrix} D'R^{-1}Y \\ Z'R^{-1}Y \end{bmatrix} \qquad （10.13）$$

（二）吸收法

求种公畜的BLUP值，在样本较小的情况下，可以用直接解方程来求解，但在大规模的范围内评定种公羊，直接法计算速度慢，有时几乎无法进行。在实际应用中，一般采用吸收法来解方程，即把固定效应所对应的方程吸收到公羊效应方程组内，因为我们感兴趣的是公羊的遗传效应，它直接与育种值有关，这样可以大大降低矩阵的阶数，然后再采用"迭代法"或直接求逆法进行求解。对吸收后的方程组求解，得到的只是公畜效应的BLUP值，如有必要，可再进行"反演法"求出固定环境效应的估计值。

例：以一个带有遗传分组的公羊模型为例阐述吸收法的计算过程和方法。

模型：

$$Y = X_1h + X_2q + Zs + e$$

混合模型方程组为：

$$\begin{bmatrix} X_1'X_1 & X_1'X_2 & X_1'Z \\ X_2'X_1 & X_2'X_2 & X_2'Z \\ Z'X_1 & Z'X_2 & Z'Z + \sigma_e^2 G^{-1} \end{bmatrix} \begin{bmatrix} \hat{h} \\ \hat{g} \\ \hat{s} \end{bmatrix} = \begin{bmatrix} X_1'X_1 \\ X_2'Y \\ Z'Y \end{bmatrix} \qquad （10.14）$$

将 $\hat{h}$ 所对应的方程（可简称h方程）吸收到 $\hat{g}$ 和 $\hat{s}$ 方程中的方法步骤如下：

1.建立暂时忽略 $\hat{g}$ 方程（公羊组效应）和 $\sigma_e^2 G^{-1}$ 的方程组，得：

$$\begin{bmatrix} X_1'X_1 & X_1'Z \\ Z'X_1 & Z'Z \end{bmatrix} \begin{bmatrix} \hat{h} \\ \hat{s} \end{bmatrix} = \begin{bmatrix} X_1'Y \\ Z'Y \end{bmatrix} \qquad （10.15）$$

即得以下两方程式：

$$\begin{cases} X_1'X_1 h + X_1'Z s = X_1'Y & （1） \\ Z'X_1 h + Z'Z s = Z'Y & （2） \end{cases}$$

在不考虑公羊组效应的前提下，设有p个场–年–季水平，t只公羊，则以下符号的含义为：

ni.—第i个场–年–季组的女儿数总和（i=1，2，…，p）；

n.k —第k个公羊女儿数总和（k=1，2，…，t）；

nik—第i个场–年–季组中第k个公羊的女儿数；

Yi..—第i个场–年–季组所有女儿成绩总和；

Y.k—第k只公羊所有女儿成绩总和。

从而将10.15式可直接表示为：

$$\begin{bmatrix} n_{1.} & & & \vdots & n_{11} & n_{12} & \cdots & n_{1t} \\ & n_{2.} & & \vdots & n_{21} & n_{22} & \cdots & n_{2t} \\ & & \ddots & \vdots & \vdots & \vdots & & \vdots \\ 0 & & n_{p.} & \vdots & n_{p1} & n_{p2} & \cdots & n_{pt} \\ \cdots & \cdots & \cdots & \vdots & \cdots & \cdots & \cdots & \cdots \\ n_{11} & n_{12} & \cdots & n_{1t} & \vdots & n_{.1} & & 0 \\ n_{21} & n_{22} & \cdots & n_{2t} & \vdots & & n_{.2} & \\ \vdots & \vdots & \vdots & \vdots & \vdots & & & \ddots \\ n_{p1} & n_{p2} & \cdots & n_{pt} & \vdots & 0 & & n_{.t} \end{bmatrix} \begin{bmatrix} \hat{h}_1 \\ \hat{h}_2 \\ \vdots \\ \hat{h}_p \\ \cdots \\ \hat{s}_1 \\ \hat{s}_2 \\ \vdots \\ \hat{s}_t \end{bmatrix} = \begin{bmatrix} Y_{1..} \\ Y_{2..} \\ \vdots \\ Y_{p..} \\ \cdots \\ Y_{1.} \\ Y_{2.} \\ \vdots \\ Y_{t..} \end{bmatrix} \qquad （10.16）$$

2.将10.15中的h方程，即方程（1），吸收到s方程，即方程（2）中，由方程（1）可得：

$$\hat{h} = \left(X_1'X_1 \right)^{-1} \left[X_1'Y - X_1'Z \hat{s} \right]$$

$$= \left(X_1'X_1 \right)^{-1} X_1'Y - \left(X_1'X_1 \right)^{-1} X_1'Z \hat{s}$$

代入（2）式中得：

$$Z'Z \hat{S} = Z'Y - Z'X \hat{h}$$

$$= Z'Y - Z'X_1 \left(X_1'X_1 \right)^{-1} X_1'Y - Z'X_1 \left(X_1'X_1 \right)^{-1} X_1'Z \hat{s}$$

经整理得：

$$\left[Z'Z - Z'X_1 \left(X_1'X_1 \right)^{-1} X_1'Z \right] \hat{s} = \left[Z'Y - Z'X_1 \left(X_1'X_1 \right)^{-1} X_1'Y \right]$$

上式可简写为：

$$Cs' = \hat{\gamma} \tag{10.17}$$

3.将公羊组效应方程 $\hat{g}$ 加入方程组。为此需要建立一个L阵，即在对角线方向上有一系列的单位向量，其向量个数等于公羊组数q，每一单位向量的元素与对应的公羊组所包含的公羊只数相等。L阵一般表示为：

$$L = \begin{bmatrix} l_1 & & & 0 \\ & l_2 & & \\ & & \ddots & \\ 0 & & & l_q \end{bmatrix}$$

其中， l_1 ， l_2 ，…， l_q 为单位向量。利用L阵分别建立以下矩阵：

$$D_2 = CL ; \quad D_1 = L'D_2 ; \quad \beta = L'\gamma$$

将以上各矩阵作为子阵，构成以下正规方程组的系数矩阵和等号右侧项：

$$\begin{bmatrix} D_1 & D_2' \\ D_2 & C \end{bmatrix} \begin{bmatrix} \hat{g} \\ \hat{s} \end{bmatrix} = \begin{bmatrix} \beta \\ \gamma \end{bmatrix} \tag{10.18}$$

即构成了公羊效应与公羊组效应的方程。

4.将 $\sigma_e^2 G^{-1}$ 加入到系数矩阵中得：

$$\begin{bmatrix} D_1 & D_2' \\ D_2 & C + \sigma_e^2 G^{-1} \end{bmatrix} \begin{bmatrix} \hat{g} \\ \hat{h} \end{bmatrix} = \begin{bmatrix} \beta \\ \gamma \end{bmatrix} \tag{10.19}$$

此式即为将10.14式中的h方程吸收到 $\hat{g}$ 和 $\hat{s}$ 后的混合模型方程组。

如果公羊间的分子血缘相关矩阵为A，则应加入A−1k，即：

$$\begin{bmatrix} D_1 & D_2' \\ D_2 & C + A^{-1}k \end{bmatrix} \begin{bmatrix} \hat{g} \\ \hat{h} \end{bmatrix} = \begin{bmatrix} \beta \\ \gamma \end{bmatrix} \tag{10.20}$$

其中， $k = (4 - h^2)\big/ h^2$ ， h^2 为性状的遗传力。

实际计算中，k值加入到10.16式的系数矩阵中有关公羊效应的部分，即（n.1+k），（n.2+k），…，（n.t+k）。这是为了适应公畜效应属于遗传效应，以及校正混合模型中公畜的随机效应，由Henderson建议而增加的。

5.求解以上方程组，便可得到公羊的估计传递力（ETA）和育种值（BV），即：

$$ETA_{jk} = \hat{g}_i + \hat{s}_{jk}$$

$$BV = 2ETA$$

五、甘肃细毛羊育种值BLUP模型的建立方法

在实际应用过程中，细毛羊BLUP模型的建立首先要筛选出影响性状的固定影响因子，然后根据实际情况设计出可能的混合线性模型，建立混合模型方程组，然后应用软件（如mtdfremal）对不同模型的方差组分及其比例进行测算，根据方差比例的大小再进行比较研究，从而筛选出适合的性状预测模型，再依此模型计算出每个羊只各自相应性状的育种值，最后根据育种值大小筛选出优秀种羊。

下面以2000～2003年甘肃省皇城种羊场61只种公羊的4 610只子女的断奶重性状的数据记录为例作一简要介绍。

步骤1 固定效应的筛选

应用SPSS11.0中的GLM方法对可能影响绵羊断奶重的出生类型（单羔、双羔）、性别、出生年份和各分场进行方差分析，结果见表3-22，可以看出，肉羊断奶重受出生类型、性别、出生年度及分场的显著影响（$P<0.05$），同时也受这些固定因子两两之间互作效应的显著影响（$P<0.05$）。因而，断奶重应考虑的非遗传影响因素为出生年份、分场、性别和出生类型，可将互作效应显著的出生年份和场合并，性别和出生类型合并。

表3-22 断奶重的GLM方差分析

因素	断奶重			
	Ms	df	F	p
出生年份	7 993.262	3	513.159	0.000
分场	516.664	2	23.797	0.000
性别	1 049.270	1	48.338	0.000
出生类型	414.991	1	18.581	0.000
出生年份×分场	2 535.346	11	174.110	0.000
出生年份×性别	3 595.014	7	235.278	0.000
出生年份×出生类型	2 636.066	5	172.170	0.000
分场×性别	475.059	5	22.225	0.000
分场×出生类型	204.596	5	9.280	0.000
性别×出生类型	327.518	3	14.849	0.000

步骤2 混合线性模型设计

根据BLUP原理，结合育种群实际情况，设计出四种可能的线性模型如下：

$$y = Xb + Za + e \tag{1}$$

$$y = Xb + Za + Wm + e \tag{2}$$

$$y = Xb + Za + Sl + e \tag{3}$$

$$y = Xb + za + Wm + Sl + e \tag{4}$$

其中，y为性状观察值向量；b为固定效应；a为个体加性遗传效应；m为母体加性遗传效应；l为母体永久环境效应；e为残差效应向量；X、Z、W、S分别为固定效应、个体加性效应、母体加性遗传效应、母体永久环境效应的结构矩阵。

步骤3 建立混合模型方程组

根据线性模型理论，混合模型方程组MME一般可表示为：

$$\begin{bmatrix} X^{-1}R^{-1}X & X'R^{-1}Z \\ Z'R^{-1}X & Z'R^{-1}+G^{-1} \end{bmatrix} \begin{bmatrix} \beta^0 \\ a \end{bmatrix} = \begin{bmatrix} X^{-1}R^{-1}Y \\ Z'R^{-1}Y \end{bmatrix}$$

$$Ver = [y] = [Z \ W] \begin{bmatrix} g_{11} & g_{12} \\ g_{21} & g_{22} \end{bmatrix} [Z \ W] + S\sigma_l^2 S' + I\sigma_e^2$$

步骤4 混合线性模型的筛选

将所有个体按出生早晚分个体号、父亲号、母亲号排列构建系谱文件。再按出生早晚依次排个体号、父亲号、母亲号、固定效应、性状观察值，构建断奶重性状的数据文件。应用mtdfremal软件，分别计算出上述四种线性模型的方差组分及其比例（表3-23）。

表3-23 断奶生性状不同模型的方差组分及其比例

性状	模型	σ_p^2	σ_e^2	σ_a^2	σ_m^2	σ_c^2	$\sigma_c^2\%$	$\sigma_m^2\%$	$\sigma_a^2\%$	$\sigma_e^2\%$
断奶重	1	15.36244	11.14158	4.22086					0.27	0.73
	2	15.12200	10.77573	4.16276	2.62913			0.17	0.28	0.71
	3	15.31585	10.68528	3.92893		0.70164	0.05		0.26	0.70
	4	15.90999	6.79275	7.92734	1.57615	3.14852	0.20	0.10	0.50	0.43

注：σ_p^2：表型方差；σ_e^2：残差方差；σ_a^2：加性遗传方差；σ_m^2：母体遗传方差；σ_c^2：母体永久环境方差

从表3-22可以看出，断奶重的残差方差占表型方差比例最小的为模型（4），其他3种模型的比例相近；加性遗传方差占表型方差比例最大的为模型（4），其余三种模型的比例接近，相差不大；母体遗传方差占表型方差比例最大的为模型（2），但与模型（4）相差无几；母体永久环境方差所占表型方差比例最大的为模型（4），最小的为模型（3）。

显然，4个模型中（4）的残差效应最小，而加性遗传效应最大，而断奶重受到母体永久环境效应的影响要比母体遗传效应的影响大，这是因为羔羊在早期生长期间对母体的依赖性比较强的缘故。故综合考虑，选用模型（4）估计肉羊的断奶重育种值比较合理。

步骤5　育种值估计

根据筛选结果，选用模型$y=Xb+Za+Wm+Sl+e$来估测细毛绵羊断奶重性状的育种值，并根据育种值大小排出61只种公羊的优劣次序，现将61只种公羊中排序靠前的16只的育种值及排序名次列于表3-24。

表3-24　排名靠前的16只种公羊育种值

羊　号	935000	930010	920003	920009	930008	969000	920005	930001
育种值	2.845 59	2.795 28	2.433 05	2.414 99	2.279 61	1.982 34	1.982 01	1.927 31
排　序	1	2	3	4	5	6	7	8
羊　号	959010	949005	949001	930009	920007	959011	949002	910002
育种值	1.524 88	1.440 08	1.374 62	1.246 57	1.237 81	1.227 83	1.221 20	1.195 92
排　序	9	10	11	12	13	14	15	16

结论

从遗传学的角度来讲，只有通过家畜的育种值进行选择才能得到最大的选择结果。但是育种值不能直接度量，只有通过表型予以估计。BLUP法在估计过程中可以校正固定环境效应，有效消除环境造成的偏差，能充分利用多种亲属的信息，可以综合利用个体成绩、祖先成绩、同胞成绩及后裔成绩等不同信息来有效估计个体育种值，因而是目前估计育种值最好的方法。上述例子中仅考虑了四个影响细毛绵羊断奶重的固定影响因子，但在实际应用中要具体情况具体分析，尽量全面考虑影响性状的所有固定因子，当然随机影响因子的考虑也应如此。

第十节　选配方法

在育种过程中，有明确目的地决定公母畜的配偶，根据母羊的特点，为其选择恰当的公羊交配，有意识地组合后代的遗传基础，获得理想后代，以达到培育或利用良种的目的，就是选配。换句话说，选配就是对畜群在交配时进行人工干预，为了要按一定的育种目标培育出优育的后代，而有意识地组织优良种用公母畜进行配种。

一、选配的目的

①使亲代的固有优良性状稳定遗传给后代；
②把分散在双亲个体的不同优良性状结合起来遗传给后代；
③把细微的不很明显的优良性状累计起来遗传给后代；
④对不良性状、缺陷性状削弱或淘汰。
选配的作用就是巩固选种效果。

二、选配方法

（一）表型选配

以与配公母羊的个体表型作为选配依据，也就是品质选配。

1.同质选配

用具有相同优秀性状特点的公母羊交配，使相同特点在后代中得以巩固和提高。通常称"以优配优"。

2.异质选配

用具有不同优秀性状的公母羊交配，使它们的不同优秀特点在后代中结合，创造新的类型，也能用公羊的优点纠正与配母羊的缺点或不足。即"公优于母"的原则。

3.表性选配在实践中分为

（1）个体选配

根据每只母羊的特点，为其选择合适的公羊，特别是特级、一级母羊。

个体选配的原则是：

①符合品种理想型要求并具有某些突出优点的母羊，应为其选择具有相同特点的特一级公羊，以获得具有这些突出特点的后代。

②具有某些突出优点，同时又有性状不理想的母羊，要选择具有同样突出优点，但必须能改善其不理想性状的公羊。

③符合理想型要求的一级母羊，要选择与其同品种、同一生产方向的特、一级公羊，以获得优于母羊的后代。

（2）等级选配

二级以下的母羊具有各自不同的优缺点，要根据每一等级的综合特征，为其选配适合的公羊，使等级的共同特点获得巩固，共同缺点得以改进。

（二）亲缘选配

根据公母羊的血缘关系进行选配，即选择具有一定血缘关系的公母羊进行交配。按双方血缘关系的远近可分为近交和远交。

1.同质选配

亲缘选配的同质选配也就是近交。凡所生后代进交系数大于0.78%或交配双方到共同祖先的代数总和不超过6代者，为近交。近交系数计算公式为：

$$F_x = \sum \left[\left(\frac{1}{2} \right)^n \cdot \left(1 + F_A \right) \right]$$

F_x：个体x的近交系数

$\frac{1}{2}$ 常数，两世代配子间的通径系数

n表示通过共同祖先把个体x的父亲和母亲连接起来的通径链上所有的个体数

F_A 表示共同祖先的近交系数，计算方法同 F_x。如果共同祖先不是近交个体，则用$F_x = \sum \left(\frac{1}{2} \right)^n$ 计算。

近交在育种实践中的作用：

刚开始选育的绵羊群体或品种形成的初级阶段，其群体遗传结构比较混杂，但通过持续的、定向的选种选配，就可以提高群体内顺向选择性状的基因频率，降低反向选择性状的基因频率，从而

使羊群的群体遗传结构向性状一致的方向发展。

（1）固定优良性状，保持优良血统

近交可以纯合优良性状基因型，并比较稳定地遗传给后代。从而固定优良性状。

（2）暴露有害隐性基因

近交可以分离杂合体基因型中的隐性基因并形成隐性基因纯合体，后代出现有遗传缺陷的个体，而得以及早淘汰。

（3）近交通常伴有羊只本身生活力下降的趋势

不适当的近交繁殖不但会造成生活力下降，繁殖力、生长发育、生产性能等都会受到影响。

2.异质选配

亲缘选配的异质选配也就是远交。凡所生后代进交系数不大于0.78%或交配双方到共同祖先的代数总和大于6代者，为远交。

第十一节　杂交体系

甘肃细毛羊的整个育种过程，先后形成的杂交体系可以概括为两种：

一、育种初期的育成杂交体系

在杂交改良初期，主要形成了以高加索细毛羊和新疆细毛羊为父本，蒙古羊和藏系绵羊为母本的级进杂交体系。它是一个比较复杂的育成杂交体系，其中，最多应用的是级进杂交。详见图3-1。

二、选育提高阶段的外血导入杂交

甘肃细毛羊从育成到现在的30年间，进行过多次有计划的外血导入杂交工作，把引进品种优秀的基因资源导入到甘肃细毛羊群体中。

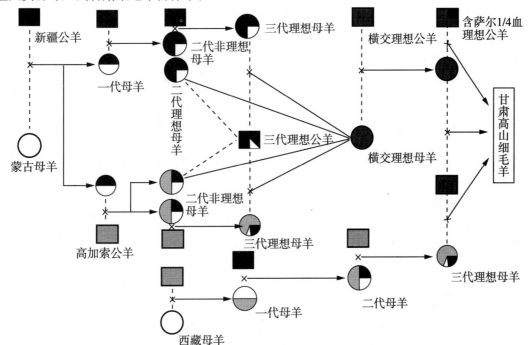

图3-1　甘肃高山细毛羊育成杂交体系

1982年，为了改善甘肃高山细毛羊刚育成群体的缺点，如体格小和羊毛品质差，针对性地从新疆巩乃斯种羊场引进含澳血的新疆细毛羊种公羊10只，依托甘肃省七五重点攻关项目"甘肃高山细毛羊选育提高及推广利用"，结合体大品系、毛密品系和毛长品系选育，改善了甘肃细毛羊体格小和羊毛品质差的缺陷。

1986年，在执行中澳合作8456项目"开展绵羊育种，提高中国西北绵羊羊毛品质"时，从澳大利亚引进中、强毛型澳洲美利奴种公羊8只，1989年从新西兰引进细型新西兰美利奴种公羊8只。对提高甘肃细毛羊的体格和羊毛长度起到了重要作用。

1990年从内蒙古金峰种养场引进澳洲美利奴种公羊6只，邦德种公羊2只，德国美利奴种公羊2只。1992年从新疆巩乃斯种羊场引进中国美利奴公羊12只。1996年从内蒙古金峰有限公司澳美羊繁殖场引进无角澳美型种羊51只。其中公羊10只。结合甘肃省"九五"科技攻关项目"中国美利奴细毛羊高山型新类群培育"，以甘肃高山细毛羊为遗传基础，培育高山细毛羊新类群（肉用品系、优质毛品系），2002年获省科技进步二等奖。这一成果为进一步推进细毛羊育种向高产、优质、高层次、高效益迈进，取得了辉煌成就。使种羊质量明显地上了一个新的台阶。

2001年和2003年分别两次从新疆紫泥泉种羊场引进中国美利奴（军垦型）细型公羊10只，超细型公羊5只。结合甘肃省十五科技攻关项目"甘肃细毛羊超细品系培育"的实施，标志着甘肃细毛羊育种工作一段新历程的开端。

"甘肃高山细毛羊优质毛品系选育"，2005年底鉴定验收，2006年获甘肃省农牧渔业丰收奖一等奖；"甘肃高山细毛肉用类群选育"，2006年获甘肃省农牧渔业丰收奖二等奖；"甘肃超细品系培育"，2006年8月通过了省科技厅组织的成果鉴定。

2005年从澳大利亚引进澳洲美利奴超细型公羊13只。现阶段执行的十一五国家科技支撑计划子课题"甘肃优质朝超细毛羊新品种（系）选育及产业化开发"和甘肃省十一五科技支撑计划项目"甘肃细毛羊品系选育"主要以这些种公羊为基础，选育甘肃细毛羊细型品系和超细品系。

第十二节　杂种优势利用

两个遗传基础不同的细毛羊进行杂交，其杂交后代所表现出的一个或多个性状优于杂交双亲的现象。比如抗逆性强、早熟高产、品质优良等，因此称之为杂交优势。杂交产生优势是生物界普遍存在的现象。

一、杂交优势的表现

1.杂交后代的个体大小、生长速度和生产力均显著超过双亲。这类优势有利于农业生产的需要，但对生物自身的适应性和进化来说并不一定有利。

2.杂交后代的繁殖能力优于双亲，例如产仔多，成活率高等。

3.表现为进化上的优越性，如杂交种的生活力强、适应性广，有较强的抗逆力和竞争力。

一般来说，杂交优势都表现在杂交第一代，从第二代起杂交优势就明显下降。因此，在生产上主要是利用杂交第一代的增产优势。

二、杂种优势的特点

1.杂种优势不是某1个或2个性状的单独表现突出。而是许多性状的综合的表现出来。

2.杂种优势的大小。大多数取决于双亲的性状的相对差异和相互补充。

3.杂种优势的大小与双亲基因型的高度纯合具有密切关系。

三、甘肃细毛羊杂交优势利用

甘肃细毛羊育种之初，在大面积的杂交改良阶段，主要就是充分利用杂交优势，改良和提高当地土著绵羊的各项生产能力和羊毛品质，随着育种群外形的趋于一致和生产能力相对提高，逐渐过渡到以羊毛产量和羊毛品质为主，兼顾其他相对次要生产性状。

第十三节 纯种繁育

一、纯繁的概念和意义

纯种繁育是指在本品种范围内，通过选种选配、品系繁育、改善培育条件等措施，以提高品种性能的一种方法。其基本任务是，保持和发展一个品种的优良特性，增加品种内优良个体比重，克服该品种的某些缺点，达到保持品种纯度和提高整个品种质量的目的。

一般地，当一个品种经过长期选育，具备一定的优良特性并趋于稳定，也符合市场经济需要时，就可采用纯种繁育方法，扩大群体数量，提高品种质量。

甘肃细毛羊在品种育成后，先后利用本品种选育、品系繁育和血液导入等方法进行纯种繁育。

二、纯繁的作用

纯繁通常具有以下两个作用：一是可巩固遗传性，使品种固有的优良品质得以长期保持，并迅速增加同类型优良个体的数量；二是提高现有品质，使品种水平不断稳步上升。

三、甘肃细毛羊纯繁的利用

1.本品种选育

本品种选育一般是在一个品种的生产性能基本能满足国民经济的需要，不必要作重大的方向性改变时使用。在这种情况下，虽然控制优良性状的基因在该群体中有较高的频率，但还是需要经常性的开展选育工作，不然，由于遗传漂变、突变、自然选择等作用，优良基因的频率就会降低，甚至消失，品种就会退化。再则，任何一个良种都不可能是十全十美，为了保持和发展其优良特性，并克服个别缺点，加强本品种选育也是十分必要的。

此方法主要通过品种内的选择、淘汰和合理的选配，加上科学的饲养管理，来提高品种整体质量。甘肃细毛羊品种审定前后多年间都采用本品种选育法来选育提高。

甘肃细毛羊本品种选育选育工作主要以甘肃省皇城绵羊育种实验场、甘肃永昌羊场和天祝羊场三个核心育种场为核心，肃南县、天祝县和祁连山流域各细毛羊生产县为基地，制定了相应的选育标准和分级方法，进行系统的选育工作。

2.品系繁育

甘肃细毛羊育种过程中，先后进行过体大品系、毛长品系、毛密品系、美利奴型新类群、毛肉用品系、细型品系和超细毛品系等品系繁育。

第十四节 品系培育

品系是指品种内有共同特点并能稳定遗传，且具有亲缘关系的个体所组成的群体。品系是品种内部的结构单元，通常一个品种应该有4个以上的品系，才能保证品种整体质量的不断提高。品系的品质应高于品种的中等水平，就品系特有的品质而言，必须达到品种的上等水平。

品系繁育是利用优秀种公羊及其后代的特有品质，建立优质高产和遗传稳定畜群的方法。细毛羊品种需要不断提高的性状有污毛量、羊毛长度、羊毛细度、羊毛密度以及羊毛弯曲、羊毛强度、羊毛油汗、体格大小等，在品种选育过程中同时考虑的性状越多，各性状的遗传进展就越慢，如果通过品系繁育，同时建立以不同性状为主的几个品系，然后通过品系间杂交，再把这些性状结合起来，就会使品种质量提高的速度快得多。

一、系祖的选择

系祖是群体中最优秀的个体，要求生产水平要达到品种的一定水平并且具备独特的优点。系祖公羊必须通过本身性能、系谱审查、后裔测验等综合评定，将能够将自身优秀性状稳定遗传给后代的种公羊来担任。

在甘肃细毛羊育种实践中，不同育种阶段针对群体中出现的优秀个体建立了不同生产方向的品系。

二、品系基础群的建立

一般根据建系目的和要求，选择羊群中符合育种要求的个体建立品系基础群。通常的建系方法有：

1.近交建系（按血缘关系组群）法

依据系谱资料，将具备拟建品系突出特点的公羊及其后代挑选出来，组成基础群。通过优秀种公羊和与其有血缘关系、相同特点的母羊之间的选种选配，快速提高整个群体的一致性。对于遗传力低的性状，按血缘关系组群，提高效果好，但容易受后代数量限制。甘肃高山细毛羊早期的品系繁育工作如体大系、毛长系和毛密系的选育就是利用近交建系方法。

2.表型建系（按表型特征组群）法

依据鉴定资料，不考虑血缘关系，将符合拟建品系要求的表型特征的个体，全部归入基础群。绵羊的经济性状遗传力高的比例大，加之这种方法不受后代数量限制，所以育种实践中通常用这种方法。甘肃细毛羊1990年以后的品系选育工作基本采用这种建系法，如结合甘肃省科技攻关项目，开展了细毛羊多向利用研究，从内蒙古金峰公司引入2只德国美利奴种公羊，2只帮德种公羊，用表型建系法建立了肉用品系。1995年以内蒙金峰公司引入的澳洲美利奴和新疆引进的中国美利奴为父本，选择系祖，用表型建系法建立了优质毛品系。2000年，从新疆引入超细型种公羊，建立了细型品系等。

3.闭锁繁育

品系基础群建立后，就要封闭繁育，不再引入其他公羊。通过自群繁育，使品系特点进一步得到巩固和发展。闭锁繁育阶段，要注意做到如下几点：

（1）提高系祖利用率

要充分利用自身生产性能突出且符合品系要求，还能遗传性稳定给后代的优秀系祖，同时选留其继承者。

（2）严格选择淘汰

果断淘汰不符合品系要求的个体。

（3）控制近交

近交系数控制在20%以内。

（4）采用群体选配

在闭锁繁育阶段品系内部个体同质性较高，所以宜采用群体选配，不必要用个体选配。

4.甘肃高山细毛羊的品系繁育

（1）早期的品系繁育工作

1971年在培育公羊群中发现，10540号公羊毛长指标突出，1.5岁时毛长12cm；10549号公羊羊毛密度指标高，产毛量突出，1.5岁和2.5岁时污毛量分别达11.8kg和12.8kg。并且这两只公羊的其他指标也较理想，1975年就以10540号公羊为系祖建立了毛长品系，以10549号公羊为系祖建立了毛密品系。之后又发现3886号公羊毛长也突出，遗传也稳定，1.5岁毛长10.5cm，其后代1.5岁毛长平均10.23cm，比同群其他公羊同龄后代高出0.67cm，3886号和10540号是同胞，所以又把3886号公羊选为毛长系另一系祖。1975年在培育幼年公羊群中发现，418号公羊生长发育快，1.5岁、2.5岁和3.5岁体重分别为83kg、116kg和124.1kg，体重显著高于同群其他同龄公羊，因此把它选为系祖建立了体大品系。

闭锁繁育阶段，以选择品系公羊的继承者为主要工作，但在甘肃细毛羊品系繁育中发现，由于建立的品系多，品系母羊数量少，后代经过选择淘汰，优秀的继承者太少，对品系发展带来了影响。

1979年时，毛密系由于没有良好的系祖继承者，毛密品系繁育工作告一段落。1984年对品系母羊进行了整群，体大系和毛长系继续进行闭锁繁育。甘肃省科技攻关项目"甘肃高山细毛羊选育提高及推广利用研究"执行期间，对品系繁育进展的测试结果，1988年与项目前的1983年比较，毛长系成年公羊羊毛长度增加0.46cm，体大系成年公羊体重提高3.79kg。在近年的育种工作中，毛长系和体大系溶入了大群体中。

（2）甘肃高山细毛羊新类群和新品系繁育工作

①美利奴型新类群。

培育目标在保持甘肃高山细毛羊高寒草地良好适应性的前提下，引进优质澳洲美利奴和中国美利奴羊的有益基因为遗传基础，借鉴国际上先进的导血模式，引入杂交与吸收杂交相结合，适度导入澳美及中美有益基因，通过应用现代畜牧技术并加强培育，把细度、净毛量、被毛密度和腹毛着生作为主体选择指标，培育成羊毛品质好、综合生产力高的美利奴型细毛羊。一方面加速甘肃高山型细毛羊的澳化进程，用澳洲美利奴和中国美利奴公羊针对性的改造甘肃细毛羊；另一方面从长计议，完善中国美利奴品种的产业体系和品种结构，使甘肃细毛羊的育种工作，尽快和全国乃至世界同类地区的先进水平接轨。

1996年4月18日至5月8日赴内蒙古赤峰市考察并购买了优质进口无角澳洲美利奴公羊10只，母羊41只，加强放牧管理，提高补饲水平，观察结果表明，这些羊在近一年的时间内生长发育迅速，完全适应了皇城绵羊育种试验场所处高寒牧区的生态环境。

培育工作于1996年正式开始，一群基础母羊导入澳洲美利奴血液，另一群基础母羊导入中国美利奴毛密品系血液：F_1代母羊和两个父系品种公羊交叉配种，F_2代理想型横交，加强选择培育。

2000年项目结束时，共繁育1/2澳洲美利奴血F_1代3 300只，1/2中国美利奴血F_1代4 370只，1/2血澳美甘后代3 300只，1/2血中美甘后代4 370只，累积向社会推广优质澳血种羊2 000只，提交验收鉴定的具备培育新类群理想型的核心育种群母羊1 500只，其各项生产性能指标取得了显著突破。目前核心种群规模22 500只，核心群成年公羊活重平均达到99kg，毛量达到13.6kg，体侧毛长到11.2cm，成年母羊平均净毛量达到3.04kg，平均活重52kg，毛长平均9.2cm，羊毛细度支数64～66支。其中保存在核心种群中的培育父本澳洲美利奴成年公羊平均毛量达到12.35kg，毛长11.55cm，活重92.26kg。成年母羊原毛量6.4kg。

②细型品系培育。

培育目标：是采用群体建系和系祖建系相结合的选育方法，在甘肃高山细毛羊美利奴型新类群的基础上，保持其良好的高原适应性、生产性能和优秀品质的前提下，组建符合品系选育要求的基础群，引入澳洲美利奴超细公羊和中国美利奴超细品系公羊，按照选育目标，适度导入其有益基因为遗传基础，通过应用现代畜牧技术并加强培育，以羊毛纤维直径和净毛产量为主选性状，培育符合现代羊毛生产所需的优良种畜。

技术指标：选育羊毛主体细度66支以上，毛长10cm，体侧毛密6 000根/cm²以上，净毛量3kg以上的品系群。

1996年开始以甘肃高山细毛羊美利奴型种群中羊毛细度66支以上的个体组成基础群，引入中国美利奴细型公羊，采用同质选配方法，培育甘肃高山细毛细型品系。项目结束时细型品系断奶毛长平均（4.10±0.58）cm，断奶重平均（23.59±3.74）kg，羊毛白色和乳白色油汗的个体比率分别为57.80%和32.70%，羊毛匀度正常的个体占94.40%。育成母羊平均毛长（10.27±1.22）cm，体重（37.20±4.39）kg，剪毛量（4.06±0.67）kg，净毛率57.12%，净毛量2.32kg，细度18.93μm。品系成年母羊产毛量平均（5.23±0.95）kg，净毛率57.1%，净毛量（2.99±0.54）kg，毛纤维直径20.64μm。目前核心群规模4 890只，成年公羊平均毛长10.94cm，体重95.24kg，毛纤维直径（19.98±3.16）μm，平均净毛量5.47kg；成年母羊平均毛长9.58cm，体重达到51.65kg，平均净毛率57.16%，净毛量（2.94±0.38）kg，羊毛密度6 300根/cm²，羊毛纤维直径平均20.49μm。

③超细品系。

培育目标：以细型品系为基础，选择羊毛细度70～80支个体组成基础群，引进澳洲美利奴和中国美利奴超细种公羊，采用群体建系和系祖建系相结合的选育方法，培育羊毛细度在70支以细的超细品系。

技术指标：羊毛细度在19um以下（70～80支），毛长9cm以上，强度符合要求，净毛量2.5kg。

2001年5月，皇城羊场从新疆紫泥泉种羊场引入10只中国美利奴周岁公羊。毛长平均（10.16±1.10）cm，剪毛量平均（8.38±0.95）kg，剪毛后体重（71.70±7.95）kg，其中，5只细型公羊的羊毛纤维直径平均为（19.30±0.623）μm。

2003年，从新疆农垦科学院引进胚胎移植生产的超细型澳洲美利奴种公羊5只，体重平均（90.88±10.13）kg，毛长平均（10.85±1.52）cm，毛纤维直径（17.69±0.52）μm，污毛量平均（11.24±1.51）kg，净毛率平均（68.26±2.60）%。

项目实施的2002～2005年共繁殖超细品系羔羊5122只，培育超细品系羔羊4 785只，其中母羔2 409只，平均断奶毛长（4.05±0.49）cm，断奶体重（24.03±4.23）kg。培育超细品系育成母羊994只，平均毛长（9.79±1.46）cm，平均体重（37.70±4.31）kg，统计剪毛数922只，平均剪毛量（4.34±0.70）kg，平均净毛率为53.04%，平均净毛量2.30kg，平均细度18.14μm。成年羊平均剪毛量4.69kg，净毛率53.44%，净毛量2.51kg。目前核心群规模1 895只，成年公羊毛长平均（10.15±0.33）cm，体重平均90.00kg，毛纤维直径（17.97±3.52）μm，羊毛强度7.0CN，净毛量平均5.17kg；成年母羊羊毛长度（9.35±1.04）cm，体重平均48.85kg，剪毛量（4.68±0.51）kg，净毛率平均55.24%，净毛量（2.58±0.36）kg，羊毛纤维直径（18.53±0.51）μm。

④毛肉兼用类群。

1996年引入德国美利奴和帮德公羊，以甘肃高山细毛羊群体中羊毛品质相对差而个体较大的母羊为基础群，选育甘肃细毛羊肉用类群。目前核心群规模2 180只，成年公羊活重可达107～126kg，毛长9.50cm，产毛量平均为8kg，羊毛细度为64支。成年母羊平均体重55.55kg，毛长8.72cm，污毛量4.04kg。羔羊4月龄断奶时平均体重可达28kg，羯羊屠宰率为58%。

第十五节　育种资料的管理与利用

一、育种原始资料的收集与整理

（一）育种资料收集

育种资料收集的意义主要表现在两个方面：一是通过收集可实现集中统一管理；二是资料收

集工作为育种资料的整理、分析、保管提供方便；更重要的是为育种工作提供了物质基础和工作对象，用来指导育种实践。所以说，没有育种资料的收集，绵羊育种工作就会成为"无米之炊"，绵羊育种工作的开展也就无从谈起。

绵羊育种资料的收集要根据资料的形成规律与特点而进行。最基本的要求是维护资料的完整和准确。因为在一切科技工作中，资料的完整和准确始终处于最重要的地位，如果资料收集的不完整、不准确，就会造成资料的"先天不足"，导致统计结果的偏差或错误，会给育种决策带来不良影响。

绵羊育种资料主要有来自于科研生产一线的原始记录，比如绵羊产羔记录、绵羊鉴定记录、绵羊剪毛记录及绵羊配种记录等，其次有对原始数据资料的统计分析及管理资料，如资料汇集、计划总结、试验研究等。

（二）育种资料整理归档

在核心育种场，将收集来的资料先做简单的装订后进行分类存放并做好简要登记，需要统计分析的资料进行微机录入，在此期间要做好借阅登记。育种资料在整理完之后，就要做好资料的归档工作。第一要检查资料是否完整、准确，发现问题应及时纠正；第二是剔除无归档价值的文件;第三对资料进行分类整理和编目；第四对案卷进行全面检查；第五装订归档（表3-25）。

表3-25　甘肃省皇城绵羊育种试验场育种资料室贮存育种资料统计表

档案分类名称	档案分类号	存档册数	存档页数
资料汇集	A	49	8 636
计划总结	B	40	4 870
绵羊育种	C	15	1 829
试验研究	D	32	4 451
参考材料	E	12	1 942
试验研究摘录资料	DA	4	660
其他类	I	17	2 148
母羊产羔	II	61	15 211
绵羊鉴定	III	107	26 291
绵羊剪毛	IV	68	15 880
母羊选配	V	13	1 488
配种公羊精液品质检查	VI	6	329
母羊配种	VII	64	16 094
绵羊生长发育	VIII	13	2 191
合计		501	102 020

2001～2006年，甘肃高山细毛羊核心育种场对1943～2006年的60余年绵羊育种资料在原来归档的基础上全部进行了重编页码及装盒换面工作。为了保持历史资料的本来面目，原来归档的分类及分类号不变，原编有页码的案卷页码也保持不变；原来没有编写页码的案卷重新编页码，并全部重新打印了案内目录；对有破损的资料进行了修补，对较厚档案案进行了分装，并编上了相应的顺序号；对所有原始资料类及技术资料类档案编了档案盒号（按分类编写），此次资料全部重新归档，见表3-25，之后的资料都按照此管理模式操作。

（三）育种资料管理

育种资料保管就是保护育种资料的安全，尽可能延长其"寿命"，为以后利用创造良好的物质条件。首先，资料室要远离易燃、易爆场所和腐蚀性气源，其次还应避免阳光直射和潮湿，另外，要有一定的密闭性以防尘，不容许有水源。甘肃省皇城绵羊育种试验场为了更好地保存育种资料，育种资料要有专人管理，存放要有一定的位置，分类要明确，管理人员对资料的完整性和准确性负责。档案柜用可以防火的铁质柜子，并在每个柜子上都编号。为了便于管理和资料查找，制作了档案查寻索引卡。如表3-26。

表3-26　甘肃省皇城绵羊育种试验场育种资料室档案索引卡

序号	档案分类名称	档案分类号	存档柜号	注
1	资料汇集	A	1号（上）	
2	计划总结	B	1号（下）	
3	绵羊育种	C	2号（下）	
4	试验研究	D	2号（上）	
5	参考材料	E	2号（下）	
6	试验研究摘录资料	D_A	2号（下）	
7	其他	I	4号（上）	
8	母羊产羔	II	3号	
9	绵羊鉴定	III	5号、6号	
10	绵羊剪毛	IV	8号	
11	母羊选配	V	4号（上）	
12	配种公羊精液品质检查	VI	4号（下）	
13	母羊配种	VII	7号	
14	绵羊生长发育	VIII	4号（下）	
15	资料汇编及杂志		9号	
16	文献及种羊卡片		10号	

对育种资料的借阅严格管理，严禁资料带出室外，详细记录借阅资料的名称、时间、归还时间以及受损状况。向外借阅或复制育种资料要有科室领导签字及档案管理人员亲自在场的情况下方可。

二、甘肃高山细毛羊育种资料电子数据库建立

纸质的育种技术资料难以保证技术资料的长期保存，利用电子计算机技术实现这些育种资料的保存与保护显得非常必要。甘肃省皇城绵羊育种试验场技术人员从2000年开始，历时8年对甘肃高山细毛羊育成后的育种原始技术资料逐条录入微机，利用Foxpro7.0建立数据库，为保护数据库结构科学合理、数据的完整性和安全，制定了甘肃高山细毛羊育种资料电子数据库管理规程。

育种技术资料电子数据库建立的目标一是使甘肃高山细毛羊育种原始资料能够永久保存，二是为品种的遗传分析评估、育种方案的制订和实施提供高效快捷的数据源；育种技术资料电子数据库以原始育种资料纸质记录为基础，通过逐条电脑录入建立；通过电脑录入的电子数据库顺序与纸质资料一致，尽量保持与原始纸质数据资料数据信息一致，确保信息的完整性；育种资料电子数据库以Foxpro数据库管理软件建立，将不同时期收集的育种原始资料分别建立不同的库文件，采用统一的字段名、库文件名，便于进行操作。

（一）数据库文件类型

根据育种工作的需要和需要建立的数据库文件特点，可以将育种资料数据库文件分为三类：第一类为原始育种资料，以不同阶段种羊鉴定记录和生产性状收集记录为基础。它们包括产羔资料、断奶资料、周岁鉴定资料、公羊鉴定资料、剪毛资料、羊毛纤维直径测定记录和净毛率分析记录；第二类是以第一类原始资料为基础，为育种工作的正常开展而整理出来的而且需要长期保存的资料；第三类资料是对原始育种资料按照育种工作的需要而进行的统计分析的输出结果，以此结果组成"甘肃高山细毛羊年度育种资料汇集"为育种工作提供依据。

（二）育种原始资料数据库文件字段结构

育种资料数据库文件字段结构由三类段组成。一类是个体识别字段，即羔羊出生时佩戴的永久耳号，种公羊及部分核心群母羊留种时戴的塑料耳号；二类是生产性能及羊毛品质客观检测数量性状字段，如体重、毛量、羊毛纤维直径等；第三类是代表影响数量性状表现的遗传与环境因素字体，如品种类型、管理群、性别；第四类是性状测定日期时间字段，如断奶日期等。

（三）数据库特点与功能

核心育种场建立了甘肃高山细毛羊自1980年育成以来28年的育种资料信息数据库。数据库包括产羔记录、断奶记录、育成及成年羊鉴定记录、育种公羊鉴定信息记录、剪毛记录、净毛率测定记录、羊毛细度检测记录等7个相对独立的电子库文件，包括种羊个体耳号、父号、母羊、初生、断奶、鉴定、剪毛、净毛率、羊毛纤维直径等字段在内的48个基本字段，总条数达到543 003条。数据库囊括了每只种羊个体从出生至成年淘汰前的详细而完整的育种技术信息资料，由于耳号的第1个数字表示该羊只出生年份的信息，后面的字母或数字表示该羊只的品种信息与个体顺序信息，因此，前10年出生羔羊的耳号与后10年出生羔羊耳号可能出生重复，为确保羊只耳号为整个数据库中种羊个体的唯一识别字段，在原数据结构的基础上增加了由出生年份（4位数）+原耳号组成的新字段–"yeartag–年耳标"，以此字段为个体识别号，应用数据库的关联功能，依据个体识别号将7个电子库文件关联起来，形成包括该羊只个体6个电子库一生全部育种信息的库文件。

甘肃高山细毛羊育种资料信息数据库的成功建立，①实现了珍贵育种资料的永久保存，消除了纸质技术档案资料长期保存可能造成自然损坏的潜在威胁；②为育种资料的高效、快捷、准确的查询、统计分析、信息管理奠定了物质基础；③为细毛羊正确、科学的遗传评估、选育种方案的制定与育种决策提供了非常丰富、全面、珍贵的技术资料；④它不仅为该品种细毛羊，对国内其他绵羊品种的育种仍然是具有重要意义的。

三、育种资料在选种工作中的应用

完整地收集第一手育种资料是开展育种工作的基础性、前提性的工作。从甘肃高山细毛羊的育种伊始，核心育种场甘肃省皇城绵羊育种试验场和天祝羊场、永昌羊场等就从未间断过育种资料的收集整理与建档工作，正是有了这些原始育种资料，使育种工作计划调整有了科学的依据。多年来这些育种资料被广泛应用种羊育种信息的查询、育种进展的总结分析、育种措施的制定、种公羊的后裔测验、定期遗传参数的估计、遗传评估与综合育种指数的制定和选种选配方案的制订等育种的每一个环节。特别是在进入20世纪90年代以后，电子计算机技术的应用，使育种资料的应用上了一个新层次。

进入21世纪以来，在充分分析国内外细毛羊发展趋势、种羊供求、羊毛市场变化和甘肃高山细毛羊整体状况、选种方法及遗传进展的基础上，利用甘肃高山细毛羊生产性能和羊毛品质等资料研究判断，认为甘肃细毛羊育种调整为以引进优秀种质进行品系选育为主的明确战略思想。①以净毛量、羊毛密度、体重为主选性状的甘肃新类群扩繁选育；②以羊毛细度为主选性状提高羊毛综合品质、同时兼顾净毛量、体重、毛长指标的甘肃高山细毛羊细型品系和超细品系建立；③以90年代导入德国美利奴和帮德血液群体为基础，选育羊毛细度64支以上的甘肃高山细毛羊毛肉兼用类群，提高甘肃细毛羊产肉性能。多年的育种科研实践以及取得的育种成果充分证明，这种完善甘肃高山细毛羊品种结构的新品系选育方向，能够克服独立淘汰法的不足，其优越性表现在能够使具备某一优秀特点的绵羊个体有机会向相应特点的专业化方向选育，不至于被传统的选种方法所淘汰；它有利于发掘和保护现有品种种群内的优秀的基因资源，有利于更好地适应市场，提高细毛羊生产经营效益。

按照品系育种规划的需要，选种工作直接依据每只羊的育种指标信息进行，对过去传统的选种归群方法进行了大胆的改进。具体做法是：①将剪毛前归群改为剪毛后归群；②选种归群依据羊只鉴定等级、品种类型、育成鉴定时体重、毛长、细度等重要经济性状表型值、污毛量以及羊毛细度与净毛率的分析结果；③将这些育种资料录入微机建立数据库，按照品种育种计划，将所有羊只首先在微机上模拟"归群"，使每一只羊根据耳号进入相应的品系群。其中核心群羊毛品质依据实验室分析结果，育种群主要依据目测鉴定结果并参考实验室检测的抽测结果，扩繁群羊只依据目测结果。在三级育种体系下，较高层次群中繁育后代的留种率比低一层次的提高，特别是种公羊选种比例提高了，群体的质量也拉开了档次，在这种情况下育种工作的主动性增加了，可以有计划地将核心群的遗传优势逐步扩散到育种群和扩繁群中，从而提高全场细毛羊的整体水平。

第十六节　分子遗传标记研究应用

一、分子遗传标记

（一）分子遗传标记的概念及特点

分子标记是以个体间遗传物质内核苷酸序列变异为基础的遗传标记，是DNA水平上遗传变异的直接反映，在物种基因组中具有存在普遍、多态性丰富、遗传稳定和准确性高等特点，已被广泛用于遗传多样性评估、遗传作图、基因定位、动物标记辅助选择和物种的起源、演化和分类等研究。从绵羊各种DNA分子遗传标记的研究现状可以看出，近年来，虽然有多种DNA分子遗传标记被用于绵羊遗传多样性的研究，但研究和应用的广度和深度不平衡。

研究现状和特点概括为以下几点：

1.对我国地方绵羊遗传资源的系统地位仍不明确，对品种资源的遗传特性缺乏系统认识，造成绵羊遗传资源的利用不尽科学、濒危品种资源的认识不足。

2.RFLP、RAPD、SSR、SSCP、SNPs和mtDNA标记的研究和应用较多，而AFLP、DNA指纹等分子遗传标记的应用研究较少。且研究主要侧重于绵羊品种内以及与其他绵羊品种间的遗传多样性分析以及其起源、演化和分类研究。

3.尽管有联合国粮农组织（FAO）、国际动物遗传学会（ISAG）和国际家畜研究所（ILRI）等所推荐的参考标准，但研究中涉及大多分子标记技术没有统一的标准和遗传多样性研究工作的研究规程。对于研究结果其客观性、准确性有待提高，同时，由于没有统一的标准，遗传资源管理困难，制定畜禽种质资源数据标准和数据整理管理规范势在必行。

4.研究的范围正在逐步拓宽，各种分子标记不仅被用于线粒体基因组的多态性分析，也渗入到核基因组多态性检测。

5.重复性工作较多，缺乏系统性研究和创新有待建立或完善畜禽资源整体的收集、整理、信息、资源数据库。如家畜多样性信息系统（DAD-IS）等，存量资源的整合与增量资源的建设亟待加强。

6.部分分子标记（如PCR-SSCP标记和SNPs标记）已被用于绵羊一些经济性状功能基因的多态性检测研究，在遗传多样性科学评估的基础上，随着对功能基因组学研究的深入，更多的优良地方品种基因资源将被开发和利用，分子标记辅助选择育种技术将被广泛应用于动物育种实践。

（二）分子遗传标记的种类

目前常用的分子标记主要有：限制性核酸内切酶酶切片段长度多态标记（RFLP），随机引物扩增多态（RAPD）标记，扩增片段长度多态（AFLP）标记，小卫星DNA标记，微卫星（SSR）标记及单核苷酸多态性（SNPs）等。近年来，分子遗传标记技术获得了快速发展，已建立的分子遗传标记研究方法有：限制性片段长度多态性（PCR-RFLP）技术；单链构象多态性（PCR-SSCP）分析；扩增片段长度多态性（AFLP）法；随机扩增多态性DNA（RAPD）分析；等位基因特异性PCR（AS-PCR），又称等位基因特异性扩增法（ASA）或扩增阻碍突变系统（ARMS）；等位基因特异寡核苷酸聚合酶链反应（PCR-ASO）或序列特异性寡核苷酸聚合酶链反应（PCR-SSO）；微卫星（MS）DNA技术；水解探针法（包括TaqMan技术和MGB技术）；杂交探针法；分子信标（molecular beacons）技术；荧光标记STR基因扫描技术；变性高效液相色谱（DHPLC）法；连接酶检测反应（PCR-LDR）；测序法（主要包括双脱氧链末端终止法和化学降解法）；DNA芯片（DNA chip, Gene chip）技术；变性梯度凝胶电泳（DGGE）；酶促切割错配法（EMC）；质谱分析（MALDITOFMS）法；杂交、监测荧光筛查法和动态等位基因特异性杂交分析（DASH）等。

（三）分子遗传标记在绵羊遗传育种中的应用

分子遗传标记由于遗传稳定，不受生理期和环境等因素的影响，因此已广泛应用于绵羊遗传图谱构建、种质鉴定、遗传多样性分析、种质资源保存和利用以及杂种优势利用等分析。

1.个体、亲缘关系鉴定和系谱确证

据估计，哺乳动物基因组中微卫星的平均拷贝数约为5万~10万个，Crawford（1996）报道，在绵羊每个配子上微卫星位点的自发突变率为$(1.1 \pm 0.5) \times 10^{-4}$。所以经过不断的突变，不同品种在漫长的进化过程和人为选择下，其微卫星核心序列重复数发生不同方向、不同程度的变异，从而形成本身特有的DNA指纹图。Buchanan, F.C.等（1994）利用微卫星标记研究了罗姆尼羊、边区莱斯特羊、萨福克羊、澳大利亚和新西兰美利奴羊品种的遗传关系，推断出了这些品种的分化时间。Forbe等（1995）研究了8个不同微卫星标记在家绵羊和一种野绵羊群体间的变异，得出家绵羊比野绵羊具有更大的遗传变异性。储明星利用与Booroola羊高繁殖力主效基因FecB紧密相连的两个微卫星标记OarAE101和BM1329分析了小尾寒羊等五个绵羊品种的多态分布情况。用微卫星DNA进行个体识别和分子鉴定是一项新兴的生物技术，在家畜上应用的报道不少。目前，国内有人应用微卫星标记对克隆动物进行验证，陈苏民、陈南春（2000）对克隆山羊的体细胞供体、受体、济宁青山羊母羊、公羊和羔羊进行了微卫星DNA分析证明克隆山羊与体细胞供体山羊的微卫星DNA的PCR扩增电泳结构完全一致，与受体母羊和另外三只青山羊没有直接的血缘关系。应用微卫星对家畜进行系谱确证是非常适合的，比如在家畜育种中必须搞清楚畜群的亲子关系，这样才能利于根据亲属信息准确选留个体并能防止群体近交的发生。然而在某些情况下（如寄养、母畜返情重配等），却不能准确判断某一个体的亲代。如今借助多个微卫星标记位点在群体中的等位基因频率，通过计算排除率（Exclusion probability）便可进行亲子鉴定和血缘控制。

2.种质资源的遗传评估、监测、保护和利用

分子遗传标记的多态性反映了物种基因组DNA的歧义程度，由于DNA是物种根本属性之所在，DNA的歧义程度直接体现了不同物种间的差异性，因而采用分子遗传标记研究物种遗传资源，可以全面地了解物种基因型的遗传变异程度和分布情况，科学地判定不同种群动物之间和同一种群动物的不同群体之间的遗产差异、遗传距离何金华中的关系，对于动物品种资源的科学分类、合理保存、开发和利用具有重要指导价值。例如，陈扣扣等（2008）利用8个微卫星位点对甘肃高山细毛羊肉毛兼用品系进行遗传检测，计算了等位基因频率、有效等位基因数、群体杂合度和多态信息含量。结果表明：位点BM3501的有效等位基因数、群体杂合度和多态信息含量都最高（Ne=7.30，H=0.866，PIC=0.848）；位点BM3413的有效等位基因数、群体杂合度和多态信息含量都最低（Ne=2.33，H=0.573，PIC=0.478）；8个微卫星位点在甘肃高山细毛羊上多态性丰富，除位点BM3413表现为中度多态外，其余位点均表现为高度多态。因此，认为甘肃高山细毛羊肉毛兼用品系遗传背景复杂、遗传变异程度较高、遗传多样性丰富、选择余地较大，采用微卫星标记等方法来选择其优秀基因库，可以进一步提高选择效果和完善品系群体遗传结构；8个微卫星位点可用于甘肃高山细毛羊肉毛兼用品系遗传多样性评估，并为羊毛性状和肉用性状的连锁分析及寻找数量性状座位

提供试验依据。雒林通等（2008）采用15个微卫星位点对甘肃高山细毛羊优质毛品系的遗传多样性进行了检测。结果表明：15个微卫星位点中有1个未检测到多态，其余14个均表现出高度多态性。多态性标记在该群体中的平均等位基因数为10个，平均多态信息含量PIC=0.83，平均杂合度H=0.85，平均有效等位基因数Ne=7.1，均高于国内外部分研究结果。说明甘肃高山细毛羊优质毛品系的遗传多样性丰富，遗传变异程度较高，基因一致度较差，变异性较大，具有较大的选择潜力。同时，这14个位点可以作为有效的遗传标记用于甘肃高山细毛羊优质毛品系遗传多样性分析和各生产性状的相关性研究。

　　3.功能基因定位和QTLs分析

　　分子遗传标记和QTL间的连锁分析为检测QTL提供了新的手段。目前，绵羊中已经有少数主效基因被检测出来和大致定位。绵羊Booroola基因是高产仔数主效基因，采用2代全同胞作参考群体进行的连锁分析表明该基因与OarAE101DNA标记连锁，两座位间相距13cm，位于第6号染色体上。Gootwine等（1998）证明微卫星标记BM1329的A等位基因（而不是B或C等位基因）与FecB位点的B等位基因连锁。与绵羊繁殖力和存活力有关的Inverdale基因定位于绵羊X染色体上。该基因在杂合状态时可提高排卵率且产仔数增加0.6个，而在纯合状态时母羊是不发情的或出现斑痕卵巢并且母羊是不育的。Gootwine等（1998）通过回交三代群体内的杂合体互交，已鉴别出OarAE101和BM1329两个标记纯合进而FecB等位基因纯合的公羊和母羊，这些公母羊在一个名为"Afec"的高繁殖力阿华西绵羊育种核心群内。绵羊Callipyge基因是引起绵羊肌肉增大，增加羊瘦肉率和提高饲料报酬利用率的主效基因，目前也正在被作为一种模式进行研究和利用。与羊毛纤维直径有关的Drysdale基因目前还没有定位到染色体上。Allain，D.et.al（1996）在INRA401绵羊品系中对毛性状和其他性状进行QTL检测，用7个微卫星标记（分别定位在绵羊2号、3号、4号、5号、12号和13号染色体上）对1 200只羔羊及其它们的亲本对羊毛性状的QTL进行检测，结果发现定位在第3号染色体上的一个标记在3个家系中对毛纤维直径的变异系数、毛长和纤维色素沉着有显著效应，另有定位于第4号染色体上的一个标记在2个家系中对毛纤维直径有显著效应，表明这两个标记与QTL可能连锁。Henry H.M.等（1995）利用特细的美利奴（羊毛纤维直径为16μm）与羊毛纤维粗的鲁姆尼羊（羊毛纤维直径为40μm）的回交群体组成四个家系的参考群体，用222个微卫星标记每隔20～30cm对毛性状进行全基因扫描，采用单一标记最小二乘法进行分析，结果表明只有一个位点与羊毛直径的QTL存在显著相关。储明星等（2001）研究了两个微卫星座位，找到了与小尾寒羊产羔数有显著正相关的一个OarAE101基因座的等位基因（107bp）及基因型（107bp/111bp）和两个与产羔数有显著负相关的等位基因（109bp和111bp）。杜立新（2001）找到了与产羔数显著正相关的等位基因OarHH55-11和BM143-12各一个标记。Lord等（1998）通过在EGF和微卫星标记OarAE101之间加入两个微卫星位点MCM53和OarJL1A以及一个基因位点着丝粒自身抗原E（CENPE），进一步将FecB精确定位在绵羊6号染色体着丝粒区的微卫星标记OarAE101和BM1329之间一个10cm区间内。Mulsant等（1998）对绵羊6号染色体FecB（Booroola）区域进行了区间定位，报道7个额外的标记被定位在FecB基因附近18cM的区间内，与FecB最靠近的侧翼标记是牛的微卫星BMS2508和山羊的微卫星LSCV043，它们位于FecB基因一侧约2cm处。梁春年等（2005）利用3对微卫星引物对甘肃超细类群个体进行DNA多态性分析，结果表明3个微卫星位点具有高度多态性，多态信息含量平均为0.7391，有效等位基因数4.4419。3个微卫星标记与经济性状间的相关分析表明，微卫星Mcm^218的160bp等位基因和BMC1009的288bp等位基因与甘肃超细群体绵羊羊毛细度有极显著的相关性，相关系数分别为-0.9561和-0.8491。微卫星BMS1248，145bp的等位基因与甘肃超细周岁绵羊体重有显著的相关性。相关系数为0.9523。这一结论初步说明，微卫星Mcm^218的160bp等位基因和BMC1009的288bp的等位基因与甘肃超细群体周岁绵羊羊毛细度存在一定程度的连锁，微卫星BMS1248，145bp的等位基因与甘肃超细周岁绵羊体重也存在一定的连锁关系，为进一步分析细毛羊主要经济性状的连锁标记以及克隆相关基因打下基础。刘桂芳等

（2007）采用PCR-SSCP的分子标记技术，选择编码羊毛纤维组成蛋白基因中的KAP1.1，KAP1.3的部分序列、KAP6.1的外显子区作为候选基因，通过对其多态性的研究，探索将该基因作为候选基因来间接选择羊毛细度性状的可行性。得出其中在角蛋白辅助蛋白的多基因家族中的高硫蛋白辅助蛋白基因（KAP1.1、KAP1.3）中，位点W08667与羊毛细度有显著的相关性。在甘氨酸酪氨酸角蛋白辅助蛋白中，外显子位点W06933的AA基因型和BB基因型与羊毛细度之间有显著的相关性。

4.基因图谱

构建基因图谱是为了了解基因组的结构，是性状控制的基础和最基本的方法。在进行基因组图谱建立过程中，标记的基因位点一般有两类：一类主要由编码基因和结构基因位点构成，位点变异小；另一类为具有高度变异的重复序列来标记DNA上的基因（结构基因）位置（相对关系）。

微卫星标记是微卫星中用于作图的最常用的分子标记，用于构建遗传图谱也是微卫星标记的一个主要用途。由于是一种共显性标记，不但简化了遗传分析过程，且利于不同群体间的标记转换。目前使用微卫星进行畜禽基因图谱的构建主要侧重两个方面，物理图谱的构建和标记连锁图谱的构建。基本思路是：以微卫星为基础在基因组中每隔一定距离找一个多态的微卫星标记，当建立起达到一定的饱和度（约每隔10~20cm一个，并覆盖90%的基因组）要求基因图谱之后，可以通过连锁分析，来进行QTL定位，以确定QTL在图谱上的位置、QTL与标记之间的距离和QTL的表型效应等。1992年Crawford等发表了第一张用微卫星标记构建的绵羊遗传连锁图谱，当时所使用的微卫星标记很少，其连锁群只有6个，包括14个标记。Montgomery等（1993）建立了一个来自12只booroola基因杂和体公羊的2个世代的半同胞家系，以寻找与booroola基因连锁的遗传标记，共确定了19个连锁群，包括52个标记，其中13个连锁群定位在绵羊染色体上。Crawford等（1995）报道了现在被认为是低分辨密度的第一个包括整个绵羊核基因组2070cM的遗传连锁图。图中246个多态标记有213个是微卫星标记，有87个微卫星标记直接来自于绵羊。1998年Gortari等发表了绵羊的第二代遗传连锁图谱，其上共有标记519个，其中，504个为微卫星，常染色体图谱总长度为3 063cm，标记间距为6.4cm。这种高密度遗传连锁图谱的建成为基因定位、物理图谱的构建及基因的位置克隆（Positional cloning）奠定了基础。

5.杂种优势利用中的研究

由于群体间遗传变异主要是由遗传物质DNA差异造成的，因此用DNA多态性预测品种和系间的差异，并据此作出遗传距离要比根据其他材料稳定，用来预测杂种优势也更为准确。杂种优势的大小在一定程度上取决于遗传距离的大小，因此，许多学者结合遗传距离对微卫星DNA标记预测杂种优势进行了研究。Farid等（1999）用微卫星标记10个绵羊的分析发现，在高度选择的品种中其遗传变异没有多大损失。孙少华（2000）利用微卫星标记技术研究了肉牛杂交群体的遗传结构和遗传变异，对最优杂交组合进行了预测。李玉（2002）利用微卫星标记，选取位于不同染色体上的5个微卫星位点，分析小尾寒羊、白头萨福克羊、黑头萨福克羊、道塞特羊、特克塞尔羊5个群体的遗传结构，对其杂种优势进行了预测，认为，小尾寒羊和白头萨福克羊杂交有望产生最大的杂种优势。

此外，各种分子遗传标记还可应用于疾病的基因诊断、性别控制、保护遗传学等方面。相信随着人们对各种遗传标记认识的不断深入与完善，它必将成为家畜遗传育种研究领域的一种强有力的工具，发挥其独特的优势。

二、数量性状基因座（QTL）

细毛羊的大多数重要的经济性状如羊毛产量、羊毛品质、生长发育等都是数量性状。与质量性状不同，数量性状受多基因控制，遗传基础复杂，且易受环境影响，表现为连续变异，表现型与基因型之间没有明确的对应关系。因此，对数量性状的遗传研究十分困难。长期以来，只能借助于数理统计的手段，将控制数量性状的多基因系统作为一个整体来研究，用平均值和方差来反映数量性状的遗传特征，无法了解单个基因的位置和效应。这种状况制约了人们在育种中对数量性状的遗传操纵能力。分子标记技术的出现，为深入研究数量性状的遗传基础提供了可能。控制数量性状的基因在基因组中的位置称为数量性状基因座（QTL）。利用分子标记进行遗传连锁分析，可以检测出QTL，即QTL定位。借助与QTL连锁的分子标记，就能够在育种中对有关的QTL的遗传动态进行跟踪，从而大大增强人们对数量性状的遗传操纵能力，提高育种中对数量性状优良基因型选择的准确性和预见性。

（一）数量性状基因的初级定位

QTL定位就是检测分子标记（下面将简称为标记）与QTL间的连锁关系，同时还可估计QTL的效应。QTL定位研究常用的群体有F2、BC、RI和DH。这些群体可称为初级群体。用初级群体进行的QTL定位的精度通常不会很高，因此只是初级定位。由于数量性状是连续变异的，无法明确分组，因此，QTL定位不能完全套用孟德尔遗传学的连锁分析方法，而必须发展特殊的统计分析方法。80年代末以来，这方面的研究十分活跃，已经发展了不少QTL定位方法。根据个体分组依据的不同，现有的QTL定位方法可以分成两大类。一类是以标记基因型为依据进行分组的，称为基于标记的分析法；另一类是以数量性状表型为依据进行分组的，称为基于性状的分析法。

（二）数量性状基因的精细定位

理论研究表明，影响QTL初级定位灵敏度和精确度的最重要因素还是群体的大小。但是，在实际研究中，限于费用和工作量，所用的初级群体不可能很大。而即使没有费用和工作量的问题，一个很大的群体也会给田间试验的具体操作和误差控制带来极大的困难。所以，使用很大的初级群体是不切合实际的。由于群体大小的限制，因此，无论怎样改进统计分析方法，也无法使初级定位的分辨率或精度达到很高，估计出的QTL位置的置信区间一般都在10cm以上（Alpert and Tanksley 1996），不能确定检测到的一个QTL中到底是只包含一个效应较大的基因还是包含数个效应较小的基因（Yano and Sasaki 1997）。也就是说，初级定位的精度还不足以将数量性状确切地分解成一个个孟德尔因子。因此，为了更精确地了解数量性状的遗传基础，在初级定位的基础上，还必须对QTL进行高分辨率（亚厘摩水平）的精细定位，亦即在目标QTL区域上建立高分辨率的分子标记图谱，并分析目标QTL与这些标记间的连锁关系。

（三）QTL定位的计算机软件

QTL定位涉及到相当复杂的统计计算，并需要处理大量的数据，这些工作都必须靠计算机来完成。因此，为了便于从事实际QTL定位研究的遗传育种学家分析他们的试验结果，将各种QTL定位方法编制成通用的计算机软件是十分必要的。第一个推广发行的QTL分析通用软件是Mapmaker/QTL，它是针对区间定位法而设计的。该软件的发行，大大促进了区间定位方法的实际应用。此后，陆续开发出了许多QTL分析软件，如QTL Cartographer、PLABQTL、Map Manager、QGene、MapQTL等。许多QTL分析软件都可以从因特网上查寻到并免费下载。通过由美国Wisconsin-Madison大学建立的一个WWW连接网站（www.stat.wisc.edu/biosci/linkage.html）可以很方便地连接到许多QTL定位分析软件包。但到目前为止，还没有推出一套中文版的QTL分析软件。

三、标记辅助选择

长期以来，数量遗传学家和动物育种的理论和方法都是建立在微效多基因的假说之上，由于不能对微效多基因的效因进行观察和测定，只能借助统计遗传学描述数量性状的遗传性质。绵羊的生产性能大部分为多基因控制的数量性状，仅以个体和亲属的表型值进行个体选择并不十分可靠，必须借助于遗传标记来辅助选择。

许多种分子标记技术都能用于辅助标记选择。微卫星DNA标记是家畜早期选择和标记辅助选择中重要的分子标记之一，微卫星标记辅助选择将会改变目前群体水平上从表型值推出基因型值的选择过程。先用分子生物学技术测定个体的基因型，在估计个体的表型和育种值，原理是利用已经建立起来的基因图谱，根据微卫星与某些重要经济性状座位的连锁不平衡，采用适当的数学统计、定位方法估计两者的紧密程度，定位QTL与基因组中某一位置，并得出单个QTL产生的效应值。计算机模拟表明，微卫星标记辅助选择相对于传统的表型选择来说，可以获得更大的遗传进展，尤其对于低遗传力性状、限性性状和后期表达的性状，能增大选择强度，缩短世代间隔，提高选择的准确性。同时有目的地导入有益基因，剔除不利基因，以此提高群体的生产性能或生活力，缩短育种年限。Gootwine等（1998）已利用微卫星标记OarAE101和BM1329对FecB携带者（布鲁拉阿华西杂种羊）进行了标记辅助选择。在纯种阿华西羊群体中鉴别出BM1329位点有3个等位基因A、B、C，其等位基因频率分别为0.04、0.38、0.58、Booroola×Awassi回交二代和回交三代杂种母羊中，BM1329标记为A等位基因的母羊平均产羔数比BM1329标记为B或C等位基因的母羊要多0.6（$P<0.05$）。当然，标记辅助选择并不能代替传统的选择方法，只有两者结合起来，才能获得更大的进展。随着绵羊基因图谱的逐步完善，基因定位技术研究的深入和相应技术的突破性改进，但DNA标记辅助选择将在绵羊品种改良中起到决定性的作用。

四、分子遗传标记在甘肃高山细毛羊选育中的研究现状

（一）多态型测定

结合甘肃皇城绵羊育种场的细毛羊鉴定整群，在组建的超细品系基础群周岁羊中采集104只羊的血样在中国农业科学院兰州畜牧与兽药研究所畜牧室完成了血红蛋白（Hb）、转铁蛋白（Tf）、血清脂酶（Es）、血浆白蛋白（Alb）的多态型测定；用非变性聚丙烯酰胺垂直板凝胶电泳检测血液蛋白结果表明：所测超细品系的血红蛋白（Hb）、转铁蛋白（Tf）、血清脂酶（Es）存在多态性，血浆白蛋白（Alb）呈单态性。其中：血红蛋白有3种表现型HbAA、HbAB、HbBB、受HbA和HbB一对等位基因控制，基因频率分别为0.2500，0.7500；转铁蛋白共发现11种基因型TfAB、TfAD、TfBC、TfBD、TfBB、TfBE、TfCC、TfCD、TfCE、TfDD、TfDE、受TfA、TfB、TfC、TfD、TfE五个基因控制，其基因频率分别为0.0577，0.2297，0.1490，0.5279，0.0288；血浆酯酶表现出三种基因型ES+/ES+、ES+/ES−、ES−/ES−，受等位基因ES+和ES−控制，其基因频率分别为0.5239，0.4761；血浆白蛋白呈单态型SS型，受基因Albs的控制。对存在多态型的位点与经济性状的相关性分析，发现超细群体血红蛋白、血浆酯酶位点的不同表现型与体侧毛长、羊毛伸度、羊毛细度及剪毛量等存在显著相关。部分位点可为中国美利奴高山型超细品系培育的早期选种提供辅助依据。

（二）遗传多样性检测和研究

利用微卫星标记技术，对甘肃高山细毛羊细型品系153只母羊个体进行了遗传多样性检测和研究，统计了等位基因分布、有效等位基因数、杂合度和多态信息含量，并利用SPSS13.0软件进行了微卫星标记位点与各经济性状的相关性分析。

所选的15个微卫星标记有1个未检测到多态，其余14个均表现出高度多态性。多态性标记在该群体中的平均等位基因数为10个，平均多态信息含量PIC=0.83，平均杂合度H=0.85，平均有效等位基因数Ne=7.1。说明甘肃高山细毛羊细型品系拥有丰富的遗传多样性，选择潜力较大，可进一步加强选育。

14个有多态性微卫星座位与经济性状表型数据的关联性分析表明：7个微卫星位点对甘肃高山细毛羊细型品系羊毛及体重性状存在显著（$P<0.05$）或极显著（$P<0.01$）影响。其中BMS1248、BM6506与初生重相关显著；BMS1248、BMS1724与周岁鉴定体重相关显著；BMS1724与断奶毛长相关显著，BM6506与断奶毛长相关极显著；BL-4、BMS1248与周岁鉴定毛长度相关显著，BM6506与周岁鉴定毛长度相关极显著；BM6506与腹毛长相关显著；BL-4、BMS1248、BMS1724与污毛量相关显著，BM6506与污毛量相关极显著；BL-4与净毛量相关显著，BMS1724与净毛量和毛纤维细度相关

显著，BM6506与净毛量和毛纤维细度相关极显著；URB037与净毛率相关显著，MCM38与净毛率相关极显著；FCB48、MCM38与毛细度变异系数相关显著。

通过对有关联的7个微卫星标记进行不同基因型间经济性状的多重比较（Duncan法），找到了以下有利的基因型：在初生重性状上，BMS1248位点的140/160和142/160为优势基因型，BM6506位点的186/186、188/188、192/192和192/202为优势基因型；在周岁体重性状上，BMS1248位点的140/160和142/160为优势基因型，BMS1724位点的160/176、164/176、164/186、174/198和178/204为优势基因型，BM6506位点的186/186、188/188、192/192和192/202为优势基因型；在断奶毛长性状上，BM6506位点的186/186为优势基因型，BMS1724位点的156/168、160/176、164/176和164/186为优势基因型；在周岁毛长性状上，BM6506位点的186/186为优势基因型，BMS1248位点的140/160和142/160为优势基因型，BL-4位点的149/169为优势基因型；在腹毛长性状上，BM6506位点的186/186为优势基因型；在周岁污毛量性状上，BMS1248位点的140/160和142/160为优势基因型，BM6506位点的192/192、192/202和194/202为优势基因型，BL-4位点的149/169为优势基因型，BMS1724位点的160/176、164/176、164/186和174/198为优势基因型；在净毛量性状上，BL-4位点的149/169、155/173、155/179和161/179为优势基因型，BM6506位点的192/192、192/202和194/202为优势基因型，BMS1724位点的160/176、164/176、164/186和174/198为优势基因型；在净毛率性状上，MCM38位点的129/151、131/157、135/151、145/163为优势基因型，URB037位点的178/196、196/208、196/212和196/218为优势基因型；在周岁毛纤维细度性状上，BM6506位点的190/190、190/198和198/198为优势基因型，BMS1724位点的178/204为优势基因型；在周岁毛纤维细度变异系数性状上，FCB48位点的135/155、149/159和149/169为优势基因型，MCM38位点的141/157和145/163为优势基因型。

第四章　甘肃高山细毛羊的繁育技术

绵羊出生后一定时期内，其性机能尚处于发育期，还不能繁殖后代。繁殖能力的获得是一个渐进的过程，不仅包括生殖器官变化，而且还有一系列神经、内分泌等方面的复杂变化。甘肃高山细毛羊的繁育技术，包括繁殖现象和规律等方面。

第一节　繁殖现象和规律

一、初情期

初情期是指第一次能够释放出精子的时期。但是这一时期往往不容易判断，绵羊在能够产生精子之前，就有初步的性行为，例如有爬跨欲望，阴茎部分勃起。过去常以为这种情况就是初情期甚至性成熟。在雌性绵羊中，一般把母羊第一次排卵的年龄称为初情期，Foster等发现，绵羊在第一次发情前16d有一次安静排卵，安静排卵前6d有第一次LH峰。甘肃细毛羊母羊的初情期一般5～8月龄，公羊初情期略迟于母羊。

二、性成熟和初配年龄

性的成熟是一个连续的过程，在概念上也有不同的理解，广义上讲，出生后性机能发育的整个过程都是性成熟的过程，是一个动态的概念。性成熟是指性器官已经发育完全，已经具有产生繁殖能力的生殖细胞和性激素，性成熟期在初情期之后一定时间。动物到达初情期，虽然可以产生精子（雄性）或排卵（雌性），但性腺仍在继续发育，雄性精子产量还很低，不具有正常的繁殖能力。雌性动物发情周期往往不正常，所以，在初情期以后，需要进一步发育才能达到完全的性成熟。性成熟时，身体的生长发育尚未完成，即未达到体成熟。甘肃细毛羊的性成熟一般是在6～9月龄，在这个时候，公羊可以产生精子，母羊可以产生成熟的卵子，但此时并不能配种，因为身体并未达到充分发育的程度，如果此时进行配种，就可能影响其本身和胎儿的生长发育。因此，公羔、母羔在4月龄断奶时，一定要分群管理，以避免偷配。甘肃细毛羊的初配种年龄一般在1.5岁左右，但也受饲养管理条件的制约。凡是草场和饲养条件好、绵羊生长发育较好，初次配种都在1.5岁，而草场和饲养条件较差的，初次配种年龄往往向后推迟。

三、母羊的发续期和发情周期

（一）发情

当母羊到达性成熟时，体内卵泡发育成熟，接近排卵阶段。由于卵泡中性激素的刺激作用，生殖器官和精神状态发生变化，有交配表现，并愿意接受公羊的交配，这种现象的出现称为发情。

母羊发情时，全身精神状态发生变化，表现兴奋不安，主动接近公羊，愿意接受公羊爬跨，接受公羊交配。发情时，母羊生殖器官发生一系列变化，外阴部充血肿大，柔软而松弛，阴道黏膜充血发红，上皮细胞增生，前庭腺分泌增多，子宫颈开放，子宫蠕动增强，子宫黏膜肿胀充血，黏膜上的腺体增生，分泌的黏液增多，输卵管的蠕动、分泌和上皮绒毛的波动也增强。卵巢上有卵泡发育，发育成熟后卵泡破裂，卵子排除。

（二）发情持续期

从发情开始到发情结束的持续时间称为发情持续期，甘肃细毛羊母羊的发情持续期一般为30h左右，但其发情持续期的长短，因年龄、配种季节的阶段等而不同，处女羊发情持续期短，成年羊较长，配种季节的初期和末期较短，中期较长，营养较好的羊较短，营养较差的较长。母羊排卵一般多在发情后期，成熟卵排出后在输卵管中存活4～8h，公羊精子在母羊生殖道内受精作用最旺盛的时间大约24h。为了使精子和卵子得到完全结合的机会，最好在排卵前数小时内配种，因此，比较适宜的配种时间应在发情中期，就是说发情后12～16h。在甘肃细毛羊母羊的配种实践中，大都采用早晨试情下午配种；下午试情，第二天早晨配种；为了提高受胎率，对持续发情母羊，第二天再配一次。

（三）发情周期

母羊在发情期内，若未经配种，或虽经配种但未受孕时，经过一定时期会再次出现发情现象。由上次发情开始到下次发情开始的期间，叫做发情周期。

甘肃细毛羊母羊绵羊的发情周期一般为16～17d，有的达21d，个体间有一些差异，其长短因母羊的年龄、营养状况等而不同。一般2～4岁和营养较好的母羊发情周期短，而且比较集中，未成年、老龄和营养不良的母羊发情周期长，也不集中。发情周期也和配种季节中的阶段有关，一般配种季节的中期发情周期短，初期和末期长。配种受配后，卵巢内黄体产生的助孕素，抑制新卵泡的成熟，母羊停止发情。

四、母羊的配种时间

羊的繁殖季节与品种、气候、饲养管理条件和母羊的年产胎次有一定的关系。甘肃细毛羊母羊的繁殖是有季节性的，母羊通常在秋季和春季发情，配种时间大体有两种：一种是8～9月配种，第二年1～2月产羔，即所谓"冬羔"；另一种是11～12月配种，第二年4～5月产羔，即所谓"春羔"。目前，甘肃细毛羊母羊基本上都产采用产"春羔"的形式，这样便于饲养管理，消除了严冬产羔成活率低的状况。配种时间不宜拖得太长，主要是为了使产羔时间比较集中，羔羊月龄差别不大，便于管理。一般不超过二个发情周期，争取在两个发情周期左右结束配种。

五、妊娠及妊娠诊断

1.妊娠期

绵羊从发情接受交配或输精后，精卵结合形成胚胎开始到胎儿发育成熟并出生为止的整个时期，称为怀孕期或妊娠期。

妊娠期的长短，因品种、多胎性、营养状况等的不同而略有差异。早熟品种多半是在饲料比较丰富的条件下育成，怀孕期较短，平均为145d左右；晚熟品种多在放牧条件下育成，怀孕期较长，平均为149d左右。甘肃细毛羊为147.5+5.00d。营养水平高低对妊娠期也有一定的影响，尤其在妊娠后期和怀多羔时，营养水平低有使妊娠期缩短的趋势，怀多羔的妊娠期比怀单羔的短，同时，妊娠期也随母羊年龄的增大而延长。

2.妊娠诊断

对配种后的母羊进行及时的妊娠诊断，不仅可以及时检出空怀母羊，减少羊群空怀数量，而且能及时对确定妊娠母羊实行分类管理，加强营养，避免流产，同时对空怀羊能够及时查找原因，制定相应措施，参与下期配种或因生殖器官疾病进行淘汰，以达到提高繁殖率，降低生产成本。

（1）外部观察法

母羊怀孕后，一般外部表现为：周期性发情停止，性情温顺、安静，行为谨慎，食欲增加，营养状况改善，怀孕2～3月后，腹围增大，隔着右侧可以触摸到胎儿。在胎儿胸壁紧贴母羊腹壁时，可以听到胎儿心音。

（2）试情法

在配种或输精后，在下一情期用公羊进行试情，一般认为不返情即认定已经妊娠，但这种方法常会出现一定的偏差，少数母羊在妊娠后有假发情表现，还有一些母羊由于生殖器官或其他疾病以及饲养管理不当也会出现配种后没有妊娠但不表现返情现象。甘肃细毛羊多采用这种方法来鉴定母羊是否怀孕。

（3）触摸法

母羊妊娠2个月后，应可以从腹部触摸到胎儿。触摸时，一人将羊抱定，一人双手紧贴下腹，在羊右侧下腹壁前后滑动，触摸有无硬物，若摸到硬物则表示已经怀孕。这种方法要求触摸者有一定的实践经验，并且这种方法不能较好地解决妊娠早期诊断，对指导生产，减少空怀实际意义不大。

（4）超声波诊断法

根据多普勒原理，利用怀孕羊体对超声波的反射，来探知胚胎的存在或胎儿的心搏动、脉搏和胎动等情况以进行妊娠诊断。

B型超声诊断仪采用的是辉度调制型，以光点的亮暗反映信号的强弱。它发射多束超声波，在一个面上进行扫描，显示的是被查部位切面断层图像。因此，应用B型超声能立即显示被查部位的二维图像，看清该部位的活动状态，采用B型超声诊断羊早期妊娠效果较好，可将时间大大提前，便于及早发现空怀羊只，进而及时重新配种，提高羊只利用率，另外也便于及时对怀孕母羊加强饲养管理，促进母羊生长和胚胎发育保持良好的状态。

六、甘肃高山细毛羊的繁殖季节

绵羊的繁殖季节是经过长期的自然选择逐渐演化而形成的，是为适应外界环境的变化而形成的，主要决定因素是分娩时的环境条件要有利于出生羔的存活。动物在驯化前，生活在原始自然条件下，只有在全年中比较良好的环境条件下产仔，才能保证其所生的幼子存活。绵羊的繁殖季节，一般是在春、秋、冬3个季节母羊有发情表现。母羊发情时，卵巢功能活跃，滤泡发育逐渐成熟，并接受公羊交配。平时，卵巢处于静止状态，滤泡不发育，也不接受公羊的交配。母羊发情之所以有一定的季节性，是因为在不同的季节中，光照、气温、饲草饲料等条件发生了变化，由于这些外界因素的变化，特别是母羊的发情，要求由于变短的光照条件，所以发情主要在秋、冬两季。甘肃高山细毛羊母羊也是在秋冬季节发情，在饲养管理条件良好的年份，母羊发情开始早，而且发情整齐旺盛。公羊在任何季节都能配种，在气温高的季节，性欲减弱或者完全消失，精液品质下降，精子数目减少，活力降低，畸形精子增多。在气候温暖、海拔较低、牧草饲料良好的地区饲养的绵羊一般一年四季都发情，配种时间不受限制。

繁殖虽有季节性，但也不是固定不变的。随着饲养管理的改善和现代繁殖技术的应用，以及外界环境条件的改变，其繁殖季节性限制逐渐发生变化。加强营养和使用促排卵药物等手段可使母羊在任何季节繁殖产羔，使母羊一年两产或两年三产已成为现实。有些地区有些品种由于饲养管理条件好，繁殖基本不受季节的限制。

第二节　配种及人工授精技术

一、配种方法

（一）自然交配

自然交配是在繁殖季节将公母羊混群饲养或放牧，公羊和发情母羊自由交配的方法，它是养羊生产中传统和最原始的配种方法。一般公母羊比例为1∶30~40。

虽然自然交配不需要任何工具，节省了设备、试剂和人工，但弊端十分突出，概括起来有如下几点：

1.没有配种记录，不能了解后代的血缘关系，羊的系谱不清，无法进行有计划的选种选配。

2.配种时间不集中，产羔周期拉长，羔羊年龄差距大。配种时间不确定，也不能预测产羔时间，给管理带来不便。

3.繁殖季节公羊间的打斗竞争和公羊对母羊的追逐，影响羊只采食，加大羊群体力消耗，导致羊群膘情。

（二）人工辅助交配

公母羊分群放牧，在繁殖季节通过试情，给发情母羊挑选适合的公羊，合圈让它们自然交配。这种方法克服了纯粹自然交配的一些缺点，比如，可以准确登记公母羊的耳号、配种日期，可以预测产羔期，节省公羊精力，增加受配母羊数，有利于选种选配等。

（三）人工授精配种

是借助设备，通过人工操作，采集公羊精液并可多倍或大倍稀释，然后输入发情母羊生殖道内，使卵子受精繁殖后代的方法。

1.人工授精配种的优点有：

（1）可使优秀种公畜获得大量的后代，迅速地扩大其优良遗传特性和高产基因在群体中的作用。

（2）通过精液冷冻保存，使得优秀种公畜的使用不受时间和地域的限制。

（3）每只种公畜可以承担更多头母畜的配种任务，由此大大减少了种公畜的需要数量和饲养数量，减少饲养种公畜的饲养成本。

（4）采用精液冷冻技术，使精液得到长期保存，可以更经济可靠地实现家畜品种的改良和品种资源的保护。

（5）可使参加后裔测定的公畜与来自不同地区、不同群体的母畜交配，从而获得更多、范围更广泛的测定数据，使公畜遗传评定更准确。

2.绵羊人工授精应注意的问题

绵羊的人工授精是一项细致的技术性工作。如操作不当，会导致精子质量下降，从而引起受配率降低。

（1）清洁卫生

采精时，假阴道的消毒很重要，要保证其无菌操作。先用冷开水洗净晾干后，用95%的酒精消毒，至酒精挥发无味时，再用0.9%的生理盐水擦拭晾干备用。集精瓶的消毒亦用同样的方法。公羊腹部（即阴茎伸出处）的毛必须剪干净，防止羊毛掉入精液内；包皮洗净消毒。环境要求卫生，不允许有尘土飞扬的现象，防止污物、尘埃进入精液而降低精液质量。所有与精子接触的器械绝对禁止带水。发现有水时，可用生理盐水冲洗2次以上再用。输精枪用后应及时用清水冲洗，并用蒸馏水冲1~2次；需连续使用同一支输精枪时，每输完一只羊，应用酒精消毒，并用生理盐水冲洗2次后再用。

（2）采精过程中要注意的问题

假阴道内的温度应在45℃左右，不宜太高或太低；手握阴茎的力度要合适，松紧有度。太轻易滑掉，太重则压迫阴茎而不射精。假阴道应置于水平斜向上30～45°，绝不能向下倾斜，否则射精不多或不射精，要求位置正确，技术到位。整个过程应镇静自若，细心慢慢地进行。在采精的过程中，不允许大声喧闹，不允许太多的人围观，评头论足，使绵羊感受环境压抑而不进入工作状态。绝不允许吸烟，因为烟雾对精子有杀害使用。不能烦躁，对公羊拳打脚踢、棍棒交加。

（3）合理利用公羊

对公羊要补足精料，加强营养。公羊的采精一般限制每天1次，如果一天采2次则应隔天再采，每周采精不超过5次。如果次数过多，会造成公羊身体力衰，精子活力降低，甚至造成不射精的现象。采精期间，必须给公羊加精料以补充营养，精料每天1～1.5kg，另外喂鸡蛋2个。这期间，公羊应加强运动，让其有充沛的体力。

（4）配种母羊配种应做好记录按输精先后组群

准确判断母羊发情是保证受胎率的关键，建议最好用试情公羊法作发情鉴定。在温度较低的季节输精时，输精枪在装精液时温度不宜过低，以防止精子冷休克。

甘肃细毛羊育种过程中，核心育种场自始至终用人工授精技术完成配种工作。1990年前实行两季产羔，同时生产冬羔和春羔。冬羔每年8月底至9月初配种，12月份产羔，春羔每年11月底至12月初配种，第二年3月底至4月初产羔。1990年后调整为全部产春羔。肃南、天祝和永昌等细毛羊基地县由于羊群管理水平的参差不齐，有规模羊场和群众个体饲养之分，配种方式也有人工授精和自然交配之分。个体饲养者自然交配的比例较大，但在养羊规模大、羊群集中的乡镇、村均有集中配种点，个体饲养者也采用人工授精技术配种。

二、人工授精技术

（一）采精前的准备

1.种公羊采精调教

一般来说，公羊采精是较容易的事情，但有些初次参加配种的公羊，就不太容易采出精液来，可采取以下措施：

（1）同圈法：将不会爬跨的公羊和若干只发情母羊关在一起过几夜，或与母羊混群饲养几天后公羊便开始爬跨。

（2）诱导法：在其他公羊配种或采精时，让被调教公羊站在一旁观看，然后诱导它爬跨。

（3）按摩睾丸：在调教期每日定时按摩睾丸10～15min，或用冷水湿布擦睾丸，经几天后则会提高公羊性欲。

（4）药物刺激：对性欲差的公羊，隔日每只注射丙睾丸素1～2ml，连注射3次后可使公羊爬跨。

（5）将发情母羊阴道黏液或尿液涂在公羊鼻端，也可刺激公羊性欲。

（6）用发情母羊做台羊。

（7）调整饲料，改善饲养管理，这是根本措施，若气候炎热时，应进行夜牧。

2.器械洗涤和消毒

人工授精所用的器械在每次使用前必须消毒，使用后要立即洗涤。新的金属器械要先擦去油渍后洗涤。方法是：先用清水冲去残留的精液或灰尘，再用少量洗衣粉洗涤，然后用清水冲去残留的洗衣粉，最后用蒸馏水冲洗1～2次。

（1）玻璃器皿消毒：将洗净后的玻璃器皿倒扣在网篮内，让剩余水流出后，再放入烘箱，在115℃下消毒30min。可用消毒杯柜或碗柜消毒，价格便宜、省电。消毒后的器皿透明，无任何污渍，才能使用，否则要重新洗涤、消毒。

（2）开膣器、温度计、镊子、瓷盘等消毒：洗净、干燥后，在使用前1.5h，用75%液精棉球擦拭消毒。

3.假阴道的安装、洗涤和消毒

先把假阴道内胎（光面向里）放在外壳里边，把长出的部分（两头相等）反转套在外壳上。固定好的内胎松紧适中、匀称、平正、不起皱折和扭转。装好以后，在洗衣粉水中，用刷子刷去粘在内胎外壳上的污物，再用清水冲去洗衣粉，最后用蒸馏水冲洗内胎1～2次，自然干燥。

在采精前1.5h，用75%酒精棉球消毒内胎（先里后外）待用。

附：配制75%酒精，用购买的医用酒精，一般为95%浓度，取其79ml，加蒸馏水21ml即为75%浓度的酒精。

（二）采精

1.选择发情好的健康母羊作台羊，后躯应擦干净，头部固定在采精架上（架子自制，离地发情同一个羊体高）。训练好的公羊，可不用发情母羊作台羊，还可用公羊作台羊、假台羊等都能采出精液来。

2.种公羊在采精前，用湿布将包皮周围擦干净。

3.假阴道的准备：将消毒过的，酒精完全挥发后的内胎，用生理盐水棉球或稀释液棉球从里到外的擦拭，在假阴道一端扣上消毒过并用生理盐水或稀液冲洗后甩干的集精瓶（高温低于25℃时，集精瓶夹层内要注入30～35℃温水）。在外壳中部生水孔注入150ml左右的50～55℃温水，拧上气卡塞，套上双连球打气，使假阴道的采精口形成三角形，并好气卡。最后把消毒好的温度计插入假阴道内测温，温度在39～42℃为宜。在假阴道内胎的前1/3，涂抹稀释液或生理盐水作润滑剂（可不用凡士林，经多年实践不用任何润滑剂，不影响公羊射精）。就可立即用于采精。

4.采精操作

采精员蹲在台羊右侧后方，右手握假阴道，气卡塞向下，靠在台羊臀部，假阴道和地面约呈35°。当公羊爬跨、伸出阴茎时，左手轻托阴茎包皮，迅速地将阴茎导入假阴道内，公羊射精动作很快，发现抬头、挺腰、前冲，表示射精完毕，全过程只有几秒钟。随着公羊从台羊身上滑下时，将假阴道取下，立即使集精瓶的一端向下竖立，打开气卡活塞，放气卡取下集精瓶（不要让假阴道内水流入精液，外壳有水要擦干），送操作室检查。采精时，必须注意力高度集中，动作敏捷，做到稳、准、快。

5.种公羊每天可采精1～2次，采3～5d，休息1d。必要时每天采3～4次。二次采精后，让公羊休息2h后，再进行第三次采精。

第三节　冷冻精液技术

一、精液冷冻的重要意义

1.提高优秀种公羊的利用率，加快甘肃高山细毛羊品种选育速度，提高其生产性能。

2.使精液的使用不受时间、地域的限制。

3.可大幅度减少种公羊数，从而节约种公羊的饲养管理费用。

4.优秀种公羊的冷冻精液也可作为一种商品，在国内、国际间进行贸易流通，以取得较大的经济效益。

二、精液冷冻的原理

冷冻保存活细胞和组织的生物物理原理同样适合于精子的冷冻保存。精液经过特殊处理保存在超低温下，完全抑制了精子的代谢活动，使精子生命在静止状态下保存下来，一旦升温又能复苏而不失去受精能力。经过特殊处理后的精液在超低温条件下形成玻璃化。精子在玻璃化冻结状态下，其中的水分子保持原来无次序的排列，呈现纯粹玻璃样的微粒结晶而坚实均匀的冻结团块，从而避免了原生质脱水和膜结构遭受破坏，解冻后的精子仍可恢复活力。低温环境对精子细胞的危害主要表现在细胞内外冰晶的形成，从而使精子顶体和细胞膜结构受损伤。精子在低温环境中形成冰晶的危险区为−50～−15℃。因此，在制作和解冻冷冻精液时，均须快速降温和升温，使其快速通过危险区而不形成冰晶。在稀释液中所加的抗冻物质，如甘油，其亲水性强，在水结晶过程中限制和干扰水分子晶格的排列，降低了水形成结晶的温度。

三、冷冻精液稀释液配方及其配制

（一）冷冻精液稀释液配方

在我国绵羊生产中，通过在较大羊群中的试验，以下冷冻稀释液的效果良好。

1.配方1 中国农业科学院研制的葡3−3高渗稀释液：

（1）Ⅰ液：葡萄糖3g、柠檬酸钠3g、加重蒸水至100ml。取溶液80ml，加卵黄20ml。

（2）Ⅱ液：取Ⅰ液44ml，加甘油6ml。

2.配方2 新疆农垦绵羊冻精技术科研协作组研制的9−2脱脂牛奶复合糖稀释液（颗粒精液配方）：

（1）Ⅰ液：10g乳糖加重蒸水80ml、鲜脱脂牛奶20ml、卵黄20ml。

（2）Ⅱ液：取Ⅰ液45ml，加葡萄糖3g、甘油5ml。

3.配方3 青海畜牧科学院研制的8012弱酸抑制稀释液：

（1）Ⅰ液：乳糖11g、加重蒸水至100ml。取溶液80ml，加卵黄20ml。

（2）Ⅱ液：葡萄糖3g、柠檬酸钠3g、加重蒸水至50ml、再加鲜脱脂牛奶50ml。取其溶液88ml，加甘油12ml。

4.配方4 全国绵羊精液冷冻技术科研协作组北京试验小组，在葡3−3稀释液的基础上研制的葡3−3硒一次稀释冷冻细管稀释液：

取葡3−3号Ⅰ液94ml、加甘油6ml、再加硒60μg。以上4种稀释液每100ml加青霉素、链霉素各10万IU。

（二）稀释液的配制

1.药品试剂

所用药品试剂的品质要求纯净，应选用化学纯或分析纯制剂。在配制时，药品的称量一定要准确。

2.灭菌

稀释液中可耐高温的成分，应进行一次配制，以68.6kPa压力经30min高压灭菌。稀释液中的其他成分也应采取适当的方法进行灭菌消毒。

四、精液的冷冻程序

（一）器械消毒

采精及制作冷冻精液前一天清洗各种器械（先以肥皂水清洗1次，再以清水冲洗3次，最后用蒸馏水冲洗1次晾干备用）。玻璃器械采用干燥箱高温消毒，其余器械用高压锅或紫外线灯进行消毒。

（二）冷冻精液的冷源及液氮容器

冷冻精液在制作和保存过程中都要求保持超低温条件，由于液氮的温度可以保持恒定的-196℃，距精子冷冻的危险温区的温差大，所以温度安全范围大，利于精液冷冻贮存。其效果安全可靠，操作比较方便。故目前基本上都用液氮作为制作和贮存冷冻精液的冷源。

贮存冷冻精液的液氮容器多为容量不等的液氮罐，大的可达数百升，小的不到1L；贮存、运输液氮的液氮容器有大容量的液氮槽、液氮车，也有小容量的液氮罐。在冷冻精液的贮存和运输过程中要勤于检查液氮罐和勤添液氮，以防液氮挥发殆尽而使精子毁灭。

（三）采精及鲜精品质

用假阴道法采精。将采集的新鲜精液置于37～40℃条件下，迅速检验其精液品质。要求各项指标正常或良好，其中密度应在20亿/ml以上，活率在0.7以上，精子畸形率低。只有符合冷冻精液要求的新鲜精液，才能用来制作冻精。

（四）精液的稀释

1.稀释倍数

绵羊精液的稀释程度关系到精液冷冻的成败，精液稀释的重要目的是保护精子在降温、冷冻和解冻过程中免受低温损害。为了增加1次采得精液的输精次数或调整输精剂量中的精子数，稀释比例是变化的。大量的研究结果表明，绵羊精液在冷冻之前的稀释比例一般为1∶1～4。

2.稀释程序

精液的稀释方法有一次稀释法和二次稀释法两种。

（1）一次稀释法

按照精液稀释的要求，将含有甘油抗冻剂的稀释液按一定比例在30℃一次加入精液进行稀释。

（2）二次稀释法

先用不含甘油的稀释液按一定比例初步稀释后，冷却到0～5℃，再用已经冷却到相同温度的含有甘油抗冻剂的稀释液按一定比例进行第二次稀释。

（五）精液的分装与平衡

1.分装

根据精液的冷冻方法，目前有3种精液的分装类型或剂型。

（1）颗粒冻精

将处理好的稀释精液直接进行降温平衡，然后再滴冻成颗粒状。制作简便，利于推广，可充分利用贮存罐。但有效精子不易标准化，原因是滴冻时颗粒大小不标准，不易标记，品种或个体间易混淆，精液暴露在外，易污染；需解冻液解冻。

（2）安培瓶冻精

将处理好的稀释精液分装于安培瓶中。制作复杂，冻结、解冻时易爆裂，破损率高；由于体积大，液氮罐利用率低，相对成本高，但保存效果好，好标记，不易污染。

（3）细管冻精

细管冻精可成批进行生产，多采用自动细管冻精分装装置，装于细管中的精液不与外界环境接触，而且细管上标有畜号、品种、日期、活率等，可将数百支细管精液一次放入液氮罐中贮存。

2.平衡

精液的平衡是指精液冷冻前在稀释液中停放一段时间，使稀释液通过细胞壁进入精细胞内，以达到细胞内外环境之间物质的平衡。而平衡时间是指用稀释液稀释原精液到稀释精液冷冻之间所间隔的时间。经含甘油抗冻剂的稀释液稀释后的精液，放入3～5℃的冰箱内平衡2～4h，让精子有一个适应低温的过程，使甘油充分渗透进入精子内，产生抗冻保护作用。但稀释后的精液冷却到平衡温度的时间速度不能过快，降温速度一般为3～5℃/h。所以稀释液与精液等温稀释后，应将精液及其容器一起放在等温的水浴杯内，然后放入冰箱，缓慢降温。也可将等温稀释后的精液用脱脂棉和纱布紧紧包裹好放入冰箱让其缓慢降温，以防温度突然下降造成冷休克。

（六）精液的冷冻

1.颗粒精液冷冻

将装有液氮的广口保温容器上置一铜纱网或铝饭盒盖，距液氮面1～2cm，预冷数分钟，使网面温度保持在-80～-120℃。或用氟板代替铜纱网，先将其浸入液氮中几分钟后，置于距液氮面2cm处。然后将平衡后的精液定量而均匀的滴冻，每粒0.1ml。停留2～4min后颗粒颜色变白时，将颗粒完全浸入液氮中。滴冻时要注意滴管事先预冷，与平衡温度一致；操作要准确迅速，防止精液温度回升，颗粒大小要均匀；每滴完一只公羊的精液后，必须更换滴管、铜网筛或氟板等用具。

2.细管精液冷冻

方法与颗粒冷冻法相似，将经平衡后装有精液的细管平铺摆放在铜网筛上。利用液氮熏蒸5min，再将细管完全浸入液氮。一般而言，细管精液的冷冻方法如下：将经平衡的精液封装于细管后，排放在经预冷的专用细管卡式托架上待冷。冷冻前在冷冻槽内放一定量的液氮，使液氮面和冷冻面保持2～3cm的距离。如果用大口径的液氮罐做冷冻器，液氮罐内应装半罐液氮，在冷冻面的同一高度接上数字显示低温温度控制仪的探头，以便观察冷冻面的温度，调整罐中冷冻网与液氮面的距离，使冷冻面的温度控制在-100～-120℃。如果只冻1、2架，冷冻面温度应调整到-100℃左右，冷冻3、4架，初冻温度调到-120℃左右。将摆放满细管的托架放在冷冻网或冷冻槽上，盖上盖子，冷冻8min即可浸入液氮。

3.安培精液冷冻

基本上与细管冷冻精液相似。其分装容量一般为0.5～1ml。该方法由于制作复杂，冻结、解冻时易爆裂，破损率高，在绵羊生产中已很少应用。

（七）冷冻精液的检测

无论是颗粒冻精还是细管冻精或安培冻精，冻后应做一般的质量检查，对不合格精液应废弃。在抽样检查时，一般要求每粒颗粒冻精容量为0.1ml，精子活率应在0.3以上，每颗粒有效精子至少1 000万个，凡不符合上述要求的精液不得入库贮存。

五、冷冻精液的解冻和输精

解冻方法直接影响到解冻后精子的活率，这是一个非常重要的环节。羊细管精液可直接浸入不低于20℃的水浴中摇动8s，取出待全部融化后即可用于输精；颗粒冻精则将颗粒精液放入灭菌的小试管中，每管一粒，迅速置于70～80℃的水浴中融化至1/3～1/2时，取出放在手心中轻轻搓动，直至全部融化；安培冻精是将安培精液置于60℃的水浴中摇动14s，取出待全部融化后即可用于输精。

原则上，输精前解冻，解冻后精子活率不低于0.3，解冻后即输精，一般解冻后不超过1～2h。如需短时间保存必须注意：以冰水解冻；解冻后保持恒温；添加卵黄；可以用低温保存液作解冻液解冻。

六、冷冻精液的保存和运输

冻结的精液经抽检合格后，按品种、编号、采精日期、型号标记，包装，转入液氮罐中贮存备用。冷冻精液保存的原则是精液不能脱离液氮，确保其完全浸入液氮中。贮存精液的液氮罐应放置在干燥、凉爽、通风和安全的库房内。由专人负责，每隔5～7d检查一次罐内的液氮容量，当剩余的液氮为容积的2/3时，须及时补充。要经常检查液氮罐的状况，如果发现外壳有小水珠、挂霜或发现液氮消耗过快时，表明液氮罐的保温性能差，应及时更换。

冷冻精液的运输应有专人负责，要检查所运输的冷冻精液的公羊品种、羊号、数量及精子活率是否符合要求后，方可运输，到达目的地后办好交接手续。要确保盛装精液的液氮容器具有良好的保温性能，运输之前充满液氮，液氮罐外应罩好保护套，安放牢固，装卸时要轻拿轻放，严禁翻倒。运输途中避免剧烈震动和暴晒，随时检查并及时补充液氮。

第四节　产羔技术

甘肃高山细毛羊在1996年前，实行两季产羔，即春季产羔和冬季产羔。春季产羔一般在3月底到4月初，冬季产羔一般在12月底到次年元月初。由于实行冬季产羔时，母羊的怀孕期和产羔哺乳期都处于高原冬春季节枯草期，羊的营养状况不良，补饲成本很高，后来调整为实行春节产羔。

一、产羔前的准备

1.圈舍准备

甘肃细毛羊产地属于高寒草原地区，冬春季节寒冷多雪，产羔圈舍采用封闭式房屋，现在多采用暖棚羊舍。产羔室要选在光线充足，空气流通，保暖御寒的屋子，地上铺好干草，若是寒冷季节，产羔室的温度应保证在5℃以上。一般产羔工作开始前一周，对接羔棚圈、草架、料槽及其用具等进行清洁和消毒处理。

2.饲草料准备

产羔前要准备充足的精饲料和优质青干草、作物秸秆、多汁饲料等，足够泌乳期补饲需要。

3.接羔人员和药品准备

要根据各产羔点羊群大小、营养状况等配备足够的产羔管理和技术人员。同时要准备充足的防治产羔母羊和羔羊常发疾病的必要药品和器材，按时分发到位。

二、接羔技术

依妊娠母羊配种记录，算好临产日期，还要注意观察临分娩的表现，尽量避免母羊难产、初生羔羊假死、饿死等非正常死亡。

母羊正常分娩，一般在羊膜破后几分钟到半小时羔羊即可产出。如果胎位正常，羔羊出生时应该头和前肢先产出，头部紧靠在两前肢上面。若产双羔，先后间隔5～30min，偶尔也有长达数小时的。

母羊产羔过程中，一般不要干扰它，让其自行分娩。必要时如初产母羊难产，或怀双羔母羊产出不顺时需要助产。

主要要点：

1.巧助产

胎位正常的难产，助产人员在母羊体躯后侧用膝盖轻压其胁部，待羔羊头嘴端露出后，用手向前推动母羊会阴部，使头部和前肢露出，然后一手托住头部，另一手握住前肢，随母羊努力向后下方拉出胎儿。但对于胎位异常的，要把母羊后躯垫高，将胎儿露出部分送回，手入产道，纠正胎位，要做好助产失败后进行手术的准备。

2.救假死

羔羊生下来时，会因天气或母羊分娩时间长缺氧出现假死现象，要立即抢救使其复苏。办法：先将羔羊呼吸道内的黏液和胎水清除掉，擦净鼻孔，向鼻孔吹气，将羔羊放在前低后高的地方仰卧，手握其前肢，反复前后屈伸，用手推压胸部两侧，或倒提拍打背部，也可以向羔羊鼻孔喷烟，刺激羔羊喘气。对受凉冻僵的羔羊，应立即进行温水浴。洗浴时将羔羊头露出水面，水温由30℃逐渐升至40℃，水浴时间为20～30min。

3.护好羔

分娩完毕，先要把羔羊口腔、鼻腔中的黏液掏出擦净，避免呼吸困难，造成窒息或异物性肺炎。羔羊身上的黏液一般母羊会舔净，对母性差不愿意舔拭的母羊可以引导其适应，这有利于母羊和羔羊建立亲昵和互信，在天气寒冷时要尽快人工清理羔羊身体，防止受凉。给羔羊擦干后，首先把母羊奶头擦洗干净，挤出初乳，协助羔羊吃到初乳。如遇母羊缺奶，要人工哺乳喂一些奶粉。有的初产母羊，不认自生羔羊。遇此情况可将羔羊身上的黏液抹在母羊鼻端、嘴内，诱使母羊舔羔。

羔羊产后断脐，在自然分娩情况下自己会扯断，人工助产时，用手把脐血向羔羊脐部捋几下，在离肚皮3～4cm处剪断，碘酒消毒即可。

三、高效产羔技术

（一）提高羊繁殖力的主要方法

1.提高种公羊和繁殖母羊的饲养水平

营养对绵羊繁殖力的影响极大，丰富而平衡的营养可以提高种公羊的性欲，提高精液品质，促进母羊发情和增加排卵数。

2.种羊选自多胎家系

研究表明，羊的繁殖力是可以遗传的，选择具有较高生产双羔潜力的公羊比选择母羊在遗传上更有效。也可以用导入高繁殖力基因的办法提高绵羊繁殖力。

3.增加适龄繁殖母羊比例

合理的羊群结构有利于提高群体繁殖力，一般育种场适龄繁殖母羊比例可以保持到60%～70%。

4.实行密集产羔

饲养管理条件好的羊场，可以选择营养状况好、健康结实和泌乳能力强的2～5岁的母羊组成密集产羔群。做到羔羊早期断奶，提前配种，实行一年两产或两年三产的密集产羔。

5.繁殖新技术应用

MOET育种技术的应用，可以把人工授精技术与同期发情、超数排卵、胚胎移植技术等有机结合，提高绵羊繁殖力。

6.药物处理和免疫技术

利用激素或疫苗处理繁殖母羊，能促进母羊卵泡发育、成熟和排卵，明显提高母羊的发情率和产羔率。

（二）高频产羔技术

母羊的多产性是具有明显遗传性特征的性状。从解剖学上分析，母羊是双角子宫，适合怀双胎。从生产实践中，不少母羊不仅可以产双羔，甚至可以产3胎或4胎。提高母羊的产羔率，可以大幅度提高生产经济效益。目前，用于提高母羊产双羔率的方法主要有四种：一是采用营养调控技术；二是采用生殖免疫技术；三是应用MOET技术；四是采用促性腺激素，如PMSG诱导母羊双胎。

1.营养调控技术

营养调控技术提高母羊双羔率，主要包括采用配种前短期优化饲养、补饲VE和VA制剂、补饲高蛋白饲料、补矿物质微量元素等。实践证实，这些措施在以提高母羊的繁殖率。

对配种前的母羊实行营养调控处理，加大短期的投入，可以达到事半功倍的效果。一般情况下，采取这种处理，在配种前的短期内使母羊活重增加3～5kg，以提高母羊的双羔率5%～10%。待配种开始后，恢复正常饲养。从经济效益上分析，不会增加生产成本，投入恰到好处。对经过生殖免疫处理的母羊于配种前20d补饲VE和VA合剂，可以显著提高免疫处理的效果。

2.生殖免疫技术

该技术是以生殖制剂作为抗原，给母羊进行主动免疫，刺激母体产生抗体，或在母羊发情周期中用缉私抗体进行被动免疫。这种抗体便和母羊体内响应的内源性激素发生特异性结合，显著地改变内分泌原有的平衡，使新的平衡向多产方向发展。

目前，生殖免疫制剂主要有：双羔素（睾酮抗原）、双胎疫苗（类固醇抗原）、多产疫苗（抑制素抗原）及被动免疫抗血清等。这些抗原处理的方法大致相同，即首次免疫20d后，进行第二次加强免疫，二免后20d开始正常配种。据测定，免疫后抗原滴度可持续1年以上。

3.MOET技术

（1）同期发情

利用某些激素制剂处理，人为地控制并调整母畜发情周期使之同期化的方法，称为同期发情。此方法可以使母畜在预定的时间内集中发情，以便有计划地合理地组织配种，既有利于人工授精的推广，同时，也是家畜胚胎移植必需的手段之一。使家畜同期发情的途径有两种，一是对母畜采用孕激素类化合物处理，让黄体退化，停药后，母畜发情；二是用前列腺素类药物处理，促使母畜发情。

羊的同期发情处理：①阴道海绵栓法，在羊发情季节，使用经孕激素处理的扎有细绳的阴道海绵栓，用消毒食用油浸泡后放入母羊阴道10～15cm，放置12～14d，孕激素抑制卵泡发育，取出海绵栓后，抑制作用消失，卵巢即有卵泡发育，从而使母羊发情，一般在取出海绵栓后的2～4d内，约有85%～95%的母羊发育。②前列腺素处理法，绵羊在发情期的8～15d，山羊在9～18d，肌肉注射15-甲基前列腺素1.2mg，通常注射后60～96h内母羊表现发情。

（2）超数排卵

超数排卵的目的是为了增加有活力卵子的数量。通常在羊发情周期的9～14d，肌肉注射PMSG（孕马血清）或FSH（垂体促滤泡素），以刺激卵巢产生额外的卵泡。也可以用PMSG+PG（前列腺素）的方法进行超排处理，一般是在母羊发情后的9～14d内的任何一天一次注射2 400～2 800单位的PMSG，注射后48h，再一次注射4支氯前列烯醇。

羊胚胎的回收方法主要为手术法。将供体母畜固定在手术架上（仰腹），前低后高，手术前用麻醉剂麻醉，由腹中线切口，将冲卵液注入子宫角，冲洗子宫，回收冲卵液，胚胎随冲卵液被回收。

检胚，主要是从回收的冲卵液中将胚胎捡出，并对胚胎的质量进行鉴定。胚胎一般分为三级别：A为优良胚胎，形态典型，卵细胞和分裂球的轮廓清晰，细胞质致密，色调和分布均匀；B为普通胚胎，与典型胚胎相比，稍有变形，但卵细胞和分裂球的轮廓清晰，细胞质较致密，分布均匀，变性细胞和水泡不超过10%～30%；C为不良胚胎，形态有明显变异，卵细胞和分裂球轮廓稍不清晰或部分不清晰，细胞质不致密，分布不均匀，色调发暗，突出的细胞、水泡和变性细胞占30%～50%。

（3）胚胎移植

绵羊的胚胎移植一般用手术法，将母畜仰卧保定在手术架上，麻醉，从股中线切口剖腹，取出子宫、输卵管、卵巢，观察黄体发育情况，用钝形针头在黄体侧子宫角扎孔，将移植管顺子宫角方向插入宫腔，推出胚胎，随即将子宫复位，对切口消毒，缝合。

4.激素诱导

通常用促性腺激素，如PMSG诱导母羊双胎。

对单品种的母羊多采用这种方法。一般是在母羊发情周期的第12～13d，一次注射PMSG 700～1 000mg，或用孕酮处理12～14d，撤检前注射PMSG 500ml以上，HCG 200～300ml。在非繁殖季节，需要增加激素剂量。PMSG处理的弊端是不能控制产羔数，剂量小时，双胎效果不明显；剂量大时，则会出现相当比例的三胎或四胎，影响羔羊成活的成绩。有时还会造成母羊卵巢囊肿。

促性腺激素处理可与同期发情处理结合，即在同期处理时适当增加促性腺激素的剂量，要以达到提高双羔率的目的。直接用促性腺激素，因母羊对激素反应敏感性存在的个体差异，处理效果有时不确定，选用这种方案须作测试，因品种、地区而确定合理剂量和注射时间。

第五节　繁殖新技术

随着科学技术的进步和畜牧生产的发展，科学家对家畜繁殖新技术的研究与应用取得了丰硕的成果。繁殖新技术在中国养羊业生产实践中的推广使用，促进了养羊业的快速发展。繁殖新技术在甘肃高山细毛羊中的推广应用，可加大甘肃高山细毛羊的改良力度，同时可进一步加快新品种培育的步伐。

一、发情鉴定技术

在甘肃高山细毛羊的繁殖过程中，发情鉴定是一个重要的技术环节。通过发情鉴定，可以尽快找出发情母羊，不至于失掉配种时机；可以确定最适宜的配种时间，以减少配种次数，提高受胎率；可以判断母羊的发情阶段以及发情是否正常，以便确定配种适期或发现疾病及时治疗，从而达到提高母羊利用率的目的。

随着畜牧业的进一步发展，甘肃细毛羊的饲养规模愈来愈大，准确地发情鉴定是做到适时输精、提高母羊受胎率以及养羊业经济效益的重要保证。根据母羊发情晚期排卵的规律，可以采取早、晚两次试情的方法配种，早晨选出的母羊下午配种，第二天早上再复配一次。晚上选出的母羊到第二天早上第一次配种，下午进行复配，这样可以大大提高受胎率。母羊发情鉴定方法主要有试情法、外部观察法和阴道检查法。

（一）试情法

试情法是鉴定甘肃高山细毛羊是否发情最常用的方法。在配种期内，每日定时（早、晚各一次）将试情公羊放入母羊群中，让公羊自由接触母羊，挑出发情母羊，但不让试情公羊与母羊交配。

1.试情公羊管理

试情公羊应挑选2～4岁身体健壮、性欲强的个体，试情期间适当添草补料，以保证精力充沛。每周采精1次，以刺激性欲。

2.试情公羊准备

（1）系试情布

取长60cm、宽40cm的细软白布一块，四角缝上布带，拴在试情公羊腰部，将阴茎兜住，但不影响公羊行动和爬跨，可正常射精，但精液被试情布兜住，不能与母羊直接交配。每次试情完毕，要及时取下试情布，洗净晾干。试情时不能长时间使用同一只公羊，应轮换使用。

（2）切除输精管

选择1～2岁健康公羊，在4～5月份进行手术。这时天气凉爽，无蚊蝇叮咬，伤口容易愈合。

手术方法：公羊左侧卧，由助手保定，术部消毒，在睾丸基部触摸精索（有坚实感），找输精管，用拇指和食指捻转捏住，或用食指紧压皮肤，切开皮肤和靶膜，露出输精管，用消毒好的钳子将输精管带出创面，分离结缔组织和血管，剪去4～5cm一段输精管。术口撒上抗生素粉剂，缝合伤口。重复另侧输精管切除手术。手术后，公羊2～3d即可恢复性欲和正常爬跨行为。由于输精管内残存的精子需要6周左右才能完全排净，在这之前要避免公羊接触母羊。为确保不发生错配，正式试情前最好采精一次，检查精液中有无精子存在。一切无误后，方可作正式试情公羊用。

（3）阴茎移位

通过手术剥离阴茎包皮的一部分，然后将其缝合在偏离原位置约45°角的腹壁上，待切口愈合形成瘢痕即可用于试情。

（4）佩带着色标记

在试情公羊腹下安装一种专用的着色装置，当母羊接受爬跨时，在母羊背上挤压装置留下着色标记。

3.试情方法

公羊直接试情法：把试情公羊放入母羊群，如果母羊已发情，便会接受试情公羊的爬跨。母羊群置于试情圈内。试情圈地面干燥，大小适中。圈大羊少，增加试情公羊的负担，圈小羊多，容易漏选、错选发情母羊。

试情公羊的头数为母羊数的3%～5%，试情时刻分批轮流使用。被试出的发情母羊迅速放在另一圈内。试情结束后，最好选用另一头试情公羊，对全部挑出的发情母羊重复试情一次。试情期间，有专人在羊群中走动，把密集成堆或挤在圈角的母羊哄开。试情公羊不用时要圈好，不能混入母羊群中。

（二）外部观察法

直接观察母羊的行为症状和生殖器官的变化来判断其是否发情。发情母羊精神兴奋不安，不时地高声哞叫，并接受其他羊的爬跨。同时，食欲减退，放牧时常有离群表现。发情母羊的外阴及阴道充血、肿胀、松弛，并有黏液流出，发情前期，黏液清亮，发情后期，黏液呈黏稠面糊状。

（三）阴道检查法

将清洁、消毒的羊开膣器插入阴道，借助光线观察生殖器内的变化，如阴道黏膜的颜色潮红充血，黏液增多，子宫颈潮红，颈口微张开，可判定母羊已发情。

二、发情控制技术

应用某些激素或药物以及畜牧管理措施人工控制雌性动物个体或群体发情并排卵的技术，称为发情控制，包括诱导发情和同期发情。

（一）诱导发情

1.诱导发情的概念

诱导发情是对性成熟母羊因生理和病理原因不能正常发情的，用激素和采取一些管理措施，使之发情和排卵的技术。生理性乏情主要表现为在非繁殖季节无发情周期以及产后乏情等情况，病理性乏情指达到初情期年龄后母羊仍未有发情周期等。

对于生理性乏情的母羊，其主要特征是卵巢处于静止状态，垂体不能分泌足够的促性腺激素以促进卵泡的最后发育成熟及排卵。在这种情况下，只要增加体内促性腺激素或GnRH，基本上可促使母羊卵巢活动，促进卵泡发育成熟和使乏情母羊发情。而一些因病理原因导致乏情的，如持久黄体、卵巢萎缩、幼稚型卵巢等，仅用促性腺激素或GnRH是难以诱导母羊发情的，应先将造成乏情的原因查出并予以治疗，然后用促性腺激素或GnRH处理，使之恢复繁殖机能。

2.诱导发情的意义

（1）提高母羊的繁殖率

通过诱导发情处理，可以控制母羊的发情时间，缩短产后乏情期，在一定程度上提高母羊的繁殖率。另外，相当数量的绵羊达到性成熟年龄后仍未建立发情周期，可能是因为长期营养低下，身体发育迟缓，卵巢处于静止状态。如利用诱导发情使这部分母羊尽快发情并配种，可很大程度提高群体绵羊的繁殖率。

（2）提高养羊的经济效益

　　诱导发情不但可以缩短母羊的繁殖周期，增加胎次和产羔数，增加产羔频率，使其在一生中繁殖较多后代而提高繁殖力，而且还可以调整母羊的产羔季节，使羔羊按计划出栏，按市场需求供应羔羊与羊皮。尤其是羔羊肉生产，不同季节市场需求差异很大，而诱导发情可使母羊在任何季节发情，因此可人为控制产羔，按市场需求供应，按计划出栏，最大限度地提高经济效益。此外，利用诱导发情技术，还可以根据母羊生长发育情况确定适宜配种年龄，避免过早或过晚繁殖而影响其生长发育或带来经济损失。

　　（3）作为其他繁殖调控技术的重要辅助手段

　　如早龄配种是动物繁殖调控技术研究方向之一，而诱导发情是实现早龄配种的必然途径。研究发现，性未成熟母羊的卵巢已经具备了受适量促性腺激素刺激后，其卵泡发育至成熟阶段的潜力。因此，可利用促性腺激素对未成熟母羊进行诱导发情，实现早龄配种。

　　3. 诱导发情的原理

　　在非繁殖季节或繁殖季节，由于季节、环境、哺乳等原因造成的母羊在一段时间内不表现发情，这种不发情属于生理的乏情期。在此生理期内，母羊垂体的促卵泡素和促黄体素分泌不足以维持卵泡发育和促使排卵，因而卵巢上既无卵泡发育，也无黄体存在。利用外源激素如促性腺激素，溶解黄体的激素以及环境条件的刺激，特别是孕酮对母羊发情具有"启动"作用，促使乏情母羊从卵巢相对静止状态转变为机能活跃状态，恢复母羊的正常发情和排卵，这就是母羊诱导发情技术的原理。

　　4. 诱导发情的方法

　　（1）利用抑制卵泡发育的激素诱导发情

　　目前多用孕激素，其诱导乏情母羊发情的理论依据是，孕激素可抑制LH释放，停药后LH水平逐渐升高，导致形成LH排卵峰。但在乏情期或发情初期因缺乏孕激素的刺激，致使母羊不发情或暗发情，经过孕激素刺激后能增强卵泡对促性腺激素及雌激素的敏感性。孕激素种类很多，包括孕酮、黄体酮、甲孕酮（MAP）、氟孕酮（FGA）、氯地孕酮（CAP）、18-甲基炔诺酮（P_4）、16-次甲基甲地孕酮（MGA）等，除孕酮外均为合成孕激素制剂，并且均可应用于母羊的诱导发情。孕激素一般用药时间较长，若采用注射法，操作比较麻烦；若采用口服法，不同个体采食量不同，造成采食不均。因此，孕激素常用的投药方式为皮下埋植法和阴道栓塞法，处理14~18d，能够取得较好的诱导发情的效果。

　　（2）利用促进卵泡生长发育及排卵的激素诱导发情

　　尽管用孕激素刺激后能增强卵泡对促性腺激素及雌激素的敏感性，但若不辅以促性腺激素的刺激，发情征兆仍不是很明显，因此，生产中常采用促性腺激素辅助孕激素诱导母羊发情。促性腺激素主要作用于母羊的卵巢，促进卵泡的生长发育、成熟排卵、黄体形成及激素分泌，从而诱导处于乏情期的母羊发情。促性腺激素的种类很多，包括促卵泡素（FSH）、孕马血清促性腺激素（PMSG）、促黄体素（LH）、人绒毛膜促性腺激素（HCG）等。它们都为糖蛋白，FSH与PMSG作用相似，可促进卵泡的发育；LH与HCG作用相似，促进卵泡的成熟排卵和黄体的形成。

　　孕激素预处理结合PMSG，在诱导季节性乏情母羊发情方面，效果较孕激素预处理结合FSH为好。可能是PMSG半衰期长，而季节性乏情的母羊需长时间的促性腺激素才能促使其卵泡发育。此外，PMSG也较FSH便宜，操作方便（一次注射即可），故在生产中常用PMSG。单独用PMSG亦可引起卵泡发育和排卵，但往往无发情表现。孕激素预处理期间对下丘脑和垂体分泌具有抑制作用，处理结束后抑制解除，对下丘脑分泌GnRH和垂体分泌促性腺激素有很强促进作用。利用促性腺激素对绵羊进行诱导发情处理，一般在孕激素处理结束前1~2d或当天肌肉注射500~1 000IU PMSG（或约10IU/kg），能够取得较好的诱导发情的效果。

（3）外源注射溶解黄体的激素制剂

①利用前列腺素诱导发情

前列腺素对羊卵巢上的黄体有溶解作用，可使黄体提前消退，从而缩短乏情期，导致母羊发情。对乏情的母羊，经检查有黄体存在时，用前列腺素治疗可取得满意的效果。目前，在生殖系统中起作用的前列腺素主要是$PGF_{2\alpha}$与PGE_2。天然前列腺素由于生物活性极不稳定，易分解，具有副作用等缺点，生产中已逐渐被人工合成的前列腺素类似物（如氯前列烯醇）所取代。一般是母羊间隔8～14d连续2次颈部肌肉注射氯前列烯醇，每次1～2mg/只。

②利用催产素诱导发情

催产素（OXT）是一种神经内分泌激素，长期以来认为其作用机理是促进子宫收缩和排乳。但近年来发现，外源性OXT可以通过刺激子宫内膜产生$PGF_{2\alpha}$，从而间接地溶解黄体，因此可将OXT应用于绵羊的诱导发情。生产中常将OXT与$PGF_{2\alpha}$合用诱导母羊发情，效果显著。

（4）外源注射雌激素

雌激素的功能之一是促使雌性动物副性腺正常发育和维持其正常生殖机能，以促进发情征兆的表现。目前生产中常用的雌激素主要有雌二醇（2～5mg/只）和己烯雌酚（10～15mg/只）。

（5）调节光照诱导母羊发情

母羊是长日照过渡到短日照后开始发情的，春、夏季是母羊的非发情季节，这主要与松果体分泌的褪黑激素有关，褪黑激素的分泌受光照/黑暗交替刺激影响，具有一定的节律性，并且其节律性分泌与动物生殖活动的周期性密切相关。因此，在春、夏季节人工缩短光照时间。模拟秋季的光照期。每天达到光照8h、黑暗16h，一般在处理开始后7～10d开始发情。

（6）利用"公羊效应"刺激母羊发情

公羊头、颈部皮脂腺特别发达，在繁殖季节分泌物较多，散发出强烈的骚味（性外激素）。引入母羊群的公羊散发出的强烈气味对母羊感觉（嗅、视、听、触）器官产生刺激，经神经系统作用于下丘脑–垂体–性腺轴，激发促性腺激素LH的释放，再作用于卵巢，引起发情。研究发现，在与公羊隔离的母羊群里，于发情季节到来之前，将公羊放入母羊群里，则会较好地刺激母羊，使其尽快发情。"公羊效应"随季节变化，可能与生殖激素产生的季节性变化有关，因此在乏情季节可给供养注射生殖激素，来提高"公羊效应"。

（7）中草药添加剂

由于激素处理易产生副作用和药物残留，所以在国内，人们试图探索出一种新的诱导母羊发情的方法。近年来中草药添加剂在畜牧生产中的广泛应用，使中草药应用于母羊发情成为了可能。但此途径尚处于起始阶段，有关报道不是很多，需要进一步深入研究。

（二）同期发情

1. 同期发情的概念

同期发情是对群体母羊采取措施（主要是激素处理），使之发情相对集中在一定时间范围的技术，亦称发情同期化。同期发情是将原来群体母羊发情的随机性认为地改变，使之集中在一定的时间范围内，通常能将发情集中在结束处理后的2～5d。

2. 同期发情的意义

（1）有利于人工授精技术的推广

采用同期发情技术，可以使母羊集中发情，从而做到统一输精，有利于规模较大、群体数量较多的现代化羊场的高效管理，并且可以保证良种精液的充分利用，避免因精液冷冻或在体外长期保存对配种造成的不利影响。同时，人工授精技术的广泛推广利用，可以加速羊的品种改良。

（2）便于合理地组织大规模畜牧业生产

现代化养羊生产要求的是规模大和有计划性。同期发情处理后，母羊可同期配种，随后的妊娠、分娩及新生羔羊的管理、肥育、出售等一系列的饲养管理环节都可以按时间表有计划地进行。从而使各时期生产管理环节简单化，减少管理开支，降低生产成本，形成现代化的规模生产。

（3）提高母羊的繁殖率

同期发情不但用于周期性发情的母羊，而且也能使乏情状态的母羊出现性周期活动。例如卵巢静止的母羊经过孕激素处理后，很多表现发情，而因持久黄体存在长期不发情的母羊，用前列腺素处理后，由于黄体消退，生殖机能随之得以恢复，因此，可以缩短繁殖周期。对于因胎儿吮乳、营养水平低下等原因而在分娩后的一段很长的时间内不能恢复正常发情周期的母羊，同期发情处理后可使其恢复发情周期并在配种后受胎，从而提高繁殖率。

（4）是胚胎移植技术的重要环节

羊胚胎移植技术的研究和应用，其成功的关键是要求供体和受体母羊达到同期发情。只有供体和受体母羊的生殖器官处于相同的生理状态，移植的胚胎才能正常发育。此外，胚胎移植过程中，胚胎的生产和移植往往不是在同一地点进行，也要用同期发情技术在异地使供体和受体母羊发情周期同期化，从而保证胚胎移植的顺利实施。如果羊的同期发情技术不能达到要求，那么就不能提供足够数量的受体母羊，胚胎移植技术也就不会有好的效果。

3. 同期发情的原理

在自然状态下，羊的发情周期是受内分泌系统调节的。发情行为是由于雌激素对中枢神经系统的局部作用而引起的。母羊的发情周期，从卵巢的形态变化方面可分为卵泡期和黄体期两个阶段，卵泡期是在周期性黄体退化继而血液中孕酮水平显著下降之后，卵巢中卵泡迅速生长发育，最后成熟并导致排卵的时期，此时母羊也出现行为上的特殊变化（即性兴奋和接受公羊交配，称为发情期）。在发情周期中，卵泡期之后卵泡破裂发育为黄体，随即出现一段较长的黄体期。黄体期内，在黄体分泌的孕激素（孕酮）的作用下，卵泡的发育成熟受到抑制，母羊性行为处于静止状态，不表现发情，在未受精的情况下，黄体维持一定时间（一般是10d左右）之后即行退化，随后出现另一个卵泡期。

由此看来，黄体期的结束是卵泡期到来的前提条件。相对高的孕激素水平，可抑制发情，一旦孕激素的水平降低到底限，卵泡即开始迅速生长发育，并表现发情，因此，同期发情的中心问题是控制黄体期的寿命，并同时终止黄体期。如能使一群母羊的黄体期同时结束，就能引起它们同时发情。

在自然情况下，任何一群母羊，每个个体均随机地处于发情周期的不同阶段，如卵泡期或黄体期的早、中、晚各期。同期发情技术就是以体内分泌的某些激素在母羊发情周期中的作用为理论依据，应用合成的激素制剂和类似物，有意识地干预某些母羊的发情过程，暂时打乱它们的自然发情周期规律，继而把发情周期的进程调整到统一的步调之内，人为造成发情同期化。也就是说，同期发情技术主要是借助外源激素处理母羊，使发情周期按照预定的要求发生变化，被处理母羊的卵巢生理机能都处于相同阶段，从而达到同期发情的目的。

同期发情通常采用两种途径：一种途径是延长黄体期，给一群母羊同时施用孕激素药物，抑制卵泡的生长发育和发情表现。经过一定的作用时期后同时停药，由于卵巢同时失去外源性孕激素的控制，卵巢上的周期黄体已退化，于是同时出现卵泡发育，引起母羊发情。在这种情况下，在施药期内，如黄体发生退化，外源孕激素即代替了内源孕激素（黄体分泌的孕酮）的作用，造成了人为的黄体期，推迟发情期的到来，为以后引起同时发情创造一个共同的基准线。采用孕激素抑制母羊发情，实际上是人为地延长黄体期，起到延长发情周期、推迟发情期的作用。另一种途径是缩短黄体期。利用性质完全不同的另一类激素即前列腺素$F_{2\alpha}$同时向一群待处理的母羊施用，前列腺素药物有溶解黄体的作用，使黄体溶解，中断黄体期，停止孕酮分泌，从而促进垂体促性腺激素的释放，使卵巢提前摆脱体内孕激素的控制。这种情况实际上是缩短母羊的发情周期，促使母羊在短时间内发情。

同期发情和诱导发情，在概念上两者的区别在于，诱导发情通常是指发情的个体母羊而言，同期发情则是针对周期发情或乏情状态的群体母羊，诱发发情并不严格要求准确的发情时间，而同期发情则希望被处理的一群母羊在预定的日期而且在相当短的时间范围内（2~3d）集中发情，所以也可称为群集发情。

孕激素处理法，不但可用于有周期活动的母羊，而且也可在非配种季节处理乏情母羊，前列腺素则只适用于有正常发情周期活动的母羊。两种途径使用的激素性质不同，作用亦各异，但都是对黄体功能起调节作用，结果使黄体期延长或缩短，最后达到调节卵巢功能，实现同期发情的目的。

4.同期发情的方法

（1）利用抑制卵泡发育的制剂

孕酮、甲孕酮、氟孕酮、氯地孕酮、甲地孕酮及18-甲基炔诺酮等均属此类药物。他们能够抑制垂体促卵泡素的分泌，延长黄体期，因而间接地抑制卵泡发育和成熟，使母羊不能发情。每一种孕酮类似物都有其不同的用法；同一种物质在不同类型上也有不同的用法。

①阴道栓塞法

国产的多为孕激素海绵栓，内含孕激素，如甲孕酮40~60mg，或氟孕酮30~60mg，或18-甲基炔诺酮30~40mg，或氯地孕酮20~30mg。其制作过程为：先按剂量将孕激素制成悬浮液，再取一块经灭菌的海绵浸透药液，拴上细线。使用时用送栓器将海绵栓塞入母羊的阴道深部子宫颈附近，将细线引至阴门外，放置14~16d取出，为提高药效，可中途换栓一次。一般撤栓后72h同期率可达90%以上。缺点是海绵栓容易和阴道内膜发生粘连，造成取栓困难。

国外现在使用的阴道栓主要有螺旋状（美式，RRID）和Y状（新西兰式，CIDR）两种。螺旋式阴道栓直径为30mm，长70mm，内含30mg氟孕酮。PRID和CIDR中间为硬塑料弹簧片，弹簧片外包被着发泡的硅橡胶，硅橡胶的微孔中有孕激素，阴道栓的前端有一速溶胶囊，内含一些孕激素与雌激素的混合液，后端系有尼龙绳。用特制的放置器将阴道栓放入阴道内，先将阴道栓放入放置器内，将放置器推入阴道内顶出阴道栓，退出放置器即完成。处理结束时，扯动尼龙绳即可将阴道栓回收。大多数母羊在第2d和第3d发情。其最大优点是可保证药物被全部吸收，并不会与阴道内膜发生粘连。

②口服法

每天将一定量的孕激素药物均匀拌入少量精料中，经一定时期同时停药。药物用量为：甲孕酮7~8mg/d，甲地孕酮15~20mg/d，氟孕酮5~8mg/d，18-甲基炔诺酮3~6mg/d，氯地孕酮2~5mg/d。这种方法可用于舍饲母羊，但要求单个饲喂，连服12~14d，因此费时、费工，而群体饲喂会造成个体摄入剂量不准确，故生产中一般不采用此种方法。

③注射法

每天将孕激素类药物口服量的2/3注射至羊的皮下或肌肉中，经一定时期停止。此法剂量准确、效果可靠，但操作麻烦。一般情况下，母羊饲喂氟孕酮6~8mg/d，可获得与阴道海绵栓相似的结果，但成本高出许多倍。

④耳背皮下埋植法

埋植物一般为含3mg甲基炔诺酮的硅橡胶棒，将其埋植于动物皮下，经一定时间取出，处理过程中药物被缓慢吸收，此法可做群体处理。生产中一般采用14~16d的较长时间的处理方法，以期获得较高的发情率和受胎率。孕激素处理结束时，视体重注射350~1 000IU PMSG，对促进卵泡发育和发情同期化有一定的作用。孕激素同期发情处理后2~3d的发情率可达90%，但第一情期的受胎率不高，一般第二个情期的受胎率相对比较正常。

（2）利用溶解黄体的制剂

由于前列腺素（PG）及其类似物具有显著的溶解黄体和促排卵作用，并且价格较低，因此在羊同期发情处理中使用较广泛。其作用机制是使处于不同黄体期水平母羊的黄体同时消退，从而促进进入卵泡发育期，并且同时排卵、同时发情。常用的药物为$PGF_{2\alpha}$及其类似物如氯前列烯醇（PVc）。

应用PG对母羊进行同期发情，必须是在母羊已开始有发情周期或正处于黄体期内。母羊自然黄体存在的时间越长，PG处理的效果会越好，其他时间（4d以下，17d以上）的黄体对前列腺素不敏感。一般绵羊只有在发情周期第4~16d的黄体才可被前列腺素迅速溶解，处理才有效。因此，生产中利用PG对母羊进行同期处理，通常为间隔8~14d对母羊连续2次颈部肌肉注射。$PGF_{2\alpha}$用量为肌肉注射4~6mg，PVc的用量为肌肉注射50~100μg。一次用药后的发情率约为70%，并且第一情期的受胎率较低，一般第二情期发情集中程度高且受胎率正常。

鉴于PG处理后第一情期的发情率和受胎率不高，往往第一次处理后不输精。母羊在8~14d后再次用PG处理，可获得较高的发情率和受胎率。PG同期发情后，母羊一般在4d内发情，观察到发情后12h配种。但是绵羊观察到的发情率通常低于实际排卵率，因此在处理结束后48h、72h两次定时输精的受胎率会高些。

（3）配合强化制剂

促使母羊同期发情的药物，如果配合用促性腺激素可以增强发情同期化和提高发情率，促进卵泡更好地成熟、排卵。这类药物有：PMSG、HCG、FSH、LH、LHRH。

通常应用于同期发情的药物，都需要配合促性腺激素作为强化剂，以增强同期化和提高发情率。促性腺激素类制剂很少单独应用于同期发情处理：如在黄体期使用，因卵巢上有功能性黄体存在，母羊体内孕酮水平高，同期发情配种后精子和卵子的运行和受精过程受到影响；如在卵泡期使用，只能使处于发情前期母羊的发情得到促进和加强，并不能达到同期化的目的。因此，一般是在应用抑制卵泡或黄体生理机能正常发育两类药物的基础上，当群体母羊卵巢处于相同生理阶段的基础时，再应用促性腺激素，以提高发情同期化的效果。使用孕激素作用同期发情处理的母羊，其第一情期的配种受胎率较低，但第二情期的受胎率达到正常水平，是因为孕激素能影响精子在母羊生殖道内的运行并使其生活力受到破坏。在停用孕激素后下一个发情周期到来之前，配合应用PMSG，将促进受胎率的提高。

常用的方法有以下几种：

①孕激素+PMSG。在母羊发情周期的任何一天埋植孕激素阴道栓，14d后取出，取栓时同时肌肉注射PMSG，剂量为200~500IU。

②孕激素+PMSG+PG。母羊阴道埋植孕酮栓16d，可在母羊发情周期的任何一天埋植，将埋栓之日作为0d，于孕酮栓埋植的第14d，肌肉注射PMSG，剂量为200~500IU，在撤栓（第16d）时颈部肌肉注射PG，剂量为1mg/只。

③孕激素+FSH。在母羊发情周期的任何一天埋植孕激素阴道栓，将埋栓之日作为0d，于孕酮栓埋植的第13d，肌肉注射FSH 25~50IU，第14d撤栓。

三、妊娠及其诊断技术

在绵羊繁殖工作中，妊娠诊断就是借助母羊妊娠后所表现出的各种变化症状，判断是否妊娠以及妊娠的进展情况。在临床上进行早期妊娠诊断的意义非常重大，对于保胎、减少空怀及提高绵羊的繁殖率、有效实施绵羊生产的经营管理相当重要。经过妊娠诊断，对确诊已妊娠的母羊，应加强饲养管理，合理使用，以保证胎儿发育，维持母体健康，避免流产，预测分娩日期和做好产羔准备；对未妊娠的母羊，及时检查，找出未孕原因，如配种时间和方法是否合适、精液品质是否合格、生殖器官是否患有疾病等，以便及时采取相应的治疗或管理措施，尽早恢复其繁殖能力。

（一）妊娠

1.妊娠期

母羊自发情接受交配或输精后，精卵结合形成胚胎开始到发育成熟的胎儿出生为止的整个时期为妊娠期。

触诊、直接观察，或者用腹腔镜检查，是迅速而十分准确的妊娠诊断方法。检查可在妊娠后的3周进行，妊娠45d后用超声波方法检查，妊娠诊断有较高的准确性。在妊娠第55d后可用X线诊断，不过在实际应用上受到限制。用胎儿心电扫描法也能诊断，但不实用。

母羊在妊娠期内，特别是在正常的配种季节偶尔也出现性活动，但不排卵。

母羊的妊娠期长短因营养及单双羔等因素有所变化。甘肃高山细毛羊妊娠期平均为150d，正常范围144~155d。怀双羔的妊娠期比怀单羔的为短，妊娠期也随母羊年龄的增大而加长。羔羊性别的影响并不重要。营养水平低，特别是妊娠后期和怀双羔时营养水平低，有使妊娠期缩短的趋势。

2.妊娠母羊的表现

妊娠期间，母羊的全身状态，特别是生殖器官相应地发生一些生理变化。

（1）妊娠母羊的体况变化

妊娠母羊新陈代谢旺盛，食欲增强，消化能力提高。因胎儿的生长和母体自身重量的增加，妊娠母羊体重明显上升。妊娠前期因代谢旺盛，母羊营养状况改善，表现毛色光润，膘肥体壮。妊娠后期则因胎儿急剧生长的消耗，如饲养管理较差时，妊娠羊则表现瘦弱。

（2）妊娠母羊生殖器官的变化

①卵巢

母羊妊娠后，妊娠黄体则在卵巢中持续存在，从而使发情周期中断。

②子宫

妊娠母羊子宫增生，继而生长和扩展，以适应胎儿的生长发育。

③外生殖器

妊娠初期，阴门紧闭，阴唇收缩，阴道黏膜的颜色苍白。临产前阴唇表现水肿，其水肿程度逐渐增加。

（3）妊娠母羊体内生殖激素的变化

母羊妊娠后，首先是内分泌系统协调孕激素的平衡，以维持妊娠。

①孕酮

又称黄体酮，是卵泡在促黄体素（LH）的刺激下释放的一种生殖激素。孕酮与雌激素协同发挥作用，是维持妊娠所必需的。

②雌激素

雌激素是在促性腺激素作用下由卵巢释放，继而进入血液，通过血液中雌激素和孕酮的浓度来控制垂体前叶分泌促卵泡素和促黄体素的水平，从而控制发情和排卵。雌激素也是维持妊娠所必需的。

（二）妊娠诊断技术

一种简单实用、准确有效的妊娠诊断特别是早期妊娠诊断的方法，始终是畜牧兽医工作者力图解决的课题之一。在实际生产中，若能及早发现空怀，可以及时采取复配措施，不致错过配种季节，以提高受胎率，其经济效益是明显的。

妊娠诊断的方法大体可分为以下几类：

1.直接检查是否有胎儿、胎膜和胎水存在，如腹壁触诊法、听诊（胎儿心音）法、X光检查法和超声波检查法等。

2.检查与妊娠有关的母体变化，如观察腹部轮廓、乳房变化等。

3.检查与妊娠有关的激素变化，如血液或乳中孕酮水平测定，尿中雌激素检查。

4.检查由于胚胎出现而产生的某些特有物质，如免疫学诊断。

5.检查由内分泌变化所派生的母体变化，如观察羊是否再发情（包括试情），检查阴道是否有妊娠变化，检查子宫颈、阴道黏膜液的理化性状，或利用外源激素检查羊是否产生某些特有反应。

6.检查由于妊娠母体阴道上皮出现的细胞学变化。

下面介绍几种常用的妊娠诊断方法

1.外部观察法

母羊妊娠后，一般外部表现为：周期性发情停止，性情温顺、安静，行为谨慎，同时，甲状腺活动逐渐增强，食欲旺盛，采食量增加，营养状况改善，毛色变得光亮、润泽，到妊娠后半期（2~3个月后）腹围增大，孕侧（右侧）下垂突出，胁腹部凹陷；乳房增大。随着胎儿发育长大，隔着右侧腹壁或两对乳房上部的腹部，可以触诊到胎儿。在胎儿胸壁紧贴羊腹壁时，可以听到胎儿心音。外部观察法中的触诊法较为重要。触诊时，用双腿夹住羊的颈部（或前驱）保定，双手紧贴下腹壁，以左手在右侧下腹壁前后滑动触摸有无硬物，有时可摸到子叶。

由上述可知，外部观察法最大的缺点是不能早期（配种后第一个情期前后）确诊是否妊娠，对于某些能够确诊的观察项目一般都在妊娠中后期才能明显看到，为时太晚。在进行外部观察时，应注意的是配种后再发情，例如，少数绵羊在妊娠后有假发情表现，依次作出空怀的结论并非正确。但配种后没有妊娠，而由于生殖器官或其他疾病以及饲养管理不当而不发情者，据此作出妊娠的结论也是错误的。

2.孕酮水平测定法

测定方法是将待检母羊在配种20~25d后采血制备血浆，再对照放射免疫标准试剂中的孕酮含量，判定是否妊娠。其参考标准为：绵羊每毫升血浆中孕酮含量大于1.5ng为阳性。

3.超声波探测法

超声波探测仪是一种先进的诊断仪器，用它做早期妊娠诊断便捷可靠。有直肠探头和普通探头两种，探头和所探测部位均以石蜡油或食用油为耦合剂，根据妊娠时间可采用直肠探测和腹部探测两种不同的持探头方法。

（1）固定

助手抓住母羊的两前肢，使其后背下部及臀部着地，呈犬坐半仰卧姿势。

（2）部位

选择绵羊乳房两侧及膝皱襞之间无毛区域。

（3）方法

①直肠探测

应用于妊娠早期（40d以前），将探头插入直肠内，以探测到特征性的胎水或子叶为判定妊娠阳性依据。

②腹部探测

采用扇形扫描法，此法以探头中点为圆点，左右两侧各做15°~45°摆动，然后贴随皮肤移动点再做摆动，同时密切注意屏幕上可能显示的任何阳性信息图像，以探测到胎儿，包括胎头、胎心、脊椎或胎蹄等为判定阳性依据。

（4）超声波诊断的准确性

无论采用何种判定依据，其妊娠诊断准确率均较高。以妊娠为判定依据，对于多胎的诊断，在配种后40~50d，其诊断的准确性最高。而对于单胎的诊断，在50~80d，其准确性较高。对于那些配种日龄太早的母羊（30d以前或30~40d），由于胎儿太小有时看不清，难以辩明胎儿躯体，易造成空腔的误诊。早期诊断使用胎水为阳性依据，其妊娠准确率可达100%。

四、分娩助产技术

（一）分娩

分娩是哺乳动物胎儿发育成熟后的自发生理活动。引起分娩的因素是多方面的，有激素、神经和机械等多种因素的协同配合，母体和胎儿共同参与完成。放牧的羊群，母羊很少发生难产，母羊分娩过程几乎不需要人工助产。但是圈养的羊群，母羊的难产率有所提高，因此，助产技术在养羊业中也显得重要起来。

1. 分娩预兆

母羊分娩前，在生理、形态和行为上发生一系列变化，以适应排除胎儿及哺育羔羊的需要，通常把这些变化称为分娩预兆。从分娩预兆大致预测分娩时间，以便做好接产的准备工作。

（1）乳房变化

妊娠中期乳房开始增大，分娩前1～3d，乳房明显增大，乳头直立，乳房静脉怒张，手摸有硬肿之感，用手挤时有少量黄色初乳，但个别羊在分娩后才能挤下初乳。

（2）外阴部变化

临近分娩时，母羊阴唇逐渐柔软、肿胀，皮肤上皱褶消失，阴门逐渐开张，有时流有浓稠黏液。

（3）骨盆韧带

骨盆韧带松弛，肷窝部下陷，以临产前2～3h最为明显。

（4）行为变化

临近分娩前数小时，母羊表现精神不安，频频起卧，有时用蹄刨地，排尿次数增多，不时回顾腹部，喜卧墙角，卧地时两后肢向后伸直。

2. 分娩过程

（1）子宫开口期

子宫开口期也成宫颈开张期，简称开口期，是从子宫开始阵缩算起，至子宫颈充分开大或能够充分开张为止。这一期一般仅有阵缩，没有努责。子宫颈变软、扩张。子宫颈变软扩张的机理主要是子宫颈发生结构与生化变化。子宫颈的基质组织中除了少量平滑肌以外，主要是胶原纤维。妊娠末期，因为胶原与基质的比例发生改变，子宫颈就开始变得柔软。这种改变主要是由于子宫颈基质中葡糖氨基–葡聚糖和水分增加（浸润），引起透明质酸升高；而且胶原中胶原酶的分散和软骨素B和硫酸软骨素B下降，蛋白酶使胶原纤维分解而减少，不再紧缩挤在一起，而是彼此分离，排列松散，结果子宫颈扩张、变软以至消失。绵羊至产前数小时，宫颈迅速变软，这种快速变化显然和启动分娩的机理密切相关。临产时，胎儿肾上腺素皮质醇促使胎盘生产雌二醇，当雌二醇水平达到最高值，子宫颈明显变软。前列腺素对子宫颈的变化也可能起着重要作用。

开口期中，临产母羊都是寻找不易受干扰的地方等待分娩，其表现是食欲减退，轻微不安，时起时卧，尾根抬起，常作排尿姿势，并不时排出少量粪尿；脉搏、呼吸加快；前蹄刨地，咩叫；常舔别的母羊所生的羔羊。

（2）胎儿产出期

胎儿产出期简称产出期，是从子宫颈充分开大，胎囊及胎儿的前置部分楔入阴道或子宫颈已能充分开张，胎囊及胎儿楔入盆腔，母羊开始努责，到胎儿排出或完全排出（双胎及多胎）为止。在这一时期，阵缩和努责共同发生作用。先是胎儿通过完全开张的子宫颈，渐渐进入骨盆腔，随后增强的子宫颈收缩力促使胎儿迅速排出。

①临床表现

生产母羊共同的临床表现为极度不安。开始时常起卧，前蹄刨地，有时后蹄踢腹，回顾腹部，嗳气，弓背努责。继之，在胎头进入并通过骨盆腔及其出口时，由于骨盆反射而引起强烈努责；这时一般均侧卧，四肢伸直，腹肌强烈收缩。努责数次后，休息片刻，然后继续努责；这时脉搏加快，子宫收缩力强，持续时间长，几乎连续不断。

②产出过程

由于强烈阵缩与努责，胎膜带着胎水被迫向完全开张的产道移动，当间歇时，胎儿又稍退回子宫；但在胎头楔入盆腔之后，间歇时不能在退回。产出中期，胎儿最宽部分的排出需要较长的时间，特别是胎头，当通过盆腔及其出口时，羊努责最强烈，咩叫。在胎头露出阴门以后，母羊往往稍微休息。如为正生，随之继续努责，将胸部排出，然后努责即骤然缓和，其余部分也能迅速排出，脐带亦被扯断，仅将胎衣留在子宫内。这时母羊不再努责，歇息片刻后站起来照顾新生羔羊。

③胎衣排出期

胎衣排出期是从胎儿排出后算起，到胎衣完全排出为止。它是通过胎盘的退化和子宫角的局部收缩来完成的。胎衣排出之后，母羊即安静下来。几分钟后，子宫再次出现阵缩。这时不再努责或偶有轻微努责。阵缩持续的时间长，力量也减弱，胎衣排出的机制，主要由于胎儿排出并断脐后，胎儿胎盘血液大为减少，绒毛体积缩小；同时胎儿胎盘的上皮细胞发生变性。此外，子宫的收缩使母羊胎盘排出大量血液，减轻了子宫黏膜腺窝的张力。产出胎儿开始吮乳时，刺激催产素释出，它除了促进放乳以外，也刺激子宫收缩。因此，两者间的间隙逐渐扩大，借外露胎膜的牵引，绒毛便容易从腺窝中脱落出来。

在胎衣排出期中，腹壁不再收缩（偶尔仍有收缩），子宫肌仍继续收缩数小时，然后收缩次数及持续时间才减少。子宫肌的收缩促使胎衣排出。子宫收缩是由子宫角尖端开始的，所以胎衣也是先从子宫角尖端开始脱离子宫黏膜，形成内翻，脱到阴门之外，然后逐渐翻着排出来。因而尿膜绒毛膜的内层总是翻在外面。在难产或胎衣排出延迟时，偶尔也有不是翻着排出来的，这是由于胎儿胎盘和母体胎盘先完全脱离，尔后再排出来的结果。羊怀双胎时，胎衣在两个胎儿出生以后排出来。

（二）助产技术

1.助产前的准备工作

（1）接羔棚舍及用具的准备

产羔工作开始前3~5d，必须对接羔棚舍、运动场、饲草架、饲槽、分娩栏等进行修理和清扫，并用3%~5%的碱水或10%~20%的石灰乳溶液进行比较彻底的消毒。消毒后的接羔棚舍，应当做到地面干燥，空气新鲜，光线充足，挡风御寒。接羔棚舍内可划分为大、小两处，大的一处放日龄较大的母子群，小的一处放刚刚分娩的母子。运动场内亦应分成两处，一处圈母子群，羔羊较小时白天可留在这里，羔羊稍大时，供母子夜间停宿；另一处圈待产母羊。

（2）饲草、饲料的准备

在接羔棚舍附近，从牧草返青时开始，在避风、向阳、靠近水源的地方用土墙、草坯或铁丝网围起来，作为产羔用草地，其面积大小可根据产草量、牧草的组成以及羊群的大小、羊群品质等因素决定，但草量至少应当够产羔母羊一个半月的放牧为宜。

（3）接羔人员准备

接羔是一项繁重而细致的工作。因此，每群产羔母羊除主管牧工以外，还须配备一定数量的辅助劳动力，才能确保接羔工作的顺利进行。每群产羔母羊配备辅助劳力的多少，应根据羊群的数量、质量、营养状况、是经产母羊还是初产母羊，以及各接羔点当时的具体情况而定。产羔母羊群的主管牧工及辅助接羔人员，必须分工明确，责任落实到人。在接羔棚间，要求坚守岗位，认真负责地完成自己的工作任务，杜绝一切责任事故发生。对初次参加接羔的工作人员，在产羔前组织学习有关接羔的知识和技术。

（4）兽医人员及药品的准备

在产羔母羊比较集中的地方，应当设置临时兽医站，并准备在产羔期间所用的药品和器材。还应当安排值班人员，做到及时防治。

2.正常分娩的助产技术

母羊正常分娩时，一般不需人为帮助，助产人员的主要任务是监视分娩情况和护理羔羊。因此，当母羊出现临产症状时，助产人员必须做好临产处理准备，实施助产，保证羔羊产出和母羊的安全。

母羊正常分娩时，在羊膜破后几分钟至30min左右，羔羊即可产出。出生时一般是两肢及头部先出，并且头部紧靠在两前肢的上面。若是产双羔，先后间隔5~30min，但偶尔有长达数小时以上的。因此，当母羊产出第一个羔后，必须检查是否还有第二个羔羊，方法是以手掌在母羊腹部前侧适力颠举，如系双胎，可触感到光滑的羔体。在母羊产羔过程中，非必要时一般不应干扰，最好让其自行娩出。但有的初产母羊因骨盆和阴道较为狭小，或双胎母羊在分娩第二只羔羊并已感疲乏的情况下，这时需要助产。其方法是：人在母羊体躯后侧，用膝盖轻压其肷部，等羔羊最前端露出后，再用一手托住头部，一手握住前肢，随母羊的努责向后方拉出胎儿。若属胎势异常或其他原因的难产时，应及时请有经验的畜牧兽医技术人员协助解决。

羔羊出生后，一般情况下都是由自己扯断脐带。在人工助产分娩出的羔羊，可由助产者断脐带。断前可用手把脐带中的血向羔羊脐部捋几下，然后在离羔羊肚皮3~4cm处剪断并用碘酒消毒。母羊分娩后非常疲惫、口渴，应给母羊饮温水，最好加入少量的麦麸或红糖，母羊一次饮水量不要过大，以300ml为宜，产后第一次饮水量过大，容易造成真胃扭转等疾病。

3.难产及其救助技术

（1）难产的分类

由于母体异常引起的难产有产力性难产和产道性难产；由于胎儿异常引起的难产称为胎儿性难产，一般以胎儿性难产为多见。放牧羊群难产的发生率低。

①产力性难产

分娩母羊因阵缩及努责微弱、母羊阵缩及破水过早和母羊的子宫疝气等所引起的难产。

②产道性难产

因子宫扭转、子宫颈狭窄、阴道及阴门狭窄，子宫肿瘤等引起。

③胎儿性难产

包括胎儿与母羊骨盆大小不相适应，如胎儿过大、双胎难产等；胎儿姿势不正；胎儿位置不正，如侧位、下位等；胎儿方向不正，如竖向、横向。

（2）难产的临床检查

分娩过程是否正常，取决于产力、产道和胎儿三个因素。这三个因素是相互适应、相互影响的，如果其中任一发生异常，不能适应胎儿的排出，就会使分娩过程受阻，造成难产。

①产道检查

主要是查明产道是否干燥，有无损伤、水肿或狭窄，子宫颈的开张程度，硬产道有无畸形、肿瘤，并注意流出的液体颜色和气味是否正常。

②胎儿检查

检查胎儿的正生或倒生情况，胎位、胎向、胎势以及胎儿进入产道的程度，判断胎儿的死活，以确定助产的方法和方式。

正生时，可将手指塞入胎儿口内，注意有无吸吮动作，捏拉舌头，注意有无活动；也可用手指压迫眼球，注意头部有无反应；或牵拉前肢，感觉有无回缩反应；如头部姿势异常，无法摸到，可以触诊胸部或颈动脉，感觉有无搏动。

倒生时，可将手指伸入肛门，感觉是否收缩；也可触诊脐动脉是否搏动。肛门外面如有胎粪，则代表胎儿活力不强或已死亡。

③术后检查

手术助产后检查的目的，主要是判断子宫内是否还有胎儿，子宫及软产道是否受到损伤，此外，还要检查母羊能否站立以及全身情况。必要时，检查后还可进行破伤风预防注射。

（3）难产的救助原则

①保护母子安全

助产时尽力保护母子安全，使用器械时应十分小心，避免母羊产道损伤和感染，注意保持母羊的繁殖力。

②母羊保定

根据术者的手术需要保定母羊，以利于操作。

③润滑产道

为便于推回矫正或拉出胎儿，尤其是母羊产道干燥时，应向产道内灌注大量润滑剂。

④矫正修复

矫正胎儿异常姿势时，应将胎儿推回子宫，以便于操作，推回时机应在母羊阵缩的间歇期，前置部分最好拴上产科绳。

⑤配合分娩力

牵拉胎儿时要配合阵缩和努责进行，并注意保护母羊会阴，人数不宜太多，应在术者统一指挥下试探着进行。

（4）难产的助产技术

①牵引术

牵引术除用于过大胎儿地拉出外，还可用于羊的阵缩和努责微弱，轻度产道狭窄以及胎儿位置和姿势轻度异常等。另外，将胎儿地异常部位（或姿势）矫正后，也必须把它牵拉出来。所以这是羊助产中的基本操方法。

正生时，可在两前腿球节之上拴上绳子，由助手拉腿。术者把拇指从口角伸入口腔，握住下颌；还可将中、食二指弯起来夹在下颌骨体后，用力拉头。拉的路线必须与骨盆轴相符。胎儿的前置部分越过耻骨前缘时，向上向后拉。如前腿尚未完全进入骨盆腔，蹄尖常抵于阴门的上壁；头部亦有类似情况，其唇部顶在阴门的上壁上。这时须注意把他们向下压，以免损伤母体。胎儿通过盆腔时，水平向后拉。胎头通过盆腔出口时继续水平向后拉。拉腿的方法是先拉一条腿，再拉另一条腿，轮流进行；或将两腿拉成斜的之后，再同时拉。这样胎儿两个肩端就不是齐着前进，而是成为斜的，缩小了肩宽，容易通过盆腔。胎儿通过阴门时，可由一人用双手保护住羊阴唇上部和两侧壁，以免撑裂。术者用手将阴唇从胎头前面先后推挤，以帮助通过。胎儿胸部露出阴门之后，拉的方向要使胎儿躯干的纵轴成为向下弯的弧形；必要时还可向下向一侧弯或者扭转已经露出的躯体，使其臀部成为轻度侧位。在母羊站立的情况下，还可以向下并先向一侧，再上另一侧轮流拉。

倒生时，也可在两后肢球节之上套上绳子，轮流先拉一条腿，再拉另一条腿，以便使两髋关节稍微斜着通过骨盆。如果胎儿臀部通过母体骨盆入口受到侧壁的阻碍（入口的横径较窄），可利用母体骨盆入口垂直径比胎儿臀部最宽部分（两髋关节之间）大的这一特点，扭转胎儿的后腿，使其臀部成为侧位，这样便于通过。

在死胎儿，除可用上述方法以外，必要时还可采用其他器械。

②矫正术

胎儿由于姿势、位置及方向异常无法排出，必须先加以矫正。

矫正姿势

矫正的目的是使头颈四肢异常的屈曲姿势恢复为正常的伸直姿势。方法是采用推入和拉出两个方向相反的动作，它们或者是同时进行的，即在推某一部分的同时，向外拉另一部分，或者是先推后拉。究竟采用哪种方式，根据检查情况而定。

推，就是向前推动胎儿或其某一部分。矫正术必须在子宫内进行。因为胎儿的某一部分挤在骨盆入口或楔入盆腔内，由于空间狭小，操作不但不易奏效，消耗术者体力，而且容易损伤产道。将胎儿向子宫内推入一段距离，在骨盆入口前腾出了空间，就给矫正创造了条件。如果姿势异常不太严重，在用手推的过程中也可同时矫正异常部分。但在严重异常，用力推的力量不够大，且顾了推顾不了矫正，就要用产科梃及推拉梃加以帮助。

拉，主要是把姿势异常的头和四肢拉成正常状态。除了用手拉以外，还常用产科绳、产科钩，有时还可用推拉梃。为了同时进行推拉，可在用手向前推的同时，由助手向外牵拉产科绳或钩，异常部分就会得到矫正。

矫正位置

胎儿的正常位置是上位，即背部在上，伏卧子宫内，这样头、胸及臀部横切面的形状符合骨盆腔横切面的形状，才能顺利通过。胎位反常有侧位及下位。侧位是胎儿侧卧在子宫内，头及胸部的高度比羊盆腔的横径大，不易通过。下位是胎儿背部在下，仰卧在子宫内，这样两种横切面的形状就正好相反，也不易通过。

矫正方法是将侧位或下位的胎儿向上翻转或扭转，使其成为上位。为了能够顺利翻转，必须尽可能在胎水尚未流失、子宫没有紧裹住胎儿以前进行；因此，及时地临产检查不仅对防止发生难产有一定作用，而且对能否顺利矫正胎儿也有重要意义，有时甚至可以挽救胎儿。矫正时应当使羊站立，前低后高，胎儿能向前移，不至挤在骨盆入口处，这样才能有足够的空间进行翻转，同时操作起来也比较得力。亦可采用翻转羊的方法使胎儿变为上位。

矫正方向

各种羊胎儿的方向都是纵向，即其身体的纵轴和母体的纵轴是平行的。方向异常有两种：横向，即胎儿横卧在子宫内；竖向，即胎儿的纵轴向上和母体的纵轴大致垂直。

横向，一般都是胎儿的一端距骨盆入口近些；另一端距入口远些。矫正的要领是向前推远端，向后拉近端，即将胎儿绕其身体横轴旋转约90°。但如胎体的两端与骨盆入口的距离大致相等，则应尽量向前推前躯，向入口拉后躯，因为这样不需处理胎头，矫正和拉出都比较容易。

竖向，主要见到的是头、前腿及后腿一起先出的腹部前置的竖向和臀部靠近骨盆入口的背部前置的竖向。对于前者，矫正的要领是尽可能把后蹄推回子宫（必要时可将羊半仰卧保定，后躯垫高），或者在胎儿不过大时把后腿拉直，伸于自身腹下，这样就消除了后腿折叠起来阻塞于骨盆入口的障碍，然后拉出胎儿。对于后者，是围绕胎体的横轴转动胎儿，将其臀部拉向骨盆入口，变为坐生，然后再矫正后腿拉出。

③截胎术

死亡胎儿如无法矫正拉出，又不能或不宜施行剖腹产（因为可能引起母羊死亡），可将某些部分截断，分别取出，或者把胎儿的体积缩小后拉出；这种手术称为截胎术。截胎术可以分为皮下法及开放法两种。皮下法也叫覆盖法，是在截除某一部分（主要是四肢）以前，首先把皮肤剥开；截除后，皮肤留在躯体上，盖住断端，避免损伤母体，同时还可用来拉出胎儿。开放法是直接把某一部分截掉，不留下皮肤。如果具备绞断器、线锯等截胎器械，以开放法为宜，因为操作简便。绞断器可用于绞断胎儿的任何部分，操作比线锯容易，而且不像线锯那样有发生锯条磨断、夹锯和损伤产道等缺点。因此，凡是能用线锯锯断的部分，均可用绞断器代替。

和矫正术及剖腹产相比，截胎术虽然比较复杂费力，而且所用的器械有可能使子宫及产道受到损伤，但只要注意严格操作规程，选择好适应征，其结果有时并不比矫正术差；在保存母羊生命及保持其受胎力方面，一般还优于剖腹产。

④剖腹产

就是切开腹壁及子宫，取出胎儿。如果无法矫正胎儿或截胎，或者它们的后果并不比剖腹产好，即可施行此术。只要母羊全身情况良好，早期进行且病例选择得当，不但可以挽救母羊的生命，保持其生产能力（如泌乳、产毛、育肥等）和繁殖能力，甚至可能同时将胎儿救活。因此，剖腹产是一个重要的手术助产方法。

保定

母羊的保定方法，对手术助产顺利与否有很大关系。术者站着操作，比较方便有力，所以母羊的保定以站立为宜，并且后躯要高于前驱（一般是站立在斜坡上），使胎儿向前坠入子宫，不至于阻塞于骨盆腔内，这样便于矫正及截胎。为达此目的，助手用腿夹住羊的颈部，将后腿倒提起来即可。然而母羊难产时，往往不愿或不能站立，有时在手术当中还可能突然卧地不起；如果施行硬膜外麻醉，当麻醉药物剂量不适当时，母羊也站不起来，因而常常不得不在母羊卧着的情况下操作。卧姿应为侧卧，不可使母羊伏卧，否则会使其腹部受到压迫，内脏将台儿挤向盆腔，妨碍操作。确定母羊卧于哪一侧的主要原则是胎儿必须行矫正或截除的部分，不要受到其自身的压迫，以免影响操作。例如，正生时胎头侧弯于自身左侧者，母羊必须左侧卧，不可右侧卧。另外，术者伏在地上操作，很不得力，所以最好使母羊卧于高处。一般可采用垫草、门板或拉运病羊的手推车，支成斜面，使母羊侧卧其上。总之，随时注意保定母羊的方法，以便操作。

麻醉

麻醉常常是施行手术助产不可缺少的条件，手术顺利与否，与麻醉关系密切。麻醉方法的选择，除了要考虑母羊的敏感性外，还必须考虑在母羊在手术中能否站立，对子宫复旧有无影响等。发生难产时，有的羊极度不安，努责强烈，有的羊还可能发生直肠脱出等，故需加以镇静。母羊施行剖腹产，有时也必须使羊镇静、镇痛、松肌。可选用静松灵、氯丙嗪等药物或电针麻醉或硬膜外麻醉等措施使羊镇静。根据麻醉范围的大小不同，可选用荐尾间隙、腰荐间隙等部位进行注射麻醉。

消毒

手术助产过程中，术者的手臂和器械要多次进出产道。这时既要防止母羊的生殖道受到感染，又要保护术者本身不受感染，因而对所用器械、阴门附近、胎儿露出部分以及手臂都要按外科方法进行消毒。母羊外阴附近如有长毛，也必须剪掉。手臂消毒后，要涂上灭菌石蜡油作为润滑剂。术者操作时，常需将一只手按在母羊臀部，以便于用力，因此，可将一块在消毒药水中泡过的塑料单盖在臀部上面。如果母羊是卧着的，为了避免器械和手臂接触地面，还可在母羊臀后铺上一块塑料单。

（5）难产的预防

难产虽然不是十分常见的疾病，可一旦发生，极易引起羔羊死亡，并常危及母羊的生命；如手术助产不当，子宫及软产道受到损伤及感染，还会影响母羊以后的健康和受孕，同时，也使母羊的泌乳能力降低。因此，积极预防难产的发生，对于母羊的繁殖具有重要意义。预防难产的饲养管理措施，首先是不要使羊配种过早。否则由于羊尚未发育成熟，骨盆狭窄，容易造成难产。母羊妊娠期间，应进行合理的饲养，给予完善的营养，以保证胎儿的生长和维持母羊的健康。另外，妊娠母羊要经常运动。母羊临产时分娩正常与否要尽量作出诊断，以便采取适当的措施，尽量避免难产的发生。

4.新生羔羊的护理技术

（1）保证羔羊呼吸畅通

羔羊产出后，首先把其口腔、鼻腔里的黏液掏出、擦净，以免因呼吸困难、吞咽羊水引起窒息或异物性肺炎。羔羊身上的黏液，最好让母羊舔净，这样对母羊认羔有好处。如母羊恋羔性弱时，可将胎儿身上的黏液涂在母羊嘴上，引诱它舔净羔羊身上的黏液，也可以在羔羊身上撒些麦麸，引导母羊舔食，如果母羊不舔或天气寒冷时，可用柔软干草迅速把羔羊擦干，以免受凉。如碰到分娩时间长，羔羊出现假死情况时，欲使羔羊复苏，一般采用两种方法：一是提起羔羊两后肢，使羔羊悬空，同时，拍及其背胸部；另一种是使羔羊卧平，用两手有节律地摊压羔羊胸部两侧。暂时假死的羔羊，经过处理后即可苏醒。

（2）环境控制

给新生羔羊建造一个保暖、采光、通风、地面干燥与清洁的环境，是保证羔羊成活率的首要环节。初生羔羊舍内温度保持在8～15℃，湿度不高于50%，防止忽冷忽热。羊舍不能封闭太严，以免通风不良，湿度过大。羔羊出生时，脐带断端必须用5%碘酊或1%石炭酸水溶液消毒。需助产或人工哺乳时，应注意对术者的手、母羊外阴部、母羊乳头等部位进行严格的清洗与消毒。

（3）营养保健

保证羔羊及时吃上初乳，必要时采取人工哺乳，对于双羔或母乳不足的羔羊，及时采用羔羊全营养抗病代乳品人工喂服，体弱或病羔，及时灌服营养抗病口服制剂（内含维生素C、γ-球蛋白、微量元素等）。

（4）健康检查与药物防治

负责产羔期兽医卫生与防疫工作的兽医人员及饲养员，应每天早晚2次，逐只观察产圈内羔羊健康状况，检查其哺乳、腹围大小、口鼻分泌物、呼吸、体温、粪便性质等。出现可疑病羔，应及时进行对症治疗。对怀疑传染病的羔羊，应将母羊与羔羊一同隔离，防止疾病扩散。对于出现脐炎、腹泻、肺炎的羔羊，除进行抗菌、消炎、止泄外，应及时经静脉或口服给予含葡萄糖、氯化钠、氯化钾、碳酸氢钠等电解质溶液，以防止酸中毒和脱水，并给予大量维生素C或含维生素C的多种维生素制剂，以提高羔羊抗病力。随母羊放牧的羔羊，在遇到寒风、冷雨、风雪袭击时，在归圈后应立即逐只注射青霉素，以防止肺炎、脐炎发生。

五、胚胎移植技术

胚胎移植（Embryo transfer，ET）又称受精卵移植，是现代畜牧生产上广泛应用的一项繁殖新技术。胚胎移植就是借助一定的器械，采用手术法或非手术法，从一头优良雌性动物的输卵管或子宫内取出早期胚胎，经胚胎品质检验后，移植到另一头处于相同生理阶段的雌性动物的相应部位，从而产生其后代，达到产生优良供体后代的目的，因而又称为借腹怀胎。其中，提供胚胎的个体称为供体（donor），接受胚胎的个体称为受体（recipient）。胚胎移植实际上就是产生胚胎的供体和养育胚胎的受体分工合作，共同完成繁殖动物个体后代的过程。通过胚胎移植产生的后代，其遗传物质来自供体雌性和与之交配的雄性，而胚胎发育所需的营养物质则从受体（养母）获得。因此，供体决定后代的遗传特性（基因型），受体母畜只影响体质发育。

胚胎移植技术已成为家畜繁殖领域的一项重要技术，是继人工授精之后家畜繁殖学领域的第二个里程碑，是胚胎体外生产、核移植等技术的应用基础，是各项胚胎工程技术开发的基础技术，同时，也是胚胎工程中最基本的操作技能之一，是各项胚胎工程技术的最终步骤，只有通过胚胎移植才能获得目的动物。其延伸技术具有深远的发展潜力，加速了畜牧业及其他学科的发展。胚胎移植技术在现代养羊生产中具有十分重要的意义。应用胚胎移植技术，可使具有优秀血统母羊的后代数量迅速增加，缩短世代间隔，增加选择强度，充分发挥优良母羊在育种中的作用。胚胎移植技术在细毛羊业中的应用，为充分利用和发挥优秀种羊的种质特性提供了技术手段和方法，是迅速增加具有优秀遗传性状个体后代数量的一种经济、有效的方法。

（一）供体羊的选择与饲养管理

胚胎移植成功率的高低，主要依赖于供体羊生产的胚胎质量和受体母羊的质量。所以供体、受体的选择与饲养管理是极为重要的。

1. 供体羊的选择

供体羊应符合品种标准，具有较高的生产性能和遗传育种价值，一般用遗传价值高的优良个体及特殊需要的母羊。供体羊必需繁殖机能正常，无难产或生殖机能紊乱和遗传缺陷。体格健壮，无遗传性及传染性疾病。年龄一般为2～6岁的母羊，青年羊为18月龄。

2. 饲养管理

良好的营养状况是保持正常繁殖机能的必要条件。应在优质牧草的草场放牧，补充高蛋白、维生素和矿物质饲料，并供给盐和清洁的饮水，做到合理饲养、精心管理。供体羊在采胚前后应保证良好的饲养条件，不得任意变换草料和管理程序，在配种季节开始补饲，保持中等以上膘情。

（二）超数排卵与配种

1. 超数排卵时间

绵羊的超数排卵原理是在发情周期的功能性黄体期，或为控制发情而用孕激素处理结束前后，给予促卵泡素处理。绵羊的发情周期为16～17d，发情持续时间为24～36h，发情开始后24～30h发生排卵。所以，供体绵羊超数排卵开始处理的时间，应在自然发情或诱导发情第11～13d进行。

2. 超数排卵方法

目前选用的超排方案大致可分为三类，而各类之间又可以相互结合以提高超排效果。

（1）孕激素+PMSG或FSH的超排方法

利用孕激素的处理方法主要有阴道海绵栓法、皮下埋植法、注射和口服法。由于用孕酮处理需要的剂量大，不宜在生产中推广，因此，目前多用人工合成的孕激素类制剂，如Cronolone、MAP（甲孕酮）、FGA（氟孕酮）和18甲基炔诺酮等。这类制剂的生物学活性比孕酮高出10～20倍。孕酮每日肌注10～12mg，需12～14d；用Cronolone 30～45mg、MAP 60mg或FGA 30～40mg制成的海绵栓，在绵羊阴道内放置12～14d。在取出海绵栓前1～2d，一次肌注PMSG 1000IU～2000IU（即每千克体重20～45IU），或者FSH–P总剂量12～24mg（国产300U），按1日2次递减肌注或皮下注射3～4d，海面栓撤出后1～2d开始发情。为缩短处理时间，孕激素可与PGF2α结合起来使用。

（2）PMSG或FSH+PG的超排方法

近20年来，由于PGF$_{2\alpha}$或其类似物如氯前列烯醇（Cloprostenol）等的应用，可在发情的第6d至黄体退化前的任何一天作超排处理，但在情期前8d的功能性黄体需加大剂量。在明确供体绵羊发情周期的10～12d，使用PMSG一次肌注1000～2000IU；使用FSH（12～24mg）需在情期11～13d开始每日2次分3d递减剂量注射。在促性腺激素开始处理后2d，绵羊一次肌注PGF$_{2\alpha}$ 8～15mg；氯前列烯醇分别为150～250μg。如不明确供体羊发情周期时，可采用PG的二次注射法，需间隔8～10d，促性腺激素在第二次注射前2d开始处理。

（3）单独使用PMSG或FSH的超排方法

在供体绵羊发情周期的11～13d，一次肌注PMSG或递减法注射FSH。但本法超排效果没有以上两类好。

3. 影响羊超数排卵效果的因素

同一品种羊的个体对超排处理的反应存在很大差异，往往用相同的处理方法，效果却差异很大，有的供体排卵很多，而有的供体无反应。目前已知影响羊超排反应的因素主要有以下几种。

（1）激素

除激素的种类、剂量、效价、投药时间和次数外，制造的厂家、批号以及药剂的保存方法和处理程序也都影响超排效果。

（2）个体差异

羊的品种、年龄和营养状况等都会影响超排效果。一般繁殖力高的品种对促性腺激素的反应比繁殖力低的品种好，成年羊比幼龄羊的反应好，营养状况好的比营养差的反应好。

（3）季节

在发情季节的超排效果好于非发情季节。据丁红等对绵羊自然排卵情况的观察，新疆山区牧场的细毛羊发情旺期在9~12月份，10月份最高，发情母羊占91.4%，排卵母羊占96.3%。1~3月卵巢仍有活动，4~7月为乏情期。青年母羊的发情、排卵率低于成年母羊。

（4）供体本身的FSH水平

家畜在自然情况下，发情前出现FSH和LH的分泌峰值，促使卵泡的生长形成卵泡腔，因为只有卵泡腔才能接受外源促性腺激素的刺激而发生排卵。在自然情况下，约99%的有腔卵泡发生闭锁退化，只有1%左右的卵泡在排卵时排出卵子。研究证明FSH在卵泡腔形成过程中起重要作用，它能刺激颗粒细胞的有丝分裂和卵泡液的形成，还可以通过增加LH感受器的数目而诱发颗粒细胞对LH的敏感性。绵羊在排卵前的20~30h出现第二次FSH高峰，其目的是启动另一批卵泡形成卵泡腔，为下一个情期排卵作准备。排卵率高的羊此峰值明显高于排卵率低的羊，而且分泌的FSH量与17d后卵巢上的有腔卵泡数量呈正比。

4. 超排母羊的配种

超排处理结束后，要严密观察供体的发情表现，每天早晚用试情公羊（带试情布或结扎输精管）进行试情。超排母羊排卵的持续期可长达10h左右，且精子和卵子的运行也发生某种变化。所以在观察到超排供体羊接受爬跨时，即可自然交配或使用大剂量的精液人工授精，每日上下午各配种一次，间隔8~12h，直至发情结束。

（三）采胚

1. 主要器械和设备要求

（1）主要器械

①羊用冲胚管。

②集胚杯：为90mm圆形培养皿。

③检胚设备：体视显微镜，培养皿（35mm×15mm、90mm×15mm），表面皿，巴氏玻璃管，培养箱。

④移植微量注射器，移胚针，曲别针。

⑤手术器械：毛剪，外科剪（圆头、尖头），活动刀柄，刀片，止血钳（弯头、直头），创巾钳，持针钳，手术镊（带齿、不带齿），缝合针（圆刃针、三棱针），缝合线（丝线、肠线），创巾若干，手术保定架，手术灯，活动手术器械车。

（2）药品及试剂

配置PBS所需试剂，2%静松灵，肾上腺素及止血药品，抗生素及其他消毒液，纱布，药棉等。

2. 手术室设置及要求

采胚及胚胎移植需在专门的手术室内进行，手术室要求洁净明亮，光线充足，无尘，地面最好用水泥或砖铺成，配备照明用电。室内温度应保持在20~25℃。在手术室内设专门套间，作为胚胎操作室，手术室定期用3%~5%来苏尔或石炭酸溶液喷洒消毒，手术前用紫外灯照射1~2h，在手术过程中不应随意开启门窗。

3. 手术前的准备

（1）器具的清洗

器具使用后浸泡于水中，流水冲洗。沾有污垢或斑点即刻洗刷掉，然后再用洗涤液清洗，新的玻璃器皿用清水洗净后，放入洗液或洗盐酸中浸泡24h，流水冲洗洗液，再用洗涤液刷洗，或用超声波洗涤器洗涤。

（2）器具的消毒

①玻璃器皿、金属制品、耐压耐热的塑料制品，以及可用高压蒸汽灭菌的培养液、无机盐溶液、液体石蜡油等采用高压灭菌。器械放入高压灭菌器内，在121℃（98千帕）处理20～30min，PBS等培养液为15min。

②不能用高压蒸汽灭菌处理的塑料器具可用环氧乙烷等气体灭菌。灭菌方法与要求，可根据不同设备说明进行操作。气体灭菌过的器具需放置一定时间才能使用。无环氧乙烷消毒柜时，可用紫外线灭菌。操作如下：塑料器具可放置在无菌、间距紫外线灯50～80cm处，器皿内侧向上，塑料细管垂直于紫外线灯下照射30min以上。

③对耐高温的玻璃及金属器具，包装好以后放于干烤箱内，135℃处理1～1.5h。在烘烤过程中或刚结束时，不可打开干燥箱门，以防着火。

④聚乙烯冲胚管以及乳胶管等，洗净后可在70%酒精液中浸泡消毒。

⑤培养液的灭菌。培养液采用过滤灭菌法：装有滤膜的滤器经高压灭菌后使用。培养保存液用0.22μm滤膜，血清用0.45μm滤膜过滤。过滤时应弃去开始的2～3滴。

（3）供体羊的准备

供体羊手术前应停食24～48h，可供给适量饮水。

①供体羊的保定和麻醉

供体羊仰放在手术保定架上，四肢固定。肌肉注射2%静松灵0.2～0.5ml。局部用0.5%盐酸普鲁卡因麻醉，或用2%普鲁卡因2～3ml，或注射多卡因2ml。

②手术部位及其消毒

手术部位一般选择乳房前腹中线部（在两条乳静脉之间）或后肢股内侧鼠蹊部，用电剪或毛剪在术部剪毛，应剪净毛茬，分别用清水和消毒液清洗局部。然后涂以2%～4%的碘酒，待干后再用70%～75%的酒精棉脱碘。先盖大创布，再将灭菌巾盖于手术部位，使预定的切口暴露在创巾开口的中部。

（4）术者的准备

术者应将指甲剪短柄锉光滑，用指刷、肥皂清洗，特别注意刷洗指缝，再进行消毒。术者需穿清洁手术服、戴工作帽和口罩。

手臂消毒：手臂置于0.1%的新洁尔灭液中浸洗5min，双手消毒后，要保持拱手姿势，避免与未消毒过的物品接触，一旦接触，就应重新消毒。

4.手术的基本要求

手术操作要求细心、谨慎、熟练，否则直接影响冲胚效果和创口愈合及供体羊繁殖机能的恢复。

（1）组织分离

①作切口注意要点

切口常用直线形，作切口时注意以下6点：A.避开较大血管和神经；B.切口边缘与切面整齐；C.切口方向与组织走向尽量一致；D.依组织层次分层切开；E.便于暴露子宫和卵巢，切口长约5cm；F.避开第一次手术瘢痕。

②切开皮肤

用左手的食指和拇指在预定切口的两侧将皮肤撑紧固定，右手用餐刀式执刀，由预定切口起点至终点一次切开，使切口深度一致，边缘平直。

③切皮下组织

皮下组织用执笔式执刀法切开，也可先切一小口，再用外科剪刀剪开。

④切开肌肉

用钝性分离法。按肌肉纤维方向用刀柄或止血钳刺开一小切口，然后将刀柄末端或用手指伸入切口，沿纤维方向整齐分离开，避免损伤肌肉的血管和神经。

⑤切开腹膜

切开腹膜应避免损伤腹内脏器，先用镊子提起腹膜，在提起部位作一切口，然后用另一只手的手指伸入腹膜，引导刀（向外切口）或用外科剪将腹膜剪开。

⑥采胚操作

在距离乳房前缘1cm、偏离腹中线1cm无大血管处，沿腹中线方向切开腹壁后，术者将食指及中指由切口伸入腹腔，在与骨盆腔交界的前后位置摸子宫角，摸到后用二指夹持，牵引至创口表面，循一侧子宫角至该侧输卵管，在输卵管末端转弯处找到该侧卵巢。不可用力牵拉卵巢，不能直接用手捏卵巢，更不能触摸排卵点和充血的卵泡。

（2）止血

①毛细血管止血

手术中出血应及时、妥善地止血。对常见的毛细管出血或渗血，用纱布敷料轻压出血处即可，不可用纱布擦拭出血处。

②小血管止血

用止血钳止血，首先要看准出血所在位置，钳夹要保持足够的时间。若将止血钳沿血管纵轴扭转数周，止血效果更好。

③较大血管止血

除用止血钳夹住暂时止血外，必要时还需用缝合针结扎止血。结扎打结分为徒手打结和器械打结2种。

（3）缝合

①缝合的基本要求

A.缝合前创口必须彻底止血，用加抗生素的灭菌生理盐水冲洗，清除手术过程中形成的血凝块等；B.按组织层次结扎松紧适当；C.对合严密、创缘不内卷、外翻；D.缝线结扎松紧适当；E.缝合进针和出针要距创缘0.5cm左右；F.针间距要均匀，所以结要打在同一侧。

②缝合方法

缝合方法大致分为间断缝合和连续缝合2种。间断缝合是用于张力较大、渗出物较多的伤口。在创口每隔1cm缝一针，针针打结。这种缝合常用于肌肉和皮肤的缝合。连续缝合是只在缝线的头尾打结。螺旋形缝合是最间断的一种连续缝合，适于子宫、腹膜和黏膜的缝合；锁扣缝合，如同做衣服锁扣压扣眼的方法，可用于直线形的肌肉和皮肤缝合。

5.采胚

（1）采胚时间

以发情日为0d，在6～7.5d或2～3d用手术法分别从子宫和输卵管回收胚胎。

（2）采胚方法

①输卵管法

供体羊发情后2～3d采胚，用输卵管法。将冲胚管一端由输卵管伞部的喇叭口插入，约2～3cm深（打活结或用钝圆的夹子固定）；另一端接集胚皿。用注射器吸取37℃的冲胚液5～10ml，在子宫角靠近输卵管的部位，将针头朝输卵管方向扎入，一人操作，一只手的手指在针头后方捏紧子宫角；另一头手推注射器，冲胚液由宫管结合部流入输卵管，经输卵管流至集胚皿。

输卵管法的优点是胚胎的回收率高，冲胚液用量少，检胚省时间。缺点是容易造成输卵管特别是伞部的粘连。

② 子宫法

传统方法：在供体羊发情后6～7.5d采胚。这种方法，术者将子宫暴露于创口表面后，用套有胶管的肠钳夹在子宫角分叉处，注射器吸入预热的冲胚液20～30ml（一侧用液50～60ml），冲胚针头（钝形）从子宫角尖端插入，当确认针头在管腔内进退通畅时，将硅胶管连接于注射器上，推注冲胚液，当子宫角膨胀时，将回收胚针头从肠钳钳夹基部的上方迅速扎入，冲胚液经硅胶管收集于烧杯内，最后用两手拇指和食指将子宫角捋一遍。另一侧子宫角用同一方法冲洗。进针时避免损伤血管，推注冲胚液时力量和速度应适中。

冲胚管法：用手术法取出子宫，在子宫角扎孔，将冲胚管插入，使气球在子宫角分叉处，冲胚管尖端靠近子宫角前端，用注射器注入气体8～10ml，然后进行灌流，分次冲洗子宫角。每次灌注10～20ml，一侧用液约50～60ml，冲完后气球放气，冲胚管插入另一侧，用同样方法冲胚。

子宫法对输卵管损伤甚微，尤其不涉及伞部，但胚胎回收率较输卵管法低，用液较多，检胚时间较长。

6.术后处理

采胚完毕后，用37℃灭菌生理盐水湿润母羊子宫，冲去凝血块，再涂少许灭菌液体石蜡，将器官复位。腹膜、肌肉缝合后，撒一些磺胺粉等消炎防腐药。皮肤缝合后，在伤口周围涂碘酒，再用酒精作最后消毒。供体羊肌注青霉素80万单位和链霉素100万单位。采胚后用肠衣线对子宫扎孔进行荷包缝合。腹膜和黏膜用连续缝合法缝合，肌肉和皮肤用间断缝合。

（四）检胚

1.检胚操作要求

检胚者应熟悉体视显微镜的结构，做到熟练使用。找胚的顺序应由低倍到高倍，一般在10倍左右已能发现胚胎。对胚胎鉴定分级时再转向高倍（或加上大物镜）。改变放大率时，需再次调整焦距至看清物像为止。

2.检胚前的准备

（1）在酒精灯上拉制内径为300～400μm的玻璃吸管和玻璃针。将10%或20%羊血清PBS保存液用0.22μm滤器过滤到培养皿内。每个冲胚供体羊需备3～4个培养皿，写好编号，放入培养箱待用。

（2）待检胚胎应保存在37℃条件下，尽量减少体外环境、温度、灰尘等因素的不良影响。检胚时将集胚杯倾斜，轻轻倒弃上层液，留杯底约10ml冲胚液，再用少量PBS冲洗集胚杯，倒入表面皿镜检。

3.检胚要点

根据胚胎的比重、大小、形态和透明带折光性等特点找胚胎。

（1）胚胎的比重比冲胚液大，因此一般位于集胚皿的底部。

（2）羊的胚胎直径为150～200μm，肉眼观察只有针尖大小。

（3）胚胎是一球形体，在镜下呈圆形，其外层是透明带，它在冲胚液内的折光性比其他不规则组织碎片折光性强，色调为灰色。

（4）当疑似胚胎时晃动表面皿，胚胎滚动，用玻璃针拨动，针尖尚未触及胚胎即已移动。

（5）镜检找到的胚胎数，应和卵巢上排卵点的数量大致相当。

4.检胚方法及要求

用玻璃吸管清除胚胎外围的黏液、杂质。将胚胎吸至第一个培养皿内，吸管先吸入少许PBS再吸入胚胎。在培养皿的不同位置冲洗胚胎3～5次。依次在第二个培养皿内重复冲洗，然后把全部胚胎移至另一个培养皿。每换一个培养皿时应换新的玻璃吸管，一个供体的胚胎放在同一个皿内。操作室温为20～25℃，检胚及胚胎鉴定需2人进行。

（五）胚胎的鉴定与分级

从供体采到的胚胎并不是每个都具生命力，胚胎需经过严格的鉴定，确认发育正常者（可用胚胎）才能移植。

1.胚胎的发育

将净化后的胚胎置于新鲜的PBS液中，放大40～100倍作形态学检查。卵子受精后随着日龄的增加，处于不同的发育阶段，所以胚胎的质量评定，要考虑到胚龄。通常以羊发情日为0d来计算，距发情日的天数即为胚龄。从配种后计算，2～4细胞为1.5～2.5d；4～8细胞为2.5～3.5d；16细胞为4d；桑葚胚为5～6d；囊胚为6～7d；卵子进入子宫的时间为3.5d。胚胎的正常发育应与胚龄一致，凡胚胎的形态鉴定认为迟于正常发育阶段1d的，一般质量欠佳。

桑葚胚（morula）：卵裂球隐约可见，细胞团的体积几乎占满卵周围间隙。

致密桑葚胚（compactedmorula，CM）：卵裂球进一步分裂，分不清卵裂球的界限，细胞团收缩，约占透明带内间隙的60%～70%。

早期囊胚（early blastocyst，EM）：细胞团内出现透亮的囊胚腔，但难以分清内细胞团的滋养层，细胞团占到70%～80%。

囊胚（blastocyst，BL）：囊腔增大明显，滋养层细胞分离，细胞团充满卵周间隙。

扩张囊胚（expanded blastocyst，EXB）：囊腔充分扩张，体积增至1.2～1.5倍，透明带变薄，相当于原来的1/3。

孵化胚（hatched blastocyst，HB）：透明带破裂，细胞团从囊胚腔孵出透明带。

正常的胚胎透明带应是圆形，未受精或退化的胚胎透明带往往呈椭圆形，无弹性。凡患子宫内膜炎或其他原因造成的不良子宫环境，透明带外形常不规则。透明带的厚度羊为11～16μm。透明带随胚胎的发育而变化，扩张囊胚的透明带为桑葚胚厚度的1/3。孵化囊胚透明带破裂（图4-1）。

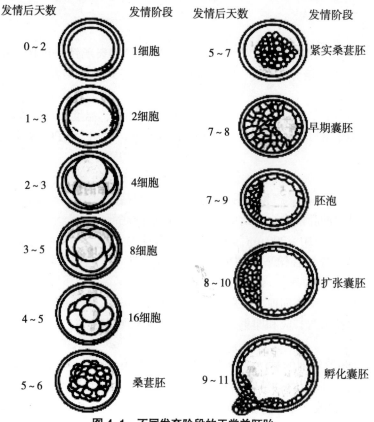

图4-1　不同发育阶段的正常羊胚胎

2.胚胎的分级与鉴定

（1）胚胎的鉴定

在20～40倍体视显微镜下观察受精卵的形态、色调、分裂球的大小、均匀度、细胞的密度与透明带的间隙以及变性情况等。凡卵子的卵黄未形成分裂球及细胞团的，均列入未受精卵。

发情（授精）后2～3d用输卵管法回收的胚胎，发育阶段为2～8细胞期，可清楚地观察到卵裂球，卵黄腔间隙较大。6～8d回收的正常受精卵处于以下发育期：紧缩桑葚胚、早期囊胚、囊胚、扩张囊胚。用形态学方法进行胚胎质量鉴定。凡在发情后第6～8d回收的16细胞以下的受精卵均应列为非正常发育胚，不能用于移植或冷冻保存。

（2）胚胎的分级

绵羊胚胎一般分为A、B、C三级。A、B级胚可用于鲜胚移植，A级胚可以冷冻保存。

A级 优良胚胎。胚胎形态完整，轮廓清晰，呈球形，分裂球大小均匀，结构紧凑，色调和透明度适中，无附着的细胞和液泡。

B级 普通胚胎。轮廓清晰，色调及细胞密度良好，可见到少量附着的细胞和泡液，变性细胞达10%～30%。

C级 不良胚胎。形态有明显变异，轮廓不清晰，色调发暗，结构较松散，游离的细胞或液泡多，变性细胞达30%～50%。

胚胎的等级划分还应考虑到受精卵的发育程度。发情后第7d回收的受精卵在正常发育时应处于致密桑葚胚至囊胚阶段。凡在16细胞以下的受精卵及变性细胞超过一半的胚胎均属等外，其中，部分胚胎仍有发育的能力，但受胎率很低。

（六）胚胎移植

1.受体的选择

选择健康、无传染病、营养良好、无生殖道疾病、发情周期正常的经产羊。为了将来产羔的顺利和羔羊的哺育，宜选择体型大、泌乳力强的品种作为受体。

2.供、受体羊的同期发情

（1）自然发情

对受体羊群自然发情进行观察，与供体羊发情前后相差1d的羊，可作为受体。

（2）诱导发情

绵羊诱导发情分为孕激素类和前列腺素类控制发情2类方法。孕酮海绵栓是一种常用的方法。

海绵栓在灭菌生理盐水中浸泡后塞入阴道深处，至13～14d取出，在取海绵栓的前1d或当天，肌肉注射PMSG400单位，56h前后受体羊可表现发情。

（3）发情观察

受体羊发情观察早晚各一次，母羊接受爬跨确认为发情。受体羊发情与供体羊发情同期差控制在24h。

3.移植

（1）移植液

0.03g牛血清白蛋白溶于10ml PBS中，或1ml血清＋9ml PBS，以上2种移植液均含青霉素（100单位/ml）、链霉素（100单位/ml）。配好后用0.22μm细菌滤器过滤，置38℃培养箱中备用。

（2）受体羊的准备

受体羊术前需空腹12～24h，仰卧于手术保定架上，肌注2%静松灵0.5～1.0ml。

（3）胚胎移植方法

①常规手术法

受体羊的手术部位、方法与供体羊取胚时相同。而移植部位需根据胚龄和胚胎的发育阶段而定，一般胚胎不超过3.5d的受精卵移植到输卵管；胚龄超过3.5d和发育至致密桑葚胚以后阶段的胚胎，移植到子宫角。同时，胚胎移植时应观察受体羊的黄体发育情况，通常将胚胎移入有黄体的一侧。

②内窥镜移植法

腹腔镜技术用于羊胚胎移植，操作人员通过内窥镜观察卵巢上卵泡和黄体，受体母羊不需进行外科手术，就可将胚胎准确地输入子宫内，方法简便、易行、可靠，有利于提高胚胎移植的受胎率。

③胚胎移植注意要点

A.观察受体卵巢，胚胎移植至黄体侧子宫角，无黄体不移植。一般移1~2枚胚胎。

B.观察受体卵巢上黄体发育情况，按突出卵巢的黄体直径分为优、中、差。优：0.6~1cm；中：0.3~0.5cm；差：小于0.3cm。

C.在子宫角扎孔时应避开血管，防止出血。

D.不可用力牵拉卵巢，不能触摸黄体。

E.胚胎发育阶段与移植部位相符。

F.做好详细记录。

4.受体羊术后管理

受体羊术后在小圈内观察1~2d。圈舍应干燥、清洁，防止感染。受体羊术后1~2情期内要注意观察返情情况，若返情则应进行配种。对没有返情的羊应加强饲养管理。

（七）胚胎冷冻保存

1.常规的慢速冷冻

（1）胚胎的冻前处理

①冷冻保护剂的添加

冷冻保护剂多采用1.5mol/L乙二醇，冷冻基础液为含10%~20%新生羊血清的冲胚液（PBS）。胚胎先在冷冻保护液中平衡10~20min。

②装管

胚胎经保护剂平衡后即可装入细管，胚胎冷冻一般用0.25ml精液冷冻细管。可用1ml注射器连接一段胶管做成一个装管器，将细管有棉塞的一端插入胶管的另一端，将无塞端插入保护液先吸取一段保护液后吸取一小段气泡，再在实体显微镜下观察对准欲装管的胚胎吸取胚胎和保护液，然后再吸一个小气泡后，在吸收一段保护液（图4-2）。

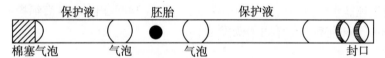

保护液　　　　胚胎　　　　保护液

棉塞气泡　　气泡　　气泡　　　　封口

图4—2　胚胎装管示意图

装管后可在实体显微镜下验证胚胎是否已装入管内，确认无误后可进行封管。把棉塞的一端插入聚乙烯醇粉末中填塞，或用火焰加热的镊子夹细管末端封口，确保密封。如果密封不良，投入后液氮就会浸入细管内，解冻时液氮预热突然气化，细管就会爆裂。装好的细管要标明编号，做好记录。

（2）冷冻过程

慢速冷冻借助于微电脑控制的程控冷冻仪进行，可根据需要编制降温程序。专用的胚胎冷冻仪有以无水乙醇为冷冻介质的，如日本富士平公司生产的胚胎冷冻仪，降温范围在30~40℃，最小温度设定0.01℃，降温速率在-20~-30℃为1.0~0.1℃/min，在-30~-35℃为0.5~0.1℃/min；还有一种以液氮为冷冻介质的，通过喷射液氮来降温，如英国Planeer公司、美国Cryomed公司生产的程控冷冻仪。

将装有胚胎的细管放入冷冻室，冷冻室的温度可调至室温（20～25℃），然后以1℃/min降至-5～-7℃（也可将冷冻室的温度直接调至此温度），植冰，停留10min后，以0.3℃/min或0.5℃/min降至-30～-40℃，投入液氮保存。

（3）胚胎解冻

①解冻方法

将冷冻细管从液氮中取出，在空气中停留10s，放入30～35℃水浴10～20s，剪去两端塞子，倒入解冻液中。

②脱除保护剂

目前，多采用蔗糖液一步或两步法脱除胚胎里的保护剂使胚胎复水，用冷冻基础液制成0.2～0.5mol/L的蔗糖液，胚胎解冻后，在室温（25～26℃）下放入这种液体中，保持5～10min，在显微镜下观察，胚胎扩张至接近冻前状态，即认为保护剂已被脱除，然后移入胚胎保存液中准备移植。

2.玻璃化法

（1）玻璃化溶液

玻璃化溶液由含有40%乙二醇、18%聚蔗糖和0.3mol/L蔗糖组成，冷冻基础液为含10%～20%新生羊血清的冲胚液（PBS）。

（2）胚胎冷冻

冷冻前将冷冻液及使用器具在20℃室温下平衡1～2h，用0.25ml塑料吸管依次吸入0.5mol/L蔗糖、空气、EFS40、空气、EFS40，平行放入操作台上。将胚胎在10%乙二醇溶液中平衡5min后，用移胚管移入塑料细管的EFS40中平衡30s，将塑料细管继续吸入空气、EFS40、空气、0.5mol/L蔗糖后，用聚乙烯醇粉将塑料细管封口，把含有胚胎的细管一端直接投入液氮，另一半用液氮熏蒸冷冻，待蔗糖部分冻结后放入液氮罐中长期保存。

（3）胚胎解冻

用镊子将盛有胚胎的塑料细管从液氮中取出后，平行置于20℃水浴中轻轻摆动10s。待细管中蔗糖液由乳白色变为透明后，拭去细管表面水分，剪掉两端口，在吸有0.5mol/L蔗糖液中平衡5min去除乙二醇，再用培养液洗涤胚胎两次，除去蔗糖后，按形态鉴定法对胚胎进行鉴定，可用者待移植。

六、繁殖免疫技术

（一）生殖免疫技术

生殖免疫是现代高新生物工程技术之一，它是在免疫学、生物化学、内分泌学等学科基础上兴起的。生殖免疫的基本原理是以生殖激素作为抗原对动物进行主动或被动免疫，中和其体内相应的激素，可使其体内某些激素的水平发生改变，从而引起生殖内分泌的动态平衡发生定向移动，引起各种生理变化，达到人为控制生殖的目的。在人工诱导母羊双（多）胎的生产中，经常使用促性腺激素、甾体激素和抑制素作为免疫原。

1.促性腺激素免疫法

在生产中常用的诱导双（多）胎的促性腺激素主要有PMSG、FSH、LH、HCG等。PMSG因半衰期长，处理时只需注射一次，特别是同抗PMSG配合使用以后，使PMSG的副作用大大降低，使其在生产实践中有了更多的应用。PMSG处理的弊端是不能控制产羔数。剂量小时，双胎效果不明显；剂量大时，则会出现相当比例的三羔或四羔，影响羔羊成活率，有时还会造成母羊卵巢囊肿。

2.甾体激素免疫法

目前市场上的双羔素的主要成分以睾酮和雄烯二酮居多。由中国农业科学院兰州畜牧与兽药研究所研制的"兰双"（代号：TIT）主要成分为睾酮-3-羧甲基肟-牛血清白蛋白；由中国科学院新疆化学研究所研制的"新双"（代号：XIC）主要成分为雄烯二酮–11α–牛血清白蛋白；由澳大利亚生产的"澳双"其主要成分为雄烯二酮–7α–羧L基硫醚–人血清白蛋白。应用双羔素对母羊进行免疫时，应严格按其使用说明书上给出的用法、用量和时间间隔进行操作，否则会严重影响免疫效果。姚俊发等（1994）用"兰双"免疫东北半细毛羊，试验组产羔率比对照组提高18.57%。曾培坚等（1994）用"兰双"免疫的母羊其产羔率比未免疫者提高20%，而"澳双"则为18.64%。岳斌（1995）用"新双"免疫甘肃高山细毛羊，试验组产羔率比对照组提高21.15%。

3.抑制素免疫法

抑制素（Inhibin，INH）是一种由性腺分泌的糖蛋白激素，其生理作用是选择性降低血液循环中FSH的水平，是确定单胎和多胎动物种属特异性排卵数最重要的激素。用主动免疫或被动免疫的方法降低体内的抑制素水平，可以使FSH的浓度增加，进而增加家畜的排卵率和产仔数。抑制素免疫处理后，免疫效果可以维持3~4个繁殖周期。这对于畜牧业来说至关重要，可以大大减少生产成本和劳动消耗。目前所用的抑制素抗原主要是从卵泡液或精液中提取的，有化学合成的，也有利用DNA重组技术生产的等。张居农等（1998）用抑制素主动免疫绵羊，使双羔率提高了45%~55%。有关用抑制素免疫提高绵羊繁殖力的研究很多，其结论是一致的，即抑制素免疫可以提高家畜的繁殖力。但是由于抑制素制备比较困难、成本高，使该项技术没有得到广泛的应用。因此，探索生产抑制素的新方法和新的免疫策略成为免疫繁殖技术的研究热点之一。

（二）基因免疫技术

基因免疫（gene immunization）又叫DNA免疫或核酸免疫，是将带有目的基因的真核表达载体转化到动物活体细胞内、使其表达产物经抗原递呈激活免疫系统、诱导机体产生特异性抗体并引起相应免疫应答的新技术。这种用于基因免疫的DNA制剂，就称为基因疫苗或DNA疫苗。DNA疫苗有"第三代"疫苗之称，是近年来调控动物生殖的重要研究途径之一，已受到国内外的广泛重视。

基因疫苗的诞生和发展，为抑制素免疫提供了新契机。抑制素基因免疫建立在基因免疫与抑制素常规免疫基础上，将编码抑制素抗原决定簇的外源基因以重组表达载体的形式转化入动物体内，使目的基因通过宿主细胞的转录系统合成抗原蛋白，诱导宿主产生抗体并引起相应的特异性免疫应答，可以长时间地降低体内抑制素水平，从而提高动物的排卵率和精子的产量，以其疫苗高效稳定、操作简便、便于生产等优势弥补了以往诱导双胎技术的不足。张德坤等（2004）应用抑制素基因免疫重组质粒（PCIS）免疫绵羊，首次免疫后，绵羊能够产生抗抑制素抗体。加强免疫后抗体增加显著（$P<0.05$），免疫羊的抗体阳性率可达46.7%。张德坤等（2005）同时研究了抑制素基因免疫对母羊生殖内分泌的影响，结果表明抑制素基因免疫能调节绵羊的促卵泡素水平。所以，应用抑制素基因免疫可中和动物体内的抑制素，降低动物血液循环中的抑制素水平，提高FSH的含量，促进动物卵泡发育和成熟，达到提高排卵数量的目的，进而提高了繁殖效率。

七、腹腔镜技术

腹腔镜的主体是观察镜（望远镜和内窥镜）镜筒、光导纤维和光源系统，另外，配有组合套管和针以及送气、排气、照相、电视监测及录像系统等附件。

（一）腹腔镜操作方法

羊常采用仰卧保定，为了减少腹部压力可使羊头部斜向下方，后躯抬高，以便更好地暴露生殖器官。

羊的腹腔镜检查术部按外科手术方法剪毛消毒，在靠近脐孔的腹中线皮肤上做一小切口，将消毒导管针穿过切口刺入腹腔；接上送气胶管后向腹腔内轻轻打气，压迫胃肠前移；拔出导管针后，从导管内插入腹腔镜，接上光源后即可对目标器官进行搜索观察。如果需要同时进行采卵、输精或输胚等操作，可经内窥镜镜头上的孔道插入较小的针头和套管，通过其在内窥镜观察下进行操作。操作结束后，慢慢取出各种器械，从排气孔放出腹腔内气体，最后拔出导管针。整个过程要注意严格消毒、预防感染，必要时刻缝合伤口。

（二）腹腔镜的应用

与超声诊断、直肠检查、生殖激素测定等方法比较，使用腹腔镜能直观地看到腹腔内生殖器官状态，在一定程度上可以起到剖腹探查的作用。

1. 生殖道检查

观察正常、病理情况下或药物处理后卵巢和子宫的变化，进行临床诊断或实验研究，也可以进行早期妊娠诊断。由于绵羊无法进行直肠检查，因此腹腔镜观察具有更重要的作用。

2. 人工授精

在腹腔镜监视下可将精液直接输入子宫角，可以增加冻精受胎率。

3. 胚胎移植

通过腹腔镜观察卵巢可以确定排卵时间、超排效果、是否粘连和其他病理现象，然后确定供体是否进行冲卵，何时冲卵，大概能得到多少胚胎；确定受体是否适于移植，何时输胚最好。从而大大减少盲目手术对羊只的损伤，并提高手术成功率。目前绵羊的采胚和移胚基本上使用手术方法，借助腹腔镜可以进行采胚或移胚，虽然目前成功率稍低于手术方法，但可以通过改进器械或操作方法提高成功率，更重要的是可以避免反复手术可能造成的损失。

（三）应用腹腔镜技术应注意的问题

通过腹腔镜可以在无大手术，无明显应激的情况下连续观察内脏器官，可以得到及时、准确的诊断结果和观察到治疗效果；在生殖生理学研究上，特别是胚胎移植相关技术的应用和研究上更是具有明显的优越性。但是，应用腹腔镜是一项比较细致的诊疗技术，观察结果很大程度上取决于操作人员的熟练程度，想象力和创造性。不适当的操作可能引发腹腔内器官损伤、炎症和粘连，甚至造成死亡。以下几点应该引起注意：

1.麻醉程度适当。

2.饱食情况下不易观察，容易造成器官损伤。

3.插入导管针时掌握好方向和深度，特别注意不要刺向脊柱，避免损伤大血管和肾脏。

4.镜头送入后如发现插入肠系膜脂肪中，应退出脂肪中再送气。穿入肠系膜中送气会使肠系膜覆盖到生殖器官上，影响观察，并很难再调整。

5.操作环境尽可能无菌、无尘。

6.操作完毕放气时不可速度太快，防止腹压突然降低发生休克。

八、胚胎工程及相关技术

胚胎工程是胚胎移植的延伸及相关技术发展到一定程度而出现的，又称胚胎生物工程（embryo bioengineering），其核心是对家畜的胚胎进行操作、改造，其主要技术包括胚胎移植技术、胚胎体外生产技术、卵母细胞与胚胎保存技术、性别控制技术、嵌合体技术、克隆技术、胚胎干细胞技术、转基因技术等。胚胎工程的深入研究可能人为地控制绵羊的繁殖，实现良种绵羊胚胎的工厂化生产，并认为地创造出有特殊经济价值或用途的新个体或品种（系）。

（一）胚胎体外生产技术

动物个体的发生源于卵子和精子受精过程的完成，一切能使受精数量增加的技术手段将是提高动物繁殖率的有效措施。胚胎体外生产技术就是这些措施中最为有效的技术之一。

1.胚胎体外生产技术的概念和意义

胚胎体外生产技术是通过屠宰场收集卵巢取卵或活体取卵，利用冷冻精液或鲜精，在体外人工控制的环境中，使精卵结合完成受精并获得可用胚胎的一项胚胎生物技术。它主要包括：卵母细胞的采集与体外成熟，精子的体外获能，卵母细胞的体外受精，受精卵的体外发育等一系列过程。

胚胎体外生产技术是提高家畜繁殖力的有效途径，利用胚胎体外生产技术可以有效地扩大经济价值高的公、母畜的遗传资源，降低胚胎生产成本、扩大胚胎来源，为动物克隆、转基因等其他配子和胚胎生物技术提供丰富的材料和必要的研究手段。同时，胚胎体外生产技术对加快育种进程、保护濒危物种、加快动物生殖机理的研究等方面具有重要的意义。

2.胚胎体外生产的方法

用于胚胎体外生产的卵母细胞有2种来源：有腔卵泡中获取和腔前卵泡中获取。有腔卵泡的获取主要是从屠宰场采集卵母细胞和活体采卵，这是目前获取卵母细胞的2种主要方法，而腔前卵母细胞的获取是目前的研究热点。无论是用何种方法采集的卵母细胞，都必须经过筛选之后再进行成熟培养，这是体外生产胚胎能否成功的一个关键步骤。在胚胎体外生产实践中，筛选卵母细胞的最佳标志为：胞质均匀并充满于透明带，周围包被着完整的卵丘细胞或部分卵丘细胞脱落的A、B级卵母细胞。卵母细胞周围卵丘细胞的层数和完整性对卵母细胞的成熟与体外受精具有非常重要的作用。试验表明，带有完整卵丘细胞层的卵母细胞的成熟率、受精率、卵裂率、囊胚率均明显高于卵丘细胞不完整的卵母细胞。目前常用的成熟培养系统有开放培养系统和微滴培养系统，用于卵母细胞体外成熟的基础培养液主要有：TCM199、Ham's F-10等。其中，应用最为广泛的是TCM199，其成熟培养效果相对较好。卵母细胞的成熟培养液需要在基础培养液中加入一定浓度的血清、性腺激素和促性腺激素。目前，FCS、OCS、BSA等蛋白添加物以及FSH、LH、HCG、17β-E$_2$、胰岛素、生长因子等已广泛应用于卵母细胞体外成熟培养的研究中。大量资料表明，添加血清和激素可以提高卵母细胞的成熟率、受精率和胚胎发育率。目前，牛、羊都采用38~39℃，在CO$_2$培养箱中进行培养；常用的气相条件有5%CO$_2$、95%空气、饱和湿度，也有的采用5% CO$_2$、5%O$_2$、90%N$_2$和饱和湿度；成熟培养时间一般采用22~24h。成熟培养时间过短或过长，都会导致受精率和胚胎发育率的下降。卵母细胞体外成熟情况，一般可通过形态观察来对其进行初步评定，通过体外受精和受精卵体外培养评定其受精和胚胎发育潜力。如欲探讨卵母细胞体外成熟的影响因素，则必须通过固定染色检查其核成熟的情况。

无论是鲜精还是冻精，一般在体外受精前都要经过数次离心洗涤，以除去精清、死精、抗冻保护剂等不利于卵母细胞受精的成分，以获得高浓度的活力旺盛的精子。牛、羊精子的体外获能通常采用化学药物诱导获能，其获能方法因所选用的获能物质或互相搭配方式不同而异。常用的获能液有BO液、台罗氏液（TALP）液，其中添加诱导精子获能的特定成分。牛、羊目前常用的激活因子为肝素钠、咖啡因、BSA和钙离子载体A23187等。在体外受精实践中，精子的制备与获能处理是同时进行的。常用的精子制备与获能方法有上浮法（swim up）、哌可（percoll）密度梯度离心法和离心洗涤法。精子获能后将发生一系列明显的形态及运动方式的变化，主要表现为头部膨大，代谢活动显著加强，运动速度加快，出现超活化的运动，极易发生顶体反应。

成功的体外受精不仅依赖于卵母细胞的成熟和精子的获能，精子浓度、精卵作用时间、温度、受精液等也是重要的影响因素。具体做法是：将成熟培养后的卵母细胞用吸管进行吹打，除去部分卵丘细胞。将卵母细胞用受精液洗涤3次后，移入到受精微滴（50~100μl）中，每滴移入10~20个。再将获能处理的精子加入受精微滴中，调整精子的密度为（1~6）×106个/ml，然后精卵共同孵育。共同孵育时间因精子处理方法不同而异，在TALP液一般需要18~24h，而在BO液中仅需要6~8h。

早期胚胎的体外培养是胚胎体外生产技术中关键的技术环节，受精卵只有发育到桑葚胚或囊胚后进行移植，才能获得较高的妊娠率。提高受精卵发育率的关键因素是选择理想的培养系统。经过许多学者的多年研究，目前，常用于胚胎体外培养的基础培养液有成分复杂的TCM199、Ham's F-10

和化学成分明确的SOF培养液等。为了提高培养效果，通常在培养液中添加血清或BSA、氨基酸、生长因子等。培养条件多采用38.5℃、5% CO_2、95%空气、饱和湿度的CO_2培养箱中进行微滴培养。培养密度为每滴（50~100μl）10~20枚胚胎。体外受精卵在体外培养时往往发生发育阻滞的现象，牛、羊受精卵的发育阻滞期为8~16细胞期。胚胎发育阻断与由母源的mRNA向合成自身的mRNA控制过渡有关。在这一过渡期，胚胎对所处的环境条件特别敏感，稍有不适便会出现不可逆的发育阻断。如何使胚胎通过发育阻断，一直是胚胎体外培养研究的热点。近年来，采用与体细胞共培养或在培养液中添加生长因子和细胞外基质因子的方法，取得了较好的培养结果。共培养的体细胞有输卵管上皮细胞、卵丘细胞、颗粒细胞等。用于胚胎共培养的体细胞，一般要在移入胚胎前48 h做成微滴单层细胞，使用时换入新鲜培养液，移入胚胎后每48 h更换一次培养液。并定期观察，一般培养6~7d可得到桑葚胚或囊胚。

3.存在问题及发展前景

家畜胚胎体外生产技术经过20多年的发展，已取得很大进展。但羊胚胎生产的累积效率依旧较低，为大批量体外生产胚胎，还有很多工作要做。目前卵母细胞来源相对不足、卵母细胞体外成熟质量差、多精受精、胚胎发育阻滞、囊胚发育率低和胚胎质量差等是制约胚胎体外生产的主要因素。因此，应加强腔前卵泡培养系统的研究，完善活体采卵技术，充分扩大卵母细胞的来源，深入研究卵母细胞成熟和胚胎发育的分子机理，不断改进培养系统，提高卵母细胞的成熟率、受精率和胚胎发育率，最终提高胚胎体外生产的效率。相信，随着胚胎生物技术的不断发展，胚胎体外生产技术必将逐渐转化为生产力，在畜牧业中发挥出重大的作用。

（二）卵母细胞与胚胎保存技术

卵母细胞和胚胎保存技术是指将卵母细胞和胚胎在体内或体外正常发育温度下，暂时储存起来而不使其失去活力，或者是将其保存于低温或超低温条件下，使细胞处于新陈代谢和分裂速度减慢或停止，即使其发育基本处于暂时停顿状态，一旦恢复正常发育温度时，又能再继续发育。

1.卵母细胞保存技术

卵母细胞的保存是保护优良品种资源和拯救珍稀濒危野生动物的重要技术手段之一。卵母细胞保存技术使卵母细胞便于长距离运输，使胚胎生物技术免受时间和空间上的限制，可为体外受精、核移植和转基因等胚胎工程技术提供更多的材料来源。

卵母细胞的冷冻保存方法有常规冷冻法和玻璃化冷冻法。常规冷冻法一般以DMSO、甘油、EG等作为抗冻保护剂，经过由低浓度到高浓度的抗冻保护剂处理3~4步后，投入液氮中保存。这种方法的一般程序为：从室温以1℃/min的速度降至-6~-7℃以后，进行人工植冰，保持10min，再以0.1~0.5℃/min的速度降至-30~-80℃，然后投入液氮中保存。该法在冷冻过程中会形成冰晶，容易损伤细胞，而且操作复杂，耗时长，需要昂贵的降温设备，这均是其在生产中推广受限的一些影响因素。

自Rall等（1985）用玻璃化冷冻法成功地保存了小鼠的胚胎以来，经过国内外诸多学者的改进，此种方法已基本成熟。依据承载工具的不同分为细管法、开放式拉长塑料细管法（OPS法）、电子显微镜铜网法和坚硬表面玻璃化法（SSV法）。玻璃化冷冻法因其耗时短，而且无需昂贵的程序降温仪，受到了研究者的关注。一般将卵母细胞经两次平衡后，移入玻璃化溶液0.5min内投入液氮保存。该法一般采用高浓度的玻璃化溶液作为冷冻保护液，它由多种抗冻保护剂按一定比例混合而成，低温时会形成无规则的玻璃样黏稠固体，不形成冰晶，这就有效地减少了冰晶对细胞的损伤。但卵母细胞暴露在玻璃化溶液中的时间应严格控制在一定范围之内，否则高浓度的抗冻保护剂会对细胞产生毒害作用。

目前，卵母细胞的冷冻保存结果并不理想，冷冻保存后的卵母细胞的成熟率、受精率、卵裂率明显降低。在电子显微镜下观察冷冻后的卵母细胞，发现其卵丘细胞、质膜、微绒毛、细胞骨架系统、线粒体及内质网等结构均遭到了不同程度的破坏，从而导致冷冻保存后的卵母细胞的发育潜力下降。另外，羊的卵母细胞中含有许多囊泡，这又增加了其对低温的敏感性。相信，随着低温生物学技术的不断发展，当前存在的制约着卵母细胞冷冻保存技术发展的一些问题终将会得到解决。

2.胚胎保存技术

胚胎保存可使胚胎移植不受地域的限制，节约成本，便于胚胎移植向产业化方向发展。胚胎冷冻便于胚胎在国际间的交流，可以代替活体引种，节约引种费用，减少疫病的传播，同时可以代替活体保种，在挽救濒危野生动物方面具有重要意义。胚胎的冷冻保存可在一定程度上促进体外受精、性别鉴定、转基因、核移植等技术的发展，同时，对发育生物学等基础理论的研究也有重要意义。

胚胎保存方法有异体活体保存、常温保存、低温保存和冷冻保存。前三者只能对胚胎进行短期保存，而冷冻保存不仅保存时间长，而且冷冻效果基本稳定，目前在世界范围内广泛应用。胚胎冷冻保存又分为常规冷冻法和玻璃化冷冻法，其程序类似于卵母细胞冷冻保存。玻璃化冷冻法因操作简便、耗时短而受到人们的青睐，目前正在向实用化方向发展。朱士恩等（2000）采用两步法，以EFS40作为玻璃化溶液，对绵羊的早期囊胚进行冷冻保存，解冻后的胚胎发育率和孵化囊胚率分别为89%和46%。由于抗冻保护剂对胚胎有一定的毒性，因此冷冻胚胎在移植以前都需要一个脱除抗冻保护剂的解冻过程。常规冷冻法和玻璃化冷冻法的解冻方法基本相同，一般解冻程序为：将细管从液氮中取出后，先在空气中做短暂停留（5～15s），再投入20～38℃的水浴中，待其融化后（约10s），将胚胎冲出，脱除抗冻保护剂后即可移植或进行培养。

胚胎冷冻保存技术经过30余年的发展已基本成熟。目前，一些发达国家胚胎的冷冻保存和移植技术已形成一项产业，我国该领域还有很大的发展空间。相信，随着低温生物学技术的不断发展，胚胎的冷冻保存一定会在不远的将来跨上一个新台阶。

（三）性别控制技术

1.概念和意义

性别控制（sex control）技术就是利用现代生物技术有目的按照人们的生产要求，繁殖出所需性别后代的一种繁殖新技术。一般来说，这种控制技术主要在两个方面进行，一是在受精之前；二是在受精之后。前者是通过对精子进行体外干预，使其在受精之时便决定后代的性别；后者是通过对胚胎的性别进行鉴定，从而获得所需性别的后代。

性别控制对动物尤其是家畜的育种和生产有着深远的意义：第一，可使受性别限制的生产性状（如泌乳性状）和受性别影响的生产性状（如肉用、毛用性状等）能获得更大的经济社会效益。第二，可增强良种选种中的强度和提高育种效率，以获得最大的遗传进展。第三，可以排除表达与性别有关的有害基因或基因型。另外，性别控制也是体外受精、核移植、转基因等生物技术的一项配套技术，它的应用必将促进其他生物技术的发展。

2.受精前性别控制

在受精之前对精子的性别进行有目的的选择是性别控制最理想的途径，因此，人们对分离携带X染色体精子和携带Y染色体精子（简称X精子和Y精子）的兴趣越来越浓厚。许多科学工作者对分离精子的研究做了不懈的努力，尝试了许多分离方法，可归纳为物理分离法、免疫学分离法和流动细胞检索分离法。

物理分离法是以X精子和Y精子之间存在一定的物理性（如密度、大小、重量、形态、活力和表面电荷等）差异为依据，利用物理的途径将两种精子分离开的方法。具体又分为沉积分离法、自由流动电泳法、层流分离法、白蛋白液柱分离法等。免疫学分离法根据精子表面存在着雄性特异组织相容性抗原（即H-Y抗原），用H-Y抗体选择性结合Y精子来改变动物性别比例的研究。Jones等（1992）用免疫磁力选择法成功高效地分离出X精子和Y精子，他在试验中将洗过的精子用H-Y抗原的单克隆抗体处理，再把被抗体的第二抗体所包裹的超磁化多聚体小珠加到精子中，利用磁体将与磁珠相连的精子从样品中除去，分离后经流式细胞分类仪检测，X精子群纯度高达98%。目前看来，免疫磁力选择法可能是一种快速、低成本的获得纯X精子群的理想方法。流动细胞检索分离法是目前大多数人认为比较科学，比较可靠，准确性较高的精子分离方法。目前最为科学、可靠和有效的区分X精子和Y精子差异的是精子的DNA含量，流动细胞检索分离法正是依据X和Y精子DNA含量的差异而进行的。流动细胞检索仪进行分离X和Y精子的程序，包括将精子稀释并与荧光染料Hoechst 33342共同培养，这种染料则定量地与DNA结合。当精子通过流动细胞检索仪时被定位从而被激光束激发，由于X精子比Y精子含的DNA多，所以X精子放射出较强的荧光信号。放射出的信号通过仪器和计算机系统扩增，分析并分辨出哪些是X精子或是Y精子，或是分辨模糊的精子。当含有精子的缓冲液离开激光系统时借助于颤动的流动室将垂直流下的液柱变成微小的液滴。与此同时，含有单个精子的液滴被充上正电荷或负电荷，并借助两块各自带正电或负电的偏斜板，把X精子或Y精子分别引导到两个收集管中。

3.胚胎性别鉴定

通过胚胎性别鉴定同样可以获得预定性别的后代。近10年来，此法的研究进展比较快，有些已应用于实际生产之中。目前，胚胎性别鉴定的方法主要有性染色质鉴定法、染色体组型鉴定法、雄性特异抗原鉴定法和分子生物学法。

性染色质鉴定法、染色体组型鉴定法是早期的性别鉴定方法，成功率较低，对胚胎损伤较大，不适用于实际生产。雄性特异抗原鉴定法是根据哺乳动物的雄性胚胎表达一种细胞表面H-Y抗原，而这种H-Y抗原在雌性的8细胞期至早期囊胚胚胎中不存在。这种雄性特异因子已经成为通过免疫学方法来鉴别多种动物的胚胎性别的基础。雄性特异抗原鉴定法又可分为细胞毒性鉴定法和免疫荧光鉴定法，但其结果亦不理想，故此法在生产实际中的应用仍有一定的局限性。目前唯一的、常规的、最具有商业应用价值的鉴定胚胎性别的方法是分子生物学法——PCR鉴定法。此法是近10年来迅速发展起来的一种利用雄性特异性基因探针和PCR扩增技术鉴定胚胎性别的崭新方法。此法主要是对利用PCR技术对染色体上特异性基因或Y染色体上的SRY基因进行扩增，进一步电泳、显色，检测特异性基因或SRY基因的有无，从而鉴别胚胎的性别。由于这种方法对胚胎损害较小而且不易被污染，同时准确率也较高，可达90%以上，故被国内外研究人员广泛应用于家畜，特别是牛、羊胚胎的性别鉴定。

4.存在问题及前景

随着科学技术的不断发展，人们多年来所期待的在实验室内生产大量廉价优质胚胎的愿望已变成现实。而性别控制技术，虽然人们早已研究，但进展缓慢。性别控制技术要应用于生产，必须快速简单、费用低、准确性高。PCR鉴定法向成功鉴定动物早期胚胎性别迈出了可喜的一步，但很难应用于生产，目前，多数学者一致认为精子的快速、完全、准确地分离是性别控制的较好的方法，但还需要进一步提高其分离效率和准确率。人工授精、胚胎移植和体外受精三项动物繁殖新技术已比较成熟，并已在生产中起到了应有的作用。如果把人工授精、胚胎移植、体外受精和性别控制繁殖新技术的四大法宝同时结合应用于家畜育种和畜牧业生产之中，那么它们将对畜牧业生产的发展将起到无可估量的作用和产生极其深远的影响。因此，动物性别控制技术的应用必将给动物生产乃至人类社会带来巨大的经济效益。

（四）嵌合体技术

1.概念和意义

哺乳动物嵌合体（chimera）是指由两个或两个以上具有不同遗传性的细胞系组成的聚合胚胎发育而成的个体，即在同一个体中基因型不同的细胞或组织互相接触，且各自独立并存。嵌合体胚内不同来源的细胞相互调节、相互作用以至共同完成胚胎发育，因此嵌合体能携带适当的遗传标记并能在个体发育中表现出来，从而成为研究哺乳动物个体发育最有利的试验材料和遗传研究模型。同时，在创造出自然条件下完全不能发育的异种间杂种等方面，嵌合体技术也是极为有效的手段。

2.嵌合体制作方法

根据使用胚胎的发育阶段，哺乳动物嵌合体个体的制作方法大致分为两种，即着床前早期胚胎的嵌合体制作和着床后早期胚胎的嵌合体制作。

（1）着床前早期胚胎的嵌合体制作方法

使用着床前早期胚胎制作嵌合体的方法有两种，即聚合法和注入法。

①聚合法

聚合法是把早期胚胎细胞团或卵裂球聚合在一起，从而制备嵌合体的方法。聚合法又分为早期胚胎聚合法、早期胚胎卵裂球聚合法和共培养聚合法3种。

②注入法

注入法是通过显微操作将一些细胞（通常5～15个细胞）注入发育胚胎的卵周隙或囊胚腔内，以制备嵌合体的方法。注射用的细胞可以用卵裂球，可以用发育后期的胚胎细胞，也可以用畸胎瘤细胞和胚胎干细胞。

注入法根据操作方式可分为3种，即8细胞桑葚胚期卵周隙注入法、囊胚腔内注入法和囊胚内细胞团（ICM）置换法。

（2）着床后胚胎的嵌合体制作方法

使用着床后的胚胎培育嵌合体的方法有体内法和体外法。

①体内法

该方法是用剖腹手术从子宫外部直接把目的细胞及组织注入或植入着床胚胎中，培育出嵌合体个体。

②体外法

该方法是用外科手术法取出着床胚胎，在显微镜下用固定吸管固定住胚胎，然后用注射吸管将目的细胞或组织注入胚胎中。

（3）嵌合体标记

嵌合体标记亦可称嵌合体分析，它是嵌合体制作的关键一步。不论是试验获得还是自然产生的嵌合体，都需要采用识别方法来证实是否是真正的嵌合体。迄今所用的嵌合体鉴定方法大致可分为人工标记（活体染色色素）和遗传标记两种。

①人工标记

实验发育生物学最初利用的最典型的标记物是活体染色色素和油滴。此外，使用的标记物还有$0.1～0.2\,\mu m$的珠状物，放射性物质，荧光胶质金，黑色素颗粒，山葵过氧化物等。

②遗传标记

它是根据嵌合体在嵌合前两个胚胎本身所具有的特性作为标记来进行鉴别。如由遗传所决定的黑色素以及通过生物化学（活性酶）、染色体、细胞学、组织学、组织化学、免疫组织化学等方法能够鉴别的物质等。

随着分子生物学的发展，可采用DNA克隆探针进行嵌合体的鉴别，这将是一种快速准确的方法，但目前使用最多的是色素和同位素等遗传标记方法。

3.局限性及前景

在实验中不同种间的胚胎聚合，形成嵌合体胚胎后，一种胚胎细胞（供体）在另一种胚胎（受体）内的存活、分化和增殖会受到极大的限制。在种内动物（如小鼠）嵌合体制备过程中发现，不管是两种胚胎，还是多种胚胎制成的嵌合胚胎，细胞间均能协调地生长发育，而不发生免疫排斥现象。但是，动物间的组织或器官移植，会发生强烈的免疫排斥反应。

嵌合体在个体的发育生物学以及生理机能研究等方面具有重要意义。嵌合体是研究卵裂球的分化能力（细胞排序和分化）、X染色体的失活规律及其作用、基因表达机制的良好途径和手段。嵌合体还是免疫机制研究和遗传疾病研究的理想模型。通过嵌合体技术可以获得常规方法无法培育出来的杂种动物，尤其是在自然条件下绝不会产生的种间杂种，可用于物种保护、种间移植。用嵌合体技术还可生产有极高适应能力和商品价值的种间杂种，如生产毛皮动物嵌合体。另外，嵌合体制作与ES细胞培养和转基因操作的结合，使嵌合体的应用具有了更为广阔的前景：通过将目的基因转入ES细胞，然后将ES细胞注入囊胚腔生产转基因动物；通过将胚胎细胞注囊胚腔并嵌合，将来发育成某种特定器官，如能克服免疫排斥反应，有望用于器官移植。

（五）克隆技术

动物克隆是指通过体外操作而不经过有性生殖即两性配子的结合，直接获得与亲本具有相同遗传物质的全能性细胞和克隆胚胎，经移植、妊娠而得到活体动物的过程。广义上的动物克隆包括孤雌生殖、卵裂球分离与培养、胚胎分割、胚胎干细胞培养、胚胎嵌合以及细胞核移植等。通常，将上述非受精方式繁殖所获得的动物均称为克隆动物，将产生克隆动物的方法称之为克隆技术。

1.胚胎分割

胚胎分割（embryo splitting）是指采用机械方法，即用特制的显微刀片或玻璃微针将早期胚胎（桑葚胚或囊胚）分割成若干个具有继续发育潜力的部分（2等份、4等份、8等份），经体内或体外培养，然后移植入受体中，从而获得同卵双生、同卵四生或同卵八生的一项生物技术。

（1）胚胎分割的方法

①毛细管吹吸法

这种方法主要适用于分离2～8细胞期卵裂球。在显微操作仪的帮助下，在无钙、镁离子的培养液中，用固定针吸住胚胎，用另一玻璃针挑开胚胎的透明带，细胞团自透明带中脱出。再用仅能通过胚胎的毛细管吹吸胚胎，得到单个卵裂球，再将卵裂球装入空的透明带中，体外培养至一定时期，移植入受体中。

②显微手术法

这种方法主要适用于分割桑葚胚和囊胚。在显微操作仪的帮助下，以固定针吸住胚胎，用玻璃针或显微手术刀将胚胎对称切割。

③徒手分割法

徒手分割法主要适用于分割体积较大的胚胎，其优势在于可以不用显微操作仪。在立体显微镜下，用止血钳夹住切割刀片，将透明带切开一部分，再用直径略小于胚胎的毛细管吹吸几次，使胚胎从透明带中脱出。手持玻璃针自上而下对称切割裸胚，再用吸管将2枚半胚移入液滴洗净，装管移植。

④免疫手术法

处于囊胚期的胚胎其滋养层细胞之间已形成紧密连接，能阻挡外部抗体分子进入囊胚腔。将胚胎置于抗血清中，使滋养层细胞与抗体分子充分结合，然后在补体的协助下，利用免疫反应，溶解外层的滋养层细胞，而未结合抗体分子的内细胞团则保持完整。这样分离的内细胞团可注射入另一胚胎的囊胚腔中，或与处于桑葚期的其他胚胎整合，产生嵌合体。这种方法已用于产生多种动物的嵌合体。

（2）存在问题与展望

到目前为止，胚胎分割技术已比较成熟，成功率在50%左右，且大部分分割胚移植产下的动物是正常的。但胚胎分割仍然存在着某些问题，如胚胎分割移植后代体重偏小，遗传性状（包括体表毛色或斑纹）不一致，后代异常或畸形等。虽然胚胎分割技术存在着一些问题，但其仍具有广阔的应用前景。随着体外受精、性别鉴定等技术的不断发展和完善，胚胎分割技术将越来越重要。

2.细胞核移植

细胞核移植是将早期胚胎、胎儿或成体动物的细胞核移植到去核的卵母细胞中，重新组成并使之发育为成体动物的过程。

（1）细胞核移植技术程序

目前所采用的胚胎细胞核移植程序包括：①第二次减数分裂中期（MII）的卵母细胞的去核；②发育不同时期胚胎单个卵裂球的分离；③将分离好的单个核供体卵裂球注入受体透明带下卵周隙组成供体/受体复合体；④采用一定方式（电刺激等）使卵裂球与卵母细胞质融合并激活卵母细胞质；⑤重组胚体外培养；⑥重组胚的移植；⑦妊娠产仔。目前体细胞核移植步骤与上述程序相似，只是核供体在核注射前要进行一定的处理，如培养、传代、建立细胞系，血清饥饿法诱导G_0期（归零）等。

①核受体的准备

核受体的准备除了选择不同时期的胚胎或卵母细胞外，主要是选择适宜的方法尽快且完全地去除其核物质。完全去核且不影响核受体的活性是影响重组胚以后发育能力的关键因素之一。一种方法是用DNA荧光染料对卵母细胞染色，使染色体在荧光显微镜下显现，然后可以清晰地监视去核是否完全。另一种常用的方法是功能性去核，即采用类似于两栖类卵母细胞的去核方法，将受体卵母细胞置于DNA染料Hoechst 33342配制的溶液中，并用紫外线照射，使核丧失功能，因而称为功能性去核。此外，还有直接穿刺法、盲吸法、半卵法等。

②核供体的准备

核供体的准备主要包括植前胚胎卵裂球的分离和单个体细胞的获得。对于早期胚胎（2细胞到桑葚胚），单个卵裂球可通过单纯机械法、酶消化法或混合法获得。对于晚期胚胎（囊胚或扩张囊胚）单个ICM细胞的获得相对比早期胚胎麻烦，因为，首先要区分ICM细胞的存在部位，然后才能用微玻璃管吸出ICM细胞。除采用酶处理外，可采用免疫外科手术法分离ICM。

③卵母细胞的激活与细胞融合

卵母细胞的激活和供体细胞与受体卵母细胞的融合是核移植技术操作中的关键步骤。人工激活卵母细胞的方法较多，如电刺激、乙醇、改变温度或渗透压、透明质酸酶、钙离子载体、蛋白质合成抑制剂作用等。这些刺激与精子入卵的作用相似，均能使卵母细胞内游离钙浓度升高，使细胞静止因子（CSF）和成熟促进因子（MPF）失活，解除CSF和MPF对卵母细胞分裂的抑制作用，使卵母细胞活化完成第二次成熟分裂。

融合方法一般采用两种方法：一种是利用仙台病毒（Sendai Virus）诱导重组胚融合。其方法是将供体/受体复合体放入每毫升含1 000～3 000 HA（血细胞凝集）单位的仙台病毒培养液中短暂培养（约2min），以达到融合；另一种方法是电融合法，即通过一定场强的直流脉冲刺激，使供体、受体相邻界面的细胞膜穿孔，形成细胞间桥从而达到融合。

④去核、融合和激活程序

目前有3种方法可进行细胞融合和激活卵母细胞质。

A.后激活

卵母细胞去核后，尽快移入一个供体细胞，在融合液中培养4～8h，然后以电脉冲激活。

B.提前激活

在去核后，先激活卵母细胞，培养4～6h后，再融入一个细胞。

C.同时激活并融合

即使用同一个电脉冲刺激细胞核与胞质融合，这个电脉冲也同时将卵母细胞激活。

（2）存在问题与展望

核移植技术尤其是体细胞核移植技术的成功是胚胎工程技术中的一个重要里程碑，其应用前景十分广阔。但是这一技术本身还很不完善，除了结果不稳定、效率低以外，尚存在畸胎、死胎、难产、晚产等一系列问题。因此，今后应完善体细胞核移植的各个技术环节，加强相关基础理论研究，使体细胞核移植技术真正成为一种能够用于生产、医疗和试验研究的有效手段。

随着科技工作者的不懈努力，以及对克隆技术研究的不断深入，克隆技术的科学意义更大，应用前景更为广阔，潜在的经济价值也更巨大。

（六）胚胎干细胞技术

1.概念和意义

干细胞（stem cells，SC）是一类具有自我更新和分化潜能的细胞，它包括胚胎干细胞（embryonic stem cells，ES）、胚胎生殖细胞（embryonic germ cells，EG）和成体干细胞（adult stem cells，AS）。胚胎干细胞，也可称为多能干细胞（pluripotent stem cells，PSC），是从附植前早期胚胎内细胞团（inner cellmass，ICM）或附植后胚胎原始生殖细胞（promordial germ cells，PGCs）分离克隆出的一种具有无限增值能力和全向分化能力的细胞。而一般认为成年组织或器官内的干细胞即成体干细胞，具有组织特异性，只能分化成特定的细胞或组织。

ES细胞在生命科学的各个领域都有着重要而深远的影响，可用于生产克隆动物、转基因动物，研究真核基因的表达和调控、细胞癌变机理，筛选新药物，修复细胞、组织和器官，移植治疗等方面。此外，ES细胞还是发育生物学研究的理想体外模型。

2.胚胎干细胞的分离培养

（1）材料的选择和处理

目前多采用早期胚胎和胎儿原始生殖细胞作为胚胎干细胞分离与克隆的材料。

①早期胚胎

目前，自体内胚胎、体外受精胚胎，甚至孤雌发育胚胎均获得了胚胎干细胞。

②胎儿原始生殖细胞

哺乳动物的原始生殖细胞（PGCs）最先出现在胚外中胚层，然后出现在卵黄囊的后区，最后由肠系膜迁移至原始生殖嵴。可根据不同动物妊娠期的长短以及PGCs出现增殖和迁移过程，选择适当时期的胎儿性腺，取PGCs。

（2）培养体系的选择

培养体系不仅要能促进胚胎细胞生长，还要能抑制细胞分化，维持未分化状态，保持正常的核型。目前用于分离ES细胞的培养体系有以下3种：饲养层培养体系是先用常规的培养液，对体细胞进行培养，等细胞铺满底壁后，用γ射线照射或丝裂霉素C处理使细胞分裂停止，形成饲养层。囊胚或PGCs与饲养层细胞共培养就可抑制ICM细胞或PGCs的分化，并促进其分裂增殖，进一步分离可获得ES细胞。条件培养体系培养液来源于某些细胞培养一段时间后回收的液体。在这种体系中，囊胚或PGCs直接培养在特殊的培养液中，不需要制备饲养层就可获得ES细胞。分化抑制培养体系是将分化抑制因子LIF或白细胞介素-6家族按一定浓度直接添加到囊胚或PGCs的培养液中，分离ES细胞。

（3）胚胎干细胞的分离与传代

以早期胚胎囊胚为材料分离ES细胞的第一步是获得内细胞团（ICM）。目前获得ICM的方法有两种，即免疫外科手术法和机械剥离法。前者的基本方法是让囊胚在体外继续培养至孵出透明带后用特异抗体处理，抗体与滋养层细胞结合后，再用豚鼠补体处理以溶解滋养层细胞，保留ICM细胞。后者是让胚胎在体外生长到ICM突出于滋养层后用微针切割或毛细管反复吹打以去除滋养层细胞，分离出ICM。分离的ICM放入分化抑制培养体系中培养9~16d后形成多细胞团块，用0.05%胰蛋白酶消化或用微管吹打形成小的细胞块，再把小细胞块移入新的分化抑制培养体系中继续培养3周，然后用微针挑选形态均一的未分化细胞团继续培养扩增5代后，再把单个细胞接种到小孔培养板内以获得由单细胞生长出的克隆细胞团。对克隆细胞团的细胞进行核型分析后，只对正常核型的细胞团继续培养扩增并进行ES细胞的形态和功能鉴定，以确定是否为ES细胞。

以胎儿原始生殖嵴为材料分离ES细胞时，胎儿原始生殖嵴经酶消化后可直接培养在分化抑制培养体系中，也可以用percoll密度梯度离心法富集PGCs，再放入分化抑制培养体系中培养。一般每7d传代一次，直至出现细胞形态均一的克隆细胞团，挑选后进行扩增培养。以后的处理与囊胚分离ES细胞的方法相同。

（4）胚胎干细胞的鉴定

通过分离培养获得的ICM或PGCs细胞在传到8～12代时，必须通过以下生化和细胞生物学指标的鉴定才能最终确认是否为ES细胞系。

①形态学鉴定

ES细胞在饲养层上，体积小，无极化，紧密地聚集在一起，呈集落状生长，形似鸟巢状。细胞核大，核仁明显，胞质胞浆少，核质比高。

②胚胎的阶段特异性细胞表面抗原（SSEA-1）

SSEA-1在于ES细胞、EC细胞及原始生殖细胞（PGCs）的表面。

③碱性磷酸酶（AKP）活性的检测

ES细胞未分化时，ES细胞保持着早期胚胎未分化的特征，其表面含有丰富的AKP，用AKP法染色，ES细胞呈棕红色。

④端粒酶检测

端粒酶的功能主要在于合成染色体端粒重复序列，以维持端粒长度的稳定性。ES细胞的端粒酶活性高，而分化细胞一般难以检测到其活性。

⑤核型分析

ES细胞传到第2～5代时需进行核型分析，检查细胞是否维持在二倍体状态。在ES细胞的传代过程中，应经常检测核型以保持细胞的正常功能。

⑥发育分化潜力

发育分化潜力的验证是判定ES细胞的最终标准。目前发育分化潜力的研究多集中于其发育的多能性。鉴定发育多能性的方法有：体外诱导分化、畸胎瘤试验、嵌合体试验和核移植试验。体外诱导分化是把ES细胞培养在无分化抑制物的普通培养液中，如果ES细胞能自动聚合并分化形成胚状体（EBs），可初步确认它具有发育多能性。畸胎瘤试验是把ES注射到有免疫缺陷成年小鼠或遗传同质动物的皮下或肾脏、睾丸的被膜下，如果能形成畸胎瘤，也可初步判定为具有多能性。嵌合体试验是把培养的ES细胞与早期胚胎的卵裂球聚合，或者直接把ES细胞注入囊胚腔，然后让重组胚胎在体内继续发育，通过检测后代的嵌合状况，分析ES细胞的分化潜力。核移植试验是以ES作为核供体，注射到去核的卵母细胞中，经过电脉冲作用使卵母细胞质和导入的细胞融合和激活，从而使细胞分裂发育形成胚胎。

3.存在问题与应用前景

ES细胞作为一种新型的试验材料，广泛应用于动物克隆，转基因动物的生产，真核细胞基因的表达与调控，人类遗传疾病动物模型的创建，人类器官移植材料的生产，细胞分子机制的研究等领域。ES分离与克隆技术、遗传工程和胚胎工程相结合，对于阐明动物生长发育规律，抢救和保护濒危动物遗传资源，建立先进的动物育种技术体系具有重大的理论意义和实践价值，从而成为各国学者研究的热点和焦点。但是，目前有关ES细胞研究的总体水平仍较低，面临许多问题。如ES细胞系的分离效率低，ES细胞定向诱导分化的理论和技术水平低，ES细胞治疗中面临的免疫排斥和致癌问题，ES细胞目前无法培育出完整的器官，人ES细胞分离培养面临的伦理法律问题等。

（七）转基因技术

动物转基因技术（transgenic technique）是基因工程与胚胎工程结合的一门新兴生物技术。

1.概念与意义

转基因技术是指通过一定方法把人工重组的外源DNA导入受体动物的基因组中或把受体基因组中的一段DNA切除，从而使受体动物的遗传信息发生人为改变，并且这种改变能遗传给后代的一门生物技术。通常把这种方式诱导遗传改变的动物称作转基因动物（transgenic animal）。整合到动物基因组上的外来结构基因称为转基因，由转基因编码的蛋白质称为转基因产品（transgenic product）。如果转基因遗传给子代，就会形成转基因动物系或群体。转基因技术的中心环节是DNA重组技术，也称为分子克隆或基因克隆技术，具体涉及目的基因的获得、基因转移及产物表达等过程。转基因动物系在生命科学中得到广泛应用，除可在基础动物学研究中应用外，在医学研究、基因治疗、生物药业以及动物、植物品种改良中均有其应用价值。

2.哺乳动物转基因技术的基本程序

（1）转基因的分离与重组

①转基因的结构

根据不同的研究目的，可运用DNA重组技术构建不同结构的转基因。

②转基因的选择

根据需要选择目的基因并进行克隆，与适当的调节启动子结合重组形成可转移的外源基因。

③转基因的获取方法

目前，获取目的基因（转基因）主要有3种方法，即人工合成DNA、互补DNA（由mRNA反转录获得一种多肽或蛋白质的cDNA基因）和DNA克隆（从基因文库中筛选出目的基因）。

④转基因的筛选

将构建的重组DNA转染到受体细胞，从大量宿主细胞中筛选出带有重组的细胞。

（2）外源基因导入卵或胚胎

将外源基因导入细胞的方法很多，概括起来有4大类：融合法，包括细胞融合、脂质体融合、原生质介导融合、微细胞介导融合等；化学法，包括DNA-磷酸钙共沉淀法、DEAE-葡聚糖法、染色体介导法等；物理法，包括原核注射法、电脉冲法、细胞冷冻法等；病毒法，包括逆转录病毒法、腺病毒法等。此外，显微注射法、逆转录病毒感染法、精子载体法、胚胎干细胞转化法、生殖细胞转染法、体细胞核移植法等也都是外源基因导入的基本方法。

①显微注射法

显微注射法包括原核内显微注射、胞质内显微注射和胚盘内显微注射。原核内显微注射是通过显微操作技术将外源目的基因注入动物受精卵的原核内，注射的受精卵再植入同期发情的受体动物输卵管中，或待受精卵体外发育至囊胚后再植入受体动物子宫内，直至动物分娩产出。胞质内显微注射主要用于转基因鱼的建立，而胚盘内显微注射是近几年出现的制备转基因家禽的一种方法。

②逆转录病毒感染法

逆转录病毒在进行复制时，可通过逆转录酶的反转录作用，合成病毒的cDNA，整合在宿主细胞的染色体内，同宿主细胞染色体一起进行复制、转录并翻译成病毒蛋白，并装配成完整的病毒颗粒。

逆转录病毒感染法是把目标基因插入到前病毒DNA中，利用逆转录病毒的生物特性，把外源基因整合到受体细胞基因组中。通常用目标基因置换gag、pol和env蛋白基因，并对病毒长末端重复序列（LTR）进行改造，形成病毒载体，通过中间细胞将其包装为病毒颗粒。当病毒颗粒与早期胚胎细胞或体细胞共培养后，就可以把外源基因整合到受体细胞的基因组中。

③胚胎干细胞转化法

这种方法首先用目标基因对胚胎干细胞进行转化，通过人工筛选获得转基因阳性细胞，然后将阳性细胞注入囊胚腔或使其与早期卵裂球聚合，获得嵌合体胚胎，再将嵌合体胚胎移植到代孕动物的生殖道内，获得嵌合体后代。

（3）转基因的整合和表达

①转基因的整合

DNA进入受精卵后通过头尾成串相连在一起，其游离末端诱导宿主细胞的DNA复制酶，引起染色体某些位点的随机断裂，并在断裂处整合外源DNA。

②转基因的表达

外源DNA只要整合到宿主细胞染色体上的适当位点后，就会在转基因群体内表达。外源基因在宿主体内的表达具有较高的组织特异性，组织特异性基因表达主要取决于3种因子，顺式调控元件、反向调控因子和整合位点。转基因本身的性质及其重组方式在很大程度上决定了它在动物受体细胞内的表达特征。

（4）转基因动物外源基因活性的检测

①整合状况

通过以上方法获得的动物在出生后需要检测基因组中是否含有目的基因。常见的方法有PCR、Southern杂交、斑点杂交和原位杂交。动物出生后采集血液或皮肤等组织，提取总DNA，然后酶切分成25～35kb的片段。用目标基因的若干特异序列做引物，运用PCR扩增技术，可在数十分钟之内检测基因组DNA中是否含有外源基因。Southern杂交通过用放射性同位素或生物素标记与目标DNA互补的序列做探针，检测总DNA中是否整合外源DNA。

②转录活性

目前有多种方法可用于检查目标基因是否转录为mRNA以及mRNA在细胞中的含量。动物组织中的总mRNA提取后，用放射性同位素或生物素标记的目标DNA做探针，通过Northern杂交，可检测组织中是否含有目标基因的mRNA。

③表达活性检测

目标基因表达的蛋白水平常用的方法有ELISA、RIA和Western杂交。

④遗传稳定性

可通过自然交配或人工授精，使转基因阳性动物繁殖后代，再检测其后代中外源DNA的整合、转录和表达状况，F_1代中应有50%左右的转基因阳性率。

（5）转基因动物的建立和扩繁

由于外源基因常单位点整合在转基因动物的一条染色体上，因此转基因动物基本上是半合子。半合子后代间进行交配，就能获得纯合子转基因动物。用纯合子转基因动物进一步扩繁，可建立转基因动物家系。

3.存在问题与发展前景

转基因技术作为生命科学领域中的一项重要研究手段，在医药、生物学和农业中得到了广泛的应用。同时，转基因技术也存在着许多需要完善和改进的方面，诸如效率低、成本高、外源基因的随机整合和异常表达等。但随着基因表达调控研究的深入，高效转基因方法的出现，克隆技术的发展以及其他相关技术的成熟，在降低转基因技术难度，提高转基因成功率和转基因的高效表达等方面必将有所突破。因此，应用转基因技术进行甘肃高山细毛羊的抗病育种和超细品系培育，有着广阔的应用前景。

第六节 提高绵羊繁殖力的主要方法

一、繁殖力及其评定指标

（一）繁殖力的概念

繁殖力（Fertility）是指羊维持正常生殖机能、繁衍后代的能力，是评定种用羊生产力的主要指标。繁殖力是个综合性状，涉及动物生殖活动各个环节的机能。对公羊来说，繁殖力反映性成熟早晚、性欲强弱、交配能力、精液质量和数量等。对母羊来说，繁殖力体现在性成熟、发情排卵、配种受胎、胚胎发育、妊娠能力、泌乳及哺育牛犊能力等。因而繁殖力对母羊而言，集中表现在一生、一年或一个繁殖季节中繁殖后代数量多少的能力。

繁殖力是动物生产中重要的经济指标，畜群繁殖力的高低直接影响畜牧生产经济效益。提高羊群繁殖力，对于合理利用草场、保持生态平衡具有重要意义。

（二）正常繁殖力

所谓正常繁殖力就是指在正常的饲养管理条件下，获得的最经济的繁殖力。一般情况下，维持羊正常繁殖机能的生理要求可以得到满足，但在一个羊群体中，不可能使全部有生殖力的母羊都繁殖。因此，对不同的生活环境条件，必须有正常繁殖力的要求。羊的繁殖力主要反映在受配率、产羔率、繁殖成活率3个方面，亦反映在产羔数及繁殖年限上。

母羊的繁殖力以繁殖率表示。母羊达到适配年龄一直到丧失繁殖力期间，称为适繁母羊。在一定的时间范围内，如繁殖季节或自然年度内，母羊发情、配种、妊娠、分娩，最后经哺育的羔羊断奶至具有独立生活的能力，即完成了母羊繁殖的全过程。在正常情况下，每只繁殖甘肃高山细毛羊每年可产羔羊1只。羊的繁殖力常用一个情期受精后的母羊不再发情来表示受胎效果。

公羊的主要任务是合理的饲养管理条件下，能充分供给有受精能力的精子，同时要保持旺盛的性机能和较高的交配能力。具有较高繁殖力公羊的主要特征为膘情适中、四肢健壮、性欲旺盛、睾丸大、精液量大、精子成活率高、畸形精子的比例低等。

（三）繁殖力的表示指标及其统计方法

在畜牧生产中评定公羊繁殖力的指标，主要是精液品质评定指标如射精量、活力、密度等和性发育指标，如初情期、性成熟等。在研究中，还有一些评定生殖行为的指标，如单位时间内爬跨次数、射精次数、交配频率等。

在畜牧生产中评定母羊繁殖力的指标已在相应章节阐述，如初情期、性成熟、发情持续时间、发情周期、妊娠期等，这些指标主要针对母羊个体而言。本节主要介绍就群体而言的繁殖力评定指标。

1.评定发情与配种质量的指标

（1）发情率

发情率指一定时期发情母羊占可繁母羊的百分比，主要用于评定某种繁殖技术或管理措施对诱导发情的效果以及羊群自然发情的机能。如果羊群乏情率（不发情母羊占可繁母羊之百分比）高，则发情率低。

（2）受配率

受配率指一定时期参与配种的母羊数与可繁母羊数之百分比，可反映羊群生殖能力和管理水平，如果羊群不孕症（乏情率）患病率高（即发情率低），或发情后未及时配种，则受配率低。

（3）受胎率

受胎率（conception rate，CR）即总受胎率，指配种后受胎的母羊数与参与配种的母羊数之百分比，主要反映配种质量和母羊的繁殖机能，可用如下公式表示。

受胎率（总受胎率）（%）=妊娠母羊数/配种母羊数×100%

由于每次配种时总有一些母羊不受胎，需要经过两个以上发情周期（即情期）的配种才能受胎，所以受胎率可分为第一情期受胎率、第二情期受胎率、第三情期受胎率和总受胎率或情期受胎率等，可用如下公式表示。

第一情期受胎率（first-cycle conception rate）（%）=第一情期妊娠母羊数/第一情期配种母羊数×100%

第二情期受胎率（second-cycle conception rate）（%）=第二个情期配种受胎的母羊总数/第二个情期参与配种的母羊数×100%

第三情期受胎率（second-cycle conception rate）（%）=第三个情期配种受胎的母羊总数/第三个情期参与配种的母羊数×100%

情期受胎率（%）=妊娠母羊数/配种情期数×100%

（4）不返情率

不返情率（non-return rate）即配种后一定时期不再发情的母羊占配种母羊数的百分比，该指标反映羊群的受胎情况，与羊群生殖机能和配种水平有关。与受胎率相比，不返情率一般以观察配种母羊在配种后一定时期（如一个发情周期、两个发情周期等）的发情表现作为判断受胎的依据，而受胎率则以分娩和流产作为判断妊娠的依据。因此不返情率值往往高于实际受胎率值。如果两值接近，说明羊群的发情排卵机能正常。

（5）配种指数

配种指数（conception index）又称受胎指数，指每次受胎所需的配种情期数，或参加配种母羊每次妊娠的平均配种情期数，可根据受胎率进行换算（为情期受胎率的倒数值），是反映配种受胎的另一种表达方式。

2.评定羊群增值情况的指标

（1）繁殖率

繁殖率（reproductive rate）指本年度内出生羔羊数（包括出生后死亡的幼羔）占上年度末可繁母羊数的百分比，主要反映畜群繁殖效率，与发情、配种、受胎、妊娠、分娩等生殖活动的机能以及管理水平有关。

（2）繁殖成活率

繁殖成活率（reproductive survival rate）指本年度内成活羔羊数（不包括死产及出生后死亡的羔羊）占上年度末可繁母羊数之百分比，是繁殖率与羔羊成活率的积。该指标可反映发情、配种、受胎、妊娠、分娩、哺乳等生殖活动的机能及管理水平，是衡量繁殖效率最实际的能力。

（3）成活率

成活率（surviva rate）一般指哺乳期的成活率，即断奶时成活羔羊数占出生活羔羊数总数的百分比，主要反映母羊的泌乳力和护仔性及管饲养理成绩。也可指一定时期的成活率，如年成活率为当年年末存活羔羊数占该年度内出生羔羊数之百分比。

（4）产羔率

产羔率（lambing rate）指所产羔羊占配种母羊数的百分比。与受胎率的区别，主要表现在产羔率以出生的羔羊数为计算依据，而受胎率以配种后受胎的母羊数为计算依据。如果妊娠期胚胎死亡率为零，则产羔率值与受胎率值相当。

（5）双羔率

双羔率（twinning rate）指产双羔的母羊数占产羔母羊总数的百分比。

二、繁殖障碍

繁殖障碍是指公羊和母羊生殖机能紊乱和生殖器官畸形以及由此引起的生殖活动的异常现象，如公羊性无能、精液品质降低或无精；母羊乏情、不排卵、胚胎死亡、流产、难产等。一些繁殖障碍是可逆的，即细毛羊一旦失去繁殖能力，就无法治愈或恢复，轻度繁殖障碍可使动物繁殖力降低，严重的繁殖障碍可引起不育或不孕。不育（sterility）和不孕（infertility）都是指细毛羊不繁殖的现象，前者可用于说明公羊和母羊的不可繁殖状态，但后者一般用于描述母羊。

繁殖障碍是使甘肃高山细毛羊繁殖力降低的主要原因，因此，了解引起繁殖障碍的原因，对于正确治疗繁殖疾患、提高细毛羊繁殖率具有重要意义。

（一）引起繁殖障碍的原因

1.先天性疾病

公羊的隐睾症、睾丸发育不良、阴囊疝和母羊的生殖器官先天性畸形以及公羊和母羊的染色体嵌合等遗传疾病，均可引起公羊不育和母羊不孕。

2.饲养

（1）营养水平

研究发现，营养水平与羊生殖有直接和间接两种关系，直接作用可引起性细胞发育受阻和胚胎死亡等，间接作用通过影响羊生殖内分泌活动而影响生殖活动。营养水平过低，导致公羊生长发育不良，可使初情期延迟，公羊精液品质降低，母羊乏情或配种后胚胎发生早期死亡。此外，母羊营养不良时，胎衣不下（胎盘滞留）、难产等产科疾病的发病率增高，泌乳力下降，羔羊成活率降低。营养水平过高也可引起繁殖障碍，主要表现为性欲降低，交配困难。此外，母羊如果过度肥胖，胚胎死亡率增高，护仔性减弱，仔畜成活率降低。

饲草和饲料中的维生素和矿物质等营养物质对动物生殖活动有直接作用。例如，维生素A和E对于提高精液品质、降低胚胎死亡率有直接作用；微量元素锌和硒等缺乏时，精子发生和胚胎发育等均受影响。

（2）饲料中的有毒有害物质

某些饲料本身存在对生殖有毒性作用的物质，如大部分豆科植物和部分葛科植物中存在植物雌激素，对公羊的性欲和精液品质都有不良影响，对母羊可引起卵泡囊肿、持续发情和流产等；棉籽饼中含有的棉酚，对精子的毒性作用很强，并可引起精细管发育受阻而引起公羊不育，对母羊的胚胎发育也有影响，可使受胎率和胚胎成活率降低。此外，饲料生产、加工和贮存等过程中也可能产生对生殖有毒有害的物质。例如，饲料生产过程中残留的某些除草剂和农药，饲料加工不当所引起的某些毒素（如亚硝酸钠）以及贮藏过程中产生的毒素（如黄曲霉毒素），均对精液品质和胚胎发育有影响。

3.环境因素

高温和高湿环境不利于精子发生和胚胎发育，对公羊和母羊的繁殖力均有影响。绵羊为季节性繁殖动物，在非繁殖季节公羊无性欲，即使用电刺激采精方法采集精液，精液中的精子数很少。母羊在非繁殖季节乏情，卵巢静止。

4.管理

发情鉴定不准、配种不适时是引起繁殖障碍的重要管理原因之一。在母羊妊娠期间如果管理不善，引起妊娠母羊跌倒、挤压等，易导致流产。母羊分娩时，如果得不到及时护理，易发生难产和羔羊被压死、踩死或冻死。采精或配种时，如果操作不当，易损伤公羊阴茎、造成阳痿。

5.传染病

生殖器官感染病原微生物是引起动物繁殖障碍的重要原因之一。母羊生殖道内科成为某些病原微生物生长繁殖的场所，被感染的羊有些可表现明显的临床症状，有些则为隐性感染而不出现外观变化，但可通过自然交配时传给公羊（性传播疾病），或在阴道检查、人工授精过程中由于操作不慎而传播给其他母羊，有时还可传播给人。某些疾病还可通过胎盘传播给胎儿（垂直感染），引起胎儿死亡或传播给后代。此外，感染的孕羊流产或分娩时，病原微生物可随胎儿、胎水、胎膜及阴道分泌物排出体外，造成传播。公羊感染后能寄生于包皮内或生殖器官成为带毒者。如果精液被污染，危害性更大。

（二）公羊繁殖障碍

1.遗传性繁殖障碍

（1）隐睾

隐睾指的是睾丸位于腹腔，在绵羊出生后的生长发育过程中睾丸发育受阻，不仅体积小，而且内分泌机能和生精机能均受到影响，甚至不产生精子。解剖腹腔内睾丸发现，虽然间质细胞数量增加，但精细管上皮只有一层精原细胞和支持细胞。两侧隐睾的精液中，只有副性腺分泌液而无精子，单侧隐睾的精液中可见到精子，只是精子密度较低。隐睾症为隐性遗传病，单纯淘汰同胞不能完全消除群体中的隐睾基因。为了防止隐睾症的发生，在一个群体一旦发现隐睾症，就必须淘汰所有与之有亲缘关系的个体。

（2）睾丸发育不全

睾丸发育不全（testicular hypoplasia）是指精细管生殖层的不完全发育，发病率较隐睾症高。引起睾丸发育不全的因素包括遗传、生殖内分泌失调和饲养管理不当等，隐睾和染色体畸变（核型为XXY）是引起睾丸发育不全的遗传因素。单侧隐睾发育不全的公羊，射精量一般不受影响，但精子密度下降。两侧睾丸发育不全的公羊，精液量虽不减少，但精子数量很少甚至无精，一些病例即使有精子也无活力，使配种的受精率降低。因此，睾丸发育不全的公羊应及时淘汰，如果是遗传原因引起的睾丸发育不全，还应淘汰其同胞甚至其父母。

（3）染色体畸变

绵羊染色体畸变类型主要是克氏综合征，临床表现为睾丸萎缩或机能低下，精子活力降低或无精子。此外，染色体嵌合、镶嵌，常染色体继发性收缩等，均可引起公羊不育。

2.免疫性繁殖障碍

引起公羊繁殖障碍的免疫性因素是精子易发生凝集反应。现已发现，哺乳动物的精子至少含有3种或4种与精子特异性有关的抗原。在病理情况下，如睾丸或附睾损伤、炎症、精子通路障碍等，精子抗原进入血液与免疫系统接触，便可引起自身免疫反应，即产生可与精子发生免疫凝集反应的物质，引起精子相互凝集而阻碍受精，使受精率降低。

3.机能性繁殖障碍

（1）性欲缺乏

性欲缺乏又称阳痿（impotency），是指公羊在交配时性欲不强，以致阴茎不能勃起或不愿与母羊接触的现象。生殖道内分泌机能失调引起的性欲缺乏，主要表现在雄激素分泌不足或雌激素使用过多（如饲喂大量含植物雌激素的豆科牧草等），可用肌肉注射雄激素、hCG、GnRH类似物进行治疗。雄激素（丙酸睾丸素或苯乙酸睾丸素）的用量为10～25mg，隔日一次，连续应用2～3次。

（2）交配困难

交配困难主要表现在公羊爬跨、插入和射精等交配行为发生异常。爬跨无力是老龄公羊常发生的交配障碍。蹄部腐烂、四肢外伤、后躯或脊椎发生关节炎等，都可造成爬跨无力。阴茎从包皮鞘伸出不足或阴茎下垂，都不能正常交配或采精。由先天性、外伤性和传染性引起的"包茎"或包皮口狭窄，由于阴茎海绵体破裂而形成的血肿等，均可妨碍阴茎的正常伸出。此外，假阴道如果压力不够、温度过高或过低、采精时操作错误等，均可直接影响公羊的正常射精。

（3）精液品质不良

精液品质不良（low quality of semen）是指公羊射出的精液达不到使母羊受胎所要求的标准，主要表现为射精量少、无精子、少精子、死精子、精子畸形和精子活力不强等。此外，精液中带有脓汁、血液和尿液等，也是精液品质不良的表现。引起精液品质不良的因素包括气候恶劣、饲养管理不善、遗传病变、生殖内分泌机能失调、感染病原微生物以及精液采集、稀释和保存过程中操作失误等。例如，环境温度对精液品质和配种受胎率有影响，采精频率影响精液产量和质量。由于引起精液品质不良的因素十分复杂，所以在治疗时首先必须找出发病原因，然后针对不同原因采取相应措施。由于饲养管理不良引起的，应及时改进饲养管理措施，如增加饲料喂量，改善饲料品质，增加运动，暂停配种等。由于疾病而继发的，应针对原发病进行治疗。属于遗传性原因，应及时淘汰。

4.其他

（1）睾丸炎及附睾炎

睾丸炎（orchitis或testitis）和附睾炎（epididymitis）通常由机械损伤或病原微生物感染所引起。在澳大利亚引起羊睾丸炎的主要病原菌为布氏杆菌、化脓性球菌等。引起睾丸炎的病原微生物也可引起附睾炎。急性附睾炎通过影响阴囊的热调节功能而影响精液品质。慢性附睾炎虽对阴囊的热调节功能没有影响，但引起睾丸炎。附睾发生炎症时，附睾尾肿胀、发热、疼痛。

（2）外生殖道炎症

外生殖道炎症包括阴囊炎、阴囊积水、前列腺炎、精囊腺炎、尿道球腺和包皮炎等。阴囊炎可由机械性损伤引起，也可因感染病原微生物引起，严重者可继发阴囊积水、附睾炎和睾丸炎而导致不育。

（三）母羊繁殖障碍

母羊繁殖障碍包括在发情、排卵、受精、妊娠、分娩和哺乳等生殖活动的失败，以及在这些生殖活动过程中，由于管理失误所造成的繁殖机能丧失，是降低母羊繁殖率的主要原因之一。引起母羊繁殖障碍的因素主要有遗传、环境因素、饲养管理、生殖内分泌机能、免疫反应和病原微生物等。

1.遗传性繁殖障碍

母羊遗传性繁殖障碍主要有生殖器官发育不全和畸形两种情况。生殖器官发育不全主要表现为卵巢和生殖道体积较小，机能较弱或无生殖机能。通常所见到的生殖器官畸形有：伞与输卵管或输卵管与子宫连接处堵塞，缺乏子宫角，单子宫角，无管腔实体子宫角，子宫颈的形状和位置异常，子宫颈闭锁，双子宫颈以及阴瓣过度发育等。

2.免疫性繁殖障碍

母羊因免疫性因素引起的繁殖障碍主要表现为受精障碍、胚胎早期死亡和胎儿死亡及新生儿死亡，引起母羊屡配不孕、流产或羔羊成活率降低。

（1）受精障碍

精子具有免疫原性，可以刺激异体产生抗精子抗体。母羊接受多次输精后，如果生殖道损伤或感染情况下，精子抗原可刺激机体产生精子抗体，可与外来精子结合而阻碍精子与卵子结合，引起屡配不孕。母羊对精子抗原既有体液免疫反应，又有细胞免疫反应。在母羊生殖道中，特别是子宫具有巨噬细胞和其他免疫细胞，可吞噬精子。此外，子宫颈腺体细胞也具有吞噬精子的作用。当精子接触到这些吞噬细胞和中性粒细胞时，吞噬细胞立即辨认出异物，并向异物移行和吞噬，将其销毁。在母羊生殖道内，参与局部免疫反应的主要是子宫颈，其次是子宫和输卵管，阴道的作用很小。子宫颈能产生分泌免疫球蛋白的浆细胞，可分泌多种免疫球蛋白，如免疫球蛋白A、G、M等。生殖道如果受大肠杆菌、葡萄球菌等病原微生物的感染后，可使子宫颈浆细胞增殖，黏液中出现更多的免疫球蛋白A。此外，生殖道如果发生炎症时，抗体的产生较正常时可快1～2倍。由于生殖道内严重的炎症可造成形态和机能障碍，从而导致强烈的吞噬作用，使抗体精子抗体提前产生，引起精子很快被破坏。防治因母体产生抗精子抗体而引起屡配不孕最有效的方法，是让母羊停止配种1～2个情期后，让母体内的抗精子抗体效价降低或消失后再配种。

（2）胚胎早期死亡

胎儿中的一半遗传物质对于母体来说，是"异体蛋白"，均有可能刺激机体产生抗胎儿的抗体而对胎儿产生排斥反应。但在正常情况下，母体和胚胎均可以产生某些物质，如输卵管蛋白、子宫滋养层蛋白、甲胎蛋白、甲孕因子等，可对胎儿和母体产生免疫耐受反应，从而维持胎儿不被排斥。相反，如果这些产生免疫耐受效应的物质分泌失常，则有可能引起胚胎早期死亡。母体淋巴细胞对胎儿组织抗原发生过敏反应，也可引起胚胎死亡。患有某种免疫性疾病的母羊在妊娠期间，如果胎盘受到破坏，抗体可通过胎盘进入胎儿体内，侵犯相应的组织器官，可引起胎儿发生同样的病症。胎儿和新生儿的这类疾病都是由母体的抗体引起的，而不是由胎儿产生自身抗体引起的。一方面，由于从母体传来的抗体都有一定的半衰期，即在胎儿体内持续的时间不会太长，待这些抗体逐渐降解、排泄殆尽后，胎儿或新生儿的这类病症便会自动消失，所以这类先天性自身免疫病都是短暂的。另一方面，在妊娠期间母体产生的肾上腺皮质类固醇激素及雌激素、孕激素等，可抑制免疫应答反应，阻止产生抗体，所以可使母体的自身免疫性疾病在妊娠期间自然缓解。

3.卵巢疾病

（1）卵巢机能减退、萎缩及硬化

卵巢机能减退是由于卵巢机能暂时受到扰乱，处于静止状态，不出现周期性活动，故又称为卵巢静止。如果机能长久衰退，则可引起卵巢组织萎缩、硬化。卵巢萎缩除衰老时出现外，母羊瘦弱、生殖内分泌机能紊乱等也能引起。卵巢硬化多为卵巢炎和卵巢囊肿的后遗症。卵巢萎缩及硬化后不能形成卵泡，外观上看不到母羊有发情表现。随着卵巢组织的萎缩，有时子宫也变小。治疗此病最常用的药物是FSH、HCG、PMSG和雌激素等。用量可根据体重和病情按照制剂使用说明确定。

（2）持久黄体

妊娠黄体或周期黄体超过正常时间而不消失，称为持久黄体（persistent corpus luteum）。在组织结构和对机体的生理作用方面，持久黄体与妊娠黄体或周期黄体没有区别。持久黄体同样可以分泌孕酮，抑制卵泡发育和发情，引起不育。舍饲时，运动不足、饲料单纯、缺乏矿物质及维生素等均可引起持久黄体。前列腺素及其合成类似物是治疗持久黄体最有效的激素，应用后患病母羊大多在3～5d内发情，配种能受胎。此外，国产的氯前列烯醇、FSH、PMSG和雌二醇以及GnRH类似物等，也可用于治疗持久黄体。

（3）卵巢囊肿

卵巢囊肿可分为卵泡囊肿和黄体囊肿两种。卵泡囊肿是由于发育中的卵泡上皮变性，卵泡壁结缔组织增生变厚，卵母细胞死亡，卵泡液被吸收或者增多而形成。黄体囊肿是由于未排卵的卵泡壁上皮发生黄体化，或者排卵后由于某些原因而黄体化不足，在黄体内形成空腔并蓄积液体而形成。卵巢囊肿可引起生殖内分泌机能紊乱。通常，卵泡囊肿患病母羊外周血中FSH、抑制素和雌激素水平升高，黄体囊肿患病母羊外周血中孕激素水平很高。生殖内分泌机能紊乱也是引起卵巢囊肿得主要原因。卵巢囊肿得治疗多采用激素疗法，常用药物有促性腺激素、前列腺素、促性腺激素释放激素类似物等。

4.生殖道疾病

（1）子宫内膜炎

子宫内膜炎（endometritis）是子宫黏膜慢性发炎。子宫内膜炎有急性、慢性和隐性之分。根据炎症的性质，可将慢性子宫内膜炎分为卡他性、卡他性腔性和脓性三种。慢性子宫内膜炎由急性转变而来。大部分为链球菌、葡萄球菌及大肠杆菌所引起。输精时消毒不严格、分娩、助产时不注意消毒以及操作不慎，可将微生物带入子宫，引起子宫感染；胎盘滞留及胎衣不出不完全都可并发子宫内膜炎。此外，公羊生殖器官的炎症也可通过本交而传给母羊，发生慢性子宫内膜炎。

（2）子宫积水

慢性卡他性子宫内膜炎发生后，如果子宫颈管黏膜肿胀而阻塞子宫颈口，以致子宫腔内炎症产物不能排除，使子宫内积有大量棕黄色、红褐色或灰白色稀薄或稍稠的液体，成为子宫积水（hydrometra）。患子宫积水的母羊往往长期不发情，除了子宫颈完全不通时不排出分泌物外，往往不定期从阴道中排出分泌物。

（3）子宫蓄脓

子宫蓄脓（pyometra）又称子宫积脓，是指子宫内积有大量脓性渗出物，子宫颈管黏膜肿胀，或者黏膜粘连形成隔膜，使脓液不能排出，积蓄在子宫内。患子宫蓄脓的母羊，黄体持续存在，所以发情周期终止，但没有明显的全身性变化。如果患病母羊发情或者子宫颈管黏膜肿胀减轻时，则可排出脓性分泌物，可在尾根或阴门见到脓痂。阴道检查往往发现阴道和子宫颈膣部黏膜充血、肿胀，子宫颈外口可能附有少量黏稠脓液。

5.产科疾病

（1）流产

母羊在妊娠期满之前排出胚胎或胎儿的病理现象，称流产。流产可发生在妊娠的各个阶段，但妊娠早期多见。流产的表现形式有早产（premature birth）和死产（stillbirth）两种。早产是指产出不到妊娠期满的胎儿，虽然胎儿出生时存活，但因发育不完全，生活力降低，死亡率增高。死产是指在流产时从子宫中排出已死亡的胚胎或胎儿，一般发生在妊娠的中期和后期。妊娠早期（2个月前）发生的流产，由于胎盘尚未形成，胚胎游离于子宫液中，死亡后组织液化，被母体吸收或者在母羊再发情时随尿排出而不易被发现，故又称为隐性流产。隐性流产的发病率很高，对于卵巢机能正常的母羊，如果配种后一个情期未发情，说明已经妊娠；如果在配种后第二情期才开始发情，表明发生隐性流产。流产时，大部分母羊从阴道中排出胚胎或胎儿和胎盘及羊水等，但也有一些母羊流产实际已经发生，而从外表看不出流产症状，即排出物中见不到胚胎或胎儿。除隐性流产见不到胚胎外，胎儿干尸化、胎儿半干尸化或胎儿浸溶时也不排出胎儿，这种流产又称为延期流产。干尸化胎儿都必须在子宫内停留相当长时间，待妊娠期满数周后、黄体的作用消退而再发情时，才从阴道中排出。引起流产的原因很多，生殖内分泌机能紊乱和感染某些病原微生物，是引起早期流产的主要原因；管理不善，如过度拥挤、跌倒、摔伤等，是引起后期流产的主要原因。通常，人们习惯上将由传染性疾病、寄生虫和非传染性疾病引起的流产，分别称为传染性流产、寄生虫性流产和普通病流产三类。每类流产又可分为自发性流产和症状性流产两种。自发性流产是指妊娠绵羊在某些疾病的影响下出现的症状，或者是饲养管理不当引起的流产。由生殖器官疾病或生殖内分泌激素紊乱引起的流产，每次发生于妊娠一定时期，故又称为习惯性流产。如果流产时母羊出现类似分娩的征兆，即临床上出现腹痛、起卧不安、呼吸脉搏加快等现象，称为先兆性流产。发生先兆性流产时，如果阴道检查未见子宫颈开张，子宫颈塞尚未流出，可应用抑制子宫收缩（孕激素）或镇静（溴剂）的药物进行治疗。治疗处理后病情仍未好转，则采用引产术或截胎术进行处理。

取出干尸化或浸溶胎儿后，由于子宫中留有胎儿的分解组织，须用消毒液冲洗子宫，并注射子宫收缩剂，使液体排出。对于胎儿浸溶，因为有严重的子宫炎及全身变化，须在子宫内放入抗生素，并应重视全身治疗，以免出现败血症。

（2）难产

难产（dystocia）是指动物分娩超出正常持续时间的现象。根据引起难产的原因，可将难产分为产力性、产道性和胎儿性三种。前两种由于母体原因引起，后一种由于胎儿原因引起。难产的发病率与母羊的年龄、饲养管理水平等因素有关，一般以胎儿性难产发生率较高。难产的治疗关键在于助产，必要时可辅以药物进行催产，但必须根据病因对症处理。通常使用的催产药物是催产素（商品名为缩宫素），肌肉和皮下注射均可，剂量为5~10单位/次，半小时一次。为了提高子宫对催产素的敏感性，必要时可注射苯甲酸雌二醇4~8mg或乙底酚8~12mg等雌激素。

（3）胎盘滞留

母羊分娩后胎盘（胎衣）在正常时间内不排出体外，称为胎盘滞留（retention of the afterbirth）或胎衣不下。母羊在分娩后，如果胎衣在4h内不排出体外，则可认为发生胎盘滞留。除饲养水平低可引起胎盘滞留外，流产、早产、难产、子宫捻转都能在产出或取出胎儿后由于子宫收缩力不够而引起胎盘滞留。此外，胎盘发生炎症时，结缔组织增生，使胎儿胎盘与母体胎盘发生粘连，易引起产后或流产后发生胎盘滞留。胎盘滞留有部分滞留和全部滞留之分。发生胎盘全部滞留时，胎儿胎盘的大部分仍与子宫黏膜连接，仅见一部分胎膜悬吊于阴门之外。羊胎盘脱出的部分包括尿囊绒毛膜，呈土红色，表面上有许多大小不等的子叶。胎盘部分滞留时，胎盘的大部分已经排出体外，只有一部分或个别胎儿胎盘残留在子宫内，从外部不易发现。治疗胎盘滞留主要采用肌肉或皮下注射催产素，促进子宫收缩，剂量为5~10单位，间隔2h共注射2次，使用需早，最好在产后8~12h注射。此外，也采用在子宫内注入抗生素、盐水等治疗胎盘滞留。

三、提高繁殖力的主要途径和方法

（一）影响繁殖力的主要因素

影响繁殖力的因素很多，除繁殖方法和技术水平外，公母羊本身的生理条件起着决定性作用。因而公母羊的遗传性、公羊的精液质量、母羊的发情生理、母羊卵子的质量、受精卵的数目、胚胎的发育情况以及环境、营养、管理等外界条件，都是影响繁殖力的重要因素。研究这些因素与繁殖力的关系，采取有效措施，以提高绵羊的繁殖力。

1.遗传的影响

遗传性对繁殖力的影响，因不同品种及个体之间的差异十分明显。母羊排卵数的多少首先决定于品种的遗传性。公羊精液的质量和受精能力与其遗传性也有着密切的关系，而精液的品质和受精能力往往是影响受精卵数目的决定因素。

2.环境的影响

环境条件可以改变绵羊的繁殖过程，影响其繁殖力。甘肃省皇城绵羊育种试验场海拔高、气温低，对其甘肃高山细毛羊的遗传力有重要影响。

3.营养的影响

营养条件是绵羊繁殖力的物质基础，因而营养是影响绵羊繁殖力的重要因素。营养不足会延迟青年母羊初情期的到来，对于成年母羊会造成发情抑制、发情不规律、排卵率降低、乳腺发育迟缓，甚至会增加早期胚胎死亡、死胎和初生羔羊的死亡率。营养过剩时，则有碍于母羊排卵和受精及公羊的性欲和交配能力。

4.年龄的影响

一般自初配适龄起，随分娩次数或年龄的增加而繁殖力不断提高，以健壮期最高，此后日趋下降。

5.配种时间的影响

在绵羊的发情期内，都有一个配种效果最佳阶段，这种现象对排卵时间较晚的绵羊特别明显。适宜的配种时间对卵子的正常受精更为重要。

6.管理的影响

绵羊的繁殖力在很大程度上是受人为控制的，合理的饲喂、放牧、运动、调教、使役、畜舍建筑、卫生设施和配种制度等一系列管理措施，均对繁殖力产生直接影响。

在现代畜牧业生产中，所谓科学的饲养管理，其本身就包括提高绵羊的繁殖效率。科学的饲养管理，不仅表现在最大限度地满足绵羊的生长发育、生产、繁殖营养、卫生等方面的需要，也表现在对绵羊的生存环境和生命活动的人为控制的水平。

（二）提高繁殖力的主要途径和方法

提高繁殖力，首先要使公、母羊保持旺盛的生育能力，保持良好的繁殖体况；从管理上要尽可能提高母羊受配率，防止母羊不孕和流产，防止难产；从技术上要研究和采用先进的繁殖技术，提高受胎率。

1.加强种羊的选育和饲养管理，使其保持旺盛的生育能力和良好的体况

繁殖力受遗传因素影响很大，不同品种和个体的繁殖力在遗传上亦有差异，因而正常繁殖力对种用绵羊来说是必须具备的条件之一，选择好种公、母羊是提高繁殖力的前提。对于绵羊的选择应注意其性成熟的早晚、发情排卵的情况、产羔间隔、受胎能力及哺乳性能等，进行综合考察。一般情况下，繁殖群中应保持有50%～70%进入旺盛生育期的母羊。每年要做好羊群整顿，对老、弱、病、残和经过检查确认已失去繁殖能力的母羊，应有计划地定期清理淘汰，或转为肉用。在公羊选择上，包括对公羊繁殖历史和繁殖成绩的了解，一般生理状态、生殖器官、精液品质和生殖疾病等方面的检查，不但体质健壮、性欲旺盛，而且能产生质好量多的精液，确保良种。加强种羊的饲养管理，是保证种羊正常繁殖机能的物质基础。繁殖公母羊均要体质健壮，必须按饲养标准饲喂，达到营养均衡，充分发挥其繁殖潜力。

2.保证母羊正常的发情生理机能，促进正常的发情和排卵

加强母羊的饲养管理，特别是在发情配种季节给以适宜的营养和生活环境，是保证母羊正常发情和排卵的物质基础。同时，适当的运动和光照，对母羊的发情也有一定的作用。哺乳母羊应适时而合理的断奶，以便及早复壮，恢复正常的发情、排卵机能，这对增加胎次具有重要作用。在公母羊隔离饲养和完全采用人工授精的地区，在配种季节使公、母羊接触，可使母羊发情、排卵提前，发情更明显和趋于一致，并有增加排卵数的作用，这就是所谓的"公羊效应"。

3.做好发情鉴定和适时输精配种工作，提高母羊受配率

掌握母羊发情期的内部及外部变化和表现，将正处于发情期的母羊鉴别出来，在进一步预测其排卵时期，以便确定适宜的配种时间，防止误配和漏配，是提高受配率的关键。通过发情鉴定还可以判断发情是否正常，以便发现问题及时解决。

4.做好早期妊娠诊断，防止失配空怀，提高母羊受胎率

通过早期妊娠诊断，能够及早确定母羊是否妊娠，做到区别对待。对已确定妊娠的母羊，可以防止孕后发情造成误配，同时应加强保胎，使胎儿正常发育；对未孕的母羊，应及时找出原因，采取相应措施，不失时机地补配，减少空怀时间。另外，为确保母羊受胎，冷冻精液品质要符合标准，绝对不能受到污染，严格遵守人工授精的操作规程，做到无菌操作，这是一项十分重要而又常常被忽视的问题。

5.减少胚胎死亡和流产

尚未形成胎儿的早期胚胎，在母体子宫内一旦停止发育而死亡，一般为子宫所吸收，有的则是随着发情被排出体外。因为胚胎的消失和排出不易为人们所发现，所以称为隐性流产。胚胎死亡在任何羊群，甚至健康的母羊群中也是程度不同地存在着。羊的胚胎死亡率是相当高的，一般可达20%～40%。特别是妊娠早期，胚胎与子宫的结合是比较疏松的，当受到不利因素的影响极易引起早期胚胎死亡而消失。造成胚胎死亡的因素是复杂的，多方面的，应全面分析，找出其主要原因，以

便有针对性地采取相应的措施来预防。一般认为，适当的营养水平和良好的饲养管理，可减少胚胎早期死亡。

6.防治不育症

公、母羊的生殖机能异常或受到破坏，会失去繁衍后代的能力。造成不育的原因很多，大体可以分为先天性不育、衰老性不育、疾病性不育、营养性不育、利用性不育和人为性不育。先天性不育和衰老性不育难以克服，应及早淘汰；对于营养性和利用性不育，应通过改善饲养管理和合理的利用加以克服；对于传染性疾病引起的不育，应加强防疫，及时隔离和淘汰病畜；对于一般性疾病引起的不育，应采取积极的治疗措施，以便尽快地恢复繁殖能力。

7.改进繁殖技术和方法，推广繁殖新技术

随着现代化养羊生产的发展，一直沿用传统的繁殖方法将不能适应时代的要求。进而，必须对绵羊的繁殖理论和科学的繁殖方法不断地进行深入探讨与创新，用人工的方法改变或调整其自然方式，达到对绵羊的整个繁殖过程进行全面有效的控制目的。目前，国内外从母羊的性成熟、发情、配种、妊娠、分娩，直到羔羊的早期断奶和培育等各个繁殖环节陆续出现了一系列的控制技术。如人工授精——配种控制、同期发情——发情控制、胚胎移植——妊娠控制、诱发分娩——分娩控制、胚胎的性别鉴定和精子的分离——性别控制，以及精液冷冻和胚胎冷冻保存、克隆技术、转基因技术等，这些技术的应用和进一步研究将大大提高甘肃高山细毛羊的繁殖效率。

第五章 甘肃高山细毛羊的饲养管理

第一节 细毛羊的营养特性

饲草料所提供的碳水化合物、脂肪和蛋白质，是羊活动所需热量的主要来源；蛋白质是羊体生长和组织修复的主要原料；矿物质、维生素和水，在调节生理机能上起重要作用，矿物质还是组成骨骼的主要成分。为了保证羊群的正常生活和生产，不仅要求上述各类营养物质必须齐备，而且在数量上也必须达到一定标准。

毛用羊对含硫氨基酸（主要是胱氨酸）的需要明显较高；妊娠后期与哺乳前期的母羊，除对蛋白质和热能的要求较高外，对钙、磷的需要也明显较大。

同是细毛羊，肉毛兼用品种对蛋白质的要求，就要比毛肉兼用品种高。同是半细毛羊，长毛肉用品种对蛋白质的要求，也要比毛用茨盖羊品种高。

在饲养上，一般都以维持饲养为基础，再根据繁殖、胚胎发育、生长、泌乳、育肥、产毛等不同生理阶段，从蛋白质、能量、矿物质、维生素这几方面，给予不同质和量的满足，只有吃饱吃好，维持本身需要而有余，才能生产更多的畜产品。

细毛羊有薄而灵活的嘴唇和锋利的牙齿，能啃食接触地面的短草，能利用许多其他家畜不能利用的饲草饲料，采食能力强。喜食细叶小草，如羊茅和灌木技等。

甘肃细毛羊是在海拔2 600m左右的高寒草原育成的我国第一个高山型细毛羊品种。经过近20年的选育、提高、推广、扩群及遗传基因的导入，建立了较为稳定的群体数量和一定的发展基础。甘肃细毛羊的主要繁育基地位于甘肃省肃南县境内的皇城羊场，地处祁连山腹地，属冷温潮湿亚高山草甸草场，是甘肃省的主要牧区之一。该地季节气温变化大，年降雨量少，无霜期短，牧草生长受到很大限制，青草期只有5个月，枯草期长达7个月，到1980年本品种育成时，已建立近万亩补饲料生产基地，主要生产燕麦、青稞、大麦等能量饲料，蛋白饲料主要用能量饲料换来的豌豆。即使这样，绵羊的营养供应仍短缺且很不均衡。特殊的气候环境使得绵羊生产水平具有很大的波动性，常常表现出"夏壮、秋肥、冬瘦、春乏"的周期性变化。

虽然影响绵羊生产水平的因素很多，但营养因素是最重要的因子之一。充足的营养供给是动物发挥其遗传潜力的先决条件。而甘肃细毛羊以放牧为主，营养供给在很大程度上依赖于草地牧草的营养供给，在长达7个月的枯草期，营养缺乏和寒冷应激严重地限制着绵羊生产水平的发挥。此外，绵羊冬春期间产羔和泌乳进一步加重了饲料供给的不平衡。因此，为了发挥甘肃细毛羊的遗传潜力，需要制定详细的配套补饲标准，进一步加强和改善冬春季节的草料补饲。尽量采用暖棚养殖，减少绵羊冬季冷应激。减少青干草的晒制，增加添加有非蛋白氮的青贮饲料的制作，从而增加冬春季绵羊青饲料的供给。

第二节 细毛羊的营养需要和饲养标准

一、营养需要

合理供给细毛羊所需的营养物质，才能经济地利用饲草、饲料，生产出更多优质畜产品。细毛羊的营养需要包括维持需要和生产需要。维持需要是羊只为了维持其正常生命活动，既在体重不增减，又不生产的情况下，维持其基本生理活动所需要的营养物质；生产需要包括生长、繁殖、泌乳、育肥和产毛等所需的营养物质。

（一）能量需要

饲粮的能量水平是影响生产力的重要因素之一。能量不足会导致幼龄羊生长缓慢，母羊繁殖率下降，泌乳期缩短，羊毛生长缓慢、毛纤维直径变细等。能量过高对生产和健康同样不利。因此合理的能量水平，对保证羊体健康，提高生产力，降低饲料消耗具有重要作用。

1.维持需要

NRC（1985）确定的绵羊每日维持能量（NEm）需要为：

$$NEm=（56W^{0.75}）×4.186\ 8KJ$$

其中，W为体重。

2.生长需要

NRC（1985）认为，空腹重20~50kg的生长发育期绵羊，空腹增重需要的能量，轻型体重羔羊为12.56~16.75MJ/kg，重型体重羔羊为23.03~31.40 MJ/kg。在生产上，计算增重所需要的能量，需要将空腹重换算为活重，即空腹重乘以1.195。同品种活重相同时，公羊每千克增重需要的能量是母羊的82%。

3.妊娠需要

青年妊娠母羊能量需要包括维持净能（NEm）、本身生长增重、胎儿增重及妊娠产物的需要量；成年妊娠母羊不生长，能量需要仅包括NEm和胎儿增重及妊娠产物的需要量。在妊娠期的后6周，胎儿增重快，对能量需要量大。怀单羔的妊娠母羊的能量总需要量为维持需要量的1.5倍，怀双羔的母羊为维持需要量的2倍。

4.泌乳需要

包括维持和产乳需要。羔羊在哺乳期增重与母乳的需要量之比1∶5。绵羊在产后12周泌乳期内，有65%~83%的代谢能（ME）转化为乳能，带双羔母羊比带单羔羊的能量转化率高。

（二）蛋白质需要

羊日粮中蛋白质不足会影响瘤胃的消化效果，生长发育缓慢，繁殖率、产毛量、产乳量下降。严重缺乏时会导致羊只消化紊乱，体重下降，贫血，水肿，抗病力减弱。但饲喂蛋白质过量，多余的蛋白质变成低效的能量，很不经济。过量的非蛋白氮和高水平的可溶性蛋白质可造成氨中毒。在绵羊瘤胃消化功能正常情况下，NRC（1985）采用析因法求出蛋白质需要量。其计算公式如下：

粗蛋白质需要量（g/d）=（PD+MFP+EUP+DL+Wool）÷NPV

式中：PD为蛋白质储留量；

MFP为粪代谢蛋白质；

EUP这尿中内源蛋白质；

DL为皮肤脱落蛋白质；

Wool为羊毛内的粗蛋白质；

NPV为蛋白质净效率。

PD（g/d）：怀单羔母羊妊娠初期为2.95g/d，妊娠最后4d为16.75g/d，多胎母羊按比例增加；泌乳母羊的泌乳量，成年母羊哺乳单羔按1.74kg/d、双羔按2.60kg/d计算，青年母羊按成年母羊的75%计算，而乳中粗蛋白质按47.875g/d计算。

MFP（g/d）：假定每千克干物质采食量为33.44g（NRC，1984）。

EUP（g/d）：0.146 75×体重（kg）+3.375（ARC，1980）。

DL（g/d）：0.112 5×$W^{0.75}$（W为体重）。

Wool（g/d）：成年母羊和公羊假定为6.8g（每年污毛产量以4kg计），羔羊毛中粗蛋白质含量（g/d）可以用[3+（0.1×无毛被羊体内蛋白质）]计算。

NPV：0.561，是由真消化率0.85×生物学价值0.66而来。

（三）矿物质需要

羊的正常营养需要多种矿物质。研究表明，羊体内有多种矿物质元素，现已证明有15种是必需元素，其中常量元素有钠、氯、钙、磷、镁、钾和硫7种，微量元素有碘、铁、钼、铜、钴、锰、锌和硒8种。由于羊体内各种元素间的互作，很难确定对每种元素的需要量，一种元素缺乏或过量会引起其他元素缺乏或过量。羊对各种元素的需要量见表5-1。

绵羊对微量元素的需要：

1.碘

碘是形成甲状腺素不可缺少的元素，缺乏碘时，新生的羔羊甲状腺肿大，无毛，死亡，或能生存亦很衰弱，成年羊缺碘时，很少有外貌上的改变。但因生理作用受到干扰时，会引起羊毛减产，受胎率低（表5-1）。

表5-1　绵羊每天对各种元素的需要量

元素	幼龄羊	成年育肥羊	种公羊	种母羊	最大耐受量
食盐（g）	9 ~ 16	15 ~ 20	10 ~ 20	9 ~ 16	–
钙（g）	4.5 ~ 9.6	7.8 ~ 10.5	9.5 ~ 15.6	6 ~ 13.5	2%
磷（g）	3 ~ 7.2	4.6 ~ 6.8	6 ~ 11.7	4 ~ 8.6	0.6%
镁（g）	0.6 ~ 1.1	0.6 ~ 1	0.85 ~ 1.4	0.5 ~ 1.8	0.5%
硫（g）	2.8 ~ 5.7	3 ~ 6	5.25 ~ 9.05	3.5 ~ 7.5	0.4%
铁（mg）	36 ~ 75	–	65 ~ 108	48 ~ 130	500
铜（mg）	7.3 ~ 13.4	–	12 ~ 21	10 ~ 22	25
锌（mg）	30 ~ 58	–	49 ~ 83	34 ~ 142	300
钴（mg）	0.36 ~ 0.58	–	0.6 ~ 1	0.43 ~ 1.4	10
锰（mg）	40 ~ 75	–	65 ~ 108	53 ~ 130	1000
碘（mg）	0.3 ~ 0.4	–	0.5 ~ 0.9	0.4 ~ 0.68	50

注：最大耐受量的单位是%或每千克干物质的mg数量。资料来源：李英等，1993

一般每千克干物质含0.15mg碘对泌乳、增重、生长羊毛都比较适宜。夏季需要少，碘为0.15mg/kg干物质即可。在实际生产中，食盐中加上0.01%的KI，即可满足绵羊对碘的需要，但因为KI容易氧化、蒸发或滤走所以提倡用碘化钙。

2.钴

钴是羊瘤胃微生物合成B_{12}的原料。缺钴时，羊食欲减退，逐渐消瘦、贫血，繁殖力、泌乳量和剪毛量都降低。幼龄羊比成年羊受影响更大。对粗纤维消化率降低。羊每日最少需要0.11mg的钴，钴0.08mg/kg干物质是最低的含量，低于此则缺钴。若钴含量过多对羊亦有害，羊比牛能忍受更多的钴量，羊可忍受每千克体重3mg的钴（牛1mg）。若高达4 ~ 10mg/kg（每千克体重）钴，羊便丧失食欲，贫血以至死亡。每千克日粮干物质含钴量应为0.30mg。含钴高时，还影响铜、锰、铁、碘的利用。

3.铜

铜可以单独缺乏，亦可以和钴、铁同时缺乏。贫血常与缺铜有关。羔羊缺铜最常见的病症是肌肉不协调，后肢瘫痪，神经纤维的髓鞘退化。羔羊初生下软弱或死亡。大羊缺铜时，羊毛变粗，变直，变曲不整齐，羊毛强度降低。严重缺铜时，黑色毛变成白色。

缺铜防治办法：可灌服1%硫酸铜溶液，绵羊羔每头每次15～20ml，周龄内者为10ml，共灌服3～4次，每次间隔15d。或把硫酸铜按0.5%加在食盐内，但这种食盐每日喂量不得超过5.7g。

4.锰

缺锰时绵羊生长受阻，骨骼发育不正常，生殖性能失常，发情期延长或不规律，受胎率低，初生羔羊运动失常。每千克日粮（干物质）含20～25mg锰对骨骼生长，对生殖是适宜的。

5.锌

锌的作用有两个方面：一是维持公羊睾丸的正常发育和精子的正常生成，二是维持羊毛的正常生长，不使之脱毛。每千克日粮干物质含锌30mg为好（17～32mg），最低不少于14mg。150mg/kg干物质是羊忍受的边界线，超过此限即引起中毒。

6.铁

现无证明羔羊或大羊在正常情况下会缺铁，但有时羔羊舍饲在木条或木板的地上，因缺铁会引起贫血。通常情况下，植物性饲料含有足够的铁，可以满足母羊对铁的需要。贫血羔羊若每千克日粮（或代乳粉）含14mg铁即可得到补救。以24mg为最好。

7.钼

钼与铜，还有硫化物，有相互促进，相互制约的关系。钼过量（0～5mg/kg）时，会引起羊的缺铜现象。

8.硒

硒具有抗氧化作用，缺硒羔羊易出现白肌病、生长发育受阻，母羊繁殖功能紊乱、空怀和死胎。硒过量则会引起中毒，羊只脱毛、蹄发炎或溃烂。对缺硒绵羊补饲亚硒酸钠的办法很多，如土壤中施用硒肥，饲料添加剂口服，皮下或肌内注射，还可用铁和硒按20:1制成丸剂或含硒的可溶性玻璃球。

9.硫

硫对含硫氨基酸（蛋氨酸和胱氨酸）、维生素B_{12}的合成有作用。硫还是粘蛋白和羊毛的重要成分。硫缺乏与蛋白质缺乏症状相似，出现食欲减退、增生减少、毛的生长速度降低。用硫酸钠补充硫，最大耐受量为日粮的0.4%。

二、饲养标准

甘肃细毛羊是以放牧为主，只在枯草期和严寒的冬春季才给以适当补饲。我国迄今还没有一个统一的绵羊、山羊饲养标准。中国农业科学院兰州畜牧与兽药研究所、内蒙古、新疆等研究制定过细毛羊饲养的地方标准，甘肃细毛羊的饲养标准在实际应用时参考上述标准使用。

（一）中国美利奴羊的饲养标准

此标准是中国农业科学院兰州畜牧研究所杨诗兴教授和张文远研究员领导的科研小组与新疆有关单位合作，运用析因法原理，采用消化代谢试验、比较屠宰试验和呼吸面具测热法等相结合的方法，制定出的中国美利奴羊不同生理阶段和生产情况下的饲养标准（表5-2、表5-3、表5-4、表5-5、表5-6、表5-7、表5-8、表5-9、表5-10）。其中，矿物质（包括微量元素）和维生素等的饲养标准，均为借用国外资料。

表5-2　中国美利奴妊娠母羊每天营养需要量

体重（kg）	干物质（kg）	代谢能		粗蛋白质（g）	钙（g）	磷（g）	维生素D（IU）	β-胡萝卜素（μg）	维生素E（IU）
		Mcal	MJ						
妊娠前期（妊娠1~15周）									
40	1.2	2.1	8.8	122	5.3	2.8	222	276	18.0
45	1.3	2.3	9.6	134	5.7	3.0	250	311	19.5
50	1.4	2.5	10.5	145	6.2	3.2	278	345	21.0
55	1.5	2.7	11.3	156	6.6	3.5	305	380	22.5
60	1.6	2.8	11.7	166	7.0	3.7	333	414	24.0
65	1.7	3.0	12.6	176	7.5	3.9	361	449	25.5
妊娠后期（妊娠后6周）									
40	1.4	2.9	12.1	151	8.8	4.9	222	5 000	21.0
45	1.5	3.2	13.4	165	9.5	5.3	250	5 625	22.5
50	1.7	3.4	14.2	179	10.7	6.0	278	6 250	25.5
55	1.8	3.7	15.5	201	11.3	6.3	305	6 875	27.3
60	1.9	3.9	16.3	205	12.0	6.7	333	7 500	28.5
65	2.0	4.2	17.6	217	12.6	7.0	361	8 125	30.0

表5-3　中国美利奴羊妊娠母羊常量元素与微量元素需要量

成分	常量元素（%，干物质）	成分	微量元素（mg/kg，干物质）
食盐	精料的1或日粮的0.5	铁	30~50
钙	妊娠前15周0.44	铜	7~11
	妊娠最后6周0.63	钴	0.1~0.2
磷	妊娠前15周0.23	锰	20~40
	妊娠最后六周0.35	锌	20~33
硫	0.14~0.26	钼	0.5
镁	0.12~0.18	硒	0.1~0.2
钾	0.50~0.80	碘	0.1~0.8

表5-4　中国美利奴羊妊娠母羊维生素需要量

维生素	妊娠15周	妊娠最后6周
有效维生素A（IU/kg活重）	47	85
胡萝卜素（μg/kg活重）	69	125
维生素D（IU/kg活重）	5.55	5.55
有效维生素E（IU/kg干物质）	15	15

表5-5　中国美利奴羊泌乳前期母羊每天营养需要量

体重（kg）	泌乳量（kg）	干物质（kg）	代谢能				粗蛋白质（g）		钙（g）	磷（g）	维生素D（IU）	β-胡萝卜素（μg）	维生素E（IU）
			△W=0		△W=50		△W=0	△W=50					
			Mcal	MJ	Mcal	MJ							
	0.8		3.3	13.8	3.6	15.1	214	222	11.9	6.5	222	5 000	26
40	1.0	1.70	3.6	15.1	3.9	16.3	232	241	11.9	6.5	222	5 000	26
	1.2		3.9	16.3	4.2	17.6	251	259	11.9	6.5	222	5 000	26
	0.8		3.5	14.6	3.8	15.9	225	235	12.6	6.8	250	5 625	27
45	1.0	1.80	3.8	15.9	4.1	17.2	244	253	12.6	6.8	250	5 625	27
	1.2		4.1	17.2	4.4.	18.4	263	272	12.6	6.8	250	5 625	27
	0.8		3.7	15.5	4.0	16.7	234	243	13.2	7.2	278	6 250	29
50	1.0	1.90	4.0	16.7	4.3	18.0	251	259	13.3	7.2	278	6 250	29
	1.2		4.3	18.0	4.6	19.3	269	278	13.3	7.2	278	6 250	29
	0.8		3.8	15.9	4.1	17.2	242	251	14.0	7.6	305	6 875	30
55	1.0	2.00	4.1	17.2	4.4	18.4	261	270	14.0	7.6	305	6 875	30
	1.2		4.5	18.8	4.6	20.1	280	289	14.0	7.6	305	6 875	30
	0.8		4.0	16.7	4.3	18.0	250	259	14.7	8.0	333	7 500	32
	1.0		4.3	18.0	4.6	19.3	269	278	14.7	8.0	333	7 500	32
60	1.2	2.10	4.6.	19.3	4.9	20.5	288	296	14.7	8.0	333	7 500	32
	1.4		5.0	20.9	5.3	22.2	306	315	14.7	8.0	333	7 500	32
	1.6		5.3	22.2	5.6	23.4	325	334	14.7	8.0	333	7 500	32
	0.8		4.2	17.6	4.5	18.8	259	268	15.4	8.4	361	8 125	33
	1.0		4.5	18.8	4.8	20.1	278	287	15.4	8.4	361	8 125	33
65	1.2	2.20	4.8	20.1	5.1	21.3	297	305	15.4	8.4	361	8 125	33
	1.4		5.1	21.3	5.4	22.6	315	324	15.4	8.4	361	8 125	33
	1.6		5.4	22.6	5.7	24.8	334	343	15.4	8.4	361	8 125	33

注：△W=日体增重（g）

表5-6　中国美利奴羊育成母羊每天营养需要量

体重（kg）	日增重（g）	干物质（kg）	代谢能		粗蛋白质（g）	钙（g）	磷（g）	维生素D（IU）	β-胡萝卜素（μg）	维生素E（IU）
			（MJ）	（Mcal）						
	50	0.8	6.4	1.5	65	2.4	1.1	111	1 380	12
20	100	0.7	7.7	1.8	80	3.3	1.5	111	1 380	11
	150	0.9	9.7	2.3	94	4.3	2.0	111	1 380	14
	50	0.9	7.2	1.7	72	2.8	1.3	139	1 725	14
25	100	0.8	8.7	2.1	86	3.7	1.7	139	1 725	12
	150	1.0	10.8	2.6	101	4.6	2.1	139	1 725	15
	50	1.0	8.1	1.9	77	3.2	1.4	167	2 070	15
30	100	0.9	9.6	2.3	92	4.1	1.9	167	2 070	14
	150	1.1	11.8	2.8	106	5.0	2.3	167	2 070	17
	50	1.1	8.9	2.1	83	3.5	1.6	194	2 415	17
35	100	1.0	10.5	2.5	98	4.5	2.0	194	2 415	15
	150	1.2	12.7	3.0	112	5.4	2.5	194	2 415	18
	50	1.2	9.7	2.3	88	3.9	1.8	222	2 760	18
40	100	1.1	11.3	2.7	103	4.8	2.2	222	2 760	16
	150	1.3	13.7	3.3	117	5.7	2.6	222	2 760	20
	50	1.3	10.5	2.5	94	4.3	1.9	250	3 105	20
45	100	1.2	12.2	2.9	108	5.2	2.4	250	3 105	17
	150	1.4	14.7	3.5	129	6.1	2.9	250	3 105	21
	50	1.4	11.3	2.7	99	4.7	2.1	278	3 450	21
50	100	1.2	13.1	3.1	113	5.6	2.5	278	3 450	19
	150	1.5	15.7	3.7	128	6.5	3.0	278	3 450	22

*维生素E按食入每千克干物质15个IU计算，与NRC（1985）的数据稍有出入

表5-7　中国美利奴羊育成公羊每天营养需要量

体重 （kg）	日增重 （g）	干物质 （kg）	代谢能		粗蛋白质 （g）	钙（g）	磷（g）	维生素D （IU）	β-胡萝卜 素（μg）	维生素E （IU）
			（MJ）	（Mcal）						
	50	0.9	6.7	1.6	95	2.4	1.1	111	1 380	33
20	100	0.8	8.0	1.9	114	3.3	1.5	111	1 380	12
	150	1.0	10.0	2.4	132	4.3	2.0	111	1 380	14
	50	0.9	7.2	1.7	105	2.8	1.3	139	1 725	14
25	100	0.9	9.0	2.2	123	3.7	1.7	139	1 725	13
	150	1.1	11.1	2.7	142	4.6	2.1	139	1 725	16
	50	1.1	8.5	2.0	114	3.2	1.4	167	2 070	16
30	100	1.0	10.0	2.4	132	4.1	1.9	167	2 070	14
	150	1.2	12.1	2.9	150	5.0	2.3	167	2 070	17
	50	1.2	9.3	2.2	122	3.5	1.6	194	2 415	18
35	100	1.0	10.9	2.6	140	4.5	2.0	194	2 415	16
	150	1.3	13.2	3.2	159	5.4	2.5	194	2 415	19
	50	1.3	10.2	2.4	130	3.9	1.8	222	2 760	19
40	100	1.1	11.8	2.8	149	4.8	2.2	222	2 760	17
	150	1.4	14.2	3.4	167	5.8	2.6	222	2 760	20
	50	1.4	11.1	2.7	138	4.3	1.9	250	3 105	21
45	100	1.2	12.7	3.0	156	5.2	2.9	250	3 105	18
	150	1.5	15.3	3.7	175	6.1	2.8	250	3 105	22
	50	1.5	11.8	2.8	146	4.7	2.1	278	3 450	22
50	100	1.3	13.6	3.25	165	5.6	2.5	278	3 450	20
	150	1.6	16.2	3.9	182	6.5	3.0	278	3 450	23
	50	1.6	12.6	3.0	153	5.0	2.3	305	3 795	23
55	100	1.4	14.5	3.5	172	6.0	2.7	305	3 795	21
	150	1.6	17.2	4.1	190	6.9	3.1	305	3 795	25
	50	1.7	13.4	3.2	161	5.4	2.4	333	4 140	25
60	100	1.5	15.4	3.7	179	6.3	2.9	333	4 140	22
	150	1.7	18.2	4.4	198	7.3	3.3	333	4 140	26
	50	1.7	14.2	3.3	168	5.7	2.6	361	4 485	25
65	100	1.6	16.3	3.9	187	6.7	3.0	361	4 485	23
	150	1.8	19.3	4.6	205	7.6	3.4	361	4 485	28
	50	1.9	15.0	3.6	175	6.2	2.8	389	4 830	28
70	100	1.6	17.1	4.1	194	7.1	3.2	389	4 830	25
	150	1.9	20.3	4.9	212	8.0	3.6	389	4 830	29

表5-8　中国美利奴羊种公羊每天营养需要量

体重	干物质	代谢能		粗蛋白质	钙	磷	食盐	维生素D	β-胡萝卜素	维生素E
（kg）	（kg）	MJ	Mcal	（g）	（g）	（g）	（g）	（IU）	（mg）	（IU）
非配种期										
70	1.7	15.5	3.7	225	9.5	6.0	10	500	17	51
80	1.9	17.2	4.1	249	10.0	6.4	11	540	19	54
90	2.0	18.8	4.5	272	11.0	6.8	12	580	21	57
100	2.2	20.1	4.8	294	11.5	7.2	13	615	23	60
110	2.4	21.8	5.2	316	11.5	7.6	14	650	25	63
120	2.5	23.4	5.6	337	12.0	8.0	15	680	27	66
配种期										
70	1.8	18.4	4.4	339	12.1	9.0	15	780	17	63
80	2.0	20.1	4.8	375	12.6	9.5	16	820	32	66
90	2.2	22.2	5.3	409	13.2	9.9	17	860	37	72
100	2.4	23.8	5.7	443	13.8	10.5	18	900	42	75
110	2.6	25.9	6.2	476	14.4	10.8	19	940	47	78
120	2.7	27.6	6.6	508	15.0	11.3	20	980	52	81

表5-9　中国美利奴羊种公羊每天微量元素需要量

体重（kg）	硫（mg）	铜（mg）	锌（mg）	钴（mg）	锰（mg）	碘（mg）	硒（mg）
非配种期							
70	5.25	12	49	0.6	65	0.5	0.28
80	5.55	13	54	0.7	70	0.5	0.30
90	5.85	14	57	0.7	74	0.6	0.32
100	6.15	14	60	0.7	78	0.6	0.34
110	6.45	15	64	0.8	84	0.7	0.35
120	6.75	16	67	0.8	87	0.7	0.36
配种期							
70	7.1	15	64	0.8	84	0.7	0.30
80	7.4	16	67	0.8	84	0.7	0.34
90	7.8	17	70	0.8	91	0.7	0.36
100	8.2	18	73	0.9	95	0.8	0.41
110	8.5	19	75	0.9	95	0.8	0.45
120	8.8	20	80	1.0	105	0.8	0.48

表5-10　中国美利奴羊种公羊每天维生素需要量

体重（kg）	胡萝卜素（mg）	维生素D（IU）	维生素E（IU）	体重（kg）	胡萝卜素（mg）	维生素D（IU）	维生素E（IU）
非配种期				配种期			
70	17	500	51	70	27	780	63
80	19	540	54	80	32	820	66
90	21	580	57	90	37	860	72
100	23	615	60	100	42	900	75
110	25	650	63	110	47	940	78
120	27	680	66	120	52	980	81

（二）内蒙古细毛羊的饲养标准

内蒙古农牧学院（1990）建议的内蒙古细毛羊饲养标准，见表5-11、表5-12、表5-13、表5-14、表5-15、表5-16、表5-17、表5-18、表5-19、表5-20、表5-21、表5-22、表5-23、表5-24、表5-25、表5-26、表5-27。

表5-11　内蒙古细毛羊母羊妊娠前期（1～3个月）每天营养需要量

营养成分	体重（kg）			
	40	50	60	70
风干饲料（kg）	1.6	1.8	2.0	2.2
消化能（MJ）	12.55	15.06	15.90	16.74
代谢能（MJ）	10.46	12.55	13.39	14.23
粗蛋白质（g）	116	124	132	141
可消化粗蛋白质（g）	70	75	80	85
钙（g）	3.0	3.2	4.0	4.5
磷（g）	2.0	2.5	3.0	3.5
硫（g）	2.0	2.3	2.5	2.8
食盐（g）	6.6	7.5	8.3	9.1
铁（mg）	58	65	72	79
铜（mg）	14	16	18	20
锰（mg）	29	32	36	40
锌（mg）	48	53	59	65
钴（mg）	0.24	0.27	0.30	0.33
碘（mg）	1.2	1.3	1.4	1.6
钼（mg）	0.72	0.81	0.90	1.0
硒（mg）	0.21	0.24	0.27	0.30
胡萝卜素（mg）	9.0	9.0	9.0	9.0

注：日粮中钼的含量大于3mg/kg时，铜的需要量须在此基础上增加1倍

表5-12　内蒙古细毛羊母羊妊娠后期（4～5个月）每天营养需要量（单胎）

营养成分	体重（kg）						
	40	45	50	55	60	65	70
	日增重（g）						
	172	172	172	172	172	172	172
风干饲料（kg）	1.8	1.9	2.0	2.1	2.2	2.3	2.4
消化能（MJ）	15.06	15.90	16.74	17.99	18.83	19.66	20.92
代谢能（MJ）	12.55	13.39	14.23	15.06	15.90	16.74	17.57
粗蛋白质（g）	146	152	159	165	172	180	187
可消化粗蛋白质（g）	88	92	96	99	104	108	113
钙（g）	6.0	6.5	7.0	7.5	8.0	8.5	9.0
磷（g）	3.5	3.7	3.9	4.1	4.3	4.5	4.7
硫（g）	2.3	2.4	2.5	2.6	2.8	2.9	3.0
食盐（g）	7.5	7.9	8.3	8.7	9.1	9.5	9.9
铁（mg）	65	68	72	76	79	83	86
铜（mg）	16	17	18	19	20	21	22
锰（mg）	32	34	36	38	40	42	44
锌（mg）	53	56	59	62	65	68	71
钴（mg）	0.27	0.29	0.30	0.32	0.33	0.35	0.36
碘（mg）	1.3	1.4	1.4	1.5	1.6	1.7	1.7
钼（mg）	0.81	0.86	0.90	0.95	0.99	1.00	1.10
硒（mg）	0.24	0.26	0.27	0.28	0.30	0.31	0.32
胡萝卜素（mg）	9.0	9.0	9.0	9.0	9.0	9.0	9.0

注：日粮中钼的含量大于3mg/kg时，铜的需要量须在此基础上增加1倍

表5-13　内蒙古细毛羊母羊妊娠后期（4～5个月）每天营养需要量（双胎）

营养成分	体重（kg）						
	40	45	50	55	60	65	70
	日增重（g）						
	172	172	172	172	172	172	172
风干饲料（kg）	1.8	1.9	2.0	2.1	2.2	2.3	2.4
消化能（MJ）	16.74	17.99	19.25	20.50	21.76	22.59	24.27
代谢能（MJ）	14.23	15.06	16.32	17.15	18.41	19.25	20.50
粗蛋白质（g）	167	176	184	193	203	214	226
可消化粗蛋白质（g）	101	106	111	116	122	129	136
钙（g）	7.0	7.5	8.0	8.5	9.0	9.5	10.0
磷（g）	4.0	4.3	4.6	5.0	5.3	5.4	5.6
硫（g）	2.3	2.4	2.5	2.6	2.8	2.9	3.0
食盐（g）	7.9	8.3	8.7	9.1	9.5	9.9	11.0
铁（mg）	65	68	72	76	79	83	86
铜（mg）	16	17	18	19	20	21	22
锰（mg）	32	34	36	38	40	42	44
锌（mg）	53	56	59	62	65	68	71
钴（mg）	0.27	0.29	0.30	0.32	0.33	0.35	0.36
碘（mg）	1.3	1.4	1.4	1.5	1.6	1.7	1.7
钼（mg）	0.81	0.86	0.90	0.95	0.99	1.00	1.10
硒（mg）	0.24	0.26	0.27	0.28	0.30	0.31	0.32
胡萝卜素（mg）	9.0	9.0	9.0	9.0	9.0	9.0	9.0

注：日粮中钼的含量大于3mg/kg时，铜的需要量须在此基础上增加1倍

表5-14　内蒙古细毛羊母羊泌乳前期（前2个月）每天能量、粗蛋白质需要量

体重（kg）	泌乳量（kg）	风干料（kg）	消化能（MJ）	代谢能（MJ）	粗蛋白质（g）	可消化粗蛋白质
40	0	2.0	10.46	8.37	99	60
	0.2	2.0	12.97	10.46	119	72
	0.4	2.0	15.48	12.55	139	84
	0.6	2.0	17.99	14.64	157	95
	0.8	2.0	20.50	16.74	176	107
	1.0	2.0	23.01	18.83	196	119
	1.2	2.0	25.94	20.92	216	131
	1.4	2.0	28.45	23.01	236	143
	1.6	2.0	30.96	25.10	254	154
	1.8	2.0	33.47	27.20	274	166
50	0	2.2	11.72	9.62	102	62
	0.2	2.2	15.06	12.13	122	74
	0.4	2.2	17.57	14.23	142	86
	0.6	2.2	20.08	16.32	162	98
	0.8	2.2	22.59	18.41	180	109
	1.0	2.2	25.10	20.50	200	121
	1.2	2.2	28.03	22.59	219	133
	1.4	2.2	30.54	24.69	239	145
	1.6	2.2	33.05	26.78	257	156
	1.8	2.2	35.56	28.87	277	168
60	0	2.4	13.81	11.30	106	64
	0.2	2.4	16.32	13.39	125	76
	0.4	2.4	19.25	15.48	145	88
	0.6	2.4	21.76	17.57	165	100
	0.8	2.4	24.27	19.66	183	111
	1.0	2.4	26.78	21.76	203	123
	1.2	2.4	29.29	23.85	223	135
	1.4	2.4	31.80	25.94	241	146
	1.6	2.4	34.73	28.03	261	158
	1.8	2.4	37.24	30.12	275	167
70	0	2.6	15.48	12.55	109	66
	0.2	2.6	17.99	14.64	129	78
	0.4	2.6	20.50	16.74	148	90
	0.6	2.6	23.01	18.83	166	101
	0.8	2.6	25.94	20.92	186	113
	1.0	2.6	28.45	23.01	206	125
	1.2	2.6	30.96	25.10	226	137
	1.4	2.6	33.89	27.61	244	148
	1.6	2.6	36.40	29.71	264	160
	1.8	2.6	39.33	31.80	284	172

注：对双羔泌乳母羊，风干料、能量、蛋白质应在此基础上增加20%

表5-15　内蒙古细毛羊母羊泌乳前期（前2个月）每天常量、微量元素和胡萝卜素需要量

营养成分	体重（kg）			
	40	50	60	70
钙（g）	7.0	7.5	8.0	8.5
磷（g）	4.3	4.7	5.1	5.6
硫（g）	2.5	2.8	3.5	3.7
食盐（g）	8.3	9.1	9.9	11
铁（mg）	72	79	86	94
铜（mg）	13.5	14.9	16	18
锰（mg）	36	40	43	47
锌（mg）	59	65	71	77
钴（mg）	0.3	0.33	0.36	0.39
碘（mg）	1.4	1.6	1.7	1.9
钼（mg）	0.9	1.0	1.1	1.2
硒（mg）	0.27	0.30	0.32	0.35
胡萝卜素（mg）	9.0	9.0	10.0	12.0

注：日粮中钼的含量大于3mg/kg时，铜的需要量须在此基础上增加1倍

对双羔泌乳母羊，常量矿物质应在此基础上增加20%，微量元素在日粮中的含量与此相同。

表5-16　内蒙古细毛羊母羊哺乳前期（出生至90日龄）每天常量、微量元素和胡萝卜素需要量

营养成分	体重（kg）								
	4	6	8	10	12	14	16	18	20
钙（g）	0.96	1.0	1.3	1.4	1.5	1.8	2.2	2.5	2.9
磷（g）	0.5	0.5	0.70	0.75	0.80	1.2	1.5	1.7	1.9
硫（g）	0.24	0.26	0.32	0.48	0.58	0.72	0.86	1.0	1.2
食盐（g）	0.60	0.60	0.70	1.1	1.3	1.7	2.0	2.3	2.6
铁（mg）	4.3	4.7	5.8	8.6	12.0	14	17	20	23
铜（mg）	0.97	1.1	1.3	1.9	2.6	3.2	3.9	4.5	5.2
锰（mg）	2.2	2.3	2.9	4.3	5.8	7.2	8.6	10	12
锌（mg）	2.7	2.9	3.6	5.4	7.2	9.0	11	13	14
钴（mg）	0.018	0.02	0.024	0.036	0.044	0.060	0.072	0.084	0.096
碘（mg）	0.086	0.094	0.12	0.17	0.23	0.29	0.35	0.41	0.46
钼（mg）	0.054	0.059	0.072	0.11	0.14	0.18	0.22	0.25	0.29
硒（mg）	0.016	0.018	0.022	0.032	0.043	0.054	0.065	0.076	0.086
胡萝卜素（mg）	0.50	0.75	1.0	1.3	1.5	1.8	2.0	2.3	2.5

注：日粮中钼的含量大于3mg/kg时，铜的需要量须在此基础上增加1倍

表5-17 内蒙古细毛羊母羊哺乳前期（出生至90日龄）每天能量、粗蛋白质需要量

体重（kg）	日增重（kg）	风干料（kg）	消化能（MJ）	代谢能（MJ）	粗蛋白质（g）	可消化粗蛋白质（g）
4	0	0.12	1.13	1.09	8.3	8
	0.10	0.12	1.92	1.88	35	34
	0.20	0.12	2.80	2.72	62	60
	0.30	0.12	3.68	3.56	90	86
6	0	0.13	1.63	1.59	9.4	9
	0.10	0.13	2.55	2.47	36	35
	0.20	0.13	3.43	3.36	62	60
	0.30	0.13	4.18	3.77	88	85
8	0	0.16	2.13	2.05	10	10
	0.10	0.16	3.10	3.01	36	35
	0.20	0.16	4.06	3.93	62	60
	0.30	0.16	5.02	4.60	88	85
10	0	0.24	2.80	2.55	22	17
	0.10	0.24	3.97	3.60	54	42
	0.20	0.24	5.02	4.60	87	68
	0.30	0.24	8.28	5.86	121	94
12	0	0.32	3.39	3.05	24	19
	0.10	0.32	4.60	4.14	56	44
	0.20	0.32	5.44	5.02	90	70
	0.30	0.32	7.11	8.28	122	95
14	0	0.40	3.93	3.56	27	21
	0.10	0.40	5.02	4.60	59	46
	0.20	0.40	8.28	5.86	91	71
	0.30	0.40	7.53	6.69	123	96
16	0	0.48	4.60	4.06	28	22
	0.10	0.48	5.44	5.02	60	47
	0.20	0.48	7.11	8.28	92	72
	0.30	0.48	8.37	7.53	124	97
18	0	0.56	5.02	4.60	31	24
	0.10	0.56	8.28	5.86	63	49
	0.20	0.56	7.95	7.11	95	74
	0.30	0.56	8.79	7.95	127	99
20	0	0.64	5.44	5.02	33	26
	0.10	0.64	7.11	8.28	65	51
	0.20	0.64	8.37	7.53	96	75
	0.30	0.64	9.62	8.79	128	100

表5-18　内蒙古细毛羊育成母羊（4～18个月）每天能量、粗蛋白质需要量

体重（kg）	日增重（kg）	风干料（kg）	消化能（MJ）	代谢能（MJ）	粗蛋白质（g）	可消化粗蛋白质（g）
25	0	0.80	5.86	4.60	47	29
	0.03	0.80	6.70	5.44	69	42
	0.06	0.80	7.11	5.86	90	55
	0.09	0.80	8.37	6.69	112	68
30	0	1.0	6.70	5.44	54	33
	0.03	1.0	7.95	6.28	75	46
	0.06	1.0	8.79	7.11	96	58
	0.09	1.0	9.20	7.53	117	71
35	0	1.2	7.95	6.28	61	37
	0.03	1.2	8.79	7.11	82	50
	0.06	1.2	9.62	7.95	103	63
	0.09	1.2	10.88	8.79	123	75
40	0	1.4	8.37	6.69	67	41
	0.03	1.4	9.62	7.95	88	53
	0.06	1.4	10.88	8.79	108	66
	0.09	1.4	12.55	10.04	129	78
45	0	1.5	9.20	8.79	94	57
	0.03	1.5	10.88	9.62	114	69
	0.06	1.5	11.71	10.88	135	82
	0.09	1.5	13.39	7.95	80	49
50	0	1.6	9.62	7.95	80	49
	0.03	1.6	11.30	9.20	100	61
	0.06	1.6	13.39	10.88	120	73
	0.09	1.6	15.06	12.13	140	85

表5-19　内蒙古细毛羊育成母羊（4~18个月）每天常量、微量元素和胡萝卜素需要量

营养成分	体重（kg）					
	25	30	35	40	45	50
钙（g）	3.6	4.0	4.5	4.5	5.0	5.0
磷（g）	1.8	2.0	2.3	2.3	2.5	2.5
硫（g）	1.4	1.8	2.2	2.5	2.7	2.9
食盐（g）	3.3	4.1	5.0	5.8	6.2	6.6
铁（mg）	29	36	43	50	54	58
铜（mg）	6.5	8.1	9.7	11	12	13
锰（mg）	14	18	22	25	27	29
锌（mg）	18	23	27	32	34	36
钴（mg）	0.12	0.15	0.18	0.21	0.23	0.24
碘（mg）	0.58	0.72	0.86	1.0	1.1	1.2
钼（mg）	0.36	0.45	0.54	0.63	0.68	0.72
硒（mg）	0.11	0.14	0.16	0.19	0.20	0.22
胡萝卜素（mg）	3.1	3.8	4.4	5.0	5.6	6.3

注：日粮中钼的含量大于3mg/kg时，铜的需要量须在此基础上增加1倍

表5-20 内蒙古细毛羊育肥羔羊每天能量、粗蛋白质需要量

月龄	体重（kg）	日增重（kg）	风干料（kg）	消化能（MJ）	代谢能（MJ）	粗蛋白质（g）	可消化粗蛋白质（g）
3	25	0.12	1.2	10.46	8.37	133	80
		0.18	1.2	14.64	11.72	167	100
4	30	0.12	1.4	14.64	11.72	150	90
		0.18	1.4	16.74	13.39	217	130
5	40	0.12	1.7	16.74	13.39	150	90
		0.18	1.7	18.83	15.06	233	140
6	45	0.12	1.8	18.83	15.06	150	90
		0.18	1.8	20.92	17.15	250	150

表5-21 内蒙古细毛羊育肥羔羊每天常量、微量元素和胡萝卜素需要量

营养成分	月龄			
	3	4	5	6
	体重（kg）			
	25	30	35	40
钙（g）	2.0	3.0	4.0	5.0
磷（g）	1.0	2.0	3.0	4.0
硫（g）	2.2	2.5	3.1	3.2
食盐（g）	5.0	5.8	7.0	7.5
铁（mg）	43	50	61	65
铜（mg）	9.7	11	14	15
锰（mg）	22	25	31	32
锌（mg）	27	32	38	41
钴（mg）	0.18	0.21	0.26	0.27
碘（mg）	0.86	1.0	1.2	1.3
钼（mg）	0.54	0.63	0.77	0.81
硒（mg）	0.16	0.19	0.23	0.24
胡萝卜素（mg）	4.0	5.0	6.0	8.0

注：日粮中钼的含量大于3mg/kg时，铜的需要量须在此基础上增加1倍

表5-22 内蒙古细毛羊育成育肥羊每天营养需要量

营养成分	体重（kg）				
	40	50	60	70	80
风干饲料（kg）	1.5	1.8	2.0	2.2	2.4
消化能（MJ）	15.90~16.74	16.74~23.01	20.92~27.20	23.01~29.29	27.20~33.47
代谢能（MJ）	12.97~13.39	13.39~17.15	17.15~21.76	18.83~23.85	22.76~27.20
粗蛋白质（g）	150~167	167~200	183~217	200~233	217~267
可消化粗蛋白质（g）	90~100	100~120	110~130	120~140	130~160
钙（g）	4.0	5.0	6.0	7.0	8.0
磷（g）	2.0	3.0	4.0	5.0	6.0
硫（g）	2.7	3.2	3.6	4.0	4.3
食盐（g）	6.2	7.5	8.3	9.1	10
铁（mg）	54	65	72	79	86
铜（mg）	12	15	16	18	19
锰（mg）	27	32	36	40	43
锌（mg）	34	41	45	50	54
钴（mg）	0.23	0.27	0.30	0.33	0.36
碘（mg）	1.1	1.3	1.4	1.6	1.7
钼（mg）	0.68	0.81	0.9	1.00	1.1
硒（mg）	0.20	0.24	0.27	0.30	0.32
胡萝卜素（mg）	6.0	7.0	8.0	9.0	10

注：日粮中钼的含量大于3mg/kg时，铜的需要量须在此基础上增加1倍

表5-23　内蒙古毛用羯羊的营养需要量

营养成分	体重（kg）				
	40	50	60	70	80
风干饲料（kg）	1.3	1.5	1.9	2.1	2.3
消化能（MJ）	10.46~12.97	11.72~14.23	12.97~15.06	14.64~16.74	15.06~18.83
代谢能（MJ）	8.37~10.46	9.62~11.72	10.46~12.13	11.72~13.39	12.13~15.06
粗蛋白质（g）	83~133	100~142	108~142	108~150	117~167
可消化粗蛋白质（g）	50~80	60~85	65~85	65~90	70~100
钙（g）	2.5	2.6	2.7	2.8	3.6
磷（g）	2.0	2.1	2.1	2.5	2.7
硫（g）	1.6	1.9	2.4	2.6	2.9
食盐（g）	5.4	6.2	7.9	8.7	9.5
铁（mg）	47	54	68	76	83
铜（mg）	11	12	15	17	19
锰（mg）	23	27	34	38	41
锌（mg）	29	34	43	47	52
钴（mg）	0.20	0.23	0.29	0.32	0.35
碘（mg）	0.94	1.1	1.4	1.5	1.7
钼（mg）	0.59	0.68	0.86	0.95	1.0
硒（mg）	0.18	0.20	0.26	0.28	0.31
胡萝卜素（mg）	6.0	7.0	8.0	9.0	10

注：日粮中钼的含量大于3mg/kg时，铜的需要量须在此基础上增加1倍

表5-24　内蒙古细毛羊育成公羊每天营养需要量

营养成分	月龄				
	4~6	6~8	8~10	10~12	12~18
	体重（kg）				
	30~37	37~42	42~48	48~53	53~70
风干饲料（kg）	1.4	1.6	1.8	2.0	2.2
消化能（MJ）	14.64~16.74	16.74~18.83	18.83~20.92	20.08~23.01	20.08~23.43
代谢能（MJ）	11.72~13.39	13.39~15.06	15.06~17.15	16.32~18.83	16.32~18.83
粗蛋白质（g）	150~167	158~192	167~208	183~225	200~233
可消化粗蛋白质（g）	90~100	95~115	100~125	110~135	120~140
钙（g）	4.0	5.0	5.5	6.0	6.5
磷（g）	2.5	3.0	3.5	3.8	4.2
硫（g）	2.6	3.0	3.4	3.8	4.5
食盐（g）	7.6	8.6	9.7	11	12
铁（mg）	50	58	65	72	79
铜（mg）	11	13	15	16	18
锰（mg）	25	29	32	36	40
锌（mg）	50	58	65	72	79
钴（mg）	0.21	0.24	0.27	0.30	0.33
碘（mg）	1.0	1.2	1.3	1.4	1.6
钼（mg）	0.63	0.72	0.81	0.90	0.99
硒（mg）	0.19	0.22	0.24	0.27	0.30
胡萝卜素（mg）	6.5	7.5	8.5	9.5	11

注：日粮中钼的含量大于3mg/kg时，铜的需要量须在此基础上增加1倍

表5-25 内蒙古细毛羊种公羊非配种期每天常量、微量元素和胡萝卜素需要量

营养成分	体重（kg）				
	60	70	80	90	100
钙（g）	6.0	7.0	8.0	9.0	10.0
磷（g）	3.2	3.6	4.1	4.6	5.2
硫（g）	3.1	3.2	3.4	3.7	3.8
食盐（g）	9.0	9.5	10	11	12
铁（mg）	72	76	79	86	90
铜（mg）	18	19	20	22	23
锰（mg）	36	38	40	44	46
锌（mg）	90	95	99	108	113
钴（mg）	0.3	0.32	0.33	0.36	0.38
碘（mg）	1.4	1.5	1.6	1.7	1.8
钼（mg）	0.9	0.9	1.0	1.1	1.1
硒（mg）	0.27	0.28	0.30	0.32	0.34
胡萝卜素（mg）	9.0	11.0	13.0	15.0	17.0

注：日粮中钼的含量大于3mg/kg时，铜的需要量须在此基础上增加1倍

表5-26 内蒙古细毛羊种公羊非配种期每天能量、粗蛋白质需要量

体重（kg）	日增重（g）	风干料（kg）	消化能（MJ）	代谢能（MJ）	粗蛋白质（g）	可消化粗蛋白质（g）
60	0	2.0	15.48	12.55	188	113
	10	2.0	15.90	12.97	212	127
	50	2.0	18.41	15.06	221	133
	100	2.0	21.76	17.57	233	140
	150	2.0	24.69	20.08	245	147
	200	2.0	27.19	22.18	256	154
70	0	2.1	17.15	13.81	211	127
	10	2.1	17.99	14.64	235	141
	50	2.1	20.08	16.32	244	146
	100	2.1	23.43	18.83	256	154
	150	2.1	26.36	21.34	268	161
	200	2.1	29.29	23.85	279	167
80	0	2.2	19.25	15.48	233	140
	10	2.2	19.66	15.90	257	154
	50	2.2	22.18	17.99	266	160
	100	2.2	25.10	20.51	278	167
	150	2.2	28.45	23.01	290	174
	200	2.2	31.38	25.52	301	181
90	0	2.4	20.50	16.74	255	153
	10	2.4	21.76	17.57	279	167
	50	2.4	23.85	19.25	288	173
	100	2.4	26.78	21.76	300	180
	150	2.4	30.12	24.27	312	187
	200	2.4	33.05	26.78	323	194
100	0	2.5	22.59	18.41	276	166
	10	2.5	23.43	18.83	300	180
	50	2.5	25.94	20.92	309	185
	100	2.5	28.87	23.43	321	193
	150	2.5	31.38	25.52	333	200
	200	2.5	34.72	28.03	344	206

表5-27　内蒙古细毛羊种公羊配种期每天营养需要量

营养成分	体重（kg）				
	60	70	80	90	100
风干饲料（kg）	2.2	2.5	2.7	3.0	3.3
消化能（MJ）	15.06	26.78	40.58	32.64	35.15
代谢能（MJ）	18.83	21.76	24.27	26.35	28.45
粗蛋白质（g）	339	378	414	450	486
可消化粗蛋白质（g）	203	227	248	270	292
钙（g）	14	15	16	17	17
磷（g）	9	10	11	12	12
硫（g）	5.4	6.1	6.6	7.3	8.0
食盐（g）	14	16	18	20	20
铁（mg）	79	90	97	108	120
铜（mg）	20	23	24	27	30
锰（mg）	40	46	48	54	60
锌（mg）	120	135	146	162	178
钴（mg）	0.33	0.38	0.41	0.45	0.50
碘（mg）	1.6	1.8	1.9	2.2	2.4
钼（mg）	1.0	1.1	1.2	1.4	1.5
硒（mg）	0.30	0.34	0.36	0.41	0.45
胡萝卜素（mg）	25	28	31	34	37

注：日粮中钼的含量大于3mg/kg时，铜的需要量须在此基础上增加1倍

（三）新疆细毛羊羔羊舍饲饲养标准

新疆细毛羊羔羊舍饲育肥的营养需要量，见表5-28、表5-29、表5-30、表5-31、表5-32、表5-33、表5-34。

表5-28　新疆细毛羊羔羊舍饲育肥代谢能需要量　　　　　（单位：kcal/d·只）

日增重（g）	体重（kg）						
	20	25	30	35	40	45	50
50	1 550	1 800	2 051	2 301	2 551	2 802	3 052
100	1 775	2 062	2 349	2 643	2 923	3 210	3 496
150	2 001	2 324	2 647	2 971	3 294	3 617	3 941
200	2 226	2 586	2 946	3 305	3 665	4 025	4 385
250	2 452	2 848	3 244	3 640	4 037	4 433	4 829
300	2 677	3 110	3 542	3 975	4 408	4 841	5 273

表5-29　新疆细毛羊羔羊舍饲育肥消化能需要量　　　　　（单位：kcal/d·只）

日增重（g）	体重（kg）						
	20	25	30	35	40	45	50
50	1 880	2 194	2 501	2 808	3 115	3 422	3 729
100	2 160	2 513	2 866	3 218	3 571	3 923	4 276
150	2 446	2 832	3 229	3 628	4 027	4 425	4 824
200	2 705	3 150	3 593	4 038	4 483	4 926	5 371
250	2 978	3 469	3 960	4 448	4 939	5 428	5 919
300	3 250	3 781	4 321	4 858	5 395	5 929	6 499

表5-30　新疆细毛羊羔羊舍饲育肥可消化蛋白质需要量　（单位：g/d·只）

日增重（g）	体重（kg）						
	20	25	30	35	40	45	50
50	47	52	57	62	64	70	78
100	63	68	73	78	80	85	89
150	79	84	90	95	95	100	104
200	95	101	107	112	110	115	119
250	111	117	123	129	125	129	134
300	128	134	140	145	140	144	148

表5-31　新疆细毛羊羔羊舍饲育肥粗蛋白质需要量　（单位：g/d·只）

日增重（g）	体重（kg）						
	20	25	30	35	40	45	50
50	84	93	102	111	114	125	139
100	111	121	132	141	143	152	159
150	141	150	161	171	170	179	186
200	158	168	178	187	183	192	198
250	171	180	189	198	192	198	206
300	183	191	200	207	204	210	215

表5-32　新疆细毛羊羔羊舍饲育肥钙需要量　（单位：g/d·只）

日增重（g）	体重（kg）						
	20	25	30	35	40	45	50
50	1.4	1.6	1.9	2.1	2.4	2.7	2.9
100	1.9	2.2	2.5	2.8	3.1	3.4	3.7
150	2.4	2.7	3.0	3.4	3.7	4.1	4.4
200	2.8	3.2	3.6	4.0	4.4	4.8	5.2
250	3.3	3.8	4.2	4.6	5.1	5.5	5.9
300	3.8	4.3	4.8	5.2	5.7	6.2	6.7

表5-33　新疆细毛羊羔羊舍饲育肥磷需要量　（单位：g/d·只）

日增重（g）	体重（kg）						
	20	25	30	35	40	45	50
50	1.4	1.6	1.8	2.1	2.3	2.5	2.7
100	1.8	2.0	2.2	2.5	2.7	2.9	3.2
150	2.1	2.4	2.6	2.9	3.2	3.4	3.7
200	2.4	2.7	3.0	3.3	3.6	3.9	4.2
250	2.8	3.1	3.4	3.7	4.1	4.4	4.7
300	3.1	3.4	3.8	4.1	4.5	4.9	5.2

表5-34　新疆细毛羊羔羊舍饲育肥食盐需要量　（单位：g/d·只）

体重（kg）	20	25	30	35	40	45	50
需要量	6	7	8	9	10	11	12

第三节　甘肃细毛羊各类羊的饲养管理

一、饲养的一般原则

甘肃细毛羊以草原放牧为主，所以夏秋季节早出牧，晚收牧，充分利用茂盛的草场，让羊群多采食，尽早上膘。冬春季节在抓好放牧工作的基础上，要给种公羊、怀孕母羊、泌乳母羊和羔羊进行补饲，补饲料要求多种饲料合理化搭配、应以饲养标准中各种营养物质的建议量作为配合日粮的依据，并按实际情况进行调整。尽可能采用多种饲料，包括青、粗饲料、精饲料、添加剂饲料等，发挥营养物质的互补作用。

二、羊管理的一般原则

（一）注意卫生，保持干燥

羊喜吃干净的饲料，饮清凉卫生的水。草料、饮水被污染或有异味，宁可受饿、受渴也不采食、饮用。因此，在舍内补饲时，应少喂勤添。给草过多，一经践踏或被粪尿污染，羊就不吃。即使有草架，如投草过多，羊在采食时呼出的气体使草受潮，羊也不吃而造成浪费。

羊群经常活动的场所，应选高燥、通风、向阳的地方。羊圈潮湿、闷热，牧地低洼潮湿，寄生虫容易孳生，易导致羊群发病，使毛质降低，脱毛加重，腐蹄病增多。

（二）保持安静，防止兽害

羊是胆量较小的家畜，易受惊吓，缺乏自卫能力，遇敌兽不抵抗，只是逃窜或团团不动。所以羊群放牧或在羊场舍饲，必须注意保持周围环境安静，以避免影响其采食等活动。另外还要特别注意防止狼等兽害对羊群的侵袭，造成经济损失。

（三）夏季防暑，冬季防寒

绵羊夏季怕热，山羊冬季怕冷。绵羊汗腺不发达，散热性能差，在炎热天气相互间有借腹蔽荫行为（俗称"扎窝子"）。

（四）合理分群，便于管理

甘肃细毛羊，育种场采用放牧小组管理法，由3～4个放牧员组成放牧小组，同放一群羊，种公羊、成年羊、育成羊和幼年羊分群管理。这种羊群的组织规模一般是700～800只。而牧民以家庭为单位组群。

三、种公羊的饲养管理

（一）改善营养条件

种公羊应全年保持均衡的营养状况，不肥不瘦，精力充沛，性欲旺盛，即"种用体况"。种公羊的饲养可分为配种期和非配种期两个阶段。

配种期　即配种开始前45d左右至配种结束这段时间。这个阶段的任务是从营养上把公羊准备好，以适应紧张繁重的配种任务。这时把公羊应安排在最好的草场上放牧，同时给公羊补饲富含粗蛋白质、维生素、矿物质的混合精料和干草。蛋白质对提高公羊性欲、增加精子密度和射精量有决定性作用；维生素缺乏时，可引起公羊的睾丸萎缩、精子受精能力降低、畸形精子增加、射精量减少；钙、磷等矿物质也是保证精子品质和体质不可缺少的重要元素。据研究，一次射精需蛋白质25～37g。一只主配公羊每天采精5～6次，需消耗大量的营养物质和体力。所以，配种期间应喂给公羊充足的全价日粮。

种公羊的日粮应由种类多、品质好、且为公羊所喜食的饲料组成。豆类、燕麦、青稞、大麦、麸皮都是公羊喜吃的良好精料；干草以豆科青干草和燕麦青干草为佳。此外，胡萝卜、玉米青贮料等多汁饲料也是很好的维生素饲料；玉米籽实是良好的能量饲料，但喂量不宜过多，占精料量的1/3～1/4即可。

公羊的补饲定额，应根据公羊体重、膘情和采精次数来决定。一般在配种季节每头每日补饲混合精料1.0～1.5kg，青干草（冬配时）任意采食，骨粉10g，食盐15～20g，采精次数较多时可加喂鸡蛋2～3个（带皮揉碎，均匀拌在精料中），或脱脂乳1～2kg。种公羊的日粮体积不能过大，同时配种前准备阶段的日粮水平应逐渐提高，到配种开始时达到标准。

非配种期　配种季节快结束时，就应逐渐减少精料的补饲量。转入非配种期以后，应以放牧为主，每天早晚补饲混合精料0.4～0.6kg、多汁料1.0～1.5kg、夜间添给青干草1.0～1.5kg。早晚饮水两次。

（二）加强公羊的运动

公羊的运动是配种期种公羊管理的重要内容。运动量的多少直接关系到精液质量和种公羊的体质。一般每天应坚持驱赶运动2h左右。公羊运动时，应快步驱赶和自由行走相交替，快步驱赶的速度以使羊体皮肤发热而不致喘气为宜。运动量以平均5km/h左右为宜。

（三）提前有计划地调教初配种公羊

如果公羊是初配羊，则在配种前1个月左右，要有计划地对其进行调教。一般调教方法是让初配公羊在采精室与发情母羊进行自然交配几次；如果公羊性欲低，可把发情母羊的阴道分泌物抹在公羊鼻尖上以刺激其性欲，同时，每天用温水把阴囊洗干净、擦干，然后用手由上而下地轻轻按摩睾丸，早、晚各一次，每次10min，在其他公羊采精时，让初配公羊在旁边"观摩"。

有些公羊到性成熟年龄时，甚至到体成熟之后，性机能的活动仍表现不正常，除进行上述调教外，配以合理的喂养及运动，还可使用外源激素治疗，提高血液中睾酮的浓度。方法是每只羊皮下或肌肉注射丙酸睾酮100mg，或皮下埋藏100～250mg；每只羊一次皮下注射孕马血清500～1200国际单位，或注射孕马血10～15ml，可用两点或多点注射的方法；每只羊注射绒毛膜促性腺激素100～500国际单位；还可以使用促黄体素（LH）治疗。将公羊与发情母羊同群放牧，或同圈饲养，以直接刺激公羊的性机能活动。

（四）定合理的操作程序，建立良好的条件反射

为使公羊在配种期养成良好的条件反射，必须制定严格的种公羊饲养管理程序。

（五）开展人工授精，提高优良种公羊的配种能力

自然交配时，公羊一次射精只能给一只母羊配种。采用人工授精，公羊一次射精，可给几只到几十只母羊配种，能有效提高公羊配种能力几倍到几十倍。

（六）加强品种选育，改善遗传品质

在公羊留种或选种时要较好特别注意挑选具有较强的交配能力和精液品质。

四、种母羊的饲养管理

母羊的饲养管理情况对羔羊的发育、生长、成活影响很大。按照繁殖周期来说，母羊的怀孕期为5个月，哺乳期为4个月。空怀期为3个月。

（一）空怀期母羊的饲养管理

空怀期即恢复期，母羊要在这3个月当中从相当瘦弱的状态很快恢复到满膘配种的体况是非常紧迫的。胚胎充分发育及产后有充足的乳汁，空怀期的饲养管理是很重要的。一般母羊在配种前完全依靠放牧，要抓好膘，母羊都能整齐地发情受配，如有条件能在配种前给母羊补些精料，则有利于增加排卵数。

（二）怀孕期母羊的饲养管理

怀孕期母羊饲养管理的任务是保胎并使胎儿发育良好。受精卵在母羊子宫内着床后，最初3个月对营养物质需要量并不太大，一般不会感到营养缺乏，以后随着胎儿的不断发育对营养的需要量。怀孕后期母羊所需营养物质比未孕期增加饲料单位30%~40%，可消化蛋白质40%~60%，此时期营养物质是获得初生重大、毛密、健壮羔羊的基础，要放牧好、喂好，早给予补饲。补饲标准根据母羊生产性能、膘情和草料储备多少而定，一般每只每天补喂混合精料0.2~045kg。

对怀孕母羊饲养不当时，很容易引起流产和早产。要严禁喂发霉、变质、冰冻或其他异常饲料，禁忌空腹饮冰渣水，在日常放牧管理中禁忌惊吓、急跑、跳沟等剧烈动作，特别是在出入圈门或补饲时，要防止互相挤压。母羊在怀孕后期不宜进行防疫注射。

（三）泌乳期母羊的饲养管理

母羊产后即开始哺乳羔羊。这一阶段的主要任务是要保证母羊有充足的奶水供给羔羊。母羊每生产0.5kg奶，需消耗0.3个饲料单位、33g可消化蛋白质、1.2g磷和1.8g钙。凡在怀孕期饲养管理适当的母羊，一般都不会缺奶。为了提高母羊泌乳力，应给母羊补喂较多的青干草、多汁饲料和精料。

哺乳母羊的圈舍必须经常打扫，以保持清洁干燥。对胎衣、毛团、石块、碎草等要及时扫除，以免羔羊舔食引起疾病。

应经常检查母羊乳房，如发现有奶孔闭塞、乳房发炎、化脓或乳汁过多等情况，要及时采取相应措施予以处理。

羔羊断奶时，应在前几天就减少多汁料、青贮料和精料的补饲量，减少泌乳量以防乳房发炎。

五、羔羊的饲养管理

（一）羔羊的生理特点

羔羊是指断奶前处于哺乳期间的羊只，甘肃细毛羊断奶时间一般为3~4月龄。初生时期的羔羊，最大的生理特点是前3个胃没有充分发育，最初起主要作用的是第四胃，前三胃的作用很小。由于此时瘤胃微生物的区系尚未形成，没有消化粗纤维的能力，所以不能采食和利用草料。对淀粉的耐受力也很低。所吮母乳直接进入真胃，由真胃分泌的凝乳蛋白酶进行消化。随着日龄的增长和采食植物性饲料的增加，前三胃的体积逐渐增大，在20日龄左右开始出现反刍活动。此后，真胃凝乳酶的分泌逐渐减少，其他消化酶逐渐增多，从而对草料的消化分解能力开始加强。

（二）造成羔羊死亡的原因

羔羊从出生到40d这段时间里，死亡率最高，分析死亡原因，主要是因为：

1.初生羔羊体温调节机能不完善，抗寒冷能力差，这是冬羔死亡的主要原因之一。产冬羔正持冬季最寒冷时期，若管理不善，很容易造成羔羊被冻死的情况。

2.新生羔羊由于血液中缺乏免疫抗体，抗病能力差，容易感染各种疾病，造成羔羊死亡。

3.羔羊早期的消化器官尚未完全发育好，消化系统功能不健全，由于饲喂不当，容易引起各种消化疾病，营养物质吸收障碍，造成营养不良，消瘦而死亡。

4.母羊在怀孕期营养状况不好，产后无乳、羔羊先天性发育不良、弱羔。

5.初产母羊或护仔性不强的母羊所产羔羊，在没有人工精心护理的情况下，也很容易造成死亡。

（三）提高羔羊成活率的技术措施

1.正确选配空怀母羊，加强妊娠母羊管理

（1）正确选择受配母羊

①体型与膘情：体型膘情中等的母羊，繁殖率、受胎率高，羔羊初生重大，健康，成活率高。

②母羊年龄：最好选用繁殖力高的经产母羊。初次发情的母羊，各方面条件较好的，在适当推迟初配时间的前提下也可选用。

（2）加强妊娠母羊管理

①妊娠母羊合理放牧：冬天，放牧要在山谷背风处或半腰，阳坡。要晚出早归，不吃霜草、冰碴草，不饮冷水。上下坡、出入圈门，都要缓步而行，避免母羊流产、死胎。妊娠后期最好舍饲喂养。

②妊娠母羊及时补饲：母羊膘情不好，势必影响胎儿发育，致使羔羊体重小，体弱多病，对外界适应能力差，易死亡。母羊膘情不好，哺乳阶段缺奶，直接影响羔羊的成活。

2.做好产羔准备和羔羊的护理工作（见产羔技术）

3.精心、合理饲喂羔羊，提高羔羊对外界环境的适应能力

初生羔羊在产羔室生活7～10d，过了初乳期，就要放到室外进行饲养管理。

（1）羔羊及时开草开料

出生后10～40d，应给羔羊补喂优质的饲草和饲料，一方面使羔羊获得更完全的营养物质；另一方面锻炼采食，促进瘤胃发育，提高采食消化能力。对弱羔可选用黑豆、麸皮、干草粉等混合料饲喂，日喂量由少到多。另外，在精料里拌些骨粉，每日5～10g，食盐每日1～2g。从30d起，还可用切碎的胡萝卜混合饲喂。羔羊到40～80日龄时已学会吃草，但对粗硬秸秆尚不能适应，要控制其进食量，使其逐渐适应。

（2）羔羊不要过早跟群放牧

过早跟群放牧，会引起羔羊过度疲劳，早期体质衰弱，以致发病死亡。羔羊跟群放牧时间以1.5～2个月龄为宜，开始放牧不要走得太远，可以采取放牧半天，在家休息半天的方法。

4.搞好疫病的防治，提高羔羊成活率

羔羊疫病应以预防为主，在母羊怀孕后期，即在母羊产羔前30～40d时，对母羊肌注"三联四防氢氧化铝菌苗"进行羔羊痢疾、猝狙、肠毒血症及快疫免疫。羔羊生后12h内每羔均口服广谱抗菌药土霉素0.125～0.25g，以提高抗菌能力和预防消化系统疾病。羔羊生后3～5d再服1：4大蒜酊1小勺，10～15d灌服0.2%KMnO4溶液8～10ml进行胃肠消毒，30～45d再按每千克体重灌服丙硫咪唑15mg驱虫。羔羊棚舍以及周围环境，都要定期清扫消毒，勤换垫草保持羊舍干燥。

一旦羔羊发生了疾病，应抓紧治疗，尤其是羔羊体温调节机能不够完善，羔羊感冒和肺炎两种疾病对其威胁最大。治疗用抗生素或磺胺类药物效果很好。另外，羔羊痢疾和白肌病对羔羊危害也较大，羔羊发病、死亡率较高。羔羊痢疾可用痢特灵及复方敌菌净治疗，也可用土霉素0.2～0.3g灌服，每日三次，效果较好。羔羊白肌病：对10日龄以内的羔羊用0.1%亚硒酸钠2ml，口服VE胶囊100mg/次，5d后重复治疗一次；10日龄以上者0.1%亚硒酸钠4mg，口服VE胶囊100mg/次，每隔7d皮下注射一次，共2～3次为宜。

（四）羔羊的饲养管理要点

1.哺乳

羔羊出生后，一般10多分钟即能起立寻找母羊乳头。第一次哺乳应在接产人员的护理下进行，使羔羊尽快吃到初乳。1～3d的初乳中含有丰富的营养物质和抗体，有抗菌和轻泻作用。多羔羊，必须轮流喂母羊的初乳，并且让体质弱小的羔羊多吃母乳。

无奶吃的羔羊要寄养给"干娘"，一是寄养给产单羔的羊或奶山羊，但开始时往往拒绝吮奶，因此要采取适当的措施，如将"干娘"的奶等物涂在羔羊身上后送给"干娘"，如果是同一期产的羔羊时，将胎衣等物涂在羔羊身上。也可以在夜间送到"干娘"那里吮奶。找不到"干娘"的羔羊就要进行人工哺乳。

人工哺乳可用牛乳、羊乳以及奶粉。奶粉中含糖量较高，不容易消化而下痢，开始最好是酸奶或脱脂奶粉，千万不要加糖。人工哺乳一定要定时、定量、定温，绝对不可凉喂。哺乳量可根据羔羊的体质和体重区别对待。一般第1周内每天5次，每次150ml左右；第2周每天4次，每次250ml左右；第3～6周每天3次，每次400ml左右。第7～11周每天3次，哺乳量逐渐减少到断奶。

人工哺乳也可用小米汤或炒米粉粥。炒米粉粥的制作方法是：将小米、黏米在水中浸泡膨胀后蒸熟、炒干，再研成细面，喂时加开水搅和即可趁热喂。根据消化吸收的情况要加些红糖，红糖吸收快，白糖易引起下痢。

羔羊在初生后的半个月内，特别是1周内易引起下痢，要注意观察和查明原因，如果是人工哺乳造成，要及时调整乳品的量及温度等，如果是传染病要及时治疗。

2.喂草料和精饲料补饲

羔羊要早喂草料，以刺激消化器官的发育。羔羊出生10多天要训练吃铡短的优质草及混合精料。枯草季节可适量喂些胡萝卜或大麦芽等。青草季节要防止吃草太多引起拉稀，特别是防止吃露水草。

精料的饲喂，一月龄以内的每日50g左右，1～3月龄的每日50～150g左右，每天分两次喂。精料的种类最好有豆饼、玉米面、麸皮等。要经常喂给食盐。

3.运动

寒冷季节出生的羔羊，在几天之内要放在暖圈内。一周后，在无风时让羔羊在舍外活动，只要羔羊吃饱奶，一般不会冻坏。20日龄以后可在天气暖和时在近处放牧。但要限制运动量。

4.断奶

发育好的羔羊，可以3月龄时断奶。断奶后的羔羊在半个月到一个月内要增加营养，但要防止突然增加精料。断奶后的羔羊要一次和母羊分开，4～5d后即可安心吃草。

六、育成羊的饲养管理

育成羊是指断乳后到第一次配种的公母羊，即4～18个月龄的羊。育成羊在第一个越冬期往往由于补饲条件差，轻者体重锐减，减到它们断奶时的体重，重者造成死亡。所以，此阶段要重视饲养管理，备好草料，加强补饲，避免造成不必要的损失。

冬羔羊由于出生早，断奶后正值青草萌发，可以放牧青草，秋末体重可达35kg。春羔羊由于出生晚，断奶后采食青草时间不长，即进入枯草期，首先要保证有足够干草或秸秆，其次每天补给混合精料200～250g，种用小母羊500g，种用小公羊600g。

为了检查育成羊的发育情况，在1.5岁以前，从羊群抽出5%～10%的羊，固定下来，每月称重，检验饲养管理和生长发育情况，出现问题要及时采取措施。

第四节　放牧和补饲

一、放牧

放牧饲养的优点是能充分利用天然的植物资源、降低养羊生产成本及增加羊的运动量，有利于羊体健康等。因此，在我国广大地区，尤其是在牧区和农牧交错地区应广泛采用放牧饲养的方式来发展养羊业。细毛羊放牧饲养效果的好坏，主要取决于两个条件：一是草场的质量和利用的合理性；二是放牧的方法和技术是否适宜。

（一）放牧方式

细毛羊的放牧方式可分为固定放牧、围栏放牧、季节轮牧和小区轮牧4种。

1.固定放牧

这是一种较为原始的放牧方式，固定放牧指羊群一年四季在一个特定的区域内自由放牧采食。此方式不利于草场的合理利用与保护，载畜量低，单位草场面积提供的畜产品数量少，每个劳动力所创造的价值不高。牲畜的数量与草地生产力之间需保持自然平衡，牲畜多了因缺草必然会导致死亡率上升，因此，固定放牧是现代养羊业应该摒弃的一种放牧方式。

2.围栏放牧

围栏放牧是根据地形把放牧场围起来，在一个围栏内，根据牧草所提供的营养物质数量结合羊群的营养需要量，安排一定数量的羊只放牧。这种方式能合理地利用和保护草场，对固定草场使用权也起着重要作用。

3.季节轮牧

季节轮牧是根据四季牧场的划分，按季节轮流放牧。这是我国牧区目前普遍采用的放牧方式，能较合理地利用草场，提高放牧效果。为了防止草场退化，可定期安排休闲牧地，以利于牧草恢复生机。

4.小区轮牧

小区轮牧是在划定季节牧场的基础上，根据牧草的生长、草地生产力、羊群的营养需要和寄生虫侵袭动态等，将牧地划分为若干个小区，羊群按一定的顺序在小区内进行轮回放牧。

小区轮牧是一种先进的放牧方式，有许多优点：①能合理利用和保护草场，提高草场载畜量。试验证明，小区轮牧比传统放牧方式每只绵羊可节约草场1 500m^{2}左右。②小区轮牧将羊群控制在小区范围内，减少了游走所消耗的热能，增重加快，与传统放牧方式相比，春、夏、秋、冬季的平均日增重可分别提高13.42%、16.45%、52.53%和100%。③能控制内寄生虫的感染，羊体内寄生虫卵随粪便排出需经6d发育成幼虫才可感染羊群，所以羊群只要在某一小区放牧时间限制在6d以内，就可减少内感染。

（二）四季放牧技术

1.春季放牧

春季是羊群由补饲逐渐转入全放牧的过渡时期。初春时，羊只经过漫长的冬季，体质弱，产冬羔母羊仍处于哺乳期，加上气候不稳定，易出现"春乏"现象。这时，牧草刚萌发，羊只看到一片青，却难以采食到草，常疲于跑青找草，增加体力消耗，导致瘦弱羊只死亡；另外，啃食牧草过早，将降低牧草再生能力，破坏植被，降低产草量。因此，初春时放牧要求控制羊群，挡住强羊，看好弱羊，防止"跑青"。在牧草选择上，应选阴坡或枯草高的牧地放牧，使羊看不见青草，只在草根部有青草，羊只可以青草、干草一起采食，此期一般为两周时间。待牧草长高后，可逐渐转到开阔向阳的牧地放牧。到晚春，青草鲜嫩，草已长高时可转入抢青，勤换牧地（2～3d），以促进羊群复壮。春季对瘦弱羊只，可单独组群，适当予以照顾带羔母羊及待产母羊，留在羊舍附近较好的草场放牧，若遇天气骤变，可迅速赶回羊舍。

2.夏季放牧

羊群经春季牧场放牧后，其体力逐渐得到恢复。此时牧草丰茂，正值开花期，营养价值较高，是抓膘的好时期。夏季气温高，多雨，湿度较大，蚊蝇较多，对羊群抓膘不利。因此在放牧时间上要早出牧，晚收牧，中午天热要休息，延长有效放牧，中午在羊舍休息效果也很好。夏季绵羊需水量增多，每天应保证充足的饮水；同时，应注意补充食盐和其他矿物质。夏季选择高燥、凉爽、饮水方便的牧地放牧，可避免气候炎热、潮湿、蚊蝇骚扰羊群抓膘的影响。

3.秋季放牧

秋季牧草营养丰富，气候适宜，是羊群抓膘的黄金季节。秋季抓膘的关键是尽量延长放牧时间，中午可以不休息，做到羊群多采食、少走路。对刈割草场或农作物收获后的茬地，可进行抢茬放牧，以便羊群利用茬地遗留的茎叶和子实以及田间杂草。秋季也是配种季节，要做到抓膘、配种两不误。在霜冻天气来临时，不宜早牧，以防妊娠母羊采食了霜冻草而引起流产。

4.冬季放牧

冬季需注重绵羊的保膘、保胎以及羊只安全越冬。冬季气候寒冷，牧草枯黄，放牧时间长，放牧地有限，草畜矛盾突出。应延长在秋季草场放牧的时间，推迟羊群进入冬季草场的时间。对冬季草场的利用原则是先远后近，先阴坡后阳坡，先高处后低处，先沟壑后平地。严冬时，要顶风出牧，但出牧时间不宜太早；顺风收牧，而收牧时间不宜太晚。冬季放牧应注意天气预报，以避免风雪袭击。妊娠母羊放牧的前进速度宜慢，不跳沟，不惊吓，出入圈舍不拥挤，以利于羊群保胎。在羊舍附近划出草场，以备大风雪天或产羔期利用。

（三）甘肃细毛羊的放牧方式

甘肃细毛羊实行季节性轮牧。根据当地气候特点，把草场分为春、夏、秋、冬四部分进行轮牧。根据年龄、性别、等级、生产性质，在草场安排上本着先羔羊、后公羊、再母羊，后羯羊的顺序安排放牧。育成羊和种公羊基本在中心草场放牧，其他羊可以安排的远一点。

1.春季（一般为4~6月上旬）

是四季放牧中最关键的时期，羊只膘情差，乏弱，这个阶段的主要任务是在精心放牧的同时，需加强补饲工作，度过春乏关。此时的放牧是按膘情情况将大群划分为若干群进行放牧管理，特别注意抢青、抢水和睡觉现象。这一时期，不同的生产类型的羊将先后从冬圈搬出。

2.夏季（7~8月）

羊剪毛药浴后搬至距圈较远，气候凉爽、水草茂盛的地方放牧，这一时期羊只膘情全面恢复。前期剪毛、后期放牧，羊只开始沉积脂肪，约8月底进入秋场。

3.秋季（9~10月上旬）

羊只全部进入秋场。这一时期放牧工作好坏，直接影响母羊发情受胎和羊只的越冬度春，放牧应狠抓两头，促中间，使羊只沉积大量的脂肪，有利于越冬度春，发情受胎，放牧后期还应积极安排羊只抢茬。

4.冬季（10月中旬至翌年3月）

羊只全部进入冬圈，从这一时期，各类羊只全部分小群放牧，专人管理。一般每个羊群分为3个小群，每群约250只。这一时期，正是天寒地冻阶段，母羊要参加配种，因牧草枯黄，天气寒冷，所以要根据气候情况掌握好羊只的出、归牧时间，育成羊也进入第一个越冬期，所以保膘、保胎、保畜就是这一时期的根本任务。育成羊的补饲从12月份开始，成年羊的补饲从1月份开始。

二、补饲

（一）补饲的意义

冬春不但草枯而少，更主要的是粗蛋白质含量严重不足（生长期的粗蛋白质含量为13.16%~15.75%，枯草期则下降到2.26%~3.28%）；加之此时又是全年气温最低，能量消耗加大，母羊妊娠、哺乳、营养需要增多的时期。此时单纯依靠放牧，往往不能满足羊的营养需要，越是高产的羊，其亏损越大。

实践证明，羔羊的发病死亡，经常主要出在母羊身上，而母羊的泌乳多少，问题又主要出在本身的膘情变化上。

（二）补饲时间

补饲开始的早晚，当然是根据具体羊群和草料储备情况而定。原则是从体重出现下降时开始，最迟不能晚于春节前后。补饲过早，会显著降低羊本身对过冬的努力，对降低经营成本也不利。此时要使冬季母羊体重超过其维持体重是很不经济的，补饲所获得的增益，仅为补充草料成本的1/6。但如补饲过晚，等到羊群十分乏瘦、体重已降到临界值时才开始，那就等于病危才求医，难免会落个羊草两空，"早喂在腿上，晚喂在嘴上"，就深刻说明了这个道理。

补饲一旦开始，就应连续进行，直至能接上吃青。如果三天补两天停，反而会弄得羊群惶惶不安，直接影响放牧吃草。

（三）补饲的方法

补饲原则：粗饲料为主，精饲料为辅，但要区别对待，对高产羊要给予优厚的补饲条件，精料比例应适当加大。

除公羊、育成羊外，无论核心群和生产群，从1月上旬全部开始补饲。但补饲是一种放牧的辅助手段。补饲根据羊只的种类、年龄、性别不同也有所区别，种公羊日补饲量1.0kg/d，母羊0.2kg/d，育成羊0.2kg/d，羯羊不补饲，常年放牧。补饲一般在早晨进行，下午归牧后，可根据贮备干草的多少适当补给，根据甘肃细毛羊的集中饲养地—甘肃省肃南县皇城区的气候特点春雪过多这一情况，还应留足够的黄草以防春雪封山，补饲一般到5月上旬结束。

补饲定额：补饲标准按性别、年龄、生产性能而定，还要考虑精料的供给能力，甘肃细毛羊饲养地—甘肃省肃南县皇城区羊场羊只的年补饲定额为：

种公羊200kg，普通公羊50kg，试情公羊20kg，成年母羊30kg，幼年母羊40kg。

补饲安排在出牧前好，还是归牧后好，各有利弊，都可进行。大体来说，如果仅补草，最好安排在归牧后。如果草料俱补，对种公羊和核心群母羊的补饲量应多些。而对其他等级的成年和育成羊，则可按优羊优饲，先幼后壮的原则来进行。

在草料利用上，要先喂次草次料，再喂好草好料，以免吃惯好草料后，不愿再吃次草料。在开始补饲和结束补饲上，也应遵循逐渐过渡的原则来进行。

日补饲量，一般可按一羊0.5~1kg干草和0.1~0.3kg混合精料来安排。

补草最好安排在草架上进行，一则可避免干草的践踏浪费，再则可防止草渣、草屑混入毛被。

对妊娠母羊补饲青贮料时，切忌酸度过高，以免引起流产。

第五节　细毛羊饲料的加工调制、饲粮配合、贮存和饲喂

饲料加工的目的是根据羊的生理和消化特点，以及饲料的营养特点和利用饲喂特点，通过加工获得饲料中最大的潜在营养价值，获得最大的生产效益。

一、精饲料的加工调制

（一）能量饲料的加工

能量饲料加工的目的主要是提高饲料中淀粉的利用效率和便于进行饲料的配合，促进饲料消化率和饲料利用率的提高。能量饲料的加工方法比较简单，常用的方法有以下几种：

1.粉碎和压扁

粉碎可使饲料中被外皮或壳所包围的营养物质暴露出来，利于接受消化过程的作用，提高这些营养物质的利用效果。饲料粉碎的粒度不应太小，否则影响羊的反刍，容易造成消化不良。一般要求将饲料粉碎成两半或1/4颗粒即可。谷类饲料也可以在湿、软状态下压扁后直接喂羊或者晒干后喂羊，同样可以起到粉碎的饲喂效果。

2.水浸

将坚硬的饲料和具有粉尘性质的饲料在饲料的饲喂前用少量的水将饲料拌湿放置一段时间，待饲料和水分完全渗透，在饲料的表面上没有游离水时即可饲喂。这一方面可使坚硬饲料得到软化、膨化，便于采食；另一方面可减少粉尘饲料对呼吸道的影响和改善适口性。

3.液体培养—发芽

液体培养的作用是将谷物整粒饲料在水的浸泡作用下发芽，以增加饲料中某些营养物质的含量，提高饲喂效果。谷粒饲料发芽后，可使一部分蛋白质分解成氨基酸，糖分、维生素与各种酶增

加，纤维素增加。发芽饲料对饲喂种公羊、母羊和羔羊有明显的效果。一般将发芽的谷物饲料加到营养贫乏的日粮中会有所助益的，日粮营养越贫乏，收益越大。

（二）蛋白质饲料的加工调制

蛋白质饲料分为动物性蛋白质饲料和植物性的蛋白质饲料，植物性蛋白质饲料又可分为豆类饲料和饼类饲料。不同种类饲料加工的方法不一样。

1.豆类蛋白质饲料的加工

常用蒸煮和焙炒的方法来破坏大豆中对细毛羊消化有影响的抗胰蛋白酶，不仅可提高大豆的消化率和营养价值，而且增加了大豆蛋白质中有效的蛋氨酸和胱氨酸，提高了蛋白质的生物学价值。但有的资料表明，对于反刍家畜，由于瘤胃微生物的作用，不用加热处理。

2.豆饼饲料的加工

豆饼根据生产的工艺不同可分为熟豆饼和生豆饼，熟豆饼经粉碎后可按日粮的比例直接加入饲料中饲喂，不必进行其他处理。生豆饼由于含有抗胰蛋白酶，在粉碎后需经蒸煮或焙炒后饲喂。豆饼粉碎的细度应比玉米要细，便于配合饲料和防止挑食。

3.棉籽饼的加工

棉籽饼中含有有毒物质棉酚，这是一种复杂的多元酚类化合物，饲喂过量时容易引起中毒，所以在饲喂前一定要进行脱毒处理，常用的处理方法有水煮法和硫酸亚铁水溶液浸泡法。

（1）水煮法

将粉碎的棉籽饼加适量的水煮沸，并不时搅动，煮沸半小时冷却后饲喂。水煮法的另一种办法是将棉籽饼放水中煮沸，待水开后搅拌棉籽饼，然后封火过夜后捞出打碎拌入饲料或饲草中饲喂。煮棉籽饼的水也可以拌入饲料中饲喂。如果没有水煮的条件，可以先将棉籽饼打成碎块用水泡24h，然后将浸透的棉籽饼再打碎饲喂，将水倒掉。

（2）硫酸亚铁水溶液浸泡法

其原理是游离棉酚与某些金属离子能融合成不被肠胃消化吸收的物质，丧失其毒性作用。用1.25kg工业用硫酸亚铁，溶于125kg的水中配制成1%的硫酸亚铁溶液，浸泡50kg的棉籽饼，中间搅拌几次，经一昼夜浸泡后即可饲用。

4.菜籽饼的加工

菜籽饼含有苦味，适口性较差，而且还含有含硫葡萄糖甙抗营养因子，这种物质可致使家畜甲状腺肿大。因此，对菜籽饼的脱毒处理显得十分重要。菜籽饼的脱毒处理常用方法有两种。

（1）土埋法

挖一土坑（土的含水量为8%左右），铺上草席，把粉碎成末的菜籽饼加水（饼水的比例为1：1）浸泡后装入坑内，两个月后即可饲用。土埋后的菜籽饼蛋白质的含量平均损失7.93%，异硫氰酸盐的含量由埋前的0.538%降到0.059%，脱毒率为89.35%（国家允许的残毒量的指标为0.05）。

（2）氨、碱处理法

氨处理法是用100份菜籽饼（含水6%～7%），加含7%氨的氨水22份，均匀地喷洒在菜子中，闷盖3～5h，再放进蒸笼中蒸40～50min，再炒干或晒干。碱处理法是100份菜籽饼加入24份14.5%~15.5%的纯碱溶液，其他的处理同上。

（三）薯类及块根茎类饲料的加工利用

这类饲料的营养较为丰富，适口性也较好，是羊冬季不可多得的饲料之一。加工较为简单，应注意3个方面：一是霉烂的饲料不能饲喂；二是要将饲料上的泥土洗干净，用机械或手工的方法切成片状、丝状或小块状，块大时容易造成食道堵塞；三是不喂冰冻的饲料。饲喂时最好和其他饲料混合饲喂，并现切现喂。

二、牧草饲料的加工调制

（一）青干草的加工调制

1.原地平晒干燥法

将刈割后的牧草平铺在地面上暴晒4～5h，使水分迅速减至38%以下，此时茎秆开始凋萎，叶片柔软但不掉落。然后将草搂成松散的草垄，继续干燥2～3h，收成底径2m左右大小的草堆，堆放1～2d后垛成大堆或贮于干草棚内。

在生产实践中常将豆科牧草（如苜蓿等）和禾本科牧草收割后，均匀地平摊在地面上干燥，干燥前先用石磙碾上几遍，将豆科牧草的茎秆碾扁，这样便于干燥。在干燥过程中，应特别注意防止叶片脱落。为减少和避免叶片脱落，搂草和堆草的时间应在整株植物含水量达到35%～40%。

2.阴干法

在少量晒制干草时可采用阴干法，方法是牧草在刈割后稍稍在原地晒制，估计水分降到50%时，就可把草拉放在草棚下进行自然阴干，这样晒制的干草营养成分损失较少，干草呈青绿色，但需要较大的晾晒阴干草棚。

3.人工干燥法

采用加热的空气，将青草水分烘干，干燥的温度如为50～70℃，约需5～6h；如为120～150℃，约需5～30min完成干燥。在高温800～1 100℃下经过3～5s可使水分降到10%～12%。

（二）干草的饲喂加工

干草的饲喂方法有3种：一是将干草铡短饲喂；二是粉碎饲喂；三是捆成草把吊在羊舍或运动场饲喂。其中，最经济的饲喂方法是将干草粉碎后和精饲料搅拌一起饲喂，这样利用率较高，可减少饲草的浪费。其次是将干草铡短饲喂，一般长度为2～3cm。

三、秸秆饲料的加工方法

秸秆加工的目的就是要提高秸秆的采食利用率、增加羊的采食量、改善秸秆的营养品质。秸秆饲料常用的加工方法有3种：物理方法、化学方法和生物方法。

（一）物理方法

1.切碎

切碎是秸秆饲料加工最常用和最简单的加方法，是用铡刀或切草机将秸秆饲料和其他粗饲料切成1.5～2.5cm长的碎料。

2.粉碎

用粉碎机将粗饲料粉碎成0.5～1cm的草粉，使粗硬的作物秸秆、牧草的茎秆破碎。由于草粉较细，不仅可以和饲料混合饲喂，还利于饲料的发酵处理和加工成颗粒饲料。粉碎可以最大限度地利用粗饲料，使浪费减少到最低的限度，并且投资少，不受场地的限制。但应注意的是粉碎的粒度不能太小。

3.青、干饲料的混合碾青法

碾青法是指将青绿饲料或牧草切碎后和切碎的作物秸秆或干秸秆在一起用石轨碾压，使青草的水分挤出渗入干秸秆饲料中，然后一起晾制干备用。其特点是碾压时青草的水分和营养随着液体渗出到秸秆饲料中，使营养损失降低，同时，也利于青草的迅速制干。

（二）化学方法

1.氨化处理法

氨化法就是用尿素、氨水、无水氨及其他含氮化合物溶液，按一定比例喷洒或灌注于粗饲料上，在常温、密闭条件下，经过一段时间后使粗饲料发生化学变化。氨处理可分为尿素氨化法和氨水氨化法。

2.尿素氨化法

在避风向阳干燥处,依氨化粗饲料的多少,挖深1.5～2m、宽2～4m,长度不定的长方形土坑,在坑底及四周铺上塑料薄膜,或用水泥抹面形成长久的使用坑,然后将新鲜秸秆切碎分层压入坑内,每层厚度为0.3cm,并用10%的尿素溶液喷洒,其用量为100kg秸秆需10%的尿素溶液40kg。逐层压入、喷洒、踩实、装满,并高出地面1m,上面及四周仍用塑料薄膜封严,再用土压实,防止漏气,土层的厚度约为50cm。在外界温度为10～20℃时,经2～4周后即可开坑饲喂,冬季则需45d左右。使用时应从坑的一侧分层取料,然后将氨化的饲料晾晒,放净氨气味,待呈糊香味时便可饲喂。饲喂时应由少到多逐渐过渡,以防急剧改变饲料引起羊的消化道疾病。

3.氨水氨化法

用氨水和无水氨氨化粗饲料比尿素氨化的时间短,需要有氨源和容器及注氨管。氨化的形式同尿素法相同。向坑内填压、踩实秸秆时,应分点填夹注氨塑料管,管直通坑外。填好料后,通过注氨管按原料重的12%比例注入20%的氨水,或按原料重的3%注入无水氨,温度不低于20℃。然后用薄膜封闭压土,防止漏气。经1周后即可饲喂。饲喂前也要通风晾晒12～24h放氨,待氨味消失后才能饲喂。此法能除去秸秆中的木质素,既可提高粗纤维的利用率,还可提高秸秆中的氨,改善其饲料营养价值。用氨水处理的秸秆,其营养价值接近于中等品质的干草。用氨化秸秆饲喂羊,可促进增重,并可降低饲料成本。

4.氢氧化钠及生石灰处理法(碱化处理法)

碱化处理最常用而简便的方法是氢氧化钠和生石灰混合处理。方法是:每100kg切碎的秸秆饲料分层喷洒160～240kg、1.5%～2%的氢氧化钠和1.5%～2%的生石灰混合液,然后封闭压实。堆放1周后,堆内的温度达50～55℃,即可饲喂。经处理后的秸秆可提高其饲料的消化利用率。

四、青贮饲料的制作

(一)青贮的基本条件

青贮原料的含糖量一般不低于1.0%～1.5%;含水量适中,一般为65%～75%,标准含量为70%;密闭厌氧环境;青贮容器内温度不能超过38℃。

(二)青贮建筑的基本要求

坚实、不透气、不漏水、不导热,高出地下水位0.5m以上,内壁光滑垂直。窖(壕)应选择在地势高燥、地下水位低、土质坚实、易排水和取用方便的地方。

(三)青贮步骤

1.青贮原料收割时期

全株玉米青贮在乳熟至蜡熟期收割;玉米秆青贮在完熟而茎叶尚保持绿色时收割;天然牧草在盛花期收割。

2.青贮原料的铡短、装填和压紧

青贮原料应铡短至2～3cm(牧草也可整株青贮)。青贮原料的湿度应在65%～75%。装填时,若原料太干,可加入水或含水量高的青绿饲料;若太湿,可加入铡短的秸秆,再加入1%～2%的食盐。在装填前,底部铺10～15cm厚的秸秆,然后分层装填青贮原料。每装15～30cm,必须压紧1次,尤其注意压紧四周。

3.青贮封顶

青贮原料高出窖(壕)上沿1m,在上面覆盖一层塑料薄膜,然后覆土30～35cm。封顶后要经常检查,对下陷、裂缝的地方应及时培土,并防止雨水渗入青贮窖。

青贮原料在窖内青贮40～60d便可完成发酵过程,即可开窖取用。

五、微干贮饲料的加工方法

微干贮就是用秸秆生物发酵饲料菌种秸秆饲料（包括青贮原料和干秸秆饲料）进行发酵处理，以提高秸秆饲料利用率和营养价值的饲料加工方法。此方法是耗氧发酵和厌氧保存，和青贮饲料的制作原理不同。其菌种的主要成分为：发酵菌种、无机盐、磷酸盐等。每500g菌种可制作干秸秆1t或青贮3t。每吨干秸秆加水1t，食盐2kg，麸皮3kg。

（一）菌液的配制

将菌种倒入适量的水中，加入食盐和麸皮，搅拌均匀备用。微贮王活干菌的配制方法是将菌种倒入200ml的自来水中，充分溶解后在常温下静置1~2h，使用前将菌液倒入充分溶解的1%食盐溶液中拌匀。菌液应当天用完，防止隔夜失效。

（二）饲料加工

微干贮时先按青贮饲料的加工方法挖好坑、铺好塑料薄膜，饲料切碎和装窖的方式和注意事项和青贮饲料相同，只是在装窖的同时将菌液均匀地洒在窖内切碎的饲料上，边洒边踩边装。装满后在饲料上面盖上塑料布，但不密封，过3~5d，当窖内的温度达45℃以上时，均匀地覆土15~20cm厚，封窖时窖口周围应厚一些踩实，防止进气漏水。

（三）饲料的取用

窖内饲料经3~4周后变得柔软呈醇酸香味时就可以饲喂，成年羊的饲喂量为2~3kg/d，同时，应加入20%的干秸和10%精饲料混合饲喂。取用时的注意事项和青贮相同。

六、饲粮配合

羊的日粮配方是根据羊每日干物质进食量及营养需要量，多采用试差法计算的。

（一）饲粮配合原则

1.饲粮中所含养分，必须满足羊维持、生长、繁殖、泌乳和肥育等的需要量。能量、粗蛋白质、钙、磷及钙磷比例、维生素A、维生素D、维生素E、食盐和硫、锌、硒等其他营养指标。

2.不仅要考虑饲粮中养分是否能满足羊的需要，还必须考虑饲粮中的容积大小，即既要做到营养全面，又要满足其生理需要。

3.在饲粮组成上，要以青、粗饲料为主，精料为辅。

4.选用饲料要多样搭配，禁用发霉、变质、有毒和影响羊产品的饲料。

5.饲料选用要就地取材、价格低廉，保证供应。

6.配方设计要根据不同季节、不同生理状况和生产水平等条件相应进行调整。

（二）饲粮配方设计

饲粮配方设计方法有试差法、百分比法、联立方程法、计算机求解法等。其中试差法是手工配方设计最常用的方法。

试差法是将各种饲料原料，根据专业知识和经验，确定一个大概比例，然后计算其营养价值并与羊的饲养标准相对照，若某种营养指标不足或过量时，应调整饲料配比，反复多次，直至所有营养指标都满足要求时为止。

例如要配合一种干物质含消化能12.13MJ/kg，粗蛋白质15%，钙0.39%，磷0.29%的饲粮。饲料种类有燕麦干草、大麦、大豆粉和石灰石粉。则配合过程如下：

1.查饲料成分及营养价值表

查出饲料营养成分表，确定选用的各种饲料所含的营养成分（以干物质为基础）。见表5-35。

表5-35 饲料营养成分

饲料	干物质（%）	消化能（MJ/kg）	粗蛋白质（%）	钙（%）	磷（%）
燕麦干草	88.30	9.96	9.20	0.26	0.24
大麦	89.00	15.86	13.00	0.09	0.47
大豆粉	89.00	14.80	51.50	0.36	0.75
石灰石粉	100.00	–		34.00	–

2.初步拟定配方

先确定各种饲料的大致比例（表5-36），进行试配。

表5-36 各种饲料的大致配比

饲料	组成比例（%）	消化能（MJ/kg）	粗蛋白质（%）	钙（%）	磷（%）
燕麦干草	60.00	5.98	5.52	0.16	0.14
大麦	29.50	4.68	3.84	0.03	0.14
大豆粉	10.00	1.48	5.15	0.04	0.08
石灰石粉	0.50	0.00	0.00	0.17	0.00
合计	100.00	12.14	14.51	0.40	0.36
要求	100.00	12.13	15.00	0.39	0.29
差值	0.00	0.00	−0.49	0.01	0.07

3.调整配比

通过以上计算可知，与饲养标准相比，每千克饲料干物质中粗蛋白少0.49%，磷多0.07%。根据专业知识判断，可增加大豆粉提高粗蛋白质含量（表5-37）。

表5-37 调整后饲料配比

饲料	组成比例（%）	消化能（MJ/kg）	粗蛋白质（%）	钙（%）	磷（%）
燕麦干草	62.50	6.23	5.75	0.16	0.15
大麦	25.60	4.06	3.33	0.02	0.12
大豆粉	11.40	1.69	5.87	0.04	0.09
石灰石粉	0.50	–	–	0.17	–
合计	100.00	11.98	14.95	0.39	0.36
要求	100.00	12.13	15.00	0.39	0.29
差值	0.00	−0.15	−0.05	0.00	0.07

经过调整后的饲粮中，能量、粗蛋白质、钙、磷含量基本上可与标准要求相吻合。

4.方中饲料配比换算成风干物百分比

以上所有计算都是以干物质为基础，然而，很少有饲料是百分之百的干物质，应把干物质饲料的百分比组成换算成风干饲料的百分比组成。换算分两步：

（1）料的干物质含量除日粮中该饲料的百分比含量，其值为日粮中该风干饲料所占的份数。

燕麦干草：62.50%÷88.30%=0.708（份）

大麦：25.60%÷89.00%=0.288（份）

大豆粉：11.40%÷89.00%=0.128（份）

石灰石粉：0.50%÷100.00%=0.005（份）

（2）种风干饲料在日粮中所占的份数除以总份数（总份数：0.708%+0.288+0.128+0.005=1.129），再乘以100%，其值为该风干饲料在日粮中占的百分数，按此百分比值直接可配合饲料。

燕麦干草：0.708÷1.129×100%=62.71%

大麦：0.288÷1.129×100%=25.51%

大豆粉：0.128÷1.129×100%=11.34%

石灰石粉：0.005÷1.129×100%=0.44%

第六节 羊舍和主要养羊设备

一、羊舍

（一）羊舍建筑的基本要求

1.羊舍建筑参数

一般跨度6.0～9.0m，净高（地面到天棚）2.0～2.4m。单坡式羊舍，一般前高2.2～2.5m，后高1.7～2.0m，屋顶斜面呈45°角。

2.面积参数

各类羊合理占用畜舍面积数据见表5-38。

表5-38 各类羊占用畜床面积

羊别	面积（m²/只）	羊别	面积（m²/只）
种公羊	4～6	春季产羔母羊	1.1～1.6
一般公羊	1.8～2.25	冬季产羔母羊	1.4～2.0
去势公羊和小公羊	0.7～0.9	1岁母羊	0.7～0.8
小去势羊	0.6～0.8	3～4月龄羔羊	占母羊面积的20%

产羔室面积可按20%～25%基础母羊所占面积计算，运动场面积一般为羊舍面积的2～2.5倍。

3.温度参数

冬季一般羊舍温度应在0℃以上，产羔室温度应在8℃以上；夏季羊舍温度不应超过30℃。

4.湿度参数

一般羊舍空气相对湿度应在50%～70%，冬季应尽量保持干燥。

5.通风换气参数

封闭羊舍排气管横断面积可按0.005～0.006m²/只计算，进气管面积占排气管面积的70%。

6.采光参数

成年羊采光系数1：15～25，高产羊1：10～12，羔羊1：15～20。

7.羊舍门窗

200只羊一般设一个大门，门宽2.5～3m，高1.8～2m，一般窗宽1～1.2m、高0.7～0.9m，窗台距地面高1.3～1.5m。

（二）羊舍建筑的基本构造

1.地基

简易羊舍和小型羊舍，负荷小，可直接建在天然地基上，对大型和现代化羊舍，要求地基必须具有足够的承重能力。必须用砖、石、水泥、钢筋混凝土等建筑材料作地基。

2.墙壁

羊舍墙壁要坚固耐久、厚度适宜、无裂缝、保温防潮、耐水、抗冻、抗震、防火、易清扫消毒。在材料选择上宜选用砖混结构。空心砖、多孔砖保温性好、容重低。为了防止吸潮，可用1：1或1：2的水泥勾缝和抹灰。墙壁厚度可根据气候特点及承重情况采用12墙（半砖厚），18墙（3/4砖厚），24墙（一砖厚），或37墙（一砖半厚）等。

3.屋顶

羊舍屋顶要求保温不漏雨，可采用多层建筑材料建造。羊舍多采用双坡式屋顶，对小型羊舍也可用单坡式。

4.地面

舍内地面是羊躺卧休息、排泄和活动的地方，也叫羊床，其保暖与卫生很重要。所以，要求羊床具有较高的保温性能，多采用导热性小的、不渗水的材料建造。羊床以1%～1.5%的坡度倾斜，便于排流污水，有助于卫生和清扫。目前，羊舍多采用砖地和土质夯实地面，有条件可搞沥青地面或有机合成材料地面。

5.天棚

天棚要用导热性小、结构严密、不透水、不透气、表面光滑的材料制作。

6.门窗

一般每栋羊舍开设2个门，一端一个，正对通道，不设门槛和台阶，门要向外开启。在寒冷地区为保温，常设门斗以防冷空气侵入，并缓和舍内热量外流。门斗深度应不小于2m，宽度应比门大出1～1.2m。

窗户的数量视采光需要和通风情况而定，一般朝南窗户大些，朝北窗户小些，且南北窗户不对开，避免穿堂风。窗户的底边调试要高于羊背20～30cm。屋顶设窗户，更有利于采光和通风，但散热多，羊舍保温困难，必须统筹兼顾。

二、暖棚羊舍

（一）基本原理

在寒冷季节，给开放、半开放畜禽舍扣上密闭式塑料暖棚，充分利用太阳和畜禽自身散发的热量，提高棚内温度，人工创造适宜畜禽正常生态平衡的小气候环境，减少热能损耗，降低维持需要，并通过优良品种、配合饲料、饲养管理、疫病防治等配套措施，加速畜禽周转，提高经济效益。甘肃细毛羊冬季圈舍过去以全封闭式为主，近年来也建设了部分暖棚舍。

（二）暖棚建设技术

1.选择地势开阔干燥，周围无高大建筑物及遮阴物，采光系数大，太阳入射角以45℃为宜。根据各自畜禽舍及日照情况以太阳能辐射到暖棚内畜床基为标准进行建造。

2.地形避风向阳，地面平坦，周围无污染源，靠近村庄，交通方便，便于作业和管理。

3.棚舍走向以东西走向，坐北向南，适当偏东10°为好，在工矿区早晨烟雾多，应适当偏西5°～10°为好。

4.棚舍长宽比，要求长度相对大一些，跨度相对小一些，一般有柱暖棚（双列式）跨度为8～10m，无柱暖棚（单列式）跨度为5m左右。

5.暖棚规格按类型分为单列式（半斜面、弓形）和双列式（双斜面、拱圆形）。一般按使用面积计算，每只母羊占地1.1m²，每只公羊1.5m²。

6.暖棚面弧度与高跨比，棚面张度合理，可明显减轻棚膜捧打现象，其合理设计是：

$$弧线点高 = \frac{4 \times 中高}{跨度} \times 水平距离（跨度—水平距离）$$

7.暖棚保温：暖棚后墙凡土木结构要用草泥垛成，厚度60～80cm，凡砖筑结构砌成空心墙，中间填炉渣，暖棚前沿墙外10cm处，挖70～80cm深，30cm宽的防寒沟，沟内填炉渣，麦衣等物，棚膜上面在夜间根据需要加盖草帘，以利保温。

（三）暖棚羊舍建造设计

采用单列式半弓形塑料暖棚，方向坐北向南。圈舍中梁高2.1m，后墙高1.6m，前沿墙高1.1m，后墙与中梁之间用木椽搭棚，中梁与前沿之间用竹片搭成弓形支架，上扣塑料薄膜，棚舍前后深7m，左右宽13m（按羊只数量确定）中梁直地面与前沿墙距离2m，棚舍山墙留一高1.8m，宽1.5m的门，供羊只和饲养人员出入，前沿墙基留几处通风孔，棚顶留一换气百叶窗，棚内沿墙设补饲槽、产仔栏。

（四）暖棚建造

1.暖棚框架材料选择牢固结实，经济实用的木材、竹材、钢材、铝材和塑料板材。

2.暖棚地基以石墙、混凝土砖墙为好。

3.暖棚前沿墙、山墙用砖混结构，后墙可用土坯砌成，有条件的可砌成空心墙，以便保温。

4.暖棚后坡用框架材料搭成单斜面棚架，用竹席和麦秸等盖上后用草泥封顶，上盖油毛毡，使其能隔热、保温、防漏。

5.暖棚用膜必须选用无滴膜。

6.根据建造条件，暖棚可设计为单层或双层（有一定间距），单层暖棚可附带活动式保温草帘，以便在夜间阴冷天气时使用。

7.暖棚扣棚时间一般在10月下旬开始。

三、养羊主要设备

（一）饲料设备

1.饲槽

饲槽用于舍饲或补饲，专门给羊饲喂精饲料、颗粒料或短草。常用的饲槽有固定水泥槽和移动木槽两种。

（1）固定式水泥槽

由砖、土坯及混凝土砌成。槽体一般高23cm，槽内径宽23cm，深14cm，槽壁应用水泥砂浆抹光。槽长依羊的数量而定，一般按大羊30cm、羔羊20cm计算。

（2）移动式木槽

用厚木板钉成，一般饲槽长200～300cm，顶高67.5cm，顶宽4cm，槽底宽30cm，槽体高12.5cm，槽开口斜面高25cm，槽内隔板高37.5cm，稳定横木长100cm。

2.饲草架

饲草架形式多种多样，有长方形草架、三角形草架、联合式草架等。草架设置长度，成年羊按每只30～50cm，羔羊20～30cm。草架隔栅间距以羊头能伸入栅内采食为宜，一般15～20cm。

3.饮水设备

羊舍内或放牧场内必须设置固定的足够数量的饮水槽，饮水槽可用砖、石砌或用木板制作。

4.母子栏

在母羊产羔后，为了将母羊与羔羊从大群中分开隔离，使母羊采食与子女羊吮乳不受其他羊干扰，而专门设计制作的栅栏叫母子栏，每块栏高100cm，长120～150cm。常用的有重叠围栏、折叠栏和三脚架围栏。

（二）剪毛和梳绒设备

1.剪毛设备

剪毛机的类型较多，按其动力可分为手动式、机动式和电动式。常用的为四头机动剪毛机和六头电动剪毛机。

（1）四头机动剪毛机

由单缸四冲程03型内燃机带动。这种剪毛机组的特点是构造简单，使用方便，效果比较好，适用于广大牧区流动性的剪毛作业。

（2）六头电动剪毛机组

主要由三相交流机动发电机1台，移动式电力和照明电线1套，小型电动机6个，柔性轴和剪毛机6套，双圆盘磨刀装置1套所组成。这种剪毛机比较重，固定不动为宜，一般安置在专用剪毛房里。

2.药浴设备

（1）小型药浴池

小型药浴池一般长150～250cm、宽100cm、高120cm，可盛1 500L左右的药液，一次同时浴3～4只小羊或2～4只成年羊。

（2）大型药浴池

大型药浴池可用水泥、砖、石头等材料砌成长方形，一般池长10～12m，池上部宽60～80m，池底宽40～60cm，以羊能通过而不能转身为宜，深1.0～1.2m。入口处设喇叭形围栏，使羊单排依顺序进入浴池。浴池入口呈陡坡，羊走入时可迅速滑入池中；出口有一定倾斜度，斜坡上有小台阶或横木条，主要用途一是不使羊滑倒，二是羊在斜坡上停留一些时间，使身上余存的药液流回浴池。

（3）淋浴式药浴装置

淋浴式药浴装置由机械喷淋部分和地面建筑组成，机械部分包括上喷管道、下淋管道、喷头、过滤筛、搅拌器、螺旋阀门、水泵、电机等；地面建筑包括淋场、待淋场、滴液栏、药液池和过滤系统等。

第六章 甘肃高山细毛羊羊毛特性及羊毛生产

第一节 羊毛的用途和毛纺织品的特点

一、羊毛的主要用途

羊毛、棉、麻和丝并列为世界四大纺织原料，其中，羊毛是人类最早利用的天然纺织纤维之一。近代纺织工业兴起后，以羊毛为加工对象的精梳毛纺和粗梳毛纺分别形成了完整的工艺技术系统，羊毛成为毛纺工业的主要原料。习惯上将毛纺产品分为精梳毛织品、粗梳毛织品、长毛绒、驼绒、绒线、羊毛衫、毡制品、工业用呢、毛毯、地毯十大类。这十大类产品分别属于精梳毛纺和粗梳毛纺两个纺纱工艺系统。羊毛作为一种毛纺原料，可根据纤维细度和长度分为精梳用羊毛和粗梳用羊毛，而且，这种划分标准会随着纺纱技术和人们对织品质量的要求而改变，一般情况下，长度在65mm以上的羊毛用于精梳毛纺，而65mm以下羊毛则用于粗梳毛纺。80支以上的超细绵羊毛柔软舒适，常用于高档内衣等贴身服装生产；64~70支细型绵羊毛以其优良的强力和弹性常用做生产高档西服、大衣等；60支细羊毛强力大，但手感粗糙，是生产粗纺呢绒的原料；58支的半细毛是生产精梳毛线、毛毯等的原料；粗毛、土种羊毛则是毛毯、地毯、毡制品的理想原料。

甘肃美利奴型高山细毛羊羊毛纤维细度均在60支以上，主体细度66支，长度70mm以上，强力大，弹性好，油汗适中，是生产高档西服、大衣等精梳毛织品的上等原料，部分超细毛可用于高档内衣等贴身服装的生产。

二、毛纺织品的特点

1. 织物轻薄，呢面光洁，条干均匀，织纹清晰，富有光泽。
2. 弹性好、挺阔、不易起球、不毡缩、不变形。
3. 手感柔软、滑爽，色泽清新，色光均匀。
4. 吸水防潮、隔热保暖。

第二节 皮肤构造及羊毛的发生发育

一、绵羊的皮肤构造

皮肤是绵羊体的外被膜，它不断地直接与外界环境中的各种物理化学刺激接触，引起绵羊有机体发生着复杂地反射性反应，并保护着体内的各种器官。绵羊皮肤，按其构造可分为表皮层、真皮层和皮下结缔组织三部分。但是，并不是说绵羊的皮肤结构是一成不变的，相反，绵羊的皮肤结构随着外界环境的变化及其本身的生理状态的变化而发生变化，不同年龄、地区、季节及饲养管理条件下，同一羊体的皮肤结构会有一定程度的变化。

（一）表皮层

表皮层是皮肤的最外层，它附着于真皮上面，由多层扁平上皮细胞构成。约占皮肤厚度的1%。绵羊的表皮层厚度在17.5~44.4μm之间，而且，绵羊的表皮在出生后变化很小。在显微镜下观察绵羊的表皮从内向外可以明显地分为5个互不相同的结构层。

1. 圆柱层

它是与真皮直接接触的一层细胞，其形状呈圆柱形，增殖机能旺盛，经过细胞分裂增殖而产生其他诸层表皮细胞。因此，此层就其机能来说是非常重要的，在此层的基部有纤细的齿状突起伸入到真皮的结缔组织中，以加固表皮的附着力量。在有色的皮肤区域，细胞内含有色素颗粒。

2. 棘状层

由几层多角形细胞构成，在靠近颗粒层的部分，细胞形状逐渐趋于扁平。细胞间的界限很明显，并借细胞间桥而相互联结成成串的细胞，即形成张力原纤维，张力原纤维的伸展方向不定，就使表皮具有了一定的弹性和韧性。

3. 颗粒层

是由1~5层具有齿状边缘且形状扁平的梭形细胞组成。在其细胞原生质内具有无色、透明角质蛋白所构成的圆形颗粒，呈嗜酸性。细胞核通常为雏形，染色较淡，有退化分解趋向，这是细胞角质化开始的象征。细胞间的界限不清楚，但仍具有细胞间桥。

4. 透明层

由几层无核、扁平、角化而透明的细胞所构成。由于折光的缘故，所以细胞界限不清楚，形成了一个透明层，呈嗜酸性。细胞内含有均匀分布的角母素，是由透明的角质颗粒液化而形成。在绵羊皮肤较薄的地方不具此层。

5. 角质层

由大量扁平的角化细胞构成。细胞内含有真正的角质，即角蛋白，它是由角母素变化形成的。细胞内无核，这种细胞常聚集成鳞片，而且极易脱落。

（二）真皮层

真皮位于表皮下面，是皮肤最厚、最坚韧的一层，占皮肤总厚度的84%左右，绵羊的真皮层随着年龄的增长而逐渐变厚。真皮层由致密的结缔组织构成，含有大量的胶原纤维、弹力纤维和网状纤维。真皮层坚韧而富有弹性，构成表皮坚实的支架，真皮中密布血管、淋巴管、神经、毛囊、皮脂腺、汗腺等，是皮肤中最敏感的部分。在显微镜下观察真皮层可分为两层。

1. 乳头层

位于真皮与表皮的交界处，并分别嵌入表皮相应的凹陷部分，在羊毛较密的部位乳头层很不发达，甚至完全没有此层。在表皮较厚处及无毛或少毛的部位，真皮乳头高而细。乳头层由网状纤维和部分较疏松的结缔组织构成，含有少量弹力纤维。分布有大量的血管、淋巴管、神经末梢，是皮肤最敏感的部位，也称为毛发层，即羊毛生长的基础部位。

2. 网状层

网状层位于乳头层的下方，是真皮的主要部分，由胶原纤维、弹性纤维和致密的结缔组织构成。纤维束互相交错排列，形成网状。胶原纤维是真皮中的主要结构成分，占真皮全部纤维重量的95%~98%，弹性纤维占1.5%，胶原纤维决定着皮肤的韧性，弹性纤维决定着皮肤的弹性，而整个网状层的厚度决定着绵羊板皮的品质，一般夏秋季节绵羊真皮中网状层比冬春季厚，公羊的真皮网状层比母羊厚，细毛羊的网状层比粗毛羊薄。

（三）皮下结缔组织

皮下结缔组织位于真皮网状层的之内，是由疏松的结缔组织构成，占皮肤总厚度的15%左右，这部分组织联系着真皮层和体躯。由于它的结构疏松，所以皮肤具有可动性，可有效防止或减轻机械性损伤，同时，也可以贮存皮下脂肪。细毛羊的皮下脂肪很不发达，组织疏松，而真皮的结缔组织又比较致密，从而形成皮肤皱褶。

羊的皮肤和羊毛品质有关，同一羊体上，部位不同，皮肤厚度亦不同，羊毛的品质也有差别。在细毛羊中，凡皮肤薄而紧密、有弹力的，其生长的羊毛密度、弹性好。

二、毛纤维的发生与发育

（一）参与毛纤维形成的各种组织

绵羊皮肤是绵羊毛纤维生长的生理基础和物质基础，绵羊毛纤维是在绵羊皮肤中各种组织共同参与共同作用下形成和发育的。这些组织及其在绵羊毛形成和发育过程中的作用如下。

1. 毛乳头

毛乳头是绵羊毛纤维的营养组织。它的构成是以结缔组织为基础，其中有网状微血管，能输送营养物质给毛球，用以供给绵羊毛纤维的营养，促使纤维不断发育成长。

2. 毛球

绵羊毛纤维的最深层部分叫毛球，这一部分伸入皮肤的皮下组织内，膨大成梨形，毛球围绕着毛乳头并与之密切连接。毛球是毛根的直接延续物，依靠着毛球内细胞的繁殖，形成绵羊毛纤维的发生发育，并逐步伸出皮肤表面。

3. 毛鞘

毛根在皮肤内，被几层表皮细胞所构成的管状物包围与保护，这个管状物就是毛鞘。毛鞘是绵羊毛纤维在皮肤内生长时逐渐形成的，它一方面是纤维在皮肤内伸长时的通道；另一方面是为保护纤维正常生长，不受皮肤组织的挤压。同时弓纤维皮质层的两种皮质细胞（正皮质细胞和偏皮质细胞）交替增殖、而形成绵羊毛纤维的卷曲。

4. 毛囊

毛鞘的外层像外壳一样包围的一层结缔组织称作毛囊，由内外两层与中间一层透明膜所构成，其外层由顺着毛方向的结缔组织束构成，内含血管和神经；内层则由相互交错的胶原纤维构成；透明膜紧连于内外层之间。毛根位于毛囊之中，毛的发生和成长都在毛囊内进行，毛囊和毛根倾斜地长在皮内，与真皮表面呈一定的角度。毛囊大小、形态、深入皮内程度、倾斜角度、密度及排列方式等与动物的种类、年龄和生长阶段有关。细毛羊的毛囊在皮肤内大部分成群分布，一般十几个毛囊成一群，深入皮内约2/3处。

5. 皮脂腺

皮脂腺位于毛鞘两侧，一般有2个或3个，分泌油脂。分泌导管开口于毛鞘上1/3处，将油脂涂布在毛干上。油脂在皮肤表面与汗腺分泌的汗液混合称为油汗，可以保护羊毛以防止或减少外界因素对毛纤维的破坏。

6. 汗腺

位于皮肤的深处，其分泌导管开口于毛囊接近皮肤表面的地方。它的生理作用是帮助绵羊调节体温、散热，并将新陈代谢的废物排出体外。

7. 竖毛肌

是生长于皮肤较深处的小块肌肉纤维，只有初级毛囊中长出的纤维上才具有。它一端固着于低于皮脂腺的毛鞘上；另一端以一定的锐角与表皮相连。这些肌肉不断伸缩，促成了脂汗的分泌和运送，还可以调节皮肤内血液及淋巴液的循环。

（二）绵羊毛纤维在皮肤内的形成过程

毛纤维的形成始于胚胎时期，要经历一个复杂的生物学过程。从毛囊原始体的发生到形成一套能够不断生长羊毛纤维的完整毛囊组织，是伴随着胎儿的皮肤细胞同时发育的，羊毛纤维在皮肤内的形成过程可以概括为以下4个阶段。

1. 第一个阶段是瘤状物的形成期

胚胎发育的41～67d，在表皮的生长层和真皮接界的地方，有若干即将产生毛纤维的组织，先是出现一个个刺激点，相当于植物茎上的生长点。刺激点周围的血管输送更多的血液和营养物质，周围细胞大量增殖从而形成了一种瘤状物，这就是绵羊毛纤维的原始物质基础称作毛乳头突起，也称作瘤状凸起。

2. 第二个阶段是瘤状物伸入皮下组织时期

胚胎发育的第68～86d，已经形成的瘤状物和它下边的毛乳头突起，一起向皮肤深处生长，一直伸入到皮下组织里，逐步形成一个管状物，下端变为毛球，毛球的凹部形成毛乳头。

3. 第三个阶段是毛纤维形成时期

胚胎发育的第87～98d，瘤状物伸入皮下组织，固定了位置以后，毛乳头上面的生长层细胞就急剧地分裂并繁殖起来。新生细胞从管状物的生长层底部再向上生长，逐渐形成羊毛纤维。新生的羊毛纤维不断突破生长层的细胞群，向上伸长。位于纤维附近部分被突破的生长层细胞群形成了毛鞘。

4. 第四个阶段是羊毛纤维伸出皮肤时期

胚胎发育的第99～119d，毛变囊中新生纤维不断向上伸长，越来越向上挤压真皮层和表皮层，最后连同毛鞘达到皮肤的表面，并形成毛干，伸出体外。由于毛纤维在皮肤里是通过一定的压力挤出来的，所以在第一次剪毛前，羊毛的上端都是有毛尖的，第一次剪毛后毛纤维的顶端变钝。在毛囊原始体发育为毛纤维的过程中，在其周围相继出现汗腺、皮脂腺和竖毛肌的原始细胞，并分别发育为汗腺、皮脂腺和竖毛肌等附属结构。

（三）毛纤维的发育

毛纤维的发生和发育都是在毛囊内进行，研究表明，毛囊在皮肤上是成群排列的，一般每个毛囊群由1～4个初级毛囊和若干个次级毛囊构成，毛囊群间由结缔组织间隔，绵羊的毛囊群大多数是由3个初级毛囊和若干个次级毛囊组成。初级毛囊发生较早，在胚胎50～70d时即形成，一般3个一簇，在羊体上分布较均匀，初级毛囊中长出的羊毛较粗，为有髓毛。初级毛囊有一套完整的附属结构，包括一个皮脂腺，一个汗腺和竖毛肌。次级毛囊发生较晚，一般在胚胎80d以后开始形成，并在此后约100d之内或至羔羊出生后短期内出现较快。过此时间，则出现较慢，到20月龄为止。次级毛囊围绕初级毛囊分布，在毛囊群中数目差别较大，次级毛囊中长出的羊毛较细，为无髓毛。次级毛囊没有汗腺和竖毛肌，仅有不发达的皮脂腺。

毛囊发育最终形成毛纤维的数量，虽然受遗传因素的制约，但是，羊在怀孕期，尤其是怀孕后期和羔羊出生后，特别是出生后100d以内的营养状况对毛囊发育有着非常重要的影响。

据魏云霞等（2000年）研究，甘肃高山细毛羊及澳洲美利奴羊出生时，毛囊成熟率分别只有49.59%和41.95%，随着年龄的增长，初级毛囊数逐渐减少，次级毛囊数逐渐增加，毛囊成熟率逐渐提高，到90日龄时达到92.40%和92.57%，表明羔羊在出生后100d内毛囊的发生速度较快。到18月龄时，毛囊成熟率分别为98.62%和96.95%。表明，其毛囊的发生发育在18月龄时接近于停止，此时，毛羊密度分别为60.87个/mm²和67.10个/mm²（表6-1、表6-2）。

表6-1 甘肃高山细毛羊毛囊发育规律

品种	年龄	初级毛囊（个）X±S	次级毛囊（个）X±S	成熟毛囊数（个）X±S	非成熟毛囊数（个）X±S	毛囊密度（个/mm²）X±S	毛囊成熟率（%）	S/P
甘肃高山细毛羊	出生1~3d	9.89±0.87	58.38±15.03	68.27±17.03	69.38±18.28	137.65±20.3	49.59	5.9
	70d	6.79±0.50	78.17±16.96	85.08±16.67	7.66±2.74	92.93±18.61	91.61	11.51
	90d	6.30±0.89	82.49±19.34	88.8±20.34	7.30±0.83	96.1±12.07	92.40	13.09
	0.5岁	4.99±0.34	78.56±12.26	83.55±12.33	6.66±1.69	89.61±12.18	93.24	15.74
	1岁	4.41±0.63	70.66±8.09	74.88±8.47	3.54±0.50	77.32±8.68	96.84	16.02
	1.5岁	3.48±0.41	56.82±6.33	60.01±6.19	0.87±0.38	60.87±6.21	98.62	16.32

表6-2 澳洲美利奴羊皮肤毛囊发育规律

品种	年龄	初级毛囊（个）X±S	次级毛囊（个）X±S	成熟毛囊数（个）X±S	非成熟毛囊数（个）X±S	毛囊密度（个/mm²）X±S	毛囊成熟率（%）	S/P
澳洲美利奴羊	出生1~3d	9.90±0.98	49.58±12.5	59.48±15.80	82.31±17.01	141.79±21.35	41.95	5.00
	70d	6.81±0.91	79.72±19.88	87.53±18.81	13.28±9.15	99.70±16.81	86.69	11.70
	90d	6.11±0.44	100.21±17.05	106.32±16.79	8.53±2.99	114.85±14.97	92.57	16.40
	0.5岁	4.73±0.29	83.67±8.75	88.39±8.49	5.06±1.04	93.46±5.93	94.57	17.68
	1岁	4.25±0.23	80.29±17.33	84.54±17.45	3.92±2.54	88.46±15.6	95.00	18.89
	1.5岁	3.25±0.29	62.41±10.57	65.46±10.50	2.64±3.02	67.10±11.82	96.95	19.20

第三节 羊毛纤维的结构

我们平时说的羊毛纤维指的是绵羊毛，是毛纺工业的主要原料。在国际上所有纺织用的天然动物毛的总量中，绵羊毛约占97%，而在我国，约占80%。

一、毛纤维的形态学结构

在形态学上，羊毛可以分为3个基本部分，即毛干、毛根和毛球。

（一）毛干

毛干是毛纤维露出皮肤表面的部分，是构成毛被和决定羊毛品质的最基础物质，也是评定羊毛纤维价值的部分。

（二）毛根

毛根是羊毛纤维生长在皮肤内的部分。它一端与毛干相连；另一端与毛球相接。组成毛纤维的细胞，在毛球内经大量增殖至毛根部位后，即开始角质化，形成不同的组织学结构。下面不断增殖的细胞，把构成纤维的细胞团，推向毛囊的颈部，逐渐形成羊毛纤维，并连续性地向上伸出。

（三）毛球

毛球是羊毛纤维最下端的部分，与毛根相连。毛球围绕着毛乳头，并与毛乳头紧密相接，外形膨大若梨，故称为毛球。毛球依靠从毛乳头中吸收养分，使毛球中的细胞不断增殖，因而羊毛纤维得以不断地增长。

除此之外，在羊毛纤维周围，与羊毛纤维生长发育有关的一些组织结构如下：

毛乳头：位于毛球的中央，是羊毛的营养器官。

毛鞘：毛根外包围着的管状物，由几层表皮细胞构成。

毛囊：毛鞘外包围着的囊状物，由结缔组织构成。

皮脂腺：位于毛鞘两侧，分泌油脂，形成羊毛脂。

汗腺：位于皮肤的深处，分泌汗液，与羊毛脂混合形成羊毛的油汗。

竖毛肌：是生长于皮肤人较深处的小块肌肉。它的收缩，促进脂和汗的分泌和运送。

二、毛的组织学结构

在显微镜下观察，羊毛纤维的横切面由外向内分为鳞片层、皮质层、髓质层3层同心层结构，均由角质化的上皮细胞构成。

（一）鳞片层

是毛纤维的最外层，由一层到多层透明的扁平角质化的鳞片细胞构成，呈冠状、覆瓦状以环形、镶嵌形由毛根向毛梢排列，厚度为 0.7 ~ 1.0 μm，无色素，无细胞核。鳞片的形状随毛纤维细度的不同而不同。细羊毛的鳞片呈环状薄片，就像套在一根轴上的许多环形薄片，每个环状薄片都是完整无缝而且边缘互相覆盖，就像屋顶的瓦片或鱼鳞一样；半细毛的鳞片呈片状，它们在毛干表面上呈相互覆盖或相互衔接的形状，但覆盖的面积不如细毛那样大，倾斜面也小；粗毛鳞片覆盖面更小或根本不覆盖，只是互相衔接，呈扁形或不规则形。

不同品种、不同细度的羊毛纤维，鳞片高度、密度及厚度各不相同，图6-1是甘肃高山细毛羊羊毛鳞片观察图，图中纤维平均直径（20.5±0.25）μm，鳞片密度为（71.4±5.12）个/mm，鳞片厚度为（0.46±0.13）μm，鳞片高度为（12.5±0.94）μm。一般情况下，细度越大，鳞片密度越

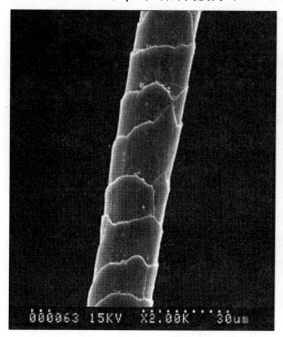

图6-1 甘肃高山细毛羊羊毛鳞片结构

大，高度、厚度越小。

鳞片的不同排列形式会起到不同的作用，当鳞片越宽扁、越密集排列，毛的表面越光滑，对光的反射作用就越强，有助于增强毛的光泽。粗毛的鳞片排列密集，且紧贴于毛干上，使毛的光泽强、缩绒性小。细羊毛呈比较柔和的银光。另外，鳞片还有保护毛干免受外界损害的作用，当鳞片层被破坏，毛纤维的强力和其他性能也随之降低。

（二）皮质层

位于鳞片层的里面，是组成毛纤维的最基本的物质，也是决定毛纤维的化学、物理和机械性质的主要部分。决定着毛纤维的强力、弹性和韧性。在无髓毛中，皮质层同鳞片层构成了毛纤维的全部结构，皮质越发达，毛纤维越结实，弹性越好。皮质层是毛纤维天然色泽的体现者，色素细胞一般存在于皮质层的细胞壁上。

羊毛纤维的皮质层分为正皮质层和负皮质层，这是形成羊毛自然卷曲的物质基础，但是，不论是正皮质层还是负皮质层均由锭状的皮质细胞构成，利用浓硫酸处理后观察甘肃高山细毛羊羊毛皮质细胞见图6-2所示，皮质细胞平均长度（87.40±20.73）μm，平均宽度（6.40±1.39）μm，随着纤维直径的增大，皮质细胞的长和宽也相应有所增大。甘肃高山细毛羊羊毛皮质细胞的长度分布有一定的规律，基本是在60~80μm和100~130μm两个区间内，这说明，羊毛纤维正、负皮质细胞的大小是不同的。

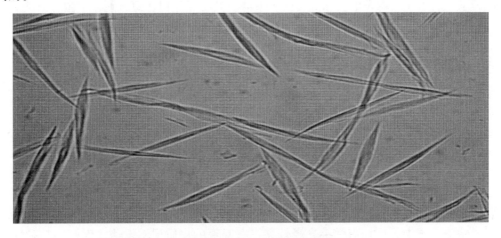

图6-2 甘肃高山细毛羊66支羊毛皮质细胞600×

（三）髓质层

髓质层是有髓毛从外向里的第三层结构，位于纤维的中央。它是有髓毛的主要特征，由一层或多层纵向排列的扁平或立方形细胞构成，结构疏松，内含大量空气。纤维类型的不同，髓质层形状也各异，两型毛的髓质导呈点状、断续状或很细的线状；粗毛的髓质层呈连续状，且宽度随纤维直径的增大而增大；在干毛或死毛中，髓质层特别发达，几乎占毛纤维直径的绝大部分甚至全部。髓层越发达的纤维往往机械性能较差，强力、弹性变小，对染料的亲和力降低，不易染色。甘肃高山细毛羊正身套毛属于无髓毛，没有髓质层结构，只有四肢、头毛等边肷毛中个别含有髓质层，属于腔毛。

三、羊毛的化学结构

羊毛是一种天然蛋白质纤维，在化学成分上相当于角、蹄和指甲。这种蛋白质化合物称为角朊，除含有碳、氢、氧、氮四种元素外，角朊蛋白质还含有较多的硫，羊毛纤维中硫的含量是有差异的，总体来说，纤维越细硫含量越高。

所有蛋白质都能被酸或碱溶液所水解生成氨基酸，羊毛纤维的角朊蛋白质是由18种以上的a-氨基酸缩合而成的链状大分子。各种氨基酸在不同类型羊毛纤维中的含量不同，其中含量较高的有胱氨酸、谷氨酸、精氨酸、亮氨酸、苏氨酸和酪氨酸。而最主要的也是对羊毛品质影响较大的则是胱氨酸，羊毛纤维中的硫主要存在于胱氨酸中，直接影响着羊毛纤维的光泽、强力、弹性和韧性。

第四节　羊毛纤维类型和羊毛种类

羊毛纤维的类型和羊毛的种类是两种不同的概念，各有其不同的含义。羊毛纤维的类型是指单根纤维而言，而羊毛的种类是指羊毛的集合体，如毛丛、毛被子等。同时，两者又有着极为密切的联系，因为集合体组成的最基本单位是单根纤维。

一、羊毛纤维的类型

羊毛纤维的类型是指单根纤维而言，根据纤维的细度和外表形态，并参考着生部位、组织结构等，可将羊毛纤维分为以下几种类型：

（一）刺毛

也叫覆盖毛，着生于绵羊的头面部和四肢下部。其特点是粗、短、硬，呈微弓形或刺形，光泽较亮。组织学结构上，鳞片较小而紧贴毛干，毛纤维表面平滑。由于刺毛过短，使用价值低，加之着生部位特殊，故一般在剪毛时均不剪下，如果要剪刺毛，必须在剪完正身套毛后再剪，以免刺毛混入套毛，影响套毛的使用价值。

（二）有髓毛

有髓毛可分为正常有髓毛、干毛和死毛，干毛和死毛都是正常有髓毛的变态毛。

1. **正常有髓毛（发毛或刚毛）**

是一种粗、长而无弯曲或少弯曲的纤维。粗毛羊如西藏羊、小尾寒羊等被毛的外层毛均属于正常有髓毛，正常有髓毛的细度范围很大，一般在40~120μm之间，个别最细的达35μm左右，而更粗的可达120~140μm。所以分为细有髓毛（直径在40~75μm）和粗有髓毛（直径在75μm以上）。有髓毛的组织学结构分为三层：鳞片层、皮质层和髓质层。鳞片多为非环状镶嵌形排列，鳞片较薄，翘角小，紧贴于毛干上，因而有髓毛光泽较亮；有髓毛的皮质层不发达，因此，其弹性、韧性较差，手感粗糙；髓质层较发达，且随纤维直径的增大髓腔的宽度也在增大。有髓毛粗、硬、手感粗糙，纤维之间抱合力和对颜料的亲和力均较差，不易纺纱，不易染色。因此，有髓毛在毛纺工业中使用价值较低。但是，有髓毛发达的髓质层中充满了静止的空气，使其隔热性能大大提高，是生产工业隔热保温材料的理想原料。

2. **干毛**

是有髓毛的一种变态，其组织学结构基本上与正常有髓毛相同。在外观上，干毛与正常有髓毛的区别在于羊毛纤维上端粗硬、发黄变脆、干枯易折、缺乏光泽。在粗毛羊的被毛中都能找到干毛，特别是有髓毛与无髓毛长度相差较大的套毛中更多见。主要是羊毛在生长过程中由于长期受雨水侵蚀，以及风吹、日晒、气候干燥等外界因素的影响，鳞片受损，油汗损失过多，纤维得不到足够的滋润和保护，使毛质干枯变硬而成干毛，干毛属于缺陷毛、疵点毛的一种，在毛纺工业中是有害的，所以，干毛是评价羊毛品质的一项重要指标，被毛中干毛含量越高，使用价值和经济价值就越低。

3. **死毛**

是被毛中那些粗、短、硬、脆、无规则弯曲而且呈蒸骨色的纤维。也是有髓毛的一种变态毛。

其直径可达$120 \sim 140 \mu m$，甚至$200 \mu m$以上。组织学结构的特点是髓层特别发达，皮质层很少。这类纤维极不坚固，易于折断和拉断，少光泽，因缺乏对染料的亲和力而不能染色。所以死毛完全丧失了纺织纤维所应当具有的主要技术特性。含有死毛的羊毛也就会大大降低品质，有死毛的纺织品亦会降低质量。所以死毛被看做是纺织工业的一害。

（三）无髓毛（细毛或绒毛）

在混型毛中它存在于被毛的底层，所以也叫底绒。细毛羊的被毛基本上全部为无髓毛。无髓毛的细度一般在$15 \sim 30 \mu m$，也有个别不达$15 \mu m$的。长度一般在$5 \sim 15cm$。在外观上，一般表现为细、较短、弯曲多而且整齐。无髓毛的组织学结只有鳞片层和皮质层。其鳞片呈冠状环形排列，鳞片较厚，与毛干的夹角较大，具有良好的缩绒性；皮质层发达，结构致密，手感柔软，弹性好，是最有价值的毛纺原料。

（四）两型毛（中间型毛）

是有髓毛与无髓毛的中间类型。毛纤维直径结构差异较大，在一根纤维上有无髓毛和有髓毛两种形态。细度一般在$30 \sim 50 \mu m$之间。组织学结构较复杂，有的有髓质层，有的没有髓质层，髓质层结构多呈点状、断续状或线状。鳞片结构和皮质层结构介于有髓毛和无髓毛之间，半细毛羊的被毛中绝大部分都是两型毛，如罗姆尼羊、边区莱斯特羊等，纺织性能较好。

二、羊毛的种类

羊毛的种类是对套毛而言，按照组成套毛的纤维类型成分，可分为同质毛和异质毛两大类。

（一）同质毛

指一个套毛的各个毛丛基本上由同一类型的纤维组成。这种羊毛，其纤维细度、长度、弯曲以及外表特征基本相同。细毛羊、半细毛羊以及那些改良程度很高的高代杂种羊的羊毛均属同质毛。同质毛根据细度又可分为半细毛和细毛。

1. 半细毛

它是由同一种较粗的细毛或同一种类型的两型毛组成。其品质支数可以从32支到58支，也就是直径由$25.1 \sim 67.0 \mu m$。长度较细毛长；弯曲稍浅，但整齐而明显；有良好的光泽、强度和伸度。是理想的针织原料。也可制造毛毯、呢绒、工业用呢和工业用毡等。我国的半细毛羊品种有：东北半细毛羊、内蒙古半细毛羊和青海半细毛羊等。引入品种有：茨盖羊、罗姆尼羊、边区莱斯特羊和林肯羊等。

2. 细毛

所有纤维基本上属无髓毛，品质支数应在60支以上。因此，细毛应符合以下两个条件：其一，必须是同质毛；其二，毛丛平均细度不应大于$25 \mu m$，或品质支数不低于60支。细毛是毛纺工业的高级原料。可用于精纺制品和高级粗纺制品。我国的细毛羊品种有新疆细毛羊、东北细毛羊、内蒙古细毛羊、甘肃高山细毛羊和青海细毛羊等。国外引入的品种有苏联美利奴、德国美利奴和澳洲美利奴等。

近年来，随着绵羊育种工作的进展，羊毛细度在不断向更细的方向发展，于是，人们又按照纤维平均直径范围将细羊毛进行了分类，目前还没有一个准确的分类标准，但常见的分类有以下几种，从品种资源利用角度将中国细毛羊分为三个型（冯维祺和马月辉，2005），Ⅰ型：生产$60 \sim 64$支即$21.6 \sim 25.0 \mu m$为中毛型细毛羊；Ⅱ型：生产$66 \sim 70$支即$18.1 \sim 21.5 \mu m$为细型细毛羊；Ⅲ型：生产80支以上即小于$18.0 \mu m$为超细型细毛羊。从绵羊毛加工使用角度出发，按照细度将绵羊毛分为五个型（姚穆院士认为），中细绵羊毛（$20 \sim 25 \mu m$）；细绵羊毛（$18.6 \sim 19.5 \mu m$）；超细绵羊毛（$17.0 \sim 18.5 \mu m$）；特细绵羊毛（$15.0 \sim 16.9 \mu m$）；极细绵羊毛（$14.9 \mu m$以下）。从毛纺工业的羊毛分级与畜牧业中细毛羊分型相结合的角度，将我国同质细毛羊分为五个型（马宁），强毛型（25.1～27.0μm）；中毛型（21.6～25.0μm）；细毛型（19.1～21.5μm）；超细型（16.1～19.0μm）；特超细型（小于16.0μm）。澳大利亚美利奴羊育种者协会（Austalian Association of Stud Merino Breeder）将澳大利亚美利奴种羊按羊毛细度分为细毛型（fine wool，19.5μm以下）；中细毛型（Fine-medium wool，9.6～20.5μm）和中毛型（medium wool，20.6～22.5μm），又将细毛型分为超细型（superfine wool，17.6～18.5μm）和极细毛型（ultrafine wool，17.5μm以下）。

（二）异质毛（混型毛）

异质毛指一个套毛上的各个毛丛由两种以上不同类型的毛纤维所组成。各种类型的纤维在细度、长度、卷曲度以及其他特征方面都有明显的差异。各种粗毛羊及在杂交改良过程中那些改良程度较低的杂种羊的羊毛均属异质毛。异质毛中含有无髓毛、有髓毛，甚至含有干毛和死毛。其品质决定于各种类型纤维的比例以及这些纤维的细度、长度、光泽和其他技术特性。我们平常说的粗毛（从粗毛羊身上剪下的毛）就属于异质毛，是生产地毯的良好原料。国际市场上将粗毛统称为地毯毛。我国的西藏羊、和田羊，其纤维长，两型毛比例大，弹性大，是国际市场上著名的地毯毛。

甘肃细毛羊被毛均属同质的细毛，是一种无髓毛。

第五节　被毛的组成及羊毛密度

被毛是绵羊体表着生的所有毛纤维的总称。从羊体上剪下的所有毛纤维（包括腹毛、边肷毛等），连成一片完整的被毛叫原始套毛。原始套毛经过除边整理，去掉四肢毛、边肷毛、粪污毛、尿污毛、草屑毛和二剪毛等剩下的套毛叫除过套毛，除过套毛可以直接进行工业分级。如果从羊体上剪下的毛纤维不能形成完整的毛套，而是一片一片的羊毛则叫片毛，比片毛更小的叫碎毛。细毛羊、半细毛羊及其较高代杂交羊的羊毛密度大，油脂含量高，每年只剪一次毛，一般情况下都能剪成完整的套毛。粗毛羊和那些杂交改良程度低的低代杂种羊，被毛密度小，油脂含量低，气温较低的北方地区每年剪一次，较易连成完整的套毛；而在气温较高的南方地区，每年春秋各剪一次，春季剪的叫春毛，均呈套毛状态，夏秋季剪的叫伏毛或秋毛，一般不能剪成完整的套毛，常常剪成带有若干毛辫的片毛或碎毛。

羊体上的被毛根据毛丛形态结构分为毛丛结构被毛、同类型毛辫结构被毛和混合型被毛。

一、毛丛结构被毛

由若干个小毛丛集结形成的被毛。细毛羊、密度较大的半细毛羊的被毛属于这类被毛。毛束是组成羊毛毛被的一个基本单位，原因是羊毛纤维在皮肤内是呈簇状生长的，绵羊毛的生长是以5～12根为一簇，各个毛簇在绵羊皮肤中的排列为平行线状，这些毛纤维的自然弯曲数目和形态基本一致，在油汗的作用下相互紧密集结而形成毛束。由若干个毛束联合在一起形成小毛丛，再由若干个小毛丛形成毛丛，最后一个一个的毛丛相互联合形成一个相对密闭的毛被。毛丛是构成毛丛结构被毛的基本单位，它的特征直接决定着被毛的品质。

（一）毛丛的外部特征

将毛丛分开，从侧面观察羊毛纤维的密集状态及毛丛的形状，可分为圆柱形毛丛、圆锥形毛丛和倒圆锥形毛丛3种。

1. 圆柱形毛丛

毛丛上下部粗细一致，形同柱状。毛丛内纤维类型、弯曲数目和形状一致，细度均匀，长度基本相同，密度大，排列整齐，密闭性，沙土和其他杂质不易侵入，羊毛污染小，净毛率相对较高。这种毛丛其顶部特征分为两种，一种是平顶形，即毛丛顶端均匀平齐，密闭性很好，一般细毛羊和某些品种的半细毛羊的正身套毛属于这种结构，这毛丛形成的被毛表面平整，坚实紧密，是一种最好的被毛；另一种是辫形毛顶，这种结构虽然毛丛上下细度一致，但毛丛顶部有小毛辫或叫小毛咀，主要是因为羊毛密度较小，弯曲较大，油汗少，顶部密闭性不好，在毛丛顶部形成了小毛辫，也有一种情况是放牧草场灌木较多，羊毛被挂掉后没有完全脱离毛丛，被挂出的部分在被毛表面形成小毛辫。细毛羊的腹部、四肢及多数半细毛羊的被毛属于这种毛丛结构，另外，没有剪过毛的周岁羊的被毛，其顶部往往闭合性欠佳，毛丛顶部有小毛咀，但剪过一次后即表现为平顶形毛丛。这种毛丛形成的被毛表面松散，看起来裂缝较多，密闭性欠佳，污染较平顶形毛丛较大。

2. 圆锥形毛丛

毛丛内纤维长度很不均匀，含有大量的短毛，因此，接近皮肤部分毛丛粗大，沿顶部方向逐渐变细，形成下粗上细的圆锥形毛丛。这种毛丛羊毛纤维长度不均匀，油汗少，毛丛底部弯曲大而松散，密度小，密闭性差，羊毛污染较高。这种毛丛的顶部基本上属于辫形。改良程度较低的细毛羊大部分属于这类毛丛结构，如果细毛羊和半细毛羊也具有这种毛丛结构，则说明毛丛形态不正常，或者羊体健康状况不好，羊毛品质差。

3. 倒圆锥形毛丛

也叫漏斗形毛丛，毛丛顶部大，底部小，形如漏斗。毛丛内纤维细度差异较大，上部粗，底部细；或者部分纤维在生长过程中断裂并留在毛丛中，使毛丛上部显得粗大。这种毛丛形成的被毛密度小，密闭性差，污染高，手感粗糙，羊毛油汗不足，弯曲不正常，细度、长度差异大，强力小，弹性差，是一种不正常的毛丛结构，形成的被毛品质较差。产生这种毛丛的原因主要是绵羊的营养极度贫乏、不均衡及羊体疾病所致。

（二）毛辫结构被毛

被毛全部由毛辫构成，毛辫在纤维中的联合不像毛丛结构那样，具有与羊毛品质和产量密切相关的多样性和复杂性。例如，肉毛兼用半细毛的长毛种绵羊，虽然羊毛基本同质，但纤维细度和长度仍有差异，因此，仅在毛束顶端形成小毛辫。这种毛辫在整个纤维的全长上都有较为规则的弯曲。这类毛辫结合越紧密，羊毛品质越好。粗毛羊和改良程度较低的杂种羊的被毛大多是由各种类型纤维所组成，不同类型纤维的细度、长度、弯曲不同，生长速度也不同，绒毛生长速度慢，长度短，只分布在底部；有髓毛和两型毛生长较快，长度大，伸出毛束外端而呈辫状，称为毛辫，由毛辫直接形成被毛，比如西藏羊、和田羊等。粗毛羊的有髓毛越粗，含量越高，纤维越长，它形成的毛辫就越明显。在毛辫底部，由无髓毛和其他类型的纤维混合而形成一个较为紧密的毡化层，因此，在毛辫底部很难分出毛辫的界限。这种类型的毛辫，无髓毛含量越高，粗毛、两型毛含量越低且不含死毛的被毛品质较好。

（三）混合型被毛

这是细毛羊杂交改良过程中，由毛辫结构向毛丛结构过渡的一种被毛类型，常见于杂种羊。这种被毛毛丛结构与毛辫结构共存，也就是在用细毛羊对粗毛羊进行改良的过程中，被毛由异质毛向同质毛过渡不是同步的，身体不同部位被毛的改良程度不同，形成了某些部位呈毛丛结构，而另一些部位仍为毛辫结构，一般情况下，肩部变化较快，背部和体侧部次之，而股部最慢。混合型被毛中毛丛结构含量的多少是衡量绵羊改良程度的主要标志。

二、羊毛密度

羊毛密度指羊体单位面积皮肤上毛纤维分布的数量，以每平方厘米上毛纤维的根数表示，单位根/cm²。单位面积上纤维根数越多，则羊毛密度越大。

羊毛密度是影响羊毛产量和质量重要因素之一。羊毛密度大，羊体单位面积毛纤维数量较多，个体剪毛量和羊毛产量就越高。同时，羊毛密度大，被毛密闭性好，毛纤维受紫外线照射、雨淋等外界损伤少，油汗保持良好，污染小，净毛率高，强力大，弹性好，光泽亮。反之，如果羊毛密度小，羊体单位面积毛纤维数量较少，个体剪毛量低，则羊毛产量也低。同时，被毛松散，密闭性差，油汗损失大，污染厉害，净毛率低，强力变小，弹性差，光泽暗淡，手感粗糙。

羊毛密度的大小常随绵羊的生产方向、品种和个体的不同而差异较大，此外，年龄、性别、身体不同部位、胚胎发育条件、羔羊出生后的饲养管理以及育种技术等都对羊毛密度有着不同程度的影响。

一般来讲，细毛羊羊毛密度最大，可达6 000～7 500根/ cm²，半细毛羊次之，约为2 000～4 000根/ cm²，而粗毛羊羊毛密度较小，一般为1 000～3 000根/ cm²，甚至个别品种仅为700～800根/ cm²。同样是细毛羊，不同品种之间羊毛密度差异也较大，1998年甘肃省皇城绵羊育种场引进的纯种澳洲美利奴羊羊毛密度为（6 710±1 182）根/ cm²，而当时的甘肃高山细毛羊羊毛密度为（6 087±621）根/ cm²，而甘肃高山细毛羊含1/2澳血夹杂种羊羊毛密度为（6 404±115）根/ cm²（魏云霞等，2000年）。

羔羊出生时的毛囊成熟率不到50%，而出生后100d内，毛囊的发生发育速度较快，18月龄后，毛囊成熟率达到95%以上，毛囊的发生发育接近于停止。也就是说，羊只在1.5岁后羊毛密度达到最大，随着年龄的增长，羊只代谢功能逐渐衰退，部分毛囊萎缩，羊毛密度会逐渐减小。也就是说，除了加强妊娠母羊的营养供给，保证胚胎期毛囊发育外，羔羊出生后100d甚至1.5岁之内的营养状况同样对羊毛密度的影响非常大，如果在这个时期羊只能够得到充足而丰富的营养，那么，那些未发育成熟的毛囊原始体就可继续发育成毛纤维；反之，就会抑制其发育，使其不能达到它的遗传性所规定的毛囊总数量，进而降低产毛量。

绵羊身体不同部位皮肤的湿度、厚度、血管和神经分布等状态不同，因此，不同部位羊毛密度也不尽相同，一般情况下，由背线到腹部和四肢，羊毛密度逐渐减小，不同部位羊毛密度差异很大，凡皮肤越厚，湿度越高，血管和神经末梢越密集的部位，羊毛密度越大，反之羊毛密度越小。

第六节　原毛的组成和净毛率

一、原毛的组成

从羊体上剪下的毛称为污毛或原毛。原毛由净毛和杂质组成。其中净毛指纯净的，不含任何杂质的羊毛纤维。杂质，包括生理代谢夹杂物和外来杂物。生理代谢夹杂物主要是指羊只皮肤腺体分泌物和皮肤新陈代谢产物、排泄物。主要有羊毛脂、汗、粪尿及皮屑等。外来杂物主要是指从外界环境中混杂到羊毛中的物质，如水分、植物性杂质、泥沙、异性纤维、有髓有色纤维、粪尿及标记颜料、寄生虫、虫卵以及残留的药物、病菌等。

二、原毛中的杂质

原毛中含有较多的杂质，主要为油汗、沙土和植物质，另外还有一些标记颜料等。

（一）羊毛中的油汗

油汗是由羊体皮肤中的皮脂腺分泌的油脂和汗腺分泌的汗液在皮肤表面混合而成。它包括羊毛脂和羊汗。羊毛纤维生长周期长，环境、气候变化大，常年受风吹、日晒、雨淋、霜雪冰冻、粪尿污染及紫外线侵蚀，羊毛脂被覆在羊毛毛干的表面，对毛纤维起着很好的保护作用，油汗对羊毛具有保护作用，可防止外界不良因素对羊毛的侵袭。另外，油汗附着于毛纤维表面，有黏附和润滑作用，可使毛纤维联合成密集的毛束，促进被毛内毛丛的自然形成，防止毛纤维毡结。当油汗含量低时，羊毛纤维强度降低，手感和弹性变差；但是，油汗过多，又会消耗羊体营养物质，还使羊毛的洗净率降低。

1. 羊毛脂

羊毛脂（也称羊毛油脂），是皮脂腺的分泌物。它主要是由有机脂肪酸如油酸

（$C_{17}H_{33}COOH$）、硬脂酸（$C_{17}H_{35}COOH$）和高级一元醇如胆脂醇（$C_{27}H_{45}OH$）、异胆脂醇（$C_{30}H_{49}OH$）、蜡醇（$C_{26}H_{53}OH$）、羊毛脂醇（$C_{26}H_{23}OH$）等组成的复杂有机混合物，其中，醇类占30%～35%，胆脂类占15%～20%，脂肪酸类占45%～50%，游离脂肪酸类占1%～4%。

羊毛脂可分为两部分，即蜡脂和软脂，其中软脂占全部羊毛脂的85%～90%。蜡脂中含有高熔点（72～104℃）的脂肪酸，一小部分低熔点（15～20℃）的脂肪酸和胆脂醇等。羊毛软脂中含有低熔点的脂肪酸。根据羊毛脂的外观颜色和状态，又可分为易溶性羊毛脂：特点是易溶于热的皂碱洗毛液。这种羊毛脂外观呈白色，乳白色，淡黄色，属正常油脂，对羊毛有利。难溶性油脂：特点是难溶于或微溶于皂碱洗毛液，很难洗净，呈深黄色、锈黄色，属不良油脂，对影响羊毛的品质。还有一种颗粒状的油脂，也叫油脂颗粒，这是细毛羊育种中要淘汰的油脂类型。

羊毛脂不溶于水，但能溶于乙醚，石油醚，四氯化碳等有机溶剂。遇碱不完全皂化，但很容易乳化。在35～50℃的热皂碱液中，也可以把它冲洗下来，但仍会有少部分残余油脂存在。因此，最常用的洗涤方法是用35～50℃的热皂碱溶液。羊毛脂的熔点一般为38～42℃，较低，所以在含脂率分析时，则多用乙醚或乙醇等溶剂提取。

羊毛脂的含量、颜色随绵羊品种、个体特性、性别、年龄、身体不同部位、气候以及营养状况的不同而差异很大。一般来说，细毛羊油脂含量最高，半细毛和杂种羊次之，粗毛羊最低。公羊的油脂含量略高于母羊，并随年龄的增长而逐渐增大，到5岁后基本稳定或逐渐下降。甘肃细毛羊油脂颜色基本上属于白色、乳白色或淡黄色。含量测试结果见表6-3。

表6-3　甘肃高山细毛羊含脂率率统计表

羊只类别	成年公羊	成年母羊	幼年公羊	幼年母羊	平均
含脂率(%)	15.43 ± 4.21	9.94 ± 2.47	12.00 ± 2.36	9.10 ± 2.08	11.62 ± 2.44

2. 羊汗

羊汗是皮肤汗腺的分泌物，它对羊毛油脂有一定的溶解作用，可使油脂均匀地涂在羊毛上。汗质是一种无机盐的混合物，其中的主要成分是碳酸钾，占汗质干重的78.5%～86.8%，其次还有硫酸钾（占2.8%～6.2%），氯化钾（占2.8%～5.7%），这些物质遇水溶解呈碱性，很容易被洗掉。另外，还有一些不溶性物质如硅酸盐、磷酸盐、石灰和铁盐等，约占5.0%。羊汗具有较强的吸水性，在同等条件下一般为毛纤维回潮率的1.2～2.5倍。

羊毛中汗质的含量与绵羊品种、气候条件、个体特征和羊毛生长部位有关，其中，细毛羊高于粗毛羊，母羊高于公羊，幼年羊高于成年羊。汗质和油脂混合在一起，对羊毛纤维起到很好的保护作用。

（二）羊毛中的沙土

绵羊作为放牧家畜，在放牧和舍饲过程中，难免沙粒、泥土、粪块以及其他污物混入羊毛中。在剪毛和包装过程中也会混入不少污物。羊毛中的沙土，就是指这些混入羊毛中的沙粒、泥土、粪块以及其他污物的总称。

羊毛中的沙土含量一般用"土杂含量"来表示。即：沙土干重占原毛样干重的百分比。

羊毛含土率的大小与当地的自然生态条件及饲养管理水平有直接关系。当地自然条件越差、枯草季节越长、风沙越大，羊毛的含土率就越高。显然羊毛含脂率愈高，沙土黏附得就越多。同时，羊只的被毛密度和含土率也直接相关，被毛密度大，呈平顶毛丛且闭合状态好的，沙土一般不易侵入。

在自然放牧状态下甘肃高山细毛羊的原毛含土率一般在30%～60%之间。

（三）羊毛中的植物质

羊毛中的植物质主要来自放牧过程中混入的植物茎叶和种子及补饲过程中的饲草和褥草等。主要有草刺、草籽（苍耳、牛蒡籽）、草叶、草枝、谷壳、小树枝和小块树皮等。羊毛中草杂的多少和类型对于羊毛加工来说有一定影响。有些类型草杂很容易除去，对羊毛加工影响不大。有些草杂类型（例如，草秆类、稻草）在粗梳过程中会裂开，与羊毛纠缠在一起，很难去除；有的会在羊毛中形成一团种子（长茅草草籽），还有的非常坚硬（苍耳等），甚至会损坏梳毛机器或在延长碳化时间。

植物性杂质是羊毛交易中必须进行的检验项目，国家标准规定，洗净毛草杂含量不能超过2%，如果超过，则羊毛交易价格就要进行相应的折扣。另外，在草杂检验中不仅要进行含量检验，而且要分类进行检验，特别是要注明草秆类杂草和硬头类杂草的含量。

（四）丙纶丝

羊毛中的异性纤维主要指丙纶丝，丙纶丝在羊毛中的含量虽然不高，但是，它是影响国产细羊毛质量和使用价值的重要因素。是毛纺工业最为头痛的问题之一，在国产细羊毛拍卖会上，有的毛纺企业就提出，如果那家能保证出售的羊毛中不含丙纶丝，他就可以出比拍卖价每吨多500～1 000元的价格认购，可是，没有一个牧场主敢做这个承诺。由此可以看出，丙纶丝对羊毛价格的影响程度。丙纶丝污染主要来源于牧区装草料以及放牧员捡羊粪及日常生活使用的聚乙烯编织袋，还有剪毛时的捡毛袋，羊毛包装袋及破损绵羊罩衣等。丙纶丝一旦污染羊毛，在加工过程中会随着工序的推进不断分解，一根分解为若干根，越来越细，越来越多，很难去除干净。丙纶丝又是一种很难染色的纤维，最后会在羊织物中留疵点。防止丙纶丝污染的最有效的方法就是杜绝聚乙烯编织袋在牧区的使用。

（五）有髓有色纤维

有色纤维指白色绵羊毛中出现的棕色、黑色等杂色纤维；有髓纤维是指混入细羊毛（无髓毛）中的有髓羊毛、狗毛等。有色有髓纤维属于羊毛杂质的一种，深受国际毛纺界和绵羊育种工作者的重视，早在19世纪末，澳大利亚就注意到白色细毛羊的头、面、蹄或腿等部位的有髓有色羊毛，以及受尿液、粪便污染形成的有色羊毛对细羊毛的影响，并提出了"有色有髓纤维"的概念。特别是近20年来，随着引进羊种的增加，以及国际市场对白色、浅色、羊毛内衣制品需求的增加，白色羊毛中的有色有髓纤维的危害显得更加突出。

"有色纤维"就是羊毛纤维杂质中的尿液污染毛、粪便污染毛、深色羊毛以及其他深色动物纤维，它们与羊毛的结构相同，在毛纺加工中很难去除干净，如果有色纤维残存在纱线或织物中，必须通过生坯或熟坯修补等工序去除，这样不仅增加生产成本，费工费时，而且，去除效果甚微，深色纤维无论是浮于织物表面还是嵌于织物内部，都会造成织物染色不均匀，影响织物的外观质量，特别对白色和浅色织物的质量影响更大，如果有色纤维污染较严重，只能染成比有色纤维更深的颜色。如果羊毛中存在有色纤维，其使用价值将会大大降低，在国际羊毛拍卖中规定，黑色羊毛不得超过1／100 000，而在毛纺工业中，每千克白色羊毛中深色纤维根数小于100根才可用于织造白色或浅色织物。

有髓纤维包括混入细羊毛中的粗羊毛、刚毛及其他动物粗腔毛。有髓纤维由于其组织结构中髓腔的存在，使纤维表现出粗、硬、弹性差等特点，其纺织性能较差，如果织品中含有髓纤维，其舒适度指数会明显降低，与皮肤接触会产生痛痒感，所以，含有髓纤维的羊毛不能用于贴身服饰、床上用品以及婴儿用品的生产。另外，髓质层细胞对颜料的亲和力很差，也就是说很难上色，在深色织物中，有髓纤维的颜色明显比无髓毛浅，甚至表现为白色疵点。因此，用于生产深色织物的羊毛中应该严格限制甚至杜绝有髓纤维的出现。

控制有色有髓纤维的存在，除了加强细毛羊选育力度，降低有色有髓纤维的比例外，还要加强饲养管理，杜绝细毛样与土种羊、山羊及其他家畜如牦牛、骆驼等混群饲养，避免品种退化和有色有髓纤维的交叉污染。剪毛是造成有色有髓纤维污染不可忽视的环节，在牧区，特别是我国这种一家一户式的饲养管理中，不同颜色的羊只在同一地点剪毛，而且，剪毛设施落后，这样难免会使有色毛纤维混入白色羊毛中，造成污染。

因此，加强剪毛环节的质量控制，是减少有色有髓纤维污染的重要途径。为此做到：

1. 剪毛前要确保剪毛棚、剪毛器械等干净清洁，清除一切可能的污染源，确保狗等其他有色动物远离剪毛棚，剪毛工最好不穿易掉毛的深色服装。

2. 剪毛要按以下顺序进行，纯种且单群饲养的细毛羊→与有色或有髓公羊合群饲养的白色细毛羊→被毛品质退化的细毛羊→明显带有色斑的细毛羊→土种羊。而且，每一群剪完后要彻底清洁剪毛棚，并将不同的羊毛单独堆放，严防交叉污染。

（六）残留药物及寄生虫等

为了预防羊疥癣等皮肤病及各种寄生虫病的发生，每年要进行药浴，但药液干燥后很容易残留在羊毛上，形成药渍。药浴并不能根治或者完全消灭羊寄生虫病的发生，有的寄生虫及其虫卵会长期存留在被毛中。另外，根据联合国世界粮农组织（FAO）统计，每年至少有10%的羊只因为各种传染病而死亡。近年来，世界动物疫情日趋复杂，由OIE公布的A、B类动物疫病有82种，我国对外公布的一类、二类、三类动物传染病和寄生虫病有97种之多。羊毛是许多疾病传播的重要载体，比如口蹄疫、炭疽、布氏杆菌等。这些病菌虽然对羊毛纤维的性能影响不大，但是，这些传染病当中有很多是人畜共患病，这促些随着羊毛的流通而扩散，将严重威胁人、畜健康和安全。因此，羊毛进入流通环节前必须严格进行检验检疫，杜绝传染病的扩散，保护从业人员的生命安全。

（七）标记色

为了辨认不同类群或不同用途的羊只，生产中经常在绵羊身上涂上各种标记，常用的标记物有沥青、油漆和各种颜料。这些标记物涂在羊毛很难被除去，因此，必须在剪毛或套毛除边整理时将这些毛剪去，这样不仅费时费工，而且造成羊毛损失。目前我国已经研制出一种专供绵羊标记的新涂料，在洗毛时很容易被洗掉，要加大这种涂料在广大牧区的推广，尽快取代沥青和油漆等，减少羊毛污染。

三、净毛率

净毛率可以确定绵羊的真实产毛量和交易羊毛的真实重量，是羊毛经济指标中最重要的一项。

净毛率是纯净的羊毛纤维在公定回潮率条件下的重量占原毛样重的百分比。

原毛经过洗涤，洗去羊毛纤维附带的各种污物杂质，得到的毛纤维，称为净毛。净毛有两种表示方法，即普通净毛和标准净毛。

净毛率与净毛相对应也有普通净毛率和标准净毛率两种表示方法。在实际中通常通过测定净毛率来折算净毛重量。

（一）普通净毛率

指经过洗毛以后所得的净毛重量占该毛样原毛重量的百分比。这是目前在绵羊育种、羊毛检验单位和毛纺厂普遍采用的方法。普通净毛率所指净毛包括以下内容：

1. 净毛重量必须是经过洗毛以后的净毛在公定回潮率（同质细毛和半细毛为16%；异质毛为15%）下的重量。

2. 洗后所得净毛，必须含有不超过1%的残余油脂。因为这种微量油脂，在洗毛时很难除去。同时，这种含脂量也是保持羊毛正常物理性质所必需的。

3. 洗后净毛，允许含有不超过2%的植物质，这种数量的植物质，一般洗毛过程中也很难除去，必须用碳化方法才能除净。

普通净毛率的计算方法如下：

$$P=P_1 \times (1+0.16)/P_2 \times 100\%$$

式中，P：羊毛的净毛率（%）

P_1：羊毛试样中的净毛绝干重（g）

P_2：原毛样总重量（g）。

0.16为公定回潮率。

目前，常用测定普通净毛率的方法有烘箱法和油压法两种。我国研制成的油压式净毛率测定仪，可以快速测定各种羊毛的净毛率，供羊场、毛纺厂、基层收购单位以及科学研究上现场使用。但最常规的方法是依据《GB/6978-1986原毛洗净率试验方法 烘箱法》测定。

（二）标准净毛率

是指标准净毛重量占原毛重量的百分比。

标准净毛率是国际上羊毛贸易所采用的方法，比较精密准确。国际上所规定的标准净毛的组成成分，按重量百分比为：

绝干净毛占86%

水分占12%

油脂占1.5%

灰分占0.50%

植物质0

共计100%

计算标准净毛率时，必须把净毛中所含水分、油脂、植物质及灰分的含量，再加以精确测定。如果它们的含量都符合国际规定的标准，就认为合格。如果含量超过规定，就需在毛价中扣除超过的分量。所以标准净毛率的测定只在国际交易中应用，一般育种场和毛纺厂家只测定普通净毛率。甘肃细毛羊净毛率在55%左右。

（三）净毛率的重要性

在养羊业中，测定羊只的净毛，可以反映每只羊的真实产毛量；在羊毛收购上亦用净毛计价，方可做到优毛优价。单凭原毛的重量是无法判断其中含有多少杂质的。因而国家对各类羊毛的净毛都有一定的规定，作为羊毛收购时的根据。

在绵羊育种工作和生产上，仅知个体剪毛量和全群剪毛量或平均剪毛量是不够的，也要分别测定净毛率，尤其是种公羊必须测定净毛率，计算净毛量。在育种中按照净毛产量高低进行选种，才能有效提高育种进度。在毛纺工业上最终用的是净毛，即使原毛产量高、但含杂多，这些并不是工业上需要的。因此要提高净毛率，提高净毛的产量，才能有效提供毛纺工业的需求。平时在饲养管理上，在剪毛时，要尽量减少杂质对羊毛的侵入，要保持一定的油汗，减少外来杂质的黏附。要把提高净毛率和净毛产量作为一项重要措施来抓。

（四）影响净毛率的因素

影响净毛率的因素很多，如品种、类型、性别、个体特性、饲养管理条件和气候条件等。在品种方面，一般细毛羊较低，半细毛羊次之，粗毛羊最高。同一品种内，公羊略小于母羊，因为公羊的油汗高于母羊。个体的被毛长度、细度、密度、油汗大小和被毛结构不同，其净毛率差别也很大。被毛在相同密度下，羊毛愈长，其净毛率愈高，羊毛愈细，净毛率愈低。饲养管理条件方面如经常在贫瘠草地上放牧或冬春舍饲和补饲，由于和干草、粪尿和尘土等接触，杂质含量多，故净毛率低。剪毛时的条件很重要。气候条件上，在风沙大的地区，净毛率亦低。

第七节　羊毛的主要理化特性

一、羊毛纤维的物理性能

（一）细度

1. 概念

细度是指羊毛纤维的粗细，常用横截面直径大小来表示，单位为微米（μm）。羊毛纤维细度变化很大，最细的毛直径约7μm，最粗的直径可达240μm。羊毛的横截面形状因细度而变化。正常的细毛横截面近似圆形，长短径之比在1~1.2μm，不含髓质层。粗毛横截面呈椭圆形，长短径之比在1.1~2.5μm，含有髓质层。

细度是确定羊毛品质和使用价值的重要指标，在羊毛的所有物理特性中居首要地位。羊毛纤维的各种技术性分类都是以细度作为主要特征，甚至是唯一的系统特征。因为羊毛纤维的细度不仅与其他物理、化学、机械性能有密切的关系，而且也决定着毛纱的细度、厚度和织品的品质。同时，细度也是决定羊毛贸易价格的重要依据。在澳大利亚的羊毛定价系统中，细度的重要性占53%，长度占7%，强度占14%，杂质占9%，市场因素占8%，其他占9%。羊毛越细，价格越高。

2. 羊毛纤维细度的表示方法

（1）品质支数

品质支数曾是国际范围内应用最广泛的羊毛细度指标，也广泛应用于绵羊育种工作中。这种方法的优点是方便快捷，但是，它表示的只是一个目测的估计值，需要长期的经验积累，受人为因素影响较大，近年来澳大利亚、新西兰等国已不再使用。我国的绵羊育种工作者在进行羊只鉴定以及毛纺企业在现场选毛时还延用这种方法。品质支数与纤维平均直径之间有一个对应关系，这种对应关系也在不断地变化中，随着细毛羊育种工作向超细方向的推进，羊毛品质支数与平均直径之间的对应关系也发生了变化，目前，国际上比较公认的，我国参照执行的是欧盟的羊毛分级标准，如表6-4所示。

（2）公制支数

"公制支数"是一种定重制的表示方法，是指单位重量的羊毛纤维所具有的长度。常用于纺纱工业中，可通过计算公式与纤维平均直径相互换算。这种表示方式对于整个毛束来说，是一种比较准确的细度指标，但是它不能反映出细度的分布情况，也就是不能反映细度的均匀性（表6-4）。

表6-4　羊毛品质支数和平均直径对照表

品质支数	平均直径（μm）	品质支数	平均直径（μm）	品质支数	平均直径（μm）
150	11.1~12.0	80	18.1~19.0	50	29.1~31.0
140	12.1~13.0	70	19.1~20.0	48	31.1~34.0
130	13.1~14.0	66	20.1~21.5	46	34.1~37.0
120	14.1~15.0	64	21.6~23.0	44	37.1~40.0
110	15.1~16.0	60	23.1~25.0	40	40.1~43.0
100	16.1~17.0	58	25.1~27.0	36	43.1~55.0
90	17.1~18.0	56	27.1~29.0	32	55.1~67.0

（3）平均直径

"平均直径"指羊毛纤维集合体的平均细度，单位微米（μm）。可用仪器测量其单根纤维的直径或宽度并通过统计计算整个样品的平均直径。这是国际上通用的一种比较科学准确的表示方式。根据测试仪器的不同，可分为显微投影仪法，激光细度仪法，OFDA法、气流仪法等。这种表示方法还可以辅助以标准差和变异系数来反映羊毛纤维细度分布及其离散性。

3. 影响羊毛细度的因素

影响羊毛纤维细度的因素主要有羊毛纤维类型及其组成，羊的品种、年龄、性别，羊毛的生长部位，羊的饲养条件和生长季节等。

（1）羊毛纤维类型及其组成对细度的影响

无髓毛是由鳞片层和皮质层组成的，不含有髓质层，纤维细度较细，优质羊毛全由同类型的无髓毛组成。有髓毛除鳞片层和皮质层外，还有髓质层，其细度常随髓质层所占比例多少而发生变化。一般说来，髓质层所占比例越少，羊毛纤维细度越细。两型毛细度变异很大。

（2）绵羊品种、性别、年龄对细度的影响

细毛羊、半细毛羊和地毯毛羊等的羊毛细度是各不相同的。细毛羊羊毛纤维的品质支数在60支以上；半细毛羊羊毛纤维的品质支数在32~58支之间；地毯毛是各类型混合纤维，本身品质支数差异较大。从绵羊的不同性别来说，公羊毛细度较大，较均匀；母羊毛细度较细，但均匀度较差。从不同年龄的羊来说，第一次剪的毛，即羔羊毛的细度稍大一些；1~5岁生长的羊毛均匀，以后随着羊龄的增加，新陈代谢机能衰弱，羊毛渐渐变细。同一品种的细毛羊羊毛细度也有差异差异，2008年牛春娥对不同年龄、不同性别甘肃细毛羊羊毛细度进行了测试统计，结果见表6-5。

表6-5　甘肃细毛羊羊毛细度测试结果统计

性别 年龄 测试数量（只） 细度（μm）	母羊				公羊			
	幼年		成年		幼年		成年	
	2 195		4 760		472		204	
	数量（只）	比例（%）	数量（只）	比例（%）	数量（只）	比例（%）	数量（只）	比例（%）
<17.0	40	1.82	57	1.20	0	0	4	1.96
17.1~20.0	405	18.45	1 070	22.48	70	14.83	40	19.61
20.1~21.5	1 063	48.43	2 351	49.39	263	55.72	102	50.00
21.6~23.0	639	29.11	1 065	22.37	109	23.09	50	24.51
23.1~25.0	48	2.19	217	4.56	30	6.36	8	3.92

（3）羊毛生长部位对细度的影响

在同一只羊身上，毛纤维的细度也不一样。绵羊各部位毛纤维细度由小到大为：肩部—体侧毛—背部—颈部—腹部毛—臀部毛。头部和四肢上的毛较粗，统称为边坎毛一般在剪毛后要去掉。

（4）羊的饲养条件和生长季节对细度的影响

绵羊的饲料供应和自身营养水平对羊毛生长有着密切的关系，舍饲绵羊，一年中饲料营养供应均衡，羊毛细度较为均匀。常年放牧的羊群，在夏秋季节绵羊能吃到新鲜的牧草，含有丰富的蛋白质，营养水平较高，使羊毛得到正常生长发育，羊毛细度较大；而冬春季节，牧草枯萎，营养不足，又缺乏足够的饲料补给，羊毛细度变小。2008年牛春娥对甘肃省皇城绵羊育种场全年自然放牧的幼年母羊和甘肃永昌羊场全年舍饲的毛肉兼用幼年母羊体侧部生长一年羊毛纤维的毛尖、毛根和毛干中部分别进行细度测试，结果见表6-6，放牧羊的毛尖部和毛根部细度差异非常显著，原因是皇城羊场的细毛羊全年自然放牧，剪毛后7~9月为牧草生长旺季。羊只经过一个冬季吃不到新鲜牧草，这时候采食量大增，放牧时间也没有人为限制，任羊只自由采食，造成短时间营养过剩，使该阶段羊毛生长速度快，毛纤维（尖部）细度明显增大。毛丛中部的生长期约在10～12月，这时候牧草开始干枯，但还可供羊只基本的营养需要，再加之旺草期羊只皮下积累了一定的脂肪，可供给毛纤维生长的营养需要，因此，羊毛生长速度减慢，毛纤维开始变细。根部的毛纤维则是次年1～5生长，此时，牧草干枯，皮下积累的脂肪也消耗得差不多了，供羊毛生长的营养匮乏，又没有及时进行补饲，所以，羊毛生长速度缓慢，细度明显变小。从而形成从毛尖到毛丛根部细度逐渐变小，而且，差异极显著。而永昌羊场毛肉兼用细毛羊全年舍饲，营养供给没有季节性差异，全年处于均衡状态，所以羊毛生长速度和羊毛细度也比较均衡，沿毛丛长度方向的细度变化不大，差异不显著。

表6-6 不同饲养方式下羊毛毛丛各部位细度测试结果统计

部位	N	细度	
		放牧	舍饲
尖	20	20.16 ± 1.86	25.96 ± 2.91
中	20	18.08 ± 1.56	25.93 ± 3.51
根	20	17.03 ± 1.34	26.08 ± 3.57

（5）其他因素对细度的影响

绵羊在疾病或怀孕、哺乳期间，羊毛生长会受到显著影响，形成这段时间羊毛突然变细，甚至产生弱节毛。

4. 细度与其他物理性能的关系

（1）细度与长度的关系：在一般情况下，同品种、同类型之间的羊毛细度越小，纤维越短；细度越大，纤维越长。但这并不是严格的规律，可望通过今后育种的科研工作和饲养管理的努力，能使两个品质性状结合得更好。

（2）细度与卷曲的关系：在羊毛呈现卷曲波形的情况下，羊毛的细度与卷曲有着一定的关系。一般来说，羊毛愈细，弯曲愈小，卷曲数越多。

（3）细度和强度的关系：正常情况下，羊毛的强度与细度成正相关，也就是羊毛纤维愈粗则强度愈大。但在有髓毛中髓质层愈大，羊毛强度愈小。

（4）细度与缩绒性能的关系：细羊毛缩绒性能较粗羊毛为好。

（二）长度

1. 概念

羊毛纤维是一种有天然卷曲的纤维，因此，其纤维长度可分为自然长度和伸直长度。

（1）自然长度：毛丛在自然卷曲的状态下，两端间的直线距离称为自然长度或者毛丛垂直高度。在绵羊鉴定、羊毛收购、选毛、羊毛检验过程中广泛使用。

（2）伸直长度：单本羊毛纤维伸直（但不伸长）后的长度称之为伸直长度，也叫真实长度。羊毛纤维的伸直长度是客观评价羊毛长度的重要指标，主要用于毛纺工业以及养羊生产中。

羊毛伸直长度比自然长度要长，主要是由卷曲数和卷曲形态来决定的，一般细毛伸直长度比自然长度约长20%，半细毛约长10%～20%。

2. 长度的表示方法

（1）毛丛长度：也就是自然长度，指毛丛集合体的平均长度。一般在每年细毛羊鉴定时，用手分开被毛毛丛，露出羊体皮肤，将钢直尺垂直插毛中，紧贴皮肤，然后把直尺靠近皮肤，测量毛丛的垂直高度，精确至1mm。如果从羊体上剪下后量取毛丛长度，一定要保持毛丛原有的卷曲状态，不可人为产生弯曲，也不可使毛丛人为拉伸。毛丛长度也常常用于羊毛交易过程中。

（2）梳理后长度：梳理后的长度就羊毛纤维经过梳理，使其弯曲消失，纤维顺直排列，但不拉伸时测量长度，根据测试仪器和计算方法又可分为巴布长度（barbe：mm）和豪特长度（hauteur：mm）。其中，巴布长度是一种重量加权平均长度，梳片法测试的羊毛长度就是巴布长度量；豪特长度是一种截面加权平均长度，用黑绒板做的手摆排图法测试的长度就是豪特长度。另外，用不同型号AL长度仪及国产电容式长度仪可以同时测出以上两种长度结果。一般情况下，豪特长度更多地用于评价羊毛的长度指标，并且豪特长度与巴布长度之间也可用以下公式互换。

$$B=H（1+CV_H^2）B=H（1+CV_H^2）$$

式中：CV_H^2——豪特长度的变异系数

3. 羊毛长度在毛纺工业中的重要性

在毛纺工业中，羊毛长度的重要性仅次于细度，居于第二位。因为，一方面长度可以影响纺织品的品质和纱的细度，另一方面长度也决定着纺纱加工系统和工艺条件的选择。细度相同的羊毛，凡长度较大者就可以纺成品质较高或更细的纱支，而且，同样的纱线，如果纺纱时的纤维长度大则成纱线强度大，条干均匀，表面光洁，断头率低，相反，如果纤维短，则在纺纱过程中短纤维处于游离状态不易被牵伸控制，会造成粗、细节纱，条干不匀，表面粗糙，成纱品质差。在羊毛纺纱过程中，长度相差很大的纤维很难在相同的纺纱系统中利用。因此，对于不同长度的羊毛必须选择不同的纺纱系统进行加工。一般较长的羊毛适宜用长毛精纺系统加工，中等长度的羊毛用短毛精纺系统加工，短的羊毛用作粗纺，再短的羊毛只能用于毛毡生产。

4. 影响羊毛长度的因素

（1）绵羊品种、性别、年龄及羊毛生长的部位

绵羊品种是决定羊毛长度的主要因素。不同品种的绵羊被毛长度各不相同。一般细毛羊羊毛长度（自然长度，以下同）60～130mm，半细毛羊羊毛长度70～180 mm，粗毛羊羊毛长度60～400 mm。公羊毛略长于母羊；1～5岁羊毛生长速度较快，羊毛长度大，以后随着年龄的增大，绵羊的生理机能逐渐衰退，羊毛生长缓慢，长度较短；同一个体，身体不同部位羊毛长度也不相同，一般肩、侧颈、股、背部的羊毛较长，头、腿、腹部羊毛较短。2008年牛春娥对不同年龄、不同性别甘肃细毛羊羊毛细度进行了测试统计，结果见表6-7。

表6-7　甘肃细毛羊毛丛自然长度测试结果统计

性别	母羊				公羊			
年龄	幼年		成年		幼年		成年	
测试数量（只）	2 195		4 760		472		204	
长度范围（cm）	数量（只）	比例（%）	数量（只）	比例（%）	数量（只）	比例（%）	数量（只）	比例（%）
≥12.0	115	5.24	10	0.21	12	2.54	14	6.86
≥11.0	422	19.23	310	6.51	83	17.57	34	16.67
≥10.0	1 173	53.55	1 640	34.45	263	55.72	130	63.73
≥9.5	1 535	69.93	2 520	52.94	343	72.67	170	83.33
≥9.0	1 987	90.52	3 800	79.83	443	93.86	188	92.16
≥8.5	2 108	96.04	4 310	90.55	460	97.46	196	96.08
≥8.0	2 173	99.00	4 700	98.74	467	98.94	202	99.02
≥7.5	2 183	99.45	4 720	99.16	470	99.57	202	99.02
≥7.0	2 192	99.86	4 760	100.00	472	100.00	204	100.00

（2）饲养管理

绵羊营养供给充分均衡，则羊毛生长速度快，长度大且品质较好。

（3）剪毛技术

剪毛时留茬的高低直接影响羊毛的长度，如果剪毛技术熟练，剪毛时紧贴皮肤，留茬低且均匀，则羊毛长度大；如果留茬高且重剪毛多，则会严重影响羊毛长度和品质。

（4）其他

母羊的怀孕、哺乳、绵羊疾病及季节和气温等自然条件的变化也对羊毛长度有一定的影响。

（三）卷曲

1. 概念

羊毛纤维在自然形态下，是沿长度方向呈有规则的弯曲，一般以单位长度上的卷曲数来表示羊毛卷曲的程度，称为卷曲数；卷曲度与绵羊品种、羊毛细度有关，同时也随着毛丛在绵羊身体上的生长部位不同而有差异。因此，羊毛卷曲度的多少，对判断羊毛细度、同质性和均匀性有较大的参考价值。

按卷曲波的深浅、形状将羊毛卷曲分为弱卷曲、常卷曲和强卷曲3类，卷曲波幅较为平浅的，称为弱卷曲，半细毛卷曲多属这种类型；强卷曲近似半圆的弧形，呈正弦曲线形状，细毛的卷曲大部分属于这种类型；卷曲波幅较大的为强卷曲，细毛羊腹毛多属这种类型。另外，还有将羊毛卷曲形状分为平波、长波、浅波、正常波、扁圆波、高波和折线波7种类型的。这和前一种分类基本一致，只是更详细一些。其中，前3种属于弱卷曲，中间两种为常卷曲，后两种则为强卷曲。

2. 羊毛卷曲的成因

羊毛卷曲的形成与羊毛正、负皮质细胞的分布情况有关。品质优良的细羊毛，两种皮质细胞沿截面长轴对半分布，并且在轴间相互缠绕，这样的羊毛在一般温湿度条件下，正皮质始终位于卷曲波形的外侧，负皮质位于卷曲波形的内侧，使羊毛呈卷曲的双侧结构。羊毛纤维正皮质细胞和负皮质细胞之间的比例和偏心程度不同，卷曲形状也不同。

3. 羊毛卷曲性能的指标

（1）卷曲数

平均每厘米长度的纤维上拥有的弯曲个数，单位个/cm。

（2）卷曲度（卷曲率）

表示纤维卷曲程度的指标。用纤维的伸直长度与自然长度（卷曲长度）的差对伸直长度的百分率表示。

（3）卷曲弹性回复率

纤维伸直长度与伸直后回复长度的差对伸直长度与卷曲长度的差的百分率。

（4）卷曲回复率

纤维伸直长度与伸直后回复长度的差对伸直长度的百分率。

4. 卷曲与羊毛品质的关系

卷曲是羊毛的重要工艺特征。羊毛卷曲排列愈整齐，愈能使毛纤维形成紧密的毛丛结构，可以更好地预防外来杂质和气候影响，羊毛品也愈好。细毛羊羊毛的卷曲度与纤维细度有密切关系，纤维越细，卷曲越大，即卷曲越密。另外，羊毛卷曲与其缩绒性关系密切。

（四）羊毛纤维的吸湿性能

1. 概念

羊毛纤维由空气中吸收水分和向空气中排出水分的性能称为羊毛的吸湿性能。羊毛吸收和保持水分多少。

2. 羊毛纤维吸湿的原因和主要影响因素

羊毛纤维可以从空气中吸收水蒸气而吸附于纤维内部，水分子能在纤维中吸附的根本原因是羊毛纤维鳞片层和皮质层细胞的组成分子的侧链上存在相当数量的氨基、羟基、羧基、酯基等极性基团，它们能和水分子形成氢键将水分子吸附住。同时，羊毛纤维的非结晶区和巨原纤之间、原纤之间、微原纤之间的缝隙和空洞为水分子进出纤维开辟了通道。

影响羊毛纤维吸湿量的环境因素主要有环境空气的相对湿度和大气压力。纤维本身的因素有羊毛油汗的含量、羊毛中的某些杂质和纤维的紧密状态。羊毛的油汗本身虽然隔湿，但汗质等物质就有助于吸湿。单根纤维一般只要6~10s即可平衡，如果包装紧密，与大气中水蒸气交换要很长时间才能平衡。在羊毛质量检验中，羊毛样品暴露在空气中至少24h才能达到吸湿平衡。

3. 羊毛纤维的吸湿性能指标

（1）回潮率

又叫吸湿率。它是羊毛纤维中吸入的水分和保持的水分的重量占羊毛纤维绝干重的百分比。又可分为平衡回潮率、标准回潮率和公定回潮率3种。

羊毛纤维在一定的外界条件下其回潮率会趋于一定的极限，在这一极限上单位时间内由空气中进入纤维的水分子的数量和同样时间内由纤维内部放出到空气中的水分子的数量相等，即处于动态平衡中，即达到吸湿平衡，这时候的回潮率就叫平衡回潮率。但是，在羊毛纤维交易中计算重量时，不应以当时的实际重量为准，而应该扣除多余的水分。1875年在英国召开的布雷德福（Bradford）国际会议上，各国协商决定对任何纺织纤维均以一定的回潮率作为基准，多余的水重应予扣除，不足的水重应予补足。这种协商决定的国际共同遵守的回潮率称之为标准回潮率。而各国自定的回潮率标准称之为公定回潮率。羊毛纤维的标准（公定）回潮率和我国的公定回潮率见表6-8。

表6-8 羊毛纤维的标准（公定）回潮率 （单位：%）

羊毛种类	标准回潮率	我国公定回潮率
绵羊毛(含脂毛)	16.00	16.00
绵羊毛(洗净毛)	细毛17.00，粗毛16.00	细毛15.00，粗毛16.00
含油毛条	19.00	16.00
干梳毛条	18.25	16.00
精梳毛条	18.25	16.00
粗梳毛条	17.00	15.00

（2）含水率

羊毛纤维中所吸入的水分和保持的水分的重量占纤维与水分共重的百分比。过去，含水率常被毛纺工业采用，现在全部使用回潮率指标来评价羊毛的吸湿性能。

4. 吸湿性能对羊毛品质的影响

羊毛的吸湿性能对其品质有很大的影响，随着纤维回潮率的增加，水分子进入纤维之后，使分子间的距离增大，从而使纤维的长度、细度均出现不同程度的增大，强度变小，伸长率变大。因此，在进行羊毛纤维物理机械性能测试时必须在国家规定的恒温恒湿条件下（温度（20±2）℃，湿度65%±5%）进行调湿，达到吸湿平衡，这样测试的数据才有可比性。

（五）羊毛纤维的缩绒性能

1. 概念

羊毛在湿热和化学试剂作用下，经机械外力反复挤压，纤维集合体慢慢收缩紧密，并相互穿插纠缠，交编毡化，这一性能，称为羊毛的缩绒性。

2. 羊毛缩绒的成因

（1）由于羊毛表面鳞片在毛干上均为定向附着，形成羊毛的定向摩擦效应，逆鳞片摩擦系数比顺鳞片摩擦系数要大，这一差异是羊毛缩绒的基础。逆鳞片和顺鳞片的摩擦系数差异越大，羊毛毡缩性能越好。

（2）由于毛纤维具有较大的拉伸变形能力和很大的横向变形系数，这就使得毛纤维在各种外力作用下产生相当显著的纵向变形。

（3）由于羊毛纤维具有很大的拉伸恢复系数，也就是弹性回复系数。

（4）羊毛纤维具有天然的卷曲，它形成了毛纤维在空间爬动的复杂轨迹。

3. 缩绒的条件和方法

温湿度、化学试剂和外力作用是促进羊毛缩绒的外因。缩绒分酸性缩绒和碱性缩绒两种，常用方法是碱性缩绒，如皂液，pH值为8～9，温度在35～45℃时，缩绒效果较好。

4. 缩绒对毛纺织品的影响

毛织物整理过程中，经过缩绒工艺（又称缩呢），织物长度收缩，厚度和紧度增加。表面露出一层绒毛，外观优美，手感丰厚柔软，并且有良好的保暖效果。利用羊毛的缩绒性，把松散的短纤维结合成具有一定机械强度、一定形状、一定密度的毛毡片，这一作用称为毡合。毡帽、毡靴等就是通过毡合制成的。

缩绒使毛织物具有独特的风格，显示了羊毛的优良特性。但是，缩绒使毛织物在穿用中容易产生尺寸收缩和变形。这种收缩和变形不是一次完成的，每当织物洗涤时，收缩继续发生，只是收缩比例逐渐减小。在洗涤过程中，揉搓、水、温度及洗涤剂等都促进了羊毛的缩绒。绒线针织物在穿用过程中，汗渍和受摩擦较多的部位，易产生毡合、起毛、起球等现像，影响了穿用的舒适性及美观。大多数精纺毛织物和针织物，经过染整工艺，要求纹路清晰，形状稳定，这些都要求减小羊毛的缩绒性。

羊毛防缩处理有两种方法有氧化法和树脂法。氧化法又称降解法，通常使用的化学试剂有次氯酸钠、氯气、氯胺、氢氧化钾、高锰酸钾 等。使羊毛鳞片变形，以降低摩擦效应，减少纤维单向运动和纠缠的能力，其中以含氯氧化剂用得最多，又称为氯化。树脂法又称添加法，是在羊毛上涂以树脂薄膜，减少或消除羊毛纤维之间的摩擦效应，或使纤维的相互交叉处黏结，限制纤维的相互移动，失去缩绒性。使用的树脂有尿醛、密胺甲醛、硅酮、聚丙烯酸酯等。

（六）羊毛纤维的强度和伸度

1. 概念

（1）强度

羊毛纤维的强度指羊毛纤维单位线密度（未拉伸前）的断裂强力。由此可见，强度是一个复合概念，它包含了断裂强力和纤维的线密度。断列强力指羊毛纤维抵抗至断裂时最大的力，单位用牛顿（N）或者厘牛顿（cN）表示。线密度是指纤维的粗细程度，用一定长度的纤维所具有的重量来表示，它的数值越大，表示纤维越粗。常用的单位有特（tex）、分特（dtex）、毫特（mtex）、旦（D）等。我国法定计量单位为特（tex），1 000m长的纤维在公定回潮率时的重量克数就是1特。因此，羊毛强度的单位为N /tex。

（2）伸度

伸度指羊毛纤维的延伸性能，用断裂伸长率来表示。

2. 强度和伸度的表示方法

（1）单纤维断裂强度

指单根纤维在一定速度下被拉断时的力与纤维线密度的比值。广泛用于细毛羊育种和科研工作中。

（2）单纤维断裂伸长率

断裂伸长率指羊毛纤维拉伸至断裂时的伸长对拉伸前长度的百分率。

（3）毛束强度

指一束羊毛纤维单位线密度的断裂强力。主要用于毛纺工业中评价羊毛强度。

（4）断裂位置

指毛束断裂发生的位置。主要考核毛束的弱节位置，与纺纱系统和加工工艺的选择关系密切。

3. 强度和伸度对羊毛纺织性能的影响

羊毛强度是确定羊毛品质和使用价值的重要指标，在羊毛加工过程中，纺纱系统的配置是由毛束强度决定的，如果毛束强度不足，则不宜用作精纺或者不能用作经纱，只能用于纬纱。此外，脆弱的羊毛在梳理过程中很容易被拉断，使梳毛时落毛增加，毛条中纤维长度减小，影响毛条的质量。断裂位置也是影响羊毛加工性能的一项重要指标，当断裂发生在毛尖或毛根部时，梳毛时落毛增加，但对毛条中纤维的长度影响不大，当断裂发生在中部时，不仅影响毛条中纤维的长度，甚至会使羊毛失去使用价值。比如毛丛长度为7cm的羊毛，如果断裂发生在中部，则会纤维长度就变成了3.5cm，其使用价值就非常低了。羊毛纤维的伸度是决定纺织品结实性的重要指标，伸度大的纤维加工的织品结实耐穿，而且不易变形。

4. 影响羊毛强度和伸度的因素

（1）纤维细度

羊毛纤维的细度与强度、伸度关系密切，其他条件相同时，纤维细度越大，强度也越大，伸长也随着细度的增大而增大。

（2）纤维组织结构

羊毛纤维的髓质层是疏松而多孔的组织，它没有致密的皮质层那样高的抗拉性能，其延伸性能更差。所以髓质层发达的纤维强度相对较低，伸度更小。

（3）环境温湿度

温度和湿度对羊毛的强度和伸度也有一定的影响，温度越高，毛纤维的强度越低，伸度越大；湿度增大则强度降低，伸度增大。

（4）饲养管理

羊只全年营养均衡，各个阶段生长的羊毛细度均匀，则羊毛的强度大，伸度也好；如果某个阶段营养严重匮乏，或者疾病等，使羊毛细度急骤变小，出现弱节或者饥饿痕，则羊毛强度和伸度就会降低。

二、羊毛纤维的化学性能

（一）水对羊毛的影响

在常温下，水不能溶解羊毛，但高温下的水，可以使羊毛裂解。例如将羊毛放在蒸馏水中煮沸2h，羊毛将损失0.25%的重量；毛织物在水中煮沸12h，强度降低29%。各种温度的水对羊毛的影响不一，在 80~110℃时煮羊毛，羊毛将发生显著的变化；在121℃有压力的水中，羊毛即发生分解。因此，在羊毛染色时，对水的温度、压力和时间必须严格控制，若随意升温升压或延长煮沸时间，都会对毛织品的质量造成不利的影响。羊毛在热水中进行处理后，再以冷水冷却，可以增加羊毛的可塑性，在毛纺整理中称之为热定型。同时，羊毛在热水中处理，可以增加羊毛对染料的亲和力，但在毛织物染色中，升温不能过快，升温快，会造成染色不匀。

（二）有机溶剂对羊毛的影响

羊毛纤维对各种有机溶剂的化学稳定性很好。羊毛纤维在甲醇、乙醇、丙醇、丁醇、异丙醇、乙醚、石油醚、苯、甲苯、二甲苯等溶液中不仅不会溶解甚至不会溶胀，但这些有机溶剂却可以溶去羊毛纤维外面的脂蜡和汗质。上述前5种溶剂可同时溶去脂蜡和汗质，其余的溶剂只能溶去脂蜡，不能溶去汗质。正因为如此，在毛绒纤维含有杂质的分析测试中，通常用后面的有机溶剂先溶去脂蜡，前面的有机溶剂溶去汗质，从而分别测出脂蜡含量和汗质含量。

（三）酸对羊毛的影响

羊毛是一种比较耐酸的物质。一般的弱酸、低浓度的酸对羊毛没有明显的破坏作用，但高温、高浓度的强酸对羊毛就有一定的破坏作用。硫酸对羊毛产生的损害主要取决于处理时间、温度和浓度。有机酸对羊毛的作用较无机酸弱。

1. 硫酸对羊毛的影响

羊毛在稀硫酸中，虽然温度升到沸点，煮沸数小时，并没有大的损害。羊毛经稀硫酸处理后，并经100℃烘干，也不受影响，但植物在同样条件下，则全部炭化。所以，在毛纺工业上可采用这种方法去掉羊毛中所含的植物性杂质。但是，将羊毛放到30%的浓硫酸溶液中加热处理，或者将90%的浓硫酸滴在切取的羊毛片段上，不用加热，羊毛就会全部溶解。

2. 硝酸对羊毛的影响

硝酸在相当浓度下，可以使羊毛变为黄色，在染料工业不发达时，常采用此方法把羊毛变为黄色。

3. 稀盐酸对羊毛的影响

稀盐酸对羊毛影响不显著，但羊毛染色很少使用盐酸，而使用硫酸。因硫酸价钱便宜，效果也比盐酸好。

4. 亚硫酸对羊毛的影响

亚硫酸有去掉羊毛所带的天然黄色的能力，因而是一种常用的羊毛增白剂。

5. 有机酸对羊毛的影响

有机酸中的醋酸和蚁酸是羊毛染色过程的主要化工材料。它的作用和硫酸相同，但有机酸对羊毛作用温和，醋酸对羊毛的损害较硫酸更微，又因价格便宜，所以醋酸被广泛采用。

（四）碱对羊毛的影响

羊毛对碱的反应是很敏感的，很容易被碱溶解，这是羊毛重要的化学性质。在一般情况下pH值<8时破坏作用不显著，当pH值>8时破坏作用明显，当pH值>11时破坏作用就非常剧烈了。羊毛受碱破坏后颜色发黄、强度下降、发脆变硬、光泽暗淡、手感粗糙。碱对羊毛的破坏作用，取决于碱液的浓度、温度和时间。

1. 碳酸钾对羊毛的影响

在温度、浓度很低的情况下，碳酸钾对羊毛没有多大的破坏作用，因此可用来洗去羊毛脂和油污，但浓度必须低于0.5%，否则就会对羊毛造成损害。

2. 氢氧化钠对羊毛的影响

氢氧化钠在任何情况下，对羊毛都有损害，所以不能用作洗涤剂。将羊毛放在5%的氢氧化钠溶液中，煮沸5min，羊毛即全部溶解，因此可用来作鉴别混纺纱和混纺织物的定性分析。

3. 氢氧化铵对羊毛的影响

氢氧化铵是碱中对羊毛作用最为缓和的。例如羊毛采用酸性染料染色，可用氢氧化铵来脱色。羊毛在10%氢氧化铵溶液中煮沸，并不受损害。

（五）氧化剂对羊毛的影响

羊毛对氧化剂也非常敏感，过氧化氢、高锰酸钾及重铬酸钾等溶液对羊毛有影响，但损害的程度一般都取决于温度、浓度和时间。

（六）还原剂对羊毛的影响

还原剂对羊毛的破坏较小，在酸性条件下破坏更小。还原剂有漂白作用，但漂白后仍然会泛黄。亚硫酸氢钠等主要可使羊毛膨胀，胱氨酸键（二硫键）受到破坏，生成氢硫酸。

（七）盐类对羊毛的影响

羊毛在金属盐类如食盐、芒硝、氯化钾等溶液中煮沸，品质不会受到影响，因为这些溶液很难被羊毛吸收。所以元明粉常被用来作为染色时的缓染剂和洗毛时的助洗剂。

（八）活性有机物（酶）对羊毛的影响

某些专门分解蛋白质的活性有机化合物（酶）会破坏羊毛纤维，例如胃蛋白分解酶、胰蛋白分解酶、枯草杆菌酶等都会破坏羊毛纤维。

（九）日光对羊毛的影响

日光对羊毛的影响称为风蚀。光照使鳞片边缘受损，易于膨化和溶解。光照也可使羊毛的化学组成和结构、羊毛的物理性能和对染料的亲和力等发生变化。

日光对羊毛的影响有两种：波长较长的光对羊毛有漂白作用；波长较短的光（例如紫外光）会引起羊毛发黄。绵羊被毛由于经常受到紫外线（特别是波长短于340mm的紫外线）的侵蚀，使羊毛纤维的物理化学性能发生变化。再加以油脂的挥发，又加剧了这一作用。并且在鳞片层被破坏后，皮质层就完全暴露，会继续受到损伤。结果使羊毛毛尖发黄变脆，手感粗糙，外膜疏水性减弱，浸透快，上色不匀，强度降低。因此，在烈日下，绵羊应有适当的遮阴，这对被毛有良好的保护作用。已剪下的羊毛也要避免在烈日下长时间的暴晒，以免影响品质。

（十）卤素对羊毛的影响

卤素对羊毛有特殊的影响，可增强光泽，使羊毛失去缩绒性能，增加染色速率，使羊毛变得粗糙发黄。在干燥情况下，卤素对羊毛无破坏作用，卤素水溶液对羊毛作用显著，其中，碘的作用较缓慢。

三、羊毛理化性能在羊毛加工中的应用

随着科学技术的发展，羊毛的一些化学性质逐渐被应用于羊毛纤维的加工过程，例如，通过采用先进的无污染或低污染的改性技术，改善羊毛性能，提高羊毛使用价值，使中低档羊毛可加工出高档产品。这些高新技术主要包括：

（一）无氯化学或低氯化学改性处理技术

羊毛经改性处理后，纤维表面鳞片剥离，可使羊毛纤维变得柔软、光滑，而且，纤维细度有所降低，提高了可纺支数，制成的产品手柔软光滑，色泽亮丽、不起球，并且，防缩、可机洗，从而提高了产品的档次。

（二）低温等离子体处理技术

利用无污染的低温等离子体处理羊毛表面，降低羊毛细度，增加纤维抱合力，从而提高可纺支数，改善可纺性（纺纱断头可减少20%以上）。

（三）生物酶处理技术

应用生物酶可对羊毛纤维进行剥鳞减量处理，对于改善手感、光泽和染色性能，以及防起球有显著效果，经过适当的预处理，还可达到防毡缩的要求。该技术不会造成环境污染，有良好的发展前景。

（四）羊毛拉伸技术

羊毛纤维在变性处理后，采用机械拉伸方法拉长（约增长50%）、变细（细度减11.20%）。应用该方法可将中等细度羊毛加工成超细、超长羊毛，极大提高羊毛使用价值。

第八节 羊毛缺陷的产生及预防

凡是在品质上有缺陷，不符合毛纺加工要求或影响产品质量的羊毛，统称为缺陷毛或疵点毛。这些毛有的是因为绵羊生长过程中饲养管理跟不上所致，有的是因为自然环境所致，有的是羊毛在包装、储运、初加工过程中处理不当，造成羊毛品质发生变化，产生疵点。这些缺陷和疵点的产生，使羊毛的使用价值大大降低，但只要在上述各个环节予以重视，就可以减少或者避免疵点的产生。

一、由于饲养管理不当造成的羊毛缺陷

（一）弱节毛

主要由于在某一段时间内，羊只因营养不足或者疾病、妊娠等原因，导致毛纤维直径部分明显变细，形成弱节，俗称"饥饿痕"。我国北方地区冬季气候严寒，牧草枯萎，造成绵羊营养不良，若不及时补饲，就会造成弱节毛的发生。对同一羊场来说，由于绵羊的年龄、性别、体质等原因及耐受饥饿的能力不一样，产生弱节毛的程度也有差别。由于营养、生理原因导致的弱节毛会在羊只全身出现，使羊毛强力受到损伤。这种弱节的出现，对羊毛的品质是非常有害的。使羊毛在梳理过程中很容易被拉断，梳毛时落毛增加，毛条中纤维长度减小，影响毛条的质量。另外，弱节产出的位置对羊毛加工也非常重要，如果弱节发生在靠近根部或者毛尖部，对羊毛品质的影响稍小一些，如果弱节发生在毛丛中部，则对羊毛的品质影响最大。

防止弱节毛产生的方法，应在全年提供均衡而合理的营养，注意疫病防治，冬春季节适时、适量给羊补饲。

（二）圈黄毛

凡被粪尿污染的羊毛，称为圈黄毛。这种毛常出现在羊腹部、四肢及大腿外侧。其产生的原因，主要是饲养管理不当，如羊圈潮湿，垫草经久不换，以及羊只开始采食青嫩饲草时长时间拉稀等。粪尿对羊毛有侵蚀作用，能降低羊毛的坚实性和弹性。同时，由于粪尿污染羊毛变黄，洗毛时不易洗净，形成永久的成深色纤维，降低了羊毛的使用价值。

圈黄毛可通过正确饲养管理来防除。如勤换羊舍垫草，保持羊圈干洁，不喂腐败发霉草料。由黄转青放牧时要逐渐转变，以免引起消化不良。

（三）疥癣毛

凡从患疥癣病羊体所剪取的羊毛称疥癣毛，其特点是羊毛内混入由皮肤脱落的痂块和皮屑。绵羊疥癣是由皮肤上滋生的真菌引起的皮炎，一般在多雨季节比较流行。绵羊的其他寄生虫如虱、螨之类也会导致皮肤红肿和羊毛脱落等，分级时，疥癣毛属于应予剔除的缺陷羊毛之一。程度轻的疥癣毛经洗毛后能解除羊毛的胶结状态，但程度严重时痂块不能去除，梳毛等加工阶段会引起困难。患有疥癣病的羊，皮肤生理机能和营养受到严重破坏，所以毛细而短，强度小，品质差，羊毛干枯，工艺性能低。疥癣毛中混入皮屑之类的杂物较多，洗毛时不易除去，影响羊毛的加工。

为保证羊毛质量，应防止疥癣病的发生，发现病羊应与健康羊只隔离，并及早进行治疗。健康羊只也要定期进行药浴预防。

（四）毡片毛

当被毛中的一些羊毛紧紧结合在一起，形似毡片，称毡片毛。形成毡片毛的因素较多，外界气候条件的影响或疾病造成大量脱毛；羊毛的鳞片及弯曲发生交缠；羊体某些部位与外界紧压或摩擦；雨淋、尿浸等综合影响，均会产生毡片毛。毡片毛可分为两种，一种为活毡片；一种是死毡

片。活毡片可撕开，死毡片很难开松。

毡片毛很难洗涤，经过开松处理损伤较大，羊毛变短，强力下降，不能织造较好织品。

（五）标记毛

也叫染色毛。养羊业中为了识别羊只或羊群，常用一些有色物质在羊体上做出标记，这种因标记而染色的羊毛叫标记毛。用难溶性物质如沥青、油漆或机油等给绵羊标记的羊毛叫沥青毛、油漆毛或机油毛。这些标记物在工厂洗毛时不易洗掉，因而影响羊毛品质。所以，在给绵羊标记时，应选用日晒度好、抗磨损和抗雨水冲刷，易被碱皂溶液洗去，且不损伤羊毛品质的中性或酸性染料。另外，应选择羊毛使用价值较低的部位（如头部、额部）作标记，以免造成不应有的损失。

（六）重剪毛

也叫二剪毛。绵羊剪毛时，剪毛工技术不熟练，不能一次紧贴皮肤将羊毛剪下，为了补救，又重剪一次，并将短毛混入毛套内，这样的羊毛叫重剪毛。

经重剪所得的羊毛，长短不齐，并且长度一般只有1～2cm，这种毛混入被长毛，加工时不能全部除去，使毛纱细度不均匀，降低毛纱强度及织品坚牢度。为了避免重剪毛发生，剪毛时应严格按技术规程操作，一次将羊毛剪下，如有残留短毛，也不宜再剪，以免造成更大损失。

（七）草刺毛

羊毛中夹杂有大量的植物质，这些植物质的来源有两个途径，一种是补饲时落入羊毛中的草屑；另一种是放牧时混入羊毛的牧草茎叶和种子，以上均称草刺毛。草刺有两种：一种是活刺，即易除去的植物性杂质夹杂物；另一种是死刺，即难除去的植物质夹杂物。活刺包括干草碎片、茎、叶等；死刺指植物性夹杂物带有锯齿形芒刺，坚实的钩住羊毛，如羽茅草、刺苍耳等。羊毛中含有植物质，会使工艺过程发生困难，织物品质降低。

清除放牧地有刺植物，是预防羊毛中混入劣性植物夹杂物的根本办法。长有针茅、刺苍耳等植物的牧地，应在开花前放牧或刈割。切不可用这种干草喂羊。绵羊在补饲干草时，不可随地乱放，应用草架，以免草屑混入羊毛。

（八）皮块毛

剪下的羊毛中，带有小块皮肤称为皮块毛。造成原因是剪毛技术不熟练或思想不集中，将羊毛和皮肤一起剪下。

皮块毛是羊毛的重大缺陷，因为不论在洗毛或以后各工序中，都不能将其清除，有时还可能造成机械损坏，严重影响染色。

加强剪毛工的技术训练，遵守剪毛规则，可消除皮块毛的产生。

（九）混杂毛

各种疵点毛混进好毛，统称混杂毛。造成混杂毛的原因主要是管理不严。如不注意严格分等管理，将花毛混进白毛；四肢及腹毛混进长毛等。这些都对羊毛品质有影响，降低羊毛品质。

加强工作责任心，严格管理制度，完全可以消除混杂毛。

二、由初加工造成的羊毛疵点

（一）脆毛

由于洗毛溶液浓度过大或温度过高（超过54℃），使羊毛发脆变硬。这类毛的强度和伸度大大降低，手感粗糙，弹性小。影响到织品质量。

严格洗毛工艺要求，尤其是掌握洗毛温度，可防止脆毛发生。

（二）毡化毛

洗毛过程中，特别是洗细羊毛时，由于洗液浓度过大，或洗机运转过快或手洗用力过大，易造成毡化毛。此毛相互毡结，开毛后短毛增加，强伸度下降，品质低劣。

三、由于贮存不良造成的羊毛疵点

（一）水残毛

羊毛在羊体上雨淋，或在仓库堆放时受潮，或在运输中雨淋等都会严重影响羊毛品质，形成水残毛。

加强对羊毛的管理工作，特别是雨天不应剪毛；受潮羊毛必须晾干后再入库；羊毛运输时应防雨；长期堆放羊毛的地方应有通风设施，即可防止水残毛。

（二）虫蛀毛

库房湿热不通风时，羊毛容易生虫。虫蛀后的羊毛，各种性能均受到破坏，甚至完全失去使用价值。因此，在羊毛贮存时，应采取有效措施，做到通风、驱虫、降温、干燥，防止虫蛀羊毛。

（三）霉烂毛

在贮存或运输过程中，羊毛受潮引起发霉，使品质受到破坏的称为霉烂毛。羊毛在运输和存放时都应采取防潮措施，防止霉烂。

四、其他原因形成的疵点毛

在细毛羊的养殖生产中，除以上所述的几个方面外，还可产生以下几种：

（一）超期毛

即剪毛时间过于推迟，造成羊毛开始自动脱换而形成的羊毛。此类羊毛根部易形成形似"饥饿痕"的段带，可降低羊毛强度和长度，影响工艺性能。消除此类毛的方法是多观察，适时剪毛。

（二）皮剪毛、灰退毛

即从死亡羊只的皮板上剪下的羊毛和为加工羊皮用药物从皮板上退下的羊毛。此类毛工艺性能很低，不宜选用。

五、疵点毛及缺陷毛的处理方法

（一）加工中去除植物性杂质

精纺用毛主要在梳条过程中用机械方法排除草杂，此外，洗毛、和毛时利用羊毛被开松时也可除去一部分。原则上大的草刺和草籽应尽早排除，以避免在加工过程中形成碎片，增加后道工序的麻烦。细小草杂要纤维充分松解后才易除去。粗纺用毛从成本着眼，大多掺用大量低等级羊毛，含有较多草杂。粗纺加工在梳毛过程中虽有机械除草作用，但梳毛机上布置的除草点大多较少，梳毛的工艺流程短，梳毛以后缺乏去除细小草屑的手段。因此选配粗纺用毛，应当结合用途需要，或者选用含草很低的含脂毛；或者干脆选用含草特多的羊毛，在散毛状态或织成坯布后进行化学除草，即炭化去除草杂。

（二）分拣处理

选毛时分拣出来的一部分缺陷毛必须经处理才能使用，主要处理方法有：剪去密集草刺；剪去毛上的皮块；剪去印记毛上的印记；用弹毛机处理硬毡片毛或超期剪毛；对严重含草杂的毛以炭化处理，散毛炭化的缺点是重量损耗大，约损失7%~8%，工序长，纤维强力和手感都受到化学损伤；优点是去除草杂极为有效，尤其是消除机械除草难以完全排除的细碎叶屑。织成坯布后炭化会影响织物的手感，因此，应根据产品不同用途采用不同的炭化方式处理。

（三）缺陷毛的使用

缺陷是相对于产品用途和要求而言的，可根据缺陷的不同，因地制宜地使用缺陷毛。如原毛中的污渍毛、色花毛可用于深色色号和夹花色号的产品；在不影响产品质量的前提下，缺陷毛可适当地掺入正常毛中使用，但要掌握掺入比例；分拣出来的严重缺陷的毛即使限制掺用比例仍可能影响质量的，可考虑降级使用，如特别严重的脆弱毛、头脚毛、粗死毛积聚到一定的数量可能从精纺用毛降为粗纺用毛。总之要同时兼顾产品的品质要求和原毛质量的实际状况，制定用毛原则，达到经济合理，降低毛纺厂购毛成本。

第九节　羊毛的脱换

羊毛的生长依靠毛球部分的细胞增殖。倘由于某种原因导致细胞增殖减弱或完全停止，可引起羊毛停止生长。当毛乳头又重新开始增殖，往往在旧毛之下形成新毛，发生羊毛的脱换现象。羊毛脱换与绵羊品种、气候条件、营养水平、管理方式和绵羊的健康状况。内分泌等因素有关，主要有以下3种换毛。

一、羔羊的换毛

细毛羊和半细毛羊的羔羊从出生到6个月的一段时间内，胎毛脱落，换生新毛。这种换毛属于一种生理现像，不受气候季节影响。

二、季节性换毛

粗毛羊和土种绵羊在春夏天暖时，部分毛发脱落换生新毛。这是从野生绵羊祖先那里继承下来的适应于季节交替的习性。生活在不同地区和不同条件下的动物有着不同形式的脱毛现象。我国的东北和西北地区的粗毛羊都表现出很规律地春季脱毛，并且表现出饲养越粗放的就越显著，在时间上也比较有规律，粗毛羊开始脱毛时也是开始剪毛的最佳时间。对于杂种羊随着选育程度的提高，这种脱毛的特性也随之消失。改良过程中的土种羊的季节性换毛习性，随着改良代数的增加而减弱。

三、病理性脱毛

因绵羊患病及其他病理原因引起的脱毛现象。如因患病导致的新陈代谢障碍或皮肤营养不良引起的脱毛。患有疥癣也会引起局部性脱毛。

四、连续性脱毛

连续性脱毛是一种不定期的脱毛，能够在全年各个季节内不断地进行。这种脱毛决定于毛球的生理状况，如衰老或衰退、毛球角质化以及毛的正常营养供应破坏等。细毛羊、半细毛羊和一些杂种羊的这种脱毛是随着年龄和毛球的衰老、衰退而发生的。试验证明，细毛羊6～7岁后由于毛球细胞的衰老，经常出现局部连续性脱毛。

第十节　羊毛的初步加工

羊毛的初步加工是指羊毛剪下后进行的除边整理、分等分级、开毛去土、洗毛、烘毛、去草和打包等过程。羊毛纤维初步加工的目的是保证合理利用原料，将原毛加工成净毛，以满足毛纺生产中对原料的要求。

一、剪毛

从绵羊身上取下羊毛纤维的基本方法，有自然脱毛、化学脱毛、抓毛、梳毛和剪毛等数种。甘肃高山型细毛羊主要采用手工剪毛和机械剪毛两种方法。

手工剪毛的优点是简单方便、无须电源，缺点是剪毛人员体力消耗大、效率低、所留毛茬参差不齐。与手工剪毛相比，机械剪毛体现出以下几个方面的优越性：第一，减轻体力劳动。手工剪毛主要依靠手的握力完成剪毛动作。据统计，每剪一只羊，手要抓握1000次左右，因此剪毛员的手经常被磨成血泡，并且腰部和手腕酸疼。而用机械剪毛则速度很快，剪毛员操作轻松，大大减轻了体力劳动。第二，提高剪毛效率。手工剪羊毛，每剪一只羊一般需要16～20min，而机械剪毛每只仅需要4～5min。第三，提高羊毛质量，增加产量。手工剪毛毛茬参差不齐，且长度达4～5mm。机械剪毛毛茬一般在2.5mm以下而且整齐。相对于手工剪毛而言，用机械剪毛每只羊每剪一次可多产毛0.15kg，有的可达0.4～0.5kg，因此机械剪毛不仅可增产8%～10%，而且羊毛质量可以提高一个等级。第四，机械剪毛的套毛更完整，便于分级，可提高毛纺质量。这对于轻毛纺业及外贸商品标准都是很重要的。另外，机械剪羊毛能在剪毛季节尽快完成作业，羊毛损失少，有利于绵羊定期抓膘。

甘肃高山型细毛羊的剪毛时间一般为每年的6～7月份，一般每年剪一次毛。

（一）剪毛技术要求

1. 场地条件

场地必须开阔、平整、干燥，且通风良好，地面可为水泥、水磨石、砖、木板等无尘材质，或有帆布、塑料薄膜与地面分隔。剪毛场地应在使用前一天打扫干净并用来苏水消毒，以后每天使用后都应打扫卫生并消毒地面、墙壁、栏杆等。

机械剪毛场所在地应能提供安全稳定的220伏交流电。剪毛场地上方应有高度为2m以上的可安全悬挂剪毛机的支架。场地应相对隔离，防止非工作人员随意进入。电剪头2台以上的，两个剪毛手之间至少应保留1.5m以上的距离。另外，剪毛场所应备有灭火器等消防设施。

2. 人员及设备

剪毛人员必须接受过培训及安全知识教育并考核合格后方可参加剪毛工作。手工剪毛的剪刀要求锋利，剪毛快。每10台电剪应配备一台磨刀机，剪毛现场应有2套以上的钳子、扳手等维修工具；应有适量的润滑油；应备有足量苏打以配置清洗剪头的苏打水；应备有足够的刀片、砂纸。剪毛设备应于剪毛前一天调试安装好，并在正式剪毛前试机以避免发生意外。

（二）羊只的准备

羊只剪毛前应根据毛品质不同初步分群，不同品种的羊原则上不同时在一个剪毛场混群剪毛。剪毛前一天晚上羊只应集中在剪毛房前的场地，不喂草料，保证剪毛时空腹。羊只剪毛前2～3h应先赶入较集中的羊圈，靠相互的体温使羊毛脂软化，便于剪毛。待剪羊只，由专人先将羊体标识毛剪掉，并将剪下的标识毛集中管理。

（三）剪毛程序

剪毛的次序先从种羊开始，然后是断乳羊和周岁羊，母羊和羔羊总是最后剪毛。这样有利于对剪下的套毛进行分级，并使剪毛时羔羊离开母羊的时间不致太长。个体羊只剪毛程序如下：

1. 捉住羊的后腿，将羊拖至剪毛区。

2. 用双膝夹住羊的身体，使羊臀部着地背对剪毛手半坐在地上，羊的前肢可夹在剪毛手腋下。体格较小的剪毛手也可将羊只侧卧于地，人站于羊的背侧，然后将右腿跨过羊体并从两前腿间插过，蹲下时用右膝弯自然夹住羊上方前腿。手握住羊后腿蹄部向后推，充分暴露羊腹部，并使羊不能随意活动。

3. 打开电剪开关，从羊胸部沿腹部皮肤向后腿方向推，逐片将腹毛剪下，勿伤阴鞘或乳房。

4. 从羊上方后腿前侧根部向蹄部剪一刀，将后腿前侧毛剪下，再从蹄部向腿根部推剪至腿内侧，然后从羊下方后腿内侧根部向蹄部剪一刀，将腿内侧毛全部剪下。

5. 从羊上方后腿外侧沿蹄向脊柱方向推剪，将腿部与尾部毛剪下。

6. 剪毛手面对羊站到羊的腹侧，先腹部后背部逐一从尾部向颈部推动电剪，将体侧毛依次剪下并不断向上翻起。

7. 用手向剪毛手身后方向按压羊头，并用两腿向内夹住羊的四条腿，使羊脊柱弯起，沿脊柱两侧剪两剪，避免伤羊背。

8. 将羊上方前腿拌在剪毛手右腿后，左腿置于羊颈部下方并将其顶起，左手握羊嘴使羊头下垂，使羊颈部上侧皮肤绷紧并充分暴露。从肩部向头顶部方向将颈部、顶部羊毛剪下挑起，第二剪与之平行从肩部剪至耳朵上方及面侧部，第三剪从背部向上，与前面两剪平行，剪净耳底部、角、顶部、肩胛骨部羊毛。

9. 将左腿抽出，将羊头向上拉起并牵引向肩部，使羊颈部下侧皮肤绷紧并充分暴露。按从颈椎向气管方向由顶部向肩部依次推剪，将颈部毛连片剪起。将羊头向上仰起，夹在两腿之间，左手握羊嘴使羊头上仰，使羊颈部皱褶皮肤绷紧并充分暴露。沿下颌向荐突方向推一剪，将颈部毛全部剪下。

10. 将羊轻轻翻转，剪毛手面对羊站到羊的背侧，先将羊后腿毛沿蹄向腿根剪下。

11. 沿背部到腹部次序从后向肩部推动电剪，将体侧毛依次剪下并不断向上翻起，剪至前腿时沿腿根部向蹄部将前腿毛全部剪下，直至将整个毛套全部剪下。

12. 扶起羊并牵引其有序离开剪毛区。

13. 将剪下毛套有序地抱成团，并放入盛毛筐运离剪毛区。

14. 捡起落地毛，并清扫地面，准备下一羊只剪毛。

（四）羊只剪毛的操作要求

1. 剪下毛套要尽量完整。

2. 留在羊体上的毛茬短（0.5cm以内）而均匀。

3. 剪毛期间应尽可能防止羊只活动，搬动羊只及剪毛时动作必须轻揉。要爱护羊只，极力避免将绵羊剪伤和致残。严禁用腿、脚压踏羊的胸、腹部。

4. 推剪动作均匀流畅，尽可能贴近皮肤，并尽量减少重剪毛及伤到羊的皮肤。

5. 剪毛中遇有皱褶处应将皮肤拉展使其尽可能平展。

6. 雨天的被雨淋湿的羊不能剪毛。

7. 剪三只、四只羊后应将剪头浸在苏打水中清洗后继续剪；剪若干只羊后应更换或打磨刀片。剪毛手休息时应关闭剪毛机电源并取下剪头，以防伤人。

8. 羊只受伤后应立刻用碘酒等处理伤口，伤口较大的还应缝合伤口。

9. 使用过的润滑油不得随意倒弃，应集中处理，避免污染羊毛和周围环境。

10. 剪毛场地严禁人员随意走动，大声喧哗和打闹，以防惊羊或伤人。

11. 剪毛房内禁止吸烟，以防火灾。

二、套毛除边整理

（一）套毛除边整理的概念

套毛除边整理是将四边那些与套毛整体差别很大的短毛、泥土块、粪污毛、粗腔毛、沥青毛（或油漆毛）、草刺毛集中的毛、连有皮肤的毛及直接影响品质的变质毛从套毛中除去。其目的是提高羊毛的总体质量。通常大量的疵点毛集中在套毛边缘，因此去除疵点毛的重点是在套毛边缘，这也是"除边"一词的由来。但除边也不是只清除四边的次毛，分级员时常要从套毛中间清除的差异大的次毛，这类毛主要有3种。一是草刺集中的毛，这种毛常在两肩之间的正背顶；二是明显的污印毛，这种毛也多在背上；三是剪毛中常连皮块剪下。明显血迹集中的地方，常有皮块，皮块毛也需在除边过程中从套毛中清除。

（二）套毛除边的程度

除边的程度要视套毛的具体情况而定。如果套毛的总体质量较好，可将套毛边缘的污渍毛、短毛、黄油毛、集中草刺毛以及头脚毛等剔除干净。靠近臀部的后半部因草刺、油污、尿粪沾污、短毛等更为集中，除边深度要大于前半部。倘若在这种情况下去除的疵点毛太少，有明显的疵点毛遗留下来，会破坏买毛人对套毛的印象，卖不出价钱，这种现象称之为"除边不足"。反之，当套毛的总体质量较差，散布性疵点很多，则只需将套毛边缘去除很多，则减少了正身套毛的数量，却无助于提高套毛给人的印象，这就是"除边过度"。"除边不足"和"除边过度"都应尽量避免。

（三）套毛除边整理的方法

1. 剪毛工力争使所剪套毛保持完整并将剪下的套毛堆放在剪毛台上（毛根朝上），先除去尾部两侧的粪污毛，并将这些粪污毛单独存放，然后提起毛套的前部拉直，用手把羊毛推到一起。

2. 找出毛套中两个后腿部的羊毛，一手抓一个，用拇指和食指捏住，提起毛套，由后端折叠至前端，沿着毛套边把毛套拢在一起，向里按住抱起毛套。

3. 将毛套抱到分级台前，向外向上呈45°角将毛套抛出。当毛套落到分级台上后，拉住后腿部的羊毛，认真整理使整个毛套毛尖朝上推平在分级台上。

4. 分级员助手及时将掉在分级台下的重剪毛、粪污毛清除，以保持分级台和周围环境干净。

5. 以下几种情况，应将整个套毛拣出单独打包：毛套上有大面积的毡块毛、尿黄残；整个毛套都有较严重的弱节现象；毛套上带有大量的草刺、秸秆及杂质；有色毛套，包括单根有色毛的毛套；改良毛套，退化出有髓毛的毛套。

（四）套毛除边整理的注意事项

1. 在整个除边整理过程中，要用手指将毛丛分开，避免把好毛连同除去。

2. 除边整理时要排除套毛上影响羊毛品质的异性纤维或异物，例如，绳子、布条、烟头、电线、塑料、纸张等。

3. 套毛除边整理要适度。即要严防好丛套毛中被除掉，也要注意除边不净，导致套毛品质下降。一般套毛除边量占套毛重量的8%～13%。

4. 在套毛除边过程中，以下12种毛必须去除：（1）所有污渍和粪污；（2）短污毛和汗渍毛；（3）毛皮片；（4）短边缘毛；（5）成块的草杂质；（6）套毛或下颌部毛的结块部分；（7）染色的或腹部过缘；（8）臀部毛，硬刚毛和腿部毛；（9）水渍毛；（10）严重尘污，无用和质弱的背部毛；（11）需要时，去除有色、皮炎、有苍蝇产卵的套毛部分；（12）所有染有绵羊标记物质，如标记液体，喷剂的羊毛，因为许多标记物不能被洗净，它们影响了毛条的色质并限制了其最终用途。

5. 除边整理下来的边肷毛应分清长短、用途、单独存放，各自打包、标示。

（五）边肷毛的使用方法

在套毛除边过程中剔下的瑕疵毛都有其最终用途，不应混放在一起（如结块毛与羊皮片放在一起），每种问题的边缘毛都要有自己的标示，分别放置。一般来说，边缘毛也按照其长度进行分类。如精梳长度（>50mm）羊毛与粗梳长度（<50mm）羊毛要分开放置。从套毛上剔下的带有有色或有髓纤维的边缘毛绝对不能与其他边缘毛放在一起。

羊毛分级员在套毛除边整理过程中随时对羊毛分级区做彻底的检查，以确定，去除或减小任何潜在的非羊毛污染物质的风险。最常见和最麻烦的污染物有：标记液体和/或其他标记物质，用聚丙烯材料制成的化肥袋和打包麻绳，在混合包中用作分隔物的用过的毛包包装袋，放在羊毛压缩区域附近的衣物及工具，如毛包钩和钳子等。

三、羊毛分级打包

（一）分级

1. 分级目的

羊毛分级的目的是统一质量，也就是说，把品质特征一致的羊毛归为同一类，满足羊毛加工业者对羊毛品质的需要，降低质量风险，使其在销售时具有最大的竞争力。

2. 分级方法

对经过除边整理的正身套毛，在两边肩、侧、股部位各随机抽取一个毛丛，用目力观察细度及外观特征，并用钢尺测量其长度，根据标准要求判定毛套等级。分级员应经常对照细度标样比对眼光，提高目测能力。判定套毛的细度应根据整个套毛的平均细度来确定。套毛细度分60s、64s、66s、70s及70s以上五档，允许一个套毛中含有与主体品质支数相邻上下一个支数的毛，不允许含有与主体品质支数相差的两个支数的毛。判定套毛的长度等级应根据套毛的整体毛丛长度来确定。细特羊毛长度须有70%（按质量计）及以上符合本等规定，其余羊毛长度不得短于60mm；细一毛长度须有70%及以上符合本等规定，其余羊毛长度不得短于40mm（其中，40~50mm的羊毛不得多于10%）；细二羊毛须有80%及以上符合本等规定，其余的羊毛长度不得短于30mm。分级整理完毕，把毛套的两边向内向中间折叠，并从尾部卷至颈部，肩部毛包在最外面，使羊毛有较好的外观。将卷好的套毛放在有等级标识的羊毛分装袋或羊毛堆放点，等待打包。

（二）打包

1. 打包目的

打包是分级整理后，对绵羊毛的分类包装，包装后的羊毛便于运输、贮存，防止污染和被污染。

2. 打包方法

一般采用液压羊毛打包机进行打包。毛包的包布采用高密度聚乙烯编织布。标准包重（100±10）kg。

3. 毛包标示

羊毛打包后，毛包上的必须有标记，特别是毛包内容的描述在从打包直至羊毛被加工前对毛包内羊毛的相对商业特征起着重要的确认作用。毛包描述的主要作用是向买家强调预期风险和不能被客观检测的特征品质。例如：结块毛会影响羊毛加工效果但不能客观量化。

（1）澳大利亚毛包标示

澳大利亚使用一套带有四个简单原则的简化的毛包描述系统。包括以下几个方面：

①质量等级，如，AAA；

②指定的羊种，如美利奴（M）或优良杂交（FX）；

③经过验证的羊毛种类，如碎片毛（PCS）；

④对有色和有髓纤维的描述。

例如：AAA+M+PCS＝AAA M PCS等级+羊种+羊毛种类＝毛包描述

（2）肃南地区毛包标示

甘肃高山细毛羊的主产区肃南地区要求毛包两端包头刷深色标志，标示内容必须有：产地、交货单位、类别、等级、批号、包号、包重。在类别及等级项中应能体现绵羊毛的类型（细羊毛、半细羊毛或改良毛）长度、细度（支），例如，细羊毛—等66支表示为细—66s。

批号的表示方法为：

X X－X－X

┃ ┃ ┗—— 毛批顺序号（如1、2、3…），同年不同羊毛类别及等级之间不能重复使用。

┃ ┗———— 用SN或H……表示羊毛来源，SN表示姓名，H……K表示原产地。

┗—————— 用两位数表示产毛年份（如2005年用05表示，2006年用06表示）。

四、开毛去土

经过选拣过的原毛，极大部分仍有大小不同的毛片和毛块，其中，若有大量的油汗、沙土、粪尿和植物性杂质，如不去除，将严重妨碍羊毛的加工工艺程序，直接影响着纺织品的品质。因此，开毛去土杂是羊毛初加工的一道重要工序。

（一）开毛去土的好处

块状的原毛经过开松后成为松散的羊毛。其中，约有5%～15%的沙土和杂质可被除去，可提高洗涤效果，节约洗剂用量，提高洗毛的生产效率。原毛被开松为松散的小毛块，便于均匀地喂入洗毛槽中，洗液也容易浸入纤维间，可加快洗毛速度，提高洗毛效果。开松的原毛易于烘干，减少能源消耗，同时，也能保证烘毛均匀。开松的羊毛在梳理工序中容易进行，不再因羊毛缠结而过多地梳断纤维，也不再有过多的沙土和杂质损伤钢丝针布而降低分梳效能，可增加梳毛机的生产效率。

总之，进行开毛去土杂后，对保证下一工序非常重要。

（二）开毛去土的方法

开毛去土的工序分为"过案"和"过轮"。"过案"就是通过人工将毛在"毛案子"上进行摔抖。"毛案子"呈床棚形，案面系用铁丝编成的网眼，案面大小和高度分别按过案人员的多少和高度而定。网眼一般可分为三分（1cm）和五分（1.67cm）两种。甘肃高山细羊毛一般用五分眼，将羊毛在毛案网上用力摔掼，过案的数量和时间，系根据羊毛杂质和沙土的含量多少而定，以尽可能多抖去沙土和杂质为原则。

"过轮"是将经过选毛后的原毛，在电力转动的开毛机上进行开毛去土加工。我国多采用BO41型双锡林开毛机，这种开毛机是喂毛、开松及出毛等动作连续进行的，因其除土能力不够，所以适宜处理土杂较少的羊毛。

五、洗毛

原毛经过开松只能除去一部分杂质，这是因为羊毛中含有大量脂汗，使一部分沙土杂质黏附在上面不易除去。用机械与化学物理方法除去原毛中的杂质的工艺过程称洗毛。只有将羊毛洗净到一定程度，才能保证以后各工序的顺利进行，否则会使以后各生产工序和产品品质受到不良影响。洗毛过程中有效去除污染物的同时，应尽量减少纤维缠结。纤维缠结会在随后的粗梳和精梳操作中导致纤维断裂，降低纤维长度、缩短毛条长度以及增加精短废毛。

（一）羊毛杂质

羊毛杂质主要包括羊毛脂、羊汗、沙土、粪尿、植物性杂质及蛋白质污染层等。

1. 羊毛脂：熔点 37～45℃，比水轻，有羧基、羟基等，其易洗程度常用酸值、碘值、皂化值、不皂化物来表示。

2. 羊汗：主要为 K_2CO_3，溶于水与羊毛脂皂化成钾肥。

3. 沙土、粪尿：沙土中含钙、镁、铁等元素。

4. 植物性杂质：包括草叶、草秆等。

5. 蛋白质污染层（PCL）：蛋白质污染层的去除对净毛色泽、羊毛脂回收有影响。

（二）洗毛作用原理

羊毛脂汗的成分性质及其与原毛结合的状态，以及洗涤液的性质等是相当复杂的，受到各种因素的影响和制约。去污过程：第一阶段是首先润湿羊毛，使洗液渗透到污垢与羊毛之间联系较弱的部位，降低它们之间的结合力。通常将这个阶段称之为引力松脱阶段。第二阶段为污垢与羊毛表面脱离，并转到洗液中去，称为污垢脱离阶段。在此阶段，先决条件是洗剂的存在，从而降低了脂汗、土杂与羊毛间的黏附力以及机械作用。第三阶段为污垢的转移阶段，将羊毛上的污垢转移到洗液中去，并稳定地悬浮在洗液中而不再回到羊毛上去，以防止羊毛再度被玷污。这主要是由于洗剂溶液有乳化、分散、增溶、起泡等作用。

（三）洗毛方法

目前，国内外采用的洗毛方法主要有两种，即水洗和溶剂洗。水洗所用设备简单，操作方便，成本低，适合于洗含土杂较多的羊毛，是国内普遍使用的方法，但耗水耗能较大，会给环境造成污染，羊毛脂的回收也较困难。溶剂法洗毛自动化程度高，设备投资大，洗毛成本高，但羊毛脂回收率高，对环境污染少，仅有少数几家国外企业采用此法洗毛。另外，洗毛方法还有碳化和新方法。

1. 乳化水洗毛法

在毛纺织工业中，典型的洗毛方法是乳化水洗法。它是通过表面活性剂和无机盐的作用，使羊毛脂乳化而从纤维上分离下来，达到除脂的目的。 水洗羊毛作用原理：水洗羊毛是采用机械与化学、物理相结合的方法除去黏附在羊毛上的羊毛脂、羊毛汗、羊粪和土杂等杂质的过程。通常用肥皂或合成洗涤剂，再加入纯碱或其他助剂在适当温度下进行洗涤，使羊汗溶解，羊毛脂乳化，土杂从羊毛纤维上脱落后，使用压水辊挤掉羊毛中含沾污物质的洗液，再进入下一槽洗涤。在原毛进入洗液前，首先受到机械力的作用去除其部分土杂，然后浸入洗液。洗毛机由若干个洗毛槽组成，一般多采用四槽，若原毛中含脂量较低，也可采用三槽，槽中盛有一定温度的洗液和清水。进入洗毛机的羊毛都会受到推毛耙的搅拌力、水流的冲击力和压辊的挤压力等几种机械力的作用。

典型的洗毛工艺有弱碱性洗毛（皂碱洗毛和合成洗涤剂加纯碱洗毛）、酸性洗毛、铵碱洗毛和中性洗毛等数种。

2. 碱性洗毛法

所谓碱性洗毛是指羊毛在pH值8.5～9.5 的洗液中进行洗涤，适用于第一类羊毛。该类羊毛的特点是含油量高。利用羊毛脂中的脂肪酸与碱发生皂化反应，生成羊毛脂皂起到助洗作用。皂碱洗毛是沿用较久的一种碱性洗毛方法，肥皂不耐硬水，因硬水中含有钙、镁离子，易与肥皂作用生成不溶于水的钙皂、镁皂，如下列反应：

$$2RCOONa+CaCl_2 \rightarrow (RCOO)_2Ca \downarrow +2NaCl; \quad 2RCOONa+MgCl_2 \rightarrow (RCOO)_2Mg \downarrow +2NaCl$$

这些钙皂、镁皂易黏附在羊毛身上，因而影响到洗净毛的手感、颜色和光泽，最终影响纺纱性能和染色质量。同时，由于肥皂易在水中产生水解作用，从而降低了肥皂溶液的洗涤作用。在浓度为0.1％～0.5％的肥皂溶液中，大约有5％～10％的肥皂产生水解，其水解反应式为：

$$C_{15}H_{31}COONa+H_2O \rightarrow C_{15}H_{31}COOH+NaOH$$

当溶液中的脂肪酸含量很高时，会生成酸性皂：

$$RCOOH+RCOO- = H(RCOO)_2-H(RCOO)_2- +Na + = NaH(RCOO)_2（酸性皂）$$

这种酸性皂是不易溶解的，如黏附在羊毛上，将会影响到羊毛手感，最终影响到毛织物的质量。随着合成洗涤剂工业的发展，出现了一批可代替肥皂的合成洗涤剂用于洗毛。因此，目前已形成了合成洗涤剂加碱的碱性洗毛方法，即采用壬基酚聚氧乙烯（9）醚、十二烷醇聚氧乙烯醚等非离子表面活性剂加碳酸钠。碱性洗毛的洗液温度不得超过60℃。洗涤时合成洗涤剂对钙、镁离子具有良好的耐受性，不会形成沉淀，而且洗净毛的可纺性、抗静电性和吸水性都比较好。因此，碱性洗毛法在生产中使用得比较普遍。

3. 酸性洗毛法

酸性洗毛法适用于第二类羊毛（国产改良细羊毛）的洗涤，因该类羊毛油脂含量低、土杂含量高，加上羊毛本身的弹性和强度比较差，如采用一般的皂碱法洗毛，容易使洗净毛发黄、毡并、色泽灰暗。由于该类羊毛所含土杂大多为碱性，故在洗毛液槽中随着土杂的积累越来越多，其洗液的碱性也将逐渐加强。为了避免损伤羊毛，常在洗槽中加入适量的乙酸和硫酸进行中和，以阻止洗液的碱性进一步加强，维持洗液中一定的pH 值，故改称为酸性洗毛法。它可以清除碱性杂质的碱性影响，保护羊毛纤维原有的弹性和强度，并可降低毡化缩绒的程度。在酸溶液中添加一些表面活性剂形成酸性洗毛剂，可以使洗液很快地扩散到纤维的内部，提高润湿乳化效果，并能使纤维在洗液中膨化，改善鳞片开张角的均匀性，从而使羊毛容易洗净，而且羊毛光泽好。常用的表面活性剂有非离子表面活性剂（如月桂醇聚氧乙烯醚）、阴离子表面活性剂（如烷基磺酸钠）、烷基苯磺酸钠等。

4. 铵碱洗毛法

在洗涤第二类羊毛时，将硫酸铵代替纯碱加入后一个洗毛加料作用槽中，与由前一个洗毛槽输入的羊毛上残留的纯碱发生复分解反应。反应后生成的硫酸钠（元明粉）可以促进洗剂的洗涤作用，生成的氨水可以去除羊毛上的皂化物，而生成的二氧化碳则可以起到松散羊毛、除去草屑等机械杂质的化学搅拌作用，从而达到洗净羊毛的作用。

5. 中性洗毛法

对于第二类羊毛，由于洗毛液已呈碱性，因此可以不加入纯碱食盐或元明粉，只使用合成洗涤剂进行洗毛，这样不仅不会损伤羊毛，而且还可以增强洗涤效果。在洗毛时，应掌握洗液的pH值为6～7，洗液的温度可适当提高到50～60℃。中性洗毛的洗净毛比碱性洗毛法的洗净毛柔软、洁白和松散，即使储存日久也不易泛黄，而且洗净毛在梳毛机上梳理时的损伤也较少，是洗毛中的新工艺。在中性洗毛中，常用的洗毛剂有烷基磺酸钠、烷基苯磺酸钠、对甲氧基脂肪胺苯磺酸钠、雷米邦A等阴离子表面活性剂。其中，雷米邦A的去污效果较差，烷基苯磺酸钠的洗净毛手感较干糙，而烷基磺酸钠或对甲氧基脂肪胺苯磺酸钠的洗毛效果最好。为了提高洗涤效果，可加入氧化钠、硫酸钠、多偏磷酸钠等增效剂。非离子表面活性剂的中性洗液具有较强的去污能力，特别适合于用作中性洗毛剂，常用的有十二烷醇聚氧乙烯醚、壬基酚聚氧乙烯（9～11）醚、辛基酚聚氧乙烯（9～11）醚等非离子表面活性剂。这类洗净剂一般不为羊毛所吸收，而且洗剂的用量较少，但对改善洗净毛的手感没有阴离子洗涤剂效果好。

在上述4种洗毛方法中，后3种方法适合于第二类羊毛的洗涤，而在工业上应用较多的是铵碱洗毛法和中性洗毛法。由于山羊绒、牦牛绒、驼绒等特种动物绒毛纤维细、长度较短、不耐碱性腐蚀，而且所含沙土多为碱性物质，洗液呈碱性，所以适宜采用中性洗毛法。

6. 溶剂洗毛方法

除水洗羊毛外，在20世纪后期，一些经济发达的国家相继探索采用溶剂法洗毛。这种洗毛方法主要适用于含羊毛脂较高、含土杂少的美利奴细羊毛。据了解，目前，全世界共拥有6家大型溶剂洗毛厂，即除澳大利亚、比利时和中国台湾省各有一厂家外，还有3家在俄罗斯。溶剂洗毛的优点是技术装备先进，自动化程度高，产量高（一套设备的加工能力为6吨原毛/小时），洗毛质量好，羊毛长度损伤少，洗净毛光泽好，用人少（一套设备每年可加工原毛1.8×10^4t，全厂三班运转，共需职工37人），配套有羊毛脂回收装置（每年可回收羊毛脂2 000～2 500t），洗毛污物得到了综合利用，洗涤所产生的泥浆可用作肥料，对环境无污染。而且耗水少，降低了能量和蒸气的消耗，属于绿色生产。但是，也存在一些缺点，如设备投资大，加工量过大，需要较大的库存量和流动资金，每天的运输量也较大，与市场经济所要求的多品种、小批量、短周期极不适应，故未得到推广应用。洗毛属于羊毛初加工，也是毛纺织工业的重要工序之一，洗毛质量的好坏不仅影响羊毛的损伤情况，而且也影响到毛制品的最终质量，所以洗毛质量引起了毛纺织企业的高度关注。

7. 炭化洗毛方法

利用化学方法去草称炭化，这种方法除草比较彻底，但易损伤羊毛。炭化原理：利用浓酸对草及羊毛作用不同，使纤维素脱水后成碳——变脆易碎。酸对羊毛作用 NH2-R-COOH ⟷ NH2-R-COO +H+（Ⅰ）NH2-R-COOH+H+ ⟷ NH3+-R-COOH（Ⅱ）Ⅱ占优。在pH=4.8时，两过程平衡（等电点）。当pH<4.8时，羊毛开始与酸结合，酸和氨基为盐式键结合，反应可逆。

炭化工艺过程为：浸酸（使草杂吸足酸，尽量减少羊毛吸酸量）↓压酸、烘干与烘焙（去除水分，脆化草杂）↓轧炭、打炭（粉碎炭化后的草杂，机械气流去除）↓中和（清洗并中和羊毛上的硫酸）↓烘干（烘去除水分，达到回潮）。

8. 新方法洗毛

澳大利亚西南威尔士大学研制出一种不用水洗，进行"干燥"处理的新方法，其工作机理是：首先在一个装置内通过加热的方式对羊毛所玷污的脂蜡进行液化，然后在毛纤维及其液化的脂蜡内加入吸收脂腊的材料，最后将吸脂材料与原毛纤维脱离，从而得到干净的毛纤维。整个过程包括羊毛脂液化，加入吸脂材料及羊毛纤维吸脂材料脱离可同时进行，其关键是控制适当的温度，既能使羊毛脂产生液化，又不能对毛纤维及吸脂材料有任何损害，由于羊毛脂在50～60℃产生液化，因此，对其加热温度最好不超过70℃，吸脂材料的加入量与毛纤维重量比为1∶2时，且由微波系统提供热源较好，吸脂材料的选择可以是硅藻土、滑石、氧化硅或硅胶等，使用量可根据原毛的沾污程度及要求洗净程度而定。这种洗净毛方法与传统方法相比处理速度既快又经济，而由此所产生的废物也很少，因此，符合环保的需要。

（四）羊毛脂回收

目前，国外基本采用先从洗毛污水中回收粗制羊毛脂的方法。粗制羊毛脂再通过精细化工精练成精制羊毛脂及其衍生物。该工艺存在投资大、运行费用高、能耗大、粗脂回收率低（20%～30%）等问题。自1979年以来，我国已致力于洗毛污水治理方面的研究，并在1984年把治理洗毛污水列为"七五"重点攻关项目。经过多年研制试验，研发了"离心法"、"酸降解法"、"膜技术"和"萃取分离技术"等回收粗制羊毛脂技术，羊毛脂回收率可达80%～85%。这同国内外其他方法相比有了很大的提高。采用分子膜技术和新型精炼剂，使精制羊毛脂质量达到了国家药典标准。该项技术的生产工艺较简洁，生产工艺流程见图1。其特点是易于管理，工程设计投资相对节省，对国产毛和进口毛具有广泛的适应性。但该项技术还需进一步提高生产自动化控制水平，扩大生产量，尽快实现工业化。

总之，在羊毛脂回收上，主要有化学法（溶剂萃取法）、物理法（离心分离法）及物理化学法。物理法一般采用离心分离法，对洗毛废水进行2～3道油水分离，使用膜技术、萃取技术和新型精练剂，使精制羊毛脂质量达到了国家药检标准。同时，大大降低洗毛废水后处理难度。

另据目前世界的技术统计显示，羊汗的回收只有澳大利亚有此报道，而其他各国均无此方面的报道。目前国内部分拥有洗毛设备的毛纺企业（约占毛纺企业总数的15%）主要使用的是引进瑞典的综合治理设备，采用的是离心法从污水中回收粗制羊毛脂。但由于受羊毛产地的影响，企业在洗国产毛时基本回收不到粗制羊毛脂。为了降低运行成本，有些企业在洗国产毛时一般不开机，而在洗澳毛时才开机。这样洗毛污水并没有全面得到综合治理，依然污染着环境，浪费着资源。而大部分企业，尤其是乡镇企业仍没有进行有效的治理。必须通过技术改造和采用先进工艺达到综合治理的目的。

（五）洗毛系统简介

水洗要将羊毛经过一系列洗缸（槽）。最开始的几个洗槽中含有热洗涤剂，余下的洗槽用于羊毛漂洗，洗毛基本上是一个多阶段的逆流水循环过程。污染物去除要经过多个阶段。第一，污染物经水和洗涤剂渗透，然后，羊毛脂和蛋白质污染物快速膨胀，同时，一些水解羊毛汗也分解了。第二，羊毛脂小球在已膨胀的物质中形成。第三，将纤维表面粘得不牢固的合成和非合成污染物（易去除污染物）从纤维表面清除。第四，去除部分难去除污染物，合成或非合成的，如膨胀的蛋白质、氧化的羊毛脂以及较不易溶解的羊毛汗残留。

（六）影响洗毛工艺的因素

1. 洗毛前开松毛

洗毛前，原毛要经过混合、开松，既要实现洗毛的最佳效果，又不能松毛过度。特别是细支羊毛过度松毛会导致洗毛时缠结，表现为毛条较短或毛条产量较低。洗毛前松毛既能为洗毛做出准备，又能去除一些污物和草杂（VM），这更适用于杂种羊和脏粗羊毛。洗毛可选用许多机械，程度各不相同。

对澳毛来说，典型的洗毛前操作要包括一台拆包机或漏斗喂毛机、双筒开松机、漏斗喂毛机和称重带。所有现代洗毛流水线上都使用称重带，以确保羊毛能均匀地喂入洗毛机中。通常，称重带上的传感器能控制喂毛漏斗中隔板的速度，而且，在控制得好的情况下，均匀控制最终喂毛漏斗能控制从拆包机到开松机的喂毛量。

2. 洗槽设计

在现代化的洗毛流水线上使用的是漏斗槽（图6-3）。

图6-3　洗毛流水线上使用的漏斗槽

这种设计可以更好地从洗毛液中去除污物，这是影响工厂连续运转的一个主要因素。旧款机器洗槽较长，洗槽底部是平的，或者说具有所谓的"自动清洗"功能，这相当于一个将污物移到中心排放点的简单的螺旋装置。这些类型洗毛机的操作需批量加工才合算，洗槽每8～12h就需清洗。

3. 洗槽数量

较旧的洗毛流水线上包括4～5个长洗槽，而现代化洗毛流水线却至少有6个洗槽。前者清洗槽的累积长度约为35～50m，后者为16～28m。累积长度越长，纤维缠绕的可能性越大。

4. 使用的洗涤剂和增效剂类型

洗毛时使用得最多的是两种非离子型洗涤剂，烷基酚和乙氧基。两种都是极其有效的洗涤剂，但由于环境方面的担忧，这两种洗涤剂的使用不断减少，而脂肪酒精乙氧基更有利于环境。澳毛洗涤剂的使用量大约是原毛重量的0.6%～1.0%。

碳酸钠（苏打灰）是使用最普遍的增效剂，虽然有时也使用氯化钠和硫酸钠。增效剂的作用是便于去除污染物，特别是当浸洗时间很短时。

5. 水质

多化合价阳离子的存在，如钙离子和镁离子，会导致纤维污染物的再沉淀。理想上来讲，总硬度应为零。

6. 生产速度

如果生产速度过慢，则羊毛就有更多的自由在洗毛液中移动，就会发生缠结。如果生产速度过快，羊毛也会发生缠结，因为羊毛在压水罗拉中发生堵塞。而且，污染物去除就会受到影响。

7. 浸洗时间

总的浸洗时间必须足够长，使污染物能膨胀，以被除去。浸洗时间既由机械系统在洗毛机中输送羊毛的速度决定，又由洗槽的长度决定。

8. 温度状况

洗毛槽中的温度状况非常重要，羊汗浸除槽温度不能超过30℃。温度过高会促成缠结，而且会损伤纤维，特别是在碱性环境下。

9. 机械作用

为便于去除污染物，还需要机械作用。然而，同样的机械作用也会导致纤维缠结。每个洗槽的喂毛方式、浸洗槽、洗槽中羊毛的输送机制、羊毛从每个洗槽中流出的方式、辅助方法、压水辊、槽间羊毛的输送以及烘干前的湿松毛过程（如有），这一切都有可能使羊毛缠结。

10. 压水工艺

有效的压水对污染物去除是非常重要的。因而，应保持压水罗拉的良好状态，在上罗拉上均匀地叠放一层罗拉。罗拉的速度应保持在使羊毛团能均匀地穿过洗毛流水线的水平。

11. 烘干

在最后一个洗槽压水完毕后，洗净毛就传送到烘干机中。有时，在烘干机前会放置一个湿开松毛机，以使羊毛处于更蓬松的状态，便于更好地干燥，特别是使用隔板烘干机时。澳毛更多采用的是抽吸筒式烘干机，因为这种烘干机更短、更高效。如果烘干机的温度过高的话，就有可能损伤羊毛，特别是使用碱性增效剂时。

（七）洗毛废水处理

目前，洗毛废水的处理工艺技术处于探索阶段，主要的工艺技术有以下几种：

1. 气浮—接触氧化—气浮工艺

采用沉砂池→调节池→气浮→一级氧化→二级氧化→三级氧化→气浮处理工艺，设计参数水流停留时间为沉砂池8h，调节池8h，一级、二级气浮各15h，一级、二级、三级氧化共18h，废水进水COD为5 000~10 000mgPL，COD总去除率达98%以上。

2. 混凝沉淀—气浮工艺

采用调节池→反应槽→沉淀池→反应槽→气浮池处理工艺。总处理效果CODCr进水为12 000mgPL，出水则小于600mgPL。

3. 双气浮

采用调节池沉淀、一级气浮、二级气浮进行处理，废水处理效果CODCr进水为12 500mgPL，出水则小于300mgPL。

4. 超过滤—离心法工艺

采用超过滤—离心法处理工艺，处理水量为104m^{3}Pd，超滤工艺参数膜水通量100LP（m^3·h），选用VF－48型管式超过滤膜，膜面流速2~5mPs，COD去除率94.11%，羊毛脂去除率99.11%，该工艺对油脂、SS、COD均有明显的去除效率。

5. 油脂回收—酸化—双气浮工艺

采用油脂回收—酸化—双气浮处理工艺，先对洗毛前三槽废水用二级离心机进行羊毛脂回收，油脂回收后的废水与其他槽废水混合，进入酸化调节池，后用二级气浮方法进行处理，处理后污水排入污水处理厂。实际处理效果COD进水为18 300mgPL左右，处理后COD出水小于375mgPL，COD去除率达97.19%。

6. 厌氧—水解酸化—接触氧化—气浮工艺

采用厌氧—水解酸化—接触氧化—气浮工艺，处理能力为450 m^{3}Pd，进水COD值为6 000~15 000mgPL，BOD为2 500~6 500 mgPL，SS值为2 000 mgPL左右。但该工艺运行复杂，基建投资高。

7. SirolanCF 洗毛污水处理工艺

SirolanCF 工艺处理洗毛废水是一种集毛脂回收、羊汗回收、化学混凝、生物处理、膜分离技术相结合的工艺。有体积紧凑、占地面积小的特点，其BOD 去除率为97%，COD 去除率52%，SS 去除率为100%，但COD 仍不能达标排放，且该方法有投资费用高的缺点，目前国内尚无厂家采用该工艺。

总之，在洗毛废水处理方面，用厌氧—水解酸化—接触氧化—气浮工艺是一种相对可靠的洗毛废水处理传统方法，但工艺复杂，管理不便，且投资费用高。而采用优势酵母菌技术处理洗毛废水，该方法有运行成本低，处理效果好，管理方便的优点。另外，采用TX 系列新型絮凝剂、高分子无机多核絮凝剂和QH–1 及QH–2 絮凝剂等对洗毛废水进行处理，都具有非常好的处理效果。

第十一节　羊毛纤维检测方法

一、羊毛取样方法

取样是一切检测工作的基础，只有抽取具有代表性的样品才能对羊毛品质进行正确地评价。因此，羊毛检测前一般要依据国家标准进行取样。

（一）方法概述

从毛包中扦取批样，从批样中抽取试验室样品，从试验室样品中抽取试验样品，从试验样品中抽取试验试样。在这些步骤中必须保持被试验羊毛的代表性。

（二）适用范围

本方法适用于原毛和洗净毛。

（三）仪器工具

1. 适用于开包或钻孔的工具；

2. 台秤：称量5 000g，分度值5g；

3. 托盘天平：称量500g，分度值50mg；

4. 取样框：由两个正方形木框组成，每个方框中间用铁丝分隔成16个相同大小的方格，两方框可折合夹取纤维。

（四）扦样方法

1. 开包扦批样

（1）扦样数量

①原毛：每20包取1包，不足20包按20包计算。100包以上每增加50包增抽1包，未成包的毛以80kg为1包。

②洗净毛：每10包取3包，不足3包逐包取，10包以上每增加10包增取1包，不足10包以10包计。50包以上每增加20包增取1包，不足20包以20包计。

（2）扦样方法

①原毛：在毛包的两个不同部位扦取，其中，一个部位必须从毛包中心抽取。原毛批样的重量应不少于5kg。

②洗净毛：在毛包的两个不同部位抽取，其中，一个部位必须从毛包中心抽取。洗净毛批样重量应不少于3kg。

③原毛和洗净毛扦取的批样，应立即放入密封的塑料袋内，不得丢失羊毛和土杂，并称重。记录批量、编号、等级、原来源、扦样方法、重量、羊毛名称、扦样日期、地点、扦样人员等。若一批羊毛分上午、下午或隔天扦取则应分别称重累计。

2. 钻孔扦批样

（1）钻孔扦样器：直径为25mm，管长500～550mm。以压力方式扦取。

（2）钻孔扦样数量

①钻孔扦样抽取批样的包数见表6-9。

表6-9　钻孔扦样抽取批样的包数

毛包数量	25	50	75	100	150	200	300	400	500
扦样包数	25	33	37	39	42	43	46	48	50

②包数在25包以上，须逐包扦取，若包数过少，每包可增加钻孔数，以达到批样重要求为止，但两孔间应保持500mm以上距离。

③包数在500包以上每增加50包，增取1包。

④钻孔扦样的批样重量，原毛不少于1 000g。洗净毛不少于350g。

（3）扦样注意事项

①钻孔扦样应与羊毛过秤同时进行，以保证测定结果的准确；

②钻孔时应将毛包包皮割开，以防包皮材料混入批样；

③扦样器插入毛包的部位必须是毛包顶面或底面上，距边缘不少于100mm的随机位置。并两面交替地垂直插入毛包进行扦样；

④钻孔深度必须达到扦样管长80%以上。

二、羊毛纤维平均直径检验方法

羊毛纤维的直径就是羊毛的细度。细度是确定羊毛品质和使用价值方面最重要的物理性指标之一，它在羊毛的各种物理特性中占首要地位，其决定着毛纱的细度和织品的品质，细度指标在羊只育种及饲养过程中具有重要的经济意义和技术意义。因此，细度是一项非常重要的检测指标，目前，羊毛细度的检测方法主要有激光扫描仪法、投影显微镜法及气流仪法。

（一）激光扫描仪法

1. 方法概述

从原毛或洗净毛中切割切取片断毛。将片断毛置于异丙醇/水混合溶液中，而形成一种稀释的纤维悬浊液，纤维悬浊液通过测试槽，片断毛通过直径约500μm的光束时，将对激光进行散射或衍射，检测器检测到羊毛衍射后的光强，使检测器的功率降低以达到检测纤维直径的目的。应用计算机收集和综合检测结果，输出毛样纤维的平均直径和标准差。

2. 仪器及试剂

（1）赛洛兰激光扫描纤维直径分析仪：主要包括纤维样品分散混合容器、测试槽、即鉴别器及计算机系统等。

（2）切断器：适用于毛条和羊毛毛丛，切取长度1.8～2.0mm。

（3）微型钻芯取样器：用于各种形态的羊毛，钻取长度1.8～2.0mm。

（4）液体比重计：测定范围SP.GR.0.800～0.900；温度计：测量范围0～50℃。

（5）烘毛装置：用于将洗涤后的短纤维片段烘干。

（6）试剂：蒸馏水，异丙醇，去离子、低泡沫洗洁剂。

3. 试验步骤

（1）仪器的检查

一般在仪器安装、调试后，正式进行测试前必须校准仪器。激光扫描分析仪的校准应用8个现行的国际毛纺织试验室协会标准毛条。如果实测结果和已知的差值超出表6-10所列的允差范围，需重新调整、校准仪器，直到差值在允差范围内。

（2）样品测试

取一个试验试样，除去其中的大块植物性杂质和过长纤维后，将试样全部喂入到激光扫描仪中。激光扫描分析仪的读数率为100个/s。当超过时，仪器将暂停读数直到读数率降到≤100个/s。每次测量应至少获得1 000个测量值。达不到1 000个时，需重新进行试样抽取和测量。每个试验样品至少测量4个试验试样。

表6-10 预测量的允许误差范围

毛条平均纤维直径/（μm）	允许误差/（μm）
15.0及以下	0.3
15.1～20.0	0.6
20.1～25.0	0.8
25.1～30.0	1.0
30.1～35.0	1.2
35.1以上	1.4

（二）投影显微镜法（A法和B法）

1. 方法概述

把纤维片段的映像放大500倍并投影到屏幕上，用通过屏幕圆心的毫米刻度尺量出与纤维正交处的宽度（A法）或用楔尺测量屏幕圆内的纤维直径（B法），逐次记录测量结果，并计算出纤维直径平均值。

2. 仪器和器具

（1）投影显微镜。

（2）印有放大500倍刻度的楔尺。 注：采用方法B测量纤维平均直径，须用中国纤维检验局印制的楔尺。

（3）显微镜测微尺，分度为0.01mm。

（4）纤维切片器或双刀片，可将纤维切成0.2～0.4mm片段长度。

（5）黏性介质 黏性介质应具以下性质： a.温度在20℃时折射率在1.43～1.53之间； b.有适当的黏性； c.吸水率为零； d.对纤维直径无影响。 适用的介质有杉木油或液状石蜡等，不宜使用无水甘油。

（6）载玻片，厚度应与物镜测微尺玻璃片的厚度相同，其长为76mm，宽为26mm。

（7）盖玻片，厚度为0.13～0.17mm。

3. 检测步骤

（1）样品预调湿，调湿

①预调湿是在50℃烘箱内至少烘半小时。若试验样品的回潮率低于标准平衡回潮率时，可不进行预调湿。

②调湿是将预调湿后的试验样品置于温度为（20±2）℃，相对湿度为（65±3）%的条件下，放置一定时间后称重，当两次重量的增量（两次称重相隔2h）不超过后一次重量的0.25%时，即认为试验样品达到吸湿平衡。

③试验条件应达二级标准大气：温度为（20±2）℃，相对湿度为（65±3）%。

（2）试样制备

①洗净原毛试验样品。

②把洗净的羊毛试验样品大致分成40份，从每一份中取出一簇纤维一分为二，注意不可使纤维拉断，随机丢弃一半，稍加整理使纤维基本呈平行状态，再从纵向分取一束，一分为二，丢弃一半，如此继续操作，直到每份剩下约100根纤维，这样共剩下约4 000根纤维。

③如果纤维含油率大于1％，则用石油醚或其他溶剂处理两次，待干燥后放在标准大气中调湿。

④用纤维切片器或双刀片切取0.2～0.4mm长的纤维片段，至少切三次，将这些纤维片段充分混合，取出一小部分放在滴有黏性介质的载玻片上，用镊子搅拌，使之均匀分布在介质内，然后盖上盖玻片。盖时注意，应先去除多余的黏性介质混合物，保证覆上盖玻片后不会有介质从盖玻片下挤出，以免细纤维流失。

⑤本试验共制作三只试样，以供测量使用。

（3）试样检测

①校准放大倍数。将分度为0.01mm的测微尺放在载物台上，投影在屏幕上的测微尺的一个分度（0.01mm）应精确地被放大为5 mm，这时放大倍数为500倍。

②调焦。纤维边缘显示一细线，没有白色或黑色边线时处在焦平面上。当纤维映像的两边不同时在焦平面上的，调焦时使一个边缘在焦点上而另一边显示白线，然后测量在焦点上的边线到白线内测的宽度。

③测量。把载有试样的载玻片放在显微镜载物台上，盖玻片面对物镜，开始时首先对盖玻片的角A进行调焦，纵向移动载玻片0.5mm到B，再横向移动0.5mm；这两步将在屏幕上取得第一个视野。按照此规则测量视野圆周内的每根纤维直径。

在测量时以下情况应排除：

A．其长度有一半以上在圆周以外的纤维；

B．端部在透明刻度尺宽度范围内的纤维；

C．在测量点上与另一根纤维相交的纤维；

D．严重损伤或畸形的纤维。

在第一视野内的纤维测量完毕后，将载玻片横向移动0.5mm，这样在屏幕上出现第二个视野，沿载玻片的整个长度按相同方法继续进行，在到达盖玻片右边C处时，将载玻片纵向移动0.5mm至D，并继续以0.5mm步程横向移动测量。按图6-3所示的A、B、C、D、E、F、G……的次序检验整个载玻片中的试样，操作者不可随便选择被测量的纤维；纤维明显一端粗、另一端细长，测其居中部位（图6-4）。

上述测量应由两名操作者各自独立进行，结果以两者测得结果平均值表示。若两者测得的结果差异大于两者平均值的3％时，应测量第三个试样，最终结果取3个试样实测数值的平均值。

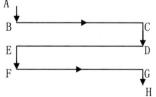

图6-4　显微镜下毛纤维观察顺序

（4）测量记录

A法：测量每根纤维都要使楔尺的一边对准焦点的纤维一边相切，在纤维的另一边与楔尺另一边相交处读出数值，测量结果记在楔尺上。

B法：测量每一根纤维都要使分度刻度尺的一刻线与对准焦点的纤维一边相切。按前一节所述，在纤维另一边上读出直径，测量结果可记入表格。如果纤维未对准焦点的边缘落在刻度尺的两个分度之间，将其记在较小的毫米整数组内，在以后的计算中，可将记录在N组内的所有纤维的直径看作N+0.5mm，当偶尔有一根纤维的直径正好处于毫米整数时，那么这根纤维既可算作N-0.5mm组，也可算作N+0.5mm组，在这种情况出现时，要把它们交替记作N+0.5mm组和N-0.5mm组计算。

在测量时以下情况应排除： a.其长度有一半以上在圆周以外的纤维； b.端部在透明刻度尺宽度范围内的纤维； c.在测量点上与另一根纤维相交的纤维； d.严重损伤或畸形的纤维。 在第一视野内的纤维测量完毕后，将载玻片横向移动0.5mm，这样在屏幕上出现第二个视野，沿载玻片的整个长度按相同方法继续进行，在到达盖玻片右边C处时，将载玻片纵向移动0.5mm至D，并继续以0.5mm步程横向移动测量。按图6-3所示的A、B、C、D、E、F、G……的次序检验整个载玻片中的试样，操作者不可随便选择被测量的纤维；纤维明显一端粗、另一端细长，测其居中部位。上述测量应由两名操作者各自独立进行，结果以两者测得结果平均值表示。若两者测得的结果差异大于两者平均值的3%时，应测量第三个试样，最终结果取3个试样实测数值的平均值。当透镜太靠近盖玻片时，纤维的边缘显示白色的边线，当透镜离盖玻片太远时，纤维边缘显示黑色边线。当在焦平面上时，纤维边缘显示一细线，没有白色或黑色边线。纤维映像的两边不是经常同时在焦平面上的，调焦时，使一个边缘在焦点上而另一边显示白线，然后测量在焦点上的边线到白4测量记录。

（5）计算与结果的表示

以毫米为单位计算上述测量的算术平均值，在放大倍数为500时，将算术平均值乘以2，就是以微m为单位的纤维平均直径。

①计算公式平均直径，以毫米计的测量平均直径：

$$\overline{X}mm = A + 0.5 + \frac{\sum(F \times D)}{\sum F} \times I$$

$$\overline{X} = \overline{X}mm \times 2$$

$$S = \sqrt{\frac{\sum(F \times D^2)}{\sum F} - \left[\frac{\sum(F \times D)}{\sum F}\right]^2} \times I \times 2$$

$$CV(\%) = \frac{S}{\overline{X}}$$

以微m计的测量平均直径：

式中，$\overline{X}mm$——以毫米计的纤维平均直径，mm；

$\overline{X}$——以微m计的纤维平均直径，μm；

A——假定平均直径，mm；

F——测量根数；

D——相对假定算术平均数之差；

I——组距，1mm；

S——标准差，μm；

CV——变异系数，%。

②数值修约

试验结果计算至小数点后第三位，修约至两位小数。数字修约按GB 8170的规定进行。

（三）毛流仪法

1. 方法概述

将纤维试样装在两端为多孔板，容积固定的圆筒体试样筒内，试样筒与流量计和压力计连接，用固定压力的气流通过试样筒内的纤维。根据流量计的浮子高度读数或流量读数与纤维平均直径之间的统计相关来求得羊毛纤维的平均直径。

2. 仪器

气流仪：由气阀B、抽气泵、纤维试样筒A、压力计贮液筒D、压力计ZH和流量计F等几个部分组成。

3. 试验步骤

（1）校正仪器水平。确认压力计玻璃管内液弯面和上刻线（零位）相切。

（2）用镊子将试样均匀地装入仪器的试样筒内。可以使用专用的填样棒，填样棒的直径能刚好宽松地塞进试样筒，塞进的深度应限制在试样筒的多孔塞压入的位置，以免纤维局部填塞过紧。然后插入多孔塞，旋紧定位螺旋盖。要确保多孔塞和试样筒筒壁之间不夹入纤维。·

（3）缓缓开启气阀，调节压力计液体的下弯面和压力计的下刻线相切，然后读出流量计中与浮子顶面相齐处读数。浮子高度读数准确到1mm，流量读数准确到0.1L／min，查对相应的对照表后浮子高度（mm）—纤维平均直径（μm）对照表或流量（1／min）—纤维平均直径（μm）对照表，记入纤维平均直径读数（1μm）。观察读数时视平面应和液体下弯面或浮子顶面保持平齐，以防止视差。有的仪器可以直接从仪器的纤维直径刻度得到读数，但倘若标定后与原来的纤维直径刻度不符，仍须查对换算表。

（4）用镊子从试样筒中取出试样，可稍加理松，但不得遗漏纤维，翻转后重新装入试样筒内。重复，2、3程序，记下同一试样的第二个纤维平均读数。 注：①测试在标准大气中进行。如在非标准大气中进行试样制备和测试，试验结果应进行修正。 ②在标定仪器和以后的正常测试中，试样制备和测试的操作手法应始终保持一致。

4. 试验次数和计算

（1）试验次数

①使用一台气流仪 试验两个试样，每个试样得到两个数据，共得到4个纤维平均直径读数。如4次读数的极差大于下表的允许极差，加测1个试样。如仍大于该表范围，再加测1个试样，并最多共测4个试样。

②使用两台气流仪 试验2个试样，即每台仪器各测1个试样。如4次读数的极差大于下表范围，每台仪器各加测1个试样。如8次读数的极差仍大于下表的允许极差，再各加测1个试样，最多共测6个试样。 如试验工作量大，试验室条件许可，以采用两台气流仪为好，便于抵消仪器误差和操作误差，并有助于及时察觉可能产生的仪器不正常情况。

（2）结果计算。每个试样有两个读数（1μm）。试验结果以全部试样所有纤维平均直径读数（μm）的算术平均值表示。计算结果修约到小数点后一位。

三、羊毛纤维长度检测方法

长度是羊毛重要的工艺特性之一，羊毛的长度决定纱线的光滑程度和单位毛纱的坚牢度，较短的羊毛只能作为粗纺原料。在养羊业中测定羊毛长度，可以了解羊毛的生长情况，是鉴定品种、个体羊毛品质及杂交改良效果的重要性状。因此，羊毛的长度分析在绵羊育种和杂交改良工作中也是十分重要的。根据纤维种类和具体要求的不同，纤维长度的测定方法分为：毛丛自然长度和梳片法、电容法及手排法等。

（一）毛丛自然长度检测方法

1. 方法概述

用此方法测定自然卷曲状态下的羊毛毛丛长度。

2. 仪器设备

黑绒板、钢直尺、取样板。

3. 试验步骤

（1）平顶毛丛

测量其整个毛丛自然长度。

（2）圆锥形毛丛

测量整个毛丛自然长度后去掉2mm的小毛嘴。

（3）带辫毛丛

测量其带辫毛丛全长：自毛丛底部量至毛辫虚尖以下，同时测量毛丛底绒长度：自毛丛底部量至绒毛顶端集中心。

4. 计算方法

（1）计算公式：

$$L = A + \frac{\sum(F \times D)}{\sum F} \times I$$

$$S = \sqrt{\frac{\sum(F \times D^2)}{\sum F} - \left[\frac{\sum(F \times D)}{\sum F}\right]^2} \times I$$

$$CV = \frac{S}{L} \times 100$$

式中，L——加权平均长度，mm；

S——标准差，mm；

CV——长度变异系数，%；

A——假定平均长度，mm；

D——差异；

I——组距。

（2）数字修约

试验结果计算至小数点第三位，修约至二位小数。

（二）毛纤维长度检测方法-梳片法

1. **方法概述**

取定量的纤维试样，用羊毛梳片长度仪进行长度分组，然后将各长度组分组称重并通过计算求得毛纤维长度。

2. **仪器设备**

（1）分析天平：称重100g，分度值1mg。

（2）Y131型羊毛梳片式长度仪。

3. **检测方法**

（1）取样

从试验样品中抽取1.3m长的毛条九根，其中六根用作检测，三根留作备样，每根试样应略加捻度（约20个捻），并将试样两端对齐，握持于手中，使毛条自身稍加捻度，然后将试样进行预调湿处理。

（2）试样预调湿

将抽取的试样放入50℃的低温烘箱中进行预调湿处理，时间为1h，若试样回潮率低于公定回潮率时，可不进行预调湿。

（3）试样调湿

将预调湿后的试样置于温度为（20±2）℃、相对湿度（65±3）%为的室内进行调湿，时间不少于24h。

（4）检测

①将调湿后的试样退去捻度，双手各持一端略加张力（不要使毛条产生意外伸长），将三根毛

条平直地放在第一架梳片仪上，不应有捻花，每根毛条在梳片仪上的宽度不宜大于夹毛钳的宽度，否则容易造成误差。毛条的一端露出仪器外约10～15cm，每根毛条用压叉压入针板内，使针尖露出约2mm即可。

②将露出梳片外的毛条，用手轻轻拉去一段，使毛条末端离第一块梳片约5cm（支数毛）或8cm（改良级数毛与土种毛）时，用夹毛钳夹取纤维，使毛条端部与第一梳片平齐，然后将第一梳片放下。

③用夹毛钳将一根毛条的全部宽度的纤维紧紧夹住，夹取长度约3mm，从梳片中缓缓拉出，并在小梳片上从纤维根部开始梳理两次，去除游离纤维。

④将梳理后的纤维转移到第二架梳片仪时，左手轻轻夹持纤维，防止纤维扩散，并保持平直地贴在梳针上，夹毛钳口靠近第二梳片，然后用小压叉将毛束轻轻压入梳针内，并缓缓向前拖，使毛束头端与第一块梳片的针内侧平齐。

⑤每组每根毛条拔取三次，每排一层纤维需将第一块梳片放上比量一次，以保证距离准确、毛束端部平齐。然后用大压叉把一层纤维轻轻而且垂直地全部压下，但不要一下压到针板底部。

⑥三根毛条继续数次，在第二架梳片仪上毛束的宽度在9～10cm。当毛束重量约在2～2.5g时，停止夹取。

⑦在第二架梳片仪上，先把第一把下梳片加上，再把四把上梳片放上，将梳片仪转身180°，然后逐一降落梳片，直到用尺测量最长纤维其长度符合该组长度时为止。用夹毛钳夹取各组纤维，并依次捏成小团放入金属盒内。用夹毛钳夹取各组纤维时也应分清层次进行，不宜一次拔取很多，也不宜使夹毛钳撞击梳片。在拔取纤维时应该方向顺直，不宜偏斜。各组纤维逐一用天平称重，精确到0.001g。

⑧30mm以下各组内如有草屑，可允许摘去，其他一律作短毛率计算。

（5）结果计算

①计算公式：

$$L = A + \frac{\sum(F \times D)}{\sum F} \times I$$

$$S = \sqrt{\frac{\sum(F \times D^2)}{\sum F} - \left[\frac{\sum(F \times D)}{\sum F}\right]^2} \times I$$

$$CV = \frac{S}{L} \times 100$$

$$U = \frac{G_2}{G_1} \times 100$$

式中，L——加权平均长度，mm；

S——标准差，mm；

CV——长度变异系数，%；

U——30mm以下短毛率，%；

F——每组重量，mg；

I——组距，10mm；

G_1——试样总重量，mg；

G_2——30mm以下短毛重量，mg；

D——差异。

②数值修约

试验结果计算至小数点第二位，修约至一位小数。

（三）羊毛纤维长度检测方法－电容法

1. 试样制备、预调湿、调湿同梳片法

2. 试样状态

试验试样为根梢方向随机的，一端排列基本平齐且平行伸直的纤维束，其制备方法按梳片法5.1.4各步骤进行。试样重量推荐选用：x=纤维束重量/纤维计数平均长度=0.035～0.290g/cm，最大范围不应超过0.025～0.310g/cm，视不同纤维品种及回潮率可略有差异。试样排列宽度推荐为75～100mm，全宽度上尽量做到厚薄均匀和各种长度组成均匀。

3. 检测

（1）开机预热

接通电源，依次打开稳压器、分析主机、显示器、计算机、打印机开关，使仪器预热最少20min。

（2）根据试样长度选择"长档"或"短档"（最长长度100mm以下选"短档"其他选"长档"）。

（3）仪器的初步调节

仪器预热20min后，打开状态测试栏，检查零点电压，若零点电压偏移（正常值为300mv左右），可调节仪器面板上的零点电压旋钮，使其恢复正常。然后通过操作计算机程序，在载样薄膜空载的情况下，对仪器进行自动校准。

（4）将制备好的试样移至载样器上，使试样纤维束轴向垂直于极板长度方向并呈自然状态，用薄膜夹住，通过操作使载样器以恒速通过电容器，完成对试样的测试，若静电现像较严重，影响测试结果时，应消除静电后测试。

4. 结果计算

测试完后，计算机自动对数据进行处理、计算，取得各项长度指标，各种长度—频率分布曲线，截面（根数）加权或重量加权各种长度界限以下的含量，各种含量百分数下的长度界限，截面（根数）加权或重量加权长度频率分布二次累积各种长度界限下的累计含量百分数，截面（根数）加权或重量加权长度频率分布的二次累积含量百分数处的界限长度等。并按所选择的格式通过打印机打印输出或存入软盘。

5. 检测数量

每份样品一般拔取两束纤维进行测试，或按下式计算，也可按合约商定的数量进行。

$$\triangle（\%）=\pm（1.96\times CV）/n1/2$$

式中，n——试样个数；

CV——测试变异系数；

$\triangle（\%）$——置信界限相对值2%。

（四）手排长度

1. 方法概述

本方法是用手将毛纤维试样整理成一端平齐的毛丛，使纤维由长到短，自左到右均匀排列成底线平齐的纤维长度分布图。作图计算纤维长度及短毛率指标。

2. 仪器和用具

天平（分度值0.01g，0.000 1g）；手排长度标准板（须使用标准归口部门制作的手排长度标准板）；钢直尺，坐标纸等。

3. 检测步骤

（1）试样制备：将试验室样品充分混合，用多点法从正、反两面随机抽取纤维（不少于40个点）约150 mg，充分混合，平分成3份，其中，2份用于平行试验，1份留作备样。

（2）排图：将抽取的试样用手反复整理成一端接近平齐且纤维自然顺直的小绒束，右手握住小绒束平齐的一端，将另一端贴于绒板并用左手的大拇指摁住该端，将纤维由长至短从绒束中缓缓拔出，使逐次被拔出的纤维沿绒板左上端自上而下、自左而右、一端平齐地贴筱在绒板上，当手中的纤维全部拔完后用镊子将试样起出，再理成小绒束。如此操作数遍（不多于五遍），直至将试样均匀地排成底边长度为（250±10）mm、纤维分布均匀的长度分布图（图6-5）。

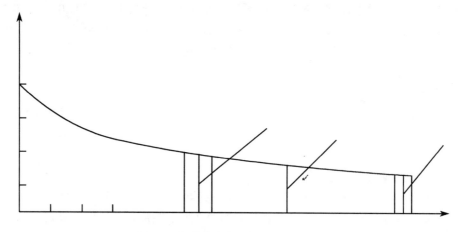

图6-5　纤维分布均匀的长度分布图

（3）作图：将手排长度标准板置于已排好的长度分布图上，目光直视图形的每一个观测点，按照手排长度标准板上的刻度，将相关的数值记录下来。以长度分布图的底边为横坐标，以纤维长度为纵坐标，从原点自左向右每间隔10mm标出横坐标X_1，$X_2 \cdots X_n \cdots X_{n-1}$，如果末组组距小于10mm，标出终点坐标点$X_n$，测量每一组中点对应的纤维长度$H_1$、$H_2 \cdots H_n$。长度分布图底边总长度为$X_n$。

4. 结果计算

（1）计算公式

$$L = \frac{10\sum_{i=1}^{n-1} X_i + (x_n - x_{n-1})H_n}{x_n}$$

式中，L——平均长度，mm；

　　X_i——第i组中点坐标对应的纤维长度，mm；

　　x_n——长度分布图底边总长度mm；

　　H_n——末组中点坐标对应的纤维长度，mm。

（2）数值修约

试验结果计算至小数点后第二位，修约至小数点后一位。

四、羊毛纤维断裂强度和伸长检测方法

羊毛纤维的强伸度是决定毛织品坚牢度和耐磨性的重要机械特性之一。无髓毛的强伸度与细度呈正相关，同质毛在平均细度相同时，其强度又受品种、个体特性及饲养管理条件的影响。强伸度愈大，则羊毛的品质愈好，其纺织品也就愈坚固耐用，因此，研究羊毛强伸度，可给养羊业的选育及毛纺工业的原料利用等方面提供科学依据。

（一）羊毛毛束断裂强度检测方法

1. 方法概述

用等速伸长型强力试验机，在一定的参数条件下，拉伸束纤维试验试样，直至断裂。通过电子

装置指示出最大负荷值，换算成断裂强度。

2. 仪器设备

强力试验机，可采用等速伸长型强力试验机（CRE）；烘箱；天平，称量100g，分度值1mg；秒表、镊子、小钢尺等。

3. 试验步骤

（1）仪器的调整

①调整强力试验机的水平和零位。

②检查并调整上下夹钳位置，使夹持平面在同一垂直平面内，钳口间距离为25mm。

③若考核弱节毛丛强力时，上、下夹钳钳口间距离按毛丛长度进行调节。

④调整强力试验机的下降速度以保证束纤维平均断裂时间在（20±3）s内。

（2）试验次数

①在概率水平95%和强度允许偏差±5%条件下，试验次数由以下公式计算决定：

$$n = \frac{T^2 CV^2}{F^2} \tag{1}$$

式中，n——试验次数；

T——T分布的临界值，1.96；

CV——断裂强度变异系数，%；

E——允许偏差率，%（取E=±5%）。

②变异系数未知时，试验的束为：原毛200束；经加工后的羊毛纤维为30束。

（3）检测

①预试：通过少量试验试样的试验，选择强力试验机合适的量程。

②将试样夹持到上、下夹钳内。若是原毛毛丛，夹持时须将试样毛尖向上，毛根向下。

③启动强力试验机直至试验试样断裂，记录强力值。

④用锋利刀片沿上、下夹钳内侧将断裂纤维切下称重。

⑤若考核弱节毛丛强力时，除记录强力值外，还须记录断裂部位（分毛尖、毛中、毛根三部位）。

⑥束纤维在拉伸过程中，凡发生明显滑移或在钳口处断裂的试验结果均应废弃。

4. 结果计算

（1）计算公式

①断裂强度

$$F_{Ti} = \frac{F_i L_i}{102 m_i} \tag{2}$$

$$F_{Di} = \frac{F_i L_i}{9000 m_i} \tag{3}$$

式中，F_{Ti}——每一毛束的断裂强度，牛顿/千特；

F_{Di}——每一毛束的断裂强度，克力/旦；

F_i——每一毛束的断裂强力，克力；

L_i——每一毛束的伸直长度，m；

m_i——每一毛束的重量，g。

②平均断裂强度

$$F_T = \frac{\sum_{i=1}^{n} F_{Ti}}{n} \tag{4}$$

$$F_D = \frac{\sum_{i=1}^{n} F_{Di}}{n} \tag{5}$$

式中，F_T——平均断裂强度，牛顿/千特；

$\quad\quad F_{Ti}$——第i束毛束的断裂强度，牛顿/千特；

$\quad\quad F_D$——平均断裂强度，克力/旦；

$\quad\quad F_{Di}$——第i束毛束的断裂强度，克力/旦；

$\quad\quad n$——试验束数。

③考核弱节毛断裂部位应分别计算毛尖、毛中、毛根的断裂次数所占总次数的百分率。

（2）数值修约

试验结果计算至小数点后第三位，修约至小数点后二位。

（二）羊毛单纤维断裂强度和伸长率检测方法

1. 方法概述

在一定的技术条件下，用强力试验机，拉伸单根羊毛纤维试样，直至断裂，通过适当的装置指示出断裂强力和伸长，最后以若干根纤维的平均值为检测结果。

2. 仪器设备

强力试验机，可采用等速伸长型强力试验机（CRE）或等速牵引型强力试验机（CRT）；烘箱；天平，称量200g，分度值10mg；张力夹，0.1cN，0.5cN；秒表、镊子、绒板、小钢尺、培养皿等。

3. 试验步骤

（1）通过少量试验试样的试验，选择强力试验机合适的量程和校正平均断裂时间（20±3）s。

（2）在等速牵引型强力试验机的平衡钩上加上相当于张力钳质量的平衡砝码。

（3）从排列的试验试样中，用张力钳分组抽取羊毛纤维夹入强力试验机上、下夹持器的中间部位。

（4）启动强力试验机直至试样断裂，记录所显示出来的断裂强力和断裂伸长值。

（5）不得用手接触试样的测试部位，试验中如发现明显滑移应废弃。

（6）每个试验样品试验根数不少于100根。

4. 结果计算

（1）计算公式

①平均断裂强力

$$F = \frac{\sum_{i=1}^{n} F_i}{n}$$

式中，F——单根纤维的平均断裂强力，cN；

$\quad\quad F_i$——第i根纤维的断裂强力，cN；

$\quad\quad n$——试验根数。

②平均断裂伸长

$$L = \frac{\sum_{i=1}^{n} L_i}{n}$$

式中，L——平均断裂伸长；

$\quad\quad L_i$——第i根纤维断裂伸长实测值，mm；

$\quad\quad n$——试验根数。

（2）数值修约

数值修约至小数点后二位。

五、羊毛白度检测方法

白度是羊毛重要的物理特性之一，其白度又受品种、个体特性及饲养管理等条件的影响。因此，研究羊毛白度，可给养羊业的选育及毛纺工业的原料利用等方面提供科学依据。

（一）方法概述

应用色差计直接测量试样盒内试验样品的裸露面的三刺激值X、Y、Z。附有计算系统的色差计也可提供试验样品的相应白度及色度值。

（二）仪器设备

白度计：要求符合以下条件：测量窗口直径φ：20～30mm；照明观测条件：0/d；照明与视场：D65、100；准确度：$\Delta Y \leq 1.5$、$\Delta x \leq 0.015$、$\Delta y \leq 0.015$；重复精度：$\Delta Y \leq 0.3$、$\Delta x \leq 0.001$、$\Delta y \leq 0.001$；工作标准白板在检定使用周期内；试样盒。

（三）试验步骤

1. 预热

接好电源线，将滤光片插入需选用的档上，在仪器测量窗口放置工作标准白板，打开稳压器电源开关，将后盖板下部的电源开关按下，预热0.5h。

2. 校零

左手按下"滑筒"，右手取下工作标准白板，然后将"黑筒"放在"试样座"上，让滑筒升至"测量口"，将键盘上的[校零]键按一下，显示屏即显示00.0（第一个零为校零提示符），再按[回车]键，显示00.0校零完毕。

3. 输入工作标准白板的标称值

按[标准]键，显示b x x.x（"b"为送标称值的提示符），按数字键输入标称值，再按[回车]键，即显示该标准白板标称值。

4. 校准

按下仪器的滑筒，取出黑筒，换上工作标准白板，把工作标准白板升至测量口，按[校准]键，显示J x x.x（J为校准的提示符），再按[回车]键，显示屏显示J x x.x值，校准完毕。

例如此工作标准白板的标称值是76.4，已按此数输入，这时校准后显示屏上则会显示"J76.4"。

5. 测试样品

按下滑筒，取出工作标准白板，将试样放在试样座上，把滑筒升至测量口，按一下"工作键"，显示屏即显示出该试样的R_{457}白度值。

如果要进行多次测量，并求其平均值，可先按[多次]键，显示0 0.0（第一位的"0"为多次测量的次数提示符），在试样座上放好被测样品，按一下工作键，显示屏则显示1 xx.x，若放上第二个被测样品或被测样品移动一个位置，再按一下工作键，此时显示屏则会显示2 xx.x。多次测量次数最多为10次，满10次后，必须按一下[计算]键，这时显示屏则显示A xx.x即为10次测量的平均值。如果改为单次测量状态，则在按一下[多次]键，显示屏又恢复到0.0，即仪器进入单次测量的功能。所以[多次]键为单次测量与多次测量的轮换键。

对于连续测试，且要求精确度高的测试效果，应时而用工作标准白板校准仪器，以消除仪器示值漂移的影响。

（四）结果计算

1. 计算公式

（1）白度

$$W = 100 - [(100-L)^2 + a^2 + b^2]^{1/2}$$

（2）白度试验的标准偏差

$$S=[\Sigma\ (W-W_i)^2/\ (n-1)]^{1/2}$$

式中，S——标准偏差；

$\qquad$ W——n次测量值的算术平均值；

$\qquad$ W_i——第i次测量值；

$\qquad$ N——测量次数。

2. 数值修约

检测结果以3个试样的算术平均值表示，试验结果修约按GB/T 8170规定修约至一位小数。

六、粗腔毛、干死毛含量检测方法

（一）方法概述

粗毛是指细度等于或超过52.5 μm的羊毛纤维。腔毛是指空腔长度在50 μm以上和宽度的一处等于或超过1/3纤维直径时的羊毛纤维。

根据羊毛纤维的组织结构及在外观形态上的差异，采用目测和借助苯液中的折光程度，观察形态；或放大500倍后观察内部结构，得到各类羊毛纤维的含量。制作两个羊毛纤维切片。把纤维切片的映像放大500倍并投影到屏幕上，计数1000根羊毛纤维中所含的粗毛和腔毛的百分数。以两个切片的算术平均数为试验结果。粗腔毛含量的检测也可在检测细度时同时进行。

（二）仪器和器具

显微投影仪；纤维切片器或双刀片，可将纤维切成0.2～0.4mm片段长度；黏性介质：一般使用杉木油或液体石蜡等，不宜使用无水甘油；载玻片，厚度应与物镜测微尺玻璃片的厚度相同，其长为76mm，宽为26mm；盖玻片，厚度为0.13～0.17mm；黑绒板、镊子、培养皿、干燥器、载玻片、盖玻片、楔尺等。

（三）试验方法

1. 重量法

将试样放在黑绒板上，用镊子逐根夹取鉴别，不易鉴别的纤维可浸入苯液辅助鉴别。

将鉴别好的纤维分别放入培养皿中，置于烘箱内（40±2）℃烘半小时，移入干燥器内，用分析天平称重，精确至0.1mg。

$$W = \frac{W_1}{W_2} \times 100$$

式中，W——某类纤维重量百分率，%；

$\qquad$ W_1——某类纤维重量，g；

$\qquad$ W_2——各类纤维重量总和，g。

2. 显微镜法

（1）制片

将样品充分混合后，用纤维切片器，或双刀片切取长度为0.2～0.6mm的纤维，放入玻璃器皿内，滴入适量石蜡，用镊子搅拌均匀后，挟适量试样置于载玻片上，轻盖盖玻片。每个试样制两个片子。

（2）测量

将载有试样的载玻片，放到显微投影仪的载物台上，放大500倍，逐根测量记录，每个片子测量总根数约1 000根。分别记录粗、腔毛、干死毛，投影屏幕内纤维长度不足25mm者不计数（测量程序同纤维细度检测实施细则）。

（3）结果计算

①计算公式

$$N(\%) = \frac{N_i}{N_t} \times 100$$

式中，N——粗腔毛、干死毛根数百分率，%；

N_i——粗腔毛、干死毛总根数；

N_t——测量纤维总根数。

②数值修约

检测结果计算至小数点后三位，按GB 8170修约至小数点后二位。

七、毛洗净率检测方法

（一）烘箱法

1. 方法概述

按要求从批样中抽取具有代表性的试验室样品。称重后，轻开松去杂，充分混合，抽取试验样品进行洗涤，洗后晾干，随即放在温度为（105±2）℃的烘箱内烘至恒重后，以公定回潮率计算公定重量求得原毛洗净率。

2. 仪器设备

扦样工具：适用于开包或钻孔方法；微型开松去杂机；洗毛盒（槽）或自动洗毛设备；脱水设备；八篮烘箱；台秤：最大称量5 000g，分度值为100mg；托盘天平：最大称量500g，分度值为10mg。

3. 试验方法

（1）扦得批样后，及时称重记录，按四分法抽取试验室样品，并将两次称毛的差异重量，分摊在试验室样品中。

（2）将试验室样品用机械或人工方法撕松，尽量抖去土杂，拣出粪球、污块及杂质等。

（3）把抖落的杂质物，搜集过筛眼为60目的筛子，仔细拣出遗留在杂质中的羊毛，放在开松后试验室样品内，并将样品充分混合。

（4）将开松后试验室样品称重记录，充分混合之后，平铺在试验台上，均衡地从样品中央及四角，随机抽取重量相等的试验样品四份，其中，一份用洗净率试验；另一份为备样。

（5）试验室样品称重：同质细羊毛每份为200g。

（6）试验样品称重后编号放入样品袋内，并按下式计算试验样品的实际试验重量（G）。

$$G = \frac{试验室样品原重 \times 每份试验室样品重量}{试验室样品开松后重量}$$

（7）样品在称重过程中应防止毛屑、土沙的遗落。

（8）洗涤

①试样逐个放在合适的洗毛盆（槽）或自动洗毛设备内进行洗涤。

②洗样时，尽量除去羊毛的油脂、污块、土沙及植物杂质等。如有粪块、杂质黏结羊毛时，须将污杂辗碎并拣除干净。

③试样洗涤后，拣净洗具和筛网上遗留的毛屑，以防羊毛丢失。

（9）烘干

①将洗好的毛样装入100目以上的尼龙袋中，进行脱水，防止毛屑流失。

②脱水后的试样须预烘或晾干。

③扯松预烘或晾干后的试样，再次拣净杂质。

④将毛样放在温度为（105±2）℃的烘箱内进行烘干。3h后进行第一次称重并记录重量，待温度回升后，每隔10min再称重一次，直至两次重量差异不超过一次重量的0.05%时，即以后一次的重

量作为烘干重量。

4. 结果计算

（1）计算公式

$$y = \frac{D \times (1+R)}{G} \times 100$$

式中，y——试样样品洗净率，%；

　　D——试验样品烘干重量，g；

　　R——公定回潮率，%；

　　G——实际试验重量，g。

（2）数字修约

全批羊毛的洗净率以3个试验样品洗净率的平均值表示。结果修约至两位小数。

（二）油压法

1. 开松去土杂、混合样品

将全部试验样品经开毛设备或手工方法撕松，抖去土杂，拣出粪球、污块及其他杂质，使样品充分混合。并将开松抖落的杂质收集过筛（60目），并仔细拣出遗留在杂质中的毛纤维，放在开松后的样品中，一并称重记录为W_2（注意防止毛样遗落）。

2. 抽取试验试样

在开松去土杂混合均匀的试验样品中分别扦取试验试样5份，其中3份作净毛率测定，另2份作备样。每份试验试样的实际称取重量（W_E）为：

$$W_E = W_2 / W_1 \times 100\%$$

式中，W_E——原毛试验试样规定重量；

　　W_2——开松去土杂后试验样品总重量；

　　W_1——试验样品总重量。

原毛试验试样规定重量：同质细羊毛200g，同质半细羊毛及异质毛规定为150g。

3. 洗毛

同烘箱法。

4. 检测

（1）将湿态试样全部放入压毛筒内，随即关紧挡盖。

（2）拧紧仪器阀门螺钉，握紧手柄作上下运动，确保压力表指针在1min内从0Mpa升至17.65Mpa，并在17.65Mpa处稳定1min。倒出筒内已压出的残留水分，擦干筒壁，松开阀门螺钉，卸下压毛筒。

（3）卸下压毛筒挡盖，取出压后的全部试样，迅速在天平上称重，称准至0.01g。

5. 结果计算和表示：

（1）计算公式

$$W = W_P (1-b)$$
$$W_y = W_c (1+R) / W_G \times 100\%$$

式中，b——含水指数（同质细羊毛0.29，同质半细羊毛及异质毛0.30）；

　　W_P——试样湿压重，g；

　　W_C——试样绝干重，g；

　　W_{yt}——净毛率，%；

　　R——公定回潮率（同质细羊毛及同质半细羊毛为16%，异质毛为15%）；

　　W_G——原毛试验试样规定重量，g。

（2）查表

根据试样湿压重查相应的湿压重与净毛率查对表，得出该试样的净毛率[查对表见GB/T14271附录B（补充件）]。

八、羊毛回潮率检测

（一）方法概述

毛样称取湿重后，置于（105±2）℃的烘箱内烘验，驱除水分，用箱内热称法使毛样达到恒重（即干重）。以湿重与干重的差值除以干重的百分率计算试样的回潮率。

（二）仪器设备

1. 烘箱：Y 802A或同类型（工作环境的相对湿度不得大于70%）。

2. 取样容器：密封、不吸湿的盛放试样的容器。

（三）取样与定样

1. 取样

（1）供试验用的样品，应从同一品种，同一批号中抽取。

（2）取样应具有代表性，采用周期系统抽样方法。

（3）洗净毛试验用样品：10包以内抽三包，不足三包逐包抽取。每增加10包增抽一包，不足10包以10包计。50包以上每增20包增抽一包，不足20包以20包计。每个毛包在两个不同部位抽取，其中，一个部位必须从毛包中心抽取。每只试验样品约重100g。每批至少抽取试验样品3只。

（4）取样要求

取样后应将毛样迅速放入取样容器内，尽量避免大气和手上的水分被毛样吸附，或毛样中水分散逸。

（5）定样

取样后迅速用天平称取试样湿重45～50g，准确到0.01g，每称准一只试样不超过1 min。

（四）试验步骤

1. 摘下烘箱内烘篮，开启烘箱电源、分源、开关，将称好的试样蓬松的放入烘篮内，当烘箱温度升到（105±2）℃时，将烘篮逐只对号挂入烘箱内的挂篮钩上，然后开启转篮开关；

2. 当烘箱温度恢复到（105±2）℃时，关闭分源开关，并记录始烘时间；

3. 恒温烘验120min后关闭电源，停1 min后，用烘箱上附装的天平进行第一次箱内热称；

4. 复开电源，使烘箱温度恢复至（105±2）℃。续烘10min后进行第二次箱内热称，如果两次称重的差异不超过后一次重量的0.05%时，确定达到恒重，如果尚未达到恒重，应再续烘10min进行第三次称重，直至恒重为止。以最后一次称得的重量为干重。每次称完8个试样应不超过5min。

（五）试验结果计算

1. 试样回潮率

$$R_i = \frac{G - G_0}{G_0} \times 100$$

式中，R_i——试样回潮率，%；

    G——试样湿重，g；

    G_0——试样干重，g。

2. 平均回潮率

$$R = \frac{\sum_{i=1}^{n} R_i}{n}$$

式中，R——平均回潮率，%；

    n——试样个数。

3. 数字修约

回潮率计算至小数点后三位数，修约至第二位。

九、羊毛中油脂含量检测方法

油脂是绵羊皮肤内皮脂腺分泌出来的一种类脂化合物，保护羊毛的化学成分、化学结构和各种物理机械性质免受或少受外界因素的损害。因此，要求羊毛中必须含有一定量的油脂。羊毛油脂一般用乙醚或乙醇为溶剂，从羊毛纤维表面萃取。原毛中油脂的颜色及含量的研究是鉴定品种、个体羊毛品质及杂交改良效果的重要性状。也是检测羊毛是否洗净的一项重要指标，要求洗净毛中含脂率不超过1%。因此，对原毛含脂率和净毛残余油脂的含量进行分析检测是非常必要的。

（一）方法概述

从试验室样品中分出试样，测得干重后，在索氏脂肪抽出器中经乙醚反复抽提。溶剂回收，提取物烘干、称重、经计算可得到毛纤维含脂率。

（二）仪器设备

索氏脂肪抽器；分析天平：分辨力为0.0001g；恒温水浴锅；烘箱；乙醚等。

（三）检测方法

1. 将试样用定性滤纸包好，分别放在浸抽器内，滤纸包的高度不要超过虹吸管口。从浸抽器的上部倒入乙醚，使其浸没试样，越过虹吸管并能产生回流。再接上冷凝器。

2. 保持水浴温度（55～65℃）以使接收瓶中乙醚微沸，回流不少于20次，每小时约6～7次。

3. 回流完毕，取下冷凝器，用夹子小心地从浸抽器里取出试样，挤干溶剂。再接上冷凝器，回收乙醚。然后关闭电源，关掉冷却水。

4. 油脂恒重

把接收瓶和脱脂后的试样送入（105±2）℃的烘箱里烘2h，取出置于干燥器中，冷却至室温，称重，重复烘干，直至恒重。接收瓶在测试前应预先在同样温度下烘至恒重。

（四）结果计算

1. 计算公式

（1）洗净羊毛含脂率计算

$$洗净羊毛含脂率（\%）=G_1/（G_1+G_2）\times 100\%$$

式中，G_1——油脂绝对干燥重量，g；

G_2——脱脂毛绝对干燥重量，g。

（2）毛条含脂率计算

$$毛条含脂率（\%）=G_1/（G_1+G_2）\times（1+W_b）\times 100\%$$

式中，G_1——油脂绝对干燥重量，g；

G_2——脱脂毛条试样绝对干燥重量，g；

W_b——公定回潮率。

2. 数值修约

结果计算至四位小数，按GB8170-87修约至三位小数。

第十二节　绵羊穿衣技术

一、绵羊罩衣的研制进展

羊毛纤维损伤与污染程度直接影响羊毛的质量，最终决定毛纺织品的质量。而恶劣的自然环境和饲养条件是造成羊毛损伤和污染的主要因素，例如，强烈的紫外线会使羊毛色泽变黄、毛尖风化变脆，强力降低等。为了减少外界环境条件对羊毛生产和羊毛品质的不利影响，澳大利亚的科学家率先提出使用绵羊罩衣保护的方法。1930年，在澳大利亚南部一些牧场就开始了绵羊罩衣的试穿工作，当时绵羊罩衣的设计简单，制作粗糙，主要由一些废化肥袋为材料。进入50年代后，羊毛中的植物性杂质对毛纺织品质量的影响越来越受到人们的重视，植物性杂质含量成为衡量羊毛售价的主要指标之一，从而推动了绵羊罩衣的研究步伐。Lipson、Charlesworth等先后进行了用帆布、PVC等材料制作绵羊罩衣的研究，并进行了穿衣效果的比对试验，结果发现，12盎司的帆布羊衣效果较好，但制作材料的成本较高，不利于推广。1972年澳大利亚科工组织、新南威尔士大学、澳大利亚羊毛出口局、新南威尔士农业局等联合进行的用聚乙烯类材料制作羊衣的研究，为新型羊衣的的制作提供了一种比较经济适用的材料。后来，澳大利亚Gollin公司对羊衣的设计进行了一些改进，在羊衣的颈部、后臀及体侧边沿加制了有弹性有松紧带，腿部制作了可以调节的带子，这样可以使羊衣密切地与羊体接触，增强了羊衣的保护性和舒适性。1991年，新南威尔士大学羊毛和动物科学系进一步对羊衣的型号、材料的编织和羊衣设计进行研究和改进，他们将羊衣分为不同的型号，可根据一年不同时期和羊体的大小来选择羊衣的大小，另外，在羊衣的设计上增加了三角形的可调节配件，可以随羊体和羊毛的生长来调节羊衣的大小，从而使羊衣更合体。在羊衣材料上提出了根据不同的生长环境而选择不同的编织密度，确保羊衣既透气、防水，又具有很好的防尘保护功能。目前，澳大利亚的绵羊罩衣基本上是用有弹性的尼龙为材料制作的。

二、我国绵羊罩衣的引进和研究

我国的绵羊穿衣试验开始于20世纪80年代，由中国农业科学院兰州畜牧与兽药研究所与澳大利亚国际农业研究中心合作开展的题为"开展绵羊育种，提高中国西北地区羊毛品质"的研究项目，其中有一部分研究内容是绵羊穿衣试验，当时的绵羊罩衣由澳大利亚联邦科工组织动物生产研究所提供，在甘肃省皇城绵羊育种试验场、永昌羊场进行穿衣试验，试验取得了比较好结果。90年代，由甘肃省科技厅继续资助，中国农业科学院兰州畜牧与兽药研究所承担的"保护法生产优质羊毛"课题在原试验研究的基础上做了进一步的深入研究，第一次成功研制了我们国家自己的绵羊罩衣，在甘肃省皇城绵羊育种试验场、天祝县以及青海省三角城羊场进行了穿衣试验，结果表明，国产绵羊罩衣不仅能防止或减少沙土、植物性杂质对羊毛的侵害，还能在高寒牧区起到一定的保暖作用。后来，针对我国细毛羊主产区海拔高，紫外线照射强的自然环境，在羊衣制作材料上喷涂防紫外线物质，以增强羊衣的防紫外线性能，目前，以聚乙烯为材料制作的抗紫外线国产绵羊罩衣在全国各细毛羊主产区比如甘肃、青海、新疆、内蒙古等得到了比较广泛地推广应用。

三、穿衣对绵羊产毛性能和羊毛品质的影响

（一）穿衣对被毛结构的影响

我国的细毛羊常年生活在海拔高、日光照射强烈、风沙大、雨雪相对集中的寒冷山区，绵羊被毛四季暴露在外，长期经受雨淋、风吹和日晒，羊毛中的油汗损失严重，毛纤维及毛束之间缺少油汗黏合，结构松散，闭合性差。再加上风沙大，沙土灰尘杂质容易进入羊毛的松散结构中，使绵羊被毛污染大，毛纤维顶端遭受损害。给绵羊穿上罩衣，相当于给羊毛增加了一层保护组织，雨水和日光不能直接与羊毛接触，羊毛中的油汗损失减少，从而使毛纤维、毛束及毛丛间相互粘合，排列紧密，形成了一个密闭性良好、表面平整、坚实而紧密的被毛结构。大大减少了沙土、灰尘杂质对羊毛的污染。

（二）穿衣对羊毛产量及羊毛长度的影响

对常年生活在高寒山区的绵羊来说，寒冷是影响羊毛生产的主要因素之一。长时间的寒冷和

低营养使绵羊的生产力受到限制，羊毛生长明显下降。经测定，甘肃省皇城羊场的甘肃高山细毛羊在夏秋季节，环境温度适宜，牧草生长旺盛，营养价值高，因此该时期内羊毛生长速度较快，平均每日生长净毛9.44g。冬春季节，环境温度很低，最低时达−29℃，此期间虽然给予绵羊一定量的补饲，但补饲的营养远不能补偿寒冷对绵羊生产带来的损失，因此该时期羊毛生长速度非常缓慢，平均每日生长净毛量3.69g，为夏秋季节日生长量的39%。绵羊穿上罩衣后，在漫长的寒冷季节起到了保暖作用，减少了能量的损耗，提高了寒冷季节羊毛的生产速度，毛纤维长度增加，据肖西山等（1991）报道，在甘肃高山细毛羊进行的穿衣试验，穿衣羊只的净毛产量比不穿衣的羊只平均高0.44kg，穿衣羊只的毛纤维长度比不穿衣羊只增加0.33cm。

（三）穿衣对羊毛油汗的影响

油汗是皮肤内皮脂腺和汗腺的分泌物，它对毛纤维起着很好的保护作用，特别是在被毛常年经受日晒、雨淋、风吹、霜雪、尿渍和粪污侵蚀，油汗可保护羊毛的化学成分、化学结构和各种物理机械性能免受损害。但是，当羊毛经常受到雨水、霜雪的侵蚀、羊毛中的油汗会被冲刷而损失，另外高海拔山区太阳辐射强、温度高、油汗的黏性降低、对被毛的附着力减少，油汗自身的氧化作用加快，虽然羊毛脂不溶于水，但它不耐雨水冲刷。羊毛中的汗质吸水性能强，它能保持羊毛中含有一定量的水分，随空气湿度的变化而进行水分的交换。但汗质是溶于水的，羊毛受到雨淋时，汗质很容易随雨水而流失，尤其是羊毛顶端汗质损失更为严重，使羊毛纤维顶端干燥、变脆、易断。

绵羊穿上罩衣后，防止或减少了雨水、霜雪和日光对羊毛的直接破坏，保护了羊毛中的油汗，据马省强（2003）报道，甘肃高山细毛羊穿衣后，使羊毛中的油汗长度由不穿罩衣时的2.80cm提高到6.25cm，油汗覆盖率由不穿衣时的38.78%增加到82.78%。羊毛脂和汗质含量分别增加了6.44个百分点和2.49个百分点，油汗不仅保护了被毛结构，而且保护了毛纤维的正常形态结构，从而使羊毛品质得到了改善和提高。

（四）穿衣对羊毛中的杂质和净毛率的影响

羊毛中的杂质是指除净毛以外的其他物质。杂质含量与净毛率、油汗长度相反，油汗覆盖毛纤维越短，污染层越深，杂质含量越高，净毛率就低。未采取保护措施的甘肃高山细毛羊油汗长度短、被毛结构闭合性差、松散，而放牧地风沙灰尘大，风沙灰尘及杂质很容易进入这种结构较差的被毛中，羊毛中的污染层深达4.41cm，灰尘杂质含量高达33.53%，净毛率只有40.71%。

给绵羊穿上罩衣后，罩衣本身对灰尘杂质起了隔离作用，另一方面绵羊罩衣使绵羊的被毛结构闭合性变好，使灰尘杂质很难进入羊毛中，因此羊毛中的污染层下降到1.31cm，灰尘杂质含量降到12.28%，净毛率提高到52.80%。

（五）穿衣对羊毛细度及毛束强度的影响

经过试验发现，绵羊穿衣对羊毛的细度和毛束强度影响不大。

（六）穿衣对羊毛的纺织性能的影响

经过对穿衣羊毛和未穿衣羊毛的纺织加工试验，穿衣羊的羊毛比未穿衣羊的羊毛在粗梳过程中的总落杂率减少了5.88%，毛条制成率提高了6.45%。也就是说，绵羊穿衣后，羊毛的纺织性能明显提高。

四、绵羊穿衣的效益分析

（一）经济效益

就绵羊穿衣提高个体净毛率这一项来看，经初步统计核算，每件加工好的羊衣需6元成本费，每件羊衣平均可使用2年，平均每年成本费3元，使用后可增加净毛量0.44kg，增加收入16.5元（污毛按15元／kg，净毛率按40%计算），除去3元成本费，每只净增收入13.5元。2005年我国绵羊存栏总数约17 389.9万只，若50%的羊穿上羊衣，每年可增加净毛量7 651.56万kg，净增纯收入103 296.06万元。由此可见，绵羊穿衣的经济效益是比较可观的。另外，穿衣后羊毛污染降低，污毛量减少，还可节约营销商的运输费用和毛纺厂洗毛的劳动强度和费用，从而降低毛纺企业的成本，经济效益增加。

（二）社会效益

目前我国的羊毛生产还不能满足毛纺加工业的需求，尤其是高质量的优质羊毛更为紧缺，尽管我国北方的草原面积较大，但随着畜牧业的发展，牲畜数量猛增，草场出现饱和甚至超载，草原退化严重。用增加绵羊数量，生产更多的羊毛满足毛纺工业对羊毛的需求是不现实、不科学的，采用绵羊穿衣技术，可较大幅度地提高个体净毛产量，提高羊毛品质，就是说在不增加绵羊只数，不增加草原负担的前提下，增加羊毛产量，生产优质羊毛，促进毛纺工业的发展，减少外毛进口，为国家节约外汇，同时，还保护生态环境，因此，绵羊穿衣同样具有可观的社会效益。

五、绵羊穿衣的技术要求

（一）羊衣制作技术

1. 面料的选择

羊衣面料高密度聚乙烯材料或腈纶布（尼龙）为主，根据不同地区的环境条件和气候特点选择不同的编织密度。甘肃祁连山高寒草原使用聚乙烯纺织布时，宜选用每平方米150~180g重的材料。主要保证透气、防水、防污、防紫外线侵蚀等，并且要舒适、耐穿，切忌使用劣质的聚丙烯材料，防止异性纤维污染羊毛。

2. 羊衣设计

羊衣的设计尽量根据羊体的结构既要合体、舒适、不影响羊只的正常生理、生物行为，又要最大限度地保护羊毛。羊衣的规格设计要根据不同年龄、性别及绵羊的不同生长阶段，分为大、中、小不同的型号，以供不同体型规格羊只选用。

3. 羊衣缝制要求

首先要对裁好的衣料边缘进行锁边处理，然后给颈部、腹部、后腿部、臀部等位置缝制松紧带，缝松紧带时，先固定一端，然后将松紧带适量拉长再固定另一端，最后将所有松紧带缝制固定。

（二）穿衣技术

1. 穿衣时间

成年母羊的穿衣期限有两种，一种是全年穿衣，即在剪毛后立即穿上，至翌年剪毛时脱去，这种方式比较适合于夏季进山放牧，冬季下山舍饲半舍饲的羊群；另一种是半年穿衣，即在进入冬季舍饲前期穿上，至翌年剪毛时脱去。如果是羊群全年均在平原区饲养，盛夏季节气温过高时不宜穿着羊衣，以免发生羊体过热中暑等事故。

幼年羊只必须在8~10龄后，体格发育较成熟时开始穿衣，至首次剪毛时脱去。

2. 羊衣选择

羊衣分为大号、中号、小号，根据羊体大小选择合适的羊衣，保证羊只穿着合体。对全年穿衣的成年母羊，起始时（剪毛后）宜穿中号或小号，羊毛长长后视羊衣的松紧程度及时更换大一号的羊衣；对于半年穿衣的成年母羊，进入冬季舍饲前穿衣宜用中号或大号；幼年羊视羊体大小选择合适的型号，一般幼年母羊可选小号；幼年公羊先选小号，体格长大、羊毛长长后可更换大一号的羊衣；对成年公羊应根据体格特制适合的羊衣。

3. 羊衣穿脱方法

穿衣最好两人进行，防止一手持衣，另一手保定羊只，先将羊只头部穿入前端"领口"，羊衣铺展于背部，先后抬起羊只左右后腿穿入羊衣后端"袖口"中，两手抓住羊衣腹部对称向下拉，再用两手分别抓住羊衣颈部和臀部向前向后拉，使羊衣平展且使羊衣密切与羊体接触，保证颈部不勒，尾部露出。

脱衣的方法与穿衣正好相反，先脱去两后腿部，然后从头部拉出。

六、穿衣羊只的饲养管理

绵羊穿衣前对羊只进行认真彻底的药浴，以防穿衣后引起寄生虫病的发生。

绵羊刚穿上罩衣后，相互之间不适应，会不同程度地出现惊群现象，这时要加强管理，以防乱跑，1~2d后便可恢复正常。

绵羊穿衣期间，要加强放牧管理，尤其是在森林草场或者灌木多的草场及有铁丝围栏的草场放牧时，应随时清点羊数，密切监控羊只的活动，防止羊衣挂在树枝或铁丝网上，导致吊死、困死或饿死的情况发生。另外，绵羊穿衣期间，饲养管理人员要随时观察羊只的生活行为，如发现因罩衣不合体、大小不合适而造成羊只的行为改变或异常时应及时更换或修改羊衣，确保羊衣穿着的舒适合体，保证绵羊正常的生理、生活不受罩衣的影响。

第十三节　羊毛质量监督与检验

一、羊毛质量监督管理及检验的背景及进展

羊毛质量监督和公证检验是联系羊毛生产、流通和加工企业三方面的技术纽带。买卖双方要通过公证检验来衡量羊毛的数量和品质，并以此为基础协商双方能共同接受的价格。以实现公平交易。羊毛生产者利用检验的信息，弄清羊毛生产的经济效益，改进经营管理模式，提高羊毛质量。羊毛用户从检验结果了解原料的性质，以选择合适自己的羊毛。检验又是一种技术手段，其发展和当时的科学水平相对应，羊毛交易过程中的检验，必须和交易方式相适应。

在过去的很长一段时间中，羊毛检验只是根据评毛人的粗略估评，依凭的是行业间共同默认的经验。也就是依靠传统的主观来评毛，这种方法以简便、快捷的特点长期以来成为羊毛交易和验收时质量评价的主要手段。感官判断与评毛人自身积累的经验以及心理因素有关，评毛人从各自的经验和立场出发，很难得出统一的结论。同时，感官评毛缺乏明确的质量标准作为判断品质优劣的依据，得出的结论也只能是一个极粗略的结论。羊毛的外观形态特征与羊毛的内在质量以及实际使用价值之间有密切的联系，没有进行系统的科学试验和严密的统计分析，无法找出这种联系和规律，也就不能准确的评价羊毛的使用价值。再加上一些不法之徒为利益驱使掺杂使假，因此，羊毛生产、流通和使用各方都强烈呼吁建立羊毛的商品标准和客观公正的检验方法。

1993年，为了加强对羊毛质量的监督管理，维护羊毛市场流通秩序，保护国家利益和羊毛交易双方的合法权益，由国家技术监督局、国家经济贸易委员会、国家计划委员会、农业部、纺织工业部、商业部、技监局联合发布了我国第一部"羊毛质量监督管理办法"。该办法规定，凡在中华人民共和国境内从事羊毛交易活动的单位或个人，均应遵守本办法。羊毛交易双方必须严格执行国家标准中有关羊毛分类分等、保证质量和净毛计价的规定；批量交易的，一律按净毛计价且实行公证检验；禁止在羊毛中掺杂使假和其他有损羊毛质量的行为。中国纤维检验局认可的专业纤维检验机构负责公证检验，出具的检验证书作为交易双方结价、索赔的质量凭证。但是由于羊毛市场疲软，流通体制混乱等原因，使该办法没有被很好地落实。羊毛交易中掺杂使假现象屡屡出现。2003年7月国家质量监督检验检疫总局发布第49号令，颁布实施了新的"毛绒纤维质量监督管理办法"，该办法对毛绒纤维质量公证检验进行了明确的定义，指出，"毛绒纤维公证检验是指，专业纤维检验机构按照国家标准和技术规范，对毛绒纤维的质量、数量进行检验并出具

公证检验证书的活动。毛绒纤维质量监督检查的内容包括，毛绒纤维质量、数量和包装是否符合国家标准；毛绒纤维标识以及质量凭证是否与实物相符等"。同时，详细规定了公证检验的工作程序，要求专业纤维检验机构进行毛绒纤维质量检验，必须执行国家标准、技术规范的要求，保证客观、公正、及时。出具的检验证书应客观、真实、有效地反映毛绒纤维的质量、数量。另外，还规定了毛绒纤维经营者的质量义务和责任以及违反该规定后的处罚办法。该办法是我国毛绒质量监督管理的法规性文件，希望能对我国的毛绒质量监督起到规范和监督的作用。但是，我国羊毛生产的分散性和羊毛流通体制不健全的现状并没有得到根本的改变，再加上羊毛价格低迷而不稳定，使净毛计价难以真正实施；牧民和羊毛经营者的质量意识低下，羊毛的公证性检验很难推广。目前，我国大部分羊毛还是由小商贩到牧户家中看货论价，直接收购，不进行客观检验，2005年牛春娥等曾对全国绵羊毛产销状况进行调研，结果显示，我国经过公证检验后参加批量拍卖的羊毛只占总产量的1%左右。而甘肃省经过公证检验的羊毛不到全省绵羊毛总产量的2%。

二、羊毛质量监督检验机构

目前，国外影响较大的有一定规模的羊毛检验机构有四家，即澳大利亚羊毛检验局（AWTA）、新西兰羊毛检验局（NZWTA）、南非羊毛检验局、国际羊毛检验服务中心（WISI）。前三者是公立性质的，作用仅限于各自国内，国际羊毛检验服务中心（WISI）是英国"国际质量服务中心"的一个分属机构，是一家规模较大的私营公司，在10多个羊毛生产国和消费国设有分支办公室和实验室。20世纪60年代之前，这些机构的主要业务是检验毛条，洗净毛和炭化毛的商业重量和一些零星的品质检验项目，1965年IWTO原毛检验方法草稿问世以后，检验业务逐渐扩展到成交后原毛批的细度或净毛率测试。这些业务都是出口商为交货时间向用户保证质量而申请检验的，对市场交易不发生影响。20世纪70年代以后，检验工作的重点转向以交易前的原毛批为主。这些检验机构都是以第三方的身份从事检验工作，不与羊毛交易双方发生任何利害关系，确保检验结果的公正性。各检验机构要为自己出具的检验证书的准确性负责，检验方法完全遵循国际公认的IWTO方法标准，国际同类型实验室之间经常进行比对实验和交流，确保检验结果的准确性。另外，所有的检验机构都把提高检验工作的效率放在重要位置，澳大利亚、新西兰的羊毛检验机构在全国所有经纪人羊毛仓库设立了称重、取样流水线，保证能对每包羊毛进行取样，并有一个高效的样品传递系统，保证样品在24h内送达就近的实验室，检验工作在以专用仪器设备配置的流水作业线上进行，每项分解成若干基本操作，每个试验工的操作单纯而熟练，但每道工作环节都有责任工号可以核查，不仅提高了工作效率，而且保证了检测工作的质量。因此，所有的羊毛加工企业都可以充满信心地根据他们提供的检测结果采购货真价实的满足其加工需要的羊毛，牧民也可以通过检测结果，对自己牧场的羊毛质量与价格做到心中有数。

"毛绒纤维质量监督管理办法"规定，国家质量监督检验检疫总局主管全国毛绒纤维质量监督工作，其所属的中国纤维检验局负责组织实施。省、自治区、直辖市人民政府质量监督部门负责本行政区域内毛绒纤维质量监督工作，其所属的专业纤维检验机构在各自管辖范围内对毛绒纤维组织实施质量监督；没有设立专业纤维检验机构的，由质量监督部门在其管辖范围内对毛绒纤维组织实施质量监督（专业纤维检验机构和地方质量监督部门并列使用时，统称纤维质量监督机构）。由于长期受国毛贸易市场不规范的影响，各地纤维检验部门用于羊毛检验的仪器设备、检验技术落后，检验机构间的比对交流很少，各地的检验水平差距较大，检验工作与市场贸易、生产加工脱节，很难保证出具的检验证书能客观、真实、有效地反映羊毛纤维的质量。直接影响国毛质量的提高和牧民的经济利益，影响羊毛加工企业使用国毛的信心和国毛市场的繁荣。

甘肃省的羊毛质量监督检验由甘肃省纤维检验局负责，甘肃省纤维检验局委托张掖纤维检验站对皇城绵羊育种场及肃南县的细羊毛进行质量监督检验，但是，张掖纤维检验站以化纤及纺织品检验为主，羊毛质量检验的仪器设备陈旧，检验技术落后，无法保证检验数据的准确性和公正性。从而影响了羊毛贸易中的合理定价。

三、质量监督及检验的依据

标准是检验单位进行检验工作的依据，从20世纪50年代起，世界各羊毛主产国和一些国际组织陆续制定了许多羊毛检验方法标准，如美国的ASTM标准、日本的JIS标准、英国的RS标准以及国际毛纺组织的IWTO标准、国际标准化组织ISO标准等，试验对像主要针对原毛，也有的针对洗净毛、毛条等。到80年代初期，全世界约半数以上的原毛进出口贸易均接受IWTO原毛试验方法标准，当时的IWTO标准主要涉及原毛钻芯取样规则、净毛率试验方法及羊毛纤维平均直径测试方法——气流仪法，基本能够满足当时的原毛净毛率、植物质含量和纤维平均直径三项客观检验项目的试验要求。目前，客观检验的项目在原来三项的基础上增加了毛丛长度、毛丛强度、断裂位置、有色有髓纤维含量、植物质类型等，相应的检验方法标准也相继出台。

我国最早的绵羊毛国家标准是1976年颁布实施的以污毛计价的羊毛采购标准。1993年，由中国纤维检验局、农业部、商业部、纺织工业部和国家物价局共同提出对原标准进行修订，发布了GB 1523-93《绵羊毛》新的国家标准。新标准对1976年的旧标准做了很大的改进，增加了羊毛档次的划分，突出了优质羊毛的地位；取消了原毛的等级比差，推行了净毛记价和公量检验等。这个标准为发展和保护我国绵羊毛生产和贸易起了很大的作用。但是，随着国内羊毛市场的放开和毛纺工业的发展，该标准已明显不能适应我国绵羊毛生产、加工、质量监督和进出口贸易的需要，因此，从2002年起，由国家质量监督检验检疫总局立项，中国纤维检验局牵头，开始对GB 1523-93绵羊毛标准进行修订，目前该标准正在修订中。20世纪80年代以来，为了提高毛绒质量，规范毛绒生产、加工及市场贸易，我国逐步制定颁布了一批羊毛质量检验标准。到2005年，我国共有羊毛检验标准82项，其中，国家标准（GB）48项，纺织行业标准（FZ）12项，出入境检验检疫行业标准（SN）7项，轻工行业标准（QB）8项，农业行业标准（NY）6项。这些标准包涵了羊毛洗净率、油灰杂含量、回潮率、细度、长度、强伸度等项目的检验。这些标准我国羊毛质量监督检验起到了很好的指导和规范作用。

第十四节　羊毛的拍卖体系

一、羊毛拍卖的起源与发展

拍卖（auction）是一种现场实物交易的方式。在一定的时间和地点，按照一定的章程和规则，公开叫价，把先经买主看过的货物逐件逐批以击槌成交的方式卖给出价最高的买主。所以它是一种公开竞买的贸易方式。羊毛拍卖从19世纪中叶即已开始，当时，澳大利亚就开始定期举办羊毛公开拍卖会。将准备销售的羊毛运到经纪人的收货场后根据分级报告按等级陈列展出，供各羊毛购买商查看和挑选。羊毛购买商用主观方法评定羊毛的品质，通过手感潮湿度、洁净度推测该毛的成条率或其他纺织特性，然后计算出拍卖时可付出的价格。计算方法是每千克原毛价等于每千克净毛价乘净毛率。直到20世纪60年代末，人们逐渐意识到这种拍卖销售程序只对羊毛购买商和他们在海外的代理人有利，而无益于羊毛拍卖市场的改进。因此，要求"降低销售成本，对决定原毛价值的理化特性进行检测"的呼声愈来愈高，由此揭开了改革羊毛销售体制的序幕。

20世纪70年代初，澳大利亚出台了一系列羊毛法案，1970年推出了OCP分级制度即Objective

Clip Preparation，也称客观剪毛整理工作。它首次规范了分群剪毛、除边整理、支数分级的具体要求。1971年澳大利亚开始执行"羊毛客观检验标准"（Australia Objective Measurement Project，简称AOMP标准），该标准对羊毛售前检测的内容和方法进行了明确的规定，提出了对预售羊毛进行随机抽样测定其平均直径、平均长度、净毛率、植物杂质含量、强度等项目，并出示凭证，以此来确定羊毛价格。这一标准应用到羊毛销售体系中，便形成了"凭样和验证出售制"（Sale by Sample and Certificate）的全新的羊毛拍卖制度。1972年在悉尼、墨尔本、费里曼特尔三大销售中心试用，引起轰动。而且，这种方式使用样品量少、方便，大大降低了销售费用。因此，很快取代了传统销售法，成为澳大利亚最受欢迎的一种羊毛拍卖方式。

新的羊毛拍卖制度十分重视羊毛的售前检验，这是因为客观检验为顾客提供了能够代表羊毛纤维质量的各种可靠的数据，为顾客在选购羊毛时提供了科学依据，因而羊毛售前检验在澳大利亚迅速普及。1971年全澳经售前客观检验的羊毛只占羊毛总产量的0.6%，约3.2万包。10年后这一比例已提高到97%。1991年全澳有544.6万包羊毛接受了售前检验，占羊毛总产量的99.82%。

二、羊毛拍卖制度的特点

目前"凭样和验证出售制"作为一种国际羊毛拍卖制度在世界各主要产毛大国受到欢迎，包括我国在内的许多国家均有尝试，每年都有相当数量的羊毛是采用这种方式进行交易的。"凭样和验证拍卖制度"与其他销售方式相比具有以下特点：

1. 讲究羊毛售前的准备工作，重视除边整理。以保证在市场上有较强的吸引力。

2. 实施科学的客观检验方法，要求检验结果准确可靠，并提供拍卖凭证。

3. 严密的市场管理制度。拍卖羊毛的整理、编批、扦样、制定目录、贮运等整个过程基本全由电脑系统操纵。

4. 统一的商品竞争机制。拍卖市场统一计价，统一评定标准，统一收费，平等参加拍卖。

三、羊毛拍卖交易的工作程序

羊毛拍卖交易一般采用两种做法，一种是传统方法，即羊毛仓库在拍卖之前把牧场送来等待出售的羊毛抽出一部分陈列展示，以供羊毛购买商（出口商）在拍卖前看货评价，这种做法称为传统出售制度。第二种是采用售前检验的方法。即羊毛在交易前先抽取检验样品，从每一个羊毛包中抽出具有代表性的样品，在拍卖陈列厅展示出来，取代了原来的传统出售制度，这种新制度称为凭样出售制度。

（一）拍卖前的准备工作

1. 接收羊毛和过磅

羊毛仓库根据送货单接收牧场送来的羊毛，并在入库48h内进行过磅，作为以后羊毛交易和向牧场结账的重量基准。如果是"凭样出售"的羊毛，在抽取样品时过磅。委托重新整理的零星毛批，在整理前过磅。

2. 钻芯和抓毛取样

按凭样出售的规定，羊毛在展示时须附有客观检验证书，羊毛仓库在收货后应通知委托的检验机构根据相关标准，对每个毛包进行钻芯取样、过磅，并抓取毛样。抓取毛样也应该每包抓取，每个出售毛批至少取20个毛样，每个毛样约200g，钻芯取样每个牧场批总的钻芯样品不少于750g。

3. 毛包储存和陈列样包

送到仓库的羊毛根据牧场送来的先后顺序等待出售。按传统的羊毛出售制度出售的羊毛从整批的毛包中随机抽出部分毛包送到陈列厅的指定区域展示（图6-6）。陈列时样包横向堆叠，打开包头布。拍卖完毕后，样包送回原仓库，与同批毛包合并。陈列出的毛包占全批毛包的50%毛左右，如

图6-6　毛包陈列展示

此耗费了大量人力物力。凭样出售制度的羊毛一经取样即可堆垛，以取出的5～7kg的抓毛样品代替样包陈列（图6-7），不仅节约资源和人力，还使仓库面积得到了合理的利用。

图6-7　抓样陈列展示

　　4. 编批和编制出售发货批目录
　　按传统出售制出售的羊毛，在从货垛上抽取样包移送陈列室展示时，仓库职员一面看毛包内容，一面核对牧场的分级清单，同时进行编批，有的仓库则在收货过磅时直接编批。凭样出售的羊毛在取样前编批。通常是把各牧场送来的同一分级线（即一个牧场批）的毛编成一个出售批，指定一个出售批号。以后的羊毛售出、仓库内调运、发货等都以这个出售批号称呼。重新整理的毛批按整理后合并的毛包编为一批，羊毛仓库将已编好的出售批，根据同次拍卖的汇总编订成出售目录，其栏目是：出售批号、牧场牌号、羊毛分级说明、包数、重量。凭样出售的羊毛批，后面栏目中需添加检验机构的检验结果。

　　5. 看货评毛

　　羊毛仓库在前面的准备工作完成后，在拍卖日期的一周之前把所有出售的羊毛陈列展示。羊毛陈列厅必须具备良好的天然光线，便于接待看货人员的评毛。传统制的样包以堆叠且敞开包口的形式陈列；凭样出售样品是从该批出售的毛包中取出具有代表性的混合样品，陈列在统一规格的纸板盒中（图6-8）。

图6-8　待售羊毛展示

　　待售羊毛陈列后，由以下3个方面的人员对羊毛进行评价：

　　（1）羊毛仓库的评毛员须对仓库的出售毛批进行全面评价。其目的是对每批拍卖的羊毛品质、规格有确切的了解，以便和牧场主协商一个合适的最低出售价格。

　　（2）购买商对本次交易中羊毛仓库陈列出来的所有感兴趣的羊毛进行评价。

　　（3）羊毛管理机构的评毛员对交易中心羊毛仓库的全部陈列羊毛逐一进行评价，其作用是实施保留价格制度并参与市场交易，调控市场价格。

　　评毛时评毛人持有该羊毛仓库编印的出售目录，根据各自的经验将评毛印像记录在目录的空栏内，评看样包时，从已敞开包头的毛包中随手拉出大把羊毛，评看样本时，则在样本盒中反复翻看。评毛人评看的重点是净毛率、纤维细度、草杂、品位和羊毛中存在的缺陷等（图6-9）。同时，估量其毛丛长度，观察羊毛的颜色、光泽、弹性、草杂类型及其分布情况以及羊毛的各种缺陷，尤其最重要的是准确地估计净毛率和细度最为重要。因为用户购买羊毛是按净毛计价的，而拍卖市场是按含脂毛价成交的，净毛率估计不准，将在计算净毛量时发生偏差。

图6-9　评毛

（二）拍卖过程

拍卖场的布局与会议厅较为相似，拍卖时主席台上坐一名拍卖主持人和两名记录员。坐在下面席位上的是参加买毛的购买商。后座是旁听席，委托出售羊毛的牧场主有时也列席旁听（图6-10）。羊毛管理部门的市场交易人员为了执行羊毛保留价格制度，也参与羊毛拍卖活动，每个经纪人派员主持他所负责代售的羊毛批的拍卖，包括拍卖主持人和记录员。主持人对每批羊毛喊出批号和该批羊毛的估计价也即是起点价，购买商即开始竞买。第一位出价人总是谨慎地喊一个较低的价，有意竞争的即逐步加价，通常每次加一分，甚至半分。我国的拍卖每次至少加0.1元。当没有人再继续竞争，最后一个出价最高的即为成交价，此时主持人敲一下木槌表示拍板成交，同时，喊出买进商的号码和成交价格，记录员立即记录在案。这样按出售目录的毛批顺序逐批进行。

（三）拍卖后的工作程序

1. 经纪人将成交羊毛的发票在成交的次日送交买方。

2. 处理陈列展示的样包或样品，样包需重新打包，并和原来的牧场同批的其余毛包合并堆垛。

3. 继续储存羊毛或根据买主要求发运羊毛。

4. 和牧场、买主分别结账。

经纪人在拍卖制度中是牧场主出售羊毛的代理人，也是羊毛拍卖交易的组织者。经纪人代理出售羊毛的报酬是从售出毛款中提出一定比例的佣金。根据一些羊毛出口国的法律，应从出售羊毛款中抽税，供发展羊毛业之用。此项税款也由经纪人在售出毛款中代扣，再拨交羊毛管理部门。经纪人对委托出售的羊毛只以牧场的名义代理出售，不得以经纪人名义买进或出售羊毛，羊毛仓库中所有羊毛都属代客寄存的。

图6-10 拍卖过程

四、我国的羊毛拍卖

　　羊毛拍卖是国际上一种市场化的成熟的先进的交易形式，为羊毛流通搭建公平公正交易平台。从1985年开始，我国取消了对各羊毛生产省区的指令性派购配额，实行国产羊毛放开经营，还推行净毛计价的羊毛拍卖制度。1988年创建南京羊毛市场定期举办羊毛拍卖交易会和信息交流会，为国内羊毛贸易提供了一个最大的、最理想的平台。国内主要的细羊毛生产省区每年都组织羊毛在这里进行拍卖交易。2004年，甘肃省皇城绵羊育种场的细羊毛参加了南京羊毛市场的拍卖，在这次拍卖会上，皇城绵羊育种场的优质细羊毛在全国拍出了最好的价格，其中70支细羊毛拍卖价56.6元/kg，66支细羊毛拍卖价53.70元/kg，64支的也拍到47.0元/kg。

第七章　甘肃细毛羊的疾病防治

甘肃细毛羊从育种之初，乃至整个育种过程中，都非常重视羊群的疾病防治工作。根据多年来疫病发生、发展规律，结合甘肃省皇城绵羊育种试验场的地理特点，制定了相关的疫病防治规程，基本控制或消灭了甘肃细毛羊的传染性疾病的发生，保证了甘肃细毛羊的健康发展。在疫病防治过程中，甘肃省皇城绵羊育种试验场始终贯彻"预防为主，养防结合，检免结合，防重于治"的方针，坚决贯彻《中华人民共和国动物检疫法》、《中华人民共和国动物防疫法》等相关法律法规，控制了有关疫病的发生和蔓延，消灭或控制了甘肃细毛羊炭疽病、布鲁氏菌病、羊梭菌性疾病、羔羊口膜炎、羊痘等的流行和发生。

第一节　疫病防治措施

一、疫病的综合防疫

甘肃省目前细毛羊饲养的方式是以农户为主，生产分散，其防疫基础薄弱，疫病种类多，蔓延范围广，老的疫病未得到有效控制，新的疫病又不断出现，不仅影响甘肃细毛羊养殖业的健康发展，造成巨大经济损失，而且直接危及人民身体健康，妨碍甘肃省畜产品进入国内国际市场。所以，必须大力加强细毛羊疫病的预防工作。细毛羊传染病具有传染扩散的特点，一旦蔓延，需要相当长的时间和耗费巨大的人力、物力和财力，才能加以消除。因此对于细毛羊疫病，首要是防止其发生与流行。在动物疫病的防治方面有共同的规律，细毛羊疫病也不例外，即只要通过控制传染病来源，切断传播途径和增强细毛羊的免疫力3个方面进行综合防治，就能取得良好的成效。

（一）控制传染来源

1. 防止外来疫病的侵入：有条件的地方应坚持"自繁自养"，以减少疫病的传入。必须引入羊时，无论从国内还是从国外引进，只能从非疫区购买，不购买无检疫证明的羊。新购入的羊只需进入隔离饲养，观察1个月后，确认健康后方可混群饲养。饲养场均应设立围墙和防护沟，门口设置消毒池，严禁非生产人员、车辆入内。要及时了解疫情，健康羊不到疫区周围放牧，当外周地区发生疫病时，要做好隔离消毒工作，杜绝外来疫病的侵入。

2. 严格执行检疫制度：经常检疫羊群疫情，加强羊群检疫工作，注意查明、控制和消灭传染源。对有些传染病如结核、布氏杆菌病应定期进行检疫。对所查出的病羊或可疑羊，根据情况及时进行隔离、治疗或扑杀。

3. 及时汇报疫情：一旦发生传染病要向有关部门报告疫情，并立即隔离病羊、可疑羊，派专人饲养管理，固定用具，并加强消毒工作，防止疫病蔓延。

（二）切断传播途径

1. 做好日常环境卫生消毒工作，对粪便、污水进行无害化处理；定期杀虫、灭鼠；对不明死因的羊只严禁随意剥皮吃肉或丢弃，应采用焚烧、深埋或高温消毒等方式处理，以截断传播途径。

2. 一旦发生传染病，要根据不同种类传染病的传播媒介，采取相应的防治对策。当发生经消化道传染的疫病时，主要是停止使用已污染的草料、饮水、牧场及饲养管理用具，禁止病羊与健康羊共同使用一个水源、牧场或同糟饲养。当发生呼吸道传染的疫病时，应单独饲养，并注意栏舍的通风干燥，将羊群划分为小群，防止接触。当发生吸血昆虫传染病时，主要防止吸血昆虫叮咬健康羊。当发生经创伤感染的传染病时，主要防止羊只发生创伤，有外伤应及时治疗。对寄生虫病，应尽量避免中间宿主与羊只接触，控制和消灭中间宿主的活动。另外应加强环境卫生管理，对病羊的粪便、排泄物、尸体等所有可能传播病原的物质进行严格处理。

（三）增强细毛羊的免疫力

1. 加强饲养管理工作

经常检查羊只的营养状况，要适时进行重点补饲，防止营养物质缺乏。尤其对妊娠、哺乳母羊和育成羊更显重要。严禁饲喂霉变饲料、毒草和农药喷过不久的牧草。禁止羊只饮用死水或污水，以减少病原微生物和寄生虫的侵袭，羊舍要保持干燥、清洁、通风等。

2. 进行免疫接种

根据本地区常发生传染病的种类及当前疫病流行情况，制定切实可行的免疫程序。按免疫程序进行预防接种，使羊只从出生到淘汰都可获得特异性抵抗力，降低对疫情的易感性。

3. 紧急免疫

当易感羊处于传染威胁的情况下，除了改善饲养管理，提高机体抗病能力外，还要用疫苗或抗血清进行紧急预防注射，提高免疫力。

二、细毛羊的免疫接种

免疫接种是激发羊体产生特异性抵抗力，使易感羊转化为不易感羊的一种手段，是预防细毛羊传染病的重要措施之一。

（一）预防接种

预防接种是在健康羊群中还未发生传染病之前，为了防止某种传染病的发生，定期有计划地给健康羊进行的免疫接种。预防接种通常采用疫苗、菌苗、类毒素等生物制品使羊产生自动免疫，根据所用生物制品种类的不同，采用皮下、皮内、肌肉注射或饮水、喷雾等不同的接种方法。接种后经一定时间（数天或二周、三周），可获得数月至一年以上的免疫力。为了使预防接种有的放矢，要弄清楚本地区传染病的种类、发生季节、疫病流行规律，制定出相应的防疫计划，适时、定期地进行预防接种，这样才能取得预期的效果。

（二）紧急接种

紧急接种是为了迅速扑灭疫病的流行而对尚未发病的羊只进行的临时性免疫接种，一般用于疫区周围的受威胁区，形成一个"免疫带"，把疫情控制在疫区内，并就地扑杀。有些产生免疫力快、安全性能好的疫苗，也可用于疫区内受传染威胁还未发病的健康羊。在疫区内使用疫苗作紧急接种，要对受传染威胁羊逐只仔细检查，仅能对正常无病的羊进行免疫接种，有些外表正常无病的羊中可能混有少量潜伏感染羊，后者接种疫苗后不能获得保护，反而促使其更快发病。因此在紧急接种后一段时间内可能发病羊数有所增加，但对多数羊来说很快产生免疫力，发病数不久即可下降，最终使流行很快停息。

（三）免疫接种的注意事项

1. 接种免疫前，必须检查羊只的健康状况。凡身体瘦弱、体温升高。临近分娩或分娩不久的母羊，患病或有传染病流行时，一般都不要注射疫苗。

2. 疫苗在使用前，要逐瓶检查。发现盛药的玻璃瓶破损、瓶塞松动、没有瓶签或瓶签不清、过期失效、制品的色泽和形状与制品说明不符或没有按规定方法保存的，都不能使用。

3. 接种时，注射器械和针头事先要严格消毒，吸取疫苗的针头要固定，做到一只一针，以避免从带菌（毒）羊把病原体通过针头传给健康羊。疫苗的用法、用量，按该制品的说明书进行，使用前充分摇均，开封后当天用完，隔夜不能再用。

4．疫苗必须根据其性质妥善保管。油苗、死菌苗、类毒素、血清及诊断液要保存在低温、干燥、阴暗的地方，温度维持在2～8℃之间，防止冻结、高温和阳光直射。冻干弱毒疫苗最好在-15℃或更低的温度下保存，才能更好地保持其效力。在不同温度下保存的期限，不得超过该制品所规定的有效保存期。

5．接种疫苗后，在反应期内应注意观察，若出现体温升高、不吃、精神委顿或表现有某些传染病的症状时，必须立即隔离进行治疗。

（四）常用疫苗及使用方法

表7-1 常用疫苗及使用方法

疫苗名称	预防的疫病	接种方法和说明	免疫期
无毒炭疽芽孢苗	炭疽	细毛羊皮下注射0.5ml，注射后14d产生坚强的免疫力	1年
第Ⅱ号炭疽菌苗		细毛羊不论大小皮下注射1.0ml，注射后14d产生免疫力	1年
布氏杆菌猪型2号弱毒菌苗	布氏杆菌	细毛羊臀部肌肉注射1.0ml（含菌50亿）。阳性羊、3个月以下的羔羊和孕羊均不能注射。饮水免疫时，用量按每只羊服200亿菌体计算，两天内分两次饮服	1.5年
布氏杆菌羊型5号菌苗		羊群室内气雾免疫，室内用量为50亿菌/m³，喷雾后停留30min	1年
羊链球菌氢氧化铝苗	羊链球菌	细毛羊不论年龄大小，均皮下注射5.0ml	0.5年
羊链球菌弱毒菌苗		成年细毛羊尾根部皮下注射1.0ml（50万～100万活菌），半岁至2岁羊减半	0.5~1年
羔羊大肠杆菌灭活苗	羔羊大肠杆菌病	皮下注射，3个月至1岁羊2.0ml，3个月以下0.5～1.0ml。注射后14d产生免疫	5个月
羔羊痢疾菌苗	羔羊痢疾	孕羊分娩前20～30d皮下注射2.0ml，10～20d后皮下注射3.0ml，第二次注射后10d产生免疫力	母羊5个月，经乳汁使羔羊被动免疫
黑疫、快疫二联苗	黑疫和快疫	细毛羊不论年龄大小，均皮下注射3.0ml，注射后14d产生免疫力	1年
羊痔疽、快疫、肠毒血症三联苗	羊痔疽、快疫和肠毒血症	细毛羊不论年龄大小，均肌肉注射5.0ml，注射后14d产生免疫力	1年
羊厌气菌氢氧化铝甲醛五联菌苗	羊快疫、羔羊痢疾、羊痔疽、长毒血症和黑疫	细毛羊不论年龄大小，均皮下或肌肉注射5.0ml，注射后14d产生免疫力	1年
羊肺炎支原体氢氧化铝灭活苗	由绵羊肺炎支原体引起的传染性胸膜炎	成年细毛羊颈部皮下注射3.0ml，6个月以下注射2.0ml	1.5年以上

疫苗名称	预防的疫病	接种方法和说明	免疫期
绵羊痘鸡胚化弱毒苗	绵羊痘	按瓶签上疫苗量，用生理盐水稀释，不论羊只大小，均皮下注射0.5ml，注射后6d产生免疫力	1年
羊衣原体油乳剂灭活苗	衣原体流产病	细毛羊皮下注射3.0ml	7个月
A型、O型鼠化弱毒疫苗	口蹄疫	肌肉或皮下注射，4～12个月羊0.5ml，12个月以上1.0ml	4～6个月
破伤风类毒素	破伤风	细毛羊皮下注射0.5ml，一年后再注射1.0ml，免疫期4年	1年

三、药物预防

用药物对无症状的动物进行群体预防，是防治某些疫病的一种有效手段。羊群除了用药物驱虫，药浴外，也可用安全而价廉的抗菌药物加入饲料或饮水中进行群体防治，常用的药物有磺胺类药物和硝基呋喃类药物（药物与饲料和饮水比例：磺胺类，预防量0.1%～0.2%，治疗量0.2%～0.5%；硝基呋喃类，预防量0.01%～0.02%，治疗量0.03%～0.04%）。但必须注意羊等反刍兽口服土霉素等抗生素常能引起肠炎等中毒反应。实践中，除了羔羊患病可通过口服抗生素进行治疗外，青年羊或成年羊应慎用抗生素进行口服。细毛羊可用化学药品定期进行驱虫和药浴，能预防和治疗羊群中某些寄生虫病和疥螨病的发生。每年根据当地寄生虫病流行情况，应在春、秋两季选用噻咪唑、哈乐松等广谱驱虫药各驱虫一次。各地区可视情况适当增加驱虫次数，驱虫后10d的粪便应统一收集，进行无害化处理，以杀死虫卵和幼虫。对于大多数蠕虫而言，秋季、冬季驱虫是最为重要的，因为秋季、冬季是羊只体质较弱的时节，及时驱虫有利于保护羊只的健康；其次秋季、冬季不适合虫卵和幼虫的发育，同时可以大大降低虫卵对环境的污染。另外每年的春季、秋季将羊集中统一用0.1%～0.2%杀虫咪或0.025%～0.05%双甲脒进行药浴可起到治疗体外寄生虫的作用。

四、消毒、杀虫和灭鼠

（一）消毒

消毒的目的是清除或杀灭外界环境中羊体表面积物体上的病原微生物。它是通过切断传播途径预防传染病发生和传播的一项重要防疫措施。在动物发病前，为预防传染病的发生，应对羊舍、用具等进行定期的消毒（即预防性消毒）；在发生疫病期间，为消灭病羊排出的病原体，应对病羊舍、粪便及污染的用具等物体随时消毒。当全部病羊痊愈或死亡后，应对患病羊接触过的一切器物、羊舍、场所以及痊愈羊的体表，进行一次全面彻底消毒（即终末消毒）。

1. 用具的消毒

（1）煮沸：注射器、针头、金属器械、玻璃器皿、衣物织品、木质器具等，都可用煮沸消毒。煮沸30min，可以杀灭一般的病原微生物，但消毒芽孢类的病原微生物如炭疽杆菌污染的物品，则必须煮沸2h以上，或在水中加入2.5%石炭酸煮沸15min。金属器械煮沸消毒时，于水中加入1%碳酸钠，既可防锈，又能提高消毒效果。

（2）蒸汽：一切耐热耐湿的物品用具，都可用蒸汽消毒。使用蒸笼，待水煮开后蒸30min可杀死一般细菌。

2. 羊舍的消毒

关闭羊舍门窗，可先用消毒液喷洒地面（以免打扫时病原体飞扬），再彻底打扫（扫除的污物按粪便消毒处理）；然后用消毒液将天棚、墙壁、饲槽、地面均匀喷洒。常用的消毒液为：10%～20%石灰乳、5%～20%漂白粉溶液、2%～4%烧碱溶液、20%草木灰水、2%～4%甲醛等。在有条件的地方，必要时也可用甲醛熏蒸消毒法（参照皮革、羊毛消毒）。

3. 土壤的消毒

对羊舍等病羊停留过的场所的土壤，应铲除表土，消除粪便和垃圾，堆集后通过生物热消毒（方法见粪便消毒）或予以焚烧（炭疽、气肿疽等芽孢类病原体污染的）。小面积的土壤消毒，可用2%～4%烧碱溶液、10%～20%漂白粉溶液、10%～20%石灰乳等。

4. 粪便的消毒

利用粪便自身发酵产生的热来杀灭无芽孢病菌、病毒及寄生虫卵等，处理了的粪便还可以作肥料使用；按粪便的多少挖一简便粪便发酵池，将每天清除的粪便、垫草等污物倒入；堆积要疏松，装满时，铺上一层健康家畜的粪便或干草，再加上一层泥土封好，经3个月后，就可做肥料使用。

5. 水的消毒

可用通过煮沸、过滤或用漂白粉处理。消毒每立方米的漂白粉（含25%活性氯）用量：清水加入6g，稍混浊的水加入8g，混浊的水加入10g。

6. 皮革、羊毛的消毒

死于炭疽等烈性传染病的病羊，禁止剥皮，应将尸体焚烧或深埋，对死于口蹄疫、布病、羊痘等的皮毛可采用甲醛熏蒸法或2%甲醛浸泡10h。甲醛熏蒸法：将皮毛在室内摆散摊开，紧闭门窗及通风处，室内温度不低于15℃，室内置桶，桶内按每立方米用甲醛25ml，水12.5ml，高锰酸钾25g混合，氧化而蒸发气体，消毒12h，然后通风换气，使药味消失。

（二）杀虫

1. 搞好羊舍附近的环境卫生

羊舍附近的垃圾、污水和乱草堆，常是昆虫和老鼠藏身和滋生的场所。因此经常清除垃圾、杂物和杂草堆，搞好羊舍外面的环境卫生是杀虫灭鼠的重要措施，也是预防细毛羊疫病的重要措施之一。

2. 灭蚊蝇方法

（1）保持羊舍有良好的通风，经常清除粪尿、积水，减少蚊蝇繁殖的条件。

（2）使用杀虫药，用0.2%驱虫菊酯或0.02%～0.05%浓度蝇毒磷等杀虫药，每月在栏舍内外和蚊蝇容易滋生的场所喷洒2次。

（3）使用黑光灯，黑光灯是一种专门用来灭蝇的电光灯，装于特殊的金属盒中，灯光为紫色。苍蝇有趋向这种灯的特性，面向黑光灯飞扑，当苍蝇触到带有正负电极的金属网即被电击而死。

（三）防鼠灭鼠方法

1. 用铁丝网将栏舍和饲料库的洞口、窗口等封住，使老鼠不能进入。

2. 用捕鼠夹捕杀或使用氯敌鼠、杀鼠灵等杀鼠药进行灭鼠。

第二节　主要传染性疾病

一、炭疽

炭疽是由炭疽杆菌引起的一种人畜共患急性、热性、败血性传染病。其临床特征为突然发病，高热，可视黏膜呈蓝紫色，濒死期天然孔流少量不易凝固的暗红色血液。病理变化为脾脏急性肿大，是正常的3～5倍，皮下和浆膜下结缔组织出血性浸润，血液凝固不良，呈煤焦油样。

（一）病原

病原体是炭疽杆菌。它是需氧芽孢杆菌，为革兰氏阳性大杆菌，长3～8μm，宽1～1.5μm，菌体两端平直，呈竹节状，无鞭毛。在动物体内形成短链，两菌连接端呈直截状，游离端则钝圆，菌体周围绕有荚膜。在动物体内不形成芽孢，在动物体外则能形成芽孢，且具有强大的抵抗力，在干燥环境中可存活数10年。因此，疑似炭疽病严禁解剖。

（二）流行特点

病畜的分泌物和排泄物、临死前流出的血液中均含有大量的菌体，病畜是最危险的传染源。若尸体、粪便和污染物处理不当，土壤、牧地、水源被炭疽芽孢污染时，就成为持久的疫源地。本病主要通过消化道感染，也可经呼吸道或吸血虫（尤其是虻类）的叮咬经皮肤感染。炭疽的发生多呈地方性流行，干旱或洪水涝积、吸血昆虫多都是促进炭疽病爆发的因素。且发病具有一定的季节性，多发生在每年6～8月份。

（三）症状及病变

细毛羊对炭疽特别易感。发病后多呈最急性型，常在数分钟内突然抽搐和天然孔流血而死亡。表现出可视黏膜发绀，血凝不良，呈黑红色，尸体迅速膨胀等特征。即使病程稍慢的羊只，也在数小时内以全身战栗、不安、摇摆、呼吸困难，心肺功能严重紊乱，天然孔出血和抽搐而死亡。

死后外观尸体迅速腐败而极度膨胀，天然孔流血，血液呈酱油色煤焦油样，凝固不良，可视黏膜发绀或有点状出血，尸僵不全。对死于炭疽的羊，严禁解剖。

（四）诊断

细毛羊发病多呈最急性型，往往缺乏临床症状，对疑似病例又禁止剖解，因此要依靠微生物学和血清学的方法诊断。

1. 微生物学诊断：涂片用瑞氏或美蓝染色液染色，发现炭疽杆菌，结合流行病学可确诊。

2. 血清学诊断：常用环状沉淀反应。

（五）预防

1. 经常发生炭疽及受威胁地区的易感羊，每年需用无毒炭疽芽孢苗（对山羊毒力强，不宜使用），或Ⅱ号炭疽芽孢苗进行预防接种。

2. 如发现病羊或可疑羊应立即隔离，同时，划定和封锁疫区。病羊用抗炭疽病血清、青霉素等抗菌素药物治疗。对未表现症状的其他羊，每千克体重1万单位青霉素，每日注射两次，连续3d。

3. 在指定地点深埋或焚烧病羊的尸体、排泄物和污物（褥草、饲料、表层土等）。用10%～20%漂白粉，3%～5%烧碱水或0.1%L汞溶液对圈舍用具进行消毒处理。

4. 加强工作人员的防护工作，防止感染本病。

（六）治疗

细毛羊的炭疽的病程短，常来不及治疗。对病程稍缓和的病羊治疗时，必须在严格隔离条件下进行。可采用特异血清疗法结合药物治疗。病羊皮下或静脉注射抗炭疽血清30～60ml，必须时于12h后再注射1次，病初应用效果好。青霉素最为常用，剂量按每千克体重1.5万单位，每8h肌内注射一次，直到体温下降后再继续注射2～3d。有炭疽病例发生时，应及时隔离病羊，对污染的羊舍、工具及地面要彻底消毒，需连续消毒3次，每次间隔1h。病羊群除去病羊后，全群应用抗菌药3d，有一定的作用。

二、绵羊痘

绵羊痘是家畜痘病中危害最严重的一种热性接触性传染病。它是由山羊痘病毒属的绵羊痘病毒引起。以在皮肤和黏膜上发生特异性痘疹为特征。可见到典型的斑疹、丘疹、水疱、脓疱和结痂等病理过程。其传播快，流行广泛，发病率高，妊娠母羊引起流产，常造成严重的经济损失。我国定为一类动物疾病。

（一）病原

病原体为痘病毒科正痘病毒属中的绵羊痘病毒。该病毒颗粒较其他动物痘病毒小而细长。耐冷不耐热，在直射的阳光下可将其杀死。病羊是主要的传染源。主要通过污染的空气经呼吸道感染，也可经过皮肤和黏膜的损伤感染。饲养管理人员、用具、皮毛、饲料、垫草或外寄生虫等都可为传播的媒介。

（二）流行特点

病羊和病愈带毒羊是主要传染源，主要通过呼吸道感染，也可通过消化道、损伤的皮肤或黏膜侵入机体。饲养管理人员、用具、皮毛产品、饲料、垫草和外寄生虫都可成为传播的媒介。也可由羊虱间接传播。在自然条件下，绵羊痘易发生于不同年龄、品种、性别的绵羊，尤其细毛羊最易感，感染后病情也较重。多发于冬末春初，气候严寒、雨雪、霜冻、饲喂枯草和饲管条件差等都能引发该病的流行。

（三）症状及病变

本病潜伏期6～8d，临床上可分为典型和非典型经过。

1. 典型经过

发痘前，病羊体温达41～42℃，食欲减少，精神沉郁，结膜潮红，有浆液、黏液或脓性分泌物从鼻腔流出，呼吸脉搏加快。约过1～4d发痘，痘疹多发生于皮肤无毛或少毛部分，如眼周围、唇、鼻、颊、四肢、尾内面、阴唇、乳房、阴囊和包皮上，变成为红斑，随后形成豌豆大小、突出皮肤表面的结节，再经过5～7d变成水疱，中央稍有凹陷，内含清亮的浆液。此时病羊体温开始下降。由于白细胞的浸润和化脓菌的侵入，水疱逐渐变成脓疱，体温再次上升，此过程约3d，如无继发感染，脓疱破裂或内容物干涸，形成棕色痂皮，脱痂后愈合，整个病程约为3～4周。

2. 非典型经过

非典型经过仅出现体温升高和黏膜卡他性炎症症状，不出或出现少量痘疹，不形成水疱和脓疱，痘疹几天内干燥、脱落。非典型经过严重的多发生于老、弱、孕羊及羔羊。痘疹内出血、变黑，有的痘疹化脓、坏疽、形成溃疡，味恶臭，常呈恶心经过，病死率可达20%～50%。如有的病羊经过严重，痘疹密集，相互融合成片，造成皮肤发生坏死或坏疽，造成全身症状严重；如痘疹集中在呼吸、消化道，往往造成病羊的死亡。

（四）诊断

本病呈群发性和流行性经过，症状十分明显，故可根据流行病学、临床症状、发病过程即可确诊。对非典型性经过的病羊，为了确诊可采用痘疹组织涂片，送兽医检验部门检验。如在涂片的细胞胞浆内发现大量深褐色球菌样圆形原生小体，便可确诊为绵羊痘。

（五）预防

1. 细毛羊得病或人工感染后，均能产生坚强的免疫力。在羊痘常发地区，每年应定期预防注射。3月龄内的哺乳羔羊在断奶后，应加强免疫一次。绵羊痘细孢苗不用作山羊的注射。山羊痘细孢苗对绵羊有保护作用。

2. 平时加强饲养管理，保持圈舍的干燥清洁，抓好秋膘，冬春季适当补饲，做好防寒过冬工作。

3. 不从疫区引进羊只和畜产品，如必须引进需进行隔离观察、检疫。

4. 每天注意检查羊群，及时发现病羊，进行必要的隔离、封锁和消毒，粪便进行无害化处理。

（六）治疗

1. 发生羊痘时，应立即将病羊隔离，同时对疫群中未发病的羊只及周围的羊群进行疫苗紧急接种，病羊由专人护理，给予软饲料，饮清洁水，为防止口腔黏膜继发感染，促进糜烂的愈合，可用1%醋酸液、2%硼酸液或1%来苏尔液冲洗。

2．有溃疡时，用1%硫酸钠溶液、1%明矾液或0.1%高锰酸钾液冲洗，随后可涂碘甘油或紫药水。为防止继发感染，可适当应用抗生素和磺胺药物，根据病情需要还可进行对症治疗。

3．对经济价值较高的种羊，早期可应用免疫血清进行治疗。预防剂量为成年5~10ml，羔羊2.5~5ml。治疗剂量为成年40~80ml，羔羊20~40ml。均皮下注射。

4．对有全身症状严重，且有继发感染的可用青霉素160万单位+抗病毒5ml肌肉注射或10%葡萄糖250ml、维生素C 5ml、地塞米松20ml、病毒唑20ml混合一次静脉滴注。

三、口蹄疫

口蹄疫是由口蹄疫病毒引起的一种急性、热性、高度接触性传染病，主要侵害偶蹄兽的传染病。细毛羊感染率较低，其临床症状是口腔黏膜、蹄部和乳房皮肤发生水疱和溃烂。

（一）病原

病原体为小核糖核酸病毒科的口蹄疫病毒，目前有A、C、O、南非Ⅰ、Ⅱ、Ⅲ型及亚洲Ⅰ型共7种血清型。各型之间彼此几乎没有交叉免疫性，但各型的病状基本相同。每种血清型又分为若干亚型，同型各亚型间仅有部分交叉免疫性。该病毒在不同条件下易发生变异，常有新的亚种出现，给本病的诊断和疫苗研制增加了难度。口蹄疫病毒对外界环境抵抗力强，耐干燥。在自然条件下，含毒组织和污染的饲料、饲草、皮毛及土壤等可保持传染性达数天到数月之久。高温和紫外线对病毒有杀灭作用。酸碱对口蹄疫病毒的作用很强，1%~2%氢氧化钠、30%草木灰水、1%~2%甲醛溶液、0.2%~0.5%过氧乙酸、4%碳酸钠溶液均是口蹄疫病毒的良好消毒剂，短时间内即能杀死病毒。酚类、酒精对该病毒不起作用。病羊和潜伏期带毒羊是最主要的传染源。在症状出现前，奶、尿、唾液、眼泪、粪便等均含有病毒，且以发病前几日传染性最强。从流行病学上，细毛羊是本病的"贮存器"，细毛羊常表现为阴性带毒者，牧区的病羊又症状轻微，不易发现，易成为长期的传染源。因此，在流行病学上值得重视。

（二）流行特点

在口蹄疫流行中，最易感动物是黄牛、牦牛和猪。细毛羊发病率较低，症状也较轻。该病的传播途径较多。可经消化道、呼吸道、受伤的皮肤黏膜及精液传播；也可经草料、衣物、交通工具、饲养管理用具、空气等无生命的媒介物；还可经犬、猫、禽、鸟、鼠等动物和人为传播媒介将其带到不同地域引起流行。在牧区一般呈大流行的方式。发病没明显的季节性，但有明显的季节规律，一般是秋末开始，冬季加剧，春季减轻，夏季平息。此外人对口蹄疫也有轻度易感性，在疫区接触病羊的畜牧兽医工作人员，应加强个人防护以防感染该病。

（三）症状及病变

病羊流涎、食欲下降、反刍减少或停止、体温升高。常呈群发，口腔黏膜和舌表面产生水疱、糜烂与溃疡。四肢的皮肤、蹄部产生水疱和糜烂，出现跛行症状。细毛羊蹄部症状明显，口腔黏膜变化较轻。四肢的皮肤、蹄叉和蹄踵发生水疱和糜烂，严重的发生化脓，坏死甚至蹄匣脱落，羊只跛行。羔羊有时有出血性胃肠炎，常因心肌炎而死亡。

除在口腔、蹄部有水疱和烂斑外，咽喉、气管、食道可见圆形烂斑和溃疡，上盖有黑棕色痂块。心包膜有弥散性及点状出血。

（四）诊断

根据流行特点，主要侵害偶蹄兽一般为良性转归及其特征性病变可作出诊断。实验室诊断时，应无菌操作。采取病羊的水疱皮、水疱液或发热时的血液，送有关检验部门检验。

（五）预防

1. 无本病的地区不要从有病地区（国家）引进动物及其产品、饲料等，严格按照国家有关规定进行检疫。

2. 口蹄疫常发生地区及有可能发生地区，应给羊注射与本地区流行的同型口蹄疫疫苗，用康复血清或免疫血清对疫区和受威胁区的羊继续注射，可以控制疫情和保护羔羊。

3. 严格控制疫情，当疫情发生后，要严格执行封锁、隔离消毒、紧急预防接种、治疗等综合防治措施，并报告有关主管部门。

4. 加强羊群的防护消毒，可用2%氢氧化钠（火碱）对羊舍、用具消毒。病羊粪便、残余饲料及垫草应烧毁，或运至指定地点堆积发酵。

（六）治疗

本病无特效药。口腔可用清水、食醋或0.1%高锰酸钾溶液冲洗；糜烂面上可涂1%～2%明矾或碘酊甘油（碘7g、碘化钾5g、酒精100ml，溶解后加入甘油100ml）；也可撒布冰硼散（硼砂15g、冰片15g、芒硝18g，研成细末）；对蹄部病变用3%来苏尔洗净蹄部后，涂擦龙胆紫、碘甘油等。

四、蓝舌病

蓝舌病是反刍动物的一种急性非接触性传染病，其特征表现为发热，白细胞减少，口、舌、鼻及胃肠道黏膜发生溃疡性炎症。

（一）病原

病原体属于呼肠孤病毒科、环状病毒属的蓝舌病病毒。本病毒有24个血清型，各型之间无交互免疫力。蓝舌病病毒能耐受干燥，在病愈动物的血液中能存活4个月之久。该病毒对2%～3%氢氧化钠敏感。

（二）流行特点

细毛羊最易感，不分年龄、性别和品种都有易感性，以1岁左右的细毛羊易感性最强。蓝舌病是一种虫媒传染病，其自然传染媒介为一种双翅目的库蠓。因此，蓝舌病的发生与分布和库蠓的生活习性及分布有关。多发生于夏季和早秋的池塘、河流多的低洼地区。在自然条件下，病康羊相互接触不会发生传染，但可通过胎盘传播。

（三）症状及病变

潜伏期为2～7d，病初体温升高达40～42℃，稽留几天。病羊厌食、精神委顿、口流涎、流鼻涕、口腔黏膜充血呈青紫状。随后即发生口腔连同唇、颊、舌黏膜上皮糜烂，致使吞咽困难。蹄冠和蹄叶发炎时表现不同程度的跛行。妊娠母羊可引起流产、死胎和胎儿先天性异常，如脑积水、小脑发育不足等。一般病期为2～20d，致死率为2%～30%。

（四）诊断

在新发病地区，采用病羊血液、脾脏及淋巴结进行病毒分离和血清学试验，可确诊。

（五）预防

1. 蓝舌病病毒的多型性和在不同血清型之间无交互免疫性的特点，使免疫接种产生一定的困难。如需免疫接种，应先确定当地流行的病毒血清型，选用相应血清型的疫苗，才能获得满意的结果。弱毒疫苗接种后可引起不同程度的病毒血症，同时对胎儿有影响，母羊流产，运用时应加以注意。最好接种免疫应用国外培育的鸡胚化弱毒苗和牛胚肾细胞致弱组织苗。

2. 严禁从有本病的国家、地区引进羊只。

3. 加强冷冻精液的管理，严禁用带毒精液进行人工授精。

4. 放牧时选用高地放牧，不在野外低湿地过夜，以减少感染机会。

5. 定期进行药浴、驱虫，控制和消灭本病的媒介昆虫。

6. 在新发生地区可进行紧急预防接种，并淘汰全部病羊。

（六）治疗

目前无有效药物。对疑似的病羊加强护理，避免烈日、风吹、雨淋，给予易消化饲料。用消毒剂对患部进行冲洗，同时选用适当的抗菌药预防继发感染。

五、羊快疫

羊快疫是由腐败梭菌引起的一种急性传染病。其特征是发病突然，病程短促，真胃黏膜呈出血性、坏死性炎，多急性死亡。

（一）病原

该病是由腐败梭菌引起的主要发生于绵羊的一种急性传染病。腐败梭菌是厌气的革兰氏阳性大杆菌，在动物体内外能产生芽孢，不形成荚膜，能运动，可产生多种毒素。该菌一般在肝表面触片染色镜检呈长丝状，这是腐败梭菌的特征，具有重要的诊断意义。一般消毒药均能杀死腐败梭菌的繁殖体，但芽孢抵抗力强。因此，必须用强力消毒药20%漂白粉、3%~5%氢氧化钠进行消毒。

（二）流行特点

发病羊多为6~18月龄营养较好的绵羊。本病多发生于春秋季节，羊采食了污染的饲料或饮水，芽孢体进入消化道，当外界存有不良诱因，如气候剧变，阴雨连绵，饲养环境恶劣，饲喂冰冻或受污染的草料、有内寄生虫等时都可诱发本病，该病以散发为主，发病率低而病死率高。

（三）症状及病变

突然发病，病羊往往在不出现临床症状时突然死亡。常在放牧时死于牧草或早晨时发现羊死于圈舍内。病羊突然停止采食和反刍、呻吟、磨牙、腹痛、呼吸困难，口鼻流出带血液的泡沫，痉挛倒地，四肢做游泳状运动；有的病羊病程稍长，表现为离群独处，卧地，不愿走动，食欲废绝，牙关紧闭，行走不稳，易惊厥，里急后重，体温表现不一，有的正常，有的高达41.5℃；粪便恶臭，带血和黏液。通常经数分钟至几小时死亡，痊愈者少见。

死后不久腹部迅速膨大，口、鼻常有白色或血色泡沫；口内可流出食物。主要病变表现在真胃底部和幽门附近黏膜，常有大小不等的出血斑，其表面坏死，出血坏死区低于周围正常的黏膜，黏膜下组织水肿；胸、腹腔、心包大量积液，心内膜特别是左心外膜有多数点状出血；胆囊肿大，肠道和肺脏的浆膜下也可见出血，尸体迅速腐败。

（四）诊断

1. 剖解变化

新鲜尸体主要损害为真胃出血性炎症变化，黏膜表面坏死，坏死区低于周围黏膜，黏膜下层水肿等现象。胸腹腔、心包大量积液，肝、胆肿大。尸体迅速腐败。

2. 实验室诊断

（1）用肝脏表面触片镜检，发现两端钝圆，单个或短链存在革兰阳性大杆菌，有的有长丝状菌体。

（2）心血料接种普通肉汤、葡萄糖鲜血琼脂、厌氧肉肝汤进行病原分离。

（3）小鼠感染试验。

（五）预防

1. 加强平时的防疫措施。

2. 尽量避免人为地改变环境条件，减少发病诱因，加强饲养管理，防止感冒，避免羊只采食冰冻饲料。

3. 在该病常发地区应每年定期接种羊三联苗或羊五联苗，皮下注射5ml，注射后2周产生免疫力，免疫期6个月以上。

4. 当本病发生严重时，可考虑转移牧场。对病羊应紧急隔离处理，彻底清扫羊圈，并用

2%～4%氢氧化钠热水溶液或20%石灰乳反复3～5次消毒。同时投服抗生素、磺胺类药物和肠道抗菌消炎药物，病羊采取其他对症疗法。

（六）治疗

由于本病的病程极短，往往来不及救治。病程稍拖长者，可肌注青霉素，每次80万～100万单位，1日2次，连用2～3d；内服磺胺，1次5～6g，连服3～4次。必要时可静脉滴注10%安钠加（10ml）和5%～10%葡萄糖（500～1 000ml）。

六、羊肠毒血症

该病是一种急性经过的散发性传染病。死后肾组织软化，故又称"软肾病"。临床症状类似快疫，又称"类快疫"。

（一）病原

该病的病原为魏氏梭菌，又称产气荚膜杆菌，为革兰氏阳性粗大厌气性杆菌，有芽孢，不能运动。在动物体内能形成荚膜。本菌可产生多种毒素，以毒素特性可将魏氏梭菌分为A、B、C、D、E 5个毒性，羊肠毒血症由D型魏氏梭菌引起。

（二）流行特点

发病以绵羊为多，通常2～12月龄膘情好的羊只易感。魏氏梭菌为土壤常在菌，也存在于污水中。羊只采食被芽孢污染的饲草料和饮水，芽孢进入肠道，如同时出现肠道功能紊乱，就会导致病原菌迅速繁殖并产生大量的原毒素，改变肠道通透性，使毒素进入血液，引起毒血症。本病的发生常表现一定的季节性，牧区多发于春末夏初青草萌发和秋季牧草结籽后的时期；农区则多见于收割抢茬季节或采食大量富含蛋白质饲料时，一般呈散发性流行。

（三）症状及病变

急性病例突然发作，很少能见到症状，往往是在观察到症状后羊很快死亡。常在早晨发现膘情好的羊死于圈舍中，可见到的症状为病羊四肢发抖、运动不协调、抽搐。卧地，头颈、四肢伸开，流涎、磨牙，眼球转动，有时出现厌食，反刍停止，腹痛，排稀粪，步态不稳，在1～2d死亡。

死羊常见腹部膨大，口鼻流出泡沫性液体或黄绿色胃内容物。胸腔、腹腔和心包积液，心脏扩张，心肌松软，心外膜和心内膜有出血点。肺呈紫红色，黏膜脱落或有溃疡，以小肠为重。肾肿大，表面充血，实质软骨。

（四）诊断

确诊该病须进行实验室检验，主要检测肠道内容物有无毒素存在。可用病死羊肠内容物注射免疫小鼠，观察其致病性。用魏氏梭菌抗毒素与肠内容物作中和试验可确定菌型。

（五）预防

1．在常发地区，应定期注射羊三联苗或四联苗进行免疫接种，发病羊群可用上述疫苗进行紧急接种。

2．合理饲养管理，保持环境卫生，限制给羊饲喂高浓度精料。尽量避免调换饲料，必须调换时要逐渐变换。在收菜季节少喂菜根菜叶等多汁饲料。天气突然变冷时，羊舍应铺褥草保暖。

3．为防止该病的发生，可在日粮中适量加入磺胺脒。

（六）治疗

由于该病病程急，往往来不及救治。刚发病症状较轻的羊可注射青霉素80万单位，以后每隔4h注射1次，并结合对症治疗，能治愈部分羊只。

七、羊黑疫

羊黑疫又名传染性坏死性肝炎，是由B型诺维氏梭菌引起的绵羊和山羊的一种急性高度致死性毒血症。特征为突然死亡，肝实质的凝固性坏死性炎症，皮肤暗红色。

（一）病原

病原体为B型诺维氏梭菌，常和肝片吸虫相互作用而引起该病。菌体为革兰氏阳性大杆菌，严格厌氧，能形成芽孢，不形成荚膜，具有周身鞭毛，能运动。主要栖居于土壤、肥料和反刍动物的消化道内。当羊只采食被污染了的饲料和饮水后，芽孢由胃肠壁随门静脉血流进入肝脏和脾脏中潜藏，若此时伴有游走的肝片吸虫引起肝实质损害、肝坏死时，即迅速生长繁殖，产生毒素，发生毒血症，导致恶性、急性休克死亡。

（二）流行特点

本菌能引起1岁以上细毛羊发病，以2～4岁，营养良好的细毛羊多发。本病主要在春夏发生与肝片吸虫流行的低洼潮湿地区。诺维氏梭菌广泛存在于自然界，特别是土壤之中，细毛羊采食被污染的饲草后，在一定条件下，特别是受肝片吸虫的侵袭后，细菌大量繁殖，产生毒素，引起毒血症，导致急性休克而死亡。

（三）症状及病变

本病表现与羊快疫、肠毒血症等极为类似。病程短，多急性死亡。少数可拖延1～2d，但超不过3d。病羊常落群，不食，呼吸困难，体温41.5℃左右，眼结膜充血，嘴唇边流少量的白沫或流涎，常昏迷伏卧安静死亡。

病羊尸体皮下静脉血管显著淤血，皮肤外观呈紫黑色，胸部皮下组织水肿。浆膜腔有液体渗出，暴露于空气易凝固，常呈黄色，但腹腔液略带血色。胸腹腔和心包积液。特征病变是肝脏的坏死变化。肝脏充血肿胀，表面可看到或摸到多个2～3cm大的凝固性坏死灶。其界限清晰，灰黄色，不整圆形，周围常有一鲜红色的充血带围绕，切面呈半圆形。真胃幽门部和小肠充血，左心室心内膜常出血。

（四）诊断

羊黑疫与羊快疫、肠毒血症、羊炭疽等类似疫病应注意进行鉴别诊断，见表7-2。

表7-2 羊快疫、肠毒血症、羊黑疫、羊炭疽的鉴别要点

鉴别要点	羊快疫	肠毒血症	羊黑疫	羊炭疽
病原菌	腐败梭菌	D型魏氏梭菌	B型诺魏氏梭菌	炭疽杆菌
发病年龄	6～18个月	2～12个月	成年羊	成年羊多发
营养状况	膘情好者多发	膘情好者多发	膘情好者多发	膘情差者多发
发病季节	秋冬和早春	牧区春夏之交和秋季，农区夏秋收	春、夏、秋	夏、秋
发病诱因	阴洼潮湿地，气候突变，连阴雨，吃了冰冻草料	吃了过多谷类或青绿多汁和富含蛋白质的草料	阴洼潮湿地多发，和肝片吸虫感染有关	气温高、雨水多，吸血昆虫活跃
体温	多升高	一般正常	多升高	升高
病理变化	真胃弥漫性、斑块状出血，黏膜脱落，肝有坏死灶	糖尿（2%～6%），小肠出血严重，胸腺出血，死亡久多见肾软化	肝有一个或多个2～3cm坏死灶	真胃有点状出血，小肠出血严重，急性脾脏肿大
涂片镜鉴	肝被膜触片见有丝状菌	血和脏器一般不见菌	肝坏死灶涂片见有粗大杆菌	血液和脏器涂片可见荚膜的炭疽杆菌

（五）预防

1. 做好肝片吸虫的驱治工作，在春夏季节避免到低洼潮湿处放牧。

2. 在春秋两季进行特异性免役，常发病地区定期接种"羊快疫、肠毒血症、黑疫、猝疽、羔羊痢疾五联苗"。

3. 病羊用青霉素或抗诺维氏抗菌血清治疗，尸体合理处理，严防芽孢散播。

（六）治疗

本病发生、流行时，将羊群移牧于高燥地区。可用诺维氏梭菌血清进行早期预防，必要时重复1次。病程稍缓的羊，肌内注射青霉素80万～160万单位，每日2次，连用3d。

八、羔羊痢疾

羔羊痢疾是由B型魏氏梭菌引起初生羔羊的一种急性毒血症。其特征为病程短促，神经症状，剧烈腹泻，小肠溃疡和死亡率高。

（一）病原

该病也称羊梭菌性痢疾，是初生羔羊的一种急性毒血症，以剧烈腹泻和小肠溃疡为特征。本病的病原是魏氏梭菌，又称产气荚膜杆菌，为革兰氏阳性粗大厌气性杆菌，有芽孢，不能运动。在动物体内能形成荚膜。本菌可产生多种毒素，以毒素特征可将魏氏梭菌分为A、B、C、D、E 5个毒性，羔羊痢疾是由B型魏氏梭菌引起，C型和D型魏氏梭菌也可引起，如有大肠杆菌、沙门氏杆菌和肠球菌等混合感染，则可加重病情。

（二）流行特点

该菌为土壤常在菌，病羔羊为主要的传染源，其次为带菌母羊。传播途径主要是消化道，其次是通过脐带、创伤感染。病菌可以通过羔羊吃乳、饲养员的手和羊粪便进入羔羊消化道，在不良诱因的影响下，羔羊抵抗力下降，病菌乘机在小肠（特别是回肠）里大量繁殖，产生毒素，引起该病。促进羔羊痢疾发生的不良诱因主要是母羊怀孕期间管理粗放，营养不良，羔羊体质瘦弱；气候寒冷且变化较大，产羔室温度低，湿度大，使羔羊受冻；哺乳不当，饥饱不匀；接羔卫生和消毒工作差等均可引起发病，一般呈地方性流行。

（三）症状及病变

潜伏期1～2d。病初精神委顿，低头拱背，不食，喜卧，排恶臭黄色或带血的稀便，有的稀薄如水。病羔逐渐虚弱卧地不起。若不及时治疗，常在1～2d内死亡；只有少数病轻的可能自愈。有的病羔，腹胀而不下痢，或只排少量稀粪，可带血或呈稀便，其主要表现为神经症状，四肢瘫痪，卧地不起，呼吸急促，口流白沫，最后昏迷，头向后仰，体温降至常温一下，若不抓紧救治，常在数小时到十几小时死亡。

尸体严重脱水。主要病变在消化道。胃肠有卡他性或出血性炎症。真胃内有未消化的凝乳块，黏膜及黏膜下层出血水肿及小的坏死灶。小肠特别是回肠呈出血性坏死性炎症和溃疡。肠内容物内有大量气体并混有血液。肠系膜淋巴结肿胀充血或出血。肝脏肿大变性，胆囊充盈，肾表面呈放射状充血、水肿条纹。心内外膜及肺脏均有出血或充血。

（四）诊断

根据临床症状和剖解变化就能作出初步诊断。为了确诊可进行实验室检查和鉴别诊断。

（五）防治

1. 在常发地区，应每年定期注射羔羊痢疾苗或羊四联苗。

2. 平时抓好母羊的饲养管理，抓膘保膘，使所产羔羊体格健壮，疫病抵抗力增强。

3. 抓好平时的消毒工作，对母羊的乳房、饲养用具、饲养人员自身应彻底消毒，以防病原通过消化道传入本病。一旦发生疫病，应及时隔离病羔并对症治疗。

4. 合理哺乳，避免羔羊饥饱不均，并注意羔羊的冬季保暖工作。

5. 羔羊初生后12h内，灌服土霉素0.15～0.2g，每日一次，连服3d，有一定的预防效果。

（六）治疗

治疗羔羊痢疾的方法很多，可根据具体情况选择如下：

1. 先灌服6%的硫酸镁（内含0.5%福尔马林）20～30ml，6～8h后再灌服0.5%高锰酸钾20～30ml，第2d重复灌服高锰酸钾。

2. 先灌服硫酸镁后，再灌服磺胺脒1g，鞣酸蛋白0.3g，碱式硝酸铋0.2g，碳酸氢钠0.2g或再加呋喃唑酮0.1～0.2g，每天2～3次。

3. 土霉素0.2～0.3g，胃蛋白酶0.2～0.3g，加水灌服，每天2次。

4. 呋喃西林0.5g，磺胺脒2.5g，碱或硝酸铋6.0g加水100ml混合，羔羊每次灌服4～5ml，每日3次。

5. 可用羔羊痢疾高免血清进行治疗，肌注0.5～1.0ml。

6. 采取强心补液、解毒、止痛、调理胃肠等对症疗法。

九、羔羊大肠杆菌病

羔羊大肠杆菌病是由多种血清型的致病性大肠杆菌引起羔羊的传染病。在临床上表现为严重腹泻、败血型为特征。

（一）病原

引起本病的致病性大肠杆菌为革兰氏阴性，两端钝圆的中等大杆菌。无芽孢，无荚膜，有鞭毛。需氧或兼性厌氧。本菌对外界抵抗力不强，由于致病性大肠杆菌抗原性不同，将其分为许多血清型，各型之间所产生的交互保护作用较差。大量存在于外界环境中外，也见于健康动物体内，一般不呈现致病作用，只有在某些应激因素使羔羊抵抗力降低时，引起内源性传染。也可通过消化道、产道或脐带感染。主要感染6周龄以内的羔羊。

（二）流行特点

该病主要发生于羔羊，7日龄以内的羔羊以下痢为主；2～6周龄的羔羊则为败血症；3月龄以内的羔羊也有发病的现象。呈地方流行性或散发。病羊和带菌羊为该病的传染源，通过粪便排除病菌，散布于环境中，污染水源、饲料以及母羊的乳头和皮肤。当羔羊吸乳，舔舐或饮水时，经消化道感染；经脐带也可传染。该病多发生于冬春舍饲时期，在放牧季节很少发生。母羊在分娩前后营养不良，饲料中缺乏充足的维生素、蛋白质，羊舍阴暗潮湿，通风不良，污秽，气候突变，羔羊先天性发育不良或后天性营养不足，均能促使该病的发生。

（三）症状及病变

1. 临床上可分为败血型和肠型，潜伏期数小时至1～2d

（1）败血型

多见于2～6周龄的羔羊或更大的羊只。病初体温升高到41.5～42℃，精神委靡，结膜潮红，呼吸困难，腹胀，病程短的往往不出现症状而突然死亡。病程稍长的在放牧过程中常落于羊群后，精神委顿，口吐泡沫，流清液。有的出现神经症状，头弯向一侧，视力障碍，四肢僵硬，运步失调，继而卧地，头向后仰，一肢或数肢做划水动作。有的出现关节炎，关节肿大，疼痛反应明显。有的出现肺炎。败血型的羔羊很少有腹泻，通常在出现症状4～18h内死亡，有的在濒死期从肛门流出稀粪。

（2）肠型

主要发生在7日龄内的羔羊。病初体温升高到40.5～41℃，精神委靡，食欲减少或废绝，不久出现下痢，体温降到正常或略高于正常。粪便呈半液状或液状，由黄色变为灰色，含气泡，有的混有血液和黏液。病羊腹痛、拱背、虚弱、卧地不起，常在24～36h死亡。有的有化脓性——纤维素性关节炎。

2. 病变

（1）败血型

尸僵不全，在胸、腹腔和心包内有大量纤维素性渗出物蓄积。关节肿大，滑液浑浊，内有纤维素性或脓性絮片。淋巴肿大充血，呈红色。肝脏充血肿胀，质地脆弱，呈紫色。胆囊充盈，肾脏浑浊肿胀，均呈紫红色。

（2）肠型

尸体严重脱水，消化道病变显著，第1胃、第2胃黏膜易脱落，第3胃干硬，真胃和小肠前段尤其十二指肠严重充血和出血，黏膜呈红色。真胃和肠内容物呈灰黄色。部分肠段出现黄染现象。

（四）诊断

可通过流行病学、临床症状及病变作初步诊断，确诊时败血症可从血液、内脏组织中检出病原菌；肠型可从肠道发炎的黏膜检出致死菌。

（五）预防

1. 加强对母羊的产前后的饲养管理，使其营养、维生素、蛋白质等配比平衡，以增强羔羊的体质和抵抗力。

2. 羔羊及时吮吸到初乳，减少其他不良因素的影响，断乳期饲料不要突然改变。

3. 注意保持羊舍的干燥和卫生，减少病原菌的感染。注意气候的突变，及时增加保温设施。

4. 应用我国研制的福尔马林大肠杆菌菌苗，有良好的预防效果。

（六）治疗

治疗原则为抗菌、补液、调整胃肠功能。土霉素按每千克体重20～50mg，分2～3次口服；20%磺胺嘧啶钠，5～10ml肌肉注射，每日2次。也可使用微生态制剂，如促菌生等，按说明拌料或口服，使用此制剂时，不能与抗拒药物同用。新生羔羊再加胃蛋白酶0.2～0.3g。对心脏衰弱的病羔，皮下注射25%安钠咖0.5～1.0ml；对脱水严重的病羔，静脉注射5%葡萄糖盐水20～100ml；对有兴奋症状的病羔，用水合氯醛0.1～0.2g加水灌服。

十、羔羊传染性口膜炎

本病又称传染性脓疱性皮炎，俗称"口疮"，是由传染性脓疱病毒引起的一种急性接触性的人畜共患病，主要危害羔羊。是以在口唇等处皮肤和黏膜形成丘症、脓疱、溃疡和结成疣状厚痂为特征。可引起羔羊死亡，或病后生长发育受阻、羊毛变短，对养羊业危害较大。

（一）病原

病原体为痘病毒科副痘病毒属中传染性脓疱病毒。病毒对外界具有相当强的抵抗力，主要存在于脓疱和痂皮中。病羊和带毒羊为主要传染源。通过直接接触感染，也可通过病毒污染的饲草、饮水、用具、人员等散布传染。主要通过损伤的皮肤和黏膜传染。常为群发性流行，一旦感染，常可连续危害多年。该病毒对外界具有相当强的抵抗力，痂皮暴露在阳光下可保持感染性达数月。在室温下可存活15年之久。10%石灰石30min、2%甲醛20min能杀死该病毒，可用于污染场地和物品、用具等的消毒。

（二）流行特点

该病以3～6月龄羔羊发病最多，常为群发性流行，成年羊同样有易感性，但发病较少，呈散发性流行。人也可感染发病，病变局限于手、上臂和腿部皮肤。

各品种和性别的羊均可感染，但以羔羊、幼羊最易感，发病无明显季节性，一年四季都可发病，但以春夏发病为多。该病通过间接和直接接触传染，健康羊群中混有病羊和带毒羊，通过饲养管理人员均可造成该病传播。感染途径主要是皮肤和黏膜的擦伤。饲草粗硬或有芒刺，羊舍有异物等均能促使发病。由于病毒抵抗力强，若不采取积极措施，常在羊群中长期为害。

（三）症状及病变

1. 口型

是最常见的病型，见于细毛羊羔羊。病羊现在口角、上唇、鼻镜等的皮肤上发生散在的小红斑点，很快形成丘疹和小结节，继而成为水疱和脓疱，脓疱破溃后，结成黄色或棕色的疣状硬痂。若良性经过，这种痂逐渐扩大、增厚、干燥，2周内脱落而痊愈。严重病例，患部继续发生丘疹、水疱、脓疱相互融合，波及整个口唇、颜面等部，形成大面积龟裂、易出血的痂垢，其下伴以肉芽增生，整个嘴唇肿大外翻呈桑葚状突起，严重影响采食，同时常有继发感染，引起深部组织的化脓、坏死，有时出现部分舌的坏死脱落。少数病例可继发细菌性肺炎而死亡。

2. 蹄型

几乎只发生在绵羊，通常单独发生，偶尔有混合型。多仅一肢患病，也可同时相继侵犯全部蹄部。蹄叉、蹄冠和系部皮肤上出现丘疹、水疱、脓疱，破裂后形成溃疡，若有继发细菌感染即成腐蹄病。严重的因衰弱或败血症而死。

3. 外阴型

此型少见。发病母羊有黏性和脓性阴道分泌物，阴唇肿胀，附近皮肤有溃疡；乳房或乳头皮肤上发生脓疱、溃疡和痂垢，多为病羔吃乳时传染。公羊发病时阴囊鞘肿胀，阴茎上发生脓疱和溃疡，单纯的外阴型很少死亡。

（四）诊断

根据临场症状特性，一般不难作出诊断。但须注意与口蹄疫、绵羊痘、坏死杆菌病、羊溃疡性皮炎、蓝舌病等进行鉴别诊断。

（五）预防

1. 在本病流行地区，可使用羊口疮弱毒苗进行免疫接种。
2. 注意防止羊黏膜和皮肤发生损伤。
3. 不从有本病的疫区购入羊只及其产品。
4. 加强饲养管理，严格执行兽医卫生制度。
5. 发病时，做好污染环境的消毒处理工作，特别是饲养用具，病羊体表和蹄部的消毒，对病羊进行隔离治疗。

（六）防止

本病无特效药。对唇型和外阴型病羊，用0.1%～0.2%高锰酸钾冲洗创面，再涂以2%龙胆紫、碘甘油、5%土霉素软膏或青霉素软膏，每天1～2次。对蹄型病羊，可将病蹄浸泡在福尔马林中1min，每周1次，连续3次；或用3%龙胆紫、1%苦味酸、1%硫酸锌酒精溶液重复涂擦。为防止继发感染，可注射抗生素或内服磺胺类药物。用维生素C、B_2、也可获满意效果。

十一、绵羊布鲁氏杆菌病

绵羊布鲁氏杆菌病是由布鲁氏菌引起的人兽共患慢性传染病，也是一种自然疫源性疾病。主要侵害绵羊生殖系统，造成流产、不孕、睾丸炎、关节炎为主要特征的疾病。为我国二类动物疫病。

（一）病原

病原为布鲁氏菌，菌体呈球杆状，革兰氏阴性菌，无鞭毛，不形成芽孢，多数情况下不形成荚膜。在自然条件下，该菌生长活力比较强，在日光直射、消毒药的作用下和干燥条件下，抵抗力较强。消毒药可用0.1%L汞、1%来苏尔、2%福尔马林、5%生石灰乳。

（二）流行特点

无明显季节性，但在产羔季节较多发生。病羊和带菌者是传染源，最危险的是受感染的妊娠母羊。它们在流产时将大量病菌随胎儿、胎衣和胎水等排出物排出，污染饲草、饮水、用具、草地、环境等。经消化道、呼吸道、皮肤、黏膜、眼结膜或经交配传染。蜱可为传播媒介。

（三）症状及病变

一般无明显症状，妊娠母羊首先发现的是流产。流产前，食欲减退，喜卧，口渴，阴道流出黄色液体。流产常发生在妊娠后的3～5个月。胎衣呈黄色胶冻样浸润，表面附有糠麸样絮状物和脓汁；胎儿第4胃中有淡黄色或白色黏液絮状物，胸腔积液，淋巴结和脾脏肿大，有坏死灶。公羊呈现睾丸炎、精索炎、关节炎，失去配种能力。其他可能出现的症状有流产、早产、产死胎、乳房炎、关节炎、跛行、睾丸炎和附睾炎。

病变主要多发生在生殖器官，绒毛膜下组织胶样充血、出血、水肿和糜烂，胎儿胃特别是第四胃中有淡黄色或白色黏液絮状物，肠胃和膀胱的浆膜下可见有点状或线状出血。

（四）诊断

该病可通过临床症状、病理剖检和实验室检查（变态反应、补体结合实验等）相互配合，才能作出正确的诊断。

（五）预防

1. 最好的方法是自繁自养，如需引羊则必须严格检疫。
2. 定期进行本病血清学检查，对阳性羊只捕杀淘汰。
3. 对疫区定期进行预防接种。

（六）治疗

一般对病羊淘汰，不做治疗。对价值昂贵的种羊，可在隔离条件下治疗，用0.1%高锰酸钾溶液冲洗阴道和子宫，必要时用磺胺类药和抗生素治疗。

十二、羊破伤风

破伤风是人、畜共患的一种急性、创伤性、中毒性传染病，其特征是患病动物全身肌肉发生强直性痉挛，对外界刺激的反射兴奋性增强。

（一）病原

该病的病原为破伤风梭菌，又称强直梭菌，属厌氧芽孢杆菌属，为细长的杆菌，多单个存在，能形成芽孢，位于菌体的一端，似鼓槌状，能运动，无荚膜。幼龄培养物革兰氏染色阳性，培养48h后常呈阴性反应。破伤风梭菌产生破伤风痉挛毒素、溶血毒素及非痉挛性毒素，其中破伤风痉挛毒素引起该病特征性症状和刺激保护性抗体的产生。破伤风梭菌繁殖体的抵抗力与一般非芽孢菌相似，但芽孢抵抗力甚强，耐热，在土壤中可存活几十年；10%碘酊、10%漂白粉及30%过氧化氢约10min将其杀死。本菌对青霉素敏感，磺胺药次之，链霉素无效。

（二）流行特点

破伤风梭菌在自然界中广泛存在，羊经创伤感染破伤风梭菌后，如果创口内具备缺氧条件，病原菌在创口内生长繁殖产生毒素，作用于中枢神经系统而发病。常见于外伤、阉割和脐部感染。在临床诊断上有不少病例往往找不出创伤，这种情况可能是在破伤风潜伏期中创伤已经愈合，也可能是经胃肠黏膜的损伤而感染。该病以散发形式为主。

（三）症状及病变

病初症状不明显，开始表现为不能自由卧下或起立，四肢逐渐强直，运步困难，角弓反张，牙关紧闭，流涎，尾直，常发生轻度肠膨胀。突然的音响，可使骨骼肌发生痉挛，致使病羊倒地。发病后期，常因急性胃肠炎而引起腹泻。最后，由于高度呼吸困难而窒息死亡，或因误咽继发异物性肺炎而死亡，病死率很高。

（四）诊断

根据临床症状和剖解变化作出初步诊断。为了确诊可进行实验室检查和鉴别诊断。

（五）预防

1. 在多发病地区，每年定期给羊免疫注射精致破伤风类毒素，每只羊皮下注射1ml，幼羊减半。

2. 在羊发生外伤时立即用碘酊消毒，去角、阉割羊或处理羔羊脐带时，也要消毒处理。

（六）治疗

治疗时可将病羊置于光线较暗的安静处，给予易消化的饲料充足的饮水。彻底消除伤口内的坏死组织，用3%过氧化氢、1%高锰酸钾或5%～10%碘酊进行消毒处理。病初应用破伤风抗毒素5万～10万单位肌内或静脉注射，以中和毒素；为了缓解肌肉痉挛，可用氯丙嗪（每千克体重2mg）或25%硫酸镁注射液10～20ml肌内注射，并配合应用5%碳酸氢钠100ml静脉注射。对长期不能采食的病羊，还应每天补糖、补液，当病羊牙关紧闭时，可用3%普鲁卡因5ml和0.1%肾上腺素0.3～0.6ml，混合注入咬肌。中药用防风散或千金散，根据病情加减。

十三、羊链球菌病

羊链球菌病俗称"嗓喉病"，是由兽链球菌引起的一种急性、热性、败血性传染病，其特征为颌下淋巴结和咽喉肿胀，胆囊肿大，各脏器出血，大叶性肺炎，呼吸异常困难。

（一）病原

兽疫链球菌在分类上属于链球菌属的C群链球菌。本菌有荚膜，无运动，不形成芽孢，呈双球菌排列，很少单个存在，间有4～6个的短链，革兰氏阳性，需氧兼性厌氧菌。该病菌存在于病羊的各脏器及各种分泌物中，而以上呼吸道和肺脏含菌最多。本菌对外界环境的抵抗力较强，在-20℃的条件下生存一年以上。对一般消毒药的抵抗力不强，2%石碳酸、0.1%L汞、2%来苏尔和0.5%漂白粉均可在2h内将其杀死。

（二）流行特点

该病以绵羊易感，病羊和带菌羊是主要的传染源，自然感染主要由呼吸道，其次是皮肤损伤，也可通过蚊、蝇、虱等吸血昆虫传播。病死羊的肉、骨、皮毛等可散播病原，在该病传播中具有重要作用。该病流行具有明显的季节性，多在冬春流行，以2～3月间最为严重。病的发生和死亡与天气有很大的关系。在新疫区危害最强，常呈流行性，而在常发地区则多为散发性。当发生该病时，常有腐败梭菌、产气荚膜杆菌或大肠杆菌等继发危害，更易促使病羊死亡。

（三）症状及病变

本病病程短，最急性24h内死亡，一般2～3d，延长5d者少见。病初体温升高达41℃以上，起卧频繁，精神不振，食欲减少或废绝，反刍停止。眼结膜充血、流泪，以后流出脓性分泌物。口流涎，并混有泡沫，咽喉肿痛，颌下淋巴结肿大，有时舌肿。呼吸急促，每分钟50～60次，心跳每分钟110～160次。粪便变软，有时带黏液或血液。怀孕羊多发生流产。最后衰竭卧地不起。也有整个头部、乳房发生肿胀者，临死时有磨牙、抽搐、惊厥等神经症状。

突出的病变是各脏器的广泛出血，淋巴结出血、肿大，鼻、咽喉、气管黏膜出血，肺水肿或气肿或出血有的呈现肝变区，胸腹腔及心包积液。各器官浆膜面附有黏稠、丝状的纤维素渗出物。心脏冠状沟及心内膜、心外膜有小点出血。肝脏肿大，呈泥土色，边缘钝圆，表面有少量点出血，胆囊肿大2～4倍，胆汁外渗。大网膜、肠系膜有出血点。肾脏质地变脆、变软、肿胀，有贫血性梗塞区，被膜不易剥离。脾有小点出血。瓣胃内容物干如石灰，真胃出血，其内容物稀薄，幽门充血、出血。肠道充满气体，十二指肠内容物变成黄色。膀胱内膜出血。

（四）诊断

可通过流行病学、临床症状及病变作初步诊断，确诊时可从血液、内脏组织中检出病原菌。

（五）预防

1. 认真做好抓、保镖，修缮棚圈，抵御风雪严寒等自然灾害的袭击，避免拥挤，改善草场条件。

2. 不从疫区购入羊只及其产品。

3. 本病常发区，定期进行疫苗的免疫注射。

4. 定期保持棚圈、运动场、羊舍、用具等清洁卫生，定期做好消毒工作，坚决执行兽医卫生制度。

（六）治疗

可用青霉素治疗，每次80万～160万单位，肌肉注射，每日2次，连用2～3d；也可口服10%磺胺嘧啶，每次5～6g（羔羊减半），用药1～3次。

十四、羊衣原体病

羊衣原体病是由鹦鹉热衣原体引起的绵羊的一种以发热、流产、死亡和产出弱羔为特征的传染病。

（一）病原

羊衣原体病是由鹦鹉热衣原体引起的绵羊的一种以发热、流产、死产和产出弱羔为特征的传染病。引起该病的鹦鹉热衣原体呈球形或椭圆形，革兰氏阴性，随生活周期不同表现形态各异，衣原体只能在细胞内繁殖，抵抗力不强，对热敏感，0.1%甲醛，0.5%石碳酸，70%酒精，3%氢氧化钠均能将其杀死。鹦鹉热衣原体对青霉素，四环素，红霉素等敏感，对链霉素，磺胺类药物有抵抗力。

（二）流行特点

鹦鹉热衣原体可感染多种动物，多为隐性经过，家畜中以牛羊易感。患病动物和带菌动物为主要传染源，可通过各种分泌物以及流产的胎儿等排出病原体，污染水源、饲料及环境。再经呼吸道、消化道及损伤的皮肤、黏膜感染其他动物；也可通过交配或用患病公畜的精液人工授精发生感染；蜱、螨等吸血昆虫叮咬也可能传播该病。该病多呈地方流行性，密集饲养、营养缺乏、长途运输或迁徙、寄生虫侵袭等应激因素可促使该病的发生和流行。

（三）症状及病变

1. 流产型

流产通常发生于妊娠的中后期，主要表现为流产、死产或产出弱羔，流产后往往胎衣滞留。有些病羊可因继发感染细菌性子宫内膜炎而死亡。羊群首次发生流产，流产率可达20%～30%，以后则流产率下降。流产过的母羊，一般不再发生流产。在本病流行的羊群中，可见公羊患有睾丸炎、附睾炎等疾病。

2. 关节炎型

主要发生于羔羊，感染羔羊病初体温高达41～42℃。食欲减退，掉群，四肢关节（尤其腕关节、跗关节）肿胀、疼痛，一肢或四肢跛行。有些病羔羊同时发生结膜炎，发病几率高，病程2～4周。

3. 结膜炎型

结膜炎主要发生于绵羊，特别是肥育羔和哺乳羔。病羔一眼或双眼均可患病，眼结膜充血、水肿，大量流泪。病程2～3d，角膜发生不同程度的混浊、溃疡或穿孔。本型发病率高，一般不引起死亡。病程6～10d，角膜溃疡者，病期可达数周。

（四）诊断

该病在临床上注意与布什杆菌病，弯杆菌病和沙门氏菌柄等进行区别诊断，须根据病原体检查和血清学试验鉴别。

（五）预防

1. 实验证明，易感母羊在配种前接种佐剂疫苗一次，可使羊获得保护力达3个怀孕期。

2. 对羊群进行科学的饲养管理，饲养密度适中，羊舍通风良好，有条件的地方应实行"全进全出"，防止新老羊只接触。

3. 实行人工授精的羊只，应定期进行血清学和精液检查，抗菌阳性或精液带菌者应淘汰。

4. 定期对羊舍、饲料、用具、运动场等清洁消毒，对流产胎儿、胎盘、分泌物和被污染的饲料进行无害化处理。

5. 严格执行引种程序。

（六）治疗

可注射青霉素，每次80万～160万单位，1日2次，连用3日。结膜炎病羊可用土霉素软膏点眼治疗。

十五、巴氏杆菌病

绵羊巴氏杆菌病是一种急性、热性传染病，在绵羊主要表现为发热、肺炎、急性胃肠炎及内脏器官广泛出血。

（一）病原

其病原为多杀性巴氏杆菌，本菌呈卵圆形、球杆状或多形性，不形成芽孢，不运动，革兰氏染色阴性。本菌存在于病羊全身各组织、体液、分泌物及排泄物里，健康羊的呼吸道也可能带菌。该菌对理化因素的抵抗能力较弱，对于干燥、热和阳光敏感，普通消毒药在数分钟内可将其杀死。

（二）流行特点

多种动物对本病都有易感性，绵羊易感性较高，多发于幼龄羊和羔羊，病羊和健康带菌羊是传染源。病原随分泌物和排泄物排出体外、经呼吸道、消化道及损伤皮肤而感染，无明显的季节性。当饲养管理不善，羊群拥挤，气候剧变，闷热、潮湿、多雨、营养缺乏使机体抵抗力下降等都可引发该病，一般呈散发性流行。

（三）症状及病变

1. 最急性型

多见于哺乳羔羊。突然发病，寒战、虚弱无力，呼吸困难，可在数分钟至数小时内死亡。

2. 急性型

体温高达41～42℃，精神沉郁，食欲废绝，呼吸急促、咳嗽，鼻孔常流血。结膜潮红，有黏性分泌物。病初便秘，后期腹泻，有时排血水。颈部、胸下部发生水肿。病羊常因严重腹泻后虚脱而死。病程2～5d。

3. 慢性型

病羊消瘦、食欲下降。流黏液脓性鼻液、咳嗽、呼吸困难。有时颈部和胸下部发生水肿。有角膜炎、腹泻、粪便恶臭。病程可达3周。

病变一般在皮下可见液体浸润和小点状出血。在肝、肺上发现大量的灰白色的病灶，肺水肿、充血，呈青紫色，胸腔内有黄色渗出物。胃肠道出血，其他脏器水肿和淤血，间有点状出血，但脾不肿大。

（四）诊断

可根据流行病学、临床症状、病变可作初步诊断。如确诊需做微生物学检查，肺炎病例采取病肺作涂片，败血症病例采取心血、脾、肺作涂片及细菌培养鉴定。该病须与羊肺炎链球菌引起的败血症相区别，后者病程较长，脾脏肿大，在血液和内脏中易找到肺炎链球菌。

（五）预防

1. 平时加强饲养管理，增强机体抵抗力，对诱发本病的因素，应尽力避免或设法给予改善，保持圈舍的干燥。

2. 多发地区可进行疫苗接种预防。

3. 在发病地区，应对病羊进行隔离治疗，对其活动场所、用具等进行彻底的消毒。对病尸进行无害化处理。

（六）治疗

青霉素、链霉素、磺胺类药，广谱抗生素等药物对本菌都有一定疗效，可选择使用。用量每千克体重，庆大霉素1 000～1 500单位，四环素5～10mg，20%磺胺嘧啶钠5～10ml，均肌肉注射，每日2次，或用复方磺胺嘧啶，口服每次每千克体重25～30mg，1日2次，直到体温下降，食欲恢复为止。

十六、羊布氏杆菌病

羊布氏杆菌病是由布氏杆菌引起的人畜共患慢性传染病。主要侵害生殖系统，其特征是生殖器官和胎膜发炎，引起流产、不育和各种组织的局部病灶。

（一）病原

羊布氏杆菌病为马耳他布氏杆菌，为革兰氏阴性、不行成芽孢的小杆菌。在自然条件下，该菌生长活力比较强，在土壤、水中和皮毛上能存活几个月。在日光直射、消毒药的作用和干燥条件下，抵抗能力较弱。消毒药可用0.1%L汞、1%来苏尔、2%福尔马林、5%生石灰乳。

（二）流行特点

母羊比公羊易感性高，传染源是病羊，妊娠母羊、流产的胎儿、胎衣、羊水和阴道分泌物及乳汁中均含有大量病原菌，患该病公羊的睾丸中也有病菌。消化道是主要的感染途径，即通过被污染的饲料和饮水而感染，经皮肤感染也较常见，自然交配也可相互传染，该病无明显的季节性。

（三）症状及病变

一般无明显症状，妊娠母羊流产是本病的主要症状，开始仅为少数，以后逐渐增多。流产前，食欲减退，喜卧、口渴、阴道流出黄色液体。流产常发生在妊娠后的3～4个月。其他可能出现的症状有早产、产死胎、乳房炎、关节炎、跛行、公羊睾丸炎和附睾炎。

病变主要发生在生殖器官。胎盘绒毛膜下组织胶样浸润、充血、出血、水肿和糜烂，胎儿胃特别是真胃中有大量淡黄色或白色黏液絮状物，脾和淋巴结肿大，肝出现坏死灶，肠胃和膀胱的浆膜与黏膜下可见有点状或线状出血，该病可通过临床症状、病理剖检和实验室检查（变态反应、补体结合实验等）相互配合，才能作出正确的诊断。

（四）诊断

可根据流行病学、临床症状、病变和实验室诊断才能做出正确的诊断。实验室诊断包括免疫血清学诊断、变态反应、微生物学检查（染色镜检、分离培养、动物接种）等方法。

（五）预防

1. 对羊群每年宜定期进行布病血清学检查，对阳性羊捕杀淘汰，污染的厩舍及用具等用10%石灰乳或5%热碱水或5%来苏尔等彻底进行消毒。

2. 免疫接种是预防本病的有效方法之一，因此，应连续数年对羊只进行免疫注射，直到羊群的发病率大大降低。

3. 布氏杆菌猪型Ⅱ号疫苗：①口服法：细毛羊每只用量100亿活菌。可将菌苗拌入饲料中，在喂药前后数天内应停止使用含抗生素添加剂的饲料、发酵饲料或热饲料；②喷雾法：将细毛羊赶入室内并关闭门窗，按每只羊20亿～50亿活菌苗用常水稀释后喷雾，然后保持羊只在室内20～30min（孕畜不能用此法）；③注射法：每只细毛羊剂量50亿，皮下或肌肉注射。处理后的免疫期均为3年。

（六）治疗

对病羊可选用金霉素、四环素、氯霉素和磺胺类药物治疗，对发生关节炎、睾丸炎、子宫内膜炎的病羊，采用相应的对症疗法。

十七、羊沙门氏菌病

羊沙门氏菌病包括羔羊副伤寒病和细毛羊流产。发病羔羊多表现为急性败血症和泻痢。

（一）病原

羊沙门氏菌病包括羔羊副伤寒病和细毛羊，发病羔羊多表现为急性败血症和泻痢。羔羊副伤寒的病原为都柏林沙门氏菌和鼠伤寒沙门氏菌，细毛羊流产的病原为羊流产沙门氏菌。它们都属于肠杆菌科的沙门氏杆菌属，为革兰氏阴性的中等大杆菌，不形成芽孢，有鞭毛能运动。本菌对干燥、腐败、日光等因素有一定的抵抗力，但不耐热，一般消毒药均能将其杀死。

（二）流行特点

病羊和带菌者是该病的传染源，可通过消化道和呼吸道感染，病羊和健康羊交配或用病公羊的精液人工授精，也可感染，子宫感染也有可能。环境污秽、潮湿，棚舍拥挤，粪便堆积；饲料和饮水供应不良；长途运输，疲劳和饥饿，内寄生虫和病毒感染；气候突变，分娩，手术；新引进的羊只未实行隔离检疫等都可促进该病的发生。该病发生于不同年龄的羊，无明显的季节性，育成期羔羊常于夏季和早秋发病，幼羊主要在晚冬、早春季节发生流产。

（三）症状及病变

1. 下痢型

多见于15～30日龄的羔羊，精神沉郁，离群，低头，弓背，发热，体温达40～41℃，厌食，喜卧，腹泻，排黏性带血稀粪，迅速出现脱水症状，经1～5d死亡；病死率大25%。

2. 流产型

流产前，病羊体温升高，厌食，部分羊出现腹痛症状。流产前后数天阴道有分泌物流出。流产多见于妊娠的最后2个月。病羊伴有胃肠炎和败血症，出现症状后往往于24h内死亡。病羊可能排出分解腐败的胎儿，死产或弱羔。病母羊也可能在流产后或无流产的情况下死亡。羊群爆发一次，一般持续10～15d，流产率和病死率达60%。

（四）诊断

在该病流行地区，根据发病季节，症状和剖检变化，可作出初步诊断，确诊需从病羊的血液、内脏器官、粪便或流产胎儿胃内容物等取样，进行细菌学检查。

（五）预防

1. 加强饲养管理，消除发病诱因，保持饲料、饮水清洁和卫生。

2. 羔羊在出生后应及早吃初乳，注意羔羊的保暖。

3. 发现病羊应及时隔离治疗，同时对污染的饲料、粪便等进行无害化处理，圈舍、用具等要进行彻底消毒。

4. 据报道，控制羊沙门氏菌病可用鼠伤寒沙门氏菌和都柏林沙门氏菌所制成的菌苗进行接种免疫。

（六）治疗

病羊可隔离治疗或淘汰处理。对病羊有治疗作用的药物较多，但必须配合合理及对症治疗。可用卡那霉素、庆大霉素、土霉素和新霉素进行治疗，卡那霉素的用量：按每千克体重10～15mg，肌肉注射，一日2次。

第三节　主要寄生虫病

一、羊螨病

羊螨病是由疥螨和痒螨寄生在体表而引起的慢性接触传染皮肤病。该病又称疥癣、疥疮等，往往在短时间内可引起羊群严重感染，危害十分严重。临床上主要表现为剧痒、皮炎、脱毛和消瘦，严重时甚至可以引起死亡。

（一）病原

1. 疥螨

呈圆形，浅黄色，体表生有大量小刺，背面突起，腹面扁平，雌虫大小约0.25~0.5mm。疥螨虫体较小，肉眼不易看到，有4对足，雄虫的第一对、第二对、第四对足上有柄和吸盘，雌虫第一对、第二对足上有柄和吸盘。疥螨寄生在皮肤角化层下，不断在皮内挖掘隧道，并在隧道内不断发育和繁殖。

2. 痒螨

寄生在皮肤表面，虫体呈长圆形，较大，长0.5~0.9mm，肉眼可见，口器呈椭圆形，足比疥螨长。雌虫的第一对、第二对、第四对足和雄虫的前三对足都有吸盘，雌虫在羊体表病灶和健康的皮肤交界处产卵，卵在适宜的条件下孵出幼虫。

（二）发育史

1. 疥螨

疥螨为不全变态的节肢动物，发育包括卵、幼虫、若虫、成虫、雌雄交配后雄虫死亡。疥螨钻入羊表皮挖凿隧道，卵在其中孵化为幼虫，其爬出表皮再钻入皮肤蜕化为若虫，随后若虫入皮肤蜕化为成虫。整个发育过程为8~22d，且发育进度与外界环境有关。疥螨在外界环境中仅能存活3周左右。

2. 痒螨

痒螨的发育过程与疥螨相似，痒螨寄生于皮肤表面，对于利于其生活得各种因素的抵抗力超过疥螨，离开宿主后，仍能生活相当长的时间。痒螨对宿主皮肤表面的温湿度变化敏感性很强，通常聚集在病变部和健康皮肤的交界处。潮湿、阴暗、拥挤的羊舍常使病情恶化。疥螨痒螨整个发育过程为10~20d。一旦离开羊体它们的生命就会受到威胁。痒螨能存活2个月左右。

（三）症状及病变

通常发生于嘴唇上、口角附近。鼻边缘及耳根部，严重时，蔓延到整个头、颈部皮肤，病变如干固的石灰，故称为"石灰头"。有时病灶可扩散到眼睑，引起眼睑肿胀、羞明、流泪，最后失明。螨病主要有病健直接接触传播，也可通过污染的圈舍、用具等间接传播。绵羊感染后，初期疼痒不安，常向墙壁、草架等物体上摩擦皮肤或啃咬患处。然后出现一系列典型病变。最后出现消瘦、贫血、死亡。

1. 疥螨

疥螨病变主要集中在头部，它在宿主的表皮挖掘隧道，以角质层组织和渗出的淋巴液为食，在隧道内发育和繁殖。在采食时直接刺激和分泌有毒物质，使皮肤发生剧烈的痒觉和炎症。由于皮肤乳头层的渗出作用，使皮肤出现丘疹和水疱，水疱被细菌侵入后变为小脓疱、脓疱和水疱破溃，流出渗出液和浓汁，干涸后形成黄色痂皮。毛囊和汗腺受损，致使表皮角质化，结缔组织增生，患部脱毛，皮肤增厚，形成皱褶和龟裂，病变部位逐步向周围扩大，直至蔓延全身。后期则形成坚硬白色胶皮样痂皮。

2. 痒螨

痒螨寄生于皮肤表面，以渗出液为食。主要发生在绵羊背、臀部密毛部位，以后蔓延体侧和全身。奇痒，皮肤出现丘疹、水疱、脓疱、结痂、脱毛、皮肤变厚等一系列典型病变。

（四）诊断

在临床症状不明显时，在患部和健部交界处用刀片刮去表皮，加入10%的苛性钠溶液煮沸，等毛、痂皮等溶解后，静止20min，吸取沉渣，滴载玻片上镜检。检查有无虫体，可确诊。

（五）预防

1. 注意羊舍卫生、通风、干燥，不要使羊群过于密集。

2. 应选无风、晴朗的天气定期进行药浴。细毛羊一般在剪毛后1~2周进行药浴，药浴时间应保证在1min以上，且头部要压于药液中2~3次。

3. 对发病羊只进行隔离治疗。对新引进的羊只需隔离观察2周以上，在确认没有本病的情况下，方可混群。

4. 对病羊用过的厩舍、工具及接触过病羊的工作衣服等都要进行彻底清洗消毒。

5. 有条件的牧场，要实行轮牧。

（六）治疗

在治疗时，为使药物有效地杀死虫体，应在涂擦药前剪去患部周围羊毛，彻底清洗并除去垢痂及污物。药浴前让羊饮足水，以免误饮药物。药浴时药液温度不应低于30℃，药浴时间应维持1min左右。此为，工作人员要注意自身安全防护。若大规模药浴最好选择细毛羊剪毛数天进行。且应对选用药物先做小群安全试验。大部分药物对螨的虫卵无杀灭作用，治疗时必须重复用药2~3次，每次间隔5d，方能杀死新孵出来的螨虫，达到彻底治愈的目的。

1. 局部治疗

（1）可用1%敌百虫液或石流合剂（生石灰1份、硫黄粉1.6份、水20份、混合均匀，煮1~2h，待煮成橙红色，取上清液）洗刷患部，也可用灭疥灵药膏涂于患部。

（2）滴滴涕乳剂：第一液（滴滴涕1份加煤油9份）、第二液（来苏尔1份加水19份），用时将两液混合均匀，涂擦患部。

（3）克辽林擦剂：克辽林1份，软肥皂1份，酒精8份，调和即成涂擦患部。

（4）阿维菌素或伊维菌素：按每千克体重0.2mg皮下注射。

（5）可用0.5%螨净（二嗪农）、0.5%~1%敌百虫水溶液、0.05%双甲脒溶液进行喷洒。

2. 药浴治疗

（1）溴氰菊酯：是一种新型药浴药物。使用时，在1kg水中加入1ml溴氰菊酯即可。药浴过程中需要补充新药液，比例为1kg水加入1.6ml。此药宜现用现配，加水稀释后不可久置，以免影响药效。

（2）螨净：也是一种新型的药浴药物，具有高效广谱、作用期长、毒性低、无公害的特点。使用剂量为1kg水加入药液1ml，补充药液为1kg水加入药液3.3ml。

（3）可用0.05%双甲脒、0.25%螨净（二嗪农）、0.3%敌百虫、1%克辽林、2%来苏尔进行药浴。

二、羊片形吸虫病

羊片形吸虫病是由肝片吸虫和大片吸虫寄生于羊的肝脏胆管所引起的羊寄生虫病。该病在全国各地均有不同程度的发生，呈地方性流行，能引起大批羊的发病及死亡，并能危害其他反刍动物及猪和马属动物，人也可感染。

（一）病原

1. 肝片吸虫

虫体呈树叶状（俗称柳叶虫），长20~30mm，宽5~13mm。其前端呈圆锥状突起，称头锥。头锥基部扩展变宽，形成肩部，肩部以后逐渐变窄，体表生有许多小刺。虫卵为椭圆形，黄褐色；长120～150mm，宽70～80mm；前端较窄，有一不明显的乱盖，后端较钝。在较薄而透明的卵内，充满卵黄细胞和1个胚细胞。

肝片吸虫为雌雄同体，寄生于肝脏胆管内产卵，卵随胆汁进入肠道，最后从粪便排出体外。虫卵在适宜的环境下孵化发育成毛蚴，毛蚴进入中间宿主锥实螺体内，再经过3个阶段的发育（胞蚴、雷蚴、尾蚴）又回到水中，成为囊蚴，囊蚴被羊吞食即能感染。本病多发生于潮湿多水地区的夏、秋两季。

2. 大片吸虫

成虫呈长叶状，其体长超过体宽的两倍以上，长33～76mm，宽5～12mm。大片吸虫与肝片吸虫的区别在于虫体前端无显著的头锥突起，肩部不明显；虫体两侧缘几乎平行，前后宽度变化不大，虫体后端钝圆。

（二）发育史

两种片形吸虫的发育史基本相同。成虫寄生于羊的肝脏胆管和胆囊中，虫卵随胆汁进入消化道，随粪便排出体外。在外界条件适宜的情况下，卵在水中孵出毛蚴，与中间宿主锥实螺时，钻入其中发育成尾蚴，尾蚴从螺体逸出后随着在水草上变成囊蚴，羊吞食含有尾蚴的水草而感染。囊蚴进入羊消化道，在十二指肠内形成幼虫，经3条途径到达胆管寄生：一条是穿过肠壁到腹腔，经肝包膜进入肝脏，到达肝胆管内，大多数虫体是走经这一途径移行的，也是临床上引起羊急性死亡的原因；另一条是幼虫进入肠壁静脉，经门静脉入胆管；再就是从十二指肠的胆管开口处进入胆管。自尾蚴进入羊体内到发育成为成虫，约经3～4个月。成虫可在胆管内生存3～5年。

（三）症状及病变

羊肝虫吸虫病的临床表现因感染强度和羊只的抵抗力、年龄、饲养管理条件等不同而有所差异。轻度感染时病羊常不表现症状，感染数量多时（羊约50条成虫），可表现症状，幼羊即使轻度感染也能表现症状。绵羊最敏感，最易发生，死亡率高。

1. 急性型

感染季节多发生于夏末和秋季，当羊在短时间内吞食大量的囊蚴时，遭严重感染，可使患羊突然倒毙。表现为精神沉郁，体温升高，食欲降低或废绝，腹胀，偶有可见腹泻；随后出现黏膜苍白、红细胞、血红素显著降低等一系列贫血现象。严重的病例可在几天内死亡。

2. 慢性型

较为多见，是由寄生于胆管中的成虫引起的。病羊逐渐消瘦，黏膜苍白，贫血，被毛粗乱，颌下、胸腹皮下出现水肿。食欲减退，便秘和下痢交替发生，一般见不到黄疸现象，随着病情的延长，病羊体质下降，经1～2个月因恶病而死亡，有的可拖到下一年。

剖检时主要可见肝肿大，肝包膜上有纤维素沉积，出血；腹腔中有带血色的液体，有腹膜炎变化。慢性的可见肝脏萎缩硬化，小叶间结缔组织增生；胆管扩张，增厚，变粗，像绳索样凸出于肝脏表面，挤压切面时，有黏稠污黄液体及虫体流出。

（四）诊断

该病可根据病羊的临床症状、流行病学、虫卵检查及剖检等几方面综合确诊。

（五）预防

1. 羊片形吸虫病的传播者是病羊和带虫者。因此，驱虫不仅有治疗作用，也是积极的预防措施。我国可根据不同的地域，进行各自的定期驱虫，最好每年进行三次定期预防性驱虫。第一次在大量虫体成熟之前20～30d进行；第二次在虫体的部分成熟时进行；第三次在第二次之后经2～2.5个月进行。

2. 尽可能地选择地势高而干燥的地方做牧场或建牧场。如果必须在低洼潮湿的地方放牧，应考虑有计划地分段使用牧场，以防羊只吞食囊蚴。可在湖沼池塘周围饲养鸭、鹅，消灭中间宿主椎实螺；药物灭杀椎实螺，常用5%硫酸铜溶液（加入10%盐酸更好），每平方米用不少于5 000ml。也可用氯化钾，每平方米20~25g，每年1~2次。

3. 消灭中间宿主，灭螺时预防本病的重要措施。应大力兴修水利，改变螺蛳的生活条件，同时加以化学灭螺。

4. 加强饲养管理，选择干净、卫生的饮水和饲草。

5. 病羊的粪便应收集起来进行生物热杀虫（尤其是每次驱虫后），对病羊的肝脏和肠内容物应进行无害化处理。在有条件的地方，统一将粪便进行发酵处理。

（六）治疗

可选用以下药物进行治疗。

1. 碘醚柳胺：驱成虫和6~12周龄未成熟的童虫都有效，剂量按每千克体重7.5mg，口服。

2. 双酰胺氧醚：对1~6周龄肝片吸虫幼虫有高效，但随虫龄增长，药效降低。用于治疗急性期的病例，剂量按每千克体重100mg，口服。

3. 丙硫咪唑（抗蠕敏）：对驱除片形吸虫的成虫有良效，剂量按每千克体重5~15mg，口服。

4. 五氯柳胺（氯羟杨苯胺）：驱成虫有高效，剂量按每千克体重15mg，口服。

5. 硝氯酚（拜耳9015）：驱成虫有高效，剂量按每千克体重4~5mg，口服。

6. 溴酚磷（蛭得净）：驱童、成虫都有效，剂量按每千克体重12mg，口服。

7. 硫溴酚（血防846）：剂量按每千克体重125mg，口服。

8. 硫双二氯酚（别丁）：剂量按每千克体重100mg，口服，其副作用是病羊可能出现不同程度的拉稀。

三、羊脑多头蚴病

羊脑多头蚴病又称脑包虫病，是由多头绦虫的幼虫——脑多头蚴寄生于羊的脑部引起的一种寄生虫病。成虫在终宿主犬的小肠内寄生。幼虫寄生在羊等有蹄类的胸内，2岁以下的细毛羊易感。

（一）病原

1. 脑多头蚴

脑多头蚴为囊泡状，囊体由豌豆到鸡蛋大，内充满透明液体。囊的内膜上有许多原头蚴。原头蚴直径为2~3mm，数目有100~250个。

2. 多头绦虫

多头绦虫体长40~80cm，节片200~250个，头节有4个吸盘，顶突上有22~32个小钩，孕节片中充满虫卵。卵为圆形，直径20~37μm。

（二）发育史

终末宿主是犬、狼、狐等肉食动物，多头绦虫的孕节片随终末宿主的粪便排出体外，中间宿主羊等吞食了被污染的饲料、饮水等，卵进入胃肠道。六钩蚴逸出，其借小钩钻入肠黏膜血管内，随血液被带到脑内，约需2~3个月发育成囊泡状的多头蚴。如果被血流带到身体其他部位，六钩蚴则不能继续发育而迅速死亡。含有多头蚴的脑被犬类动物吞食后，多头蚴附着在终宿主的小肠壁，经1.5~2.5个月发育为成虫。成虫可在终宿主体内生存数年，它们不断排出卵节片，成为污染源。

（三）症状及病变

1. 前期症状一般表现为急性型

羔羊的急性型最明显，六钩蚴移行到脑部，引起体温升高，呼吸脉搏加速，有强烈的兴奋或沉郁，病羊做回旋、前冲或后退运动，躺卧，脱离羊群。有的因急性脑膜炎而死亡，部分病羊耐过后转为慢性症状。

2. 后期症状为慢性经过

急性经过耐过的病羊，在一定时间，不显病状，约经2~6个月，随着多头蚴的发育增大，逐渐出现典型症状，因寄生部位不同而特异转圈的方向和姿势不同。病羊表现精神沉郁。逐渐消瘦，食欲缺乏，反刍减弱，对声音刺激反应很弱，卧地不起。虫体寄生在大脑半球表面的出现率最高，典型症状为转圈运动，其转动方向多向寄生部位同侧转动，对侧视力发生障碍甚至失明，多头蚴囊体越大，病羊转圈越小。病部头骨叩诊显浊音，头骨常萎缩变薄，甚至穿孔，该部皮肤隆起，压痛，对声音刺激反应弱。如寄生在大脑正前部，病羊头下垂，向前作直线运动，常不能自行回转，碰到障碍物头抵呆立。寄生在大脑后部，病羊头高举或作后退运动，直到跌倒卧地不起。寄生在小脑，病羊神经过敏，易惊，运动或站立均常失去平衡，易跌倒。寄生在脊髓时，常表现步态不稳，转弯时最明显，后肢麻痹，小便失禁。

（四）诊断

该病常有特异症状，但应注意与特殊情况下的莫尼茨绦虫病、羊鼻蝇病等其他脑病相区别，这些病一般不含有头骨变薄、变软和皮肤隆起等症状，同时还可以用变态反应加以区别。

（五）预防

1. 对牧羊犬进行定期驱虫，阻断成虫感染。

2. 禁止让犬吃到患本病的羊等动物的脑、脊髓等。

3. 彻底烧毁病羊的头颅、脊柱，或做无害化处理。

4. 用硫双二氯酚按每千克体重1g一次喂服进行定期驱虫。

（六）治疗

急性型阶段尚无有效疗法，在后期可用手术法摘除泡囊。

1. 药物治疗

吡喹酮：按剂量每千克体重50mg，连用5d；或按剂量每千克体重70mg，连用3d。据报道，这样用药可取得80%的疗效。

2. 手术治疗

根据囊体所在的部位施行外科手术，开口后，先用注射器吸出囊中液体，使囊体缩小，而后完整地摘除虫体。

（1）手术部位

①依据旋转方向确定部位：部位就在旋转侧的一侧，向右侧转寄生在右侧，向左转侧寄生在左侧，术前反复观察，并向牧工询问。

②以视力判断部位：由于包虫压迫交叉视神经，使寄生对侧眼反射迟钝或失明，包虫就在眼反射迟钝或失明的反侧。

③结合听诊确定部位：固定病羊，头部剪毛后，用小听诊锤或镊子敲打两边脑颅骨疑似部位，若出现低头音或浊音者即为寄生部位，非寄生部位鼓音。因寄生部脑实质在包虫不断增大的情况下，使脑实质和骨质之间的正常空隙完全使填充血管变细，故呈低实音或浊音。

④进行压诊确定部位：包虫寄生在脑实质后，不断增大，脑实质对骨质的长时间压迫，头骨质萎缩软化，甚至骨质穿孔，用拇指按压，可摸到软化区，按压时患羊异常敏感，此处即为最佳手术点。

（2）器械和药品

①手术用的手术刀、止血钳、骨钻、镊子，并准备药绵、纱布、绷带、消炎粉、5%碘酊和75%酒精、5~10ml玻璃注射器和8~9号针头。

②场地选择和保定：选择干净避风干燥向阳的场地或温暖光线明亮的羊舍进行手术，以免污物对伤口颅骨的污染，造成手术感染。施术时将病羊放倒侧卧，四肢用小绳捆绑固定，助手将羊头抬

起保定，术者剪毛去局部被毛洗去污物，用5%碘酊消毒。

（3）摘除方法

①术者将皮肤做"V"形切口，分离皮下结缔组织，用骨钻轻轻打开术部颅盖骨，用针头轻轻划破脑膜，细心分离，如包囊寄生较浅，此时脑实质鼓起，甚至看见豆粒大水泡，用镊子缓缓剥离脑质，让包囊鼓起，以便摘除。寄生比较深，用镊子由浅入深，反复缓慢分离脑实质，使包囊鼓起而摘除。尽量防止损伤血管和脑实质或弄破包囊而造成手术失败，若血管粗大，脑实质不向外鼓起，部位不准或包虫在深部位，遇到这样的情况，要首先接好玻璃注射器（8~9号针头）探察回抽液体，寻找包虫位置，以便确定包囊寄生部位、深度，以便达到摘除的目的。

②包囊摘除后，要求助手将羊头伤口转下固定，术者用镊子或棉球将包囊孔中的剩余包囊液或渗出液引流干净，然后整复脑实质和脑膜，用一块棉花堵塞骨小孔，在周围撒少量消炎粉，取出棉花，缝合皮肤，消毒包扎。在"V"形切口下端做一针缝合即可，敷上有少量碘酊的药棉，用绷带或纱布包扎，防冻防雨可用手术时剪下的羊毛敷于最上部再行包扎。

③摘除的包囊，如污物必须烧毁或深埋，同时认真清扫地面，以免再污传播感染。

④术后治疗和护理：

术后半小时，羊只处于兴奋状态，要避免骚动，防止脑实质塌陷，如脑内出血，公羊要防止相互撞击，最好是单独管理。

为了防止伤口感染或继发脑炎，用青霉素、磺胺咪啶钠等消炎药治疗，每日两次，用药3~5日，以利病羊康复。

认真做好术后羊的饲养管理，在术后预防治疗的同时，要求放牧人员将术后在平坦向阳的牧地或圈舍，给予易消化的饲料，每天要给予足够的饮水，在没有完全康复前，不予混群放牧，以防顶撞而发生震动引起的脑炎。

四、夏伯特线虫病

夏伯特线虫病是由绵羊夏伯特线虫引起绵羊发生的一种慢性、散发、逐渐消瘦、贫血、消化不良、最后粪便干燥坚硬、死亡为特征的疾病，当地牧民称为"干肠病"。

（一）病原

虫卵大而圆，呈灰褐色，内充满卵黄细胞，卵壳厚。头端为圆形，有半球形口囊，口孔开向前腹侧，因为口孔宽大，故称阔口线虫。成虫虫体呈淡黄、白色或淡红色，长约14~20mm。镜检有一个斜形的大口囊，具有头泡和颈沟，口囊内无齿。雄虫长度14~22.5mm，雌虫16~26mm，雄虫交合伞发达，有一对长的交合刺，呈褐色，有一个铲状的导刺带。雌虫阴门距肛门较近，在输卵管内有大量的虫卵存在。

（二）发育史

成虫寿命9个月左右，寄生在绵羊的肠道内。排出的虫卵随粪便到外界，在适宜的条件下，经38~40h孵出幼虫，经两次蜕化，在1周左右发育成为侵袭性幼虫。卵在牧场上能生活2~3个月。幼虫在足够的湿度及弱光线下，向着草叶的上部移行，如果草上的湿度消失，光线变强，幼虫就移回草根泥土中。由此可知幼虫活动最强的时间是早晨，其次是傍晚，这些时候也正是感染的适宜时机。当羊只吞入这些侵袭性幼虫时，即受到感染。在正常情况下，幼虫就附着在肠壁或钻入肌层，在羊体内25~35d即发育为成虫，吸附在肠黏膜上，而且大量产出虫卵。

（三）症状及病变

病羊精神沉郁，被毛干燥，结膜苍白黄染，便秘，贫血，逐渐消瘦，初期少食，后期停食，喜饮水，排出极少量坚硬干燥的粪球。时间较长时，病羊变为消瘦，有时能够引起羊只死亡。

脾脏点状出血，肝脏略肿大，胆囊高度肿大，充满墨绿色胆汁。肝门淋巴结水肿、贫血，肾脏贫血，淡红色。剖开肠道，小肠黏膜严重脱落，粪便呈乳红色，空肠内有粪结节，表面有假膜。在肠壁和粪内有大量的白色、淡黄、淡红色的虫体寄生。结肠盘内也有粪结，肠黏膜脱落，并有大量虫体寄生。有的在大结肠处有肠粘连，并形成硬结节，粘连部位肠壁有团状红色线虫寄生。肠壁上形成许多虫道，并有化脓、坏死，多处形成溃疡。有的肠管变狭，肠壁变薄，其中一半形成钙化结节。盲肠内充满气体，没粪便，直肠内有极少量干燥坚硬粪球。

（四）诊断

用1%福尔马林灌肠，进行诊断性驱虫，根据对所排出虫体的鉴定，诊断是否为该病。也可根据剖检时发现的虫体，可以进行确诊。

（五）预防

1．加强饲养管理及卫生工作。保持羊舍清洁干燥，注意饮水卫生，对粪便进行发酵处理，杀死其中虫卵。

2．进行计划性驱虫。在牧区，根据四季牧场轮换规律安排驱虫；在不是常年放牧的地区，于春季出牧之前和秋冬转入舍饲以后的2周内各进行一次驱虫。

3．进行药物预防。在严重感染地区，放牧季节内应按捻转胃虫的季节动态和牧场轮牧情况，在一定阶段内连续内服少量吩噻嗪（硫化二苯胺）。用量为每天成年羊1g，羔羊0.5g，混入食盐或精料内自由采食。吩噻嗪在羊体内可制止成虫排卵，随粪排出后可阻止幼虫发育，故可达到预防目的。也可以用噻苯唑进行药物预防。

4．合理轮牧。在温暖季节，从虫卵发育到可感染幼虫，一般需要1周左右，因此，为了防止羊受感染，应该每5~6d换一次牧场。

（六）治疗

1．口服丙硫咪唑，按5~20mg/kg体重。

2．口服吩噻嗪，按0.5~1.0g/kg体重，混入稀面糊中或用面粉作成丸剂使用。

3．口服噻苯唑，按50~100mg/kg体重。对成虫和未成熟虫体都有良好效果。

4．驱虫净（四咪唑），对成虫和未成熟虫体都有良好效果。按10~15mg/kg体重，配成5%的水溶液灌服。

5．用1%福尔马林溶液灌肠，进行驱虫。

五、双士吸虫病

绵羊双士吸虫病是由斯克里亚宾吸虫（又称双士吸虫）寄生在小肠内引起的疾病。其主要特征是腹泻、消瘦，感染严重时可引起死亡。

（一）病原

体形较小，呈红褐色，卵圆形。口吸盘和腹吸盘都较小。肠管延伸到虫体末端，卵黄腺在虫体前部两侧。虫卵深褐色，卵圆形，壳厚，有卵盖。

（二）发育史

中间宿主为陆地螺，并以同一螺或同科其他螺为第二中间宿主。成虫在细毛羊肠道内产卵，虫卵随粪便排出后，被中间宿主吞食，在螺体内发育为胞蚴和尾蚴。成熟的尾蚴离开螺体被同一种螺或同科其他螺吞食后，在其体内发育为囊蚴。细毛羊吞食了含有囊蚴的螺后，囊蚴发育成成虫，达到一定数量就发病。

（三）症状及病变

大量成虫寄生在羊的肠道内，就会引起细毛羊肠道发炎，腹泻和消瘦。病羊常常表现为慢性经过，首先出现持续性腹泻，粪便稀薄，呈黑色，并混有黏液和血液。由于粪便污染，羊群中出现明显的"黑屁股"现象。然后出现渐进性消瘦，贫血，体温降低，呼吸加快，黏膜苍白等症状。最后体质衰弱，营养不良，全身虚脱而死亡。

病变主要是肠系膜淋巴结水肿，剖开小肠，肠壁上寄生大量的成虫，肠黏膜脱落现象严重，肠壁出血，发炎，有的形成溃疡面。

（四）诊断

该病可根据病羊的临床症状、流行病学、虫卵检查及剖检等几方面综合确诊。

（五）预防

1. 加强饲养管理及卫生工作。保持羊舍清洁干燥，注意饮水卫生，对粪便进行发酵处理，杀死其中虫卵。

2. 进行计划性驱虫，每年春秋两季搞好细毛羊的驱虫预防工作。

3. 进行药物预防。

4. 合理轮牧。在温暖季节，从虫卵发育到可感染幼虫，一般需要1周左右，因此为了防止细毛羊受感染，应该每5～6d换一次牧场。

（六）治疗

1. 用丙硫咪唑灌服效果好，治疗量为20mg/kg，预防量为15mg/kg。

2. 用伊维菌素0.2mg/kg或吡喹酮30～50mg/kg皮下注射或灌服。

3. 症状严重的可采取补液，消炎，强心等综合治疗。

六、蠕形蚤

蠕形蚤是属于蠕形蚤科蠕形蚤属的蚤类，主要寄生在绵羊颈静脉沟和胸部，吸食血液，引起绵羊贫血、消瘦、衰竭、死亡的一种外寄生虫病。

（一）病原

成虫体形左右扁平，有三对发达的足，体明显分头、胸、腹三部分。

（二）发育史

发育过程经过卵、幼虫、蛹、成虫4个阶段。成虫前各个阶段的发育在夏季地表进行，成虫于晚秋侵袭绵羊，冬季产卵，初春离开畜体，生活在灌木林、石头间隙等隐蔽地方。尤其在11月中旬到翌年1月寄生在绵羊上，危害最大。

（三）症状及病变

蠕形蚤寄生后，大量吸血，并排出血色粪便，引起皮肤发痒和发炎，影响绵羊采食和休息。多寄生在绵羊颈静脉沟和胸部。蠕形蚤吸血具有常换吸血点的特点，在一个吸血点边吸血边排黑色血便，之后，又会爬到其他部位吸血；就会在羊体上出现易被发现的很多的吸血点和排粪点，但找不到虫体的迹象。早期感染的虫体小，吸血后的吸血点不出血，但在12月份以后，吸血后的伤口常常血流不止，造成血染羊毛，出现"红尾羊"。由于虫体在畜体皮肤上爬动和吸血，导致家畜瘙痒，不安，皮肤出血，皮炎；严重感染的家畜出现食欲下降，消瘦，贫血，母畜流产，最后衰竭死亡。

（四）诊断

该病可根据病羊的临床症状、流行病学、虫卵检查及剖检等几方面综合确诊。

（五）预防

1. 进行计划性驱虫，对进入冬牧场的羊群要进行药浴，并且要连续坚持3年以上。

2. 药物预防，对在冬牧场出生的羔羊，应在出生后2周左右进行必要的药物防治。

3. 加强饲养管理及卫生工作。保持羊舍清洁干燥，注意饮水卫生，对粪便进行发酵处理，杀死其中虫卵。

（六）治疗

1. 可用0.5%敌百虫溶液或300mg/kg螨净溶液擦洗患部。

2. 用敌敌畏溶液以0.5ml/m³进行熏蒸法杀虫。

七、羊鼻蝇病

羊鼻蝇病是羊狂蝇属的羊狂蝇（又称羊狂蝇蛆病）的幼虫寄生于羊的鼻腔及其附近的腔窦内引起一种慢性寄生虫病。表现为流脓性鼻涕、呼吸困难和打喷嚏等慢性窦炎症状，本病主要危害绵羊。

（一）病原

羊鼻蝇是一中型的蝇类，形如蜜蜂，体长10～12mm，头部呈黄色，翅透明，全身淡灰色，口器不发达。因此不采食，不叮咬。胎生，第一期幼虫呈淡黄色，长1mm，体表长满小刺；第二期幼虫为椭圆形，长20～25mm，只有腹部有小刺；第三期幼虫呈棕褐色，长30mm，有2个黑色的口沟，虫体分节。

（二）发育史

羊鼻蝇出现在春、秋季节，尤以7～9月最为活跃。雌、雄交配后，雄蝇死亡，雌蝇遇到羊时，急速而突然地飞向鼻孔，将幼虫产生在羊的鼻孔周围，产完幼虫后死亡。幼虫即爬进鼻腔、鼻窦、额窦等处，发育为第二期幼虫和第三期幼虫。当绵羊打喷嚏时，被喷落地面，钻进土内或羊粪内变为蛹，蛹经1～2个月，羽化为成蝇。

（三）症状及病变

成虫为产幼虫突然袭击羊群，导致羊群骚动、不安，互相拥挤，频频摇头，喷鼻，或以鼻孔抵地、擦地，或以头部掩藏于另一只羊的腹下或腿间。食欲不振，进行性消瘦。随后羊表现打喷嚏、甩鼻子，流鼻涕（脓性、血性），有时眼睑浮肿、流泪，有时出现神经症状。

（四）诊断

该病可根据病羊的临床症状、流行病学、虫卵检查及剖检等几方面综合确诊。

（五）预防

1. 在羊鼻蝇病流行地区，重点消灭冬季幼虫，每年夏、秋季节，定期应用1%敌百虫喷擦羊的鼻孔，用0.05%双甲脒或0.005%倍特喷洒羊群，平时用阿维菌素等进行预防性驱虫。

2. 保持羊舍清洁卫生。

（六）治疗

1. 敌敌畏：按每千克体重配成水溶液灌服，每天1次，连续2d，也可将其配成40%的敌敌畏乳剂，按1ml/m³剂量喷雾，使羊吸雾15～30min。

2. 阿维菌素或伊维菌素：按每千克体重0.2mg皮下注射。

3. 敌百虫：1%敌百虫水溶液喷鼻，10%～20%的兽用敌百虫溶液按每千克体重0.075～0.1g灌服。

八、羊血吸虫病

羊血吸虫病是由分体科的分体属和东毕属的吸虫寄生在羊的门静脉、肠系膜静脉和盆腔静脉内，引起贫血、消瘦于营养障碍等疾患一种蠕虫病。分体属的血吸虫可感染人、羊、牛等30多种野生动物，流行于长江以南的10余个省、自治区，是危害十分严重的一种人畜共患病。东北属的血吸虫则分布于全国各省市，宿主范围包括牛、羊、骆驼、马属动物及一些野生动物。

（一）病原

1. 分体属

该属在我国仅有日本吸虫1种，雄虫乳白色，体长10～20mm，宽0.50～0.97mm，吸盘位于体前端，腹吸盘较大，位于口吸盘后方不远处。体壁自腹吸盘后方至尾部两侧向腹面卷起形成雌沟。雌虫暗褐色，体长12~26mm，宽约0.3mm，通常居于抱雌沟内呈合抱状态。虫卵呈短卵圆形，淡黄色，卵壳薄，无盖，在卵壳一端侧上方有一小刺，卵内含毛蚴。

2. 东毕属

东毕属中重要的虫种有土耳其斯坦东毕吸虫、彭氏东毕吸虫、程氏东毕吸虫和土耳其斯坦结节变种等。土耳其斯坦东毕吸虫类似于分体属虫种，但体形微小，雄虫体长4.20~8.0mm，宽0.36~0.42mm。雌虫体长3.40~8.0mm，宽0.07~0.12mm。虫卵无卵盖，两端各有一个附属物，一端的较尖，另一端的钝圆。

（二）发育史

日本分体吸虫与东毕吸虫的发育过程大体相似，包括虫卵、毛蚴、母胞蚴、尾蚴、童虫及成虫等阶段。其不同之处是：日本吸虫的中间宿主为钉螺，而东毕吸虫为多种椎实螺；此外，它们在宿主范围，各个幼虫阶段的形态及发育所需时间等方面也有所区别。

（三）症状及病变

日本分体吸虫大量感染时，病羊表现为腹泻和下痢，粪中带有黏液、血液，体温升高，黏膜苍白，日渐消瘦，生长发育受阻；可导致不孕或流产。通常细毛羊感染日本分体吸虫时症状表现较轻。感染东毕吸虫的羊多取慢性过程，主要表现为颌下、腹下水肿，贫血，黄疸，消瘦，发育障碍及影响受胎，发生流产等，如饲养管理不善，最终可导致死亡。

剖检可见尸体明显消瘦、贫血和出现大量腹水；肠系膜、大网膜，甚至胃肠壁浆膜层出现显著的胶样浸润；肠黏膜有出血点、坏死灶、溃疡、肥厚或瘢痕组织；肠系膜淋巴结及脾变性、坏死；肠系膜静脉内有成虫寄生；肝脏病初肿大，后则萎缩、硬化；在肝脏和肠道外有数量不等的灰白色虫卵结节；心、肾、胰、脾、胃等器官有时也可发现虫卵结节的存在。

（四）诊断

该病可根据病羊的临床症状、流行病学、虫卵检查及剖检等几方面综合确诊。

（五）预防

1. 安全放牧，全面合理规划草场建设，逐步实行划区轮牧；夏季防止家畜涉水，避免感染尾蚴。

2. 在疫区，结合水土改造工程或用灭螺药物杀灭中间宿主，阻断血吸虫的发育途径；将人、畜粪进行堆肥发酵和制造沼气，既可增加肥效，又可杀灭虫卵；选择无螺水源，实行专塘用水或用井水，以杜绝尾蚴的感染。

3. 及时对人、畜进行驱虫和治疗，并做好病羊的淘汰工作。

（六）治疗

1. 硫酸氰胺（7505）：剂量按每千克体重4mg，配成2%~3%水悬液，颈静脉注射。

2. 敌百虫：剂量绵羊按每千克体重70~100mg，灌服。

3. 六氯对二甲苯：剂量按每千克体重100mg，每日1次，连用7d，灌服。

4. 吡喹酮：剂量按每千克体重20~30mg，1次口服。

九、羊球虫病

该病是由艾美尔科艾美尔属的球虫寄生于肠道引起的以下痢为主的羔羊原虫病。临床表现特征为渐进性贫血、消瘦及血痢。各种年龄的羊均可感染该病，尤以羔羊和两岁以内的幼龄羊易感，羔羊最易感染而且症状严重，死亡率也高。本病多发生于多雨炎热的夏季（4~9月），常呈地方性流行。

（一）病原

寄生于羊的球虫种类很多，仅在我国内蒙古就发现5种，致病力较强的有阿氏艾美尔球虫、浮氏艾美尔球虫、错乱艾美尔球虫和雅氏艾美尔球虫。

1. 阿氏艾美尔球虫：卵囊呈卵圆形或椭圆形，有卵膜孔和极帽。长为27μm，宽为18μm。孢子形成时间48~72h，寄生于小肠。

2. 浮氏艾美尔球虫：卵囊呈长卵圆形，有卵膜孔无极帽。长大约为29μm，宽为21μm。孢子形成时间24~48h，寄生于小肠。

3. 错乱艾美尔球虫：是一种较大型的球虫。卵膜孔明显，有极帽。长为45.6μm，宽为33μm。孢子形成时间72~120h，寄生于小肠后段。

4. 雅氏艾美尔球虫：卵囊呈卵圆形，卵囊无卵膜和极帽。长为23μm，宽为18μm。寄生于小肠后段、盲肠和结肠。

（二）发育史

球虫的发育分为两个阶段：内生性发育阶段和外生性发育阶段。内生性发育阶段在羊体内进行，球虫感染羊后，寄生于肠道上皮细胞，产生裂殖子，裂殖子再浸染上皮细胞，若干代后形成卵囊，随粪便排出体外。外生性发育阶段在羊体外进行，排出体外的卵囊，在适宜环境中可形成孢子，每个卵囊含4个孢子囊，每个孢子囊又含有两个子孢子，含孢子的卵囊具有感染性，羊吃了含卵囊的饲料后即被感染。

（三）症状及病变

潜伏期一般为2~3周，多取慢性经过，病羊的主要症状是腹泻，粪便中带有黏液和大量血液，甚至带有黑色的血凝块，大便失禁。病羊迅速消瘦，精神委靡，食欲不振、极度衰竭，终止死亡。羔羊表现症状最为明显，精神不振，食欲减退，渴欲增加，被毛粗乱，可视黏膜苍白，腹泻，粪便中常带有血液、黏膜和上皮等，恶臭。

病变仅见于小肠，肠黏膜上有淡黄色圆形或卵圆形结节，如粟粒至豌豆大，常呈星簇分布，十二指肠和回肠有卡他性炎症，有点状和带状出血。

（四）诊断

可应用饱和盐水漂浮法检查新鲜羊粪，能发现大量球虫卵囊。结合临床症状和剖检病变等，可作出确诊。

（五）预防

1. 不在潮湿低洼的地方放牧，不在小的死水池内饮水。

2. 成年羊与羔羊分群饲养。

3. 保持羊舍的干燥、卫生，饲料和饮水等的清洁。

4. 对病羊采取隔离治疗，对环境、用具进行彻底消毒，粪便进行无害化处理。

5. 在饲料中加呋喃西林0.0165%或饮水中加入0.008%，另外，可在每千克饲料中加0.01~0.03g莫能霉素，可预防该病的发生。

（六）治疗

1. 磺胺二甲基嘧啶（SMZ）：剂量按每千克体重0.1mg，口服，每日1次，连用1~2周。

2. 磺胺脒1份、碱式硝酸铋1份、矽炭银5份，混合成粉剂，剂量按每千克体重0.67mg，一次内服，连用数日，效果较好。

3. 硫化二苯胺：剂量按每千克体重0.2~0.4g，每日一次，使用3d后间隔1d。

4. 痢特灵：剂量按每千克体重7~10mg，内服，连用7d。

5. 氨丙啉：剂量按每千克体重20~25mg，连喂两周。

6. 呋喃西林：剂量按每千克体重10mg，连喂7d。

十、羊莫尼茨绦虫病

羊莫尼茨绦虫病是由扩展莫尼茨绦虫和贝氏莫尼茨绦虫病寄生在羊的小肠内引起的一种危害严

重的消化道疾病。本病呈地方性流行，羔羊受害最严重。

（一）病原

1. 扩展莫尼茨绦虫

扩展莫尼茨绦虫链体长1～5m，最宽16cm，乳白色，头节近似球形，上有4个近似椭圆形的吸盘，无顶突和钩。节片的长度小于宽度，越靠后部虫体的长宽之差越小。卵形不一，有三角形、方形或圆形，直径50～60μm，卵内有一个含有六钩蚴的梨形器。

2. 贝氏莫尼茨绦虫

贝氏莫尼茨绦虫链体长可达6m，最宽26cm。两虫的区别是扩展莫尼茨绦虫的节片腺呈泡状，有8～15个排成一行；贝氏莫尼茨绦虫的呈节片腺小点状密布，呈横带状，仅排列于节片后缘的中央部。

（二）发育史

成虫寄生于羊的小肠内。成虫蜕卸的孕节或虫卵随宿主粪便排出体外，被中间宿主地螨吞食，六钩蚴在消化道内孵出，穿过肠壁，入血管，发育为似囊尾蚴，成熟的似囊尾蚴始有感染性，羊只采食了含有发育成熟的似囊尾蚴后，地螨即被消化而释放出似囊尾蚴，并附于肠壁上发育为成虫。成虫在羊体内的生活期限多为2～6个月，超过此期限自行排出体外。羊感染莫尼茨绦虫主要是1.5～7个月羔羊，随年龄增长而获免疫性。

（三）症状及病变

病羊症状的轻重与虫体感染强度及体质、年龄等因素密切相关。一般表现为食欲减退、贫血、水肿；羔羊腹泻时，粪中混有虫体节片，有时可见虫体一段吊在肛门处。被毛粗乱无光，喜卧，起立困难，体重减轻。若虫体阻塞肠管，则出现膨胀和腹痛，甚至因肠破裂而死亡。晚期时，病羊仰头倒地，常作咀嚼运动，口周围有泡沫，反应几乎消失，直至衰竭而死亡。

剖检死羊可在小肠中发现数量不等的虫体；其寄生处有卡他性炎症，有时可见肠壁扩张，肠套叠乃至肠破裂；肠系膜、肠黏膜、肾脏、脾脏甚至肝脏发生增生性变性过程；肠黏膜、心内膜和心包膜有明显的出血点；脑内可见出血性浸润和出血；腹腔和颅腔贮有渗出液。

（四）诊断

剖检病死的羔羊，发现小肠内有带状分节虫体，长约1～2m，宽度约1～1.5cm；外观呈黄白色，前有一球形头节。头节经显微镜检查，上有4个近似椭圆形的吸盘，再根据病羊的临床症状、流行病学、虫卵检查等几方面综合确诊。

（五）预防

1. 冬季舍饲至春季放牧之前，全面进行驱虫。在秋后转入舍饲或移到冬季营地之前再驱虫一次，有条件的地方应将驱虫后的粪便集中进行无害化处理。

2. 羔羊在开始放牧时进行绦虫成熟前驱虫，在50日龄内应驱虫两次。有条件的地方应将驱虫后的粪便集中，进行无害化处理。

3. 消灭中间宿主地螨。土壤螨具有避光强和喜潮湿的习性，早晨和黄昏及夜间数量较多，阴雨天更为活跃，此时应避免在污染草场放牧；也可以通过深耕、作物轮作、改变种植的牧草等措施改变地螨的生存环境，从而减少地螨数量。

4. 注意选择好放牧时间、地点，以减少羊只对地螨的接触机会。

（六）治疗

1. 丙硫咪唑：剂量按每千克体重5～20mg，制成1%的水悬液，口服。

2. 氯硝硫胺：剂量按每千克体重100mg，制成10%的水悬液，口服。

3. 硫双二氯酚：剂量按每千克体重75～100mg，包在菜叶里口服，也可灌服。

4. 硫酸铜：配制成1%水溶液使用。配制时每1 000ml溶液中加入1～4ml盐酸有助于硫酸铜充分溶解，配制的溶液应贮存于玻璃或木质容器内。治疗剂量为：1～6月龄的细毛羊15～45ml；7月龄至成年羊50～100ml；成年山羊不超过60ml，可用长颈细口玻璃瓶灌服。

5. 仙鹤草根牙粉：细毛羊每只用量30g，一次性口服。

6. 吡喹酮：剂量按每千克体重15mg，一次性口服。

十一、羊捻转血矛线虫病

羊捻转血矛线虫病是由捻转血矛线虫寄生在羊的真胃（偶见于小肠）引起的一种危害严重的线虫病。该病在全国各地均有不同程度的发生和流行，尤以西北、东北和内蒙古地区更为普遍。

（一）病原

捻转血矛线虫虫体似线状，呈粉红色，头端尖细，口囊很小，内有一角质背矛。雄虫长15～19mm，雌虫长27～30mm，由于红色的消化管和白色的生殖管相互缠绕，形成红白相间的外观，故称捻转胃虫（俗称麻花虫）。虫卵大小为75～95μm，宽40～50μm，无色，壳薄。捻转血矛线虫在发育过程中不需中间宿主，虫卵在适宜的温度和湿度下，经4～5d发育成幼虫，羊吞食了含有幼虫的饲草易被感染。

（二）发育史

虫卵随宿主粪便排到外界，在适宜的环境下，经过第一期幼虫、第二期幼虫，发育成有感染性的第三期幼虫，被宿主摄食后，在瘤胃中蜕鞘，经再次蜕皮，形成童虫而寄生在真胃中。

（三）症状及病变

根据病羊感染捻转血矛线虫的数量和其体质的具体情况，症状有轻有重。据测定，2000条雌虫每天大约可使羊损失30ml血液。受感染病羊贫血是主要症状。病羊精神不振，食欲减少，眼结膜苍白，消瘦，便秘与腹泻交替出现，下颌间隙水肿，心跳弱而快，呼吸数量增多，严重者卧地不起，最后因体质极度衰竭，虚脱而死。羔羊感染时，常呈急性死亡。

尸体消瘦，真胃、小肠有数量不等的单捻转血矛线虫。其黏膜呈卡他性、出血性炎症。肠黏膜、肠壁可见灰黄色寄生虫结节，有的呈现化脓性结节。肠黏膜上有少许溃疡，肠系膜淋巴结水肿，腹膜有炎症，腹腔脏器部分发生粘连。

（四）诊断

根据流行情况和临床症状，特别是死羊剖检后，可见真胃内有大量红白相间的线虫，便可初诊。再根据实验室诊断：无菌采集粪便，用饱和盐水浮集法、直接涂片法检查，发现粪便中有捻转血矛线虫卵，便可确诊。

（五）预防

1. 定期进行预防性驱虫，一般为春秋两季各进行一次。驱虫后的粪便堆集进行无害化处理，以消灭虫卵和幼虫。

2. 加强饲养管理，增强机体的抵抗力。

3. 放牧时应避免在低湿的地点放牧，不要在清晨、傍晚或雨后放牧，以减少感染机会。注意饮用水的卫生。

4. 加强牧场管理，做好有计划轮牧。

（六）治疗

1. 丙硫咪唑：剂量按每千克体重5～20mg，口服。

2. 左咪唑：剂量按每千克体重5～10mg，混饲喂给或皮下、肌肉注射。

3. 塞苯唑：剂量按每千克体重50mg，口服。该药对毛首线虫效果较差。

4. 精致敌百虫：剂量按细毛羊每千克体重80～100mg。

5. 甲苯唑：剂量按每千克体重10～15mg，口服。

6. 伊维菌素：剂量按每千克体重200mg，皮下注射。

主要寄生于羊小肠的羊仰口线虫病（钩虫病），寄生于羊大肠的食道口线虫病（结节虫病）和阔口线虫病的防治方法与捻转血矛线虫病相似。

第四节　羊的普通病

一、消化系统疾病

（一）口炎

口炎是羊的口腔黏膜表层和深层组织的炎症，在饲养管理不善时易发生。按其炎症的性质，又可分为卡他性口炎、水疱性口炎和溃疡性口炎等。病初都有卡他性口炎的症状，如采食、咀嚼障碍，流涎等。

1. 病因

（1）卡他性口炎

卡他性口炎是一种单纯性或红斑性口炎，即口腔黏膜表层卡他性炎症。病因多样，主要是受机械的、物理化学性或有毒物质以及传染性因素的刺激、侵害和影响所致。其中有如粗纤维多或常带有芒刺的坚硬饲料、骨、铁丝或碎玻璃等各种坚硬异物的直接损伤，或因灌服过热的药液烫伤，或霉败饲料的刺激等。

（2）水疱性口炎

水疱性口炎即口黏膜上形成充满透明浆液的水疱。主要病因为饲养不当，采食了带有锈病、黑穗病菌的霉败饲料，发芽的马铃薯甚至细菌或病毒的感染。

（3）溃疡性口炎

溃疡性口炎为黏膜糜烂、坏死性炎症。主要病因为口腔不洁，细菌混合感染等。

继发性口炎多发生于患口疮、口蹄疫、羊痘、霉菌性口炎、过敏反应的羊和营养不良的羔羊。

2. 临床症状

病羊食欲减少，口内流涎，咀嚼缓慢，继发细菌感染时有口臭。卡他性口炎患羊口腔黏膜发红、充血、肿胀、疼痛，唇内、齿龈及颊部尤为明显；水疱性口炎，在上下唇内有很多大小不等的充满透明或黄色液体的水疱；溃疡性口炎，在黏膜上出现溃疡性病灶，口内恶臭，体温升高。上述各类型可单独出现，也可相继或交错发生。

3. 诊断

原发性单纯性口炎，根据病性和口腔黏膜炎症变化易于诊断。但要与口蹄疫、羊痘相区别：口蹄疫病羊除口腔黏膜发生水疱及烂斑外，蹄部及皮肤也有类似病变；羊痘病羊除口腔黏膜有典型的痘疹外，在乳房、眼角、头部、腹下皮肤处也有痘疹。

4. 防治

（1）预防

主要是加强饲养管理。防止化学性、机械性及草料内异物对口腔的损伤；提高饲料品质，饲喂富含维生素的柔软饲料；不喂发霉腐烂的草料；饲槽经常用2%的碱水消毒。

（2）治疗

轻度口炎可用0.1%雷佛奴尔液、0.1%高锰酸钾液或20%盐水冲洗；发生糜烂及渗出时，用2%的明矾液冲洗；口腔黏膜有溃疡时，可用碘甘油、5%碘酊、龙胆紫溶液、磺胺软膏、四环素软膏等涂擦患部，每天3~4次；如继发细菌感染，体温升高时，用青霉素40万~80万单位，链霉素100万单位，肌肉注射，每天2次，连用3~5d；也可服用或注射磺胺类药物。

中药可用青黛散（青黛9g、黄连6g、薄荷3g、桔梗6g、儿茶6g研为细末）或冰硼散（冰片3g、硼砂9g、青黛12g研为细末），吹入羊口腔内。

（二）食道阻塞

食道阻塞是羊食道被草料或异物突然阻塞所致。该病的特征是病羊表现咽下障碍和苦闷不安。

1. 病因

有原发性和继发性两种。原发性食管阻塞，主要是因为羊采食马铃薯、甘薯、甘蓝、萝卜、蔓菁等块根饲料，吞咽过急；或因采食大块豆饼、花生饼、玉米棒以及谷草、稻草、青干草等时，未经充分咀嚼，急忙吞咽而引起。继发性食管阻塞，常见于食道麻痹、狭窄和扩张。也有由于中枢神经兴奋性增高，发生食管痉挛，采食中引起食管阻塞。

2. 临床症状

病羊突然停止采食，神情紧张，骚动不安，头颈伸展，呈现吞咽动作，张口伸舌，大量流涎，甚至从鼻孔逆出，并因食道和颈部肌肉收缩，引起反射性咳嗽，可从口、鼻流出大量唾沫，呼吸急促。这种症状虽可暂时缓和，但仍可反复发作。

由于阻塞物性状及其阻塞部位不同，临床症状也有所区别。一般地说，完全阻塞，采食、饮水完全停止，表现空嚼和吞咽动作，不断流涎；上部食管阻塞，流涎并有大量白色唾沫附着唇边和鼻孔周围，吞咽的食糜和唾液有时由鼻孔逆出；若下部食管发生阻塞时，咽下的唾液先蓄积在上部食管内，颈左侧食管沟呈圆筒状膨隆，触压可引起哽噎运动。食管完全阻塞时，不能进行嗳气和反刍，饮食停止，迅速发生瘤胃膨胀，呼吸困难。不完全阻塞时尚能饮水，无瘤胃膨胀现象。

3. 诊断

根据突然发生吞咽困难的病史，结合临床检查和观察及食管外部触诊。胸部食管阻塞，应用胃管探诊，或用X射线透视，可以获得正确诊断印象。

食道完全阻塞和不完全阻塞，使用胃管探诊可确定阻塞物的部位。完全阻塞，水及唾液不能下咽，从鼻孔、口腔流出，在阻塞物上方部位可积存液体，手触有波动感。不完全阻塞，液体可以通过食管，而食物不能下咽。食道阻塞时，如鼻腔分泌物吸入气管时，可发生异物性气管炎和异物性肺炎。

诊断时应注意与咽炎、急性瘤胃臌气、口腔和牙齿疾病、食道痉挛、食道扩张等疾病相区别。

4. 防治

（1）预防

平时应严格遵守饲养管理制度，避免羊只过于饥饿，发生饥不择食和采食过急的现象，饲养中注意补充各种无机盐，以防异食癖。经常清理牧场及圈舍周围的废弃杂物。

（2）治疗

①开口取物法

阻塞物塞于咽或咽后时，可装上开口器，保定好病羊，用手直接掏取或用铁丝圈套取。

②胃管探送法

阻塞物在近贲门部时，可先将2%普鲁卡因溶液5ml、石蜡油30ml混合，用胃管送至阻塞物部位，然后用硬质胃管推送阻塞物进入瘤胃。

③砸碎法

当阻塞物易碎、表面圆滑且阻塞于颈部食道时，可在阻塞物两侧垫上布鞋底，将一侧固定，在另一侧用木槌打砸，使其破碎，咽入瘤胃。

④手术疗法

手术时要避免同食道并行的动、静脉管壁的损伤。保定，确定手术部位；局部处理与麻醉，按外科手术操作规程，局部剪毛、消毒，用0.25%普鲁卡因作局部浸润麻醉。

切开皮肤，剥离肌肉，暴露食管壁，将距阻塞物前后约1.5cm处的食管用套有细胶管的止血钳夹住，不宜过紧，然后在阻塞部位纵行切开取出阻塞物。取出后局部用0.1%的雷佛奴尔洗涤消毒，再用生理盐水冲洗，按顺序进行缝合。为防止污染，涂外伤膏。

术后用青霉素80万单位、安痛定10ml混合一次肌肉注射，每天2次，连用5d。维生素C0.5g，一天一次，肌肉注射，连用3d。术后禁食1d，防止污染，第二天饮喂小米粥，第三天开始给少量的青干草，直到痊愈。

（三）前胃弛缓

前胃弛缓是由各种原因导致的前胃兴奋性降低、收缩力减弱，瘤胃内容物运转缓慢，菌群失调，产生大量腐解和酵解的有毒物质，引起消化障碍，食欲、反刍减退以及全身机能紊乱现象的一种疾病。本病在冬末、春初饲料缺乏时最为常见。

1. 病因

比较复杂，一般分为原发性和继发性两种。

（1）原发性前胃弛缓

亦称单纯性消化不良，都与饲养管理和自然气候的变化有关。

①饲草过于单纯

长期饲喂粗纤维多，营养成分少的饲草，消化机能陷于单调和贫乏，一旦变换饲料，即会引起消化不良；草料质量低劣；冬末、春初因饲草饲料缺乏，常饲喂一些纤维粗硬、刺激性强、难于消化的饲料、也可导致前胃弛缓。

②饲料变质

受过热的青饲料、冻结的块根，霉败的酒糟以及豆饼、花生饼等，都易导致消化障碍而发生本病。

③矿物质和维生素缺乏

特别是缺钙，引起低血钙症，影响到神经体液调节机能，成为该病主要病因之一。

另外，饲养失宜、管理不当、应激反应等因素，也可导致本病的发生。

（2）患有瘤胃积食、瘤胃臌气、胃肠炎和其他多种内科、产科和某些寄生虫病时也可继发前胃弛缓。

2. 临床症状

按其病情发展过程，可分为急性和慢性两种类型。

（1）急性前胃弛缓

表现食欲废绝，反刍和瘤胃蠕动次数减少或消失，瘤胃内容物腐败发酵，产生多量气体，左腹增大，叩触不坚实。

（2）慢性前胃弛缓

病羊表现精神沉郁，倦怠无力，喜卧地；被毛粗乱，体温、呼吸、脉搏无变化，食欲减退，反刍缓慢；瘤胃蠕动力量减弱，次数减少。有时便秘与下痢交替发生，并在粪便中常附着有未消化的饲料颗粒。若为继发性前胃弛缓，常伴有原发病的特征性症状，在诊断时应加以区别。

3. 病理变化

原发性前胃弛缓，病情轻，很少死亡。重剧病例，发生自体中毒和脱水时，多数死亡。主要病理变化：瘤胃和瓣胃胀满，皱胃下垂，其中，瓣胃容积甚至增大3倍，内容物干燥，可捻成粉末状；瓣叶间内容物干涸，形同胶合板状，其上覆盖脱落上皮及成块的瓣叶。瘤胃和瓣胃露出的黏膜潮红，有出血斑，瓣叶组织坏死、溃疡和穿孔。有的病例有局限性或弥漫性腹膜炎以及全身败血症等病变。

4. 诊断

根据病因、症状等综合判定。检测瘤胃内容物性状变化，可作为诊疗之依据。

瘤胃液pH值降至5.5以下，纤毛虫数量减少、活力降低，纤维素消化试验时间延长，瘤胃液沉淀活性试验时间延长。但须注意与如下疾病鉴别诊断：创伤性网胃腹膜炎，泌乳量下降，姿势异常，体温升高，触诊网胃区腹壁有疼痛反应。瘤胃积食，瘤胃内容物充满、坚硬。

5. 防治

（1）预防

加强饲养管理，注意饲料配合，防止长期饲喂过硬，难消化或单一劣质的饲料，对可口的精料要限制给量，切勿突然改变饲料或饲喂方式与顺序。应给予充足的饮水，并创造条件供给温水。防止过劳或运动不足，避免各种应激因素的刺激。及时治疗继发本病的其他疾病。

（2）治疗

治疗的目的是消除病因，原则是缓泻、止酵、兴奋瘤胃的蠕动。

①病初先禁食1～2d，每天人工按摩瘤胃数次，每次10～20min，并给以少量易消化的多汁饲料。

②当瘤胃内容物过多时，可投服缓泻剂，常内服石蜡油100～200ml或硫酸镁20～30g等。

③10%氯化钠20ml、生理盐水100ml、10%氯化钙10ml，混合后一次静脉注射。

④酵母粉10g、红糖10g、酒精10ml、陈皮酊5ml，混合加水适量灌服。

⑤可内服吐酒石0.2～0.5g，番木别酊1～3ml等前胃兴奋剂。

⑥灌服碳酸氢钠10～15g，可防止酸中毒。

⑦大蒜酊20ml、龙胆末10g、豆蔻酊10ml，加水适量，一次口服。

（四）瘤胃积食

羊瘤胃积食是因瘤胃内充满过量的饲料，致使容积扩大，胃壁过度伸张，食物滞留于胃内的严重消化不良性疾病。该病临床特征为反刍、嗳气停止，瘤胃坚实，疝痛，瘤胃蠕动极弱或消失。

1. 病因

主要是采食过量的粗硬易膨胀的干性饲料（如大豆、豌豆、麸皮、玉米和霉败性饲料等）而引起。加之在饮水不足，缺乏运动的情况下极易发病，也可继发于前胃弛缓，真胃炎、瓣胃阻塞、创伤性网胃炎、腹膜炎、真胃阻塞等也可导致该病的发生。

2. 临床症状

症状表现程度因病因及胃内容物分解毒物被吸收的轻重而不同。病羊精神委顿，食欲不振，反刍停止。病初不断嗳气，随后嗳气停止，腹痛摇尾，弓背，回头顾腹，呻吟哞叫。病羊鼻镜干燥，耳根发凉，口出臭气，有时腹痛，用后蹄踢腹，排粪量少而干黑；听诊瘤胃蠕动音减弱、消失；触诊瘤胃胀满、坚实，似面团感觉，指压时有压痕。呼吸迫促，脉搏增数，黏膜呈深紫红色。

当过食引起瘤胃积食发生酸中毒和胃炎时，精神极度沉郁，瘤胃松软、积液，手拍击有拍水感，病羊卧地，腹部紧张度降低，有的可能表现视觉扰乱，盲目运动。全身症状加剧时，病羊呈现昏迷状态。

3. 诊断

本病据其发生原因，过食后发病，瘤胃内容物充满而硬实，食欲、反刍停止等特征，可以确诊。但也易与下列疾病混淆，故须鉴别诊断。

（1）前胃弛缓

食欲、反刍减退，瘤胃内容物呈粥状，不断嗳气，并呈现瘤胃间歇性膨胀。

（2）急性瘤胃膨胀

病程发展急剧，肚腹显著膨胀，瘤胃壁紧张而有弹性，叩诊呈鼓音，血液循环障碍，呼吸困难。

（3）创伤性网胃炎

网胃区疼痛，姿势异常，神情忧郁，头颈伸张，不愿运动，周期性瘤胃膨胀，应用副交感神经兴奋药物，病情显著恶化。

（4）皱胃阻塞

瘤胃积液，左下腹部显著臌隆，皱胃冲击性触诊，腰旁窝听诊结合叩诊，均呈现叩击钢管的铿锵音。

此外，还须注意与皱胃变位、肠套叠、肠毒血症、生产瘫痪、子宫扭转等疾病进行鉴别，以免误诊。

4. 防治

（1）预防

主要是由于饲养管理不当引起，所以应强化饲养管理。避免大量给予纤维干硬而不易消化的饲料，对可口喜吃的精料要限量饲喂；冬季由放牧转舍饲时，应给予充足的饮水，并应创造条件供给温水，尤其是饱食以后不要给大量冷水。

（2）治疗

原则以排除瘤胃内容物为主，辅以止酵防腐，消导下泻，纠正酸中毒和健胃补充体液。消导下泻，内服硫酸镁或硫酸钠，成年羊50～80g（配成8%～10%溶液）/次，或内服石蜡油100～200ml/次；解除酸中毒，可用5%碳酸氢钠100ml，加5%葡萄糖200ml，静脉一次滴注；或用11.2%乳酸钠30ml，静脉注射。为防止酸中毒继续恶化，可用2%石灰水洗胃。

强心补液对症治疗，心脏衰弱时，可用10%樟脑磺酸钠或0.5%樟脑水4～6ml，一次皮下或肌肉注射；呼吸系统和血液循环系统衰竭时，可用尼可刹米注射液2ml，肌肉注射。

用手或鞋底按摩左肷窝部，刺激瘤胃收缩，促进反刍，然后用木棍横衔嘴里，两头拴于耳朵上，并适当牵遛，有促进反刍之功效。

液体石蜡200ml，番木别酊7g、陈皮酊10g、芳香氨醑10g，加水200ml，灌服。

人工盐50g、大黄末10g、龙胆末10g、复方维生素B50片，一次灌服。10%高渗盐水40～60ml，一次静注。甲基硫酸新斯的明1～2mg肌注。吐酒石（酒石酸锑钾）0.5～0.8g、龙胆酊20g，加水200ml，一次灌服。

陈皮10g、枳壳6g、枳实6g、神曲10g、厚朴6g、山楂10g、萝卜籽10g，水煎取汁，灌服。

对种羊若推断药物治疗效果较差，宜迅速行瘤胃切开术抢救。

（五）急性瘤胃臌气

是因羊前胃神经反应性降低，收缩力减弱，采食了容易发酵的饲料，在瘤胃内菌群作用下，异常发酵，产生大量气体，引起瘤胃和网胃急剧臌胀，膈与胸腔脏器受到压迫，呼吸与血液循环障碍，发生窒息现象的一种疾病。多发生于春末夏初放牧的羊群。

1. 病因

主要是采食大量容易发酵的饲料而致病，如幼嫩的豆苗、麦草、紫色苜蓿等，或者饲喂大量的白菜叶、红萝卜、过多的精料及采食霜冻饲料、酒糟或霉败变质的饲料，都可引发本病；秋季细毛羊易发生肠毒血症，也可出现急性瘤胃臌气；每年剪毛季节若发生肠扭转也可致瘤胃臌气。另外本病可继发于食道阻塞、食道麻痹、前胃弛缓、瓣胃阻塞、慢性腹膜炎及某些中毒性疾病等。

2. 临床症状

一般呈急性发作，初期病羊表现不安，回顾腹部，拱背伸腰、努责、呻吟、疼痛不安。反刍、嗳气减少或停止，食欲减退或废绝。发病后很快出现腹围膨大，左肷部显著隆起。触诊腹部紧张性增加，叩诊呈鼓音；听诊瘤胃蠕动音初增强、后减弱或消失。黏膜发绀，心律较快而弱，呼吸困难，严重者张口呼吸。时间久则会导致羊虚弱无力，四肢颤抖，站立不稳，甚者昏迷倒地，呻吟、痉挛，终因胃破裂、窒息或心脏衰竭而死亡。

3. 病理变化

死后立即剖检的病例，瘤胃壁过度扩张，充满大量气体及含有泡沫的内容物。死后数小时剖检，瘤胃内容物无泡沫，间或有瘤胃或膈肌破裂。瘤胃腹囊黏膜有出血斑，甚至黏膜下淤血，角化上皮脱落。肺脏充血，肝脏和脾脏被压迫呈贫血状态，浆膜下出血等。

4. 诊断

本病病情急剧，根据病史，采食大量易发酵饲料发病，腹部膨胀，左旁腰窝突出，血液循环障碍，呼吸极度困难，不难确诊。在临诊时，应注意与前胃弛缓、瘤胃积食、创伤性网胃腹膜炎、食管阻塞以及白苏中毒和破伤风等疾病进行鉴别诊断。

5. 防治

（1）预防

加强饲养管理，必须防止羊只采食过多的豆科牧草，不喂霉烂或易发酵的饲料，不喂露水草，少喂难以消化和易引起膨胀的饲料。

（2）治疗

应以胃管放气、止酵防腐、清理胃肠为治疗原则。

①对初发病例或病情较轻者，可立即单独灌服来苏尔2.5ml或福尔马林1～3ml。

②石蜡油100ml、鱼石脂2g、酒精10ml，加水适量，一次灌服。

③氧化镁30g，加水300ml，灌服。

④大蒜200g捣碎后加食用油150ml，一次喂服。

⑤放牧过程中，发现病羊时，可把臭椿、山桃、山楂、柳树等枝条衔在羊口内，将羊头抬起，利用咀嚼枝条以咽下唾液，促进嗳气发生，排出瘤胃内的气体。

⑥中药疗法。干姜6g、陈皮9g、香附9g、肉豆蔻3g、砂仁3g、木香3g、神曲6g、萝卜籽3g、麦芽6g、山楂6g水煎，去渣后灌服。

⑦若病情严重者，应迅速施行瘤胃穿刺术。首先在左侧隆起最高处剪毛消毒，然后将套管针或16号针头由后上方向下方朝向对侧（右侧）肘部刺入，使瘤胃内气体慢慢放出，在放气过程中要紧压腹壁，使之与瘤胃壁紧贴，边放气边下压，以防胃液漏入腹腔内而引起腹膜炎。气体停止大量排出时向瘤胃内注入煤酚皂液5ml。

（六）瓣胃阻塞

是由于羊瓣胃的收缩力减弱，食物通过瓣胃时积聚，不能后移，充满叶瓣之间，水分被吸收，内容物变干所致疾病。特征为瓣胃坚硬，排粪减少或不排粪。

1. 病因

由于饮水失宜和饲喂秕糠、粗纤维饲料而引起；或因饲料和饮水中混有过多的泥沙，使泥沙混入食糜，沉积于瓣叶之间而发病。前胃弛缓、瘤胃积食、真胃阻塞、瓣胃和真胃与腹膜粘连可继发本病。

2. 临床症状

具有前胃弛缓的一般症状。主要特征为排粪减少，粪便干硬，色黑，似算盘珠状，粪球表而附有黏液，粪球切面颜色深浅不均、分层排列。病至后期，排粪完全停止。瘤胃轻度膨气，瓣胃蠕动音减弱消失。触诊右侧腹壁瓣胃区，有痛感。严重者可在肋弓后腹部触及圆形的瓣胃。叩诊瓣胃，浊音区扩大。用15～18cm长穿刺针进行瓣胃穿刺有阻力，感不到瓣胃的收缩运动。直肠检查，直肠空虚，有黏液，并有少量暗褐色粪块附着于直肠壁。食欲及反刍减少或消失，鼻镜干裂。病至后期，全身症状恶化，体温升高达40℃以上，终因自体中毒，衰竭而死。

3. 病理变化

瓣胃内容物充满、坚硬，其容积增大1～3倍。重剧病例，瓣胃邻近的腹膜及内脏器官，多具有局限性或弥漫性的炎性变化。瓣叶间内容物干涸，形同纸板，可捻成粉末状。脾脏、心脏、肾脏以及胃肠等部分，具有不同和度的炎性病理变化。

4. 诊断

瓣胃阻塞多与前胃其他疾病和皱胃疾病的病症互相掩映，颇为类似，临床诊断有时困难。虽然如此，也可根据病史调查、临床病征，瓣胃蠕动音低沉或消失，触诊瓣胃敏感性增高，叩诊浊音区扩大，粪便细腻，纤维素少、黏液多等表现，结合瓣胃穿刺诊断。必要时通过剖腹探诊，可以确诊。还应注意与前胃弛缓、瘤胃积食、创伤性网胃腹膜炎、皱胃阻塞、肠便秘以及可伴发本病的某些急性热性病进行鉴别诊断，以免误诊。

5. 防治

（1）预防

避免长时间用麸糠及混有泥沙的饲料喂养，适当减少坚硬的粗纤维饲料；糟粕饲料也不宜长期饲喂过多，应给予营养丰富的饲料，注意补充矿物饲料，供给充足清洁的饮水，防止过劳和缺乏运动。发生前胃弛缓时，应及早治疗，以防止继发本病。

（2）治疗

应以软化瓣胃内容物为主，辅以兴奋前胃运动机能，促进胃肠内容物排出。

瓣胃注射疗法对顽固性瓣胃阻塞疗效显著。方法：备好浓度为25%的硫酸镁溶液30～40ml，石蜡油100ml。在右侧第九肋间隙和肩关节交界下方2cm处，选用12号7cm长针头，向对侧肩关节方向刺入4cm深，当针刺入后，可先注入20ml生理盐水，试其有较大压力时，表明针已刺入瓣胃，再将上述备好的药液交替注入，于第二天可重复注射一次。

瓣胃注射后，再进行输液。可用10%氯化钠液50～100ml，10%氯化钙10ml、5%葡萄糖生理盐水150～300ml混合静脉注射。待瓣胃松软后，可皮下注射0.1%氨甲酰胆碱0.2～0.3ml。

灌服中药健胃、止酵剂，通便、润燥及清热，效果良好。可选用大黄9g、枳壳6g、二丑9g、玉片3g、当归12g、白芍2.5g、番泻叶6g、千金子3g、山枝2g，煎水灌服；或用大黄末15g、人工盐25g、清油100ml，加水300ml，灌服。

（七）创伤性网胃及心包炎

创伤性网胃心包炎，是由于金属异物（针、钉、碎铁丝）混杂在饲料内，被采食吞咽入网胃，导致急性或慢性前胃弛缓，瘤胃反复臌胀，消化不良，并因穿透网胃刺伤心包，继发创伤性心包炎。

1. 病因

主要是由于混入饲料内的钢丝、缝针、注射针头、铁钉、大头针、铁片等尖锐物被羊误食，进入网胃以后，因网胃的收缩，使异物刺破胃壁所致，如果异物较长，往往可穿透横膈膜，刺伤心包，引起创伤性心包炎，或累及脾脏、肝脏、肺脏等处，而引起各部的化脓性炎症。

2. 临床症状

一般发病缓慢，初期无明显变化，日久则表现精神不振，食欲反刍减少，瘤胃蠕动减弱或停止，并常出现反刍性臌气。病情较重时病羊行动小心，常有拱背、呻吟等疼痛表现。用手顶压网胃区或用拳头顶压剑状软骨左后方时，病羊表现有疼痛、躲闪。站立时，肘关节张开，起立时先起前肢。体温一般正常，但有时升高。

当发生创伤性心包炎时，病羊全身症状加剧，体温升高，心跳明显加快，颈静脉怒张，颌下、胸前水肿。叩诊心区扩大，有疼痛感。听诊心音减弱，混浊不清，常出现摩擦音及拍水音。病后期常导致腹膜粘连，心包化脓和脓毒败血症。

血象检查，白细胞总数增多，其中嗜中性白细胞增至45%～70%，淋巴细胞减少为30%～45%，核型左移。结合病情分析，具有实际临床诊断意义。

3. 病理变化

依金属异物的性状而异。一部分病例只引起创伤性网胃炎，特别是铁钉或销钉，可使胃壁深层组织损伤，局部增厚，发生化脓，形成瘘管或瘢痕。也有一部分病例，网胃与膈粘连，或胃壁局部结缔组织增生，其中埋藏铁钉或销钉，并形成干酪腔或脓腔。心脏受损害时，心包中充满多量纤维蛋白性渗出液；也可能发生肺炎、肺脓肿、肺与胸膜粘连等病理解剖学变化。

4. 诊断

由于本病临床特征不突出，一般病例，都具有顽固性消化机能紊乱现象，容易与胃肠道其他疾病混淆。唯有反复临床检查，结合病史予以综合判定，才能确诊。

本病诊断应根据饲养管理情况，结合病情发展过程进行。姿态与运动异常（站立时，肘关节张开，起立时先起前肢；不敢下坡或下坡斜走），顽固性前胃弛缓，逐渐消瘦，网胃区触诊与疼痛试验，血象变化（白细胞总数增多，嗜中性白细胞与淋巴细胞比例倒置）以及长期治疗不见效果，是本病的基本特征。应用金属异物探测器检查，可获得阳性结果。有条件时可应用X射线透视或摄影，也可获得正确诊断印象。

在临诊时，必须注意同前胃弛缓、慢性瘤胃臌胀、皱胃溃疡等所引起的消化机能障碍、肠套叠和子宫扭转等所导致的剧烈腹痛症状，创伤性心包炎、吸入性肺炎等所呈现的呼吸系统症状相比较，进行鉴别诊断，以免误诊。

5. 防治

（1）预防

注意对饲草、饲料及草场中金属异物的清除，建立定期检查和预防治度，瘤胃中投放磁铁块并定期取出清除吸附其上的金属异物，严禁在牧场及饲料加工存放场地附近堆放铁器。

（2）治疗

早期诊断后可行瘤胃切开术，将手伸进瘤胃内，从网胃中取出异物。也可不切开瘤胃而将手伸入腹腔，从网胃内取出异物。同时配合抗生素和磺胺类药物治疗，可用青霉素40万～80万单位、链霉素50万单位，肌肉注射；磺胺嘧啶钠5～8g、碳酸氢钠5g，加水灌服，每天一次，连用一周以上；或内服健胃剂、镇痛剂。如病已到晚期，并累及心包或其他器官，则预防不良，常以淘汰告终。

（八）绵羊肠套叠

由于肠结节虫寄生肠管，羊只无规律运动，突然奔跑，以及胎儿压迫等，均可引起肠管套叠。多见于绵羊。该病一年四季均有发病，以3～5月份和9～11月份发病较多。放牧期羊群发病率高，舍饲期间发病率较低。

1. 病因

羊肠套叠形成的原因较复杂，主要有以下几种。

（1）肠结节虫寄生于肠壁形成坚硬的结节，直接破坏和扰乱了肠管正常、有规律的运动，由于结节的障碍，致使套入的一段无法恢复原状，形成套叠性肠梗阻。

（2）病羊不断努责，使前一段肠管不断涌入被套进的肠腔内，随着病情恶化，套叠越来越严重。有的套入肠管可长达60～100cm。

（3）羊群突然受惊，或因快速驱赶，羊只急剧奔跑，跳跃圪塄、沟渠，常可诱发肠套叠。

（4）空腹饱饮冷水，常可引起肠管的痉挛性收缩蠕动，诱发肠套叠。

（5）公羊、羯羊互相抵架，或者被其他羊抵伤，或被放牧人员突然踢打腹部等外力冲击致伤腹部，都有可能诱发肠套叠。

（6）怀孕期或产羔时，由于胎儿压迫或助产不当，或因产羔时努责过度，也能引起肠套叠。

2. 临床症状

（1）初期

食欲大减或废绝，口色发青，口腔腻涩，舌苔发白，眼结膜淤血。脉搏80～120次/分。病羊伸腰曲背，不论站立多久或爬卧时间多长，再起立时均可见伸腰曲背表现。病羊腹部膨大，反刍停止，多数瘤胃蠕动音少而弱，肠音呈半途性中断。有时排粪少许，粪便坚硬，呈小颗粒状。触诊右腹部有敏感而明显的压痛感，腹壁较紧张，可摸到痛块，即套叠部分。

（2）中期

病羊表现苦闷，时发呻吟声，常常呆立，不愿卧下及行走。有时用后蹄踢腹部。如强行运动，则表现剧烈腹痛，爬卧地上。有时可见由肛门排出少量脓样之铁锈色黏液。听诊时，胃蠕动很弱，每分钟为3～4次。结肠与小肠呈半途性中断音。

（3）末期

肠内气体增多，腹部臌气，胃肠无蠕动音。呼吸浅表，呻吟加剧，精神显得委靡。体温一般均正常，有时有升高现象。卧多立少，不吃不喝。磨牙，眼嗜眠状。体质极度衰竭而死亡。

3. 诊断

与其他肠变位的腹痛相类似，区别诊断较难。可根据腹痛发作时背部下沉，并排出黏液样或松榴油样粪便，结合直肠检查，可做出初步诊断。必要时可做剖腹探查，但探查时应注意，有可能不止一处肠管发生套叠。

4. 防治

争取前期施行手术治疗。先准备好手术用常规器械、药品（药液）及辅料；术者手臂常规消毒。

病羊左侧卧地或置于手术台上，左右肢与前两肢交错绑在一块，留右后肢，由助手拉紧压好，另一助手徒手将头部与前躯保定压好即可。选好右肷部为预定手术区，术部剪毛消毒，盖上手术创布并固定。用2%普鲁卡因14～16ml，加肾上腺素注射液2ml。在术部作菱形局麻。

注射局部麻醉剂5min后开始手术。切开皮肤8～12cm，彻底止血，钝性切开分离各肌层，剪开腹膜。用右手伸入腹腔，探索病部，可摸到如香肠一样的套叠肠管，小心翼翼地拉出创口。观察判断套入部分肠管是否坏死，如不坏死，可顺着套叠部反向牵拉肠系膜，或者紧握套叠肠管挤压出套入的肠管。如无法牵出肠管已经坏死，应截去套叠部分，施行肠吻合术。要缝合细密，止血可靠，清洗血污，保证通畅，然后将肠管还纳入腹腔内。

在还纳肠管前，吻合口周围喷洒一些青霉素、链霉素混合液，并向腹腔内注入120万～160万单位青霉素，1 000mg链霉素，8～10ml樟脑油。然后仔细分层缝合好腹膜及各肌层和皮肤。每缝好一层可喷洒一些青霉素、链霉素混合液。创口用酒精擦拭清除血污，再涂以2%碘酊，外盖纱布包扎好，冬季创口周围要加棉花保温，以防冻坏。手术完后，轻轻解开绑带，扶羊下地站立。

术后先进行强心补液。连续注射青、链霉素或磺胺类药物3～5d。每天检查创口，防止感染化脓生蛆、冻伤或粪尿等异物污染。将病羊置于清洁干燥圈舍内，给予青绿易消化、营养比较丰富的饲料，让其自由采食。可内服中药：乳香30g、没药30g、血竭30g、二花20g、连翘20g、茯苓15g、木通15g、青皮15g、陈皮15g、厚朴15g、甘草15g，水煎取液，候温灌服，80ml/次，3次/d，连服3d。

（九）绵羊肠扭转

是由于肠管位置发生改变，引起肠腔机械性闭塞，继而肠管发生出血、麻痹、坏死变化的急性疾病。病羊表现重剧的腹痛症状，如不及时整复肠管位置，可造成病羊急性死亡，死亡率达100%。该病平时少见，多发生于剪毛后，故称其为"剪毛病"。

1. 病因

绵羊肠扭转一般继发于肠痉挛、肠臌气、瘤胃臌气，在这些疾病中肠管蠕动增强并发生痉挛收缩，或因腹痛引起羊打滚旋转，或瘤胃臌气，体积增大，迫使肠管离开正常位置，各段肠管互相扭结缠叠而发病。另外，剪毛前采食过饱，腹压较大，在放倒固定腿蹄时羊只挣扎，或翻转体驱时动作粗暴、过猛，均可导致肠扭转。

2. 临床症状

（1）发病初期

病羊精神不安，口唇染有少量白色泡沫，回头顾腹，伸腰拱背或蹲胯，起卧，两肷内吸，后肢弹腹，踢蹄骚动，翘唇摆头，时而摇尾，不排粪尿，腹部听诊瘤胃蠕动音先增强，后变弱，肠音亢进，随着时间延长，肠音废绝。体温正常或略高，呼吸浅而快，每分钟25～35次，心律增快，每分钟80～100次。有的病羊瘤胃蠕动音和肠音在听诊部位互换位置。

（2）中期

病羊症状逐渐加剧，急起急卧，腹围逐渐增大，叩之如鼓，卧地时呈昏睡状，起立后前冲后撞，肌肉震颤，结膜发绀，腹壁触诊敏感，使用镇痛剂（如水合氯醛制剂）腹痛症状不能明显减弱；瘤胃蠕动音及肠音减弱或消失；体温40.5～41.8℃；呼吸急促，每分钟60～80次；心跳快而弱，节律不齐，每分钟108～120次。

（3）后期

病羊腹部严重臌气，精神委靡，结膜苍白，食欲废绝，拱腰呆立或卧地不起，强迫行走时步态蹒跚；瘤胃蠕动音及肠音废绝；后体温降至37℃以下；呼吸微弱而浅，每分钟70～80次；心跳慢而弱，节律不齐，每分钟60次以下；腹腔穿刺时，有洗肉水样液体流出。一般病程6～18h，如变位肠管不能复位，则以死亡而告终。

3. 诊断

根据病史、临床症状，可作出初步诊断。确诊应进行剖腹探察，探察时可发现一段较粗的充气、臌气的肠管，在其前方肠管中积聚大量液体、气体和内容物。在其后方肠管中内容物缺乏，肠管柔软而空虚，同时肠系膜扭转呈索状。

4. 防治

治疗以整复法为主，药物镇痛为辅。

（1）体位整复法

由助手抱住病羊胸部，将其提起，使羊臀部着地，羊背部紧挨助手腹部和腿部，让羊腹部松弛，呈人伸腿坐地状。术者蹲于羊前方，两手握拳，分别置两拳头于病羊左右腹壁中部，紧挨腹壁，交替推柔，每分钟推柔60次左右，助手同时晃动羊体。推柔5～6min后，再由两人分别提起羊的一侧前后肢，背着地面左右摆动10余次。放下羊让其站立，持鞭驱赶，使羊奔跑运动8～10min，然后观察结果。

推柔中术用力大小要适中，应使腹腔内肠管、瘤胃晃动并可听到胃肠清脆的撞击音为度。若病羊嗳气，瘤胃臌气消散，腹壁紧张性减轻，病羊安静，可视为整复术成功。

（2）手术整复法

若采用体位复法不能达到目的，应立即进行剖腹探诊，查明扭转部位，整理扭转的肠管使之复位。

（3）药物治疗

整复后，宜用如下药物治疗。镇痛剂用安痛定注射液10ml，肌肉注射；或用美散痛注射液5ml，分两次皮下注射；或用水合氯醛3g、酒精30ml，一次内服；或用三溴合剂30～50ml，一次静脉注射。中药：元胡索9g、桃仁9g、红花9g、木香3g、大黄10g、陈皮9g、厚朴9g、芒硝12g、玉片3g、茯苓9g、泽泻6g，水煎取液，每次100ml，每天3次，连服3d。同时应补液、强心，适当纠正酸中毒。

（十）胃肠炎

是胃肠表层黏膜及其深层组织的重剧炎症过程。由于胃和肠的解剖结构和生理机能紧密相关，胃或肠的器质损伤和机能紊乱，容易相互影响，因此，胃和肠的炎症多同时或相继发生。该病的特征是严重的胃肠功能障碍和不同程度的自体中毒。

1. 病因

可分为原发性和继发性两种。

（1）原发性胃肠炎的病因是多种多样的，但饲养管理失误占首位。羊采食品质不良的草料，如霉败的干草、冷冻腐烂块根、青草和青贮、发霉变质的玉米、大麦和豆饼等，以及有毒植物，化学药品或误食农药处理过的种子等。

营养不良，长途车船运输等因素能降低羊只机体的防御能力，使胃肠屏障机能减弱，使胃肠道大肠杆菌、坏死杆菌等微生物的毒力增强而起致病作用。此外，由于滥用抗生素，使细菌产生抗药性；还可造成肠道的菌群失调引起二重感染，应当引起重视。

（2）该病还可继发于其他前胃疾病和某些传染病，如炭疽、副结核、巴氏杆菌病、羔羊大肠菌病及某些寄生虫病等。

2. 临床症状

临床表现以消化机能紊乱、腹痛、发热、腹泻、脱水和毒血症为特征。病羊食欲废绝，口腔干燥发臭，舌面覆有黄白苔，常伴有腹痛。肠音初期增强，以后减弱或消失，不断排稀粪便或水样粪便，气味腥臭或恶臭，粪中混有血液及坏死的组织片。由于下泻，可引起脱水。脱水严重时，尿少色浓，眼球下陷，皮肤弹性降低，迅速消瘦，腹围紧缩。当虚脱时，病羊不能站立而卧地，呈衰竭状态。随着病情发展，体温先高后低，脉搏细数，四肢冷凉，昏睡；终因循环障碍，搐搦而死亡。慢性胃肠炎病程长，病势缓慢，主要症状同于急性，可引起恶病质。

3. 病理变化

肠内容物常混有血液，恶臭，黏膜呈现出血或溢血斑。由于肠黏膜的坏死，在黏膜表面形成霜样或麸皮状覆盖物。黏膜下水肿，白细胞性浸润。坏死组织剥落后，遗留下烂斑和溃疡。病程时间过长，肠壁可能增厚并发硬。Peyer氏集合淋巴块和孤立淋巴滤泡以及肠系膜淋巴结肿胀，常并发腹膜炎。

4. 诊断

首先应根据全身症状，食欲紊乱以及粪便中含有病理性产物等，多不难作出正确诊断。

进行流行病学调查，血、粪、尿的化验，对单纯性胃肠炎、传染病、寄生虫病的继发性胃肠炎可进行鉴别诊断。

怀疑中毒时，应检查草料和其他可疑物质。

若口臭显著，食欲废绝，则主要病变可能在胃；若黄染及腹痛明显，初期便秘并伴发轻度腹痛，腹泻出现较晚，则主要病变可能在小肠；若脱水迅速，腹泻出现早并有里急后重症状，则主要病变在大肠。

5. 防治

（1）预防

贯彻"预防为主"的原则，着重改善饲养管理，保持适当运动，增强体质，保证健康。

必须注意饲料质量，饲养方法，建立合理的饲养管理制度，加强饲养人员的业务学习，提高科学的饲养管理水平，做好经常性的饲养管理工作，对防止胃肠炎的发生有重要意义。

注意饲料保管和调配工作，不使饲料霉败。饲喂要做到定时定量，少喂勤添，先草后料；检查饮水质量，保障饮水清洁；防止暴饮；严寒季节，给予温水，预防冷痛。

定期检查，注意观察，加强护理。

（2）治疗

原则是抗菌消炎，制止发酵，清理胃肠，保护胃肠黏膜，强心补液，防止脱水和自体中毒。

可使用磺胺脒4~8g，碳酸氢钠3~5g；或萨罗2~8g、药用炭10g、次硝酸铋3g，加水适量，一次灌服。肠道消炎可选用氯霉素0.5g或土霉素0.5g，口服，每天2次。也可用庆大霉素20万单位，肌肉注射，每天2次。

严重脱水时，可用复方生理盐水或5%葡萄糖溶液200～300ml，10%樟脑磺酸钠4ml、维生素C100ml，混合后静脉注射，每天1～2次。

中药治疗，黄连4g、黄芩10g、黄柏10g、白头翁6g，枳壳9g、砂仁6g、猪苓9g、泽泻9g，水煎取液，候温灌服。

急性肠炎可用下列药物治疗，处方为：白头翁12g、秦皮9g、黄连2g、黄芩3g、大黄3g、栀子3g、茯苓6g、泽泻6g、郁金9g、木香2g、山楂6g，水煎取液，候温灌服。

（十一）羔羊消化不良

是初生羔羊在哺乳期的常发疾病，主要特征是明显的消化机能障碍和不同程度的腹泻。根据临床症状和疾病经过，通常分为单纯性消化不良和中毒性消化不良两种。本病不仅使羔羊的生长发育受阻，而且也极易招致死亡，故应对本病引起足够的重视。

1. 病因

羔羊消化不良的患病日龄，最早者可于出生后吮食初乳不久，或经1～2d后发病，到2～3月龄以后逐渐减少。由此可见，羔羊消化不良的发生，不仅与羔羊在胎儿发育期的条件，而且也与外界环境对羔羊机体的影响有关。因此，普遍认为对妊娠母羊的不全价饲养可影响胎儿在母体内的正常发育，此乃初生羔羊消化不良的先天因素；对哺乳母羊和初生羔羊的饲养管理不当、卫生条件不良，乃是羔羊消化不良的后天获得性因素。

中毒性消化不良的病因，多半是对于单纯消化不良的治疗不当或不及时，致肠内发酵、腐败产物所形成的有毒物质被吸收或是微生物及其毒素的作用而引起机体中毒的结果。此外，遗传因素和应激因素也有一定影响。

2. 临床症状

（1）单纯性消化不良

主要表现为消化与营养的急性障碍和轻微的全身症状。病初食欲减少或废绝，被毛蓬乱、喜卧。可视黏膜稍见发紫，病羊精神委顿。

随后频频排出粥状或水样稀便，每天达10余次。粪便酸臭，呈暗黄色。有时由于胆红素在酸性粪便中变为胆绿质，故粪呈绿色。在腐败过程占优势时，粪的碱性增强，颜色变暗，内混黏液及泡沫，带有不良臭气。

由于频繁排便，大量失水，同时，营养物未经吸收即被排出，故使病羔显著瘦弱，甚至有脱水现象。

（2）中毒性消化不良

主要呈现严重的消化障碍和营养不良以及明显的中毒等全身症状。病初食欲减损或废绝，精神萎缩，被毛粗乱，皮肤缺乏弹力，可视黏膜苍白而带有淡黄色。羔羊喜卧，鼻镜及四肢发凉，对周围环境的影响缺少反应，有时发生痉挛。病的后期可发生轻瘫或瘫痪。

初期体温正常或稍高，发生肠胃炎时可升高到40.5～41℃，心音较低，脉搏微弱。呼吸急促，次数增加。下痢剧烈，粪便呈水样灰色，有时呈绿色，并带有黏液和血液，具有恶臭。病至后期，体温多突然下降，四肢及耳尖、鼻端厥冷，终至昏迷而死亡。

3. 病理变化

剖检时可见消化良羔羊的尸体消瘦，皮肤干燥，被毛蓬松，眼球深陷，尾根及肛门部位湿润，并被粪便污染。

胃肠道可见卡他性炎症病理变化，黏膜充血潮红，轻度肿胀，表面覆有黏液；中毒性消化不良时，浆膜、黏膜见有出血变化。

实质器官见有脂肪变性；肝脏轻度肿胀、变性且脆弱；心肌弛缓，心内、外膜有出血点，脾脏及肠系膜淋巴结肿胀。

4. 诊断

主要根据病史、临床症状、病理解剖变化以及病羔肠道微生物群系的检查进行诊断。

此外，对哺乳母羊的乳汁，特别是初乳进行检验分析（可消化蛋白、脂肪、酸度等），有助于本病的诊断。

必要时，应对病羊进行必要项目的血液化验和粪便检查，所得结果可作综合诊断的参考。

5. 防治

（1）预防

羔羊消化不良的预防措施，主要是改善饲养，加强护理，注意卫生。

①加强妊娠母羊的饲养管理

保证母羊充足的营养物质，特别是在妊娠后期，应增喂富含蛋白、脂肪、矿物质及维生素的优质饲料；母羊饲料组成应包括适量的胡萝卜，或自分娩前两个月开始，应用维生素A、维生素D注射液，肌肉注射，每5d一次；妊娠母羊的日粮中必须补给微量元素；改善妊娠母羊的卫生条件，经常刷拭皮肤。对哺乳母羊应保持乳房的清洁并给以适当的舍外运动，每天不应少于2～3h。

②注意对羔羊的护理

使新生羔羊能尽早吃到初乳，最好能在生后1h内吃到初乳。对体质较弱的羔羊，初乳应采取少量多次人工饲喂的方式；母乳不足或质量不佳时，可定时、定量人工哺乳。羊舍应保持温暖、干燥、清洁，防止羔羊受寒感冒。定期消毒羊舍及围栏，勤换垫草，应及时清除粪尿；羔羊的饲具，必须经常刷洗干净，并定期消毒。

（2）治疗

羔羊消化不良的原因是多方面的，故对本病的治疗，应采取食饵疗法、药物疗法及改善卫生条件等措施的综合疗法。

为此，应改善卫生条件，加强饲养，注意护理，维护心脏血管机能，改善物质代谢，抑菌消炎，防止酸中毒，制止胃肠的发酵和腐败过程。

首先应将有病羔羊置于干燥、温暖、清洁、单独的羊舍内。禁乳8～10h，此时可饮以生理盐水酸水溶液（氯化钠5g，33%盐酸1ml，凉开水1 000ml），或饮水温茶水100～150ml，每天3次。

为排除胃肠内容物，对腹泻不甚严重的病羊，可应用油类或盐类缓泻剂。

为防止肠道感染，特别是对中毒性消化不良的羔羊，可选用抗生素进行治疗。链霉素0.1～0.2g，每天3次，混水或牛乳灌服。氯霉素0.25g，每天2次，内服；新霉素0.5～1g或按每千克体重0.01g，每天3～4次，内服。卡那霉素，按每千克体重0.005～0.01g，内服。

呋喃类和磺胺类药物中，呋喃唑酮（痢特灵）0.02～0.05g，每天2次，内服；磺胺脒，首次量0.25～0.5g，维持量0.1～0.2g，每天2～3次，内服。也可选用磺胺甲基异噁唑（SMZ）。或应用甲氧苄胺嘧啶与磺胺嘧啶合剂（TMP-SD）、甲氧苄胺嘧啶与磺胺甲基异噁唑合剂（TMP –SMZ），内服。

为防治肠内腐败，发酵过程，除应用磺胺药和抗生素外，也可适当选用乳酸、鱼石脂、克辽林等防腐止酵药物，对持续腹泻不止的羔羊，可应用明矾、碱式硝酸铋、矽碳银、内服。

为防止机体脱水，保持水盐代谢平衡，可在病初给羔羊饮用生理盐水250～300ml，每天饮用5～8次。也可静脉或腹腔注射10%葡萄糖溶液或5%葡萄糖氯化钠溶液50～100ml。

为保护和促进机体代谢机能，可施行血液疗法。10%枸橼酸钠贮存血或葡萄糖枸橼酸盐血（由血液100ml，枸橼酸钠2.5g，葡萄糖5g，灭菌蒸馏水100ml，混合制成），按每千克体重0.5～1ml，每次可增量20%，间隔1～2d，皮下或肌肉注射一次，每4～5次为一疗程，枸橼酸保存血5～10ml，维生素A4 000单位，维生素D2 000单位，肌肉注射。

中药：党参30g、白术30g、陈皮15g、枳壳15g、苍术15g、防风30g、地榆15g、白头翁15g、五味子15g、荆芥30g、木香15g、苏叶30g、干姜15g、甘草15g。加水1 000ml，煎30min，然后再加开水至总量为1 000ml，每头羔羊30ml，每天一次，用胃管灌服。

二、呼吸系统疾病

（一）感冒

感冒是一种急性全身性疾病，以上呼吸道黏膜炎症为主症。多发生于早春、晚秋气候剧变时，没有传染性。

1. 病因

主要由于气候变化，受寒冷刺激所引起。夏秋季天热，羊出汗后又被驱赶到风较大处，或冷雨浇淋，寒夜露宿，或剪毛后天气突然变冷等都会引起感冒。

2. 临床症状

有寒冷因素致病史。病羊精神沉郁，低头耷耳。食欲减少或废绝。鼻黏膜充血、肿胀，流浆液性鼻液，咳嗽，打喷嚏，鼻腔周围粘有鼻涕。体温升高，浑身发抖，呆立。小羊还有磨牙现象，大羊常发出鼾声。听诊肺泡呼吸音有时增强，有时并有湿啰音，瘤胃蠕动音减弱。

3. 诊断

根据病因及咳嗽、喷嚏、流鼻涕及体温升高等临床症状，可作出诊断。

4. 防治

（1）预防

注意天气变化，做好御寒保温工作，冬季羊舍门窗、墙壁要封严，防止冷风侵袭，夏季要防汗后风吹雨淋。

（2）治疗

病羊应避风保暖，充分供给饮水，饲喂易消化饲料，并注意休息。

病初应给予解热镇痛药，如30%安乃近、复方氨基比林或复方奎宁注射液，每只羊4～6ml，每天一次，肌肉注射。也可内服醋柳酸、氨基比林或水杨酸钠等2～5g。当高热不退时，应及时应用抗生素或磺胺类药物，如青霉素、链霉素，每天2次，每次40万～80万单位，肌肉注射。

中药治疗：麻黄9g、桂枝9g、荆芥9g、防风8g、葛根8g、柴胡8g、苏子8g。水煎取液，候温灌服，每次60ml，每天2次。羔羊用量减半。

（二）肺炎

肺炎是细支气管与个别肺小叶或小群肺泡的炎症，一般由支气管炎症蔓延所引起。

1. 病因

主要是由于受寒感冒，机体抵抗力降低，受物理化学因素刺激，受条件性病原菌的侵害（如巴氏杆菌、链球菌、化脓放线菌、绿脓杆菌、葡萄球菌等的感染）而引起；羊肺线虫也可引发本病。此外，可继发于口蹄疫、放线菌病、羊子宫炎、乳房炎。还可见于羊鼻蝇、外伤所致的肋骨骨折、创伤性心包炎的病理过程中。

2. 临床症状

肺炎初期呈急性支气管炎症状，即咳嗽，体温升高，呈弛张热型，高达40℃以上；呼吸浅表、增数，呈混合型呼吸困难。叩诊胸部有局灶性浊音区，听诊肺区有捻发音。肺脓肿常由小叶性肺炎继发而来，病羊呈现间歇热，体温升高至41.5℃；咳嗽，呼吸困难；肺区叩诊，常出现固定的似局灶性浊音区，病区呼吸音消失。

血液检查，白细胞总数可达每毫升1.5万个，嗜中性白细胞增多，其中分叶核细胞增加。

3. 病理变化

支气管肺炎有小叶的特性。在肺实质内，特别是在肺脏的前下部，散在一个或数个孤立的、大小不同的肺炎病灶，并且每一个病灶是一个或一群肺小叶。这些肺小叶处于有病变的支气管分支的区域。

病羊部分的肺组织坚实而不含空气，初呈暗红色，以后呈灰红色。剪取病变肺组织小块投入水中即下沉。肺切面因病变程度不同，表现出各种不同的颜色。在新发生的病变区，则因充血显著而呈红色或灰红色。较久的病变区则因脱落的上皮细胞和渗出性细胞增加，呈灰黄色或灰白色。压挤时流出血性或浆液性液体。肺的间质组织扩张，被浆液性渗出物所浸润，呈胶冻样。在炎症病灶中，可见到扩张的并充满渗出物的支气管腔。在炎症病灶周围，几乎都能发现代偿性气肿。

4. 诊断

主要依据病史材料的分析，如继发于支气管炎；临床特征，体温为弛张热，短钝的痛咳，胸部叩诊呈局灶性浊音区，听诊有捻发音，肺泡音减弱或消失；X射线检查出现散在的局灶性阴影等。但需与下列疾病相区别：

（1）细支气管炎

热型不定。胸部叩诊呈现过清音甚至鼓音。肺泡音亢盛并有各种啰音。

（2）大叶性肺炎

呈稽留热型。病情发展迅速，而在典型病例常呈定型经过。肺部叩诊浊音区扩大，听诊肝变区有较明显的支气管呼吸音。往往有铁锈色鼻液以及X射线检查病变部呈现明显而广泛的阴影。

5. 防治

（1）预防

加强饲养管理，增强机体抗病能力，每个圈舍要严格控制头数，防止密度过大。圈舍应通风良好，干燥向阳；冬季保温，春季防寒，以防感冒的发生。为此应供给蛋白质、矿物质、维生素含量丰富的饲料，营养搭配合理；远道运回的羊只，不要急于喂给精料，应在充分休息后喂给青饲料或青贮料。

（2）治疗

为控制感染，可用磺胺类药物和抗生素。常以青霉素40万～80万单位，链霉素0.5g，一次性肌肉注射，每天2次，连用2～3d。也可使用青霉素，直接进行气管内注射。此外，可用新霉素、土霉素、四环素、卡那霉素及磺胺类药物治疗。同时配合对症疗法，当体温过高时，可肌肉注射安乃近2ml或安痛定2～4ml，每天2次。镇咳祛痰，可使用氯化铵2～5g、吐酒石0.4～1g、杏仁水2～3ml，加水混合，一次灌服。心脏衰弱时，可用10%樟脑磺酸钠注射液2～3ml，一次性肌肉或皮下注射。

三、营养代谢性疾病

（一）维生素A缺乏症

日粮中缺乏维生素A，羊群因长期舍饲吃不到青绿饲料，导致羊群发病。该病的特征为角膜及结膜干燥，视力衰竭。多见于初春、秋末和冬季。

1. 病因

饲料调制收藏不善，受日光暴晒、酸败或氧化；长期饲喂缺乏维生素A的饲料（棉籽饼、干谷、马铃薯等），饲料中缺乏常量和微量元素，运动不足和胃肠道疾病等均可引发本病。维生素A缺乏时，视网膜中视紫质的合成障碍，影响视网膜对弱光的刺激，表现为视力下降或丧失。

2. 临床症状

病羊表现畏光，视力减退，甚至完全失明。由于角膜增厚，结膜细胞萎缩，腺上皮机能减退，故不能保持眼皮的湿润，而出现眼干燥症。由于腺上皮分泌物减少，不能溶解侵入的微生物，更加重了炎症及软化过程。有病变可以涉及角膜深层。

在缺乏维生素A时，机体其他部分的上皮也会发生变。例如消化道及呼吸道的黏膜上皮变性，分泌机能降低，均易遭受传染病侵害。

成年羊缺乏维生素A时，身体并不消瘦，故患有眼干燥症的羊，体况可能仍然很好。

3. 诊断

根据羊畏光、视力降退或失明以及长期饲喂缺乏含维生素A的饲料，即可作出诊断。

4. 防治

（1）预防

①注意改善营养。在配合日粮时，必须考虑到维生素A的含量，每千克体重应供给胡萝卜素0.1~0.4mg。

②对于孕羊要特别重视供给青绿饲料，冬季要补充青干草、青贮料或红萝卜。

③有条件可喂些发芽豆谷，适当运动，多晒太阳，并注意监测血浆维生素A。

（2）治疗

以补充富含维生素A及维生素A原的饲料为主，辅以药物治疗的原则。

①补充维生素A及维生素A原

增加日粮中黄玉米、胡萝卜、鱼粉、三叶草等的用量。

②药物治疗

给日粮中加入青饲料及鱼肝油，可以获得迅速治愈。

鱼肝油的口服剂量为20~50ml。当消化系统紊乱时，可以皮下或肌肉注射鱼肝油，用量为5~10ml，分为数点注射，每隔1~2d一次。也可用维生素A注射液进行肌肉注射，用量为2.5万~5万单位。

（二）佝偻病

佝偻病是羔羊在生长发育期中，因维生素D缺乏及钙、磷代谢障碍所致的骨营养不良性疾病。病理特征是成骨细胞钙化作用不足、持久性软骨肥大及骨骺增大的暂时钙化作用不全。临床特征是消化紊乱、异嗜癖、跛行及骨骼变形。

1. 病因

主要是由于饲料中维生素D的含量不足或日光照射不足，导致羔羊体内维生素D缺乏，直接影响钙、磷的吸收和血内钙、磷的平衡。此外，即使维生素D能满足羔羊的需要，但母乳及饲料中钙、磷的比例不当或缺乏，以至于多原因的营养不良，均可诱发本病。

2. 临床症状

早期呈现食欲减退，消化不良，精神不活泼，然后出现异食癖。病羊经常卧地不愿起立和运动。发育停滞和消瘦，下颌骨增厚和变软，出牙期延长，齿形不规则，齿质钙化不足（坑洼不平，有沟，有色素），常排列不整齐，齿面易磨损，不平整。严重的羔羊，口腔不能闭合，舌突出，流涎，吃食困难。最后在面骨和躯干、四肢骨骼有变形，间或伴有咳嗽、腹泻、呼吸困难和贫血。

羔羊站立时前肢腕关节屈曲，向前方外侧凸出，呈内弧形，后肢跗关节内收，呈"八"字形叉开站立。运动时步态僵硬，肢关节增大，前肢关节和肋骨联合最明显病程约经1~3个月。冬季耐过后若及时改善饲养管理（补充维生素A、维生素D、照晒阳光或紫外线），可以恢复，否则可死于褥疮、败血症、消化道及呼吸道感染。

临床病理学检查，血清碱性磷酸酶活性往往明显升高，但血清钙、磷水平则视致病因子而定，如由于磷或维生素D缺乏，则血清磷水平将在正常低限时的3mg水平以下。血清钙水平将在最后阶段才会降低。

3. 病理变化

剖检可见长骨发生变形，但无显著眼观病变。在显微镜下检查，股骨、胫骨末端及肋骨发现骨骼板和关节软骨撕裂，有些骨骺析弯入骨骺端；大小不同的软骨细胞形成长柱，由骨骺板突入干骺端，或者处于骨骺板下方，与骨骺板相分离；不同密度的结缔组织显著长进骨骺板的下方；骨骺板内存在着未成熟的骨小梁、变形的软骨细胞灶和骨样灶。骨的其他部分正常。

4. 诊断

根据动物年龄、饲养管理条件、慢性经过、生长迟缓、异嗜癖、运动困难以及牙齿和骨骼变化等特征，不难诊断，血清钙、磷水平及碱性磷酸酶活性的变化，也有参考意义。诊断时应与白肌病、传染性关节炎、蹄叶炎、软骨病及"弓形腿病"相区别。如果骨骺板下方的结缔组织增生，应属于钙缺乏的软骨病，而不是磷缺乏引起的软骨病。

5. 防治

（1）预防

加强怀孕母羊的饲养管理，供给充足的青饲料和青干草，补喂骨粉，增加运动和日照时间。羔羊饲养更应注意，有条件的喂给干苜蓿、沙打旺、胡萝卜等青绿多汁的饲料，并要按需要量添加食盐、骨粉、各种微量元素等矿物质饲料。

（2）治疗

可用维生素D_2胶性钙5 000～20 000单位肌肉或皮下注射，每周1次，连用3次；精制鱼肝油3～4ml，肌肉注射等。补钙可使用10%葡萄糖酸钙注射液5～10ml，一次静脉注射。

中药可喂服三仙蛋壳即：焦山楂、神曲、麦芽各60g，蛋壳粉（经烘干后为末）120g，混合后每只羊每天12g，灌服，连用1周。

（三）食毛症

食毛症多发生于冬季舍饲的羔羊，由于食量过多，可影响消化，严重时因毛球阻塞肠道形成肠梗阻而死亡。

1. 病因

主要是由于营养物质代谢障碍所致。母羊和羔羊饲料中的矿物质和维生素不足，尤其是钙、磷的缺乏，导致矿物质代谢障碍；羔羊在哺乳期中毛的生长速度特别快，需要大量含硫丰富的蛋白质，否则会引起羔羊食毛；由于羔羊离乳后，放牧时间短，补饲不及时，羔羊饥饿时采食了混有羊毛的饲料和饲草而发病，以及分娩母羊的乳房周围、乳头和腿部的污毛被新生羔羊在吮乳时误食入胃也可引起发病。

2. 临床症状

当毛球形成团块可使真胃和肠道阻塞，羔羊表现喜卧、磨牙、消化不良、便秘、腹部及胃肠臌气，严重者表现消瘦贫血。触诊腹部，真胃、肠道或瘤胃内有大小不等的硬块，羔羊表现疼痛不安。重症治疗不及时可导致心脏衰竭而死亡。解剖时可见胃内和幽门处有许多羊毛球，坚硬如石，形成堵塞。

3. 诊断

从临床症状较易作出诊断，但确定病因较难，故应从饲养管理、日粮分析等多方面分析调查，找出病因才能有效防治。

4. 防治

（1）预防

主要在于改善饲养管理。要制订合理的饲养计划，饲喂要做到定时、定量，防止羔羊暴食。给瘦弱的羊补给维生素A、维生素D和微量元素，如加喂市售的维生素A、维生素D和营养素，对有舔食异物的羔羊，更应特别认真补喂。对羔羊补饲，应供给富含蛋白质、维生素和矿物质的饲料，如青饲料、胡萝卜、甜菜和麸皮等，每天供给骨粉（5～10g）和食盐，补喂鱼肝油。注意分娩母羊和舍内的清洁卫生，母羊产羔后，要先将其乳房周围、乳头长毛和腿部污毛剪掉，然后用2%～5%的来苏尔消毒后再让新生羔羊吮乳。

（2）治疗

一般以灌肠通便为主。

①可服用植物油类、液状石蜡或人工盐、碳酸氢钠等，如伴有拉稀可进行强心补液。

②可作真胃切开术，取出毛球。若肠道已经发生坏死，或羔羊过于屡弱，不易治愈。

（四）酮尿病

是由于蛋白质、脂肪和糖代谢发生紊乱，血内酮体蓄积所引起。该病多见于绵羊，以酮尿为主要症状，细毛羊多发生于冬末春初。

1. 病因

原发性酮病，目前普遍的论点是"糖缺乏理论"：羊妊娠或大量泌乳时，糖耗过高，需动员自身脂肪和蛋白质的降解来满足机体的需求。在机体代谢过程中，部分生酮氨基酸可直接变成酮体进入血液。此外，由于饲料搭配不当，碳水化合物和蛋白质含量过高，饲料粗纤维不足，特别是产羔期母羊过肥，体内大量贮存的脂肪容易引起过度动员分解，可加速体内酮体的合成。因此，过肥也常是酮病的诱因。本病的继发原因有：微量元素钴的缺乏和多种疾病引起的瘤胃代谢紊乱，可导致体内维生素B_{12}的不足，影响机体对丙酸的代谢。此外，机体内分泌机能紊乱等因素，均可促进酮病的发生。

2. 临床症状

病羊初期掉群，不能跟群放牧，视力减退，呆立不动，驱赶强迫运动时，步态摇晃。后期意识紊乱，不听主人呼唤，视力消失。神经症状常表现为头部肌肉痉挛，并可出现耳、唇震颤，空嚼，口流泡沫状唾液。由于颈部肌肉痉挛，故头后仰，或偏向一侧，也可见到转圈运动。若全身痉挛则突然倒地死亡。在病程中病羊食欲减退，前胃蠕动减弱，黏膜苍白或黄疸；体温正常或低于正常，呼出气及尿中有丙酮气味。

3. 诊断

在实验室采用亚硝基铁氰化钠法检验尿液，尿液中酮体如呈阳性反应，再结合病史、症状等，即可确诊。

4. 防治

（1）预防

改善饲养条件，冬季防寒，并补饲胡萝卜和甜菜根等；春季补饲青干草，适当补饲精料（以豆类为主）、骨粉、食盐及多种维生素等。

（2）治疗

为了提高血糖含量，静脉注射25%葡萄糖50～100ml，每天1～2次，连用3～5d。也可与胰岛素5～8单位混合注射；调节体内氧化还原过程，可口服柠檬酸钠或醋酸钠，每天口服15g，连服5d有效。

（五）羔羊白肌病

羔羊白肌病又称肌肉营养不良症。是饲料中缺乏微量元素硒和维生素E而引起的一种代谢障碍性疾病。以骨骼肌、心肌发生变化为主要特征，该病发生于绵羊。

1. 病因

该病主要是由于饲料中硒过度缺乏和维生素E或饲料内钴、银、锌、钒等微量元素含量过高，影响动物体对硒的吸收所致。当饲料、饲草内硒的含量低于千万分之一时，就可发生硒缺乏症。一般饲料内维生素的含量都比较丰富，但维生素E是一种天然的抗氧化剂。因此，当饲料保存条件差，高温、湿度过大、淋雨或暴晒以及存放过久，酸败变质，则维生素E很容易被分解破坏。在缺硒地区，羔羊发病率很高。由于机体内硒和维生素E缺乏时，使正常生理性脂肪发生过度氧化，细胞内的自由基受到损害，组织细胞发生退行性病变和坏死，并可钙化。病变可波及全身，但以骨骼肌、心肌受损最为严重。引起运动障碍和急性心肌坏死。

2. 临床症状

全身衰弱，肌肉弛缓无力，有的出生后就全身衰弱，不能自行起立。行走不便，共济失调。心率快，每分钟可达200次以上；严重者心音不清，有时只能听到一个心音。一般肠音无明显变化，若肠音弱，病情已严重，多有下痢，也有便秘的。可视黏膜苍白，有的发生结膜炎，角膜混浊、软化，甚至失明。呼吸浅而快，每分钟达80～90次，有的呈双重性吸气。尿呈淡红、红褐色，尿中含蛋白质和糖。

该病呈地方性流行，3～5周龄羔羊最易患病，死亡率有时高达40%～60%。生长发育越快的羔羊，越容易发病，且死亡越快。

3. 病理变化

主要病变部位在骨骼肌、心肌、肝脏，其次为肾脏和脑。较常受害的骨骼肌为腰、背、臀、膈肌等肌肉。病变部肌肉变性、色淡、似肉煮过样或石蜡样，呈灰黄色、黄白色的点状、条状、片状不等；横断面有灰白色、淡黄色斑纹，质地变脆、变软、钙化。心肌扩张变薄，以左心室最为明显，多在乳头肌内膜有出血点，在心内膜、心外膜下有黄白色或灰白色且与肌纤维方向平行的条纹斑。肾脏可见到充血、肿胀，肾实质有出血点和灰色的斑状灶。

4. 诊断

可根据地方缺硒病史，饲料分析，临床表现（骨骼肌机能障碍及心脏变化），病理解剖学的特殊病变，以及用硒制剂防治的良好效果等作出诊断。

有经验的牧民是把羔羊抱起，轻轻掷下，健壮羔羊立刻跑去，但病羔则稍停片刻，才向前跑去，可作为羔羊白肌病早期诊断的参考。

5. 防治

（1）预防

对缺硒地区，每年所生新羔，在出生后20d左右，开始用0.2%亚硒酸钠液1ml，皮下或肌肉注射，间隔20d后再注射1.5ml。注射开始日期最晚不超过25日龄。给怀孕母羊皮下注射一次亚硒酸钠，剂量为4～6mg，能预防新生羔羊白肌病。

（2）治疗

对发病羔羊每只应立即用0.2%亚硒酸钠1.5～2ml，颈部皮下注射，隔20d再注射一次，如同时肌肉注射维生素E 10～15mg，则疗效更佳。

四、中毒性疾病

（一）氢氰酸中毒

是由于羊采食或饲喂了含有氰甙苷的植物而引起，临床上以呼吸困难、震颤、痉挛和突发死亡为特征的中毒性缺氧综合征。

1. 病因

主要由于羊采食过量的高粱苗、玉米苗、胡麻苗等，在胃内由于酶的水解和胃酸作用，产生游离的氢氰酸而致病。此外，误食氰化物（氰化钠、氰化钾、氰化钙）以及中药处方中杏仁、桃仁用量过大时，也可引起本病的发生。

2. 临床症状

主要是腹痛不安，口流泡沫状液体，先表现兴奋，很快转入抑制状态，全身衰弱无力，站立不稳，步行摇摆，或突然倒地，呼吸困难，次数增多，张口伸舌，呼出气带有苦杏仁味。皮肤和黏膜呈鲜红色。严重的很快失去知觉，后肢麻痹，体温下降，眼球突出，目光直视，瞳孔散大，脉搏沉细，腹部膨大，粪尿失禁，四肢发抖，肌肉痉挛，发出痛苦的鸣叫声。常因心跳和呼吸麻痹，在昏迷中死亡。

3. 病理变化

剖检时，血液呈鲜红色，凝固不良。气管黏膜有出血点，气管腔有带血的泡沫，肺充血、水肿；心脏的内、外膜均有出血点，心包内有淡黄色液体；胃肠管的浆膜面及黏膜面均有出血点，肠管有出血性炎症，胃内充满带有苦杏仁味的内容物。

4. 诊断

根据采食含氰甙饲料的病史，呼吸困难，皮肤和黏膜发红、神经机能异常症状以及血液呈鲜红色的病理变化，可作出初步诊断。但确诊需要进行毒物分析。

5. 防治

（1）预防

①用含氰甙的饲喂羊时，要经过减毒处理。如用流水（或勤换水）浸渍24h；也可将0.2%～0.15%盐酸水溶液加入亚麻籽饼中去煮。

②喂饲含氰甙的饲料时，量要少，最好和其他饲料混喂。

③禁止到生长有氰甙植物的地区放牧。

④注意氰化物农作物的管理，严防误食。

（2）治疗

发病后迅速用亚硝酸钠0.2～0.3g加入10%葡萄糖50～100ml，缓慢静脉注射。紧接着缓慢静注10%硫代硫酸钠溶液10～20ml。也可配合口服0.1%高锰酸钾溶液100～200ml，或内服10%硫酸亚铁溶液10ml。还可应用强心剂、维生素C、葡萄糖、洗胃（0.1%高锰酸钾溶液）催吐（1%硫酸铜溶液）等进行治疗。

（二）有机磷中毒

本病是由于羊只接触、吸入和采食某种有机磷制剂而引起的全身中毒性疾病。该病的特点是出现以胆碱能神经过度兴奋为主的一系列症状群。

1. 病因

主要是误食喷洒过有机磷农药的青草或农作物，误饮被有机磷农药污染的饮水，误把配制农药的容器当做饲槽或水桶来喂饮羊只，滥用农药驱虫等。引起羊中毒的有机磷农药主要有甲拌磷、对硫磷、内吸磷、乐果、敌百虫、马拉硫磷和乙硫磷等。

2. 临床症状

因制剂的化学特性以及造成中毒的具体情况等有所不同。其所表现的症状及程度差异极大，但基本上都表现为胆碱能神经受乙酰胆碱的过度刺激而引起的过度兴奋现象，临床上将这些可能出现的复杂症状归纳为三类症候群。

（1）毒蕈碱样症状

当机体受毒蕈碱的作用时，可引起副交感神经的节前和节后纤维以及分布在汗腺的交感神经节后纤维等胆碱能神经发生兴奋。按其程度不同，可表现出食欲不振，流涎，呕吐，腹泻，腹痛，多汗，尿失禁，瞳孔缩小，可视黏膜苍白，呼吸困难，支气管分泌物增多，肺脏水肿等症状。

（2）烟碱样症状

当机体受烟碱的作用时，可引起支配横纹肌的运动神经末梢和交感神经节前纤维（包括支配肾上腺髓质的交感神经）等胆碱能神经发生兴奋；但在乙酰胆碱蓄积过多时，则会转为麻痹，表现为肌纤维性震颤，血压上升，肌紧张度减退（特别是呼吸肌）、脉搏频数等。

（3）中枢神经系统症状

是病羊脑组织内的胆碱酯酶受抑制后，使中枢神经细胞之间的兴奋传递发生障碍，造成中枢神经系统的机能紊乱，病羊表现为兴奋不安，体温升高，搐弱，甚至陷于昏睡等。

当然，并非所有具体病例都明显表现上述症状。

3.　病理变化

一般认为有机磷农药中毒的尸体，除其组织标本中可检出毒物和胆碱酯酶的活性降低外，缺少特征性病变。

经消化道吸收中毒在10h以内的最急性病例，除胃肠黏膜充血和胃内容物可能散发蒜臭外，常无明显变化。中毒在10h以上者则其消化道浆膜有散在出血斑，黏膜呈暗红色，肿胀，且易脱落。肝、脾肿大。肾浑浊肿胀，被膜不易剥离，切面呈淡红褐色而界线模糊。肺脏充血，支气管内含有白色泡沫。心内膜可见不整形的白斑。

经过稍久后，尸体内泛发浆膜下小点出血，各实质器官都发生浑浊肿胀。皱胃和小肠发生坏死性出血性炎症，肠系膜淋巴结肿胀、出血。胆囊膨大、出血。心内、外膜有小出血点。肺淋巴结肿胀、出血。切片镜检时，尚可见肝脏组织中有小坏死灶，小肠的淋巴滤泡也有坏死灶。

4.　诊断

（1）确定有无接触有机磷农药的病史。

（2）呼出气、呕吐物、分泌物、皮肤等有蒜臭味。

（3）具有胆碱能神经兴奋时所特有的症状。

（4）进行实验室检查：包括血液胆碱酯酶活性测定，对饲料、饮水、胃内容物和体表冲洗液等进行有机磷农药的测定，尿中有机磷分解产物的检查等。根据以上四条可做出确诊。

5.　防治

（1）预防

严格农药管理制度，不要在喷洒过有机磷农药的地方放牧，拌过农药的种子不要再喂羊，接触过农药的器具不要给羊应用（盛饲料和饮水）等。

（2）治疗

①清除毒物：可灌服盐类泻剂，如硫酸镁和硫酸钠30～40g，加水适量，一次内服。

②解毒：及时应用特效解毒剂，常用的有两类。一类是抑制植物神经性药物（即胆碱能神经抑制剂），如阿托品；另一类是胆碱酯酶复活剂，如解磷定、氯化钠和双复磷。解磷定以每千克体重15～30mg，溶于100ml的5%葡萄糖溶液内，静脉注射；或用硫酸阿托品10～30mg，肌肉注射。症状不减轻，可重复应用解磷定和硫酸阿托品。

③对症治疗：呼吸困难者注射氯化钙；心脏及呼吸衰弱时注射尼可刹米；为了制止肌肉痉挛；可应用水合氯醛或硫酸镁等镇静剂。

④中药疗法：可用甘草滑石粉。即用甘草0.5kg煎水，冲和滑石粉，分次灌服。第一次冲服滑石粉30g，10min后冲服15g，以后每隔15min冲服15g。一般5～6次即可见效。每次都应冷服。

（三）有机氯中毒

本病是由于羊吃了含有机氯的农药或喷洒过这种农药的农作物或饲料所致的中毒。临床上以明显的中枢神经机能扰乱为主要特征。常用的有机氯化农药主要有滴滴涕、六六六。此外，尚有氯丹、七氯、艾氏剂、狄氏剂、异狄氏剂和毒杀芬等。

1.　病因

最常见的病因为不按正规要求贮存、运销或使用有机氯农药，致使其漏失散落，沾污饲料和饮水；在羊舍内外和饲料地喷洒不适宜或过多的用药，造成羊只直接接触农药。有时则因上游沟渠流水混有农药，造成饲草和饮水污染，而间接地使动物中毒。亦有为羊驱虫、灭虱时，由于用药浓度过高、剂量过大，或药液被羊群舔食而引起中毒的病例。羊对有机氯农药的最大耐受量和最小中毒量见表7-3。

表7-3　有机氯农药最大耐受量和最小中毒量　　　　　　　　　　　（单位：mg/kg）

制　剂	畜　别	年　龄	最大耐受量	最小中毒量
DDT	羊	4～5岁	—	500
六六六	羊	1～2岁	10	25

2. 临床症状

病羊主要表现为明显的中枢神经机能紊乱症状，如骚动不安，肌肉震颤，阵发性或强直性痉挛以及全身性麻痹等。

急性病例首先呈现兴奋性升高和触觉、听觉过敏现象。病羊惊叫、流涎，上下牙齿互相嗑撞，眼睑痉挛，视觉障碍，可能有频尿现象。多见食欲减退和腹泻。随即顺次出现颈部、前躯和后躯的肌纤维痉挛。有时则作突进、后退、冲撞或蹦跳等无目的运动，此时还可见呼吸困难和体温升高现象。

随后转为抑制，表现衰弱，共济失调，阵发性全身痉挛。病羊可能倒地，出现角弓反张或四肢作鸭泳样动作。病的轻重程度，因制剂种类和病羊个体的不同而有较大差异。重症病例可在严重的发作中，因中枢神经抑制和呼吸衰竭而死亡。但并非任何病例都有兴奋、痉挛、麻痹等典型经过。

慢性病例，以肌肉震颤为最常见症状，通常先从头部肌肉开始发生，渐次向后扩展遍及躯体的其余肌肉，并随病情的发展（常经4～5d以上）而逐渐加剧。病羊多见四肢强拘，步态跟跄，鼻镜溃烂，口黏膜呈黄色，肿胀，甚至形成疣物，且常伴发血性卡他性胃肠炎。病的末期，将导致后躯麻痹，严重的呼吸、循环障碍等病理后果。

3. 病理变化

慢性中毒病例，主要表现为全身组织、器官呈黄色，肝脏显著肿大、变硬、小叶中心坏死，胆囊扩张。胃肠黏膜充血、出血，幽门部有炎症灶。脾脏肿大超过正常的3～3.5倍，呈暗红色，实质脆弱。肾脏肿大和明显出血，被膜不易剥离，肾小管上皮脂肪变性。此外还可见骨骼肌和心肌有坏死小灶，以及显著的肺气肿。

口服中毒的病羊则有出血性、卡他性胃肠炎变化，主要为瘤胃黏膜肥厚，网胃黏膜有弥漫性小出血点，甚至多发烂斑或溃疡（可达3～5cm以上）；皱胃黏膜充血和出血；小肠黏膜显著出血和发生卡他性炎症，大肠黏膜也见出血。接触中毒病例，则见鼻镜溃疡和角膜炎，颈背部或肢间皮肤变厚和硬化。

此外，脑血管充、出血，脑和脊髓神经细胞呈退行性变化。

4. 诊断

可根据确定的毒物接触史，以中枢神经系统的机能紊乱为特征的临床表现，结合对残余饲料、饮水、粪、尿、乳汁、脂肪组织等病料的有机氯检验的阳性结果而诊断。

5. 防治

（1）预防

①遵守农药的安全使用和管理制度。

②加强饲料地、饲料仓库、水源和羊舍内外的安全防范。

③避免直接在羊舍内或羊体使用有机氯农药。

④应用有机氯制剂杀灭体外寄生虫时，应按规定浓度、用量和用法。用药后应将羊单独隔离饲养，并注意防止舔食。

（2）治疗

首先应排除继续接触或摄入有机氯农药的机会，为此应绝对停用可疑带毒草的饲料和饮水。对于摄入毒物不久的急性病例，则应尽速使之排毒或解毒。

当有机氯农药经消化道引起中毒时，应立即用生理盐水或5%石灰水或2%碳氢钠溶液进行充分洗胃。洗胃后，可灌服中性盐类泻剂，但禁忌应用油类泻剂。

为缓解兴奋不安并解除痉挛，可应用水合氯醛内服，或以苯巴比妥（剂量：25mg/kg）以及氯丙嗪（剂量：2mg/kg）肌肉或皮下注射。也可应用25%硫酸镁溶液（剂量：20~50ml），肌肉或静脉注射。

内服石灰水等碱性药物，或破坏其毒性。用石灰500g加常水1 000ml，搅拌澄清，服用澄清液300~500ml。

经皮肤吸收中毒时，可用清水加肥皂或用5%碱水洗去皮肤上黏附的毒物。如皮肤发炎，可涂擦氧化锌软膏。

为维护肝脏机能，可输入高渗葡萄糖溶液或葡萄糖酸钙注射液。

此外，对症给予维生素B、维生素C和强心剂等，有利于病情好转。如有出血者，可给予维生素K。

中药疗法：当归20g、大黄10g、白矾10g、甘草12g，水煎温服；绿豆100g、甘草末20g，先将绿豆加水磨成豆浆，混入甘草末内服。

（四）过食精料中毒

羊如果日食精料量超过1.5kg，就有可能引起急性酸中毒，严重者常造成死亡。临床上以精神兴奋或沉郁，食欲和瘤胃蠕动废绝，胃液pH值和血浆二氧化碳结合力降低以及脱水等为特征。

1. 病因

当大量的精料进入瘤胃后，迅速破坏瘤胃微生物区系，革兰氏阴性菌大量崩解而释放出大量内毒素，革兰氏阳性菌异常繁殖而过度发酵形成大量乳酸。内毒素及乳酸被迅吸收进入血液而引起中毒，从而出现一系列临床症状。

2. 临床症状

多数病羊在食后5~8h发病，最快的可在食后2h发病，也有的在食后12h或更长时间发病。病初表现精神沉郁，体温稍升高，很快又下降，有渴感，食欲减退或废绝，瘤胃蠕动减少或停止。神情不安，回头顾腹，拱腰，排粪次数增加，粪呈灰白色，有酮味，后期变成恶臭味，先为稀糊状进而为面汤样，少尿或无尿。轻症者，呼吸、脉搏稍有增数，可视黏膜苍白，后期发绀。最大特点是因脱水严重而致眼球下陷，触诊瘤胃虚胀，内容物多为液体。多数病例在几小时或几天后死亡，有的逐渐恢复。实验室检查，瘤胃液pH值和总酸度降低，渗透压升高，血液碱储和二氧化碳结合力也降低。

3. 诊断

根据病史和症状可作出诊断。确诊可通过实验室检查：瘤胃液内毒素及血液内毒素阳性（40μg/L，10μg/L），乳酸升高（53.74毫摩尔/L）；瘤胃及血液pH值降低（3.649）；瘤胃纤毛虫减少为2.9×10^6/L。

病理学检查：各组织器官不同程度地出现广泛性淤血、出血、微血栓形成，消化道及实质器官变性，坏死等，以肝脏、肾脏损害最为严重。

注意与瘤胃积食区别：瘤胃积食触诊充满，坚实或呈面团状；而过食精料中毒为触诊虚胀，内容物多为液体。

4. 防治

（1）预防

本病重在预防，严防羊只挣脱绳索偷食过量精料；也不要在母羊泌乳期或产后即刻喂以过量精料；阴雨天或农忙季节粗饲不足时，要严格控制精料喂量。成年母羊谷物饲喂量以每天不超过1kg为宜，并分2~3次喂给。

（2）治疗

以排除毒物，强心补液，纠正酸中毒为原则。首先用开口器张开口腔，用直径为8~10mm的胃管经口腔插入瘤胃内，将羊头和胃管外端放低，有毒液体和胃内容物则可流出。然后在胃管外端接上斗，灌入澄清石灰水1 000~2 000ml。再将羊头放低，让其流出。如此反复冲洗数次，直至胃液呈碱性为止，最后再灌入石灰水500~1 000ml。

由于瘤胃内的有毒内容物迅速排空，使瘤胃正常发酵得以重新建立，这是治疗该病的有效办法，治愈率达96%以上。

对呼吸困难、身体衰弱、脱水严重、卧地不起的危急病例，严禁洗胃，应先强心补液，或采取其他的方法对症治疗，待全身症状缓解后再行洗胃。洗胃后，对成年羊可静脉滴注5%等渗葡萄糖500~1 000ml、樟脑水10ml，则疗效更佳。

（五）绵羊棉酚中毒

羊只吃了大量未经脱酚或调剂不当的棉籽饼和棉叶后可发生中毒。

1. 病因

棉籽饼及棉叶中含有有毒物质棉子毒和棉籽油酚。棉子毒是一种细胞毒和神经毒，对胃肠黏膜有很大刺激性，所以大量或长期饲喂可以引起中毒。当棉籽饼发霉、腐烂时，毒性就更大。由于毒素能够进入母羊的奶中，因而还可引起吃奶羔羊发生中毒。

2. 临床症状

当羊吃了大量棉籽饼时，一般在第二天即可出现中毒症状。如果采食量少，到第10~30d才能表现出症状。

中毒轻的羊，表现为食欲减少，低头拱腰，粪球黑干；中毒较重的，体温升高，精神沉郁，喜卧于荫凉处。被毛粗乱，后肢软弱，眼睛怕光、流泪，有时还造成失明；中毒严重的，兴奋不安，打颤，呼吸急促。食欲废绝，下痢带血，排尿困难或尿血，2~3日内死亡。

3. 病理变化

剖检可见出血性胃肠炎；心内外膜出血，心扩张，心肌变性；肝脏肿大；肺脏水肿；肾脏出血和变性。

4. 诊断

根据症状，病变及询问发病原因，可做出初诊。确诊可通过实验室检查。实验室检验结果可见红细胞减少，为120万~270万个/mm^3，白细胞增多为1 000~2 400个/mm^3，嗜中性白细胞增加，点85%~89%，核左移，血红蛋白含量降低为8~9g/100ml；尿蛋白（＋＋＋），比重增大；死亡羊的肝脏游离棉酚含量高于0.015%。

5. 防治

（1）预防

用棉籽饼作饲料时，应煮沸2h以上，或加水发酵，减少毒性。喂量不要超过饲料总量的20%。喂几个星期以后，应停喂一周，然后再喂；不要用腐烂发霉的棉籽饼和棉叶作饲料；不用棉籽饼和棉叶饲喂怀孕期和哺乳期的母羊。

（2）治疗

①立即停喂棉籽饼，禁饲2~3d，然后喂给青绿多汁饲料，并充分饮水。

②排出胃肠内毒物，可用0.05%~0.1%高锰酸钾液或3%~5%碳酸氢钠液反复洗胃，然后灌服油类泻剂；或皮下注射毛果芸香碱0.2~0.3g。清理胃肠后，可用磺胺脒60g、鞣酸蛋白25g、活性炭100g，加水500~1 000ml，一次内服，以利消炎。

③保肝解毒、强心利尿和制止渗出。静注10%~20%葡萄糖溶液300~500ml，同时肌注安钠咖3~5ml，每天1~2次。

④限量限期饲喂棉籽饼，防止一次过食或长期饲喂。饲料必须多样化。用棉籽饼作饲料时，要

加温到80～85℃，并保持3～4h以上，弃去上面的漂浮物，冷却后再饲喂，也可将棉籽饼用1%氢氧化钙液或2%熟石灰水或0.1%硫酸亚铁液浸泡一昼夜，然后用清水洗后再喂。

（六）蓖麻中毒

由于羊误食了蓖麻的茎、叶、籽或采食了过多的蓖麻籽饼而引起的一种中毒性疾病。其症状特点是发生胃肠炎、尿路炎、血液循环障碍以及致死性拉稀。

1. 病因

蓖麻的茎、叶、籽或未经处理的蓖麻籽饼含有蓖麻毒素和毒性蓖麻碱等有毒成分。羊只因误食或食入多量混有蓖麻籽及其茎叶的饲料，或用未经处理的蓖麻籽饼作饲料时，都可引起中毒。

2. 临床症状

病羊反刍停止，耳尖、鼻端和四肢下端发凉，精神委靡。严重的倒卧地上，知觉消失，体温降低0.5～1℃，呼吸和脉搏次数减少，1～3h内死亡。

3. 病理变化

剖检可见胃肠有出血性炎症，心内膜有出血点，肝脏、肾脏充血及脂肪变性，肺脏出血，支气管充血，脑充血、出血。

血液检查，红细胞显著增多，红细胞大小不均症及异形红细胞症。白细胞增多，可超过正常数目的2倍以上。严重的血液黏稠，呈暗红色，血沉缓慢，红细胞发生凝集现象。

4. 诊断

（1）现场诊断

根据病史及症状特点作出现场诊断。

（2）检验蓖麻毒素

①取病羊胃内容物10～20ml（死羊取10～20g），加蒸馏水1倍，浸泡后过滤。

②用滤液5ml，加磷钼酸液5ml，在水浴锅中煮沸。

③判定。如煮沸后溶液呈绿色，冷后加氯化铵盐，由绿变蓝，再在水浴锅上加热，变为无色，即为蓖麻毒素阳性反应。反之则无毒。

5. 防治

（1）预防

①不要到生长有蓖麻的地区放牧。

②蓖麻成熟后要及时采摘和妥善保管，以免散落地而或混入饲料中，发生中毒事故。

③用蓖麻籽饼作饲料时，应加热1 000℃以上干蒸2h，或密封发酵4～5d，即可灭毒。但喂饲量应限制在总日料的10%～20%以内。

（2）治疗

①前期：原则是破坏及排除毒物。破坏蓖麻毒和蓖麻碱，用0.5%～1%鞣酸或0.2%高锰酸钾溶液洗胃；排除毒物，可灌服盐类泻济（如硫酸钠或硫酸镁）及黏浆剂。也可以放血50～100ml，接着静脉注射复方氯化钠溶液200～300ml。

②中后期：主要是强心、止痛和保护收敛胃肠黏膜。为此，可反复注射安钠咖或樟脑水及安乃近。还可灌服白酒，用量为小羊30～40ml；大羊40～70ml，严重时间隔5～10min再灌服一次。保护收敛剂可采用鞣酸蛋白、鞣酸、碱式硝酸铋和矽碳银等。

（七）醉马草中毒

醉马草为多年生草本植物，分为禾本科和豆科研成果，豆科醉马草学名为小花棘豆。羊只可因采食醉马草而发生中毒。该病的特点是出现酒醉样的神经症状及局部损伤。

1. 病因

小花棘豆中含臭碱、野决明碱（黄花碱），N-甲基野靛碱、鹰爪豆碱、鹰靛叶碱、腺嘌呤等生物碱。在早春或旱年，由于其他牧草稀疏而小花棘豆却生长茂盛，放牧羊因贪青或饥饿而采食，导致中毒。

禾本科醉马草的有毒成分还不清楚，可能含有某种生物碱，也有人认为和氰甙有关。干燥后的醉马草毒性更大，中毒症状更重。花颖及芒刺入皮肤、口腔、扁桃腺、口角、咽背淋巴结、蹄叉或角膜等处，也可发生损伤或中毒。羔羊因吃中毒母羊乳汁，也可发生中毒。

2. 临床症状

豆科（小花棘豆）：多为慢性经过。中毒较轻时，病羊精神沉郁，常拱背呆立，不爱活动，迈步时后肢不太灵活，有时头部出现轻度震颤，食欲正常，结膜稍苍白，轻度黄疸。

重度中毒时，精神高度沉郁，起立困难，呈犬坐姿势，有的侧身躺卧，四肢不断划动；扶起后，四肢开张，常站立不稳而跌倒。行走时，步伐踉跄，不能正直前行。头部出现水平震颤或摆头动作。可视黏膜苍白，黄染程度加重。体重随着中毒症状的加深而减轻。

心律不齐，有的出现杂音。粪便变软，呈长条状，上附黄色黏液，有的拉稀，排粪时努责。

禾本科：多为急性，一般误食后30~60min出现症状。中毒羊口吐白沫，腹部膨胀，精神不振，食欲废绝，行走起来摇晃如醉。有时倒卧，呈昏迷状态。有时呈脑膜炎症状，阵发性狂暴，起卧不安，或者倒地不能起立，呈昏睡状。如草芒刺伤角膜，会引起失明；刺伤皮肤时，局部发生出血斑、浮肿、硬结或者形成小溃疡。一般经24~36h即可恢复，死亡较少。但中毒较重的羊，如抢救不及时或治疗不当，可发生中毒性肠炎，或因心力衰竭而死亡。

3. 病理变化

病羊尸体体消瘦，心脏扩张，心肌质软，血液较稀薄。组织学检查，主要为大脑、海马、脑桥、延脑、小脑和脊髓的神经细胞多数呈急性肿胀，少数呈浓缩，有的发生重度损伤；腹质细胞轻度增生，出现少量卫星现象、噬神经原现象和胶质细胞小结。神经纤维脱髓鞘。肝脏的肝细胞、心脏的心肌纤维和浦金野氏纤维、肾小管上皮细胞普遍发生水泡变性，部分坏死。骨髓各系统造血细胞均减少。脾脏见髓外化生灶。肾上腺皮质髓质细胞也发生水泡变性。

4. 诊断

根据有采食醉马草的情况及发病症状、病理变化可作出诊断。别外还可进行实验室检查。

（1）尿沉渣检查：可见肾曲尿管上皮细胞呈透明圆柱或颗粒圆柱。

（2）血液检查：血沉加快，血红蛋白量降低到3.5g/100ml（正常时平均为11.6g/100ml），红细胞减少到645万/ml（正常时平均1 100万/ml）。

5. 防治

（1）预防

①每年5~6月中旬，用2,4-D丁酯喷洒小花棘豆，可使其地上部分枯萎，避免羊只采食；

②严禁到生长小花棘豆和禾本科醉马草地段放牧，开花期的毒性大，切勿让羊只采食。如因草场缺乏，其放牧时间不应超过14d，食草的总量不能超过30kg；

③该草用0.18%~0.28%的盐酸溶液浸泡一定时间后，再晒干喂饲羊只，可不发生中毒；

④在饲草中加入40%干醉马草，喂15d后，休息15d再喂；

⑤要有计划地铲除毒草，改良牧场。

（2）治疗

尚无特效疗法。发现羊只中毒后，应及时停喂醉马草，或禁止再到生长该草的草地放牧，喂以无毒的青草，饮以清洁水，并对病羊加强护理。

①可每天用亚砷酸钾（钠）溶液1~5ml，加入水中让羊自饮，10d为一疗程，休息5~7d后，可再治疗一个疗程（该制剂有毒性和储积作用，用量要准确，连续投药时间不能过长）。

②用甘草9g煎水，加食醋250g左右，灌服，连用数次。

③灌服20%浓盐水200ml左右。

④可应用轻泻、强心等药物对症治疗。

（八）青杠树叶中毒

本病是由于羊群采食了青杠树的叶和花而引起的一种中毒疾病。

据报道，本病的受害动物，除犬、猫外，所有家畜、多种实验动物，甚至鸵鸟等皆能发生。本病以便秘或下痢，水肿以及胃肠炎和肾的损害为特征。

1. 病因

主要发生于森林、耕地和荒山复杂交错地区的青杠树林带。这些地区的放牧地多有丛生青杠树林，特别是次发林，放牧的羊群大量采食青杠树叶而发病。也有的是由于采集青杠树叶喂羊而引起中毒。尤其是因旱、涝灾害造成饲草饲料缺乏，贮草不足；翌年春季干旱，牧草生长较迟，常大批发病死亡。

2. 临床症状

一般可分为初、中、后3个病期，病程一般12～15d，早期病例预后良好，后期病例则预后不良，死亡率达80%。

（1）初期

食欲稍减少，瘤胃蠕动紊乱，反刍减慢，粪便干硬，体温正常，或略高于常温，尿液澄清。第三眼睑边缘有颗粒状脂肪样肿胀。

（2）中期

精神不振，瘤胃蠕动明显减弱，反刍减慢或停止，鼻镜干燥或皲裂，粪便呈黄褐色或红褐色，恶臭并带有大量脱落肠黏膜和少量脓血；体温可高达41℃；口色发红，有臭味，舌系带黄染，舌前部的角质乳头发黄变硬；结膜暗红、黄染；心力衰竭，颈静脉搏动明显；皮下水肿且界限明显；腹腔积水；尿量渐少。

（3）后期

极度衰弱，多卧少立，食欲废绝，反刍停止；体温不高或低于正常；心力更加衰弱，第二心音混浊不清，颈静脉怒张；口腔黏膜黄灰色，无光泽，磨牙，流涎，舌松软无力，舌尖部的角质乳头左右歪斜，失去正常规则，有的舌黏膜全部脱落；严重腹泻，大便呈稀粥样，带有大量脓血和脱落的肠黏膜，瘤胃间歇性胀气。结膜淤血，第三眼睑水肿。少尿或完全无尿，皮下水肿更加严重。呼吸困难，有的流出黏脓性鼻液。怀孕母羊易发生流产和死胎，并继发子宫内膜炎。

3. 病理变化

自然中毒病羊尸体的下垂部位皮下积聚有数量不等的淡黄色胶冻样液，各浆膜腔中有大量积液，部分病例的各浆膜泛出血斑点。脏器病变主要见于消化道和肾脏。

口腔深部黏膜常见有如黄豆至蚕豆大浅溃疡灶。瓣胃的内容物常较干燥或硬结，黏膜上多有浅溃疡。真胃和小肠黏膜有水肿、充血、出血和溃疡等变化，内容物含多量的黏液和血液而呈咖啡色。大肠黏膜充血、出血，内容物为散发恶臭的暗红色糊状，直肠壁因水肿而显著增厚；肝脏轻度肿大，质脆；胆囊多肿大如鹅蛋，胆囊壁有充血、水肿，胆汁黏稠，如柴油状。

肾脏肿大、苍白或呈紫褐色而有出血点，周围脂肪囊显著水肿，多有出血斑点；肾脏切面则可见黄色浑浊的条纹，皮质和髓质的境界模糊，肾乳头显著水肿、充血、出血，个别病例肾脏缩小，体积仅为正常的1/3，质地坚硬。膀胱多空虚。

心包积水，个别病例可达500ml左右。心内、外膜均密布出血斑点；心肌色淡质脆，如煮熟肉样。胸腔内因有大量积水，致使肺叶萎缩。

4. 诊断

根据采食青杠树叶的发病史，发病的地区性和季节性，水肿的临床特征以及肝脏、肾脏功能障碍等不难确诊。

5. 防治

（1）预防

根本措施是恢复青杠树林自然生态的平衡，改造青杠林牧地，实现科学饲养管理，贮备越冬度春的干草。

（2）治疗

以排除毒物、解毒以及对症治疗为原则。

①排除毒物：可用1%～3%食盐水500～300ml瓣胃注射。或灌服菜籽油（禁用石蜡油）200～300ml，鸡蛋清10～20个。

②解毒：用硫代硫酸钠8～15g，做成5%～10%水溶液，一次性静脉（或肌肉）注射，每天1次，连续2～3次，对初、中期病例有效。

③对症治疗：全身衰弱，体温偏低，呼吸次数减少，心力衰竭及出现心脏、肾脏性水肿者，使用糖盐水500ml，10%糖盐水250ml和安钠咖10ml，一次性静注。对肠道消毒可服氯霉素2～3g。

（九）尿素等含氮物中毒

由于误食含氮化学肥料，或以尿素和铵盐作为饲用蛋白质代替物时超过了规定用量，引起羊只发生中毒。疾病的特点是，由于尿素分解可产生大量的氨，吸收进入血液后，可对大脑、肝脏、肺脏、肾脏等产生刺激，出现神经、呼吸等系统的一系列中毒症状。

1. 病因

喂量大；误食或偷食过量；饲喂方法不当；混于水中、青贮饲料中撒布不匀、喂后立即饮水；突然饲喂等均可导致中毒。另外，如果平时饲料过酸、饲料的种类过于单纯，前胃有病，也可发生中毒。尿素很快分解产生大量的氨和氨甲酰铵，对机体产生毒害作用，氨刺激消化道黏膜，吸收后抑制呼吸中枢，可发生窒息死亡。

2. 临床症状

多为急性病例。采食后20～30min发病，表现为混合性呼吸困难，呼出气有氨味，血氨升高，大量流涎，口唇周围挂满泡沫，瘤胃臌气，腹痛，呻吟，肌肉震颤，步态踉跄，最后出汗，瞳孔散大，肛门松弛，倒地死亡。慢性少见。

3. 病理变化

剖检可见瘤胃膨胀，内容物有氨臭味，消化道黏膜充血、出血及溃疡。血液黏稠，心外膜出血，脑组织充血，肝脏、肾脏变性、肿大。肺脏水肿，外观呈大理石状。慢性死亡病例，真胃溃疡是一个特征，回盲口周围也可见溃疡灶。

4. 诊断

根据饲料中尿素的含量和临床上呼出气中有氨味及剖检特征可作出诊断。测定可疑病例血氨值对确诊和预后具有意义。

5. 防治

（1）预防

防止羊偷食或误食含氮化学肥料；必须将尿素等含氮物同饲料充分混合均匀，而且每次喂尿素时，1h以内不要饮水；不能单纯喂给含氮补充物（粉末或颗粒），也不能混于饮水中给予；必须使羊有一个逐渐习惯于采食补充物的过程。因此，在开始时应少喂，于10～15d内达到标准规定量。

（2）治疗

中和瘤胃内碱性物质，降低脲酶活性为治疗原则。用食醋0.5～1kg加水2倍，一次内服，加入250g红糖疗效更好。对症治疗，以25%葡萄糖1 500～2 000ml、10%安钠咖30～40ml、维生素C 3～4g、维生素B$_1$600～1 000ml混合，一次静滴。严禁补碱。

（十）慢性氟中毒

如果长期不断地摄入大量的无机氟化物，可造成羊慢性氟中毒。其症状特点是因机体钙的消耗过多和骨骼被腐蚀，而出现跛行、头部骨骼肿大、牙齿磨灭过度，并出现斑釉齿。

1. 病因

（1）某些地区的水草、土壤含氟量较高，均能引起氟中毒。

（2）工业"三废"为主要污染来源。

（3）用大量未经脱氟处理的过磷酸钙作为矿物质饲料给羊只补钙，偶尔可发生氟中毒。

2. 临床症状

症状有轻重之分。轻的主要表现为牙齿蛀烂，严重时引起骨骼发生变化。哺乳羔羊不发病。断奶而乳齿未脱落的羔羊表现为下颌骨增厚，体格发育不良。成年羊，门齿奇形怪状，甚至完全磨灭，牙面的珐琅质失去光泽，变为黄色或黄褐色，甚至出现黑色斑纹，臼齿磨灭不整，下颌骨增大，在齿槽与牙齿之间出现缝隙。牙齿和下颌骨的变化是两侧对称性的。

下颌骨外侧及四肢的长骨常有骨瘤形面，肋骨上常有不规则的膨大。慢性中毒，不影响食欲，也不损害母羊生殖和泌乳，但由于牙齿磨灭不整，影响咀嚼。有时由于骨质增生，压力增高，也可以造成食欲减少和被毛粗乱。

3. 病理变化

剖检可见皮下脂肪消耗明显，心肌变薄，心脏冠状沟部和皮下有胶样浸润，心包液和腹水增加，肠管空虚。龋齿及牙齿缺损处充塞草料。

肋骨质脆易断，有的可见数条肋骨折断，或骨痂形成而致的隆起。骨外观呈粉白色，厚薄不均，表面粗糙，边缘不平，质量减轻。管状骨除有以上变化外，常弯曲变形。

4. 诊断

应注意骨软病，牙齿磨灭不正，以及带有跛行症状的四肢病与本病有某些相似之处，要加以区别。本病有以下特点：

（1）发病史

氟中毒呈群发性或地方性发生，有氟污染源，或水、草的含氟量高。

（2）主要症状

牙齿有对称性斑釉齿，过度磨损，长短不齐，下颌骨区肥厚，有时有骨瘘管和骨疣；肋骨有结节，易折断；四肢骨弯曲变形，关节肿大，并有长期的间歇性跛行；骨针穿刺试验阳性。

5. 防治

（1）预防

可分为自然氟病区和工来污染氟病区。

①自然氟病区应采取下述措施

A. 划区放牧：牧草含氟量平均超过60ml/kg者为高氟区，应严格禁止放牧；30～40mg/kg者为危险区，只允许成年羊只短期放牧。

B. 采取轮牧制：在低氟区和危险区进行轮牧，危险区放牧不得超过3个月。

C. 寻找低氟水源（含氟量低于2mg/kg）供羊只饮用。如无低氟水源，可采取简便方法脱氟，如熟石灰法、明矾沉淀法等。

D. 喂给一定量的生滑石粉：每日2次，加入饲料中喂服。

②工业污染区应取下述措施

A. 根本措施在于促使工厂回收氟废气，化害为利。

B. 羊场应远离氟污染区。

C. 加强舍饲，饲料、饲草均应从非污染区购进，并妥为保管。

D．日粮中应补给生滑石粉和矿物添加剂。

（2）治疗

目前尚无完全康复的疗法。首先使动物脱离病区，供给低氟或无氟的饲料和饮水。每天给予硫酸铝、氟化铝、铝酸钙等，可减少中毒动物骨中的氟含量；也可每天静脉注射葡萄糖酸钙和口服乳酸钙，至跛行消失。对于表现中毒症状的羊，应口服明矾水，明矾用量为每次5～8g，溶解于大量水中灌服。

（十一）蛇毒中毒

当羊群放牧时，羊只被毒蛇呼伤，蛇毒注入机体内而引起的一种中毒性疾病。该病的特点是：神经和心血管系统受伤害，出现运动和呼吸麻痹，全身出血和心脏衰竭等。

1．病因

羊在草原、山区、林间放牧或行走时被毒蛇咬伤而引起，在咬伤羊的同时，将毒液注入伤口，毒液随血液或淋巴液扩散至全身，引起中毒。咬伤部位多在下颌及四肢下部。

2．症状

有神经毒及血循毒。

（1）神经毒类

金环蛇、银环蛇等属此类。局部反应不明显，但被眼镜蛇咬伤后，局部组织坏死、溃烂，伤口长期不能愈合。四肢麻痹无力，呼吸困难，脉搏不整，瞳孔散大，吞咽困难，最后全身抽搐，呼吸肌麻痹，血压下降，休克，昏迷，常因呼吸麻痹，循环衰竭而死亡。

（2）血循毒类

竹叶青、龟壳花蛇、蝰蛇、五步蛇等均属此类。常引起溶血、出血、凝血、毛细血管壁损伤及肌损伤等毒性反应。伤口及其周围很快肿胀、发硬、剧痛、灼热。且不断蔓延，并有淋巴结肿大、压痛，皮下出血，有的发生水泡、血泡以至组织溃烂及坏死。战栗，发热，心动快速，呼吸加快，重者血压下降，呼吸困难，不能站立，终因心脏停搏而死亡。

（3）混合毒类

蝮蛇、眼镜蛇、眼镜王蛇等蛇毒中既有神经毒，又含有血循毒，故其中毒具有神经系统和血液循环系统两个方面损害，但以神经毒症状为主，一般先发生吸吸衰竭后发生循环衰竭。

3．诊断

根据牧地经常有毒蛇出没以及发病后的神经症状等即可确诊。

4．防治

（1）预防

搞好羊舍卫生，经常灭鼠，以避免毒蛇因捕食老鼠而进羊舍。掌握蛇的生活规律，可防毒蛇咬伤。放牧员掌握急救知识，做到早发现、早治疗。

（2）治疗

首先将羊放在安静凉爽的地方，要防止蛇毒扩散，进行排毒，并配合对症治疗。

①防止蛇毒扩散：毒蛇咬伤后，早期结扎是减少蛇毒吸收，阻止蛇毒随淋巴和血循运行到全身的一种方法。结扎紧度以能阻断淋巴、静脉回流为限，但不能妨碍动脉血的供应，结扎后每隔一定时间放松一次，以免造成组织坏死。经排毒和服药后，结扎即可解除。

②冲洗伤口：结扎后用清水、冷开水，条件许可时以肥皂水、过氧化氢液或0.02%高锰酸钾液冲洗伤口，以清除伤口残留蛇毒及污物。

③扩创排毒：冲洗后，应用清洁小刀或三棱针挑破伤口，使毒液外流，并检查伤口内有无毒牙，如有毒牙应取出。若肢体有肿胀时，经扩创后进行挤压排毒，也可用针管抽取毒液。在扩创同时向创内或其周围局部点状注入1%高锰酸钾液、胃蛋白酶可破坏蛇毒，也可用0.5%普鲁卡因50ml局

部封闭。

④解毒：可用上海蛇药、南通蛇药、蛇伤解毒片、新会蛇药酒、群生蛇药、群用蛇药等蛇毒解毒药，具体参照说明书应用。

（十二）蜂毒中毒

是羊被蜂类蜇伤，蜂毒注入机体内而引起的一种中毒性疾病。疾病的特点：受蜇部位出现肿胀和疼痛，发生过敏性休克。

1. 病因

蜂有蜜蜂、黄蜂、大黄蜂、土蜂及竹蜂。雌蜂的尾部有毒腺及螫针，螫针是产卵器的变形物。蜂蜜针有逆钩，刺入羊体后，部分残留于被刺伤的机体内，黄蜂则不留于创内，但其毒性强。雄蜂无毒腺及螫针，不伤动物。

蜂巢有的是在灌木丛及草丛中，竹蜂在竹中。当羊只放牧时触动了蜂巢，群蜂即飞出袭击羊群。

蜂毒是蜂类尾部毒腺中分泌的一种毒液，其主要成分是乙酸和蛋白类物质，为淡黄色透明液体。蜂毒是具有溶血及引起出血的作用，此外，尚能作用于神经系统，抑制神经的活动，并有类组织胺的作用，使动物产生过敏性休克。细毛羊发生蜂毒中毒时可能发生死亡。

2. 临床症状

有局部症状和全身症状。

（1）局部症状

蜂毒直接作用于局部，刺伤后立即有热痛，淤血及肿胀。轻者很快恢复，严重者可引起组织坏死。

（2）全身症状

是一种应激性反应，如体温升高，神经兴奋，严重者转为麻痹。血压下降，呼吸困难，往往由于呼吸麻痹而死亡。

3. 病理变化

刺伤后短时间内死亡的病羊常有喉头水肿，各实质器官淤血，皮下及心内膜有出血斑，脾脏肿大，脾髓质内充满深巧克力色的血液，肝脏柔软变性，肌肉变软呈煮肉样。

4. 诊断

可根据发病原因、临床症状及病理变化作出诊断。

5. 防治

（1）预防

放牧时，要避免碰动蜂窝，以免惹动群蜂袭击羊群。

（2）治疗

①有毒刺残留时，应立即拔出，局部实行冷敷，以减轻肿胀和毒液的吸收。

②局部用2%～3%高锰酸钾溶液洗涤，患部涂以10%氨溶液、樟脑软膏或氧化锌软膏。

③对呼吸困难和有休克症状的病羊，可注射葡萄糖溶液，复方氯化钠溶液和强心剂。

④抗应激反应，如氯丙嗪，每千克体重1mg，肌肉注射。如果有变态反应性炎症，可用苯海拉明0.1～0.2g肌肉注射、氢泼尼松10～20mg肌肉注射。为提高血压及防止渗出，可用肾上腺素1～2ml肌肉注射。

⑤中药治疗。南通蛇药片外敷；或二味拔毒散（雄黄、枯矾各等分，研成细末，用茶水调匀）外敷。

五、外、产科疾病

（一）流产

是指母羊妊娠中断，或胎儿不足月就排出子宫而死亡的疾病。流产分为小产、流产、早产，细毛羊发生流产少见。

1. 病因

分为两类，一类是由于传染性的原因所引起，多见于布氏杆菌病、弯杆菌病、毛滴虫溃、沙门氏杆菌病和病毒性流产；一类是非传染性的原因引起的流产，可见于子宫畸形、胎盘坏死、胎膜炎和羊水增多症等；内科病如肺炎、肾炎、各种中毒，营养代谢障碍病如无机盐缺乏、微量元素不足或过剩、维生素A、维生素E不足等，以及饲料冰冻和发霉也可致病；外科病如外伤、蜂窝织炎、败血症，以及运输拥挤等可致流产。

2. 临床症状

突然发生流产者，产前一般无特征表现。发病缓慢者，精神不振，食欲停止，腹痛起卧，努责哞叫，阴户流出羊水，待胎儿排出后稍为安静。若在同一群中病因相同，则陆续出现流产，直至受害母羊流产完毕，方能稳定下来。外伤性致病结果，可使羊发生隐性流产，即胎儿不排出体外，自行溶解，形成胎骨残留于子宫。由于受外伤的程度不同，受伤的胎儿常因胎膜出血、剥离，于数小时或数天排出。

3. 诊断

根据病史、症状可诊断外，采取流产胎儿的胃内容物和胎衣，做细菌镜检和培养；还可做血清反应检查：如凝集反应、补体结合反应等，可确诊引起流产的病因。

4. 防治

（1）预防

以加强饲养管理为主，重视传染病的防治，根据流产发生的原因，采取有效的防治保健措施。应给以数量足、质量高的饲料。日粮中所含的营养成分，要考虑母体和胎儿需要。严禁饲喂冰冻、霉败及有毒饲料，防止饥饿、过渴、过食、暴饮。

适当运动，防止挤压碰撞、跌摔踢跳、鞭打惊吓、重役猛跑，做好防寒及防暑工作。合理选配，以防偷配、乱配。母羊的配种、预产都要记录。

配种（受精）、妊娠诊断、直肠及阴道检查，要严格遵守操作规程，严防粗暴从事。定期检疫、预防接种、驱虫及消毒。凡遇疾病，要及时诊断，及早治疗，谨慎用药。发生流产时，先行隔离消毒，一面查明原因，一面进行处理，以防传染性流产散播。

（2）治疗

针对不同情况，采取不同措施。对有流产征兆（胎动不安、腹痛起卧、呼吸、脉搏增数）而胎儿未被排出及习惯性流产，应全力保胎，以防流产。可用黄体酮注射液（含15mg）一次肌肉注射。

中药治疗，宜用四物胶艾汤加减：当归6g、熟地6g、川芎4g、黄芩3g、阿胶12g、艾叶9g、菟丝子6g，共研末，用开水调，每天1次，灌服2剂。

死胎滞留时，应采用引产或助产措施。胎儿死亡，子宫颈未开时，应先肌注射雌激素，如己烯雌酚或苯甲酸雌二醇2～3mg，使子宫颈开张，然后从产道拉出胎儿。母羊出现全身症状时，应对症治疗。

（二）难产

是指发生分娩困难，不能将胎儿顺利地由阴道排出来的疾病。

1. 病因

阵缩努责微弱或过强，子宫腹壁疝，阴门狭窄，子宫颈狭窄，骨盆狭窄，骨盆骨瘤，胎儿过大，双胎，胎儿楔入产道，胎儿畸形，死胎，胎儿姿势异常，胎向及胎位不正等原因均可导致羊发生难产。

2. 临床症状

多发生于超过预产期的妊娠母羊。表现不安，不时徘徊，阵缩或努责，呕吐、阴唇松弛湿润，阴道流出胎水、污血、黏液，时而回头顾腹及阴部，但经1~2d不见产羔，有的外阴部夹着胎儿的头或腿，长时间不能产出。随难产时间延长，妊娠母羊精神变差，痛苦加重，表现呻吟、爬动、精神沉郁、心率增加、呼吸加快、阵缩减弱。病至后期阵缩消失，卧地不起，甚至昏迷。

3. 诊断

应了解预产期、年龄、胎次、分娩过程及处理情况，然后对母体、产道及胎儿进行检查，掌握母体状况、产道的松紧及润滑程度、子宫颈的扩张程度、骨盆腔的大小、胎儿的大小及进入产道的深浅、胎儿是否存活、胎向及胎位等。

4. 助产

为了保证母仔安全，对于难产的羊必须进行全面检查，及时进行人工助产术；对种羊可考虑剖腹产。

（1）助产时间

当母羊开始阵缩超过4~5h以上，未见羊膜绒膜在阴门外或阴门内破裂（绵羊需14min至2.5h，双胎间隔15min），母羊停止阵缩或阵缩无力时，需迅速进行人工助产，不可拖延时间，以防羔羊死亡。

（2）助产准备

①助产前询问羊分娩时间、是初产或经产，看胎膜是否破裂，有无羊水流出，检查全身状况。

②保定母羊，一般使羊侧卧，保持安静，让前肢低、后躯稍高，以便于娇正胎位。

③对手臂、助产用具进行消毒；对阴户外周，用0.5%新洁尔灭溶液进行清洁。

④检查产道有无水肿、损伤、感染，产道表面干燥和湿润状态。

⑤确定胎位是否正常，判断胎儿死活。胎儿正产时，手入阴道可摸到胎儿嘴巴、两前肢，两前肢中间夹着胎儿的头部；当胎儿倒生时，手入产道可触及胎儿尾巴、臀部、后蹄，以手压迫胎儿，如有反应，表示尚活存。

（3）助产方法

常见的难产位有头颈侧弯、头颈下弯、前肢腕关节屈曲、肩关节屈曲、胎儿下位、胎儿横向、胎儿过大等，可按不同的异常产位将其娇正，然后将胎儿拉出产道。

子宫颈扩张不全或子宫颈闭锁，胎儿不能产出，或骨骼变形，致使骨盆腔狭窄，胎儿不能正常通过产道时，可进行剖腹产急救胎儿，保护母羊安全。

皮下注射麦角碱注射注1~2ml。必须注意，麦角制剂只限于子宫颈完全开张，胎势、胎位及胎向正常时方可使用，否则易引起子宫破裂。

当羊怀双羔时，可遇到双羔同时将一肢伸出产道、形成交叉的情况。由此形成的难产，应分清情况，辨明关系。可触摸腕关节确定前肢，触摸蹄关节确定后肢。若遇交叉，可将另一羔的肢体推回腹腔，先整顺一只羔羊的肢体，将其拉出产道；再将另一只羔羊的肢体整顺拉出。切忌将两只羊的不同肢体误认为同只羔羊的肢体。

（三）阴道脱

是阴道部分或全部外翻脱出于阴户之外，阴道黏膜暴露在外面，引起阴道黏膜充血、发炎，甚至形成溃疡或坏死的疾病。

1. 病因

饲养管理较差、日粮中缺乏常量元素及微量元素，运动不足，过度劳役，体质虚弱，阴道周围的组织韧带弛缓，是其主要原因；怀孕羊到后期腹压增大，分娩或胎衣不下时努责过强、助产时拉出胎儿过急等情况下，容易发生本病。

2. 临床症状

一般无全身症状，多见病羊不安、拱背、顾腹和作排尿姿势。当继发感染时，则出现全身症状。

（1）部分脱出：常在卧下时，见到形如鹅卵到拳头大的红色或暗红色的半球状阴道壁突出阴门外，站立时缓慢缩回。当反复脱出后，则难以自行缩回。

（2）完全脱出：多由部分脱出发展而来，可见整个子宫突出于阴门外，其末端在子宫颈外口，尿道外口常被压在脱出阴道部分的底部，故虽能排尿但不顺畅。脱出的阴道，初呈粉红色，后因摩擦和空气刺激而淤血水肿，渐成紫红色，表面常有污染的粪土，进而出血、干裂、结痂、糜烂等。个别羊伴发膀胱脱出。

3. 诊断

从临床症状即可确诊。

4. 防治

（1）预防

加强饲养管理，保证饲料的质和量，使羊体况良好；在孕期，保证羊有足够的运动，增强子宫肌肉的张力；多胎的母羊，必须在产后14h内细心注意观察，以便及时发现病羊，尽快进行治疗；遇到胎衣不下，绝不要强行拉出；遇到产道干燥，在拉出胎儿之前，应给予产道内涂灌大量油类，并在拉出之后立刻施以脱宫带，以防子宫脱出。

（2）治疗

体温升高的羊，用磺胺双基嘧啶5~8g，每天一次灌服；或应用青霉素和链霉素。清洗局部，冲洗液常用3%~10%盐水、0.1%高锰酸钾、0.1%雷佛奴尔、0.05%洗必泰、0.05%新洁尔灭0.02%呋喃西林等溶液。整复脱出的阴道：可用手垫上消毒纱布捧住脱出的阴道，由脱出基部向骨盆腔内推入，至快送入时，用拳头顶进阴道；然后用阴门固定器压迫阴门，牢固固定阴门固定器。对形成习惯性脱出的羊，可用粗线对阴门四周做减张缝合。

当脱出的阴道水肿时，可用针头刺破黏膜，使渗出液流出，等阴道水肿减轻、体积缩小后再整复。局部损伤处结痂者，应先除去痂块，清理坏死组织，然后进行整复。整复中若遇病羊努责，可做尾荐隙麻醉。必须在阴道复位后，方可除去阴门固定器，或拆除阴门周围缝线，以防再脱出。

（四）胎衣不下

是孕羊产后正常时间内，胎衣仍然排不出来的一种疾病。母羊排出胎衣的正常时间，细毛羊为3.5（2~6）h。

1. 病因

多因孕羊缺乏运动，饲料中缺乏钙盐及维生素，饮饲失调，体质虚弱等引起。此外，缺硒、子宫炎、布氏杆菌等也可致病。

2. 临床症状

胎衣可能是全部不下，也可能是一部分不下。未脱下的胎衣经常垂吊在阴门之外。病羊背部拱起，时常努责，有时由于努责剧烈，可引起子宫脱出。

如果胎衣能在24h内全部排出，多半不会发生什么并发症。但若超过一天时，则胎衣会发生腐败，尤其是气候炎热时腐败更快。从胎衣开始腐败起，即因腐败产物引起中毒，而使羊的精神不振，食欲减少，体温升高，呼吸加快，乳量降低或泌乳停止，从阴道中排出恶臭的分泌物。由于胎衣压迫阴道黏膜，可能使其发生坏死。此病往往并发败血病、破伤风或气肿疽，或者造成子宫或阴道的慢性炎症。如果羊不死亡，一般在5~10d内，全部胎衣发生腐烂而脱落。

3. 诊断

从临床症状上很易作出诊断。

4. 防治

（1）预防

饲喂含钙及维生素丰富的饲料。舍饲时要适当增加运动时间，临产前一周减少精料，分娩后让母羊自行舔干羔羊身体上的黏液，并尽早让羔羊吮乳。分娩后即注射葡萄糖氯化钙溶液，或饮益母草当归水。

（2）治疗

病羊分娩后24h内，可用垂体后叶素注射液、催产素注射液或麦角碱注射液0.8~1ml，一次性肌肉注射。

用药物方法治疗已达48~72h仍不奏效，应立即采用手术法。先保定好病羊，常规准备及消毒。术者一手握住阴门外的胎衣，稍向外牵拉，别一只手沿胎衣表面伸入子宫，可用食指和中指夹住胎盘周围绒毛成一束，以拇指剥离开母子胎盘相互结合的周围边缘，剥离半周后，手向手背侧翻转以扭转绒毛膜，使其从小窝中拨出，与母体胎盘分离。子宫角尖端难以剥离，常借子宫角的反射收缩而上升，再行剥离。最后宫肉灌注抗生素或防腐消毒药液，如土霉素2g，溶于100ml生理盐水中，注入子宫殿腔内；或注入0.2%普鲁卡因溶液30~50ml。

不借助手术剥离，可辅以防腐消毒药或抗生素，让胎膜自溶排出，达到自行剥离的目的。可向子宫内投放土霉素胶囊，效果较好。

（五）生产瘫痪

生产瘫痪又称产后瘫痪，是产后母羊突然发生的急性神经障碍性疾病，以知觉丧失和四肢瘫痪为特征。

1. 病因

舍饲、产乳量高以及怀孕末期营养良好的羊，都可发病。

血糖和血钙降低。可能是因为大量的钙质随着初乳而排出，或因为初乳含钙量太高之故。其原因是降钙素抑制了副甲状腺的骨溶解作用，以致调节过程不能适应，而变为低钙状态导致发病。

巴甫洛夫学说认为生产瘫痪是由于神经系统过度紧张（抑制或衰弱）而发生的一种疾病。也有的认为与代谢障碍、脑贫血、自家中毒、血液感染、过敏等有关。

2. 临床症状

最初症状通常出现于分娩之后1~3d，少数病例，可能见于妊娠最末期或分娩过程中。病初呈现抑郁，食欲减少，反刍停止。病羊后肢软弱，步态不稳，甚至摇摆。有的弯背低头，蹒跚走动，由于发生战栗和不能安静的休息。呼吸常加快。后来，站立不稳，在企图走动时跌倒。有的羊倒后起立很困难。有的不能起立，头向前直伸，不吃，二便停止。皮肤对针刺的反应很弱。体温正常。

少数母羊常有其他临床症状，知觉完全丧失，发生极明显的麻痹症状，舌头从半开的口中垂出，咽喉发生麻痹，针刺皮肤无反应。脉搏先慢而弱，以后变快，较难触及。呼吸深而慢。病后期常用嘴呼吸，或从鼻孔流出食物。多取侧卧姿势，四肢伸直，头弯于胸部，体温逐渐下降，有时降至36℃。触诊皮肤表面、耳朵和角根时，感到冰凉。

有些病羊往往死于没有明显症状的情况下。

3. 诊断

尸体剖检时，看不到任何特殊病变，唯一精确的诊断方法是分析血液样品。但由于病程很短，必须根据临床症状的观察进行诊断。乳房送风及注射钙剂效果显著，也可作为本病的诊断依据。

4. 防治

（1）预防

①在整个怀孕期间都应喂给富含矿物质的饲料。

②产前应保持适当的运动，但不可运动过度，因为过度疲劳反而容易引起发病。

③在分娩前数日和产后1~3d内，每天给予蔗糖15~20g。

（2）治疗

以提高血钙和减少钙的流失为主，辅以其他疗法。

①补钙疗法：用20%～30%葡萄糖酸钙溶液，缓慢静脉注射50～100ml（至少需10～20min）。也可用10%葡萄糖酸钙溶液静脉注射，每只羊每次10～50ml。

②乳房送风疗法：将空气打入乳房，使乳腺受压，引起泌乳减少或暂停，以使血钙不再流失。将乳房、乳头消毒，把乳汁挤净，然后将消毒的乳导管经乳头管插入并稳定，随即安上乳房送风器，手握橡皮球，徐徐打入空气，待乳房皮肤紧张，弹击呈鼓响音后，拔出乳导管，用纱布条轻轻扎住乳头或用胶布贴住，以免空气逸出，每个乳室逐个进行。有乳房炎时，应给予抗生素治疗，再注入1%碘化钾溶液后，再行打气。

③其他疗法

A. 补磷：当输钙后，病羊机敏活泼，欲起不能时，多伴有严重的低血磷症。此时，可用20%磷酸二氢钠溶液100ml（或15%磷酸二氢钠溶液150ml），或30%次磷酸钙溶液500ml（用蒸馏水或10%葡萄糖溶液配制），一次静脉注射，疗效较好。

B. 补糖：随着钙的补给，血中胰岛素的含量很快提高而使血糖降低，有引起低血糖的危险，故在补钙的同时应补糖。

（六）子宫炎

是母羊常见的生殖器官疾病，属于子宫黏膜的炎症，也是导致母羊不孕的重要原因之一。

1. 病因

主要由于分娩、助产、子宫脱出、阴道脱出、胎衣不下、腹膜炎、胎儿死于腹中或由于配种、人工授精及接产过程消毒不严等因素，导致细菌感染而引起的子宫黏膜炎症。

2. 临床症状

临诊有急性和慢性两种。按其病程中发炎的性质可分为卡他性、出血性和化脓性子宫炎。

（1）急性病历：初期病羊食欲减少，精神欠佳，体温升高；因有疼痛反应而磨牙、呻吟。前胃弛缓，拱背、努责，时时作排尿姿势，阴户内流出污红色内容物。具有臭味，严重时呈现昏迷，甚至死亡。

（2）慢性病历：多由急性转化而来，病情较轻，常无明显的全身症状。有时体温升高，食欲、泌乳减少。从阴门流出透明、浑浊或脓性絮状物。发情不规律或停止，屡配不育。如不及时治疗，可发展为子宫坏死，全身症状恶化，发生败血症或脓毒败血症。有时可继发腹膜炎、肺炎、膀胱炎、乳房炎等。

3. 诊断

从病羊体温升高，拱背、努责，时作排尿姿势，阴户中流出黏性或脓性分泌物，发情不规律或停止，屡配不育等临床症状及病因可以作出诊断。

4. 防治

（1）预防

注意保持圈舍和产房的清洁卫生，临产前后，对阴门及其周围消毒；在配种、人工授精和助产时，应注意器械、术者手臂和外生殖器的消毒；及时正确的治疗流产、难产、胎衣不下、子宫脱出及阴道炎等疾病，以防损伤和感染。

（2）治疗

净化清洗子宫，用1%氯化钠溶液、0.1%高锰酸钾溶液或0.1%～0.2%雷夫诺尔溶液300ml，灌入子宫腔内，然后用虹吸法排出灌入子宫内的消毒溶液，每天1次，连做3～4次。消炎可在冲洗后向羊子宫内注入碘甘油3ml，或投放土霉素（0.5g）胶囊；用青霉素80万单位、链霉素50万单位，肌肉注射，每天早晚一次。治疗自体中毒，可应用10%葡萄糖溶液100ml、复方氯化钠溶液100ml、5%碳酸氢钠溶液30～50ml，一次静脉注射。

中药治疗：急性病例，可用银花10g、连翘10g、黄芩5g、赤芍4g、丹皮4g、香附5g、桃仁4g、薏苡仁5g、延胡索5g、蒲公英5g，水煎候温，一次灌服。慢性者，可用蒲黄5g、益母草5g、当归8g、五灵脂4g、川芎3g、香附4g、桃仁3g、茯苓5g，水煎候温加黄酒20ml，一次灌服，每天一次，一个疗程2～3d。

（七）乳房炎

乳房炎是乳腺、乳池、乳头局部的炎症，多见于泌乳期的细毛羊。特征为乳腺发生各种不同性质的炎症，乳房发热、红肿、疼痛，影响泌乳机能和产乳量。常见的有浆液性乳房炎、卡他性乳房炎、脓性乳房炎和出血性乳房炎。

1. 病因

引起羊乳房炎的病原微生物常见的细菌以金黄色葡萄球菌为主。该病多因挤乳时损伤乳头、乳腺体或使乳房受到感染所致。也见于结核病、口蹄疫、子宫炎、脓毒败血症等过程。

2. 临床症状

轻者不表现临床症状，仅乳汁有变化。一般多呈急性经过，表现局部红、肿、热、痛、乳量减少。乳汁变性常混有血液、脓汁和絮状物，呈淡红色或黄褐色，严重时出现体温升高，厌食等全身症状，如不及时治疗，可引起死亡或转为慢性。如转为慢性，乳房内常有大小不等的硬块，挤不出乳汁，甚至出现化脓或穿透皮肤形成瘘管。

3. 诊断

乳汁的检查，在乳房炎的早期诊断和确定病性上，有着重要意义。先用70%酒精擦净乳头，待干后挤出最初乳汁弃去，再直接挤取乳汁于灭菌的广口瓶内以备检查。

乳汁感官检查：乳汁中发现血液、凝片或凝块、脓汁，乳色及乳汁稀稠度异常，都是乳房炎的表现；乳汁稀薄似水，进而呈污秽黄色，放置后有厚层沉淀物，是结核性乳房炎的特征；以凝片和凝块为特征者，是无乳链球菌感染；以黄色均匀脓汁为特征者，是大肠杆菌感染；乳腺患部肿大并坚实者，是绿脓杆菌和酵母菌感染。当凝块细微而不明显时，用黑色背景观察。

乳汁碱度检查：用0.5%溴煤焦油醇紫或溴麝香草酚蓝指示剂数滴，滴于试管内或玻片上的乳汁中，或在蘸有指示剂的纸或纱布上滴乳汁，当出现紫色或紫绿色时，即表示碱度增高，证明是乳房炎。

4. 防治

（1）预防

挤乳时要采用掌握压挤法，切忌滑挤，不要用手指拉扯乳头；要定时挤奶，每次挤奶务必挤净；根据产奶量多少，决定合理的挤奶次数，一般每天挤奶2次，高产羊挤3～4次。注意羊舍清洁，定期清除羊粪，并经常洗刷羊体，尤其是乳房，以除去污物。平时要注意防止乳房受伤，如有损伤要及时治疗。乳头干裂者，可擦貂油或凡士林。在挤奶前，必须剪指甲、洗净手，并用漂白粉溶液浸过的毛巾彻底清洗乳房。每次挤奶后，可选用0.5%～1%碘液、0.5%～1%洗必泰或4%亚氯酸钠浸浴乳头，干奶后和分娩前一周，每天要浸浴乳头2次。

（2）治疗

病初，可选用青霉素40万单位，链霉素0.5g，用注射用水5ml溶解后注入乳孔内。注射前应挤净乳汁，注射后轻揉乳房腺体部，使药液分布于乳房腺体中，每天一次，最多连用3d，否则会致乳腺萎缩。或采用青霉素普鲁卡因溶液，于乳房基部进行多点封闭疗法。也可内服或注射磺胺类药等；为促进炎症吸收消散，除在炎症初期可应用冷敷外，2～3d后可采用热敷疗法。常用10%硫酸镁水溶液1 000ml，加热至45℃左右，每天热敷1～2次，连用2～4d，每天5～10min；也可用10%鱼石脂酒精或10%鱼石软膏外敷。

中药疗法：急性期可用金银花8g、蒲公英9g、紫花地丁8g、连翘6g、鱼腥草6g、茯苓6g、川芎6g、甘草3g，水煎候温加黄酒10～20ml，一次灌服，每天一剂，视病情，可连用2～3d。

对化脓性乳房炎及开口于深部的脓肿，宜先排脓，再用3%过氧化氢（双氧水）或0.1%高锰酸钾溶液冲洗，消毒脓腔，再以0.1%～0.2%雷夫诺尔纱布条引流，同时，用庆大霉素、卡那霉素、红霉素、青霉素等抗生素配合全身治疗。

（八）创伤

羊的体表或深部组织发生损伤，并伴有皮肤、黏膜破损叫创伤。创伤可分为新鲜创伤和化脓性感染创伤。新鲜创伤包括手术创伤和新鲜污染创伤；化脓性感染创伤是指创内有大量细菌侵入，出现化脓性炎症的创伤。

1. 病因

（1）机械性损伤

系机械性刺激作用所引起的损伤。包括开放性损伤和非开放性损伤。

（2）物理性损伤

由物理性引起的损伤，如烧伤、冻伤、电击及放射性损伤等。

（3）化学性损伤

系化学因素引起的损伤，如化学性热伤及强刺激剂引起的损伤等。

（4）生物学损伤

由生物性因素引起的损伤，如各种细菌和毒素引起的损伤等。

2. 临床症状

新鲜创伤的临床特点是出血、疼痛和创口裂开。伤后的时间较短，创内尚有血液流出或存有血凝块，且创内各部组织的轮廓仍能识别，有的虽被严重污染，但未出现创伤感染症状；严重创伤有不同程度的全身症状。

化脓性感染创伤和临床特点是创面脓肿、疼痛，局部增温，创口不断流出脓汁或形成很厚的脓痂，有时出现体温升高。随着化脓性炎症消退，创面出现新生肉芽组织，称之为肉芽创。

3. 诊断

（1）局部检查：了解创伤发生的部位、形状、大小、方向、性质、深度、裂开的程度、有无出血、创围组织状态以及有无异物、污染及感染、血凝块、创囊等。对有分泌物的创伤，应注意分泌物的颜色、气味、黏稠度、数量和排出情况等。

（2）全身检查：动物的精神状态、体温、呼吸、脉搏及可视黏膜状况。

4. 防治

新鲜创面如清洁，不必清洗，可用消毒纱布盖住创面，在创面周围剪毛，消毒后撒布消炎粉、碘仿磺胺粉及其他防腐生肌药。如有出血，应用外用止血粉撒布创面，必要时可用安络血、维生素k_3或氯化钙等全身性止血剂，并用3%过氧化氢、0.1%高锰酸钾溶液冲洗创面污物，然后用生理盐水冲洗，擦干，撒布。如创面大，创口深，撒布上述药物需进行缝合。

化脓性感染创应先扩创排脓，剪掉或切除坏死组织，然后用0.1%高锰酸钾液、3%过氧化氢液或0.1%新洁尔灭液等冲洗创腔。最后用松碘流膏（松馏油15g、5%碘酒15ml、蓖麻油500ml）纱布条引流。有全身症状时可选用抗菌消炎类药物，并注意强心解毒。

肉芽创应先清理创围，并用生理盐水轻轻清洗。然后局部选用刺激小、能促进肉芽组织和上皮生长的药物，如松碘流膏、3%龙胆紫等。肉芽组织赘生时，可用硫酸铜腐蚀，也可用烙烧法除去。

（九）腐蹄病

绵羊腐蹄病是一种急性或慢性接触性、传染性蹄皮炎，特征为角质与真皮分离。本病遍及全世界，侵害各年龄的羊。由于患病后生长不良、掉膘、羊毛质量受损，偶尔也引起死亡，造成一定经济损失。

1. 病因

本病常发生于多雨季节。细菌通过损伤的皮肤侵入机体。羊长期在潮湿、泥泞地区或草场上放牧，在多荆棘处行走，或者舍棚潮湿拥挤，相互践踏，都容易使蹄部受到损伤，给细菌的侵入造成有利条件。本病在很多情况下，都是先由结节梭形杆菌和羊脚腐蚀螺旋体引起，以后坏死杆菌才相继侵入，有时也能分离出一些其他的细菌。

2. 临床症状

病初轻度跛行，多为一蹄患病。随着病程的发展，跛行变得严重。如果两前肢患病，病羊往往爬行；后肢患病时，常见病肢伸到腹下。作蹄部检查时，初期见蹄间隙、蹄踵和蹄冠潮湿、红肿、发热，有疼痛反应，以后溃烂，挤压时有恶臭的脓液流出。严重时引起蹄部深层组织坏死，蹄匣脱落，病羊常跪着采食。蹄匣脱落后可见组织坏死，并有恶臭脓汁，有的形成潜洞，向远处蔓延。陈旧病例蹄出现变形，蹄仍有裂隙和空洞。

病程比较缓慢，多数病羊跛行达数10d甚至几个月，由于影响采食，病羊变得消瘦，如治疗不及时，可因继发感染而造成死亡。

3. 诊断

一般根据临床症状（发生部位、坏死组织的恶臭味）和流行特点，即可作出诊断。在初发病地区，为了进行确诊，可由坏死组织和健康组织交界处用消毒小匙刮取材料，制成涂片，用复红-美蓝染色法染色，进行镜检。坏死杆菌在镜下呈蔷薇色，为着色不均匀的丝状体，如无镜检条件，可以将病料放在试管内，保存在灭菌的25%～30%甘油生理盐水中，送往实验室检查。

4. 防治

（1）预防

①加强蹄的护理，经常修蹄，避免用尖硬多荆棘的饲草，及时处理蹄的外伤。

②注意圈舍卫生，保持清洁干燥，羊群不可过度拥挤。

③尽量避免或减少在低洼、潮湿的地区放牧。

④当羊群中发现本病时，应及时进行全群检查，将病羊全部隔离开进行治疗。对健康羊全部用10%硫酸铜或10%福尔马林进行预防性蹄浴。对圈舍要彻底清扫消毒，铲除表层土壤，换成新土。对粪便、坏死组织及污染垫草彻底进行焚烧处理。

⑤如果病羊较多，应轮换放牧场、饮水处及牧道；选择高燥牧场，改到沙底河道饮水。被污染的牧场，至少休牧2个月以后再利用。

（2）治疗

首先进行隔离，保持环境干燥，根据病情采取适当治疗措施。

①病羊用10%硫酸铜溶液浴蹄后，削蹄，除去坏死角质，病变处进行外科处理，必要时反复削蹄和蹄浴。

②若脓肿部分未破，应切开排脓，然后用1%高锰酸钾洗涤，再涂搽浓福尔马林或撒以高锰酸钾粉。

③抗生素治疗。除去坏死组织后涂以10%氯霉素酒精溶液，也可用青霉素水剂或油乳剂局部涂抹。

④对于严重的病羊，如有继发性感染时，在局部用药的同时，应全身使用磺胺类药物或抗生素，其中以注射磺胺嘧啶或土霉素效果最好。

⑤中药治疗，可选用桃花散或龙骨散撒布患处。

A. 桃花散：陈石灰500g、大黄250g。先将大黄放入锅内，加水一碗，煮沸10min，再加入陈石灰，搅匀炒干，除去大黄，其余研为细面撒用。有生肿、散血、消肿、定痛之效。

B. 龙骨散：龙骨30g、枯矾30g、乳香24g、乌贼骨15g，共研为细面撒用。有止痛、去毒、生肌之效。

（十）关节扭挫

关节扭挫即上关节扭伤和挫伤，是关节韧带、关节囊和周围组织的非开放性损伤。多发生于肩关节、腕关节、膝关节和髋关节。

1. 病因

多数因为道路泥泞不平、滑走、跌倒或误踏深坑、奔走失足、跳跃闪扭等引起。羊舍地面不平、不铺垫草等也是主要原因。

致病的机械外力直接作用于关节，引起皮肤脱毛和擦伤，皮下组织溢血和挫伤。关节周围软组织血管破裂形成血肿以及急性炎症。若病羊关节长时间固定不动，可引起粘连性滑膜炎，关节活动受限制，有时关节软骨、骨膜和骨骺受到损伤，形成关节粘连。

2. 临床症状

受伤当时出现轻重不一的跛行，站立时患肢屈曲或蹄尖着地，或完全不敢负重而提起。

触诊患部有热、肿、痛，其程度依损伤轻重不同。仅关节侧韧带受伤时，于韧带的起止部出现明显的压痛点。如由直接外力引起者，患部被毛及皮肤常有逆乱、脱落或擦伤的痕迹。

关节被动运动，使韧带紧张时，则出现疼痛反应；使受伤韧带弛缓时，则疼痛反应轻微。如果发现受伤关节的活动范围比正常时增大，则是关节侧韧带发生全断裂征象。

（1）冠关节扭挫

轻度扭挫时，局部肿胀常不明显，触诊冠关节侧韧带或被挫部，出现疼痛反应，运步时呈轻度跛行；重度扭挫时，冠关节部出现明显肿胀及疼痛，运步时呈中度跛行，有时受伤部可发现挫伤的痕迹。

（2）系关节挫伤

轻度挫伤时，局部肿胀，疼痛较轻，呈轻度跛行。重度扭挫时，病羊站立时系关节屈曲，蹄尖着地，运步时跛行严重。触诊局部，疼痛剧烈，肿胀明显。

（3）腕关节扭挫

腕关节易发生扭挫，常见腕关节前面有深浅不一的组织损伤，轻的仅伤及皮肤，重的则伤及骨骼，呈轻度或中等度混合跛行。有时皮肤及其他组织出现缺损而形成挫创，有时伤及腕前皮下黏液囊出现黏液囊炎。

（4）肩关节扭挫

患部前肢，肩关节正常轮廓改变，触诊患部有热痛。站立时多不敢将患肢完全着地，运步时出现以悬跛为主的混合跛行。

（5）膝关节扭挫

患肢提举悬垂或一蹄尖着地，呈混合跛行。触诊膝关节侧韧带，特别是股胫关节侧韧带常有明显肿痛。重度扭挫时，膝关节腔内因积聚多量浆液性渗出物或血液而显著肿胀。

（6）髋关节扭挫

有时可因分娩、久卧不起或粗暴提举而引起伤胯。站立时，患肢膝、跗关节屈曲，若髋关节脱位，则荐骨下降而髂骨突出；运步时步样不灵活，患肢外展，臀部摇摆，卧下后起立困难或不能起立；局部触诊或直肠内检查时有疼痛反应。

3. 诊断

从发病原因和临床症状可确诊。

4. 防治

（1）预防

加强饲养管理，道路不平或泥泞时放牧人员严加防护，羊舍要保持平整并加铺柔软的垫草。

（2）治疗

伤后1~2d内，包扎压迫绷带，或冷敷，必要时可注射止血药物，如10%氯化钙液、凝血质、维生素K_3等。

急性炎症缓和后，应用温热疗法，如温敷、石蜡疗法、温蹄浴（40～50℃温水，每天2次，每次1～2h），能使溢血较快吸收。如关节腔内积聚多量血液不能吸收时，可进行关节腔穿刺，排出腔内血液，缠以压迫绷带，但须严格消毒，以防感染。

可肌肉注射安乃近、安痛定；患部涂擦复方醋酸铝散或速效跌打膏；也可在患部涂擦10%樟脑酒精或碘酒樟脑酒精合剂（5%碘酒20ml、10%樟脑酒精80ml）；为了加速炎性渗出物的吸收，可适当进行缓慢的运动。

对重度扭挫有韧带、关节囊断裂或并节内骨折可疑时，应装石膏绷带。

炎症转为慢性时，可用碘樟脑醚合剂（磺片20g、95%酒精100ml、醚60ml、精制樟脑20g、薄荷脑3g、蓖麻油25ml），涂擦患部5～10min，每天一次，连用5～7d；也可外敷扭伤散，内服跛行散。

（十一）结膜炎

结膜炎是指眼膜受外界刺激和感染而引起的炎症，是最常见的一种眼病。有卡他性、化脓性、滤泡性、伪膜性及水泡性结膜炎等型。

1. 病因

结膜对各种刺激有敏感性，常由于外来的或内在的轻微刺激而引起。

（1）机械性刺激：结膜外伤、各种异物如灰尘、昆虫等落入结膜囊内或粘在结膜面上。

（2）化学刺激：如石灰粉、熏烟、厩舍空气内有大量氨存在时，以及各种化学药品或农药误入眼内。

（3）温热刺激：如热伤。

（4）光学刺激：眼睛遭受夏季日光的长期直射、紫外线或X射线照射等。

（5）传染性因素：多种微生物经常潜伏在结膜囊内，正常情况下，由于结膜面无损伤、泪液溶菌酶的作用以及泪液的冲洗作用，不可能在结膜囊内发育；但当结膜的完整性遭到破坏时，易引起感染而发病。

（6）继发性因素：本病常继发于邻近组织的疾病、重剧的消化器官疾病及多种传染病经过中常并发症候性结膜炎。

2. 症状

结膜炎的共同症状是羞明、流泪、结膜充血、结膜浮肿、眼睑痉挛、渗出物及白细胞浸润。

（1）卡他性结膜炎：是临床上最常见的病型，结膜潮红、肿胀、充血、流浆液或黏液脓性分泌物。卡他性结膜炎可分为急性和慢性两型。

（2）急性型：轻时结膜及穹窿部稍肿胀，呈鲜红色，分泌物少，初似水，继则变为黏液性。重度时，眼睑肿胀、带热痛、羞明、充血明显，甚至出现血斑。炎症可波及球结膜。分泌物量多，初稀薄，渐次为黏液脓性，并积蓄在结膜囊内或附于内眼角。有时角膜面也见轻微的浑浊。若炎症侵及结膜下时，则结膜高度肿胀，疼痛剧烈。

（3）慢性型：常由急性转来，症状往往不明显，羞明很轻或见不到。充血轻微，结膜呈暗赤色、黄红色或黄色。经久病例，结膜变厚呈丝绒状，有少量分泌物。

（4）化脓性结膜炎：因感染化脓菌或在某种传染病经过中发生，也可以是卡他性结膜炎的并发症。一般症状都较重，眼内常流出多量纯脓性分泌物，时间越久则越浓，因而上眼睑、下眼睑常被粘在一起。化脓性结膜炎常波及角膜而形成溃疡，且常带传染性。

3. 诊断

根据临床症状，即可作出诊断。

4. 防治

（1）预防

①保持羊舍的清洁卫生，注意通风换气与光线，防止风尘的侵袭。严禁在羊舍内调制饲料和刷

拭羊体。注意机械和人为的损伤。

②治疗眼病时，要特别注意药品的浓度和有无变质情形。

（2）治疗

①除去原因：应设法将原因除去，若是症候性结膜炎，则应以治疗原发病为主，若环境不良，应设法改善环境。

②遮断光线：将病羊放在暗舍内或装眼绷带，当分泌物量多时，以不装眼绷带为宜。

③可用3%硼酸清洗患眼。

④对症治疗

急性卡他性结膜炎：充血显著时，初期冷敷；分泌物变为黏液时，则改为温敷，再用0.5%～1%硝酸银溶液点眼（每天1～2次）。用药后经30min，就可将结膜表层的细菌杀灭，同时，还能在结膜表面上形成一层很薄的膜，从而对结膜面起保护作用。但用过本品后10min，要用生理盐水冲洗，避免过剩的硝酸银的分解刺激，且可预防银沉着。若分泌物已见减少或将趋于吸收过程时，可用收敛药，其中以0.5%～2%硫酸锌溶液（每天2～3次）较好。此外，还可用2%～5%蛋白银溶液、0.5%～1%明矾溶液或2%黄降汞眼膏。疼痛显著时，可用1%～3%普鲁卡因溶液点眼。转为慢性时可用0.2%～2%硫酸锌溶液点眼。也可用10%～30%板蓝根溶液点眼。

球结膜内注射青霉素和氢化可的松：用0.5%盐酸普鲁卡因液2～3ml溶解青霉素5万～10万单位，再加入氢化可的松2ml（10mg），作球结膜注射，一日或隔日一次。或以0.5%盐酸普鲁卡因液2～4ml溶解氨苄青霉素10万单位再加入地塞米松磷酸钠注射液1ml（5mg）作眼睑皮下注射，上下眼睑皮各注射0.5～1.0ml。

慢性结膜炎的治疗以刺激温敷为主。局部可用较浓的硫酸锌或硝酸银溶液，或用硫酸铜棒轻擦上、下眼睑，擦后立即用硼酸水冲洗，然后再进行温敷。也可用2%黄降汞眼膏涂于结膜囊内。中药用川连1.5g、枯矾6g、防风9g，煎后过滤，洗眼效果良好。病毒性结膜炎时，可用5%磺乙酰胺钠眼膏涂布眼内。

某些病例可与机体的全身营养或维生素缺乏有关，因此，应改善病羊的营养，适当补充维生素。

主要参考文献

［1］赵有璋.羊生产学.第二版.北京：中国农业出版社，2002

［2］王锋，王元兴编著.牛羊繁殖学.北京：中国农业出版社，2003

［3］张忠诚.家畜繁殖学.第四版.北京：中国农业出版社，2004

［4］岳文斌，杨国义，任有蛇等.动物繁殖新技术.北京：中国农业出版社，2003

［5］桑润滋.动物繁殖生物技术.北京：中国农业出版社，2002

［6］李青旺.动物细胞工程与实践.北京：化学工业出版社，2005

［7］杨利国.动物繁殖学.北京：中国农业出版社，2003

［8］甘肃省皇城绵羊育种试验场场志.1998年

［9］马海正.甘肃高山细毛羊选育提高及推广利用.中国养羊增刊.1990年

［10］郭健.国内外细毛羊现状及甘肃细毛羊发展措施.中国草食动物.2010年

甘肃细毛羊鉴定标准

（1972年试行）

甘肃细毛羊产于高寒地区，是在放牧为主，补饲为辅的条件下，以育成杂交的方式培育的毛肉兼用细毛羊。这种羊有强的适应恶劣环境和游走放牧能力的特点，今后的育种工作重心在于保持其特点，逐步提高质量及生产性能。现试用本鉴定标准以适应育种工作向深度和广度进展的需要（附表1-1）。

附表1-1 理想型的最低生产指标

类　　别	产毛量(kg)	活重（kg）
幼龄公羊	4.2	35.0
幼龄母羊	4.0	30.0
成年公羊	8.0	80.0
成年母羊	4.2	40.0

甘肃细毛羊的分级标准暂定为5个等级。

特级：

属于理想型的羊只。品种特征——体质结实，结构匀称、四肢有力。公羊有螺旋形的角，头毛着生至眼线，颈下有不完整的皱褶或较发达的纵垂皮，膝关节与飞节以下略有毛着生，被毛有毛丛结构。在1.5岁时羊毛长度达8.5cm，一岁是达7.5cm，羊毛细度60~64支，以60支为主，被毛匀度良好，油汗数量正常（占毛丛长度的2/3），腹毛也有毛丛结构，没有环状弯曲。

具有某些突出品质的公羊（例如，羊毛特长、密度大、体格大等），在育种上有特殊价值，可列为特级Ⅱ型，此型公羊只作选配之用，不予推广。

一级：

理想型的羊只，体格及羊毛品质与特级同，羊毛长度在1.5岁时达8cm，一岁时达7cm，可有中等大的体格。

二级Ⅰ：

体质结实，体型正常，羊毛长度在1.5岁时达7.5cm，一岁时达6.5cm，羊毛细度60~64支，有的羊70支，弯曲正常，匀度良好，腹毛着生良好，体格大或中等。

二级Ⅱ：

体质结实或粗糙，体型不正常，倾向毛用型，羊毛长度在1.5岁时达7cm,一岁时6cm。羊毛细度58~64支，弯曲正常或深弯，被毛匀度均匀，有时在皱褶颈下或尾根略有粗毛，体格小或中等。此级为育种淘汰级。

三级Ⅰ：

体质结实，体型正常。羊毛长度在1.5岁时达8cm，一岁时达7cm，羊毛密度较差，细度58~64支，被毛匀度好，油汗正常，腹毛着生好或不好，体格大。此级羊基本上属于毛长密度差。

三级Ⅱ：

体质结实或细致，体型不良，倾向于肉用型，羊毛长度达到8cm，密度稀或正常，细度56支、58支、60支、64支，被毛部匀，甚或混有少量粗毛或干毛，体格中等。此级为淘汰级。

四级：

凡不部符合以上等级的羊只，均列入此级，例如耳朵、四肢有花斑，后躯大腿腹部有成片粗毛，被毛中有死毛，发育不良，短毛，个体小等均属此级。四级羊为淘汰级。

附语：活重系剪毛后之重。

母羊嘴唇，耳朵有小斑点部影响等级。

羊只皱褶上，尾根，大腿部有少量粗毛出现不影响等级。

公羊系度58支的可列入相应的等级。

附录2

甘肃细毛羊鉴定暂行标准

（1976～1980年）

甘肃细毛羊是在高寒地区，以放牧为主，少量补饲的条件下，正在培育的毛肉兼用细毛羊新品种。对新品种的要求是既能适应严酷的自然环境，保持坚强的体质，耐粗放管理，善于爬山等特点，又具有遗传性稳定和较高的生产性能。为达此目的，根据甘肃省细毛羊育种方案提出的指标要求，结合甘肃省各育种协作区的实际情况，拟定以下暂行标准。

鉴定共分初生、断奶、育成羊和成年羊的鉴定。

1. **理想型成年羊要求**

体质结实，结构匀称，头型正常，细毛着生至眼线和面颊，公羊的螺旋形大角，母羊无角或又小角。公羊有1～2个完全或不完全的横皱褶，母羊有发达的纵垂皮，体躯较长，胸宽且深，背平而直，后躯丰满，四肢端正有力。前肢细毛着生至腕关节，后肢关节以下略着毛。被毛为闭合型。密度在中等以上。弯曲清晰或呈正常弯、浅弯，体躯没有高弯和环状弯。成年羊被毛长度在7.0cm以上，育成羊达7.5～8.0cm，羊毛细度60～64支，以60支为主。匀度好。腹毛一般呈毛丛结构，腹部和颈下没有粗毛。油汗适中，呈乳白色或浅黄色。

净毛率为40%，成年蝎羊屠宰率为45%以上，繁殖率在正常饲养管理情况下，经产母羊110%。

2. **鉴定标准**

鉴定分为四级。

特级、一级中的优秀个体，剪毛量、体重超过一级指标的10%，列为特级（附表2-1）。

附表2-1　最低生产性能指标　（单位：kg）

类别	剪毛后体重	产毛量
成年公羊	75	7.5
成年母羊	40	4.3
育成公羊	35～40	4.5～5.0
育成母羊	30～35	3.5～4.0

注：育成羊的体重、毛量系指周岁和1.5岁羊的指标

二级：体质结实或较粗糙，体型偏毛兼用型，颈部有横皱褶或有发达的纵垂皮；体格中等或略小，毛密而短。成年公羊羊毛长度不低于6.5cm，母羊不低于6.0cm，育成羊不低于7cm和7.5cm。细度在60～64支。羊毛匀度好。油汗适中或较多。弯曲明显。腹毛着生中等，允许有高弯曲。

三级：体质结实或趋于细致，体型偏毛肉兼用型，体格大或与一级同，毛长而密度差。育成羊毛长需达7.5～8.0cm。细度在58～64支。弯曲正常或呈浅弯，有的弯曲不明显或有高弯曲。油汗中等或少。被毛匀度好或不好。腹毛较稀或短。允许油环状弯曲。腹部、颈下可有少量粗毛。

四级：凡不符合以上各级标准的个体均列为四级。

附：各种鉴定符号记载

育成羊鉴定符号：

类型：型（C）正常，符合理想型。

型+（C＋）头及四肢毛较多。

型C–（C–）头毛较少。

密度：密(M)密度中等，符合育种计划要求。

密–（M＋）密度大。

密–（M–）密度小。

密=（M=）密度太小。

羊毛弯曲：弯（W）正常，弯–（W＋）高弯。弯–（W–）浅弯。弯(N)体躯主要部位油环状弯曲。

匀度：匀（Y）被毛同质均匀。

匀–（Y–）被毛不匀。

匀=（Y=）没毛很不匀。

匀（Y）有死毛。

匀（Y）有浮现粗毛。

油汗：油（∑）油汗正常达毛丛长度的2/3。

油＋（∑＋）油汗多。油–（∑–）油汗少。

油=（∑=）油汗特别少。

体质：质（K）体质好。质＋（K＋）偏粗糙。

质–（K–）偏细致发育不良。

大小：以2、3、4、5计。4～5符合理想型。

综合评定在"长方形"内加符号以示优缺点。

背平直，外貌符合理想型要求，体型属兼用型。

综合各部位评定，以0000为符合理想型要求。000中等，00差。特别好的个体可给00000。腹毛好的个体在中间两个圈下划一横，如0000。腹毛差的000（X）。

羔羊初生鉴定暂行标准

羔羊初生鉴定分为四级：

一级：体质结实。生长发育良好。体躯着生同质细毛或稍有粗毛。全身白色。体重达4kg（双羔达3.5kg）。

二级：体质结实或稍粗糙。主要部位着生同质细毛或稍有粗毛。全身白色，体重3.5～4kg（双羔3.0～3.5kg）。

三级：体质结实。被毛同质或基本同质。颈下、股部边缘、腹下稍有粗毛。全身白色。体重3kg以上。

四级：发育部良，骨骼纤细。全身粗毛或体躯粗毛成片。体重在3kg以下。头、耳、四肢、体躯带色者等均列为四级。

注：产春羔的地区，初生羔羊体重指标，可适当低些。

附：鉴定符号记载。

体质：质＋（K＋）体质结实，生长发育良好。骨骼坚实，结构良好，健壮有力。

质–（K–）体质偏粗糙或细致。但生长发育及结构均正常，无明显缺陷。

质=（K=）体质过于细致，生长发育不良。体弱无力。体重过小。外貌结构或骨骼发育油明显缺陷。如各类畸形。

毛质：毛（O）体躯主要部分着生同质细毛。

毛−（O−）体躯主要部位着生同质细毛，但允许在四肢及皱褶下缘有少量粗毛，但不超过1/10，部允许有死毛。

毛=（O=）体躯主要部分有成片粗毛。

毛色：色（B）全身白色。

色−（B−）体躯主要部分均为白色。唯耳尖、眼圈、四肢有少量色斑。

色=（B=）体躯主要部位有少量到多量成片色斑。

注：初生重应在出生后24h内称重。

羔羊断奶鉴定暂行标准

羔羊断奶鉴定分为四级：

一级：头型正常，毛长为3.5cm。密度中等以上，体躯着生同质毛或有少量浮毛。毛色纯白，体质结实，发育良好，体重达18kg。

二级：头型正常，毛长部低于3cm。密度中等以上。被毛同质。毛色纯白，体质结实。体重达16kg。

三级：头型正常或不正常。毛长达3cm，密度较差。被毛同质或基本同质。允许颈、腹、股部稍有粗毛，毛色纯白，体质结实，体重部低于14kg。

四级：凡部符合以上等级的个体均列为四级。

附：羔羊断奶鉴定符号记载

头型：型（C）头型良好，符合育种指标要求。

型＋（C＋）头毛偏多，体躯有皱褶。

型−（C−）头毛较少。

毛长（　）肩后一掌处（体侧中线）取自然长度。

毛质：毛（O）全部着生同质细毛。

毛−（O−）除主要部位着生细毛外。四肢及腹部下边缘有少量粗毛、浮毛。

毛=（O=）着生多量粗毛。

毛色：色（b）全部白色。

色−（b−）耳尖、眼圈、四肢下稍有少量色斑。

色=（b=）体躯主要部位着生少量到多量杂色毛。

密度：密（M）密度中等。

密＋（M＋）密度大。

密−（M−）密度小。

体质：质（K）体质结实，发育良好，结构匀称。

质−（K−）体质偏粗糙或细致，骨骼发育和结构方面均无明显缺陷。

质=（K=）过于细致或骨骼发育严重不良，结构方面存在缺陷者。

毛羊鉴定项目、符号、术语

GB 2427—81

本标准适用于细毛羊鉴定。

一、鉴定项目

细毛羊按十二项顺序进行鉴定，采用汉语拼音文字字母及符号代表鉴定的结果。

1. 头毛

T ——头毛着生到眼线。

T^+ ——头毛过多，毛脸。

T^- ——头毛少，甚至光脸。

2. 类型与皱褶

L ——公羊颈部有1~2个完全或不完全的横皱褶，母羊颈部有一个横皱褶或发达的纵皱褶。

L^+ ——颈部皱褶过多；甚至体躯上有明显的皮肤皱褶。

L^- ——颈部皮肤紧，没有皱褶。

3. 羊毛长度

（1）实测毛长：在羊体左侧横中线偏上，肩胛骨后缘一掌处，顺毛丛方向测量毛丛自然状态的长度，以厘米数表示。最小单位为0.5厘米。尾数三进二舍。

（2）在评定等级时超过或不足12个月的毛长均应折算为12个月的毛长。可根据各地羊毛生长规律合理制定。

（3）种公羊的毛长除记录体侧毛长外，还可测定肩、背、股、腹部的毛长，作选种参考。记载方法如下：

背

肩 侧 股

腹

4. 羊毛密度

M ——毛密度符合品种标准。

M^+ ——毛密度很大。

M^- ——毛密度差。

$M^=$ ——毛密度很差。

5. 羊毛弯曲

按羊毛弯曲的明显度及弯曲大小形状评定。

W——属正常弯曲，弯曲明显，弧度呈半圆形，弧度的高等于底的1/2。

W^+ ——具有明显的深弯，弧度高大于底的1/2。

W^- ——弯曲不明显，弧度的高小于底的1/2。

如需记载弯曲的大小，可在同一符号的右下角用D、Z、X表示。

W_D——大弯

W_Z——中弯

W_X——小弯

6. 羊毛细度

在测定毛长的部位取少量毛纤维测定其细度，以支数表示之。在现场采用目估测法时应对照毛样细度标本。种畜场的育种群逐步采用客观测定法，以显微镜测定羊毛纤维的平均直径，以微米表示（附表3-1）。

附表3-1　羊毛品质支数和细度范围

羊毛品质支数	细度范围（μm）
80	14.5～18.0
70	18.1～20.5
64	20.6～23.0
60	23.1～25.0
58	25.1～27.0
56	27.1～29.0

7. 羊毛油汗

鉴定羊毛中油汗的含量及油汗的颜色。

H ——油汗含量适中。

H^+——油汗过多。

H^-——油汗不足。

油汗颜色记录在同一符号的上方。

H——白色油汗。

H̆——乳白色油汗。

Ĥ——淡黄色油汗。

Ĥ——深黄色油汗。

8. 被毛和毛丛纤维的均匀度

Y——被毛均匀。体侧和股部毛纤维细度的差别不超过一个细度等级。毛丛内，毛纤维均匀度良好。

Y^-——被毛不均匀。体侧和股部毛纤维细度差别在两个或两个等级以上。

在同一符号上方表示毛丛中纤维的均匀度。

Ŷ——体侧及后躯毛丛内纤维直径不够均匀，毛丛中存在少量的浮现粗绒毛。

Ŷ——毛丛内毛纤维的直径均匀度很差，有较多的浮现粗绒毛。

9. 体格大小

以5分制表示，也可在分数后面附加"+"号、"－"号，以示上述分数的中间型。

"5"——体格很大，体重超过品种标准。

"4"——体格大，体重符合品种标准。

"3"——体格中等，体重略小于品种标准。

"2"——体格小，体重显著小。

10. **外形**

用下列符号在长方形上标记羊只外形突出的优缺点。

	体形正常		
	体躯长		体躯短
	胸宽		胸窄
	胸深		胸浅
	肋骨开张良好		肋骨开张不良
	十字部宽		十字部窄
	后腿丰满		后腿削瘦
	高腿		矮腿

11. **腹毛**

腹毛着生情况在总评中间的一个圈上做下列标记。

○——腹毛符合品种标准要求。

○——腹毛着生良好。

○——腹毛着生不良。

○——腹毛着生很差。

有环状弯曲时可在圈内做记号。

⊙——有少量环状弯曲。

⊖——有较大面积的环状弯曲。

⊗——环状弯曲严重。

12. **总评**

○○○○○——综合品质很好的羊,可列入特等。

○○○○——全面符合品种标准的羊。

○○○——品质中等的羊。

○○——品质差的羊。

也可在圈后附加"+"号、"-"号,以示中间型。

二. 等级标志及耳号

1. **等级标志**

细毛羊鉴定结束后在右耳上做等级标记。

特级——在耳尖剪一个缺口。

一级——在耳下缘剪一个缺口。

二级——在耳下缘剪二个缺口。

三级——在耳上缘剪一个缺口。

四级——在耳上缘、下缘各剪一个缺口。

等外——割去耳尖。

2. 耳号

细毛羊可根据育种、试验及生产上需要，在羊的左耳佩戴金属或塑料的耳号牌，允许有各种代号，但必须用四位或五位数字码，第一位数表示该羊出生年代的尾数。

三、羊毛的净毛测定

羊毛分为污毛与净毛。

1. 污毛

由羊体剪下的自然状态的羊毛。

2. 净毛

按规定的操作程序洗净的羊毛。

3. 净毛率

净毛率（%）＝〔净毛绝对干燥重×（1+17%）/污毛重〕×100

4. 个体净毛率

种公羊、后备公羊及育种核心群母羊应测定个体净毛率。可在剪下毛被（体侧部）采毛样100～150g进行测定。个体净毛率仅作场内育种选配的科学依据。

5. 毛包净毛率

指羊毛成批交接时的净毛率。也适用于测定某品种或整个羊场的羊毛净毛率。测定时应采用毛包采样法，即总产毛量毛包超过一百包者，每十包取一包；不足一百包者每五包取一包，从毛包两端的四个角及其中央各取相似的一份，总重量为1kg，经充分混合后，取出基本毛样一份，对照毛样一份，后备毛样二份每份均为150g，抖落的杂质不可散失，应按比例分至毛样中，然后再经洗毛测定其净毛率。

逐步采用毛包毛样采样器采样。

6. 净毛量

污毛产量乘以净毛率即为净毛产量。

五、术语解释

1. 体重

羊只空腹剪毛后立即称重，以千克表示，最小单位为0.5千克。

2. 产羔率

指经产母羊（分娩过一胎后的母羊）正常分娩的羔羊数与其母羊数的百分比。

产羔率（%）＝（经产母羊正常分娩的羔羊数/正产的经产母羊数）×100

初产母羊及流产母羊，空怀母羊可根据需要另行统计。

3. 羔羊成活率

羔羊成活率（%）＝（断奶成活羔羊数/初生活羔羊数）×100

需注明断奶月龄。

4. 屠宰率与内脏脂肪

屠宰率指胴体重（包括肾脏及肾脂）加内脏脂肪（包括大网膜及肠系膜脂肪）与屠宰前（空腹24h）活重之比，以百分率表示之。胴体重指屠宰放血后去皮、头（由环椎处分割）、管骨及管骨以下部分和内脏的重量。

屠宰率（%）＝（胴体重+内脏脂肪/停食24h后，屠宰前活重）×100

此外，需另行记载内脏脂肪的重量。

附录4

甘肃高山细毛羊品种标准

（Q/NM1–82），1982

1. 外貌特征

甘肃高山细毛羊体质结实，蹄质致密，体躯结构良好，胸宽深，背平直，后躯丰满，四肢端正有力。公羊有螺旋形大角或无角，颈部有1～2个横皱褶；母羊多数无角，少数有小角，颈部有发达的纵垂皮。被毛纯白，闭合性良好，密度中等以上，体躯毛和腹毛均呈毛丛结构，细毛着生头部至两眼连线，前肢到腕关节，后肢到飞节。

2. 羊毛品质

周岁育成羊，体侧部毛长为80mm以上，细度不高于23.0μm（不低于64支），羊毛细度均匀，弯曲清晰，呈正常和浅弯，油汗适中（油汗占毛丛高度≥50%以上），多数呈白色或乳白色，无黄色或颗粒油汗，平均净毛率达45%以上。

3. 生产性能

甘肃高山细毛羊理想型主要生产性能最低指标见附表4–1。

附表4–1　理想型羊最低生产性能表　　　　　　（单位：kg）

性　别	剪毛后体重			剪毛量			净毛产量		
	成年	1.5岁	1.0岁	成年	1.5岁	1.0岁	成年	1.5岁	1.0岁
公	80	40	35	9.0	5.5	4.5	4.1	2.5	2.1
母	45	35	30	4.5	4.5	3.5	2.0	2.0	1.6

在鉴定时根据剪毛量将体重折合成剪毛前体重进行评定。

4. 分级规定

甘肃高山细毛羊依育成羊的鉴定确定终身等级。鉴定后分为4个级。

一级：符合品种标准，各项生产性能均达到理想型最低指标要求的个体为一级。

一级中的优秀个体，凡其剪毛量、体重、毛长、净毛量四项指标中有两项（必须含剪毛量）达到一级指标的110%，或一项达到一级指标的120%者可列为特级（主要依据体重和毛长）。

二级：基本符合品种标准，体格中等，毛密度较好，周岁育成羊体侧部毛长不低于75mm,1.5岁育成羊体侧部毛长不低于85mm者可列为二级。

其生产性能最低指标见附表4–2。

附表4–2　二级羊最低生产性能表　　　　　　（单位：kg）

性　别	剪毛后体重			剪毛量			净毛产量		
	成年	1.5岁	1.0岁	成年	1.5岁	1.0岁	成年	1.5岁	1.0岁
公	…	34	32	…	4.8	4.0	…	2.2	1.6
母	…	30	28	…	4.0	3.2	…	1.7	1.4

三级：基本符合品种标准，体格较大，毛密度较稀，闭合性较差者列为三级。被毛匀度较差、油汗少、腹毛有少量环状弯曲、头毛及四肢毛着生偏多或偏少等特点，在同一个体中不超过其中两项者允许进入三级。

其生产性能最低指标见附表4-3。

附表4-3　三级羊最低生产性能表　　　（单位：kg）

性　别	剪毛后体重			剪毛量			净毛产量		
	成年	1.5岁	1.0岁	成年	1.5岁	1.0岁	成年	1.5岁	1.0岁
公	…	40	35	…	4.3	3.5	…	2.1	1.6
母	…	35	30	…	3.8	3.0	…	1.7	1.4

四级：凡不符合三级条件标准的个体，均列为四级。四级羊不做种用。

5. 鉴定项目、符号及术语

执行国家标准CB2427—81《细毛羊鉴定项目、符号、术语》。

附加说明：本标准由甘肃省畜牧厅提出，由甘肃省皇城绵羊育种试验场起草，1982年12月首次发布。

附录5

甘肃省地方标准

DB62/T210-1997

甘肃高山细毛羊

1997-03-18发布　　　　　　　　　1997-04-10实施

甘肃省技术监督局　发布

前 言

甘肃高山细毛羊是在海拔2 600~3 500m，气候严寒，无霜期短，植被单纯，枯草期长达7个月以上，准年放牧少量补饲的条件下，以新疆、高加索细毛羊为父本，与本地蒙古、西藏羊为母本，经过杂交改良、横交固定和选育提高3个阶段，于1980年培育而成的毛肉兼用型细毛羊品种。甘肃高山细毛羊合群性好，采食力强，具有广泛的适应性和良好的生产性能。

1982年12月，制定并发布了该品种企业标准，经过十几年按照标准选育，甘肃高山细毛羊得体型外貌更加整齐，生产性能和羊毛品质有了明显提高。原标准已不能适应品种质量的进一步提高和毛纺工业发展的需求，函需予以修订。

本标准保留了品种标准中外貌特征，羊毛品质，生产性能等合理的部分，对有关指标进行了修订，增加了净毛量指标。

从1997年4月10日起实施。

本标准从生效之日起，同时，代替DB62/T210-92。

本标准由甘肃省畜牧局提出。

本标准由甘肃省畜牧局归口。

本标准由甘肃省皇城绵羊育种试验场起草。

本标准主要起草人：曹藏虎、刘央先、文志强、王宝全、李文辉

甘肃省地方标准

甘肃高山细毛羊

DB62/T210-97

1. 范围

本标准规定了甘肃高山细毛羊品种标准，分级规定，鉴定项目、符号、术语。

本标准适用于甘肃高山细毛羊的品种鉴定和等级评定。

2. 引用标准

下列标准包含的条文，通过在本标准中引用而构成为本标准的条文。在本标准出版时，所示版本均为有效。所有标准都会被修订，使用本标准的各方应探讨，使用下列标准最新版本的可能性。

GB2427-31 细毛羊鉴定项目、符号、术语。

GB1523-93 绵羊毛。

3. 品种标准

3.1外貌特征

甘肃高山细毛羊体质结实，蹄质细密，体躯结构良好，胸宽深，背平直，后躯丰满，四肢端正有力。公羊有螺旋形大角或无角，颈部有1~2个横皱；母羊多数无角，少数有小角，颈部有发达的纵垂皮。被毛纯白，闭合良好，密度中等以上，体躯毛和腹毛均成毛丛结构，细毛着生头部至两眼连线，前肢至腕关节，后肢至飞节。

3.2羊毛品质

周岁育成羊，体侧毛长80mm以上，1.5岁育成羊，体侧毛长90mm以上，细度不高于23.0微米(不低于64支)，羊毛细度均匀，弯曲清晰，呈正常或浅弯，油汗适中（油汗占毛丛高度50%以上），多数呈白色或乳白色，无黄色或颗粒油汗。平均净毛率达45%以上。

3.3生产性能

3.3.1甘肃高山细毛羊理想型主要生产性能最低指标见附表5-1。

附表5-1 理想型羊最低生产性能表 （单位：kg）

性别	剪毛后体重			剪毛量			净毛产量		
	成年	1.5岁	1.0岁	成年	1.5岁	1.0岁	成年	1.5岁	1.0岁
公	80	40	35	9.0	5.5	4.5	4.1	2.5	2.1
母	45	35	30	4.5	4.5	3.5	2.0	2.0	1.6

3.3.2甘肃高山细毛羊具有良好的放牧抓膘性能，脂肪沉积能力强，肉质纤细肥嫩，终年放牧条件下成年羯羊的屠宰率在45%以上。

3.3.3甘肃高山细毛羊产羔率为110%。

4. 分级规定

甘肃高山细毛羊依育成羊的确定终生等级，鉴定后分为4个等级。

4.1一级

符合品种标准，各项生产性能均达到理想型最低指标要求的个体列为一级。

一级中的优秀个体，凡其剪毛量、体重、毛长、净毛量四项指标中有两项（必须含剪毛量）达到一级指标的110%，或一项达到一级指标的120%者，可以列为特级。

4.2二级

基本符合品种标准，体格中等，毛密度较好，周岁育成羊体侧部毛长不低于75mm，1.5岁育成羊体侧部毛长不低于85mm者列为二级。

其生产性能最低指标见表附表5-2。

附表5-2　二级羊最低生产性能表　　　　　　　（单位：kg）

性别	剪毛后体重			剪毛量			净毛产量		
	成年	1.5岁	1.0岁	成年	1.5岁	1.0岁	成年	1.5岁	1.0岁
公		34	32		4.8	4.0		2.2	1.6
母		30	28		4.0	3.2		1.7	1.4

4.3三级

基本符合品种标准，体格较大，毛密度较稀，闭合性较差者列为三级。被毛匀度较差、油汗少、腹毛有少量环状弯曲、头毛及四肢毛着生偏多或偏少等特点，在同一个体中不超过其中两项者允许进入三级。

其生产性能最低指标如附表5-3。

附表5-3　三级羊最低生产性能指标　　　　　　　（单位：kg）

性别	剪毛后体重			剪毛量			净毛产量		
	成年	1.5岁	1.0岁	成年	1.5岁	1.0岁	成年	1.5岁	1.0岁
公		40	35		4.3	3.5		2.1	1.6
母		35	30		3.8	3.0		1.7	1.4

4.4四级

凡不附合三级条件标准的个体，均列为四级。四级羊不作种用。

5. 鉴定项目、符号、术语

执行国家标准GB2417-81《细毛羊鉴定项目、符号、术语》。

鉴定细度和净毛率执行执行国家标准GB1523-93《绵羊毛》。

中华人民共和国国家标准

绵 羊 毛	GB 1523—93
Wool	代替GB1523-1524-79

1. 主题内容与适用范围

本标准规定了细毛羊、半细毛羊、改良羊毛的分等分支技术要求、检验方法、检验规则、包装、标志、贮存、运输等。

本标准适用于细毛羊、半细毛羊、改良羊毛的生产、流通、使用和监督。

2. 引用标准

GB 6976 羊毛毛丛自然长度试验方法

GB 6977 洗净羊毛油、灰、杂含量试验方法

GB 6978 原毛洗净率试验方法（烘箱法）

GB 10685 羊毛纤维直径试验方法（投影显微镜法）

GB/T 14270 羊毛纤维类型含量试验方法

GB/T 14271 原毛净毛率试验方法（油压法）

3. 术语

3.1 细羊毛（fine wool）

品质支数早60支及以上，毛纤维品均直径在25.0μm及以下的同质毛。

3.2 半细羊毛（medium fine wool）

品质支数为36～58支，毛纤维平均直径为25.1～55.0μm的同质毛。

3.3 改良羊毛（improved wool）

从改良过程中的杂交羊身上剪下的未达到同质的羊毛。

3.4 细度（fineness）

羊毛纤维的粗细程度。用羊毛纤维直径微米数或品质支数表示。

3.5 品质支数（quality number）（附表6-1）

附表6-1 按羊毛纤维直径微米数所制订的响应数值

品质支数	70	66	64	60	58	56	50	48	46	44	40	36
直径 μm	18.1～20.0	20.1～21.5	21.6～23.0	23.1～25.0	25.1～27.0	27.1～29.0	29.1～31.0	31.1～34.0	34.1～37.0	37.1～40.0	40.1～43.0	43.1～55.0

国家技术监督局1993-04-28批准　　　1993-12-01实施

3.6 粗毛（coarse wool）

直径在52.5μm以上的羊毛，一般有毛髓，卷曲少或无卷曲，长度一般比绒毛长。

3.7 死毛（kemp）

色泽呆白，粗脆易断的羊毛。

3.8 干毛

是粗毛的一种。色泽滞白，稍有强力。

3.9 毛嘴

毛从顶端呈锥形的部分。

3.10 毛辫

在毛丛顶端，明显地收缩成辫状。

3.11 同质毛（homogeneous fleece）

由同一类型毛纤维组成的羊毛。

3.12 异质毛（heterogeneous fleece）

由不同类型毛纤维组成的羊毛。

3.13 基本同质毛

在一个套毛上的各个毛丛，大部分为同质毛形态，少部分为异质毛形态。

3.14 两型毛（heterotypical hair）

在同一根毛纤维上具有绒毛和粗毛两种纤维形态。

3.15 边肷毛（skirting fleece, skirting）

从套毛周边除下与正身有明显差异的毛。

3.16 疵点毛（faulty wool）

沥青毛、黄残毛、粪污毛、草刺毛、硬毡片毛、疥癣毛及弱节毛的统称。

3.16.1 沥青毛、油漆毛

被沥青或油漆污染的羊毛。

3.16.2 黄残毛

毛质变黄并超过全毛长度一半以上的毛。

3.16.3 粪污毛（dung stain）

被粪便严重污染部分的羊毛。

3.16.4 草刺毛（seed wool, burry wool）

指羊毛中含植物性草杂超过净毛重4％的羊毛。

3.16.5 硬毡片毛（heavy cotted wool）

羊毛结成毡片，用力撕扯只能扯为小块毡片，不能扯成单根羊毛纤维状，羊毛强力严重下降。

3.16.6 疥癣毛

从患有疥癣病的羊身上取得的毛。带有结痂或皮屑。

3.16.7 弱节毛（second wool）

指因疾病或生长时营养不良等因素，导致纤维的一部分直径明显变细、强力降低的毛。

3.17 重剪毛（second cuts）

剪毛时，所留底层过长，重新再剪下来的短毛。

4. **技术要求**

4.1 细羊毛、半细羊毛、改良羊毛分等分支规定见附表6-2。

附表6-2　细羊毛、半细羊毛、改良羊毛分等分支规定

类别	等别	细度（μm）	毛丛自然长度（mm）	油汗占毛丛高度（%）	粗腔毛、干、死毛含量（占根数%）	外观特征
细羊毛	特等	18.1～20.0（70）	≥75	≥50	不允许	全部为自然白色的同质细羊毛。毛丛的细度、长度均匀。弯曲正常。允许部分毛丛有小毛嘴
		20.1～21.5（66）	≥75			
		21.6～23.0（64）	≥80			
		23.1～25.0（60）	≥80			
	一等	18.1～21.5（66～70）	≥60			全部为自然白色的同质细羊毛。毛丛的细度、长度均匀。弯曲正常。允许部分毛丛顶部发干或有小毛嘴
		21.6～25.0（60～64）	≥60			
	二等	≤25.0（60及以上）	≥40	有油汗		全部为自然白色的同质细羊毛。毛丛的细度均匀程度较差，毛丛结构散，较开张
半细羊毛	特等	25.1～29.0（56～58）	≥90	有油汗	不允许	全部为自然白色的同质细羊毛。毛丛的细度、长度均匀，有浅而大的弯曲。有光泽。毛丛顶部为平顶，有小毛嘴或带有小毛辫。呈毛股状。细度较粗的半细羊毛，外观呈较粗的毛辫
		29.1～37.0（46～50）	≥100			
		37.1～55.0（36～44）	≥120			
	一等	25.1～29.0（56～58）	≥80			
		29.1～37.0（46～50）	≥90			
		37.1～55.0（36～44）	≥100			
	二等	≤55.0（36及以上）	≥60			全部为自然白色的同质半细羊毛
改良羊毛	一等		≥60		≤1.5	全部为自然白色改良形态明显的基本同质毛。毛丛由绒毛和两型毛组成。羊毛细度的均匀度及弯曲、油汗、外观形态上较细羊毛或半细羊毛差。有小毛辫或中辫
	二等		≥40		≤5.0	全部为自然白色改良形态的异质毛。毛丛由两种以上纤维类型组成。弯曲大或不明显。有油汗，有中辫或粗毛

4.2 细羊毛、半细羊毛以细度、长度、油汗、粗腔毛、干、死毛含量为定等定支考核指标，四项指标中以最低的一项定等定支。改良羊毛以长度、粗腔毛、干、死毛含量为定等考核指标，两项指标中以最低的一项定等。外观特征为参考指标。

4.3 套毛经除边后按长度分等。特等毛长度须有70%（按质量计）及以上符合本规定，其余的羊毛长度，细羊毛不得短于60mm，半细羊毛不得短于70mm，一等羊毛长度须有70%及以上符合本规

定，其余的羊毛长度细羊毛不得短于40mm（其中，40~50mm的羊毛不得多于10％），半细羊毛不得短于60mm（其中，60~70mm的羊毛不得多于10％）；二等毛须有80％及以上符合本规定，其余的羊毛长度细羊毛不得短于30mm，半细羊毛不得短于50mm。

4.4 细羊毛、半细羊毛以细度指标分档。平均细度须符合本规定。

4.5 细羊毛、半细羊毛油汗指标，满足本规定的羊毛不得少于本批羊毛或套毛的70％。

4.6 改良羊毛粗腔毛、干、死毛含量大于5％或毛丛长度小于40mm，而又具有改良毛形态者按等外处理，单独包装。

4.7 改良黑花毛，不分颜色深浅、不分等级，单独包装。

4.8 单根花毛（白花毛），单独包装。

4.9 散毛以及边肷毛按其细度、长度、油汗、外观特征确定相应等级，单独包装。

4.10 头、腿、尾毛及其他有使用价值的疵点毛均需分别单独包装，不得混入等级毛内。

4.11 沥青毛、油漆毛必须拣出，严禁混入羊毛内。

4.12 一等及以上的细羊毛、半细羊毛毛丛中段不允许有弱节。

5. 检验方法

5.1 等级品质检验

5.1.1 取样数量

每20包取1包，不足20包按20包计算，100包以上每增加50包增取1包，不足50包按50包计算。

5.1.2 取样方法

等级品质检验的样品采用开包方式扦取，在毛包两端和中间部位随机扦取足能代表本批羊毛品质的样品。每批样品总量不少于20kg，每个取样包扦取样品重量不少于3kg。

5.1.3 检验

将扦取的毛样分为三等份，其中，一份按本标准进行等级品质检验。如有不同意见时，可再用另一份进行重复检验。最后以两次检验结果平均值来决定该批羊毛等级，余下一份留作备查样。

5.1.4 细度检验

对照羊毛细度标准样品进行检验，如有争议按GB 10685进行客观检验。

5.1.5 毛丛自然长度检验

按GB6975进行检验。

5.1.6 油汗检验

按GB6975取样。测量毛丛底部至污染层顶端的长度，计算占毛丛自然长度的比值。

5.1.7 粗腔毛、干、死毛含量检验

按GB/T14270进行检验。

5.2 公量检验

5.2.1 取样

批量交易中，净毛公量检验样品的扦样必须在原毛逐包称重的同时进行。公量检验样品采用钻孔方式扦取，钻孔毛包数扦取比例见附表6-3。每批样品总量不少于1.2kg。

附表6-3 公量检验样品采用钻孔包数扦取比例

毛包总数	25	50	75	100	150	200	300	400	500
扦样包数	25	33	37	39	42	43	46	48	50

5.2.2 检验

5.2.2.1 用经过计量检定的500kg称量（分度值0.5kg）的台秤，对本批羊毛逐包过秤，并记录每包重量。

5.2.2.2 在逐包过秤的同时按GB/T14271钻孔扦取净毛率检验样品。

5.2.2.3 按GB/T14271进行净毛率检验。在公量检验需要终局复验或仲裁时按GB6978进行净毛率检验。

5.2.2.4 按下列方法计算净毛公定重量：W=WN×WY，式中：WY—净毛率，单位：％；WN—原毛总净重，单位：kg；W—净毛公定重量，单位：kg。

细羊毛净毛公定回潮率为16％，半细羊毛、改良细羊毛公定回潮率为15％。

5.2.2.5 净毛中植物性杂质含量小于等于2％时，不作净毛公量升扣；净毛中植物性杂质含量大于2％而小于等于4％，按1∶1.5核减净毛公量；净毛中植物性杂质含量大于4％时按草刺毛处理。净毛草杂含量按GB6977检验。

5.2.2.6 检验净毛公量的同时，专业纤维检验机构应逐包刷、贴明显验讫标志。

5.2.2.7 收购时净毛公量的确定，在有条件的地区应积极推广仪器测试净毛率，其他地区可采用主观检验方法。但应经常由仪器测试数据校正。

6. 检验规则

6.1 检验时以套毛为基础进行。

6.2 基层小批量贸易，按实物标样检验。

6.3 由同类、同等及相应支数的羊毛，成批打包，按批进行检验。

6.4 批量交易（2 000kg以上）的原毛，等级品质检验和公量检验执行法定公证检验制度。由专业纤维检验机构进行售前检验，出具质量检验证书，交易双方一律按净毛公量结价。

6.5 交易双方的一方对检验结果有异议需复验时，应在收到检验证书后十五日内向原验单位审请，复验须在接到复验申请后十五日内用原检验单位扦取的备样进行。

对复验结果仍有异议需申请二次复验的，应在收到复验证书后十五日内向交易双方行政区划的共同上级专业检验机构申请二次复验，按标准规定重新扦样，二次复验为终局复验，终局复验须在接到申请后十五日内进行。

7. 包装、标志、贮存、运输

7.1 包装

7.1.1 经过分等分支的羊毛必须按照不同产地、不同品种、不同等级及相应支数分别打成紧压包。打包时要尽量保持套毛的基本形态。

7.1.2 毛包外观应整齐划一，每包原毛重80～100kg.

7.1.3 包装采用麻布或其他不易破碎的材料，用铅丝或打包编织带捆扎不少于5道。

GB 1523-93

7.2 标志

在毛包一端用刻好的镂花板刷上不易褪色的深色标志。标志内容有：

a. 产地；

b. 类别；

c. 长度；

d. 细度（支）；

e. 批号；

f. 包号；

g. 包重；

h. 交货单位；

i. 成包日期（年、月）（附图6-1）。

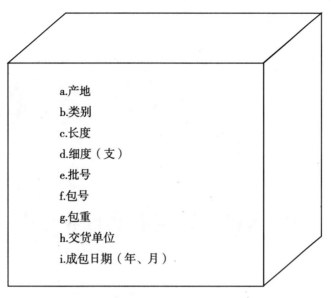

a.产地

b.类别

c.长度

d.细度（支）

e.批号

f.包号

g.包重

h.交货单位

i.成包日期（年、月）

附图6-1　标志内容

7.3 贮存、运输

7.3.1 毛包刷上标志后，按相同批号、品种的羊毛堆码成垛。

7.3.2 羊毛堆放必须注意防潮。防霉变、放虫蚀。

7.3.3 运载时必须按不同批号、产地、品种等支，分清装运。

附加说明：

本标准由中国纤维检验局、中华人民共和国农业部畜牧兽医司、商业部土特产品管理司、纺织工业部生产协调司、国家物价局农价司提出。

本标准由中国纤维检验局归口。

本标准由中国纤维检验局毛麻茧处负责起草。

本标准主要起草人：张克才、张冀汉、李宝春、李锦华、王建宏。

NY

中华人民共和国农业行业标准

NY 1——2004
代替 NY ——1981

细毛羊鉴定项目、符号、术语

Testing items，symbols and technical terms ofmerino

2004-8-25发布 2004-9-1实施

中华人民共和国农业部　发布

前　言

本标准与 NY1 1981相比有如下变化：

——原标准中鉴定项目12项，改为10项，删去外形、腹毛、体格大小的内容，增加被毛手感鉴定项目。对鉴定项目表述方法及内容作了调整。本标准将原标准项目中的总评分离，单独设立章节并表述为综合评定。

——鉴定项目评定标准采用3分制，改变原标准中的语言描述定性评定。

——本标准中，净毛率计算公式中的回潮率由17%改为16%。并删去原标准中的羊毛包净毛率条款。

本标准实施之日起替代原NY 1—1981《细毛羊鉴定项目、符号、术语》。

本标准由中华人民共和国农业部提出并归口。

本标准起草单位：新疆畜牧科学院、新疆农垦科学院、吉林农业科学院。

本标准主要起草人：史梅英、杨永林、张明新、田可川、倪建宏、柳楠、胡向荣、石国庆。

细毛羊鉴定项目、符号、术语

1. 范围

本标准规定了细毛羊鉴定项目、符号、术语。

本标准适用于细毛鉴定。

2. 鉴定项目

细毛羊鉴定项目10项。项目用汉语拼音首位字母代表。以3分制评定鉴定项目。

2.1 头部

头部用T表示为TX，X为评分。

T3——头毛着生至眼线，鼻梁平滑，面部光洁、无死毛。公羊角呈螺旋形，无角形公羊应有角凹；母羊无角。

T2——头毛多或少，鼻梁稍隆起。公羊角形较差；无角型公羊有角。

T1——头毛过多或光脸，鼻梁隆起。公羊角形较差；无角型公羊有角，母羊有小角。

2.2 体形类型

体形类型用L。表示为LX，X为评分。

L3—正侧呈长方形。公、母羊颈部有优良的纵皱褶或群皱。胸深，背腰长，腰线平直，尻宽而平，后躯丰满，肢势端正。

L2——颈部皮肤较紧或皱褶多，体躯有明显皱褶。

L1——颈部皮肤紧或皱褶过多，背线、腹线不平，后躯不丰满。

2.3 被毛长度

实测毛长：在羊体左侧中线，肩胛骨后缘一掌处，顺毛丛方向测量毛丛自然状态的长度，以厘米(cm)表示，精确到0.5 cm。

超过或不足12个月的毛长均应折合为12个月的毛长。可根据各地羊毛长度生长规律校正。

种公羊的毛长除记录体侧毛长外，还可测肩、背、股、腹部毛长。

2.4 长度匀度

长度匀度用C表示为CX，X为评分

C3——被毛各部位毛丛长度均匀。

C2——背部与体侧毛丛长度差异较大。

C1——被毛各部位的毛丛长度差异较大。

2.5 被毛手感

用S表示为SX，X为评分。

用于抚摸肩部、背部、体侧部、股部被毛。

S3——被毛手感柔软、光滑。

S2——被毛手感较柔软、光滑。

S1——被毛手感粗糙。

2.6 被毛密度

被毛密度用M表示为MX，X为评分。

m^3——被毛密度达中等以上。

M2——被毛密度达中等或很密。

M1——密度差。

2.7 被毛纤维细度

2.7.1 细羊毛的细度应是60支以上或毛纤维直径25.0μm及以内的同质毛。

2.7.2 在测定毛长的部位，依不同的测定方法需要取少量毛纤维测细度，以μm表示，现场可暂用支数或μm表示。

2.8 细度匀度

细度匀度用Y表示为YX，X为评分。

Y3——被毛细度均匀，体侧和股部细度差不超过2.0μm；毛丛内纤维直径均匀。

Y2——被毛细度较均匀，后躯毛丛内纤维直径欠均匀，少量浮现粗绒毛。

Y1——被毛细度欠均匀，毛丛中有较多浮现粗绒毛。

2.9 弯曲

弯曲用w表示为WX，X为评分。

W3——正常弯曲(弧度呈半圆形)。毛丛顶部到根部弯曲明显、大小均匀。

W2——正常弯曲。毛丛顶部到根部弯曲欠明显、大小均匀。

W1——弯曲不明显或有非正常弯曲。

2.10 油汗

油汗用H表示为HX，X为评分。

H3——白色油汗，含量适中。

H2——乳白色油汗，含量适中。

H1——浅黄色油汗。

3．综合评定

总评是综合品质和种羊种用价值的评定。按10分制评定。

10分——全面符合指标中的优秀个体。

9分——全面符合指标的个体，综合品质好。

8分——符合指标的个体，综合品质较好。

7分——基本符合指标的个体，综合品质一般。

6分——不符合指标的个体，综合品质差。

6分以下不详细评定。

4．等级标志及耳号

4.1 等级标志

细毛羊两岁鉴定结束后，在右耳做等级标志。

等级分为特级、一级和二级。不符合等级的一律不打标记。

特级——在耳尖剪一个缺口。

一级——在耳下缘剪一个缺口。

二级——在耳下缘剪两个缺口。

4.2 耳号

在羊的左耳佩带耳号或耳内侧无毛处打耳刺号。第一位应为出生年号。其他自行确定，允许有各种代号。

5. 术语和定义

下列术语和定义适用本标准

5.1 剪毛量（wool yield）

又称原毛量，在剪毛季节受测羊只所剪毛的总质量。

5.2 净毛率（clean wool yield）

受测羊只所剪的毛经洗净后的质量用公定回潮率修正后与原毛质量的百分比。按公式(1)计算。

净毛率=［净毛绝对干燥重×（1+16%）÷污毛重］×100% ……………………（1）

5.3 个体净毛率（Individual clean yield）

种公羊、后备公羊、核心群母羊测个体净毛率。用体侧毛样100～150g测定。

5.4 净毛量（clean wool yield）

污毛产量乘以净毛率即为净毛量。

5.5 体重（body weight）

羊空腹剪毛后即称重，重量以kg表示，精确到0.5 kg。

5.6 产羔率

出生的活羔羊数与分娩母羊数的百分比。结果修约至两位小数。按公式(2)计算。

产羔率(%)=（产活羔羊数÷分娩母羊数）×100 …………………………（2）

5.7 羔羊成活率（lamb livability）

断奶成活羔羊数与出生活羔数的百分比。按公式(3)计算。

羔羊成活率(%)=（断奶成活羔羊数÷出生活羔羊数）×100 …………………（3）

断奶日龄一般为120日龄。

5.8 胴体重

将待测羊悬吊后肢，屠宰并充分放血后去皮毛、头(由环枕关节处分割)、管骨及管骨以下部分和内脏（保留肾脏及肾脂），剩余部分静置30min后称重并记录结果，单位为千克(kg)。结果保留一位小数。

5.9 屠宰率（killing out percentage）

胴体重加上内脏脂肪重(包括大网膜和肠系膜的脂肪)与宰前活重的百分比。结果修约至两位小数。按公式(4)计算。

屠宰率（%）=（胴体重+内脏脂肪重÷宰前活重）×100 ……………………（4）

G B/T 2 5 2 4 3

甘肃高山细毛羊

Gansu alpine fine-wool sheep

2010-9-30发布

2011-3-1实施

中华人民共和国国家质量监督检验检疫总局

中 国 国 家 标 准 化 管 理 委 员 会 发布

前　言

本标准中的附录A为规范性附录。

本标准由中华人民共和国农业部提出。

本标准由全国畜牧业标准化技术委员会归口。

主要起草单位：农业部动物毛皮及制品质量监督检验测试中心（兰州）、中国农业科学院兰州畜牧与兽药研究所、甘肃省皇城绵羊育种试验场。

主要起草人：牛春娥、李伟、杨博辉、高雅琴、郭健、李文辉、王凯、郭天芬、席斌、杜天庆、王宏博、李维红、黄殿选、梁丽娜、常玉兰。

甘肃高山细毛羊

范围

本标准规定了甘肃高山细毛羊的品种特征、生产性能和等级评定。

本标准适用于甘肃高山细毛羊的品种鉴定和等级评定。

规范性引用文件

下列文件中的条款通过本标准的引用而成为本标准的条款。凡是注日期的引用文件，其随后所有的修改单（不包括勘误的内容）或修订版均不适用于本标准，然而，鼓励根据本标准达成协议的各方研究是否可使用这些文件的最新版本。凡是不注日期的引用文件，其最新版本适用于本标准。

NY 1 细毛羊鉴定项目、符号、术语。

NY/T 1236 绵、山羊生产性能测定技术规范。

品种特征特性

品种来源

甘肃高山细毛羊是以新疆细毛羊、高加索细毛羊为父本，与当地蒙古羊、西藏羊为母本，经过杂交改良、横交固定和选育提高三个阶段培育的我国第一个高山型细毛羊品种，分布于整个祁连山高寒草原地带。

外貌特征

体格较大，体质结实，蹄质致密，体躯结构匀称，胸阔深，背平直，后躯丰满，四肢结实、端正有力。公羊有螺旋形角，颈部有1~2个横皱褶；母羊多数无角，颈部有纵垂皮。被毛纯白，闭合性良好，密度中等以上，体躯毛和腹毛均呈毛丛结构，头毛着生至眼线。外貌特征见附录A。

羊毛品质

被毛毛丛自然长度（12个月）在80mm以上，纤维平均直径≤23.0μm，被毛整体均匀性好；弯曲清晰，呈正常弯；油汗适中，占毛丛高度≥50%，多数呈白色或乳白色；净毛率45%以上。

生产性能

体重和产毛性能

在自然放牧条件下，一级羊最低体重和产毛性能指标见附表8-1。

附表8-1　一级羊最低生产性能　　　　　　　　　　　（单位：kg）

性别	年龄	体重	剪毛量	净毛量
公	2岁	80.0	7.0	3.2
	周岁	39.0	3.5	1.6
母	2岁	42.0	3.5	1.6
	周岁	32.0	3.0	1.4

繁殖性能

公羊、母羊8月龄性成熟，初配年龄18月龄；经产母羊的产羔率110%以上。
等级评定

等级要求

一级

符合品种特征和表1规定,且头型、体型、被毛手感、被毛密度、被毛弯曲、细度匀度、毛长匀度、油汗各项评定结果均在2分以上，综合评定9分以上。

特等

一级中体重、剪毛量有一项超过一级羊最低生产性能的20%。

二级

基本符合品种特征，生产性能符合表2规定，且头形、体形、被毛手感、被毛密度、被毛弯曲、细度匀度、毛长匀度、油汗评定结果均在2分以上，综合评定8分以上（附表8-2）。

附表8-2　二级羊最低生产性能　　　　　　　　　　　（单位：kg）

性别	年龄	体重	剪毛量	净毛量
公	2岁	73.0	5.5	2.5
	周岁	35.0	3.0	1.4
母	2岁	39.0	3.0	1.4
	周岁	30.0	2.0	0.9

三级

生产性能符合表2规定，但是头形、体形、被毛手感、被毛密度、被毛弯曲、细度匀度、毛长匀度、油汗评定结果中有2～3项在2分以下，综合评定7分以上。

5.1.5 特等、一级和二级羊为种用羊。

鉴定时间

每年剪毛前（6月中下旬）进行等级鉴定。

鉴定内容及方法

鉴定项目及结果表示按照NY 1执行。
鉴定方法按照NY/T 1236执行。

等级标识及耳号

2岁鉴定结束后，在右耳做等级标识。标识方法、耳号规定及佩带方法按照NY 1执行。

附录A（规范性附录）
甘肃高山细毛羊外貌特征

图 A1 甘肃高山细毛羊（公）

图 A2 甘肃高山细毛羊（母）

图 A3 甘肃高山细毛羊头部（公）

图 A4 甘肃高山细毛羊头部（母）

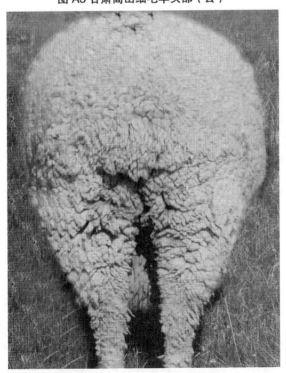

图 A5 甘肃高山细毛羊臀部（公）

图 A6 甘肃高山细毛羊臀部（母）

甘肃高山细毛羊培育、选育提高和新类群、新品系培育主要人员

一、杂交改良阶段

参与皇城绵羊育种试验场建设和绵羊改良工作的技术干部有杨效时、王昌茂、王瑞麟、曾间瑞、张发天、邓志隆、赵琦、王自强、高永昌、樊有新、冯正科、谭本清等12人。技术工人有张积德、张文才、韩林、孟加兰、张丰年、杨永录等66人。

二、有计划育种阶段

1957年，皇城绵羊育种试验场划归中国农业科学院西北畜牧兽医研究所管理，育种工作由中国农业科学院西北畜牧兽医研究所主持，开始制订育种计划，研究所养羊研究室、牧草研究室、营养研究室的科技人员和羊场主要管理人员都参与了育种工作。由苏乃兴和赵琦负责育种工作，主要参与育种技术人员有中国农业科学院西北畜牧兽医所的苏乃兴、刘金甲、韩在英、姚树清、赵仁壁、冀朝瀛、张仓斌、游稚芳、李东海、李菊芬、苏开贤、宋美兰、张东弧和皇城羊场的赵琦、曾间瑞、王昌茂、张发天、王自强、高永昌、谭本清、樊有新、冯正科、宋生珍、李秉丁、李志农、杨金忠、庄兆珍、曾繁珠、徐振兴、刘树成、赵宏智、邵翠丽等。

1972年，中国农业科学院西北畜牧兽医研究所畜牧三室从研究所分离，科技人员下放到甘肃省畜牧兽医工作队，育种工作由甘肃省畜牧兽医工作队主持，由姚树清和赵琦负责。

主要参与技术人员有甘肃省畜牧兽医工作队的姚树清、赵仁壁、冀朝瀛、游稚芳、李东海、张东弧、李菊芬、苏开贤、张仓斌和皇城羊场的赵琦、曾间瑞、樊有新、冯正科、宋生珍、马海正、刘桂珍、张仓斌、李志农、孙新民、王自强、谭本清、刘树成、杨金忠、王文乾、王树东、曾繁珠、庄兆珍、徐振兴、李秉丁、赵宏智、江铭炎、邵翠丽、屈成奎等。1974年，甘肃细毛羊育种工作扩大到天祝藏族自治县、肃南裕固族自治县和永登县。由于工作调动，人员有所调整1975年，如赵琦调离皇城羊场，由马海正主持育种工作，章桂武和彭运存先后调入羊场。

三、甘肃高山细毛羊育成后的选育提高阶段

1980年甘肃高山细毛羊培育成功，之后的选育提高工作主要由中国农业科学院和皇城绵羊育种试验场完成，甘肃农业大学、肃南县、天祝县、永昌羊场、山丹县等参与了选育提高和推广利用工作。

1982～1987年甘肃农业大学张松荫教授主持"应用群选法选育提高甘肃高山细毛羊品质的研究"工作。甘肃省皇城绵羊育种试验场主要参与人员有宋生珍、樊有新、彭运存、李秉丁、张江元、刘文明、蔺述君等。

1984～1990年中国农业科学院兰州畜牧研究所马海正研究员主持中国和澳大利亚政府间合作8456号项目"开展绵羊育种提高中国西北绵羊品质"，1985～1989年马海正和甘肃省农畜牧厅张长

生处长合作主持甘肃省重大攻关项目"甘肃高山细毛羊选育提高及推广利用研究"，中国农业科学院兰州年畜牧研究所参与研究工作人员有马海正、马乃祥、肖西山、张东弧、游稚芳、赵仁壁、马呈图、韩学俊、蔡东峰、孙晓萍、杨保平、郭健、常玉兰、张顼、关红梅等。甘肃省畜牧厅参与研究工作的主要有张长生、曹藏虎、常武奇等。澳大利亚专家主要有柯普兰德、麦克奎克、戴维斯等。甘肃省皇城绵羊育种试验场参与研究人员有宋生珍、李秉丁、王宝全、张仓斌、陈鉴文、李享道、李发庭、李思敏、曾凡珠、许青年、李文辉、樊有新、张景爱等。其他单位参与人员主要有范青松、李国林、李积友、杨杜录、陈学隐、常万存、先俊友、潘雁玲、何钊、王必慧、丁进东、贺占英、陈维虎、刘天庆、张发慧、兰永武、张振华、安玉峰、苏海、张耀祖、张海明、王英东、梁玉林、高芳山、张定国、冯连元、邵发红、王浩、袁兆祥、樊新祯、金培隆、黄兴功、张万龙、王瑞、冯永寿、张景行、叶生漠、张永福等；1985～1986年中国农业科学院兰州畜牧研究所王利智研究员主持Fecundin（双羔素）对细毛羊繁殖性能影响的研究，皇城绵羊育种试验场参与研究人员有宋生珍、曾凡珠、屈成奎、蔺述君等。

四、甘肃细毛羊美利奴型新类群和新品系培育阶段

1996年，中国农业科学院兰州畜牧与兽药研究所马海正研究员、姚军副研究员和甘肃省皇城绵羊育种试验场文志强场长主持甘肃细毛羊美利奴型新类群选育工作。中国农业科学院兰州畜牧与兽药研究所参与研究人员有郭健、梁春年、魏云霞、郭天芬、常玉兰等；皇城绵羊育种试验场参与研究工作的人员主要有曾凡珠、王宝全、李文辉、梁秀、李桂英、苏文娟、韩爱萍、保国俊等。

2001年，中国农业科学院兰州畜牧与兽药研究所姚军研究员、郭健副研究员和甘肃省皇城绵羊育种试验场王宝全副场长主持甘肃细毛羊超细品系选育，中国农业科学院兰州畜牧与兽药研究所参与研究人员有梁春年、杨博辉、程胜利、郭天芬、高雅琴、郭宪、焦硕、冯瑞林、孙晓萍、梁丽娜、常玉兰等；皇城绵羊育种试验场参与研究人员有李文辉、李桂英、苏文娟、保国俊、韩爱萍、黄静、黄殿选、张贵谦等。

2006～2010年，郭健主持国家科技支撑计划项目和甘肃省科技支撑计划项目，杨博辉作为国家绒毛用羊产业技术体系岗位科学家，开展甘肃细毛羊超细品系、细型品系等新品系的选育工作。主要参与研究工作的人员有中国农业科学院兰州畜牧与兽药研究所的郎侠、刘建斌、冯瑞林、孙晓萍、岳耀敬、郭婷婷等和甘肃省绵羊繁育技术推广站的李伟、黄殿选、李文辉、李桂英、苏文娟、王天翔、陈颙、王喜军、张晓飞、杨剑锋、李范文、晁德林、赵浴军、罗天照、文亚洲、柯成忠、赵天贤、王柏山等。细毛羊生产基地县参与人员主要有：兰永武、张振华、王凯、李春云、曹永林、梁玉林、张海明、陈国荣、张万龙等。

甘肃高山细毛羊近60年的培育，经过几代科技工作者的辛勤努力和艰苦付出，才有了今天的发展成果。由于时间跨度大，这里可能将一些育种工作者遗漏，望谅解为盼！